MATHÉMATIQUES D'ÉCO

Enseignement des mathématiques

1. J.-Y. Ouvrard, *Probabilités I*
3. M. Cottrell, V. Genon-Catalot, Ch. Duhamel, Th. Meyre, *Exercices de probabilités*
4. F. Rouvière, *Petit guide de calcul différentiel à l'usage de la licence et de l'agrégation*
5. J.-Y. Ouvrard, *Probabilités II*
6. G. Zémor, *Cours de cryptographie*
7. A. Szpirglas, *Exercices d'algèbre*
8. B. Perrin-Riou, *Algèbre, arithmétique et Maple*
9. V. I. Arnold, *Leçons sur les équations aux dérivées partielles*
10. S. Francinou, H. Gianella, S. Nicolas, *Exercices des oraux X-ENS, Algèbre 1*
11. S. Francinou, H. Gianella, S. Nicolas, *Exercices des oraux X-ENS, Analyse 1*
12. S. Francinou, H. Gianella, S. Nicolas, *Exercices des oraux X-ENS, Algèbre 2*
13. S. Francinou, H. Gianella, S. Nicolas, *Exercices des oraux X-ENS, Analyse 2*
14. S. Francinou, H. Gianella, S. Nicolas, *Exercices des oraux X-ENS, Algébre 3*
15. H. Krivine, *Exercices de mathématiques pour physiciens*
16. J. Jacod, Ph. Protter, *L'essentiel en théorie des probabilités*
17. M. Willem, *Analyse fonctionnelle élémentaire*
18. É. Amar, É. Matheron, *Analyse complexe*
19. B. Randé, *Problèmes corrigés. Concours 2002 et 2003 (MP)*
20. D. Perrin, *Mathématiques d'école*
21. B. Randé, *Problèmes corrigés. Concours 2004 (MP)*
22. P. Bourgade, *Olympiades internationales de mathématiques 1976-2005*
23. V. Prasolov, *Problèmes et théorèmes d'algèbre linéaire*
24. R. Sá Earp, E. Toubiana, *Introduction à la géométrie hyperbolique et aux surfaces de Riemann*
25. L. Di Menza, *Analyse numérique des équations aux dérivées partielles*
26. B. Candelpergher, *Calcul intégral*
27. J. Hubbard, B. West, *Équations différentielles et systèmes dynamiques, vol. 1*
28. J. Hubbard, B. West, *Équations différentielles et systèmes dynamiques, vol. 2*
29. S. Francinou, H. Gianella, S. Nicolas, *Exercices des oraux X-ENS, Analyse 2*
30. C. Zuily, *Problèmes de distributions et d'équations aux dérivées partielles*
31. B. Makarov *et al.*, *Problèmes d'analyse réelle*
32. S. Francinou, H. Gianella, S. Nicolas, *Exercices des oraux X-ENS, Analyse 4*
33. E. Lehman, *Mathématiques pour l'étudiant de première année, vol. 1, Algèbre et géométrie*
34. F. Berthelin, *Équations différentielles*
35. S. Francinou, H. Gianella, S. Nicolas, *Oraux X-ENS, nouvelle série, vol. 1*
36. A. Kostrikin, Y. Manin, *Algèbre et géométrie linéaires*
37. S. Francinou, H. Gianella, S. Nicolas, *Oraux X-ENS, nouvelle série, vol. 3*
38. S. Francinou, H. Gianella, S. Nicolas, *Oraux X-ENS, nouvelle série, vol. 2*
39. N. Bacaër, *Mathématiques et épidémies*
40. P. Bornsztein, Th. Budzinski, V. Jugé, *Olympiades internationales de mathématiques 2006-2021*
41. S. Francinou, H. Gianella, S. Nicolas, *Oraux X-ENS, nouvelle série, vol. 6*
42. A. Szpirglas (dir.), *Algèbre, Tome 2. Groupes*
43. A. Szpirglas (dir.), *Algèbre, Tome 3. Anneaux - Polynômes - Modules*
44. A. Szpirglas (dir.), *Algèbre, Tome 4. Corps - Ensembles - Cardinaux*
45. L. Tu, *Variétés différentielles*

DANIEL PERRIN

Mathématiques d'école

Nombres, mesures et géométrie

CASSINI

Daniel Perrin est professeur à l'IUFM de Versailles et à l'université Paris-Sud. Il est l'auteur de *Géométrie algébrique, une introduction,* EDP Sciences, 1995, et de *Cours d'algèbre,* Ellipses, 1996.

ISBN 978-2-84225-158-1

Deuxième édition, revue et corrigée.

(Première édition : Cassini, 2005, ISBN 2-84225-057-5.)

Table des matières

II. Géométrie

Avant-propos

La licence pluridisciplinaire

Ce livre est essentiellement issu du cours donné par l'auteur entre 1998 et 2005 dans le cadre de la licence pluridisciplinaire scientifique de l'Université Paris-Sud (Orsay) [1]. L'objectif principal de cette licence est de proposer une formation à dominante scientifique pour les futurs professeurs des écoles (ceux qu'on appelait autrefois instituteurs) avec comme ambition à plus long terme d'améliorer la formation en sciences des maîtres de l'enseignement primaire.

Comme son nom l'indique, l'originalité essentielle de cette licence, qui s'adresse à des titulaires d'un DEUG scientifique, réside dans sa large pluridisciplinarité, elle-même conséquence de la polyvalence demandée aux futurs professeurs des écoles. Elle propose en effet des modules de mathématiques, de français, de sciences (physique-chimie ou biologie-géologie), de langues vivantes, d'histoire des sciences, ainsi qu'un module de « pré-professionnalisation » avec un stage en école élémentaire ou maternelle.

Les objectifs principaux

Ce livre a pour but de former aux mathématiques de futurs professeurs des écoles, avec le projet d'en faire, selon le mot d'Yves Chevallard, des « mathématiciens d'école ». Notre ambition est de donner aux étudiants les bases d'une réflexion approfondie sur les thèmes des mathématiques enseignées à l'école primaire (essentiellement les nombres et la géométrie) qui leur permette d'aborder ces thèmes en mathématiciens. Cela signifie que ces étudiants devenus professeurs ne se contenteront pas de reproduire les contenus des manuels mais que, face aux situations même les plus élémentaires, ils seront en mesure de se poser leurs propres questions, d'en mesurer la pertinence et de tenter d'y apporter leurs propres réponses.

1. Dans la réorganisation des filières provoquée par la réforme du LMD (Licence, Master, Doctorat), cette licence est légèrement modifiée et change de nom, elle s'appelle désormais Licence Scientifique Générale. Cependant, pour l'essentiel, ses caractéristiques restent les mêmes.

Dans ce texte nous avons essayé de garder à l'esprit les préoccupations suivantes :

• Nous avons, avant tout, voulu faire des mathématiques, c'est-à-dire poser des problèmes, conjecturer des réponses, donner des démonstrations rigoureuses.

• Nous avons essayé de relier autant que possible les mathématiques enseignées ici et celles de l'école primaire. Cela ne signifie pas, bien entendu, qu'elles sont traitées à ce niveau, mais on verra que beaucoup de problèmes dont la solution n'est pas triviale peuvent déjà être posés à un niveau très élémentaire.

• Nous avons veillé à ancrer les mathématiques d'aujourd'hui dans leur histoire en montrant comment certains concepts sont apparus et comment se sont dégagés les principaux résultats.

• Nous avons donné des perspectives sur les développements actuels des notions étudiées en signalant des résultats récemment prouvés ou des questions encore ouvertes.

• Enfin, nous nous sommes appuyés sur de nombreux problèmes du type « récréations mathématiques », afin de renforcer l'aspect ludique de notre discipline et de faire découvrir (ou redécouvrir) aux étudiants le plaisir de la recherche.

Le contenu du livre

Le niveau nécessaire pour lire ce livre est celui d'une classe terminale scientifique.

Le livre est divisé en deux parties bien distinctes : nombres et géométrie. (Mais dans notre pratique les deux parties étaient étroitement mêlées.)

La première partie comprend trois chapitres. Le premier, assez long, traite de l'arithmétique : division euclidienne, congruences, *pgcd*, *ppcm*, nombres premiers, avec une application à la cryptographie. Le second porte sur les rationnels et les décimaux. Le troisième est plus bref et se veut juste une introduction axiomatique aux nombres réels.

La seconde partie commence par quelques rappels de géométrie plane, destinés à rafraîchir les idées du lecteur sur le sujet. Le chapitre 5 aborde les polygones et notamment les polygones réguliers. Le chapitre 6 traite des constructions à la règle et au compas et le chapitre 7 de la mesure des aires. La fin du livre est consacrée à la géométrie dans l'espace. Après un bref rappel des propriétés de base, on aborde la question des polyèdres au chapitre 9 et celle des volumes au chapitre 10.

Le livre comporte de nombreux exercices [2] (avec des corrigés, ou des

2. Sur des sujets aussi classiques, nous n'avons pas cherché systématiquement l'ori-

indications renvoyées à la fin du livre) et de nombreux problèmes (souvent inspirés de textes d'examen).

D'autres objectifs pour un autre public.

Au-delà de son public naturel de futurs professeurs des écoles, ce livre pourra sans doute intéresser beaucoup d'autres personnes et notamment les professeurs (ou futurs professeurs) de mathématiques de l'enseignement du second degré. En effet, l'expérience[3] montre que, sur certains des points traités dans ce cours, notamment les décimaux ou les polyèdres, les étudiants de licence pluridisciplinaire ont une compétence au moins égale à celle des candidats au CAPES. Les quelques points signalés ci-dessous pourront peut-être allécher les amateurs de mathématiques.

• La partie arithmétique de ce livre est très classique, mais le lecteur curieux trouvera quelques exercices amusants à se mettre sous la dent.

• Le paragraphe sur les décimaux est assez développé, notamment sur la question des développements décimaux des rationnels.

• Sur les réels, on donne en annexe une construction de **R** par les développements décimaux illimités, plus naturelle à notre avis que celles qui utilisent les coupures ou les suites de Cauchy.

• En géométrie, on a choisi d'utiliser systématiquement les cas d'isométrie des triangles et les angles, conformément aux propositions de la commission Kahane, voir [K].

• Sur l'épineux sujet des polygones et des lignes polygonales, un effort a été fait pour donner des définitions et des caractérisations précises, avec (en annexe) des preuves élémentaires d'un certain nombre de résultats admis dans le texte (par exemple le théorème de Jordan).

• Fidèle au principe de ne requérir que le niveau de la terminale S, nous avons produit des démonstrations « élémentaires » (c'est-à-dire sans utiliser les notions d'espace vectoriel et de base) de l'impossibilité de certaines constructions à la règle et au compas et en particulier de la duplication du cube.

• Le chapitre sur les aires reflète lui aussi fortement les prises de position de l'auteur sur l'usage de cet invariant dans l'enseignement, notamment *via* les « lemmes du collège », voir [K], [P]. Ce chapitre comprend plusieurs ouvertures vers des questions plus difficiles (notamment le théorème de Bolyai qui justifie la méthode de découpage et recollement largement utilisée à l'école primaire).

• Le chapitre sur les polyèdres contient une preuve de la formule d'Euler (celle qui passe par la géométrie sphérique et la formule de Girard sur la

---

ginalité. De nombreux exercices proviennent d'autres ouvrages, parfois anciens, qu'il serait fastidieux de citer tous. Signalons seulement les manuels des collections Monge et Lebossé-Hémery des années 1960 et le magazine *Tangente*.

3. L'auteur est responsable de la préparation au CAPES de l'université Paris-Sud depuis plus de dix ans.

somme des angles d'un triangle sphérique), ainsi que la classification combinatoire des polyèdres réguliers. On trouvera dans les problèmes d'autres développements de ce type (polyèdres archimédiens, deltaèdres, etc.).

Remerciements

Je remercie d'abord les étudiantes [4] de la licence pluridisciplinaire qui ont beaucoup contribué à ce livre par leurs questions, leurs remarques et leurs suggestions. Le lecteur en verra affleurer quelques-unes, mais l'influence des élèves a été beaucoup plus profonde qu'il n'y paraît.

Je remercie ensuite très vivement l'éditeur en la personne de trois collègues et amis : René Cori, Rached Mneimné et André Bellaïche pour la qualité du travail qu'ils ont accompli autour de cet ouvrage.

Je remercie d'abord René pour sa relecture soigneuse, voire pointilleuse, de la partie arithmétique. En particulier, entre des dizaines d'autres choses, il a attiré mon attention sur la difficulté de l'assertion d'unicité de l'écriture en base b (attention au zéro !) et il a poussé la conscience professionnelle jusqu'à dénicher une faute d'orthographe dans le message codé du paragraphe sur la cryptographie.

Je remercie ensuite Rached pour les innombrables échanges de courriels qui m'ont permis d'affiner mes positions, notamment sur l'épineuse question des grandeurs ou sur les décimaux. Le lecteur un tant soit peu exigeant lui doit aussi de m'avoir sans cesse rappelé à mes devoirs de mathématicien en m'obligeant à expliciter certains points obscurs.

Je remercie enfin André pour l'extrême précision de son travail de relecture, sur le plan de la typographie, où j'ai trouvé plus maniaque que moi, sur celui de la grammaire, où son usage systématique de l'arme Grevisse a emporté ma conviction la plupart du temps, ou enfin sur celui des mathématiques où nos débats ont été d'autant plus vifs que nous étions à peu près d'accord sur tout.

Le lecteur ne manquera pas de profiter du travail que chacun d'eux a accompli.

Bibliographie

[K] *L'enseignement des sciences mathématiques*. Rapport d'étape de la commission de réflexion sur l'enseignement des mathématiques (commission Kahane), Odile Jacob, 2002.

[P] Perrin D., *Une illustration du rapport sur la géométrie de la commission Kahane : l'exemple de la géométrie affine du collège*, Bull. APMEP 431, novembre 2000.

4. Comme il y avait dans cette licence plus de 90% de filles, j'ai décidé de changer la règle du pluriel en un sens à la fois démocratique et féministe. Tant pis si les grammairiens me grondent !

Avant-propos de la seconde édition

Outre la correction de quelques coquilles, cette seconde édition diffère de la première sur un point essentiel : la question de l'homogénéité des grandeurs. Dans le cas des aires comme dans celui des volumes, nous avions pris le parti, dans la première édition, d'imposer parmi les axiomes le comportement de la grandeur sous l'action d'une homothétie de rapport λ (l'aire est multipliée par λ^2, le volume par $|\lambda|^3$). L'intérêt de ce choix est qu'il donne rapidement un certain nombre de propriétés, en évitant des passages à la limite, mais il a un double inconvénient. Sur le plan didactique, cette notion d'homogénéité n'est sans doute pas aussi naturelle qu'on pourrait le croire pour les jeunes enfants, voire pour les étudiants, même scientifiques. Sur le plan mathématique, le recours à cet axiome masque un certain nombre de difficultés, notamment dans le cas des volumes. Après mûre réflexion, ce choix a finalement été maintenu dans la nouvelle édition, mais avec un certain nombre de modifications, allant dans le sens d'une plus grande clarté des choix. Cela signifie deux choses. En un sens, puisque le choix a été maintenu, nous proposons une utilisation plus cohérente et plus intensive de cet axiome, notamment pour le calcul de l'aire du rectangle ou des volumes des parallélipipèdes et des pyramides. En sens inverse, en manière de remords, nous avons donné, pour les aires comme pour les volumes, une version qui ne fait pas usage de cet axiome mais présente d'autres avantages. Le lecteur pourra ainsi faire son choix.

Remerciements

Cette nouvelle édition doit beaucoup aux lecteurs de la première qui m'ont signalé un certain nombre d'erreurs, mineures ou non. Je voudrais notamment remercier ici Jeremy Arnold, Cyrielle Danel, Guy Henniart, Marie-Jeanne Perrin-Glorian, Bernadette Perrin-Riou, Virginie Scelles et Guillaume Wüthrich. Je prie ceux que j'ai oubliés de bien vouloir m'en excuser.

Deux collègues méritent une mention spéciale et des remerciements particulièrement chaleureux.

Marie-Claude David tout d'abord, qui a pris ma succession pour la partie géométrie de la licence scientifique générale et qui a lu le texte avec une attention extrême, proposant un nombre considérable de corrections sous forme de Post-it qui s'intercalaient dans les pages du livre au point d'augmenter considérablement son épaisseur. De plus, les nombreuses conversations que nous avons eues sur le sujet de l'homogénéité évoqué ci-dessus ont largement contribué à faire évoluer ma position. Enfin, le lecteur lui doit de nombreux exercices supplémentaires, fruit de son expérience d'enseignement, notamment autour du théorème de Bolyai.

L'autre personne est Daniel Meyer. C'est lui qui, en me signalant qu'on pouvait faire le calcul du volume de la pyramide par découpage dès qu'on disposait du volume de la pyramide double, a semé le doute dans mon esprit quant à la pertinence de mes choix sur l'homogénéité et m'a obligé à réfléchir plus que je ne l'avais fait jusqu'alors. Je lui suis aussi redevable de nombreuses discussions autour du théorème de Dehn, qui n'apparaissent ici qu'en filigrane, mais ont joué un grand rôle. Sur ce thème, le lecteur pourra lire le petit article écrit sur le site *Images des mathématiques,* voir `http://images.math.cnrs.fr/Aires-et-volumes-decoupage-et,725.html`

Enfin, je voudrais remercier les collègues lillois dont je ne connais pas le nom et qui m'ont fait remarquer – toujours sur le même sujet – qu'avec l'homogénéité le calcul de l'aire du rectangle ne nécessitait plus de passage à la limite.

Grâce à Bernadette et Marie-Claude, le lecteur pourra trouver de nombreux exercices ainsi que des compléments sur les serveurs WIMS, voir les liens à l'adresse `http://mathecole.wimsedu.info`

Première partie

Nombres

Chapitre 1
Arithmétique

Introduction

La première partie de ce livre concerne l'arithmétique, c'est-à-dire l'étude des nombres entiers.

Le lien de cette discipline avec l'enseignement élémentaire est clair et nombre des points abordés ici sont déjà enseignés à l'école : la numération en base 10, la division euclidienne, les critères de divisibilité usuels, etc.

C'est aussi une science profondément enracinée dans l'Histoire et nous rencontrerons au fil des chapitres de nombreuses traces du passé : les numérations anciennes, les équations diophantiennes, les fractions égyptiennes, les triplets pythagoriciens, le (petit) théorème de Fermat, etc.

L'arithmétique élémentaire a, bien entendu, des applications dans la vie courante : lire, écrire et compter étaient il n'y a pas si longtemps les objectifs majeurs de l'école. À un niveau plus avancé, les choses sont moins évidentes et l'on pourrait dire en citant Jacobi que l'arithmétique est une activité désintéressée, menée seulement « pour l'honneur de l'esprit humain ». En fait, ce splendide isolement est maintenant rompu puisqu'on utilise les nombres premiers en cryptographie (avec des applications aux transactions financières notamment) comme nous le verrons plus loin.

Nous verrons aussi que l'arithmétique est le thème d'une multitude de récréations mathématiques.

Enfin, nombre de mathématiciens inclinent à penser, comme Gauss, que l'arithmétique est « la reine des mathématiques ». On y trouve en effet des problèmes aussi simples à énoncer que difficiles à résoudre. Nous en donnons ci-dessous quelques exemples tournant autour de deux thèmes : les nombres premiers, les équations diophantiennes.

A. NOMBRES PREMIERS

Nous verrons plus loin qu'il y a une infinité de nombres premiers, mais d'autres questions se posent à ce sujet :

1) Existe-t-il une infinité de nombres premiers de la forme $4k-1$?

2) Existe-t-il une infinité de nombres premiers dont le dernier chiffre dans l'écriture décimale est un 7 ?

3) Peut-on trouver une infinité de suites de 4 nombres premiers dans une même dizaine, comme $11, 13, 17, 19$ ou $101, 103, 107, 109$?

4) Tout nombre pair $\geqslant 4$ est-il somme de deux nombres premiers ?

Nous verrons que la première propriété est vraie (et assez facile à prouver, voir les exercices). La seconde assertion est vraie aussi, mais beaucoup moins simple, c'est un cas particulier d'un théorème de Dirichlet (1805-1859). La réponse à la troisième question n'est pas connue (on ne sait même pas s'il existe *une infinité* de couples de nombres premiers jumeaux, c'est-à-dire qui diffèrent de 2 comme 11 et 13 ou 17 et 19). Enfin la quatrième affirmation est ce qu'on appelle l'hypothèse de Goldbach (formulée vers 1720). Les mathématiciens sont persuadés que cette propriété est vraie, on la vérifie facilement de tête pour un nombre pair $\leqslant 100$, avec un ordinateur on peut la vérifier pour des nombres pairs allant jusqu'à des milliards, mais on ne sait toujours pas aujourd'hui prouver cette conjecture dans le cas général. Le lecteur qui souhaiterait des précisions sur ce sujet pourra consulter le livre de Jean-Paul Delahaye, *Merveilleux nombres premiers*, Belin, 2000.

B. ÉQUATIONS DIOPHANTIENNES

Les équations diophantiennes sont des équations, le plus souvent polynomiales, dont on cherche des solutions entières. Leur nom vient du mathématicien grec Diophante d'Alexandrie (IIIe siècle après J.-C.). En voici quelques exemples (on cherche les solutions x, y, z, t dans $\mathbf{Z}$) :

1) $ax + by = c$ avec $a, b, c \in \mathbf{Z}$ donnés ;
2) $x^2 - 5y^3 = 2$;
3) $x^2 + y^2 = z^2$;
4) $t^3 = x^2 + 13$;
5) $x^n + y^n = z^n$ avec $n \geqslant 3$.

Les trois premières équations sont relativement faciles et seront abordées dans ce livre (éventuellement en problème). La quatrième est nettement plus ardue (elle admet pour seule solution positive $t = 17$, $x = 70$: voir D. Perrin, *Autour de l'équation diophantienne* $t^3 = x^2 + d$, Repères IREM, 1997.). Le fait que la cinquième n'ait pas de solutions entières non nulles est le célèbre « grand théorème de Fermat » (P. de Fermat, 1601-1665) qui, après avoir résisté pendant plus de trois siècles aux efforts de nombreux mathématiciens, a été démontré par Andrew Wiles en 1994.

C. LE PROBLÈME DE COLLATZ

Voici un autre exemple de question toujours ouverte. On définit par récurrence une suite $(u_n)_{n\in\mathbf{N}}$ d'entiers. On part d'un entier $u_0 > 0$ quelconque. La récurrence est définie comme suit : si u_n est pair on pose $u_{n+1} = u_n/2$, si u_n est impair on pose $u_{n+1} = 3u_n + 1$. En faisant des essais (y compris avec une calculatrice, voire un ordinateur) on constate que u_n finit toujours par prendre la valeur 1 (et on a ensuite une boucle : $1, 4, 2, 1, 4, 2, 1, \ldots$). Par exemple avec $u_0 = 7$ on a successivement : $7, 22, 11, 34, 17, 52, 26, 13, 40, 20, 10, 5, 16, 8, 4, 2, 1, \ldots$ Le lecteur examinera le cas $u_0 = 27$ et constatera que u_n devient assez grand (il atteint 9232), mais finit par redescendre à 1. À l'heure actuelle on ne sait pas prouver qu'il en est bien ainsi *quel que soit l'entier initial* u_0.

AVERTISSEMENT

Nous avons choisi de traiter la plupart des questions qui suivent dans $\mathbf{N}$, à quelques exceptions près. En adaptant convenablement les définitions on peut aussi, le plus souvent, les traiter dans $\mathbf{Z}$.

1. La division euclidienne

A. RAPPELS

Suivant le mot de Kronecker : « Dieu nous a donné les entiers, les mathématiciens ont fait le reste », nous supposerons connus l'ensemble $\mathbf{N}$ des entiers naturels : $0, 1, 2, \ldots$ et celui des entiers relatifs $\mathbf{Z}$ (Z comme *Zahlen*, nombres en allemand) qui contient en outre les entiers négatifs : $-1, -2, \ldots$, et les propriétés des opérations élémentaires : addition, multiplication, soustraction. Voir § F ci-dessous pour un aperçu historique. Nous rappelons seulement la propriété fondamentale suivante.

Propriété 1.1 : Principe de récurrence. *Soit* $\mathrm{P}(n)$ *une propriété de l'entier* $n \in \mathbf{N}$. *On suppose qu'on a les deux assertions suivantes :*

1) $\mathrm{P}(0)$ *est vraie (initialisation) ;*
2) *pour tout* $n \in \mathbf{N}$, $\mathrm{P}(n)$ *implique* $\mathrm{P}(n+1)$ *(hérédité).*

Alors $\mathrm{P}(n)$ *est vraie pour tout* $n \in \mathbf{N}$.

L'hypothèse d'hérédité signifie que si $\mathrm{P}(n)$ est vraie alors $\mathrm{P}(n+1)$ l'est aussi. Dans ces conditions on comprend bien que $\mathrm{P}(n)$ soit vraie pour tout n. En effet $\mathrm{P}(0)$ est vraie par l'hypothèse d'initialisation, donc $\mathrm{P}(1)$ l'est par hérédité, donc $\mathrm{P}(2)$ aussi pour la même raison, etc. (Ceci n'est pas vraiment une démonstration et dans le etc. on cache pudiquement le fait que le principe de récurrence est, en réalité, un axiome.)

Remarque 1.2. On a une variante du principe obtenue en changeant l'initialisation : si $\mathrm{P}(n_0)$ est vraie et si pour tout $n \geqslant n_0$, $\mathrm{P}(n)$ implique $\mathrm{P}(n+1)$, alors $\mathrm{P}(n)$ est vraie pour tout $n \geqslant n_0$. (Considérer la propriété $\mathrm{Q}(n) = \mathrm{P}(n_0 + n)$.)

Exemple 1.3. Montrons par exemple, pour $n \geqslant 1$, la propriété $\mathrm{P}(n)$ suivante :

$$\textit{Pour tout nombre réel} \quad x \geqslant 0 \quad \textit{on a} \quad (1+x)^n \geqslant 1+nx.$$

La propriété $\mathrm{P}(1)$ est vraie car on a bien $1+x \geqslant 1+x$. Supposons $\mathrm{P}(n)$ vraie et montrons $\mathrm{P}(n+1)$. On a $(1+x)^{n+1} = (1+x)^n\,(1+x) \geqslant (1+nx)(1+x)$ en vertu de l'hypothèse de récurrence $\mathrm{P}(n)$ et du fait que $1+x$ est positif. Mais le membre de droite n'est autre que $1+(n+1)x+nx^2$ qui est supérieur ou égal à $1+(n+1)x$, comme attendu.

Comme conséquence du principe de récurrence on a les deux propriétés suivantes des entiers naturels.

Théorème 1.4. 1) *Toute partie non vide de* $\mathbf{N}$ *a un plus petit élément.*

2) *Toute partie* **finie** *non vide de* $\mathbf{N}$ *a un plus grand élément.*

Démonstration. 1) Il revient au même de montrer que si A est une partie qui n'a pas de plus petit élément, A est vide. Pour cela on montre par récurrence la propriété $\mathrm{P}(n)$: pour tout $i \leqslant n$, $i \notin \mathrm{A}$. Il est clair que $\mathrm{P}(0)$ est vraie (sinon 0 serait le plus petit élément de A). Supposons que $\mathrm{P}(n)$ soit vraie et montrons $\mathrm{P}(n+1)$. On sait qu'aucun des entiers $0, 1, \ldots, n$ n'est dans A et il s'agit de voir que $n+1$ n'y est pas non plus. Mais, sinon, $n+1$ serait le plus petit élément de A, contrairement à l'hypothèse.

2) On raisonne par récurrence sur le cardinal de A : $n = |\mathrm{A}|$. Pour $n = 1$, A a un unique élément qui est bien le plus grand. Supposons la propriété établie pour $|\mathrm{A}| = n \geqslant 1$ et passons à $n+1$. Soit a_0 le plus petit élément de A (qui existe par 1) et soit $\mathrm{B} = \mathrm{A} - \{a_0\}$. Comme on a $|\mathrm{B}| = n$, B admet un plus grand élément qui est aussi le plus grand élément de A, cqfd.

Remarque 1.5. En fait, le principe de récurrence est équivalent à l'assertion 1.4.1.

Pour le voir, on utilise ce qu'on appelle un raisonnement par l'absurde et minimalité, mode de raisonnement qui nous sera très utile dans ce livre. On raisonne d'abord par l'absurde en supposant que $\mathrm{P}(n)$ n'est pas vraie pour tous les entiers n et on considère l'ensemble des contre-exemples :

$$\mathrm{C} = \{n \in \mathbf{N} \mid \mathrm{P}(n) \text{ n'est pas vraie}\}.$$

Par hypothèse, l'ensemble C est non vide et donc, par 1.4.1, il admet un plus petit élément m (qui est donc le contre-exemple minimal : voilà la minimalité). On a $m \neq 0$ (car $\mathrm{P}(0)$ est vraie par hypothèse). On considère alors $m-1$ qui est encore dans $\mathbf{N}$ (car m est > 0) et qui est $< m$, donc n'est plus dans C puisque m est le plus petit élément de C. Il s'ensuit que $\mathrm{P}(m-1)$ est vraie. Mais comme on a $\mathrm{P}(n) \Longrightarrow \mathrm{P}(n+1)$ pour tout n, il en résulte que $\mathrm{P}(m)$ est vraie, et c'est une contradiction.

B. LE THÉORÈME DE DIVISION

Le théorème suivant, sur lequel repose toute l'arithmétique, reprend la notion de division euclidienne (c'est-à-dire avec quotient et reste) telle qu'on l'apprend à l'école primaire :

Théorème 1.6. *Soient $a, b \in \mathbf{N}$ avec $b > 0$. Il existe $q, r \in \mathbf{N}$ tels que l'on ait :*
1) $a = bq + r$,
2) $0 \leqslant r < b$.
De plus, q et r sont uniques pour cette propriété.

Définition 1.7. *L'opération qui à a et b associe q et r vérifiant $a = bq+r$ et $0 \leqslant r < b$ s'appelle la* **division euclidienne** *de a par b. Dans cette opération on dit que a est le* **dividende**, *b le* **diviseur**, *q le* **quotient** *et r le* **reste**.

Exemple 1.8. Si on prend $a = 213$, $b = 17$, on a $q = 12$ et $r = 9$.

Démonstration de 1.6. Montrons d'abord l'existence de q et r. On pose

$$\mathrm{A} = \{m \in \mathbf{N} \mid mb \leqslant a\}.$$

L'ensemble A n'est pas vide car il contient 0, il est fini (si $m \in \mathrm{A}$, comme b est $\geqslant 1$, on a $m \leqslant mb \leqslant a$). D'après la propriété 1.4.2, cet ensemble a donc un plus grand élément, que nous appellerons q, qui vérifie $qb \leqslant a$ (car $q \in \mathrm{A}$) et $a < (q+1)b$ (car $q+1 \notin \mathrm{A}$), voir figure ci-dessous. Posons alors $r = a - qb$. On a $a = bq + r$ et $0 \leqslant r < b$, de sorte que q et r vérifient les propriétés annoncées.

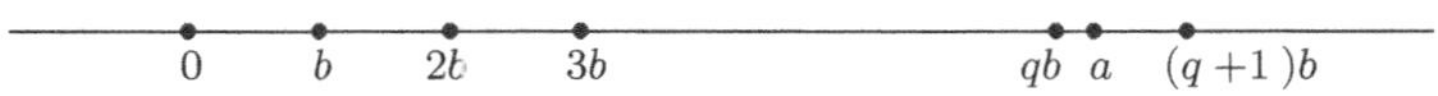

FIG. 1.

Pour montrer l'unicité, raisonnons par l'absurde. Si on a deux écritures distinctes $a = bq + r = bq' + r'$ on a $q \neq q'$ (si $q = q'$ on a aussi $r = r'$ et les écritures sont identiques) et on peut supposer, par exemple, $q > q'$, donc $q - q' \geqslant 1$. On a alors, par différence, $b(q - q') = r' - r$, d'où $r' - r \geqslant b$. Mais, par définition de la division, on a $0 \leqslant r' - r \leqslant r' < b$, d'où une contradiction.

C. VARIANTES

Le théorème de division dans $\mathbf{N}$ admet deux corollaires dans $\mathbf{Z}$, le premier avec le dividende et le quotient dans $\mathbf{Z}$, le second avec les quatre éléments dans $\mathbf{Z}$:

Corollaire 1.9. *Soient $a \in \mathbf{Z}$ et $b \in \mathbf{N}$, $b > 0$. Il existe $q \in \mathbf{Z}$ et $r \in \mathbf{N}$, uniques, tels que l'on ait :*

1) $a = bq + r$,
2) $0 \leqslant r < b$.

Démonstration. Si a est $\geqslant 0$ l'existence résulte de 1.6. Si a est < 0, on considère $|a| = -a$. On a $|a| > 0$ et $a + b|a| = (b-1)|a| \geqslant 0$. On peut donc diviser $a + b|a|$ par b. On obtient $a + b|a| = bq' + r'$ avec $0 \leqslant r' < b$. Mais alors on a $a = b(q' - |a|) + r'$ et on obtient la division cherchée en posant $q = q' - |a|$ et $r' = r$. L'unicité se montre comme celle de 1.6.

Corollaire 1.10. *Soient $a, b \in \mathbf{Z}$ avec $b \neq 0$. Il existe $q, r \in \mathbf{Z}$ tels que l'on ait :*

1) $a = bq + r$,
2) $|r| < |b|$.

Démonstration. Si b est > 0 on applique 1.9, si b est < 0 on divise a par $-b$: on a $a = (-b)q + r$ avec $0 \leqslant r < -b$ et il suffit d'écrire $a = b(-q) + r$ pour obtenir le résultat.

Remarque 1.11. Attention, avec cette dernière variante il n'y a plus unicité (sauf si le reste est nul). Par exemple on a, avec $a = 24$ et $b = 5$, les écritures $24 = 5 \times 4 + 4$ ou $24 = 5 \times 5 - 1$.

D. APPLICATION : ÉCRITURE D'UN ENTIER EN BASE b

C'est la généralisation de l'écriture décimale usuelle qui correspond à $b = 10$. L'autre cas très important est le cas $b = 2$ qui est utilisé par les ordinateurs (car ceux-ci ne travaillent qu'avec deux chiffres : 0 et 1).

Théorème 1.12. *Soit $b \in \mathbf{N}$, $b \geqslant 2$. Tout entier $a > 0$ s'écrit de manière unique sous la forme*

$$a = a_n b^n + \cdots + a_2 b^2 + a_1 b + a_0$$

avec $n \geqslant 0$, $a_i \in \mathbf{N}$, $0 \leqslant a_i < b$ et $a_n \neq 0$. L'unicité signifie que si on a

$$a = a_n b^n + \cdots + a_2 b^2 + a_1 b + a_0 = a'_m b^m + \cdots + a'_2 b^2 + a'_1 b + a'_0,$$

alors on a $m = n$ et $a_i = a'_i$ pour tout $i = 0, 1, \ldots, n$.

Cette écriture s'appelle l'écriture en base b de a et les a_i sont les **chiffres** *de a en base b. Nous utiliserons la convention d'écriture suivante : lorsque la base est dix nous noterons, comme il est d'usage, $a = a_n \ldots a_1 a_0$. Lorsque la base est différente de dix nous noterons $a = \overline{a_n \ldots a_1 a_0}$.*

Exemple 1.13. Dans la Gaule antique se trouvait une région appelée Septimanie[1], ainsi nommée parce que ses habitants avaient la manie de compter en base 7. On sait que les Gaulois ne craignaient qu'une chose, c'est que le ciel ne leur tombe sur la tête, ce qui est une façon de craindre la fin du monde. D'ailleurs, le druide Pacorabanix, fort versé en numérologie, avait prévu ce cataclysme pour l'an $\overline{5555}$. Bien entendu, nous autres esprits forts savons que cette prévision est sujette à caution, puisqu'il n'y a aucune raison que ce nombre, remarquable en base 7, le soit encore dans une autre base. Faisons le calcul en base 10 pour nous en convaincre : $\overline{5555} = 5 \times 7^3 + 5 \times 7^2 + 5 \times 7 + 5 = 5 \times 343 + 5 \times 49 + 5 \times 7 + 5 = 1715 + 245 + 35 + 5 = 2000$. Diable, finalement, on l'a échappé belle !

Démonstration (du théorème 1.12). Nous montrons l'existence de l'écriture par récurrence. Précisément, considérons la propriété E(N) suivante, pour $\mathrm{N} \geqslant 1$:

Tout entier vérifiant $0 < a \leqslant \mathrm{N}$ *s'écrit sous la forme*

$$(*) \qquad a = a_n b^n + \cdots + a_2 b^2 + a_1 b + a_0$$

avec les conditions de 1.12 : $n \geqslant 0$, $0 \leqslant a_i < b$ *et* $a_n \neq 0$.

La propriété est évidente pour tous les entiers $\mathrm{N} < b$. En effet, si on a $0 < a \leqslant \mathrm{N} < b$, on écrit a sous la forme $(*)$ en prenant $n = 0$ et $a_0 = a$.

Supposons que E(N) soit vraie (avec $\mathrm{N} \geqslant b - 1$) et montrons que $\mathrm{E}(\mathrm{N}+1)$ l'est aussi. Grâce à l'hypothèse que E(N) est vraie, il ne reste plus qu'à écrire $\mathrm{N}+1$ sous la forme $(*)$.

Pour cela, on divise $\mathrm{N}+1$ par b ce qui donne $\mathrm{N}+1 = bq + r$ avec $0 \leqslant r < b$. Comme $\mathrm{N}+1$ est $\geqslant b$, on a $q > 0$. On en déduit $q < \mathrm{N}+1$, donc $q \leqslant \mathrm{N}$. En effet, comme b est $\geqslant 2$ on a $\mathrm{N}+1 \geqslant bq \geqslant 2q > q$ (car $q > 0$). Comme E(N) est vraie, q s'écrit donc sous la forme $(*)$:

$$q = c_m b^m + \cdots + c_1 b + c_0$$

avec $m \geqslant 0$ et $0 \leqslant c_i < b$ et $c_m \neq 0$. On en déduit aussitôt qu'on a

$$\mathrm{N}+1 = bq + r = c_m b^{m+1} + \cdots + c_1 b^2 + c_0 b + r$$

ce qui est une écriture de $\mathrm{N}+1$ sous la forme $(*)$, cqfd.

Montrons maintenant l'unicité. Raisonnons encore par récurrence en considérant la propriété U(N) suivante :

Si un entier $a \leqslant \mathrm{N}$ *admet deux écritures :*

$$(**) \quad a = a_n b^n + \cdots + a_2 b^2 + a_1 b + a_0 = a'_m b^m + \cdots + a'_2 b^2 + a'_1 b + a'_0,$$

1. Il s'agit de la région de Montpellier. Voir `http://fr.wikipedia.org/wiki/Septimanie`.

on a $m = n$ *et* $a_i = a'_i$ *pour tout* $i = 0, 1, \ldots, n$.

La propriété est évidente pour $\mathrm{N} < b$. En effet, si on a $a \leqslant \mathrm{N} < b$ avec deux écritures, on a $m = n = 0$ (sinon a est $\geqslant b$) et $a = a_0 = a'_0$, donc les écritures sont les mêmes.

Supposons que U(N) soit vraie (avec $\mathrm{N} \geqslant b - 1$) et montrons que $\mathrm{U}(\mathrm{N}+1)$ l'est aussi. Il reste juste à examiner le cas de $\mathrm{N}+1$. Supposons donc qu'on ait deux écritures de $a = \mathrm{N}+1$ comme en (**) ci-dessus. L'écriture de $\mathrm{N}+1$ montre que a_0 est le reste de la division de $\mathrm{N}+1$ par b et il en est de même pour a'_0. Par unicité du reste (voir 1.6) on a donc déjà $a_0 = a'_0$. En retranchant a_0 ou a'_0 et en divisant par b, on en déduit que l'entier

$$q = a_n b^{n-1} + \cdots + a_2 b + a_1 = a'_m b^{m-1} + \cdots + a'_2 b + a'_1$$

(qui est le quotient dans la division) admet deux écritures en base b. On montre, comme dans la démonstration de l'existence, que cet entier est $\leqslant \mathrm{N}$. D'après l'hypothèse de récurrence U(N) les deux écritures sont donc les mêmes et on a $n = m$ et $a_i = a'_i$ pour tout $i = 1, \ldots, n$, ce qui, avec $a_0 = a'_0$, achève la démonstration.

Exemple 1.14. La démonstration précédente fournit une méthode pratique pour passer de l'écriture d'un nombre en base 10 à son écriture en base b. Considérons, par exemple, le nombre 1729 et proposons nous de l'écrire en base 5. Pour cela, nous effectuons la division euclidienne de 1729 par 5 : $1729 = 5 \times 345 + 4$, puis de 345 par 5 : $345 = 5 \times 69$, puis de 69 par 5 : $69 = 5 \times 13 + 4$, puis de 13 par 5, $13 = 2 \times 5 + 3$ et enfin, même si elle est évidente, la division de 2 par 5 : $2 = 0 \times 5 + 2$. Notons alors que, si on a une division $a = 5q + r$, avec $0 \leqslant r < 5$, et si q s'écrit en base 5 : $q = \overline{a_n \ldots a_1 a_0}$, l'écriture de $5q$ en base 5 s'obtient en rajoutant un zéro à la fin : $5q = \overline{a_n \ldots a_1 a_0 0}$ et celle de a en rajoutant le chiffre r : $a = \overline{a_n \ldots a_1 a_0 r}$. Si on reprend alors les divisions précédentes en commençant par la dernière on obtient successivement : $2 = \overline{2}$, $13 = \overline{23}$, $69 = \overline{234}$, $345 = \overline{2340}$ et enfin $1729 = \overline{23404}$. On obtient donc l'écriture en base 5 de 1729 en écrivant à la suite tous les restes des divisions successives, en commençant par le dernier, c'est-à-dire celui de la division triviale dont le quotient est 0. Quand on utilise cette procédure il est prudent de vérifier ensuite le résultat : $1729 = 2 \times 5^4 + 3 \times 5^3 + 4 \times 5^2 + 4$.

En base 12, 1729 s'écrit $\overline{1001}$. En effet, on a $1729 = 1728 + 1 = 12^3 + 1$. Le nombre 1729 est d'ailleurs remarquable à cet égard car c'est le plus petit entier qui s'écrit de deux façons différentes comme somme de deux cubes : $1729 = 12^3 + 1^3 = 10^3 + 9^3$.

E. ALGORITHMES

L'écriture des nombres entiers en base b et notamment en base 10 est à la source de la plupart des algorithmes que l'on apprend dès l'école primaire pour comparer les nombres et effectuer les opérations (addition, soustraction, multiplication, division). Nous n'entrerons pas vraiment dans cette problématique, laissant au lecteur le soin de réfléchir aux problèmes de retenues qui se posent dès qu'on essaie d'additionner deux entiers écrits en base 10. Nous nous contenterons d'évoquer brièvement ici deux aspects que nous reverrons à propos des décimaux : l'ordre et la division.

En ce qui concerne l'ordre, il s'agit de justifier le fait qu'il est lexicographique, c'est-à-dire que, comme dans un dictionnaire, pour comparer deux nombres on compare leurs chiffres en commençant par ceux qui correspondent aux puissances de b les plus élevées (voir 1.16 ci-dessous). Le ressort de ce résultat est une propriété des suites géométriques dont la vérification est immédiate :

Proposition 1.15. *Soit b un nombre et soit $n \in \mathbf{N}$. On a la formule :*

$$(b-1)(1+b+b^2+\cdots+b^n) = b^{n+1}-1.$$

Corollaire 1.16. *Soient $a = a_n b^n + \cdots + a_1 b + a_0$ et $a' = a'_m b^m + \cdots + a'_1 b + a'_0$ deux entiers écrits en base b. On suppose a et a' distincts. Soit p le plus grand entier tel que $a_p \neq a'_p$. Alors, si on a $a_p > a'_p$ (resp. $a_p < a'_p$) on a $a > a'$ (resp. $a < a'$). En particulier, si n est plus grand que m, on a $a > a'$.*

Démonstration. Il suffit d'examiner le cas $a_p > a'_p$. On calcule la différence :

$$a - a' = (a_p - a'_p)\, b^p + (a_{p-1} - a'_{p-1})\, b^{p-1} + \cdots + (a_0 - a'_0).$$

Comme les chiffres sont compris entre 0 et $b-1$, les différences $a_i - a'_i$ sont comprises entre $-(b-1)$ et $b-1$. La somme $(a_{p-1} - a'_{p-1})\, b^{p-1} + \cdots + (a_0 - a'_0)$ est donc supérieure ou égale à $-(b-1)(1+b+b^2+\cdots+b^{p-1})$ c'est-à-dire à $-(b^p - 1)$ en vertu de 1.15. Comme on a $a_p > a'_p$, le terme $(a_p - a'_p)b^p$ est $\geqslant b^p$, de sorte que $a - a'$ est positif, donc $a > a'$.

En ce qui concerne la division, le principe de l'algorithme usuel (disons en base 10, mais le cas général est identique) est le suivant. On suppose qu'on a déjà effectué la division euclidienne d'un entier a par un entier $b > 0$: $a = bq + r$ avec $0 \leqslant r < b$, et on veut effectuer celle d'un entier a' obtenu à partir de a en lui rajoutant un chiffre à droite de son écriture décimale, le diviseur étant toujours b. On veut donc diviser $a' = 10a + \alpha$ par b, avec $0 \leqslant \alpha' \leqslant 9$. La division de a donne $a' = 10qb + 10r + \alpha$ et il reste à diviser $10r + \alpha$ par b. Mais on a $10r + \alpha \leqslant 10(b-1) + 9 = 10b - 1 < 10b$, autrement dit on est ramené à faire uniquement les divisions par b des nombres $c < 10b$. Le quotient est alors un entier $\leqslant 9$ que l'on détermine soit par essais, soit, comme cela se pratique d'ailleurs de plus en plus dans les algorithmes utilisés à l'école (voir la rubrique *calcul posé* dans le document d'accompagnement des programmes 2002 de l'enseignement primaire sur le site `www.eduscol.education.fr`), en dressant la liste, au moins partielle, des nombres $0, b, 2b, \dots, 9b$ et en les comparant à c. En résumé, on a le résultat suivant :

Proposition 1.17. *Soient a, b des entiers avec $b > 0$. On suppose qu'on connaît la division euclidienne de a par b : $a = bq + r$ avec $0 \leqslant r < b$. Soit a' un nombre obtenu à partir de a en rajoutant un chiffre à droite de son écriture décimale : $a' = 10a + \alpha$ avec $0 \leqslant \alpha \leqslant 9$. Si q' et r' sont le quotient et le reste de la division par b de $10r + \alpha$, on a $0 \leqslant q' \leqslant 9$ et le quotient et le reste de la division de a' par b sont respectivement $10q + q'$ et r'. En particulier, le quotient est obtenu à partir de q en rajoutant un chiffre à droite de son écriture décimale.*

Exemple 1.18. Effectuons la division de 7342 par 31 selon cette méthode. On commence par diviser 73 par 31. Le multiple de 31 immédiatement en dessous de 73 est 62. On a donc $73 = 2 \times 31 + 11$. On passe alors à la division de 734 par 31 pour laquelle il suffit de diviser $10 \times 11 + 4 = 114$. On a $114 = 3 \times 31 + 21$, d'où $734 = 23 \times 31 + 21$. On peut alors finir la division en divisant $21 \times 10 + 2 = 212$ par 31. Le multiple convenable de 31 est $6 \times 31 = 186$ (on voit tout de suite que 7×31 est trop grand) et on a $212 = 6 \times 31 + 26$. En définitive, on a $7342 = 236 \times 31 + 26$.

F. BREF APERÇU HISTORIQUE SUR LES ENTIERS ET LA NUMÉRATION

Nos sources sur cette question sont le livre d'Ifrah [I] et l'excellent petit livre [HMC], malheureusement épuisé et presque introuvable.

Nombres et numération.

La numération est évidemment une chose trop ancienne pour qu'on ait des sources fiables sur ses origines. Ce qu'on peut en dire provient d'études ethnologiques sur des peuples actuels « primitifs » au sens où ils sont restés à l'écart de nos civilisations.

La nécessité de compter s'est sans doute imposée très tôt (on pense au berger qui doit vérifier que son troupeau est complet). Une première façon de faire a probablement été de mettre en parallèle (au sens mathématique : en bijection) deux ensembles, par exemple les moutons et un ensemble de boules d'argile ou de cailloux que l'on passe d'un récipient à un autre pour vérifier que les animaux sont tous rentrés au bercail.

L'étymologie du mot calcul (*calculus* en latin signifie caillou, penser aux calculs rénaux) semble confirmer cette hypothèse.

Bien entendu, pour pouvoir communiquer, il s'impose assez vite de nommer les nombres. Dans les civilisations les plus frustes on se contente de nommer les premiers entiers et de dire, à partir d'un certain moment, « beaucoup ». C'est le cas de certaines tribus des îles du détroit de Torrès (au nord de l'Australie) qui nomment un (*urapun*), deux (*okosa*), trois (*okosa-urapun*), c'est-à-dire deux-un et quatre (*okosa-okosa*) et qui pour les entiers au-delà de 5 se contentent de dire *ras* qui signifie « beaucoup ».

On trouve d'ailleurs une trace de cette pratique ancestrale dans certaines langues actuelles qui ont deux formes de pluriel, l'une pour $2, 3, 4$, l'autre pour 5 et plus. Par exemple, en polonais, une bière se dit *jedno piwo*, deux bières *dwa piwa* et on dit aussi *piwa* pour trois et quatre, mais pour cinq on dit *pięć piw* et de même au-delà.

Si l'œil humain perçoit aisément les petits nombres (disons jusqu'à 6, penser aux nombres marqués sur les faces d'un dé, voire jusqu'à 10), il devient difficile d'appréhender des collections plus grandes et le progrès qui apparaît ensuite est la notion de groupement (ou de base en langage moderne). Cette notion est largement tributaire du corps humain et ces groupements sont le plus souvent par 5 ou 10 (une ou deux mains)[2]. Il y a quelques exceptions notables : par exemple les Babyloniens qui utilisent une base 60 dont il reste des traces dans notre désignation des mesures des angles ou du temps (minutes, secondes). En général on utilise ensuite les puissances de la base : 10, 100, 1000, etc. Là encore il y a des exceptions, ainsi chez les Mayas il y a une base 20 puis une deuxième base 360.

La technique la plus rudimentaire (mais que l'on utilise encore pour compter une collection) consiste à faire une marque spéciale pour chaque paquet, disons de 10, par exemple une croix : c'est sans doute l'origine du chiffre X des Romains[3].

À partir de là il faut distinguer entre deux grands systèmes :

1) Les systèmes additifs.

Dans ces systèmes, on a un symbole pour chaque puissance de la base et on se contente de le répéter autant de fois que nécessaire. Par exemple, chez les Égyptiens, l'unité est désignée par un bâton 𓏺, la dizaine par le symbole 𓎆 et la centaine par une sorte de spirale, comme 𓍢. Ainsi le nombre 729 s'écrit

𓍢𓍢𓍢𓍢𓍢𓍢𓍢𓎆𓎆𓏺𓏺𓏺𓏺𓏺𓏺𓏺𓏺𓏺

2. On consultera [I] p. 47 sur ce sujet de l'utilisation du corps pour désigner les nombres. Dans de nombreuses civilisations on utilise beaucoup d'autres parties du corps : les orteils, mais aussi les poignets, les coudes, les épaules, les chevilles, les genoux, les hanches et le sternum.

3. Par parenthèse, on pense que le chiffre V correspond à la moitié supérieure de la croix. Cette hypothèse est corroborée par le fait que chez les Étrusques, proches voisins des Romains, 5 s'écrit $\wedge$, c'est-à-dire la moitié inférieure !

On notera que, dans une telle numération, la disposition des symboles est sans importance et on pourrait écrire aussi bien

La numération romaine est de ce type, avec les chiffres I (1), X (10), C (100) et M (1000). Il semble qu'à l'origine ces chiffres étaient seuls utilisés. Avec le temps, deux améliorations sont apparues. La première est l'utilisation d'une base intermédiaire cinq[4]. Ainsi les Romains notent-ils V (5), L (50) et D (500).

L'autre amélioration a le même objectif de concision, c'est un système soustractif qui consiste à interpréter un nombre ab avec $a < b$ comme $b - a$. Par exemple IV signifie $5 - 1 = 4$, IX, $10 - 1 = 9$, etc.

On notera qu'il n'y a pas unicité de l'écriture puisque le nombre 999 peut, en théorie, s'écrire IM, CMXCIX, ou encore DCCCCLXXXXVIIII (en fait la deuxième variante doit être la seule usitée chez les Romains « modernes »).

La numération des Grecs est assez différente en ce sens qu'elle est *alphanumérique*. Cela signifie que les chiffres de 1 à 9 sont désignés par des lettres, de même que les dizaines (10, 20, ..., 90), les centaines, etc.

Signalons enfin la numération chinoise dont le principe est le suivant : on a des caractères pour les chiffres de 1 à 9, puis des signes pour 10, 100, 1000, etc. Si, ne maîtrisant pas parfaitement la calligraphie chinoise, nous utilisons nos chiffres usuels de 1 à 9 et les signes $\sharp$ (10) et $\heartsuit$ (100), le nombre 729 s'écrit $7\heartsuit\ 2\sharp\ 9$ (en réalité, traditionnellement, les Chinois l'écrivaient en colonnes).

On notera que cette écriture est exactement celle qui correspond à notre numération *parlée* actuelle. On lit en effet le nombre 4629 ainsi : quatre *mille* six *cents* vingt-neuf (les dizaines ont des noms spéciaux, au moins en français[5]).

2) La numération de position.

C'est celle que nous avons expliquée ci-dessus et qui est maintenant universellement utilisée. Dans cette numération la signification d'un symbole dépend de sa position, ainsi 729 signifie 7 centaines, 2 dizaines et 9 unités, tandis que 297, écrit avec les mêmes chiffres, a un tout autre

4. Il ne s'agit pas vraiment d'une base car les puissances de 5 n'interviennent pas, mais d'un raccourci : V est plus court à écrire que IIIII (et plus lisible !).

5. Pour l'anecdote, révisons les noms des grands nombres : tout le monde connaît 10^6 : un million et 10^9 : un milliard. La suite est plus délicate. Depuis le décret du 3 mai 1961, les noms vont de 6 en 6 (alors qu'avant ils allaient de 3 en 3). Ainsi on a un billion (10^{12}), un trillion (10^{18}), un quadrillion (10^{24}), etc. Attention, le billion des anglais est le milliard des français !

sens. L'intérêt, bien entendu, est de ne pas être obligé de répéter un grand nombre de fois les signes.

Un point fondamental qui explique que cette numération n'est apparue que tardivement (elle semble avoir été introduite en Inde sous la forme que nous connaissons aujourd'hui), c'est qu'elle nécessite l'introduction du chiffre 0. En effet, si l'on veut écrire le nombre qui correspond à 2 centaines et 7 unités, il faut indiquer l'absence de dizaines. Les Babyloniens, qui utilisaient une numération de position, laissaient un blanc pour indiquer l'absence d'une puissance de la base. Le problème c'est qu'avec des grands nombres où manquent plusieurs puissances, l'écriture devient vite incompréhensible.

Les entiers relatifs.

Après l'invention des nombres naturels, qui ont permis d'énumérer des collections et de les repérer par un symbole, l'étape suivante a été l'introduction des opérations qui permettent d'ajouter et de multiplier les entiers naturels. Le problème des soustractions impossibles a conduit, beaucoup plus tard, à introduire l'ensemble des nombres relatifs dans lequel les soustractions sont toujours possibles, un pas conceptuel décisif consistant à penser ces « nombres impossibles » (les négatifs) comme des nombres à part entière. Notez, à ce sujet, les précautions de langage de Descartes en 1637 :

> *En chaque équation autant que la quantité inconnue a de dimensions, autant peut-il y avoir de diverses racines : mais souvent il arrive que ces racines soient fausses ou moindres que rien. Comme si on suppose que* x *désigne aussi le défaut d'une quantité qui soit* 5, *on a* $x+5=0$, *qui étant multipliée par* $x^3-9x^2+26x-24=0$ *fait* $x^4-4x^3-19x^2+106x-120=0$ *pour une équation en laquelle il y a quatre racines, à savoir trois vraies qui sont* $2, 3, 4$ *et une fausse qui est* 5.

Même en 1803 les choses ne sont pas encore totalement éclaircies, puisque Lazare Carnot écrit :

> *Une multitude de paradoxes ou plutôt d'absurdités palpables résulteraient de la même notion* [de nombre négatif] *; par exemple* -3 *serait moindre que* 2 *; cependant* $(-3)^2$ *serait plus grand que* 2^2, *c'est-à-dire qu'entre deux quantités inégales le carré de la plus grande serait moindre que le carré de la plus petite, ce qui choque toutes les idées claires qu'on peut se former de la quantité.*

2. La relation de divisibilité et les congruences

Dans ce paragraphe nous étudions le cas où la division euclidienne « tombe juste », c'est-à-dire le cas où le reste est nul.

A. DIVISIBILITÉ

Définition 2.1. *Soient $a, b \in \mathbf{Z}$. On dit que b* **divise** *a et on note $b \mid a$ s'il existe $q \in \mathbf{Z}$ avec $a = bq$. On dit aussi que b est un* **diviseur** *de a ou que a est* **multiple** *de b.*

Remarques 2.2. 1) Si b est $\neq 0$, dire que b divise a signifie que dans la division euclidienne de a par b au sens de 1.10, le reste est nul.

2) On notera que tout entier $n \in \mathbf{Z}$ divise 0, que 0 ne divise que lui-même et que les nombres 1 et -1 divisent tous les entiers.

3) Le signe des nombres n'a pas d'importance pour la relation de divisibilité. On a en effet les équivalences :

$$b \mid a \iff -b \mid a \iff b \mid -a \iff -b \mid -a.$$

Cette remarque permet, le plus souvent, de se ramener au cas des entiers $\geqslant 0$.

4) Si a et b sont > 0, on note que $b \mid a$ implique $b \leqslant a$.

Proposition 2.3. *Soit $n \in \mathbf{Z}$. On a les propriétés suivantes :*

1) *si n divise a et b, alors n divise $a + b$ et $a - b$;*

2) *si n divise a et si λ est un entier quelconque, n divise λa.*

On peut encore formuler cette propriété en disant que l'ensemble des multiples de n est stable par addition et par multiplication par un entier quelconque.

B. CONGRUENCES

Définition 2.4. *Soit $n \in \mathbf{N}$, $n > 0$. On dit que deux entiers $a, b \in \mathbf{Z}$ sont* **congrus modulo** *n et on écrit $a \equiv b \pmod{n}$ si n divise $a - b$.*

Remarques 2.5. 1) La relation $a \equiv 0 \pmod{n}$ signifie exactement que n divise a.

2) La relation de congruence modulo n est une relation d'équivalence. Cela signifie qu'elle possède les trois propriétés suivantes :

- elle est réflexive : on a, pour tout $a \in \mathbf{Z}$, $a \equiv a$,
- elle est symétrique : on a $a \equiv b \iff b \equiv a$,
- elle est transitive : on a $a \equiv b$ et $b \equiv c \implies a \equiv c$.

La proposition suivante est évidente, mais essentielle :

Proposition 2.6. *Soient $a \in \mathbf{Z}$ et $n \in \mathbf{N}$, avec $n > 0$. Effectuons la division euclidienne de a par n :*

$$a = nq + r \quad \text{avec} \quad 0 \leqslant r < n \quad \text{(voir 1.9)}.$$

Alors, on a $\quad a \equiv r \pmod{n}$.

Corollaire 2.7. *Soit $n \in \mathbf{N}$, $n > 0$. Tout nombre $a \in \mathbf{Z}$ est congru modulo n à l'un des nombres $0, 1, \ldots, n-1$ et un seul.*

Démonstration. Dire que a est congru modulo n à un nombre r avec $0 \leqslant r < n$, on a $a = nq + r$ signifie que r est le reste de la division euclidienne de a par n au sens de 1.9. Cela assure l'existence et l'unicité du nombre cherché.

Exemples 2.8. 1) Modulo 1, tous les nombres sont congrus : la notion est sans intérêt.

2) Modulo 2 un nombre est congru à 0 ou 1. Dire que a est congru à 0 signifie que a est multiple de 2, c'est-à-dire pair, dire que a est congru à 1 signifie que $a-1$ est pair, donc que a est impair.

3) Modulo 10, un nombre écrit dans le système décimal est congru à son chiffre des unités. Ainsi on a $25 \equiv 5$, $1997 \equiv 7$, etc.

4) Modulo 3 un nombre est congru à $0, 1$ ou 2. Si on écrit a dans le système décimal il est facile de déterminer à quoi est congru a modulo 3. Par exemple, pour un nombre de trois chiffres écrit sous la forme $a = \overline{cdu}$, c'est-à-dire, d'après 1.12, $a = 100c + 10d + u$ on a $a = 99c + 9d + c + d + u$ et $a \equiv c + d + u \pmod 3$ (car 99 et 9 sont multiples de 3). Plus généralement, voir 2.11 ci-dessous, on retrouve ainsi le critère de divisibilité par 3 :

Proposition 2.9. *Un nombre a est multiple de 3 si et seulement si la somme des chiffres de son écriture décimale est multiple de 3.*

Le théorème suivant qui fait le lien entre congruences et opérations est la base de la théorie des congruences :

Théorème 2.10. *Soit $n \in \mathbf{N}$, $n > 0$. On suppose qu'on a, modulo n, les relations $a \equiv a'$ et $b \equiv b'$. Alors, on a aussi, modulo n :*

1) $a + b \equiv a' + b'$,

2) $-a \equiv -a'$,

3) $a - b \equiv a' - b'$,

4) $ab \equiv a'b'$,

5) $a^k \equiv {a'}^k$ *pour tout* $k \in \mathbf{N}$.

Démonstration. La première relation découle de la formule $a+b-(a'+b') = a - a' + b - b'$ et de 2.3.1. La seconde est évidente et la troisième en découle.

Pour le produit on utilise la vieille ruse qui consiste à faire apparaître de force les termes $a' - a$ et $b' - b$: on écrit $a'b' - ab = a'(b' - b) + (a' - a)b$ et on conclut en utilisant 2.3. Enfin, pour les puissances on raisonne par récurrence sur k. La propriété est évidente pour $k = 1$. Admettons qu'elle soit vraie pour k. On écrit alors $a^{k+1} = a^k a$ et $(a')^{k+1} = {a'}^k a'$ et on conclut par la formule du produit.

Une autre démonstration possible repose sur l'identité :

$$a^k - {a'}^k = (a - a')(a^{k-1} + a^{k-2}a' + \cdots + a^{k-i}(a')^{i-1} + \cdots + (a')^{k-1}).$$

C. APPLICATIONS DES CONGRUENCES

***Congruences modulo* 9.**

On peut maintenant prouver les critères de divisibilité par 3 et par 9 :

Proposition 2.11. *Soit a un entier $\geqslant 0$ écrit dans le système à base dix :*

$$a = a_n \times 10^n + a_{n-1} \times 10^{n-1} + \cdots + a_1 \times 10 + a_0,$$

avec $0 \leqslant a_i \leqslant 9$. Alors, modulo 3 et modulo 9, a est congru à la somme de ses chiffres, c'est-à-dire à $a_n + a_{n-1} + \cdots + a_1 + a_0$. Le nombre a est multiple de 3 (resp. de 9) si et seulement si la somme des chiffres de son écriture décimale est multiple de 3 (resp. de 9).

Démonstration. On a $10 = 9+1 = 3\times 3+1$, donc $10 \equiv 1$ modulo 3 comme modulo 9. On en déduit, par 2.10.5, que 10^i est lui aussi congru à 1, puis, par 2.10.1 et 2.10.4, que a est congru à la somme des a_i.

***La preuve par* 9.**

Le principe de la preuve par 9 repose sur la proposition précédente et sur le théorème 2.10. S'agissant de vérifier, par exemple, si la multiplication :

$$a \times b = 687952 \times 8204963 = 5644520705776 = c$$

est correcte, on calcule modulo 9 les valeurs de a et b. On a $a \equiv 6 + 8 + 7 + 9 + 5 + 2 \equiv 6 + 8 + 5 = 19 \equiv 1$ (bien entendu chaque fois que, comme ci-dessus, on voit apparaître 9 ou $7 + 2$ on s'empresse de le remplacer par 0). De même on a $b \equiv 5$. On a donc $a \times b \equiv 1 \times 5 = 5$. On vérifie : $c \equiv 6 + 5 + 7 + 7 + 6$ (en éliminant les $5 + 4$ et $7 + 2$) d'où $c \equiv 4$: il y a nécessairement une erreur !

Attention, si la preuve donne une congruence incorrecte on est sûr que l'opération est fausse, mais si la preuve donne la bonne congruence cela ne prouve pas que l'opération est juste, le résultat obtenu peut différer de la valeur exacte d'un multiple de 9 (ainsi $45 \times 17 = 855$ est faux malgré une preuve par 9 positive).

***Congruences modulo* 11.**

La proposition suivante est l'analogue de 2.11 avec l'autre voisin immédiat de 10 :

Proposition 2.12. *Soit a un entier $\geqslant 0$ écrit dans le système à base dix :*

$$a = a_n \times 10^n + a_{n-1} \times 10^{n-1} + \cdots + a_1 \times 10 + a_0,$$

avec $0 \leqslant a_i \leqslant 9$. Alors, modulo 11, a est congru à la somme alternée de ses chiffres, calculée en commençant par le chiffre des unités, c'est-à-dire à $a_0 - a_1 + a_2 - a_3 + \cdots + (-1)^i a_i + \cdots + (-1)^n a_n$. Le nombre a est multiple de 11 si et seulement si la somme alternée des chiffres de son écriture décimale (en commençant là où l'on veut) est multiple de 11.

Démonstration. On a $10 = 11 - 1$ donc $10 \equiv -1 \pmod{11}$. On en déduit $10^i \equiv (-1)^i$ par 2.10.5 et la proposition s'ensuit par 2.10.

Applications à la divisibilité.

Nous allons montrer que 11 divise $174277^{2625} - 1$.

On peut, bien entendu effectuer l'opération à la main. Cela ne représente, après tout, que quelques années de calcul. Cependant il est plus simple de montrer, avec les congruences, qu'on a $174277^{2625} - 1 \equiv 0 \pmod{11}$ ou $174277^{2625} \equiv 1 \pmod{11}$. Pour cela on note d'abord que, modulo 11, on a $174277 \equiv 7 - 7 + 2 - 4 + 7 - 1 = 4$. On calcule alors les puissances de 4 modulo 11 en les ramenant au fur et à mesure entre 0 et 10 : $4^2 = 16 \equiv 5$, donc $4^4 \equiv 25 \equiv 3$, donc $4^5 \equiv 3 \times 4 = 12 \equiv 1$. Mais alors, on a aussi, en vertu de 2.10.5 :

$$174277^{2625} \equiv 4^{2625} = (4^5)^{525} \equiv 1^{525} = 1,$$

ce qu'on voulait démontrer.

Un autre résultat de divisibilité est le suivant (voir aussi 4.16) :

Proposition 2.13. *Pour tout $a \in \mathbf{Z}$, 5 divise $a^5 - a$.*

Démonstration. On fait la liste des congruences possibles de a modulo 5 : a peut être congru à 0, 1, 2, 3, 4. D'après le théorème 2.10, a^5 est alors congru, respectivement, à 0, 1, 32, 243, 1024 et on vérifie que $a^5 - a$ est bien congru à 0 modulo 5. On peut être un peu plus astucieux en notant que, modulo 5, on a $3 \equiv -2$ et $4 \equiv -1$ et que leurs puissances cinquièmes sont -32 et -1, ce qui facilite nettement le calcul.

Une autre manière de procéder est la suivante. On décompose :

$$a^5 - a = a(a^4 - 1) = a(a^2 - 1)(a^2 + 1) = a(a - 1)(a + 1)(a^2 + 1).$$

Pour montrer que ce nombre est nul modulo 5 il suffit de montrer (toujours par 2.10) que l'un des facteurs est nul modulo 5. On examine encore les congruences possibles $(0, \pm 1, \pm 2)$. Si a est congru à 0, c'est le facteur a qui est nul, si a est congru à 1 c'est $a - 1$, s'il est congru à -1 c'est $a + 1$. Enfin, si a est congru à ± 2 on a $a^2 \equiv 4 \equiv -1$ et donc $a^2 + 1 \equiv 0$.

Remarque 2.14. Le ressort des applications précédentes est toujours le même : c'est le fait que pour vérifier une congruence il n'y a qu'un nombre fini (et petit dans les exemples que nous donnons ici) de cas à examiner.

Application à une équation diophantienne.

Proposition 2.15. *L'équation $x^2 - 5y^3 = 2$ n'a pas de solution $(x, y) \in \mathbf{Z}^2$.*

Démonstration. On raisonne par l'absurde en supposant que l'équation admette des solutions entières. Le principe de la démonstration c'est qu'une telle égalité A = B, si elle a lieu dans $\mathbf{Z}$ donne, *a fortiori*, une congruence

$A \equiv B \pmod n$ pour tout n. On choisit évidemment d'appliquer cela au cas $n = 5$, histoire de supprimer l'un des termes et il reste : $x^2 \equiv 2 \pmod 5$. On examine alors si une telle congruence est possible en examinant les congruences modulo 5 de x et leurs carrés. L'entier x peut être congru à 0, ± 1 ou ± 2 modulo 5, donc x^2 peut être congru à 0, 1 ou $4 \equiv -1$. On constate qu'un carré n'est jamais congru à 2 modulo cinq [6], et on aboutit à une contradiction.

Attention, si on montre qu'une certaine congruence a des solutions ce n'est pas pour autant que l'équation initiale en a aussi. Considérons les deux équations diophantiennes :

$$x^2 - 5y^2 = 11 \qquad \text{et} \qquad x^2 - 5y^2 = 6.$$

Toutes deux se réduisent modulo 5 à $x^2 \equiv 1$ qui a évidemment des solutions (il suffit que x soit congru à 1 ou -1). Mais, si la première équation admet la solution évidente $x = 4$, $y = 1$, la deuxième, en revanche, n'a pas de solution dans $\mathbf{Z}$. Regardons en effet modulo 3. On aurait $x^2 \equiv 5y^2 \equiv 2y^2$. Comme les carrés modulo 3 sont 0 et 1, on voit que cette équation n'est possible que si on a $x \equiv y \equiv 0 \pmod 3$. Mais alors, x et y sont multiples de 3, donc $x^2 - 5y^2 = 6$ est multiple de 9, ce qui est absurde.

3. Diviseurs communs, *pgcd*, algorithme d'Euclide, théorème de Bézout

A. LE PGCD

Définition 3.1. *Soient $a, b \in \mathbf{N}$. Un nombre $c \in \mathbf{N}$ est un* **diviseur commun** *de a et b s'il divise à la fois a et b.*

Exemples 3.2. Quels que soient les entiers a, b, le nombre 1 est un diviseur commun de a et b ; 1, 3, 5 et 15 sont les diviseurs communs de 30 et 45.

Définition 3.3. *Soient $a, b \in \mathbf{N}$. On dit que a et b sont* **premiers entre eux** *si l'unique diviseur commun de a et b (dans $\mathbf{N}$) est* 1.

Exemples 3.4. C'est le cas pour 1 et a quel que soit $a \in \mathbf{N}$; de même, 12 et 25 sont premiers entre eux (on prendra garde à ne pas confondre nombres premiers entre eux et nombres premiers).

Proposition-définition 3.5. *Soient $a, b \in \mathbf{N}$* **non tous deux nuls**. *L'ensemble D des diviseurs communs de a et b admet un plus grand élément. On l'appelle le* **plus grand commun diviseur** *de a et b et on le note $pgcd\,(a, b)$.*

6. On peut vérifier ce fait en notant que dans le système à base 10 un carré ne se termine jamais par les chiffres 2, 3, 7, 8.

Démonstration. L'ensemble D est non vide (il contient 1) et fini (si a est non nul tout diviseur de a est $\leqslant a$, voir 2.2.4) donc D contient un plus grand élément en vertu de 1.4.2.

Exemple 3.6. En vertu de 3.2, on a $pgcd\,(30,45) = 15$.

Remarques 3.7. 1) Attention, l'expression $pgcd\,(0,0)$ n'a pas de sens.

2) Si a et b sont non nuls, on a $pgcd\,(a,b) \leqslant \mathrm{Min}\,(a,b)$.

3) Si $b \neq 0$ divise a, on a $pgcd\,(a,b) = b$. En particulier on a, si $b \neq 0$, $pgcd\,(0,b) = b$.

4) Si a et b sont premiers entre eux, on a $pgcd\,(a,b) = 1$. En particulier, on a $pgcd\,(a,1) = 1$ pour tout $a \in \mathbf{N}$.

5) Si $d = pgcd\,(a,b)$, on peut écrire $a = da'$, $b = db'$ avec $a', b' \in \mathbf{N}$ et a' et b' premiers entre eux. En effet, si $\delta > 1$ divisait a' et b', $d\delta$ diviserait a et b et serait plus grand que d. C'est souvent sous cette forme que l'on traduit le fait que $d = pgcd\,(a,b)$. Voir 3.13 pour une réciproque.

6) On peut adapter aisément la plupart des définitions précédentes au cas de $\mathbf{Z}$. Par exemple, deux entiers relatifs a et b seront dits premiers entre eux s'ils n'ont pas d'autres diviseurs communs que 1 et -1.

Proposition 3.8. *Soient $a, b \in \mathbf{N}$ avec $b \neq 0$ et effectuons la division euclidienne de a par b :*

$$a = bq + r, \quad \text{avec} \quad 0 \leqslant r < b.$$

1) *Les diviseurs communs de a et b sont les mêmes que ceux de b et r.*

2) *On a $pgcd\,(a,b) = pgcd\,(b,r)$.*

Démonstration. La deuxième assertion résulte évidemment de la première. Pour celle-ci, on note que si d divise a et b il divise b et $r = a - bq$ en vertu de 2.3. De même, si d divise b et r il divise aussi b et $a = bq + r$.

B. L'ALGORITHME D'EUCLIDE

La proposition précédente conduit à une méthode pratique de recherche du *pgcd*. Voyons d'abord cette méthode sur un exemple en cherchant le *pgcd* de 684 et 252. On effectue la division euclidienne : $684 = 2 \times 252 + 180$ et on a donc $d = pgcd\,(684,252) = pgcd\,(252,180)$. On divise ensuite 252 par 180 : $252 = 1 \times 180 + 72$, d'où $d = pgcd\,(180,72)$. On continue ! On a $180 = 2 \times 72 + 36$ d'où $d = pgcd\,(72,36)$. Mais, cette fois, 36 divise 72, donc, d'après 3.7.3, on a $d = 36$.

Formalisons maintenant ce processus. On considère $a, b \in \mathbf{N}$ avec b non nul. On pose $r_0 = a$, $r_1 = b$. On effectue la division euclidienne de a par b : $a = bq + r$ avec $0 \leqslant r < b$. On pose $q_1 = q$, $r_2 = r$. On a donc $r_0 = r_1 q_1 + r_2$ avec $0 \leqslant r_2 < r_1$ et, d'après 3.8, $d = pgcd\,(a,b) = pgcd\,(r_0,r_1) = pgcd\,(r_1,r_2)$. Il y a maintenant deux cas :

• Premier cas : on a $r_2 = 0$, donc, en vertu de 3.7.3, $d = r_1$ et la recherche est terminée.

• Deuxième cas : on a $r_2 > 0$, on recommence l'opération en divisant r_1 par r_2 : $r_1 = r_2 q_2 + r_3$ avec $0 \leqslant r_3 < r_2$ et $d = pgcd\,(r_2, r_3)$.

On construit ainsi par récurrence des entiers $r_0, r_1, \ldots, r_k, r_{k+1}$ et $q_1, \ldots, q_k$ avec $r_{k-1} = q_k r_k + r_{k+1}$, $0 \leqslant r_{k+1} < r_k$ et $d = pgcd\,(r_k, r_{k+1})$. Si on a $r_{k+1} = 0$ on a $d = r_k$ et on s'arrête, sinon on continue l'algorithme en divisant r_k par r_{k+1}.

Comme on a $0 \leqslant r_{k+1} < r_k < \cdots < r_1$ on voit que l'on obtient nécessairement un reste nul au bout d'au plus r_1 opérations. Si on désigne par r_n le dernier reste non nul on a donc $r_{n-1} = q_n r_n$ d'où, $d = pgcd\,(r_{n-1}, r_n) = r_n$ (voir 3.7.3).

Définition et Règle 3.9. *L'algorithme de recherche du pgcd décrit ci-dessus s'appelle l'***algorithme d'Euclide***. Le pgcd de a et b est le dernier reste non nul dans cet algorithme.*

C. LE THÉORÈME DE BÉZOUT

Le théorème suivant est un outil essentiel de l'arithmétique élémentaire :

Théorème 3.10. *Soient $a, b \in \mathbf{N}$, non tous deux nuls.*

1) *Si on pose $d = pgcd\,(a, b)$ il existe $\lambda, \mu \in \mathbf{Z}$ vérifiant la « relation de Bézout » :*

$$d = \lambda a + \mu b.$$

2) *Les entiers a et b sont premiers entre eux si et seulement si il existe $\lambda, \mu \in \mathbf{Z}$ vérifiant la « relation de Bézout » :*

$$1 = \lambda a + \mu b.$$

Démonstration. Montrons d'abord 1). On utilise l'algorithme d'Euclide rappelé ci-dessus, dont on reprend les notations. On va montrer, par récurrence sur k, que pour tout k avec $0 \leqslant k \leqslant n$ il existe des entiers $\lambda_k, \mu_k \in \mathbf{Z}$ vérifiant $r_k = \lambda_k a + \mu_k b$.

L'assertion est vraie pour $k = 0$ puisqu'on a $r_0 = a = 1 \times a + 0 \times b$ et pour $k = 1$ puisqu'on a $r_1 = b = 0 \times a + 1 \times b$. Supposons l'assertion prouvée pour tout entier $\leqslant k$, avec k fixé vérifiant $1 \leqslant k < n$, et montrons-la pour $k + 1$. On a $r_{k+1} = r_{k-1} - q_k r_k = \lambda_{k-1} a + \mu_{k-1} b - q_k(\lambda_k a + \mu_k b)$ d'où la relation cherchée en posant $\lambda_{k+1} = \lambda_{k-1} - q_k \lambda_k$ et $\mu_{k+1} = \mu_{k-1} - q_k \mu_k$.

Si on applique l'assertion au cas $k = n$, comme on a $r_n = d = pgcd\,(a, b)$, on obtient bien la relation de Bézout cherchée.

Pour la deuxième assertion, si a et b sont premiers entre eux on a $pgcd\,(a, b) = 1$ et l'existence de la relation de Bézout vient du point 1). Réciproquement, si on a $1 = \lambda a + \mu b$, et si d est un diviseur commun de a et b, d divise $\lambda a + \mu b$ en vertu de 2.3, donc d divise 1, donc $d = 1$, de sorte que a et b sont premiers entre eux.

Remarques 3.11. 0) Bien entendu, si a et b sont > 0, λ et μ ne peuvent être tous deux > 0.

1) Attention, les coefficients de la relation de Bézout ne sont pas uniques : si on a $\lambda a + \mu b = d$ on a aussi $\lambda' a + \mu' b = d$ avec $\lambda' = \lambda + mb$ et $\mu' = \mu - ma$, voir § G pour une discussion.

2) On a une variante de Bézout dans $\mathbf{Z}$: si $a, b \in \mathbf{Z}$ sont premiers entre eux (au sens de 3.7.6) il existe $\lambda, \mu \in \mathbf{Z}$ tels que l'on ait $\lambda a + \mu b = 1$. En effet, on regarde $|a| = \varepsilon a$ et $|b| = \eta b$ (avec ε, η égaux à ± 1) qui sont premiers entre eux dans $\mathbf{N}$, on applique Bézout et on a $\lambda |a| + \mu |b| = 1 = (\lambda\varepsilon) a + (\mu\eta) b$.

Méthode pratique.

Dans la pratique, pour trouver une relation de Bézout on écrit l'algorithme d'Euclide et on remonte le calcul en partant du *pgcd*, c'est-à-dire du dernier reste non nul.

Par exemple, dans le cas traité ci-dessus de $36 = pgcd\,(684, 252)$, on a les relations : $684 = 2 \times 252 + 180$, $252 = 1 \times 180 + 72$, $180 = 2 \times 72 + 36$ d'où, successivement : $36 = 180 - 2 \times 72 = 180 - 2(252 - 180) = 3 \times 180 - 2 \times 252 = 3(684 - 2 \times 252) - 2 \times 252 = 3 \times 684 - 8 \times 252$ d'où la relation cherchée (bien entendu il est prudent de vérifier que l'on a bien $3 \times 684 - 8 \times 252 = 2052 - 2016 = 36$).

D. QUELQUES PROPRIÉTÉS DU PGCD

Si n est un diviseur commun de deux entiers positifs a, b il est clair qu'on a $n \leqslant pgcd\,(a, b)$. En fait, on peut préciser ce résultat :

Proposition 3.12. *Soient $a, b \in \mathbf{N}$ non tous deux nuls, soit $d = pgcd\,(a, b)$ et soit n un diviseur commun de a et b. Alors, n divise d.*

Démonstration. On écrit une relation de Bézout $\lambda a + \mu b = d$. Alors, si n divise a et b il divise $\lambda a + \mu b$ (voir 2.3) donc d.

La proposition suivante est une réciproque de 3.7.5 :

Proposition 3.13. *Soient $a, b \in \mathbf{N}$, non tous deux nuls. On suppose qu'on a $a = da'$, $b = db'$ avec $a', b', d \in \mathbf{N}$ et a', b' premiers entre eux. Alors on a $d = pgcd\,(a, b)$.*

Démonstration. Il est clair que d est un diviseur commun de a et b. On écrit une relation de Bézout avec a' et b' : $\lambda a' + \mu b' = 1$ et on en déduit, en multipliant par d, la formule $d = \lambda a + \mu b$. Si δ est un diviseur commun de a et b il divise alors d ce qui montre que d est le *pgcd*.

Application 3.14.

Trouver deux entiers a, b connaissant leur somme $a + b = 360$ et leur *pgcd* : $pgcd\,(a, b) = 18$.

On écrit $a = 18 \times a'$, $b = 18 \times b'$ avec a', b' premiers entre eux, d'où $a + b = 360 = 18(a' + b')$ et $a' + b' = 20$. Il ne reste plus qu'à faire la liste des couples (a', b') d'entiers premiers entre eux et de somme 20. On trouve $(1, 19)$, $(3, 17)$, $(7, 13)$, $(9, 11)$ et les couples symétriques. On obtient les couples (a, b) cherchés en multipliant par 18.

E. LE THÉORÈME DE GAUSS

Théorème 3.15. *Soient $a, b, c \in \mathbf{Z}$. On suppose que a et b sont premiers entre eux et que a divise bc. Alors a divise c.*

Démonstration. La seule évocation de nombres premiers entre eux doit faire penser à Bézout : il existe $\lambda, \mu \in \mathbf{Z}$ avec $\lambda a + \mu b = 1$. On multiplie alors par c et on obtient $\lambda ac + \mu bc = c$. Comme a divise ac (c'est clair) et bc (par hypothèse), a divise c par 2.3.

Corollaire 3.16. *Soient $a, b \in \mathbf{Z}$ deux entiers premiers entre eux. On suppose que a et b divisent $n \in \mathbf{Z}$. Alors ab divise n.*

Démonstration. Comme a divise n on peut écrire $n = an'$. Comme b divise $n = an'$ et est premier avec a, le théorème de Gauss montre que b divise n'. On a donc $n' = bn''$ et $n = abn''$, donc ab divise n.

Remarque 3.17. Attention, le corollaire n'est pas vrai si a et b ne sont pas premiers entre eux. Ainsi 4 et 6 divisent tous deux 12, mais $4 \times 6 = 24$ ne divise pas 12.

Application 3.18.

Montrons que pour tout $n \in \mathbf{Z}$, 30 divise $n^5 - n$. Comme on a $30 = 2 \times 3 \times 5$, il suffit de montrer successivement que $2, 3, 5$ divisent $n^5 - n$, ou encore que n^5 est congru à n modulo 2, 3 et 5. Pour 2 et 3 la vérification est immédiate, pour 5 c'est 2.13.

F. PLUS PETIT COMMUN MULTIPLE

Proposition-définition 3.19. *Soient $a, b \in \mathbf{N}$, a et b tous deux non nuls. Il existe un plus petit élément parmi les multiples communs non nuls de a et b. On l'appelle le plus petit commun multiple de a et b et on le note $ppcm\,(a, b)$. Si a ou b est nul on pose $ppcm\,(a, b) = 0$.*

Démonstration. Comme l'ensemble des multiples communs non nuls n'est pas vide (il contient ab) il admet un plus petit élément d'après 1.4.1.

Proposition 3.20. *Soient $a, b \in \mathbf{N}$ deux entiers non tous deux nuls, $d = pgcd\,(a, b)$, $m = ppcm\,(a, b)$. Alors, on a $ab = dm$.*

Démonstration. On écrit (voir 3.7.5) $a = da'$, $b = db'$ avec a' et b' premiers entre eux. On a alors $ab = d(da'b')$ et il reste à montrer que $da'b'$ est le *ppcm* de a et b. Il est clair que $da'b' = ab' = a'b$ est un multiple commun et il reste à voir que c'est le plus petit.

Soit n un multiple commun et montrons qu'on a $da'b' \leqslant n$. On écrit $n = aa'' = bb'' = da'a'' = db'b''$. En simplifiant par d on a donc $a'a'' = b'b''$. Mais, comme a' et b' sont premiers entre eux, il résulte du théorème de Gauss que a' divise b'', soit $b'' = a'c$. On en déduit $n = bb'' = ba'c = (da'b')c$, de sorte que $da'b'$ divise n, donc est $\leqslant n$.

Proposition 3.21. *Soient $a, b \in \mathbf{N}$ et $m = ppcm\,(a, b)$. Alors, si n est un multiple commun de a et b, il est multiple de m.*

Démonstration. Le dernier paragraphe de la preuve de 3.20 montre exactement 3.21.

G. LES ÉQUATIONS DIOPHANTIENNES DE DEGRÉ 1

Il s'agit des équations de la forme

$$(*) \qquad ax + by = c$$

(ou $ax - by = c$, la résolution est identique) où a, b, c sont des entiers $\geqslant 0$ donnés, avec a, b non tous deux nuls, et dont on cherche les solutions x, y dans $\mathbf{Z}$.

1) Comme cette relation ressemble à une égalité de Bézout on introduit $d = pgcd\,(a, b)$ et on note que, si on a une solution de $(*)$, comme d divise a et b, il divise aussi c par 2.3 d'où une condition nécessaire :

Proposition 3.22. *Si l'équation $(*)$ a une solution, le pgcd de a et b divise c.*

Dans toute la suite on suppose cette hypothèse réalisée et on pose $a = da'$, $b = db'$, $c = dc'$. L'équation $(*)$ est alors équivalente à $(**)$: $a'x + b'y = c'$ avec cette fois a' et b' premiers entre eux.

2) On a une relation de Bézout entre a' et b' : $\lambda a' + \mu b' = 1$ d'où, en multipliant par c', une solution particulière de $(**)$, $x_0 = \lambda c'$, $y_0 = \mu c'$.

3) On cherche maintenant toutes les solutions de $(**)$. Si x, y en est une, on a

$$a'x + b'y = c' \quad \text{et} \quad a'x_0 + b'y_0 = c',$$

d'où, par différence, $a'(x - x_0) = b'(y_0 - y)$. Mais, comme a' et b' sont premiers entre eux, le théorème de Gauss montre que a' divise $y_0 - y$: $y_0 - y = na'$. En reportant dans l'équation précédente, on en tire $x - x_0 = nb'$. On a donc montré que toute solution x, y de $(**)$ est de la forme

$$x = x_0 + nb', \quad y = y_0 - na'.$$

4) On vérifie, réciproquement que tous les entiers de la forme ci-dessus pour $n \in \mathbf{Z}$ fournissent effectivement des solutions de $(**)$, donc aussi de $(*)$.

Exemple 3.23. On cherche les solutions entières de :

$$(*) \qquad 504x + 1188y = 144.$$

On commence par déterminer le *pgcd* de 504 et 1188 par l'algorithme d'Euclide (ou par la décomposition en produit de facteurs premiers, voir § 4) : on trouve *pgcd* $(504, 1188) = 36$. Comme on a $144 = 4 \times 36$, l'équation a des solutions et elle est équivalente à l'équation $(**)$ obtenue en divisant par 36 c'est-à-dire $14x + 33y = 4$.

On cherche alors une relation de Bézout avec 14 et 33, soit avec l'algorithme d'Euclide, soit en faisant la liste des multiples de 14 et en repérant s'il y en a qui diffèrent de 1 d'un multiple de 33. Ici, on a $99 - 98 = 1$, ou encore, $3 \times 33 - 7 \times 14 = 1$. On en déduit une solution de $(**)$ en multipliant par 4 : $x_0 = -28$ et $y_0 = 12$.

Pour avoir la solution générale x, y on écrit $(x - x_0) \times 14 = (y_0 - y) \times 33$ et on a $x - x_0 = 33n$, $y_0 - y = 14n$, d'où les solutions de $(**)$ (ou de $(*)$) :

$$x = -28 + 33n, \qquad y = 12 - 14n, \qquad \text{avec} \quad n \in \mathbf{Z}.$$

Il est prudent de vérifier les calculs en regardant un cas particulier, par exemple $n = 1$ qui donne $x = 5$, $y = -2$. On a bien $5 \times 504 - 2 \times 1188 = 2520 - 2376 = 144$.

4. Nombres premiers

A. DÉFINITION

Définition 4.1. *Soit $p \in \mathbf{N}$. On dit que p est un nombre* **premier** *si :*

1) *p est différent de 1,*

2) *les seuls diviseurs de p dans $\mathbf{N}$ sont p et 1.*

Un nombre entier non premier autre que 0 et 1 sera dit **composé***.*

Remarques 4.2. 1) Attention, par convention, on a décidé que 1 n'est pas un nombre premier bien qu'il vérifie la condition 2) de 4.1. Cela est nécessaire, en particulier, pour assurer l'unicité de la décomposition en produit de facteurs premiers, voir 4.12.

2) Le nombre 0 n'est pas premier car il ne vérifie pas la condition 2) : on a $0 = 0 \times n$ avec n'importe quel n.

3) Dire qu'un entier $a > 1$ est composé signifie que a s'écrit $a = bc$ avec $1 < b < a$ et $1 < c < a$.

Exemples 4.3. 1) Les nombres premiers les plus petits sont 2, 3, 5, 7, 11, 13, 17, 19, ...

2) Il n'y a pas de formule générale donnant à coup sûr un nombre premier. Fermat avait cru en trouver une en prétendant que, pour tout

$n \in \mathbf{N}$, le nombre $\mathrm{F}_n = 2^{2^n} + 1$ était premier. C'est effectivement le cas pour $n = 0, 1, 2, 3, 4$ qui correspondent respectivement aux nombres premiers $3, 5, 17, 257, 65537$ mais ce n'est pas vrai pour F_5 comme l'a montré Euler [7] en 1732 :

Proposition 4.4. *Le nombre* $\mathrm{F}_5 = 2^{32} + 1$ *est multiple de* 641.

Démonstration. Il s'agit de voir que 641 divise $2^{32} + 1$ ou encore que 2^{32} est congru à -1 modulo 641. L'astuce consiste à noter qu'on a $641 = 640 + 1 = 625 + 16$, ce qui implique $5 \times 2^7 \equiv -1 \pmod{641}$ et $5^4 \equiv -2^4 \pmod{641}$. On élève la première congruence à la puissance 4 (pour faire apparaître 5^4) et on a donc $5^4 \times 2^{28} \equiv 1 \pmod{641}$. En remplaçant 5^4 par -2^4 on obtient $-2^{32} \equiv 1$, ce qui est le résultat souhaité.

B. DÉCOMPOSITION EN PRODUIT DE FACTEURS PREMIERS, INFINITÉ DES NOMBRES PREMIERS

L'intérêt des nombres premiers est qu'ils permettent d'écrire tous les autres sous forme de produits :

Proposition 4.5. *Tout entier $n > 1$ s'écrit comme produit de nombres premiers* [8]. *En particulier, tout entier $n > 1$ admet au moins un diviseur premier.*

Démonstration. Nous allons donner deux démonstrations de cette proposition, l'une par absurde et minimalité (voir 1.5), l'autre par récurrence.

1) On raisonne par absurde-minimalité. Supposons qu'il existe des entiers > 1 qui ne soient pas produits de nombres premiers et soit a le plus petit de ces nombres. Alors a n'est pas premier (sinon on écrirait $a = a$) donc il s'écrit $a = bc$ avec $1 < b < a$ et $1 < c < a$. Mais alors, par minimalité du choix de a, b et c sont produits de nombres premiers : $b = p_1 \dots p_r$, $c = q_1 \dots q_s$ et $a = bc = p_1 \dots p_r q_1 \dots q_s$ aussi, contrairement à l'hypothèse.

2) On montre par récurrence sur $n \geqslant 2$ la propriété $\mathrm{P}(n)$: *tout nombre entier > 1 et $\leqslant n$ est produit de nombres premiers.* Pour $n = 2$ le résultat est évident. En effet, comme 2 est premier, il est produit d'un unique facteur premier : lui-même. Supposons la propriété $\mathrm{P}(n)$ vérifiée et montrons $\mathrm{P}(n+1)$. Il reste à voir que $n + 1$ est produit de nombres premiers. Si cet entier est premier c'est évident et sinon il s'écrit $n + 1 = ab$ avec a et b deux entiers > 1 et $\leqslant n$ (voir 4.2.3). Mais alors, par l'hypothèse de

---

7. On notera qu'à l'heure actuelle on ne sait pas exactement lesquels parmi les F_n sont premiers ou non. La réponse est seulement connue pour un nombre fini de n et, sauf pour les 5 premiers, tous les F_n en question sont composés.

8. Cela signifie que n s'écrit $n = p_1 \dots p_r$ avec les p_i premiers non nécessairement distincts et $r \geqslant 1$ et cela englobe le cas où n est lui-même premier qui correspond à $r = 1$.

récurrence, on peut écrire $a = p_1 \dots p_r$, $b = q_1 \dots q_s$ avec les p_i et les q_j premiers, de sorte que $n + 1 = ab = p_1 \dots p_r q_1 \dots q_s$ est lui aussi produit de nombres premiers.

Remarque 4.6. Nous verrons en 4.12 ci-dessous que cette décomposition est unique.

Proposition 4.7. *Il y a une infinité de nombres premiers.*

Démonstration. On raisonne par l'absurde en supposant qu'il n'y ait qu'un nombre fini de nombres premiers $p_1 = 2, p_2, \dots, p_r$. On considère $n = p_1 \dots p_r + 1$. Ce nombre est > 1 donc il admet un diviseur premier p. Je dis que p est distinct de $p_1, \dots, p_r$ (ce qui est absurde puisqu'on a supposé que les p_i épuisaient l'ensemble des nombres premiers). En effet, si p était l'un des p_i il diviserait $p_1 \dots p_r$ et, comme il divise aussi n, il diviserait 1 (voir 2.3), ce qui est absurde.

Remarques 4.8. 1) Dans la démonstration précédente, le nombre $n = p_1 \dots p_r + 1$ n'est pas nécessairement premier. Si on prend les r premiers nombres premiers on trouve pour n un nombre premier jusqu'à $p_r = 11$ (on trouve successivement les nombres 3, 7, 31, 211, 2311) mais le nombre $2 \times 3 \times 5 \times 7 \times 11 \times 13 + 1 = 30031$ n'est pas premier (c'est 59×509).

2) Bien que l'on sache depuis Euclide qu'au-delà d'un entier arbitraire on puisse toujours trouver un nombre premier, il n'est pas évident d'en donner explicitement de très grands et il y a des records du plus grand nombre premier connu qui sont détenus par d'énormes ordinateurs (en général il s'agit de certains nombres de Mersenne : $2^n - 1$, attention ces nombres ne sont pas tous premiers, voir par exemple 15 ou 63). Cette recherche pourrait sembler gratuite mais elle a plusieurs intérêts, d'abord c'est un bon test de la puissance des ordinateurs et ensuite, il y a maintenant des applications pratiques de la connaissance de grands nombres premiers en cryptographie (la science des codes secrets), comme nous le verrons au paragraphe suivant.

3) La remarque précédente pose le problème de savoir si un entier n est premier ou non. Pour cela on note que si n est composé on peut l'écrire $n = ab$ avec $1 < a \leqslant b$. On a alors $n \geqslant a^2$, de sorte que si p est un facteur premier de a, on a $p \leqslant \sqrt{n}$. Autrement dit, si n est composé, il admet un diviseur premier $\leqslant \sqrt{n}$. Pour tester si n est premier on effectue successivement la division euclidienne de n par les nombres premiers $p \leqslant \sqrt{n}$. Si aucun ne divise n c'est que n est premier. Dans le cas de nombres assez petits c'est la méthode la plus simple (voir aussi 4.20). Pour savoir si un nombre $p \leqslant 100$ est premier il suffit de vérifier qu'il n'est ni pair, ni multiple de 3 (on a un critère), ni multiple de 5 (clair) et qu'il n'est pas dans la table des 7 (les seuls multiples de 7 à connaître au-delà de la table usuelle sont $77 = 7 \times 11$ qui est évident et $91 = 7 \times 13$).

C. UNICITÉ DE LA DÉCOMPOSITION EN PRODUIT DE NOMBRES PREMIERS

Commençons par une remarque facile mais utile :

Lemme 4.9. *Si p est un nombre premier et a un entier quelconque, on a l'équivalence :*

$$p \text{ est premier avec } a \iff p \text{ ne divise pas } a.$$

Démonstration. Il est clair que si p est premier avec a il ne divise pas a (car p est différent de 1). Réciproquement, si n est un diviseur commun de a et p, n divise p et comme p est premier, n ne peut être que 1 ou p. Comme p ne divise pas a on a bien $n = 1$.

Lemme 4.10 (lemme d'Euclide). *Soit p un nombre premier. On suppose que p divise le produit ab avec $a, b \in \mathbf{N}$. Alors p divise a ou b.*

Démonstration. Si p divise a le résultat est acquis. Sinon, c'est que p et a sont premiers entre eux par 4.9. Mais alors p divise b en vertu du théorème de Gauss.

Corollaire 4.11. *Soit p un nombre premier. On suppose que p divise le produit $a_1 \dots a_n$. Alors p divise l'un des a_i.*

Démonstration. Cela résulte du lemme d'Euclide par récurrence sur n.

Théorème 4.12. *Soit $n \in \mathbf{N}$, $n > 1$. On suppose que l'on a*

$$n = p_1 \dots p_r = q_1 \dots q_s$$

avec $r, s \in \mathbf{N}$, où les p_i et les q_j sont des nombres premiers vérifiant $p_1 \leqslant \dots \leqslant p_r$ et $q_1 \leqslant \dots \leqslant q_s$. Alors on a $r = s$ et pour tout $i = 1, \dots, r$, $p_i = q_i$.

Démonstration. On raisonne par récurrence sur n. L'assertion est vraie pour $n = 2$. En effet, tout nombre premier est $\geqslant 2$ donc l'unique décomposition possible de 2 vérifie $r = s = 1$ et $p_1 = q_1 = 2$. Supposons l'assertion vérifiée pour les entiers $\leqslant n$ et montrons-la pour $n + 1$. Si on a deux décompositions de $n + 1$ comme ci-dessus, supposons, par exemple, qu'on a $p_1 \leqslant q_1$. Le nombre premier p_1 divise $q_1 \dots q_s$ donc aussi l'un des q_j par 4.11. Comme q_j est premier on a donc $p_1 = q_j$, donc aussi $p_1 = q_1$ puisqu'on a $p_1 \leqslant q_1 \leqslant q_j$. On a alors $n = n'p_1$, le nombre n' s'écrit

$$n' = p_2 \dots p_r = q_2 \dots q_s$$

et, comme on a $n' < n$, l'hypothèse de récurrence implique qu'on a $r - 1 = s - 1$ et $p_i = q_i$ pour $i \geqslant 2$, d'où le résultat.

En définitive on a montré que tout entier $n \geqslant 2$ se décompose, de manière unique au sens de 4.12, en produit de facteurs premiers.

Quelques autres écritures.

1) On écrit souvent la décomposition en produit de facteurs premiers de n sous la forme

$$n = p_1^{\alpha_1} \dots p_r^{\alpha_r}$$

avec $p_1 < p_2 < \cdots < p_r$ et les $\alpha_i \in \mathbf{N}^*$. Par exemple on a $12740 = 2^2 \times 5 \times 7^2 \times 13$.

2) Nous utiliserons parfois une autre écriture (voir 4.13 et 4.14), faisant intervenir des exposants $\alpha_i \geqslant 0$ et non plus > 0. Cette écriture repose sur la convention usuelle : si n est un entier $\geqslant 1$ on pose $n^0 = 1$. On peut alors écrire, par exemple : $12740 = 2^2 \times 3^0 \times 5 \times 7^2 \times 11^0 \times 13$. L'intérêt de cette écriture est de permettre d'écrire les décompositions de deux nombres a et b en utilisant les mêmes facteurs premiers, ce qui peut être utile au cours des calculs. Il suffit en effet de prendre tous les facteurs premiers qui interviennent dans a **ou** dans b, avec éventuellement des exposants nuls. Par exemple, si on considère les nombres $a = 12740 = 2^2 \times 5^1 \times 7^2 \times 13$ et $168 = 2^3 \times 3^1 \times 7^1$, les facteurs intervenant dans l'une ou l'autre des décompositions sont 2, 3, 5, 7, 13 et on peut aussi écrire $a = 12740 = 2^2 \times 3^0 \times 5^1 \times 7^2 \times 13$ et $168 = 2^3 \times 3^1 \times 5^0 \times 7^1 \times 13^0$. Bien entendu, pour présenter un résultat on éliminera les termes munis d'un exposant 0.

Proposition 4.13. *Soient $a, b \in \mathbf{N}$ écrits avec la convention ci-dessus :*

$$a = p_1^{\alpha_1} p_2^{\alpha_2} \dots p_r^{\alpha_r} \qquad b = p_1^{\beta_1} p_2^{\beta_2} \dots p_r^{\beta_r}.$$

1) *On a $a = b$ si et seulement si $\alpha_i = \beta_i$ pour tout i.*

2) *On a la formule* $\quad ab = p_1^{\alpha_1+\beta_1} p_2^{\alpha_2+\beta_2} \dots p_r^{\alpha_r+\beta_r}$:

3) *b divise a si et seulement si on a $\beta_i \leqslant \alpha_i$ pour tout $i \geqslant 1$.*

Démonstration. La première assertion est la traduction de l'unicité et la deuxième est évidente. Pour la troisième, si on a $\beta_i \leqslant \alpha_i$ on pose $\gamma_i = \alpha_i - \beta_i$ et

$$c = p_1^{\gamma_1} p_2^{\gamma_2} \dots p_r^{\gamma_r}$$

et l'assertion 2) montre qu'on a $a = bc$. Réciproquement, si on a $a = bc$, l'unicité de la décomposition montre que les nombres premiers intervenant dans c sont parmi ceux qui interviennent dans a. On peut donc poser

$$c = p_1^{\gamma_1} p_2^{\gamma_2} \dots p_r^{\gamma_r}$$

et on en déduit deux écritures pour a avec les exposants α_i et $\beta_i + \gamma_i$. Par unicité de la décomposition on a donc $\alpha_i = \beta_i + \gamma_i$ donc $\beta_i \leqslant \alpha_i$.

D. APPLICATION AU PGCD ET AU PPCM

La proposition suivante donne une méthode de calcul du *pgcd* de deux nombres qui utilise la décomposition en produit de facteurs premiers. Cette voie est une alternative à l'utilisation de l'algorithme d'Euclide. Elle est commode pour les nombres assez petits, mais pour les très grands nombres l'algorithme d'Euclide reste la meilleure option, la factorisation des grands nombres étant encore actuellement largement problématique, même avec de gros ordinateurs (voir le paragraphe sur la cryptographie).

Proposition 4.14. *Soient $a, b \in \mathbf{N}^*$ écrits avec la convention ci-dessus (c'est-à-dire avec des exposants éventuellement nuls) :*

$$a = p_1^{\alpha_1} p_2^{\alpha_2} \dots p_r^{\alpha_r}, \qquad b = p_1^{\beta_1} p_2^{\beta_2} \dots p_r^{\beta_r}$$

et soient $d = pgcd\,(a, b)$ et $m = ppcm\,(a, b)$. Alors on a

$$d = p_1^{\gamma_1} p_2^{\gamma_2} \dots p_r^{\gamma_r}, \qquad m = p_1^{\delta_1} p_2^{\delta_2} \dots p_r^{\delta_r}$$

avec $\gamma_i = \mathrm{Min}\,(\alpha_i, \beta_i)$ et $\delta_i = \mathrm{Max}\,(\alpha_i, \beta_i)$.

Les nombres a et b sont premiers entre eux si et seulement si on a, pour tout i, $\mathrm{Min}\,(\alpha_i, \beta_i) = 0$, c'est-à-dire s'ils n'ont aucun facteur premier en commun.

Démonstration. Posons $d' = p_1^{\gamma_1} p_2^{\gamma_2} \dots p_r^{\gamma_r}$. Comme on a $\gamma_i \leqslant \alpha_i$ et $\gamma_i \leqslant \beta_i$ il résulte de 4.13 que d' divise a et b donc d' divise d. Réciproquement, si on écrit $d = p_1^{\gamma'_1} p_2^{\gamma'_2} \dots p_r^{\gamma'_r}$, comme d divise a et b il résulte encore de 4.13 qu'on a $\gamma'_i \leqslant \alpha_i$ et $\gamma'_i \leqslant \beta_i$, donc $\gamma'_i \leqslant \gamma_i$ et d divise d'. En définitive, on a bien $d = d'$.

Pour le *ppcm*, le résultat vient de la conjonction des formules $ab = md$ (voir 3.20) et $\alpha_i + \beta_i = \mathrm{Min}\,(\alpha_i, \beta_i) + \mathrm{Max}\,(\alpha_i, \beta_i)$ (toujours en utilisant 4.13).

Exemple 4.15. Si on prend $a = 12740 = 2^2 \times 3^0 \times 5^1 \times 7^2 \times 11^0 \times 13$ et $b = 168 = 2^3 \times 3^1 \times 5^0 \times 7^1$ on a $d = 2^2 \times 7 = 28$ et $m = 2^3 \times 3 \times 5 \times 7^2 \times 13 = 76440$.

Application : réduction au même dénominateur.

Ce paragraphe anticipe sur le chapitre suivant. Si on a deux nombres rationnels a/b et c/d avec $b, d \in \mathbf{N}^*$ on peut les réduire au même dénominateur en utilisant comme dénominateur commun $m = ppcm\,(b, d)$. Par exemple, si on veut ajouter $59/2520$ et $43/2100$ on utilise $12600 = ppcm\,(2520, 2100)$ pour écrire :

$$\frac{59}{2520} + \frac{43}{2100} = \frac{59 \times 5 + 43 \times 6}{12600} = \frac{553}{12600}.$$

Il convient cependant de regarder si la fraction a/b obtenue est irréductible, c'est-à-dire si son numérateur et son dénominateur sont premiers entre eux. Si ce n'est pas le cas, a et b ont un *pgcd* non trivial d et on a $a = da'$, $b = db'$ avec a' et b' premiers entre eux. On peut alors

simplifier la fraction a/b, c'est-à-dire la remplacer par a'/b' qui, elle, est irréductible. Dans l'exemple ci-dessus, le *pgcd* de 553 et 12600 étant 7 on a

$$\frac{553}{12600} = \frac{79}{1800}.$$

E. LE PETIT THÉORÈME DE FERMAT

Il s'agit du résultat suivant dont nous avons déjà vu un cas particulier (voir 2.13) :

Théorème 4.16. *Soit p un nombre premier et $a \in \mathbf{Z}$. Alors p divise $a^p - a$.*

Démonstration. Notons que le résultat signifie qu'on a $a^p \equiv a \pmod{p}$. Si $p = 2$ le résultat est évident. Si p est $\geqslant 3$, quitte à changer a en $-a$ il suffit de traiter le cas $a \geqslant 0$. On montre le résultat par récurrence sur a. C'est évident pour $a = 0$ et $a = 1$. Supposons la propriété vraie pour a et montrons qu'elle est vraie pour $a + 1$. On utilise la formule du binôme de Newton :

$$(*) \qquad (a+1)^p = \sum_{k=0}^{p} \mathrm{C}_p^k a^k$$

et le lemme suivant :

Lemme 4.17. *Soit p un nombre premier. Alors p divise C_p^k pour tout k vérifiant $1 \leqslant k \leqslant p-1$.*

Démonstration (de 4.17). On sait que $c = \mathrm{C}_p^k$ est un entier et qu'on a, si $k \geqslant 1$,

$$\mathrm{C}_p^k = \frac{p(p-1)\dots(p-k+1)}{k!}$$

d'où $p(p-1)\dots(p-k+1) = c\,k!$. Comme p divise le premier membre il divise aussi le second. Mais, comme k est $< p$, p ne divise pas $k!$ en vertu du lemme d'Euclide, donc, comme p est premier, p est premier avec $k!$, donc p divise c d'après le théorème de Gauss.

Revenons à 4.16. Dans le second membre de $(*)$ tous les termes, sauf les deux extrêmes, sont multiples de p et on a donc $(a+1)^p \equiv a^p + 1 \pmod{p}$. On conclut grâce à l'hypothèse de récurrence.

Corollaire 4.18. *Soit p un nombre premier et soit $a \in \mathbf{Z}$, premier avec p.*

1) *On a $a^{p-1} \equiv 1 \pmod{p}$,*

2) *Si n est le plus petit entier > 0 tel que $a^n \equiv 1 \pmod{p}$, alors n divise $p-1$.*

Démonstration. 1) En vertu de Fermat on sait que p divise $a^p - a = a(a^{p-1} - 1)$. Comme p est premier avec a, il divise $a^{p-1} - 1$ par Gauss.

2) Notons déjà que comme $a^{p-1} \equiv 1 \pmod{p}$, il existe des entiers $m > 0$ vérifiant $a^m \equiv 1 \pmod{p}$, donc il en existe bien un plus petit, soit

n. On effectue la division euclidienne de $p-1$ par n : $p-1 = nq + r$ avec $0 \leqslant r < n$. On a, modulo p, $1 \equiv a^{p-1} = (a^n)^q a^r \equiv 1^q a^r = a^r$, de sorte que a^r est congru à 1 modulo p. Comme n est le plus petit entier positif qui possède cette propriété, et comme r est $< n$, il en résulte que r est nul, donc que n divise $p-1$.

Exemple 4.19. Si a est un entier non multiple de 7, notons $n(a)$ le plus petit entier $n > 0$ tel que $a^n \equiv 1 \pmod 7$. En vertu de 4.18.2, on sait que $n(a)$ divise 6. On vérifie facilement les valeurs suivantes : $n(1) = 1$, $n(-1) = 2$, $n(2) = n(-3) = 3$, $n(-2) = n(3) = 6$. On constate que tous les diviseurs de 6 sont atteints (on peut montrer que c'est un phénomène général pour tout nombre premier p).

Application 4.20 : tests de primalité.

Le petit théorème de Fermat fournit une première condition **nécessaire** pour qu'un nombre p soit premier : la condition $2^p \equiv 2 \pmod p$. Par exemple, on a $2^9 = (2^3)^3 \equiv (-1)^3 = -1 \pmod 9$ ce qui montre que 9 n'est pas premier. De même on a $2^{391} \equiv 179 \pmod{391}$ ce qui prouve que 391 n'est pas premier (c'est 17×23). par p de 2^p ce qui permet de

Attention, si on trouve que 2^p est congru à 2 modulo p on ne peut rien conclure : il y a des nombres non premiers qui vérifient cette condition (par exemple $341 = 11 \times 31$, on les appelle nombres pseudo-premiers).

On peut aussi tester, pour $2 \leqslant a \leqslant p-1$ la congruence $a^p \equiv a \pmod p$ qui doit être vraie pour tout a si p est premier. Là encore, s'il y a un a qui ne vérifie pas la congruence on peut conclure que p n'est pas premier, mais si tous la vérifient on ne peut rien conclure : il y a des nombres composés p qui satisfont le petit théorème de Fermat (par exemple $p = 561 = 3 \times 11 \times 17$ ou le fameux $1729 = 7 \times 13 \times 19$, voir 1.14), on les appelle les nombres absolument pseudo-premiers ou nombres de Carmichaël.

5. Cryptographie et nombres premiers

A. INTRODUCTION

La cryptographie est la science des messages secrets. Elle remonte à l'Antiquité puisque Jules César l'a employée pour coder ses messages militaires. Il utilisait le système le plus simple, celui des alphabets décalés d'un ou plusieurs crans (où l'on remplace, par exemple, A par B, B par C, etc.) Ainsi peut-on penser qu'il envoya au Sénat, après sa victoire sur Pharnace, le message suivant, que le lecteur déchiffrera sans peine :

YHQL YLGL YLFL.

Bien entendu des méthodes beaucoup plus sophistiquées ont été inventées depuis. Le plus souvent ces méthodes utilisent des clés (secrètes) selon le principe suivant. On code les lettres de l'alphabet de A à Z par les nombres de 1 à 26. On traduit le message en chiffres. Par exemple si le message est FUYONS il devient 6 21 25 15 14 19. Ensuite il y a plusieurs possibilités. L'une d'elles, guère plus élaborée que celle de César, consiste à transformer x en $ax + b$ (modulo 26) (ici, les clés sont les nombres a et b). Par exemple, si on prend $a = 3$ et $b = 11$, le message précédent devient 3 22 8 4 1 16, soit CVHDAP. Le défaut de ce genre de méthodes c'est qu'elles ne résistent pas au décryptage par analyse de fréquences (voir la nouvelle *Le scarabée d'or* d'Edgar Poe). D'ailleurs, le lecteur déchiffrera facilement le texte ci-dessous [9] :

NGWBLOINOAPMPOWBUWQMBBQDMQPOIIGWVVLOIWBA
OVMQPOAOPMQPHMTGBHWZOTLGWQIIOSOZPHOPGQPIH
OAJOSQZOOIHOBWOIHONLMAOIHOVLOAJOIHOALGAJOBI

en sachant qu'en français les lettres statistiquement les plus fréquentes [10] sont, dans l'ordre, E, puis S et A, puis R, I, N et T, puis U, puis O et L, etc.

Une méthode un peu plus élaborée est la suivante. On se donne un mot clé, par exemple le mot CODE. Les lettres de ce mot correspondent aux nombres $3, 15, 4$ et 5. On code alors le message en ajoutant 3 au premier nombre, 15 au second, 4 au troisième, 5 au quatrième puis de nouveau 3 au cinquième, etc. (Bien entendu, les nombres sont pris modulo 26 pour garder un sens comme lettre). Ainsi le mot FUYONS devient après codage 9 10 3 20 17 8, soit le mot IJCTQH. Dans la pratique actuelle, les codes se font par ordinateur, donc avec des nombres écrits en base 2, ce qui facilite beaucoup codage et décodage. L'intérêt d'un tel code est qu'il résiste aux méthodes de décryptage par analyse de fréquences. Bien entendu, dans ce type de codage, la clé doit être tenue absolument secrète.

Dans la méthode dont nous allons parler, en revanche, les clés permettant de coder les messages sont publiques, mais elles ne permettent pas le décodage. Il s'agit de la méthode RSA (Rivest, Shamir, Adleman), inventée en 1978 et utilisée notamment pour les transactions bancaires en ligne.

B. QUELQUES RÉSULTATS ARITHMÉTIQUES

Rappelons d'abord le petit théorème de Fermat (voir 4.16 et 4.18) :

Théorème 5.1. *Soient p un nombre premier et $a \in \mathbf{Z}$. Alors p divise $a^p - a$ donc on a $a^p \equiv a \pmod{p}$. Si de plus a est premier avec p, on a $a^{p-1} \equiv 1 \pmod{p}$.*

On a un corollaire de ce théorème :

9. Plus difficile, trouver l'auteur et l'œuvre (sans utiliser *Google*).

10. À vérifier dans le livre de Georges Perec : *La disparition*.

Corollaire 5.2. *Soient p et q deux nombres premiers distincts et soit a premier avec pq. Alors on a* $a^{(p-1)(q-1)} \equiv 1 \pmod{pq}$.

Démonstration. En vertu de 3.16 il suffit de montrer que la congruence est vraie modulo p et modulo q. Pour cela on note que, comme a^{p-1} est congru à 1 modulo p, on a aussi $a^{(p-1)(q-1)} = (a^{p-1})^{q-1} \equiv 1^{q-1} = 1 \pmod{p}$. On procède de même pour q.

Le résultat suivant concerne encore les congruences (et c'est aussi la recette pour résoudre des équations du genre $ax \equiv b \pmod{s}$) :

Proposition 5.3. *Soit s un entier > 0 et soit e un entier > 0 premier avec s. Alors il existe un entier $d > 0$ tel que* $de \equiv 1 \pmod{s}$.

Démonstration. On applique le théorème de Bézout à s et e : il existe des entiers λ et μ avec $\lambda s + \mu e = 1$. Si μ est > 0 il suffit de poser $d = \mu$. Sinon, on remplace μ par $\mu + sk$ et λ par $\lambda - ek$ avec k assez grand (voir aussi exercice **73** *a*).

Enfin, le dernier résultat est la base de la méthode RSA :

Proposition 5.4. *Soient p et q deux nombres premiers distincts et soit $a > 0$ premier avec pq. Soit e un entier > 0 premier avec $(p-1)(q-1)$ et soit $d > 0$ tel que de soit congru à 1 modulo $(p-1)(q-1)$ (un tel entier existe par* 5.3*).*

Alors, on a $a^{de} \equiv a \pmod{pq}$.

Démonstration. On a $de = 1 + m(p-1)(q-1)$, avec $m > 0$, donc, en vertu de 5.2 :

$$a^{de} = a \times a^{(p-1)(q-1)m} \equiv a \times 1^m = a \pmod{pq}.$$

C. MÉTHODES DE CALCUL

Exemple 5.5. Le résultat de 5.3 signifie que si e est premier avec s il admet « un inverse » d modulo s. Montrons comment on peut le calculer dans la pratique. On prend $s = 1008$, $e = 5$ et on cherche d tel que $5d \equiv 1 \pmod{1008}$. Pour cela on cherche une relation de Bézout entre 1008 et 5. Il y a la relation évidente $1 = 2 \times 1008 - 2015 = 2 \times 1008 - 403 \times 5$. On peut donc prendre $d = -403$ ou, pour avoir un nombre positif, $d = 605 = 1008 - 403$.

On peut utiliser 5.3 pour résoudre des équations de congruence. Par exemple pour chercher x tel que $5x \equiv 403 \pmod{1008}$, on multiplie les deux membres par 605 et on obtient $605 \times 5x \equiv x \equiv 605 \times 403 = 243815 \equiv -121 \pmod{1008}$.

Exemple 5.6. Dans la suite, pour appliquer la méthode RSA, il sera nécessaire de calculer des puissances et leurs congruences c'est-à-dire de calculer a^e modulo n, par exemple, 263^{605} modulo 1073.

La première méthode consiste à calculer a^e puis à faire la division. C'est une très mauvaise méthode parce qu'elle comporte beaucoup de multiplications (ici $e = 605$) et que ces multiplications font intervenir des nombres de plus en plus grands. Il est déjà plus astucieux d'appliquer cette méthode en réduisant à chaque pas modulo n : on calcule le carré de 263, on le réduit modulo 1073, on multiplie le résultat par 263, on réduit, etc. Cette méthode est encore très longue car il faut toujours effectuer 605 multiplications, même si les nombres mis en jeu sont tous < 1073.

Une méthode plus astucieuse combine deux types d'opérations simples :

1) l'élévation au carré,

2) la multiplication par $a = 263$.

La méthode est la suivante : on part de e, si e est pair on le divise par 2, sinon on lui retranche 1, on le divise par 2 et on recommence avec le quotient. On finit par aboutir à 1. (Si on écrit e en base 2, les opérations consistent à supprimer le dernier chiffre si c'est un 0 ou à le changer en 0 si c'est un 1.)

Pour 605 on obtient successivement les nombres : $605, 604, 302, 151, 150, 75, 74, 37, 36, 18, 9, 8, 4, 2, 1$ et on calcule les puissances de a dont les exposants sont les nombres ainsi obtenus pris dans l'ordre inverse 1, 2, 4, 8, 9, 18, ... jusqu'à 605, en élevant au carré (pour passer de a^k à a^{2k}) ou en multipliant par a (pour passer de a^k à a^{k+1}). Bien entendu on réduit modulo n à chaque pas.

Dans le cas $a = 263$ on obtient, avec 14 multiplications seulement, la suite de puissances : $a^1 = 263, a^2 = 497, a^4 = 219$, $a^8 = 749, a^9 = 628, a^{18} = 593$, $a^{36} = 778$, $a^{37} = 744, a^{74} = 941, a^{75} = 693, a^{150} = 618, a^{151} = 511, a^{302} = 382, a^{604} = 1069, a^{605} = 21$ et on a donc

$$263^{605} \equiv 21 \pmod{1073}.$$

Ce procédé est très simple à programmer sur un ordinateur.

D. DES CHIFFRES ET DES LETTRES

Pour coder un message on commence par numéroter les lettres de l'alphabet [11] de 01 pour A à 26 pour Z. Un texte quelconque est alors codé par une suite de chiffres (qu'il n'est pas nécessaire de séparer [12] si on respecte la convention de coder les premières lettres de l'alphabet 01, 02, etc). Par exemple, le message : BONJOUR devient 02151410152118. En général on enverra un tel message par tranches plus petites, par exemple 021, 514, 101, 521, 18.

11. En fait, on utilise plutôt le code ASCII *American Standard Code for Information Interchange.*

12. C'est même déconseillé si on veut éviter le décryptage par analyse de fréquences.

E. LE CODE RSA : LE TRAVAIL DU CHEF

Dans la méthode RSA il y a deux personnes dont les rôles sont bien distincts. Nous parlerons, pour simplifier, d'un chef et d'un subordonné, le subordonné devant transmettre des messages chiffrés au chef. Il peut y avoir des variantes en sens inverse, cf. *i*).

Le chef choisit deux nombres premiers p et q (assez grands, disons d'une centaine [13] de chiffres en base 10, les ordinateurs d'aujourd'hui savent trouver des nombres premiers de cette taille sans problème). Il calcule le produit $n = pq$ (c'est encore plus facile : cela ne représente que 10000 opérations et un ordinateur en fait des millions par seconde !), puis le nombre $(p-1)(q-1)$. Il choisit ensuite un entier e premier avec $(p-1)(q-1)$.

Il rend alors publique la clé RSA, c'est-à-dire les deux nombres n et e (mais surtout pas les nombres p et q). Il calcule, de son côté, un nombre d tel que $de \equiv 1$ modulo $(p-1)(q-1)$ (voir 5.3). On notera que cela nécessite de connaître le nombre $(p-1)(q-1) = pq - p - q + 1$, ce qui revient à connaître p et q (si l'on connaît pq et $p+q$ on connaît p et q). Pour cela, il suffit bien sûr de factoriser $n = pq$. Mais, toute l'astuce de la méthode RSA est là : si on prend pour p et q des nombres premiers à la limite des capacités des machines, disons de 100 chiffres, aucune machine, si elle n'a pas p et q au départ, n'est capable de factoriser $n = pq$. En effet, n a alors environ 200 chiffres et aujourd'hui le record absolu de factorisation [14] est un n de 155 chiffres, produit de deux nombres p et q de 78 chiffres, et encore a-t-il fallu pour cela faire travailler 300 ordinateurs en parallèle pendant 7 mois sur un algorithme très complexe, ce qui représente environ 35 années de temps de calcul pour une machine (voir le journal *Le Monde* du 8/09/99 et du 12-13/09/99). On notera tout de même qu'il y a seulement 20 ans, Rivest, Shamir et Adleman estimaient qu'il faudrait 50 milliards d'années pour factoriser un nombre de 512 bits (c'est-à-dire 512 chiffres en base 2 soit environ 150 en base 10). Les progrès accomplis par les mathématiciens et les ordinateurs sont donc considérables. Bien entendu, cela ne remet pas en cause la fiabilité du code RSA : si on sait factoriser un nombre $n = pq$ de 150 chiffres il suffit de choisir des nombres p et q plus grands. Les banques travaillent déjà avec des clés n de l'ordre de 1024 bits et les militaires avec des clés de 2048 bits...

Pour comprendre la méthode de codage nous allons prendre un exemple simple : $p = 29$, $q = 37$, $n = 1073$, $e = 5$ (bien entendu, ici, la factorisation de n ne pose pas de problème, de sorte que le code n'est pas vraiment secret). La clé publique RSA est donc $n = 1073, e = 5$.

13. De nos jours, 150 serait plus prudent, voir ci-dessous.

14. En février 2010 le record est un nombre n de 232 chiffres, produit de deux nombres p et q de 116 chiffres. Voir (sur Internet) *Factorization of a 768-bit RSA modulus* par Thorsten Kleinjung *et. al.*

Le chef calcule alors $(p-1)(q-1) = 28 \times 36 = 1008$, puis détermine un d tel que $5d \equiv 1 \pmod{1008}$. Le calcul a été fait ci-dessus : on peut prendre $d = 605$.

F. LE CODE RSA : LE TRAVAIL DU SUBORDONNÉ

Le subordonné qui doit envoyer un message le code d'abord en chiffres comme expliqué en d) ci-dessus, puis sépare les chiffres en paquets de 3. Supposons qu'il veuille envoyer le message $a = 21$. Il code alors le message en transmettant, au lieu de 21, le nombre $a^e = 21^5$ calculé modulo 1073. Ici, le calcul est facile et on trouve 263.

G. LE CODE RSA : DÉCODAGE DU MESSAGE

Pour retrouver le message original a à partir du message codé a^e, le chef calcule alors $(a^e)^d = a^{ed} \equiv a^1 = a \pmod{n}$, voir 5.4. Dans notre cas il s'agit de calculer 263^{605} modulo 1073. Le calcul a été fait ci-dessus et on a bien retrouvé 21.

H. INTÉRÊT DU SYSTÈME RSA

L'avantage du système, c'est que la sécurité des transmissions n'a pas besoin d'être assurée : même si des oreilles indiscrètes interceptent les clés du code (les nombres n et e) et le message (le nombre a^e), elles ne peuvent reconstituer le nombre a (on a besoin de d) sauf à être capables de factoriser n. Bien entendu tout cela repose sur la constatation que les algorithmes de factorisation sont beaucoup moins bons actuellement que les tests de primalité. Évidemment s'il se trouvait un mathématicien pour trouver un algorithme de factorisation bien meilleur que ceux dont on dispose actuellement il pourrait espérer briser tous les codes RSA. On peut en rêver, mais rappelons tout de même aux optimistes que le record actuel du plus grand nombre premier connu est un nombre de plus de deux millions de chiffres [15], alors que l'on a vu que le record de factorisation est de l'ordre de 200 chiffres : il y a de la marge !

I. VARIANTE : SIGNATURE

Le code RSA peut aussi être utilisé pour valider une signature. Supposons par exemple, que le chef veuille signer LECHEF, soit 120503080506. Il doit envoyer le message $a_1 = 120$, $a_2 = 503$, $a_3 = 080$, $a_4 = 506$. Il

15. Bien entendu, pour montrer qu'un tel nombre est premier on utilise des méthodes nettement plus sophistiquées que celle qui consiste à essayer de diviser par tous les nombres premiers $\leqslant \sqrt{n}$, on pourra consulter sur ce sujet le livre de Jean-Paul Delahaye, *Merveilleux nombres premiers*, Belin, 2000.

code le message en envoyant au lieu de chaque nombre a_i le nombre a_i^{605} modulo 1073. Cela donne une suite de nombres à trois chiffres b_1, b_2, b_3, b_4. Le subordonné peut alors vérifier la signature en calculant b_i^5 modulo 1073. Il récupère alors les a_i, c'est-à-dire l'authentification de la signature. Ce procédé est sûr, car même si on sait qu'il faut signer LECHEF, on ne peut coder correctement ce mot que si on connaît le nombre 605. Or ce nombre n'est pas révélé et n'est pas calculable à partir de la clé publique n, e (si les nombres p et q sont assez grands, bien sûr). Cette méthode est utilisée notamment dans les transactions bancaires en ligne.

Bibliographie

[HMC] *Histoire des mathématiques pour les collèges*, CEDIC, 1980.

[I] Ifrah G. *Histoire universelle des chiffres* (deux tomes), Collection Bouquins, Robert Laffont.

EXERCICES DU CHAPITRE 1

Le signe ¶ indique un exercice difficile.

1. Récurrence, division euclidienne, numération

A. RAISONNONS UN PEU

1. *(Extrait de Tangente, numéro 50.)*

Autour d'une table ronde sont assis des hommes et des femmes. Sept femmes ont une femme à leur droite, douze femmes ont un homme à leur droite, les trois quarts des hommes ont une femme à leur droite. Combien y-a-t-il de convives ?

2. *(Extrait de Tangente, numéro 64-65.)*

Il y a eu, le 17 mars 1998, un crime commis à Ivry-sur-Seine. La victime a été abattue d'une balle de revolver dans la tête. Il y a cinq suspects. Chacun a donné quatre affirmations dont trois sont vraies et une fausse. Voici ces affirmations :

Monsieur X :

1) J'étais à Lyon au moment du meurtre.

2) Je n'ai jamais tué personne.

3) Monsieur U est le meurtrier.

4) Monsieur T et moi sommes amis.

Monsieur Y :

5) Je n'ai pas tué.

6) Je n'ai jamais eu de revolver entre les mains.

7) J'avais déjà rencontré Monsieur U auparavant.

8) J'étais à Toulouse le 17 mars 1998.

Monsieur Z :

9) Monsieur Y ment lorsqu'il dit qu'il n'a jamais eu de revolver entre les mains.

10) Le crime a été commis le 17 mars.

11) Monsieur X était à Lyon au moment du meurtre.

12) L'un de nous est le meurtrier.

Monsieur T :

13) Je n'ai pas tué.

14) Monsieur U n'est jamais allé à Ivry-sur-Seine.

15) Je n'ai jamais rencontré Monsieur X avant aujourd'hui.

16) Monsieur Y et moi étions à Toulouse le 17 mars 1998.

Monsieur U :

17) Je n'ai pas tué.

18) Je ne suis jamais allé à Ivry-sur-Seine.

19) Je n'ai jamais rencontré Monsieur Y avant aujourd'hui.

20) Monsieur X a menti en disant que j'ai tué.

La conclusion ? Élémentaire, mon cher Watson !

3. Le premier tour de la coupe d'Europe des clubs champions de football se dispute par poules de 4 clubs, en matches aller-retour. Chaque journée comporte deux matches et chaque club joue successivement contre les trois autres un match aller, puis un match retour. Les points sont comptés ainsi : 3 points pour une victoire, 1 point pour un match nul, 0 point pour une défaite.

Lors de la coupe d'Europe 2000-2001, le total des points, après quelques journées, dans une poule était le suivant : Paris-Saint-Germain 1, La Corogne 3, Milan AC 5, Galatasaray 7.

Préciser combien de journées ont été disputées, combien chaque équipe a à son actif de victoires, nuls et défaites et précisément quels ont été les résultats des confrontations d'une équipe contre une autre ? (On ne demande pas les scores ni les noms des buteurs).

B. PRINCIPE DE RÉCURRENCE

4. Comparer les nombres $n!$ et 3^n.

5. Dans les trois exercices qui suivent on peut (si on n'a pas d'idée plus astucieuse) procéder de la façon suivante :

- commencer par calculer quelques valeurs de la suite cherchée,
- conjecturer la valeur du terme général,
- montrer par récurrence que la valeur conjecturée est la bonne.

a) Calculer la somme $A_n = 1 + 2 + \cdots + n$. (Facile : Gauss avait inventé l'astuce à 7 ans).

b) Calculer la somme $I_n = 1 + 3 + 5 + \cdots + (2n - 1)$.

c) Calculer la somme $C_n = 1^3 + 2^3 + 3^3 + \cdots + n^3$. (Assez facile encore)

d) Calculer la somme $B_n = 1^2 + 2^2 + 3^2 + \cdots + n^2$. (Difficile)

6. Peut-on paver un échiquier (de 64 cases), dont une est interdite, avec des triminos ? (Un trimino est une pièce formée de trois cases en forme de L.)

7. Déterminer le nombre de régions délimitées par n droites du plan en position générale. (En position générale signifie ici que deux quelconques des droites ne sont pas parallèles et que trois quelconques ne sont pas concourantes.)

8. Il était une fois [16] une ville d'Orient dont les habitants, quoique cruels, étaient d'excellents logiciens. Dans cette ville il y avait 40 femmes adultères. Comme il est habituel dans ce genre de situation, chacun des hommes de la ville était au courant de l'infidélité de toutes les femmes, sauf de la sienne (on suppose que le régime matrimonial est la monogamie). Le calife de la ville (qui était célibataire) décida de mettre un terme à cet état de fait scandaleux. Il publia donc un édit qui comportait les deux points suivants :

1) il y a des femmes infidèles dans la ville,

2) tout mari qui aura acquis, un certain jour, la certitude que son épouse le trompe devra la mettre à mort dans la nuit qui suit ce jour.

Que se passa-t-il quelque temps après la publication de cet édit ?

---

16. L'auteur de ces lignes se contente de rapporter cette vieille légende. Il décline toute responsabilité en ce qui concerne les connotations misogynes de cette histoire.

C. DIVISION EUCLIDIENNE

9. Soient $a, b \in \mathbf{N}$ avec $b > 0$. Dans la division de a par b, le quotient est q et le reste r. Soit $h \in \mathbf{Z}$. Les divisions envisagées ci-dessous sont des divisions euclidiennes dans $\mathbf{N}$. Le lecteur pourra commencer par les applications numériques pour se faire une idée du problème.

a) Le quotient de la division de $a+h$ par b est-il encore égal à q ? Application numérique : $a = 240, b = 39$.

b) Le quotient de la division de a par $b+h$ est-il encore égal à q ? Application numérique : $a = 683, b = 41$.

c) Le quotient de la division de $a + h$ par $b + h$ est-il encore égal à q ? Application numérique : $a = 643, b = 12, b = 41$.

d) L'égalité $a = bq + r$ est-elle aussi celle de la division de a par q ?

10. *a*) On divise un nombre a par 15, le reste est 3. Quel peut-être le reste de la division de a par 5 ? Même question si le reste est 13.

b) On divise un nombre a par 5, le reste est 3. Quel peut-être le reste de la division de a par 15 ?

11. *a*) En divisant le nombre a par 122 et par 125 on trouve le même quotient et des restes respectifs de 52 et 40. Calculer a.

b) En divisant 6732 et 564 par un même nombre b on trouve des restes respectifs de 24 et 18. Quel peut-être le nombre b ? (Cet exercice utilise la divisibilité.)

12. Si on se donne $a, b \in \mathbf{N}$ avec $b > 0$, on sait déterminer le quotient $q \in \mathbf{N}$ et le reste $r \in \mathbf{N}$ dans la division euclidienne de a par b, ces entiers vérifient $a = bq + r$ et $0 \leqslant r < b$ et ils sont uniques pour ces propriétés.

a) Si on se donne b et q, peut-on trouver les deux autres, c'est-à-dire a et r ? (On discutera de l'existence de a et r et de leur unicité.) Même question en se donnant b et r ou q et r.

b) Plus difficile : si on se donne a et r, peut-on trouver b et q ? Application numérique : $a = 67$, $r = 7$.

Même question si on se donne a et q. Application numérique : $a = 23$, $q = 3$.

13. On range 461 pots de yaourt dans des caisses identiques. La règle est qu'on ne commence pas une caisse avant d'avoir fini la précédente. À la fin on a rangé les pots dans 14 caisses. Combien de pots contiennent les caisses pleines ? Combien de pots contient la dernière caisse ?

D. NUMÉRATION

14. On effectue la pagination d'un livre.

a) Le livre a 359 pages. Combien utilise-t-on de caractères ? Combien de fois est utilisé chaque chiffre : $0, 1, 2, \ldots, 9$?

b) On utilise 375 caractères. Combien le livre a-t-il de pages ? Même question avec 682 caractères.

15. On écrit, à partir de 1 inclus, dans le système à base dix, la suite des nombres entiers sans les séparer. Quels sont les chiffres qui occupent : le 25ᵉ rang ? le 350ᵉ rang ? le 800ᵉ rang ?

16. Dans le système à base dix calculer le produit du nombre 123456789 par $9 \times p$ où p est un nombre compris entre 1 et 9.

17. *Conversions.* En base supérieure à dix on utilisera dans l'ordre les lettres grecques $\alpha, \beta, \gamma, \delta, \ldots$ comme chiffres au-delà de 9.

a) Convertir les nombres suivants en base dix :

$\overline{234}$ (base cinq), $\overline{1100100110}$ (base deux), $\overline{\alpha\alpha\beta}$ (base douze), $\overline{111}$ (base trois), $\overline{38\alpha}$ (base onze).

b) Les nombres $794, 897, 983$ (et d'autres au choix du lecteur) sont écrits en base dix. On les convertira successivement en bases deux, quatre, sept, douze.

c) Convertir $\overline{\alpha 8\beta}$ de la base douze à la base quatre.

18. Les nombre entiers sont écrits dans une base b avec $b \geqslant 2$.

a) En supposant que le premier chiffre à gauche est non nul, quels sont les plus petits nombres écrits avec deux chiffres, trois chiffres, n chiffres ?

b) Quels sont les plus grands nombres écrits avec deux chiffres, trois chiffres, n chiffres ?

c) En supposant que le premier chiffre à gauche est non nul, combien y a-t-il de nombres écrits avec deux chiffres, trois chiffres, n chiffres ?

Applications numériques : $b = 10, 2, 12$ (on exprimera les résultats en base dix).

19. *a*) Dans quel système de numération a-t-on $\overline{32} \times \overline{14} = \overline{438}$? $\overline{27} \times \overline{25} = \overline{708}$?

b) Soient x, y et z des entiers compris entre 0 et 6. Trouver les nombres qui s'écrivent $\overline{xyz}$ en base sept et $\overline{zyx}$ en base onze.

c) Dans le système à base douze, un nombre s'écrit $\overline{xyz}$. Dans le système à base b ce même nombre s'écrit $\overline{xyz0}$. Quel est ce nombre et quelle est la nouvelle base ?

¶ *d*) Un nombre n s'écrit avec trois chiffres dans le système à base neuf et avec les trois mêmes chiffres, dans un ordre différent, dans le système à base treize. Quel est ce nombre ?

20. Dans une certaine base b un nombre s'écrit $\overline{1254}$ et son double $\overline{2541}$. Quel est ce nombre et quelle est la base ?

E. OPÉRATIONS

21. Soit n un entier compris entre 100 et 999. Calculer le produit de $7n$ par 143.

22. Soit b un entier $\geqslant 2$ et n un entier avec $0 \leqslant n < b$. Montrer que le nombre qui s'écrit en base b :

$$\overline{123\ldots(n-1)n(n-1)\ldots321}$$

est un carré.

23. On considère les dix chiffres $0, 1, 2, \ldots, 9$. Avec ces chiffres on écrit des nombres de un ou deux chiffres en utilisant une fois et une seule chacun des chiffres $0, 1, \ldots, 9$ (le nombre 0 est autorisé). On effectue la somme S de tous les nombres obtenus.

a) Peut-on obtenir $S = 100$?

b) Donner la liste de tous les S possibles.

c) De combien de façons peut-on obtenir $S = 153$?

2. La relation de divisibilité et les congruences

A. DIVISIBILITÉ

24. Trouver le plus petit entier divisible par chacun des nombres de 1 à 10.

25. Soient a et b deux entiers. Montrer que l'un des nombres $a, b, a+b, a-b$ est multiple de 3.

26. On considère le jeu suivant : on tire au sort deux entiers dont le chiffre des unités est 6. On fait leur produit. Si ce produit se termine par 36 on gagne 3 euros, sinon on perd 1 euro. Vous jouez ?

27. Trouver un nombre n de trois chiffres tel que n soit multiple de 5 et de 14 et que la somme des chiffres de n soit égale à 14 (resp. à 10).

B. CONGRUENCES

28. Trois entiers naturels a, b, c vérifient la relation $a^2 = b^2 + c^2$.

Montrer que :

a) l'un au moins des nombres b et c est multiple de 3,

b) l'un au moins des nombres a, b et c est multiple de 5,

c) l'un au moins des nombres b et c est multiple de 2,

¶ *d*) l'un au moins des nombres b et c est multiple de 4.

29. *a*) Calculer les restes modulo 13 des nombres 5^{206}, 5^{381}, 5^{883}, 5^n pour $n \in \mathbf{N}$.

b) Calculer les restes modulo 13 des nombres 1617^{206}, 1617^{381}, 1617^{883}, 1617^n pour $n \in \mathbf{N}$.

30. Montrer que, quel que soit l'entier n :

a) $4^{3n} - 4^n$ est multiple de 5,

b) $2^{4n+2} + 2^{4n+1} - 1$ est multiple de 5,

c) $3^{2n} - 2^n$ est multiple de 7,

¶ *d*) $4^n + 15n - 1$ est multiple de 9,

e) $n \times 4^{n+1} - (n+1) \times 4^n + 1$ est multiple de 9,

f) $5^{5n+7} \times 3^{5n+4} - 1$ est multiple de 11,

g) $2^{2n-1} \times 3^{n+2} + 1$ est multiple de 11,

h) $3 \times 5^{2n+1} + 2^{3n+1}$ est multiple de 17.

31. Pour quelles valeurs de n :

a) le nombre $4^n + 2^n + 1$ est-il divisible par 7 ?

b) le nombre $9^n + 3^n + 1$ est-il divisible par 13 ?

c) le nombre $25^n + 5^n + 1$ est-il divisible par 31 ?

¶ *d*) Produire un exercice analogue en trouvant un nombre a tel que $a^{2n} + a^n + 1$ soit divisible par $p = 19$ exactement pour les mêmes entiers que ci-dessus. Quelle relation doit vérifier a ?

¶ *e*) Peut-on produire un exercice similaire avec $p = 37$, avec $p = 111$, avec $p = 41$?

32. Soit n un entier impair. Montrer que $n^{12} - n^8 - n^4 + 1$ est multiple de 512. Peut-on faire mieux (c'est-à-dire trouver un diviseur commun à tous les nombres $n^{12} - n^8 - n^4 + 1$ avec n impair qui soit plus grand que 512) ?

33. *a*) Montrer que, pour tout $n \in \mathbf{N}$, $n^2(n^4 - 1)$ est divisible par 60. Peut-on faire mieux ?

b) Montrer que, pour tout $n \in \mathbf{N}$, $n(n^6 - 1)$ est divisible par 42. Peut-on faire mieux ?

34. Soit n un entier impair. Montrer que $n^{17} - n$ est multiple de 16320. Peut-on faire mieux ?

35. Un nombre n de 2004 chiffres est formé du même chiffre répété 2004 fois. Ce nombre est-il divisible par 11, par 13, par 37, par 73 ?

36. Déterminer les entiers de la forme $111\ldots111$ (c'est-à-dire les nombres qui s'écrivent avec n chiffres 1 dans le système décimal) qui sont multiples de 13 (resp. de 31) ? Quel est le plus petit entier qui multiplié par 13 (resp. par 31) donne un tel nombre ? (Pour 31 on pourra utiliser la calculatrice.)

C. CRITÈRES DE DIVISIBILITÉ

37. On note c, d, u les chiffres des centaines, dizaines et unités d'un entier n.

a) Montrer qu'on a $n \equiv 2d + u \pmod 4$. En déduire un critère de divisibilité par 4.

b) Montrer qu'on a $n \equiv 4c + 2d + u \pmod 8$. En déduire un critère de divisibilité par 8. Calculer les restes dans la division par 8 des nombres suivants : $2632, 5782, 8463$.

38. *a*) Un nombre n s'écrit $\overline{x48y5}$ en base 10. Déterminer les chiffres x et y pour que n soit multiple de 495.

b) Un nombre n s'écrit $\overline{24x3y1z}$ en base 10. Déterminer les chiffres x, y et z pour que n soit multiple de 792.

D. APPLICATIONS DE LA DIVISIBILITÉ ET DES CONGRUENCES AUX ÉQUATIONS DIOPHANTIENNES

39. Soit $n \in \mathbf{N}$. On considère l'équation diophantienne : $x^2 - y^2 = n$.

a) On suppose n impair. Montrer que l'équation a des solutions dans $\mathbf{N}$. Donner un algorithme pour les trouver. Application au cas $n = 225$.

b) On suppose n pair. À quelle condition l'équation admet-elle des solutions dans $\mathbf{N}$ (on s'intéressera aux congruences modulo 4) ? Donner un algorithme pour les trouver. Application au cas $n = 360$.

40. Montrer que les équations en x, y suivantes n'ont pas de solutions dans $\mathbf{Z}$: $56x^2 + 87y^2 = 134$, $56x^2 + 87y^2 = 365$, $56x^2 - 87y^2 = 365$, $52x^2 - 27y^2 = 91$.

41. On considère l'équation $3x^2 - 35y^2 = a$, pour a entier, $1 \leqslant a \leqslant 20$. Préciser, pour chaque valeur de a, si l'équation a des solutions $x, y \in \mathbf{Z}$ ou non.

42. Résoudre dans $\mathbf{N}$ l'équation en x, y : $2^x + 1 = y^2$.

3. Diviseurs communs, pgcd, algorithme d'Euclide, théorème de Bézout

A. DIVISEURS COMMUNS, PGCD, ALGORITHME D'EUCLIDE

43. *a*) Trouver (en utilisant l'algorithme d'Euclide) le *pgcd* des nombres suivants : 756 et 360, 1001 et 637, 4095 et 1911, 16170 et 9450.

b) Reprendre le même exercice en utilisant la décomposition en produit de facteurs premiers.

44. Le *pgcd* de deux nombres a et b est $d = 4$. Les quotients successifs obtenus dans la recherche du *pgcd* par l'algorithme d'Euclide (poursuivi jusqu'au reste 0) sont $2, 3, 1, 2$. Déterminer a et b.

b) Même question avec $d = 8$ et les quotients $7, 6, 1, 4$; avec $d = 6$ et les quotients $10, 1, 2, 3, 1, 2$.

45. *a*) Trouver tous les nombres entiers a et b dont la somme est 256 et dont le *pgcd* est 16.

b) Trouver tous les nombres entiers a et b dont le produit est 1734 et dont le *pgcd* est 17.

c) Soient $a, b \in \mathbf{N}^*$. On suppose qu'on a $a^2 - b^2 = 2916$ et $pgcd\,(a, b) = 18$. Déterminer a et b.

B. THÉORÈME DE BÉZOUT ET APPLICATIONS

46. Écrire une relation de Bézout avec les couples suivants d'entiers : $a = 27$ et $b = 17$, $a = 35$ et $b = 13$, $a = 168$ et $b = 255$, $a = 4350$ et $b = 2456$.

47. Résoudre dans $\mathbf{Z}$ les équations en x et y suivantes : $27x - 44y = 12$, $156x + 244y = 100$, $2757x - 1998y = 54$.

48. *a*) Trouver tous les entiers $x, y \in \mathbf{Z}$ vérifiant la relation $1152x - 882y = 84$.

b) Trouver tous les entiers $x, y \in \mathbf{Z}$ vérifiant la relation $1152x - 882y = 126$. Préciser la solution avec x et $y \geqslant 0$ les plus petits possibles.

c) Trouver un entier $n \in \mathbf{N}$, avec $n \leqslant 10000$ dont le reste dans la division par 1152 soit 87 et dont le reste dans la division par 882 soit 213.

49. Soient $a, b \in \mathbf{N}$.

a) On considère les deux sommes $A = 11a + 2b$ et $B = 18a + 5b$. Montrer que si 19 divise l'une des deux sommes il divise l'autre.

b) On suppose que a et b n'ont pas de diviseur commun autre que 1. Montrer que A et B ne peuvent avoir d'autre diviseur commun que 1 et 19.

50. *a*) Montrer que pour tout entier n les nombres $2n+1$ et $9n+4$ sont premiers entre eux.

b) Montrer que pour tout entier n la fraction $(12n + 1)/(30n + 2)$ est irréductible.

c) À quelle condition le *pgcd* de $2n+3$ et $n+7$ est-il égal à 1 ?

d) Trouver le *pgcd* de $2n-1$ et $9n+4$ en fonction de n.

C. PGCD,PPCM, DIVERS

51. Calculer les *ppcm* des couples d'entiers suivants : 180 et 504, 225 et 600, 270 et 720, 324 et 405.

52. *a*) Le *ppcm* de a et b est égal à $m = 210$, a vaut 15, combien peut valoir b ?

b) Même question avec $m = 396, a = 18$, $m = 120, a = 12$.

53. *a*) Trouver les nombres compris entre 100 et 500 qui sont divisibles à la fois par $8, 15$ et 20.

b) Trouver les nombres compris entre 400 et 1000 qui sont divisibles à la fois par $6, 14$ et 15.

54. Trouver le plus petit entier > 10000 qui divisé par $5, 12$ et 14 ait pour reste 3.

55. Trouver tous les entiers compris entre 100 et 1000 qui divisés par 21 aient pour reste 8 et par 17 pour reste 5.

56. Dans tout cet exercice il s'agit de déterminer deux entiers naturels a et b (il peut y avoir plusieurs solutions). On donnera d'abord une méthode générale, puis on traitera les applications numériques.

a) On donne $p = ab$ et $m = ppcm\,(a, b)$. Applications : $m = 360, p = 3240$, $m = 864, p = 5184$, $m = 900, p = 13500$.

b) On donne $s = a + b$ et $m = ppcm\,(a, b)$. Applications : $m = 735, s = 252$, $m = 924, s = 275$, $m = 3003, s = 504$.

c) On donne $m = ppcm\,(a, b)$ et $d = pgcd\,(a, b)$. Applications : $m = 420, d = 6$, $m = 1050, d = 35$, $m = 3388, d = 22$, $m = 1650, d = 55$.

d) On donne $m - d = ppcm\,(a, b) - pgcd\,(a, b)$. Applications : $m - d = 11, m - d = 15$.

D. APPLICATIONS DU THÉORÈME DE GAUSS

¶ **57.** *a*) On considère l'équation :

$$a_n x^n + a_{n-1} x^{n-1} + \cdots + a_1 x + a_0 = 0$$

dans laquelle les a_i sont des entiers relatifs. On suppose que cette équation admet la racine rationnelle p/q (avec p et q premiers entre eux). Montrer que p divise a_0 et que q divise a_n.

b) Trouver les racines de l'équation :

$$4x^3 - 7x^2 - 12x + 21 = 0$$

(on cherchera une solution rationnelle).

c) Pour quelles valeurs de l'entier a le polynôme $2x^7 + ax^3 - 3$ admet-il une racine rationnelle ?

¶ **58.** En base b on considère les chiffres x et $y = x + 1$ et on suppose qu'un entier n s'écrit $n = \overline{xxxx} = (\overline{yy})^2$. Déterminer x, y, b et n.

¶ **59.** Trouver trois nombres impairs consécutifs tels que la somme de leurs carrés s'écrive $\overline{xxxx}$ en base 10.

60. Un multiple de 336 peut-il s'écrire en base 10 sous la forme $\overline{aaa\dots aa}$, c'est-à-dire avec le seul chiffre a ? Même question avec 168, avec 952.

4. Nombres premiers

A. NOMBRES PREMIERS

61. Décomposer en produit de facteurs premiers les nombres suivants : 753 ; 856 ; 990 ; 3064 ; 5145 ; 6018 ; 16335 ; 34521 ; 56805 ; $45 \times 84 \times 312$, $180 \times 84 \times 534$, $18 \times 632 \times 153$.

62. *a*) Montrer que la somme de n nombres impairs consécutifs ($n \geqslant 2$) ne peut pas être un nombre premier.

b) Trouver tous les entiers positifs p tels que $p, p+2, p+6, p+8, p+12, p+14$ soient tous premiers.

63. *a*) Montrer que, quel que soit l'entier $n \geqslant 3$, le nombre $n^2 + 2n - 3$ n'est jamais premier. (On exhibera une factorisation.)

¶ *b*) Pour quelles valeurs de n l'entier $n^5 + n^4 + 1$ est-il premier ?

64. *a*) Montrer l'identité de Sophie Germain :

$$n^4 + 4m^4 = (n^2 + 2mn + 2m^2)(n^2 - 2mn + 2m^2).$$

b) Pour quelles valeurs de $n, m \in \mathbf{N}$ l'entier $n^4 + 4m^4$ est-il premier ?

c) Montrer que $4^{545} + 545^4$ n'est pas premier.

65. Montrer qu'il existe des suites de n entiers consécutifs non premiers avec n arbitrairement grand.

66. Soient m et n des entiers naturels distincts. Montrer que les nombres de Fermat F_m et F_n sont premiers entre eux. (On pensera en termes de congruences. On rappelle que l'on a $\mathrm{F}_n = 2^{2^n} + 1$.) En déduire une nouvelle preuve du fait que les nombres premiers sont en nombre infini.

67. *a*) Montrer que, pour $n = 0, 1, 2, \ldots, 38, 39$, le nombre $\mathrm{P}(n) = n^2 + n + 41$ est premier. (On se munira d'une table des nombres premiers et d'un peu de patience.)

b) Montrer que P(40) n'est pas premier.

c) Montrer qu'il existe une infinité d'entiers n tels que 43 divise $\mathrm{P}(n)$.

68. *Un tour de magie.* Le magicien demande à un participant de choisir un grand nombre premier, puis de calculer son carré, d'ajouter 11 et de diviser par 24 et il annonce le reste dans la division. Explication ?

B. FACTORISATION

69. *a*) Déterminer les ordres de multiplicité des nombres 2, 3, 5 et 7 dans la décomposition en produit de facteurs premiers de 100!.

b) Par combien de zéros ce nombre se termine-t-il ?

70. Soit n un entier écrit sous forme de produit de facteurs premiers : $n = p_1^{\alpha_1} p_2^{\alpha_2} \cdots p_r^{\alpha_r}$ avec les p_i distincts.

a) À quelle condition n est-il un carré parfait ?

b) Déterminer le nombre de diviseurs de n.

c) Montrer que n est un carré parfait si et seulement si il a un nombre impair de diviseurs.

71. On choisit deux entiers naturels m et n avec $m \leqslant n$, on factorise tous les entiers compris entre m et n. Montrer que le maximum de l'exposant du nombre premier 2 dans toutes ces décompositions n'est atteint qu'une seule fois.

¶ **72.** Parmi les entiers compris entre 1 et 1999, quel est celui qui admet le plus de diviseurs ? Combien a-t-il de diviseurs ?

C. EXERCICES PLUS DIFFICILES

73. *a*) Soit p un nombre premier impair et soit a un entier avec $1 \leqslant a \leqslant p-1$. Montrer qu'il existe un unique entier b, avec $1 \leqslant b \leqslant p-1$, tel que ab soit congru à 1 modulo p. (Pour l'existence on utilisera Bézout.) Montrer que a et b ne sont pas congrus modulo p sauf pour deux valeurs de a que l'on précisera.

¶ *b*) Montrer que pour tout nombre premier p on a $(p-1)! \equiv -1 \pmod p$. (Théorème de Wilson ; on utilisera *a*).)

74. *a*) Quelles sont les congruences possibles des nombres premiers impairs modulo 4 ? Donner cinq exemples de chaque cas possible.

b) Montrer que si un nombre est congru à 3 modulo 4 il admet au moins un diviseur premier congru à 3 modulo 4 (on raisonnera par l'absurde).

c) Soit p un nombre premier. On pose

$$\mathrm{P} = 2 \times 3 \times 5 \times 7 \times \cdots \times p,$$

produit de tous les nombres premiers $\leqslant p$. Soit $\mathrm{S} = \mathrm{P} + 1$. Montrer que l'on a $\mathrm{S} \equiv 3 \pmod 4$.

¶ *d*) En déduire qu'il y a une infinité de nombres premiers congrus à 3 modulo 4 (considérer un facteur premier de S).

D. RÉCRÉATIONS

75. Le produit des âges de mes trois filles est 36, leur somme est le numéro de cette maison. Quels sont les âges de mes filles ?

– Je vois que vous avez des jumelles, mais cela ne me suffit pas pour répondre.

– C'est juste, j'ajoute que ma fille aînée aime le chocolat.

– Alors je peux répondre.

Quels sont les âges des filles ?

76. Voici, pour terminer, un problème extrait des (excellents) *117 jeux mathématiques* de J.-P. Alem (Tchou éditeur).

Le curé et le vicaire de Luvigny se piquent d'être arithméticiens et ils ne manquent pas de se défier pour quelque problème.

Un matin qu'ils se promenaient tous les deux dans la grand'rue, le curé dit à son compagnon :

— Voyez les trois paroissiens qui viennent à notre rencontre. Le produit de leurs âges est égal à 2450 et la somme de leurs âges est deux fois votre âge. Quel est l'âge de chacun ?

Le vicaire réfléchit un moment, puis déclara :

— Je ne peux pas répondre, car le problème tel que vous venez de me le poser a plus d'une solution.

Le curé réfléchit à son tour.

— C'est juste. Il faut que je vous dise encore que je suis plus âgé[17] *que chacun des trois.*

— Cette fois, dit le vicaire, tout est clair. Vos paroissiens ont...

Pouvez-vous trouver les âges, non seulement des trois paroissiens, mais encore du vicaire et du curé[18] *?*

---

17. Strictement.
18. Bien entendu le curé et le vicaire connaissent chacun leur âge et celui de l'autre.

PROBLÈMES DU CHAPITRE 1

1. Les triplets pythagoriciens

Le but du problème est de déterminer toutes les solutions entières de l'équation

$$x^2 + y^2 = z^2, \tag{1}$$

c'est-à-dire tous les triplets $(x, y, z) \in \mathbf{N}^3$ qui vérifient cette équation.

0) Déterminer toutes les solutions entières de l'équation (1) dans lesquelles l'un au moins des nombres x, y, z est nul.

On s'intéresse désormais aux solutions non triviales de (1), c'est-à-dire aux solutions $x, y, z > 0$.

PARTIE A

Dans cette partie on considère une solution entière non triviale (x, y, z) de l'équation (1) et on suppose que les nombres x, y, z n'ont pas de diviseur commun non banal (c'est-à-dire distinct de 1). Une telle solution sera dite **primaire**.

1) Montrer que l'un des nombres x, y, z est pair et que les deux autres sont impairs.

2) En étudiant les congruences modulo 4, montrer que z est impair.

Dans la suite de la partie A, à l'exception de la question 7), on suppose y pair et on pose $y = 2w$.

3) Montrer que les nombres $z - x$ et $z + x$ sont tous deux pairs. On pose $z - x = 2u$ et $z + x = 2v$. Calculer x et z en fonction de u et v. Montrer que l'égalité (1) peut s'écrire sous la forme (2) : $w^2 = uv$.

4) Montrer que les nombres u, v, w n'ont pas de facteur commun non banal. En déduire que u et v sont premiers entre eux. (On pourra raisonner par l'absurde et utiliser l'égalité (2) et le lemme d'Euclide.)

5) Montrer que les nombres u et v sont des carrés parfaits (c'est-à-dire qu'il existe a et b dans $\mathbf{N}$ tels que l'on ait $u = a^2$ et $v = b^2$). (Utiliser l'égalité (2) et la décomposition en produit de facteurs premiers.) Montrer que a et b sont premiers entre eux et qu'ils ne sont pas tous deux impairs.

6) Déterminer les nombres x, y, z en fonction de a et b.

7) Montrer que les solutions primaires de l'équation (1) sont exactement les triplets (x, y, z) de l'une des deux formes suivantes :

$$x = b^2 - a^2,\ y = 2ab,\ z = a^2 + b^2 \quad \text{ou} \quad x = 2ab,\ y = b^2 - a^2,\ z = a^2 + b^2$$

où a et b sont des entiers non nuls, premiers entre eux, non tous deux impairs et vérifiant $b > a$.

En déduire que l'équation (1) a une infinité de solutions primaires et donner toutes celles de ces solutions qui vérifient $z < 20$.

PARTIE B

1) Soit (x, y, z) une solution entière non triviale de (1). On suppose que x, y, z sont multiples de l'entier d et on pose $x = dx', y = dy'$ et $z = dz'$. Montrer que (x', y', z') est encore solution de (1).

2) Montrer que les solutions entières non triviales de l'équation (1) sont exactement les triplets (x, y, z) de l'une des deux formes suivantes :

$$x = d(b^2 - a^2), y = 2dab, z = d(a^2 + b^2) \text{ ou } x = 2dab,\ y = d(b^2 - a^2), z = d(a^2 + b^2)$$

où a, b et d sont des entiers non nuls, avec a et b premiers entre eux, non tous deux impairs et $b > a$.

NOTE HISTORIQUE

Les triplets (x, y, z) sont appelés triplets pythagoriciens (pourquoi à votre avis ?). L'exemple le plus connu est le triplet $(3, 4, 5)$ qui est utilisé par les maçons pour vérifier qu'un angle est droit (comment ?). L'équation analogue $x^n + y^n = z^n$, mais avec $n \geqslant 3$, n'a pas de solutions en nombres entiers non nuls. Ce résultat très difficile est le fameux « grand théorème de Fermat » qui n'a été prouvé par Andrew Wiles qu'en 1994.

2. Le jeu de Nim.

Il s'agit du jeu suivant. On répartit un certain nombre d'objets (par exemple des allumettes) en un certain nombre de tas, comprenant chacun un certain nombre d'objets, disons p tas ($p \geqslant 1$) comprenant respectivement $n_1, n_2, \ldots, n_p$ objets (avec $n_i \geqslant 1$ pour tout i).

Le jeu se joue à deux joueurs. La règle est la suivante : chaque joueur joue à son tour en enlevant autant d'objets qu'il le souhaite, mais dans un seul tas. Le nombre d'objets enlevé doit être au moins égal à 1 et au plus au nombre d'objets du tas choisi.

Il y a deux variantes du jeu. Dans l'une (variante A) le gagnant est celui qui prend le dernier objet, dans l'autre (variante B) le perdant est celui qui prend le dernier objet.

On écrit les nombres $n_1, \ldots, n_p$ dans le système à base 2 et l'on range ces nombres en colonnes en alignant les derniers chiffres à droite. On convient de dire qu'une position est **paire** si le nombre de chiffres 1 dans chaque colonne est un nombre pair et qu'elle est **impaire** sinon (c'est-à-dire si l'une des colonnes au moins contient un nombre impair de 1). On dit qu'une position est **dégénérée** si tous les n_i sont égaux à 1.

1) Montrer que le joueur qui joue à partir d'une position paire (resp. paire et non dégénérée) laisse nécessairement à son adversaire une position impaire (resp. impaire et non dégénérée).

2) Montrer que le joueur qui joue à partir d'une position impaire non dégénérée peut toujours laisser à son adversaire soit une position paire non dégénérée, soit une position dégénérée qu'il peut choisir paire ou impaire.

3) Montrer qu'un (bon) joueur qui joue dans une position impaire non dégénérée gagne, dans les deux variantes A et B, contre toute défense de son

adversaire. (Au contraire, un joueur qui joue en position paire non dégénérée perd dans les deux variantes du jeu si son adversaire sait jouer correctement.)

L'exemple le plus célèbre de jeu de Nim est celui du film d'Alain Resnais et Alain Robbe-Grillet, L'année dernière à Marienbad. *Il s'agit d'un jeu à 4 tas respectivement de* $1, 3, 5, 7$ *allumettes. La position initiale étant paire non dégénérée, le joueur qui commence est perdant.*

3. *Problèmes divers*

Les énoncés qui suivent ont été donnés dans la licence pluridisciplinaire d'Orsay en problème ou en contrôle.

A. DIVISION

77. Dans la division euclidienne du nombre a par le nombre $b > 0$ on trouve un reste r_1. Dans la division de $2a$ par b on trouve un reste r_2.

a) À quelle condition a-t-on $r_2 = 2r_1$?

b) On suppose $r_2 \neq 2r_1$. Calculer r_2 en fonction de b et r_1.

c) Calculer r_2 dans les cas suivants : $b = 19, r_1 = 6$; $b = 19, r_1 = 13$.

On donne $r_1 = 10$, $r_2 = 3$; calculer b.

B. NUMÉRATION

78. La multiplication suivante, en base b, a été partiellement effacée : $\overline{\bullet 3} \times \overline{17} = \overline{3 \bullet 8}$. Dans quelle base se passe cette multiplication ?

Déterminer les chiffres manquants (on posera, pour unifier les notations, $\overline{x3} \times \overline{17} = \overline{3y8}$). Traduire cette multiplication en base 10.

79. La multiplication suivante, en base b, a été partiellement effacée : $\overline{25} \times \overline{\bullet 4} = \overline{8 \bullet 9}$. Dans quelle base se passe cette multiplication ?

Déterminer les chiffres manquants (on posera, pour unifier les notations, $\overline{25} \times \overline{x4} = \overline{8y9}$). Traduire cette multiplication en base 10.

On garde les chiffres x, y trouvés ci-dessus mais on change le chiffre 9 de $\overline{8y9}$. La multiplication peut-elle être exacte dans une certaine base b' ?

80. Les enfants de deux écoles primaires de Saint-Tricotin-sur-Pelote (Marne-et-Garonne), l'école des Aiguilles et l'école du Crochet, effectuent la même multiplication de deux entiers : $p \times q$, mais les premiers la font dans une certaine base a où leur multiplication s'écrit $\overline{73}^a \times \overline{57}^a$ tandis que les autres la font dans une base b où leur multiplication s'écrit $\overline{54}^b \times \overline{43}^b$.

Déterminer les bases a et b et calculer le résultat dans les deux bases.

81. Dans la base b, deux nombres entiers p et q s'écrivent $p = \overline{25}^b$ et $q = \overline{76}^b$. On suppose que p divise q, c'est-à-dire qu'il existe $n \in \mathbf{N}$ avec $q = np$.

1) Montrer qu'on a $n \leqslant 3$.

2) Déterminer la base b et donner les écritures de p et q en base 10. Écrire le produit pq en base b.

C. PGCD, PPCM

82. 1) Trouver tous les nombres entiers a et b vérifiant $0 < a < b$, $pgcd\,(a,b) = 18$ et $a^2 + b^2 = 105300$.

2) Trouver tous les nombres entiers a et b vérifiant $0 < a < b$, $a + b = 1820$ et $ppcm\,(a,b) = 12 \times pgcd\,(a,b)$.

3) Trouver tous les nombres entiers a et b vérifiant $0 < a < b$, $pgcd\,(a,b) = 18$ et $a^2 + b^2 = 105300$.

83. 1) Soient a' et b' deux entiers positifs premiers entre eux. On pose $x = a' + b'$, $y = a' - b'$.

a) Comment peut-on retrouver a' et b' à partir de x et y ?

b) Montrer que x et y ont même parité.

c) Montrer qu'on a $pgcd\,(x,y) = 2$ si x et y sont tous deux pairs et $pgcd\,(x,y) = 1$ sinon.

84. ¶ Le but de ce problème est de donner une démonstration du théorème de Gauss qui n'utilise ni le théorème de Bézout, ni la décomposition en produit de facteurs premiers.

1) Montrer que si d est le $pgcd$ de a et b on a $a = da'$, $b = db'$ avec a' et b' premiers entre eux.

2) Montrer que si d est le $pgcd$ de a et b et si e divise a et b il divise d. (On raisonne par absurde-minimalité en choisissant un contre-exemple a, b avec $0 < a \leqslant b$ de sorte que a soit minimal et b minimal pour a fixé. On considère alors a et $b - a$.)

3) Soient $a, b, c \in \mathbf{N}$ avec $c > 0$ et a, b non tous deux nuls. Montrer la formule $pgcd\,(ac, bc) = c\; pgcd\,(a,b)$. (On utilisera la question précédente.)

4) Prouver le théorème de Gauss.

D. BÉZOUT

85. 1) Déterminer tous les nombres $x, y \in \mathbf{Z}$ vérifiant la relation

$$2448x - 1666y = 274.$$

2) Déterminer tous les nombres $x, y \in \mathbf{Z}$ vérifiant la relation

$$2448x - 1666y = 204.$$

On donnera une solution avec x et y positifs et les plus petits possibles.

3) Trouver un entier positif N, avec $200\,000 < \mathrm{N} < 300\,000$, dont le reste dans la division par 2448 est 101 et dont le reste dans la division par 1666 est 305.

86. 1) Trouver tous les entiers $x, y \in \mathbf{Z}$ vérifiant la relation $1152x - 882y = 84$.

2) Trouver tous les entiers $x, y \in \mathbf{Z}$ vérifiant la relation $1152x - 882y = 126$. Préciser la solution avec x et $y \geqslant 0$ les plus petits possibles.

3) Trouver un entier $n \in \mathbf{N}$, avec $n \leqslant 10000$ dont le reste dans la division par 1152 soit 87 et dont le reste dans la division par 882 soit 213.

87. 1) Trouver tous les entiers $x, y \in \mathbf{Z}$ vérifiant la relation $5544x - 2730y = 96$.

2) Trouver tous les entiers $x, y \in \mathbf{Z}$ vérifiant la relation $5544x - 2730y = 126$. Préciser la solution avec x et $y \geqslant 0$ les plus petits possibles.

3) Le maire de Saint-Tricotin-sur-Pelote (Marne-et-Garonne), à la veille des élections municipales, envisage, pour s'attirer les suffrages des électeurs, de rembourser une partie n (en francs) des impôts locaux de l'année précédente. Il calcule que s'il répartit équitablement cette somme entre les 5544 contribuables de sa ville il restera 219 francs dans les caisses, tandis que s'il la répartit entre les 2730 contribuables les plus pauvres il restera 345 francs. Outre l'aspect purement politique, ce qui finalement emporte sa décision c'est que seule la deuxième solution permet de franchir le seuil psychologique des 100 francs remboursés à chacun.

À combien se monte la somme à partager ?

E. FERMAT

88. 1) Soit a un nombre entier > 0. Montrer que 798 divise $a^{19} - a$.

2) Donner la décomposition en produit de facteurs premiers de $2^{19} - 2$.

3) Calculer 3^{18} modulo 73. En considérant $3^{19} - 3$, montrer que 798 est le plus grand entier qui divise tous les nombres entiers de la forme $a^{19} - a$.

F. ÉQUATIONS DIOPHANTIENNES

89. Soit a un entier avec $1 \leqslant a \leqslant 20$. Montrer que l'équation $77x^2 - 5y^2 = a$ n'a pas de solutions dans $\mathbf{Z}$ sauf peut-être pour deux valeurs de a que l'on précisera.

90. On considère l'équation $7x^2 - 15y^2 = a$, pour a entier, $1 \leqslant a \leqslant 20$. Préciser, pour chaque valeur de a, si l'équation a des solutions $x, y \in \mathbf{Z}$ ou non.

91. On considère l'équation $33x^2 - 5y^2 = a$, pour a entier, $1 \leqslant a \leqslant 20$. Préciser, pour chaque valeur de a, si l'équation a des solutions $x, y \in \mathbf{Z}$ ou non.

G. DIVISIBILITÉ

92. Trouver un entier $n > 0$, le plus petit possible, tel que le nombre $\mathrm{N} = 777\ldots777$ qui s'écrit avec n chiffres 7 dans le système décimal, soit multiple de 1729. (On pourra commencer par décomposer 1729 en produit de facteurs premiers).

93. Trouver un entier $n > 0$, le plus petit possible, tel que le nombre $\mathrm{N} = 888\ldots888$ qui s'écrit avec n chiffres 8 dans le système décimal, soit multiple de 4264.

H. RÉCRÉATIONS

94. Dans le village de Saint-Tricotin-sur-Pelote (Marne-et-Garonne), le champ du père Mathurin est divisé en 7 parcelles carrées de même côté x qui est un nombre entier de décamètres (un décamètre vaut 10 mètres), tandis que celui du père Joseph est formé de 15 parcelles carrées de même côté y (toujours un nombre entier de décamètres). Pour savoir lequel de leurs champs est le plus grand ils ont fait venir trois prétendus géomètres de la ville voisine. Malheureusement, ceux-ci ne sont pas d'accord. Le premier trouve que le champ de Mathurin est plus grand de 5 ares, le second que le champ de Joseph est plus grand de 10 ares le troisième que le champ de Joseph est plus grand de 6 ares. (On rappelle qu'un are est l'aire d'un carré d'un décamètre de côté.)

1) Montrer que les géomètres ont tous tort.

2) Sachant qu'en fait le champ de Mathurin l'emporte de 12 ares, déterminer les dimensions des parcelles des champs de Mathurin et de Joseph.

95. À la suite des inondations provoquées par la crue de la Pelote, tout le canton de Saint-Tricotin a été sinistré. Le préfet de Marne-et-Garonne a été chargé de répartir les secours. Malheureusement, le bordereau qui portait la somme à diviser en parts égales entre les 5148 victimes a été lui aussi endommagé par les eaux et certains chiffres de la somme sont invisibles. On lit seulement $4 \bullet 7 \bullet 6 \bullet 2$. Le préfet est bien embêté car il se souvient seulement que la somme attribuée à chacun était un nombre entier d'euros supérieur à 850. Combien doit-il donner à chaque sinistré ? (On notera la somme totale $\mathrm{N} = 4x7y6z2$.)

96. Le vendredi 4 février 2000, le percepteur de Saint-Tricotin-sur-Pelote (Marne-et-Garonne) s'aperçoit qu'à la suite d'une erreur informatique liée au bogue de l'an 2000, les 5544 contribuables de la ville ont versé trop d'impôts locaux. Hélas, toujours à cause de l'informatique, il est incapable de retrouver le montant exact versé par chacun et il décide de partager le trop perçu n à parts égales entre tous les contribuables de la ville. Par miracle, ce partage tombe juste.

Malheureusement, le lundi 7, quand il revient dans son bureau, le démon informatique a effacé plusieurs chiffres de la somme n à partager et il lui reste seulement : $n = 9 \bullet 1 \bullet 8 \bullet$. Combien doit-il donner à chaque contribuable ? (Pour unifier les notations on posera $n = 9x1y8z$).

97. Un groupe d'enfants de l'école maternelle de Saint-Tricotin-sur-Pelote (Marne-et-Garonne) colle des gommettes carrées de 2 cm de côté sur des feuilles de papier rectangulaires. La longueur et la largeur des feuilles contiennent un nombre entier de gommettes. Les enfants travaillent tous sur la même feuille et la consigne de la maîtresse est de ne pas commencer une feuille si l'on n'a pas fini la précédente. À la fin de la séance les enfants ont collé 778 gommettes et ont utilisé 19 feuilles (dont 18 complètes) que la maîtresse range soigneusement à l'intérieur de son classeur de format 18 cm $\times$ 23 cm. Quelles sont les dimensions des feuilles ? Combien la dix-neuvième feuille contient-elle de gommettes ?

98. Ce nombre s'écrit avec 8 chiffres en base 2 et 6 chiffres en base 3. Quel est-il ? Ah, j'oubliais, c'est un nombre premier.

99. Monsieur Chandise (Adhémar de son prénom), 45 ans, marié, père de trois enfants, épicier en gros à Saint-Tricotin-sur-Pelote (Marne-et-Garonne), range 1710 boîtes identiques, remplies de thé à la bergamote, dans des caisses. Les boîtes sont en métal doré, de forme cubique, d'environ 10 cm de côté. Elles sont rangées soigneusement dans des caisses en bois de peuplier, de forme parallélipipédique. Par souci d'efficacité, les caisses sont remplies, tant que c'est possible. Monsieur Chandise obtient ainsi 29 caisses qu'il entasse dans sa réserve, une belle pièce de $3\,\mathrm{m} \times 3\,\mathrm{m} \times 2{,}5\,\mathrm{m}$, peinte en beige et bleu marine et dont le sol est recouvert par des carreaux de faïence marron de 20 cm sur 20 cm. Sachant que les enfants de monsieur Chandise ont respectivement 17, 15 et 12 ans, déterminer combien il y a de boîtes dans chaque caisse.

100. 1) Soit c un entier > 0. Trouver toutes les solutions $x, y \in \mathbf{Z}$ de l'équation $9x + 11y = c$.

2) Le maire de Saint-Tricotin-sur-Pelote (Marne-et-Garonne) a décidé de quitter la zone euro et de faire utiliser aux habitants de Saint-Tricotin leur propre monnaie : la maille. Pour éviter de frapper trop de sortes de pièces, deux types de pièces seulement seront disponibles, l'une de 9 mailles, l'autre de 11 mailles.

a) Au début de l'opération, les commerçants n'ont pas de pièces pour rendre la monnaie et les acheteurs doivent faire l'appoint. Faire la liste des sommes $\leqslant 30$ mailles que l'on peut payer. Peut-on payer les sommes suivantes (en mailles) : 41, 53, 71, 79 ? Montrer qu'on peut payer n'importe quelle somme $c \geqslant 99$ mailles (on suppose que l'acheteur a à sa disposition autant de pièces qu'il veut). Indiquer toutes les manières de payer 118 mailles, 417 mailles.

b) On suppose qu'au bout d'un certain temps les commerçants ont un stock de pièces suffisant pour rendre la monnaie. Montrer qu'on peut maintenant payer n'importe quelle somme. On expliquera comment payer les sommes suivantes : 13 mailles, 41 mailles, 79 mailles en manipulant le moins possible de pièces.

Chapitre 2
Nombres rationnels et nombres décimaux

Introduction

Dans l'ensemble **Z** des entiers relatifs, si les soustractions sont toujours possibles, on ne peut en général effectuer une division sans reste (par exemple on ne peut diviser deux en trois parties égales). C'est ce problème qui conduit à introduire les fractions et les nombres rationnels. Attention, même si nous introduisons ici ensemble ces notions, en donnant d'emblée aux rationnels le nom de nombres, il faut être bien conscient [1] que dans l'Histoire, les fractions n'ont eu que tardivement ce statut de nombres (en particulier, les anciens Grecs ne les considéraient pas vraiment comme tels).

Il convient, pour bien comprendre la nature des nombres rationnels, de faire deux remarques :

Remarque 0.1. Lorsqu'on veut désigner par un symbole r le résultat du partage d'un entier a en b parties égales, ce résultat, s'il n'est pas un entier, doit comporter l'indication du nombre à partager, a, et du nombre de parties, b, et ces nombres ne jouent pas le même rôle, de sorte que le résultat doit faire apparaître un **couple** (a, b). En fait, traditionnellement on note ce résultat comme une **fraction** $\frac{a}{b}$, mais c'est juste une question d'habitude (par exemple Diophante notait les fractions avec le dénominateur au-dessus du numérateur ; la tradition actuelle vient des Indiens et des Arabes). En tous cas, quelle que soit la notation, un rationnel va apparaître d'abord comme un couple : c'est une caractéristique incontournable des rationnels de comporter deux symboles.

Remarque 0.2. L'écriture d'un rationnel sous forme de fraction n'est pas unique : il revient au même de partager une unité en deux parties, donc de considérer la fraction $\frac{1}{2}$ ou d'en partager deux en quatre parties, donc

1. Ces remarques historiques sont là pour rappeler aux futurs professeurs, des écoles et d'ailleurs, que les difficultés des enfants pour s'approprier ces concepts ne sont pas neuves, et qu'elles sont fondamentales.

de considérer $\frac{2}{4}\cdot$ La conclusion, c'est que des couples différents (ou des fractions différentes) pourront donner le même nombre rationnel : il y a nécessairement une « relation d'équivalence » à prendre en compte, et c'est la deuxième difficulté incontournable des rationnels.

1. Le corps des nombres rationnels

Nous expliquons ci-dessous la construction des nombres rationnels à partir des entiers, d'une manière non formalisée. On peut, bien entendu, faire cette construction d'une manière mathématiquement rigoureuse [2], mais notre objectif est différent. Il s'agit de montrer que, si l'on veut que les nombres rationnels aient des propriétés « raisonnables », il n'y a pas le choix : les définitions sont imposées.

Dans ce qui suit, de nombreuses vérifications sont laissées au lecteur.

A. L'ENSEMBLE $\mathbf{Q}$

Définition 1.1. *L'ensemble* $\mathbf{Q}$ *(*$\mathbf{Q}$ *comme quotient) est un ensemble de nombres appelés* **nombres rationnels** *et notés sous forme de* **fractions** $\frac{a}{b}$ *(ou parfois* a/b*) avec* $a \in \mathbf{Z}$ *et* $b \in \mathbf{N}^*$*. L'entier* a *est appelé le* **numérateur** *de la fraction et l'entier* b *son* **dénominateur** [3].

Remarques 1.2. 1) L'ensemble $\mathbf{Q}$ est donc formé d'éléments représentés par des symboles $\frac{a}{b}$ dont nous allons maintenant préciser les règles de calcul. Pour cela nous nous souvenons de notre objectif qui est que le rationnel $x = \frac{a}{b}$ doit représenter le quotient (sans reste) de l'entier a par l'entier b. On doit donc avoir $b \times x = a$.

2) Cette remarque permet d'identifier le rationnel $\frac{a}{1}$ et l'entier a. On a ainsi l'inclusion $\mathbf{Z} \subset \mathbf{Q}$.

3) Nous souhaitons avoir des rationnels > 0 et < 0 d'où le choix de a de signe quelconque. On pourrait aussi prendre $b < 0$, mais c'est inutile, vu la règle des signes.

4) Bien entendu on s'interdit de diviser par 0 : si a divisé par 0 donnait x on devrait avoir $x \times 0 = a$, or le nombre 0 (quel que soit l'ensemble où l'on calcule) vérifie toujours la règle $x \times 0 = 0$ (à cause des relations $x = x \times 1 = x \times (1 + 0) = x \times 1 + x \times 0$). On aurait donc $a = 0$, mais alors

2. Si l'on a bien analysé les propriétés des rationnels, il reste juste à effectuer une formalisation en termes mathématiques, d'ailleurs sans grand intérêt.

3. Attention, cf. remarque 0.2, un même nombre rationnel admet plusieurs écritures fractionnaires. On peut donc parler du dénominateur d'une fraction, mais pas du dénominateur d'un nombre rationnel.

n'importe quel x conviendrait. Pour résumer : $\frac{a}{0}$ est impossible si $a \neq 0$; quant à $\frac{0}{0}$ il est indéterminé.

B. LA RELATION D'ÉQUIVALENCE

Comme annoncé dans la remarque 0.2, nous précisons maintenant dans quel cas deux fractions définissent le même rationnel (on dira que les fractions sont équivalentes). Deux remarques nous guident pour cela :

1) Il s'agit de de prendre en compte les phénomènes de simplification du type : $\frac{1}{2} = \frac{2}{4}$ ou $\frac{27}{12} = \frac{9}{4}\cdot$ Plus généralement on veut que les fractions $\frac{a}{b}$ et $\frac{pa}{pb}$ soient deux écritures du même nombre rationnel (règle de simplification). En effet, si $x = \frac{a}{b}$ on doit avoir $a = xb$ donc aussi, en multipliant par p, $pa = x(pb)$ (on souhaite évidemment conserver les propriétés usuelles des opérations : associativité, commutativité, voir ci-dessous).

2) La règle de simplification montre qu'on a $\frac{1}{2} = \frac{2}{4}$ et $\frac{1}{2} = \frac{3}{6}\cdot$ Si le symbole $=$ écrit ci-dessus a un sens on doit donc avoir aussi $\frac{3}{6} = \frac{2}{4}$ bien que cela ne résulte pas directement de la règle de simplification. En termes mathématiques, cela signifie que la relation entre deux fractions qui donnent le même rationnel doit être une relation d'équivalence, c'est-à-dire vérifier les propriétés d'une égalité (puisqu'elle devient égalité sur les rationnels) : elle doit être réflexive, symétrique et transitive (voir chapitre 1 § 2 pour les définitions de ces termes). En particulier, il faut que les relations $\frac{a}{b} = \frac{e}{f}$ et $\frac{e}{f} = \frac{c}{d}$ impliquent $\frac{a}{b} = \frac{c}{d}$ (transitivité).

Ces deux remarques conduisent à la définition bien connue :

Définition 1.3. *Deux fractions* $\frac{a}{b}$ *et* $\frac{c}{d}$ *définissent le même rationnel si on a la relation* $ad - bc = 0$ *(règle du produit en croix). On écrit alors* $\frac{a}{b} = \frac{c}{d}$ *et on dit que les fractions sont équivalentes.*

En effet, la proposition suivante montre que la relation $ad - bc = 0$ se ramène par transitivité à la règle de simplification :

Proposition 1.4. *On a* $\frac{a}{b} = \frac{c}{d}$ *si et seulement si il existe* $e \in \mathbf{Z}$ *et* $f \in \mathbf{N}^*$ *et des entiers* $p, q \in \mathbf{Z}$ *avec* $a = pe, b = pf,\ c = qe, d = qf$*, autrement dit si, en simplifiant* $\frac{a}{b}$ *par* p *et* $\frac{c}{d}$ *par* q*, on obtient la même fraction* $\frac{e}{f}$.

Démonstration. Si a, b, c, d sont écrits comme ci-dessus on a $ad = bc$. Réciproquement, si on a $ad = bc$, le résultat est évident si a et c sont nuls. Sinon, posons $e = pgcd\,(a, c)$. On a alors $a = pe$ et $c = qe$, avec p et q premiers entre eux, d'où $pde = qbe$ et donc, puisque e est non nul, $pd = qb$. Comme p est premier avec q il divise b. Posons $b = pf$. On en déduit $d = qf$ comme annoncé.

Remarques 1.5. 1) On voit maintenant qu'on peut vérifier l'égalité $\frac{2}{4} = \frac{3}{6}$ de deux manières, soit parce que $2 \times 6 = 3 \times 4$, soit en passant par l'intermédiaire de $\frac{1}{2}$.

2) On notera les égalités $0 = \frac{0}{1} = \frac{0}{b}$ pour tout $b > 0$.

3) Plus généralement, si b divise a, donc si $a = nb$ avec $n \in \mathbf{Z}$, on a $\frac{a}{b} = \frac{n}{1} = n$.

4) Étant données deux fractions $\frac{a}{b}$ et $\frac{c}{d}$, on peut toujours les « réduire au même dénominateur », c'est-à-dire trouver des fractions $\frac{a'}{m}$ et $\frac{c'}{m}$ qui leurs soient équivalentes. On peut en effet prendre $m = bd$, $a' = ad$, $c' = cb$ ou, mieux, prendre pour m le *ppcm* de b et d. Par exemple, on peut écrire $\frac{5}{6} = \frac{40}{48}$ et $\frac{3}{8} = \frac{18}{48}$ ou, avec le plus petit dénominateur commun possible, $\frac{5}{6} = \frac{20}{24}$ et $\frac{3}{8} = \frac{9}{24}$.

C. FRACTIONS IRRÉDUCTIBLES

Proposition 1.6. *Tout rationnel x a une écriture unique sous la forme $x = \frac{a}{b}$ avec $a \in \mathbf{Z}$, $b \in \mathbf{N}^*$ et a et b premiers entre eux. On dit que la fraction $\frac{a}{b}$ est* **irréductible**. *Si x est un entier, cette écriture est $\frac{x}{1}$.*

Démonstration. Il suffit de diviser a et b par leur *pgcd* pour obtenir cette écriture (on « simplifie » la fraction). Si on avait deux écritures irréductibles $\frac{a}{b} = \frac{a'}{b'}$ on aurait $ab' = a'b$. Comme b est premier avec a, il divise b' : $b' = bd$, avec $d > 0$. On en déduit $a' = ad$, mais comme a' et b' sont premiers entre eux, on a $d = 1$, d'où le résultat.

D. OPÉRATIONS

Nous définissons dans ce paragraphe les opérations sur l'ensemble $\mathbf{Q}$, en commençant par la multiplication. Cette construction doit satisfaire à trois exigences. D'abord, il faut que les opérations ainsi définies prolongent celles qu'on connaît sur $\mathbf{Z}$. Ensuite, il faut se souvenir que toute la construction a été effectuée pour que $x = \frac{a}{b}$ soit le quotient de a par b, c'est-à-dire que l'on ait, dans $\mathbf{Q}$, $b \times x = a$. Enfin, on souhaite conserver l'associativité et la commutativité de la multiplication (c'est-à-dire les formules $x \times (y \times z) = (x \times y) \times z$ et $x \times y = y \times x$ pour tous x, y, z rationnels).

Pour la multiplication, cela impose la formule $\frac{a}{b} \times \frac{c}{d} = \frac{ac}{bd}\cdot$ En effet, si on pose $x = \frac{a}{b}$ et $y = \frac{c}{d}$, on doit avoir $b \times x = a$, $d \times y = c$, d'où $(b \times x) \times (d \times y) = a \times c$, ou encore, avec les propriétés d'associativité et de commutativité : $(b \times d) \times (x \times y) = (a \times c)$. On est donc conduit à poser la définition suivante :

Définition 1.7. *On définit sur l'ensemble* $\mathbf{Q}$ *une multiplication notée* $\times$ *par la formule suivante :*

$$\frac{a}{b} \times \frac{c}{d} = \frac{ac}{bd}\cdot$$

Comme dans $\mathbf{Z}$, *on omettra, le plus souvent, le signe* $\times$ *dans l'écriture des multiplications.*

Le lecteur vérifiera que cette définition ne dépend pas des écritures fractionnaires des rationnels : si on remplace $\frac{a}{b}$ et $\frac{c}{d}$ par des fractions équivalentes $\frac{a'}{b'}$ et $\frac{c'}{d'}$ la fraction obtenue $\frac{a'c'}{b'd'}$ est équivalente à $\frac{ac}{bd}\cdot$

Nous allons maintenant définir l'addition de deux rationnels écrits sous forme de fractions. Pour comprendre l'origine de cette définition on commence par traiter le cas où les fractions ont même dénominateur. Soient $x = \frac{a}{m}$ et $y = \frac{c}{m}$ des rationnels. On a, dans $\mathbf{Q}$, $mx = a$ et $my = c$. De plus, on souhaite conserver la propriété importante de distributivité : $m\,(x + y) = mx + my$. On doit donc avoir $x + y = \frac{a + c}{m}\cdot$ La définition de l'addition résulte de cette remarque par réduction au même dénominateur. En effet, on écrit $\frac{a}{b} = \frac{ad}{bd}$ et $\frac{c}{d} = \frac{bc}{bd}$ et on a alors :

Définition 1.8. *On définit sur l'ensemble* $\mathbf{Q}$ *une addition notée* $+$ *par la formule suivante :*

$$\frac{a}{b} + \frac{c}{d} = \frac{ad + bc}{bd}\cdot$$

Là encore, on vérifie que cette définition ne dépend pas des écritures fractionnaires des rationnels.

Remarque 1.9. Le lecteur pourra se demander pourquoi on ne se contente pas de l'écriture des fractions sous forme irréductible. La réponse est dans le fait que, lorsqu'on effectue une addition, on peut tomber sur une fraction réductible, et ce, même si on est parti de fractions irréductibles et même si on a réduit au même dénominateur de façon intelligente (autrement dit en utilisant le *ppcm*). Par exemple on a :

$$\frac{2}{3} - \frac{1}{6} = \frac{4}{6} - \frac{1}{6} = \frac{3}{6} = \frac{1}{2}\cdot$$

La proposition suivante résume les propriétés des rationnels. Le lecteur la vérifiera sans difficulté.

Proposition 1.10. *Muni des deux opérations définies ci-dessus, l'ensemble* $\mathbf{Q}$ *est un* **corps**. *Cela signifie qu'on a les propriétés suivantes :*

1) *L'addition est associative et commutative, elle admet un élément neutre à savoir* 0, *tout élément* $\frac{a}{b}$ *admet un opposé* $\frac{-a}{b}$.

2) *La multiplication est associative et commutative, distributive par rapport à l'addition, elle admet un élément neutre à savoir* 1, *tout élément non nul* $x = \frac{a}{b}$ *admet un inverse noté* $\frac{1}{x}$ *ou* x^{-1} *qui est* $\frac{b}{a}$ *si* a *est* $\geqslant 0$ *et* $\frac{-b}{-a}$ *si* a *est* < 0.

Pour résumer, dans $\mathbf{Q}$ on a donc les « quatre opérations » : addition, soustraction, multiplication, division. La soustraction est définie grâce à l'opposé : $x - y = x + (-y)$ et la division grâce à l'inverse : pour $y \neq 0$ on a $x : y = x \times y^{-1}$, soit $\frac{a}{b} : \frac{c}{d} = \frac{ad}{bc}$ pour $c > 0$ ou $\frac{-ad}{-bc}$ pour $c < 0$.

E. RELATION D'ORDRE

Outre les opérations, il y a une autre propriété essentielle des rationnels, celle qui va permettre de faire de l'analyse : la relation d'ordre. La définition de cette relation repose là encore sur celle de l'ordre de $\mathbf{Z}$ et sur la nécessité, fondamentale pour le calcul, de la compatibilité avec les opérations. En particulier on doit avoir des propriétés du genre : si on a $x \leqslant y$ et $z \leqslant t$ on a aussi $x + z \leqslant y + t$, ou encore la « règle des signes » qui perturbait tant Carnot : si x et y sont tous deux $\geqslant 0$ ou tous deux $\leqslant 0$ on a $xy \geqslant 0$. Avec ces contraintes, la définition s'impose :

Définition 1.11. *Un rationnel* $\frac{a}{b}$ *(toujours avec* b *entier* > 0*) est dit* $\geqslant 0$ *si son numérateur* a *est* $\geqslant 0$. *Si* x *et* y *sont deux rationnels on dit que l'on a* $x \geqslant y$ *si* $x - y$ *est* $\geqslant 0$. *On écrit aussi* $y \leqslant x$ *et, si* x *et* y *sont distincts,* $x > y$ *ou* $y < x$.

Proposition 1.12. *Soient* $\frac{a}{b}$ *et* $\frac{c}{d}$ *des rationnels (toujours avec* b, d *entiers* > 0*). On a les équivalences :*

$$\frac{a}{b} \leqslant \frac{c}{d} \iff ad \leqslant bc, \quad \frac{a}{b} < \frac{c}{d} \iff ad < bc \quad \textit{(règle du produit en croix).}$$

Démonstration. Cela résulte de l'égalité $\frac{c}{d} - \frac{a}{b} = \frac{bc - ad}{bd}$.

Remarques 1.13. 1) La relation $\leqslant$ est une *relation d'ordre*. Cela signifie, par définition, qu'elle a les trois propriétés de réflexivité (on a $x \leqslant x$), antisymétrie (si on a $x \leqslant y$ et $y \leqslant x$ on a $x = y$), transitivité (si on a $x \leqslant y$ et $y \leqslant z$, on a $x \leqslant z$).

2) L'ordre en question est un ordre *total*. Cela signifie que si on a deux rationnels x et y on peut toujours les comparer : on a $x \leqslant y$ ou $y \leqslant x$.

3) Dans la pratique, pour comparer deux rationnels positifs, il y a plusieurs méthodes. Lorsque les fractions ont le même dénominateur la plus grande est celle qui a le plus grand numérateur. Sinon, on peut appliquer la règle du produit. Par exemple on a $\frac{9}{13} < \frac{5}{7}$ car $9 \times 7 = 63 < 13 \times 5 = 65$. Il est parfois plus simple de réduire les fractions au même dénominateur quand celui-ci est évident. Par exemple on a $\frac{17}{27} = \frac{34}{54} < \frac{35}{54}\cdot$ Enfin, il peut parfois être plus rapide de noter que de deux fractions de même numérateur, la plus grande est celle qui a le plus petit dénominateur : $\frac{5}{7} > \frac{5}{13}\cdot$ On peut aussi combiner les méthodes : $\frac{5}{7} > \frac{5}{13} > \frac{4}{13}\cdot$

Les règles de calcul usuelles sur les inégalités découlent toutes de la proposition suivante :

Proposition 1.14. *Muni de la relation d'ordre $\leqslant$, le corps* $\mathbf{Q}$ *est un* corps totalement ordonné. *Cela signifie, par définition, qu'on a les propriétés suivantes :*

1) *la somme de deux nombres $\geqslant 0$ est $\geqslant 0$,*
2) *le produit de deux nombres $\geqslant 0$ est $\geqslant 0$.*

On notera que ces conditions conduisent à la règle suivante :

$$x \leqslant y \Longrightarrow \begin{cases} xz \leqslant yz, & \text{si } z \geqslant 0, \\ xz \geqslant yz, & \text{si } z \leqslant 0. \end{cases}$$

L'ordre sur les rationnels possède les deux propriétés fondamentales suivantes :

Proposition 1.15.

1) *L'ordre défini sur* $\mathbf{Q}$ *est* archimédien *: pour tous rationnels $\varepsilon > 0$ et $\mathrm{A} > 0$ il existe $n \in \mathbf{N}$ tel que* $n\varepsilon = \underbrace{\varepsilon + \varepsilon + \cdots + \varepsilon}_{n \text{ fois}} > \mathrm{A}$.

2) *L'ordre défini sur* $\mathbf{Q}$ *est* dense *: pour tous rationnels a et b avec $a < b$ il existe un rationnel x (et même une infinité) vérifiant $a < x < b$.*

Démonstration. 1) Écrivons, après réduction au même dénominateur, $\varepsilon = \frac{p}{q}$ et $\mathrm{A} = \frac{r}{q}$ avec $p, q, r \in \mathbf{N}^*$. Il suffit de trouver un n qui vérifie $np > r$. Si d est le quotient dans la division euclidienne de r par p, $n = d+1$ convient.

2) Posons $x = \frac{a+b}{2}\cdot$ On a $a < x < b$. En effet, on a $x - a = b - x = \frac{b-a}{2} > 0$. Supposons qu'il n'y ait qu'un nombre fini de rationnels entre a et b. On pourrait donc les écrire tous : $a < x_1 < x_2 < \cdots < x_n < b$. Mais il suffit alors de prendre $\frac{a+x_1}{2}$ pour en avoir un autre : contradiction.

Remarque 1.16. Pour comprendre ce qu'est un ordre *archimédien* il faut imaginer que ε est « petit » et A « grand » et cette propriété est bien connue dans la sagesse populaire : les petits ruisseaux font les grandes rivières.

F. PARTIE ENTIÈRE D'UN NOMBRE RATIONNEL

La proposition suivante est immédiate :

Proposition et définition 1.17. *Soit $x = \frac{a}{b} \in \mathbf{Q}$. Il existe un unique entier $q \in \mathbf{Z}$ tel que l'on ait $q \leqslant x < q+1$. Cet entier est le quotient dans la division euclidienne de a par b. Il s'appelle la* **partie entière** *de x et on le note $[x]$. La différence $x - [x]$ est appelée* **partie fractionnaire**[4] *de x.*

G. SUITES CONVERGENTES

La relation d'ordre permet de donner la définition formelle d'une suite convergente de rationnels. Elle ne dira probablement pas grand-chose au lecteur qui la rencontre pour la première fois et qui pourra se contenter de la notion intuitive de limite telle qu'on l'enseigne au lycée. En tout état de cause, si l'objectif de ce livre n'est pas de faire de l'analyse, il sera commode, de temps en temps, d'en utiliser quelques notions, ce que nous ferons assez librement.

Définition 1.18. *Soit $(x_n)_{n \in \mathbf{N}}$ une suite de rationnels et $x \in \mathbf{Q}$. On dit que la suite (x_n) converge vers x (ou que x_n tend vers x quand n tend vers l'infini) si on a :*

$$\forall \varepsilon > 0, \quad \exists \mathrm{N} \in \mathbf{N}^*, \quad \forall n \geqslant \mathrm{N}, \quad -\varepsilon < x - x_n < \varepsilon.$$

Pour paraphraser cette définition on peut dire que (x_n) converge vers x si, aussi petit que soit le nombre ε donné, on peut toujours rendre $|x - x_n|$ plus petit que ε pourvu qu'on prenne n assez grand ou encore que tous les x_n sont dans l'intervalle $]x-\varepsilon, x+\varepsilon[$ à partir d'un certain rang.

On vérifie alors que les suites $(1/n)$, $(1/2^n)$, $(1/10^n)$, (q^n) pour $|q| < 1$, $(1/n!)$ etc. tendent vers 0. Si une suite x_n est telle que $x_n \leqslant x \leqslant x_n + u_n$ et si la suite u_n tend vers 0, la suite x_n tend vers x.

4. On parlait autrefois de « rompus » pour désigner les fractions plus petites que 1 et on écrivait les nombres sous la forme $3\,\frac{1}{7}$ (pour $\frac{22}{7}$).

2. Nombres décimaux

Au Moyen Âge on calculait avec des rationnels écrits sous la forme évoquée dans la note précédente : une partie entière suivie d'un rompu, et les calculs avec cette écriture devenaient vite très compliqués. C'est pour remédier à cette difficulté que Simon Stevin, ingénieur et mathématicien flamand (1548-1620), introduit les nombres décimaux en 1585 dans un court texte intitulé *La disme*. Ce texte, destiné, selon l'auteur, *aux astrologues, arpenteurs, mesureurs de tapisserie, gavieurs, stéréométriens en général, maîtres de monnaie et à tous marchands*, contient la définition des nombres décimaux et les règles de calcul sur ces nombres. La notation de Stevin était quelque peu différente de la nôtre. Voici comment il écrivait 235,6783 :

235⓪ 6① 7② 8③ 3④

ce que Stevin énonce *235 commencements, 6 primes, 7 secondes, 8 tierces et 3 quartes* et ce que nous dirions 235 unités, 6 dixièmes, 7 centièmes, 8 millièmes et 3 dix-millièmes. Mais, sinon, les modes de calcul étaient tout à fait identiques aux nôtres, voir la reproduction de *La disme* par l'IREM de Paris 7, 1980. L'introduction des nombres décimaux cumule deux avantages. Par rapport aux rationnels, elle ajoute moins de nombres : au lieu des inverses de tous les entiers il suffit d'adjoindre l'inverse de 10 et ses puissances, ce qui permet, grâce à l'écriture décimale, de conserver la facilité des opérations et la lisibilité de l'ordre. Mais elle en ajoute assez cependant pour permettre d'approcher tous les nombres réels aussi près que l'on veut. On peut penser qu'elle n'est pas étrangère au développement de l'analyse au siècle suivant avec Leibniz et Newton. Je considère, pour ma part, qu'elle constitue un progrès considérable pour l'humanité.

A. RAPPELS SUR LES SUITES GÉOMÉTRIQUES

La proposition suivante a déjà été entrevue en 1.15. Nous l'appliquerons ici avec $q = \dfrac{1}{10}$:

Proposition 2.1. *Soit q un nombre > 0 différent de 1 et soit $n \in \mathbf{N}$. On a la formule :*

$$\mathrm{S}_n = 1 + q + q^2 + \cdots + q^n = \frac{1 - q^{n+1}}{1 - q}.$$

Si q est < 1 la suite S_n converge vers $\dfrac{1}{1-q}$ et on écrit, à la limite :

$$\sum_{n=0}^{+\infty} q^n = 1 + q + q^2 + \cdots + q^n + \cdots = \frac{1}{1-q}.$$

Démonstration. On vérifie aussitôt que l'on a $(1-q)(1+q+q^2+\cdots+q^n) = 1 - q^{n+1}$. La dernière assertion résulte du fait que q^n tend vers 0 si q est < 1.

Corollaire 2.2. *Soient m et n des entiers tels que $1 \leqslant m+1 \leqslant n$. Alors on a*

$$x = \frac{9}{10^{m+1}} + \frac{9}{10^{m+2}} + \cdots + \frac{9}{10^n} = \frac{1}{10^m} - \frac{1}{10^n}.$$

Démonstration. On écrit :

$$x = \frac{9}{10^{m+1}}(1 + \frac{1}{10} + \cdots + \frac{1}{10^{n-m-1}})$$

et la formule précédente donne le résultat. On peut aussi procéder de proche en proche en notant qu'on a $\frac{9}{10^n} + \frac{1}{10^n} = \frac{1}{10^{n-1}}$, etc.

Corollaire 2.3. *Soient m et n des entiers avec $1 \leqslant m+1 \leqslant n$ et soit x le nombre*

$$x = \frac{c_{m+1}}{10^{m+1}} + \frac{c_{m+2}}{10^{m+2}} \cdots + \frac{c_n}{10^n},$$

avec $-9 \leqslant c_i \leqslant 9$. Alors, on a $-\frac{1}{10^m} < x < \frac{1}{10^m}$. Si $m = 0$ et si les c_i sont $\geqslant 0$ on a $0 \leqslant x < 1$.

Démonstration. On a, en vertu de 2.2 :

$$x \leqslant \frac{9}{10^{m+1}} + \frac{9}{10^{m+2}} + \cdots + \frac{9}{10^n} = \frac{1}{10^m} - \frac{1}{10^n} < \frac{1}{10^m},$$

et la relation analogue du côté < 0.

B. DÉFINITION DES NOMBRES DÉCIMAUX

Définition 2.4. *Un nombre décimal est un rationnel qui admet une écriture fractionnaire de la forme $\frac{a}{10^n}$ avec $a \in \mathbf{Z}$ et $n \in \mathbf{N}$. L'ensemble des nombres décimaux sera noté $\mathbf{D}$. On a $\mathbf{Z} \subset \mathbf{D} \subset \mathbf{Q}$.*

Remarque 2.5. L'ensemble $\mathbf{D}$ est ce qu'on appelle un sous-anneau de $\mathbf{Q}$. Cela signifie que la somme, la différence, le produit de deux décimaux sont encore des décimaux. En revanche, ce n'est pas un corps car le nombre 3, par exemple, n'a pas d'inverse dans $\mathbf{D}$. On notera que les inclusions sont strictes.

Proposition 2.6. *Un nombre rationnel est décimal si et seulement si, dans son écriture sous forme de fraction irréductible, le dénominateur n'a* *d'autres facteurs premiers que des 2 ou des 5 (le « ou » est bien entendu au sens mathématique : il peut y avoir à la fois des 2 et des 5).*

Démonstration. Si x s'écrit $\dfrac{p}{2^\alpha 5^\beta}$ et si γ est le plus grand des entiers α et β, x s'écrit aussi $\dfrac{p\,2^{\gamma-\alpha}\,5^{\gamma-\beta}}{10^\gamma}$, donc il est décimal. Réciproquement, si $x = \dfrac{p}{10^\alpha}$, on a $10^\alpha = 2^\alpha 5^\alpha$ et la fraction irréductible associée n'a que des 2 et des 5 en dénominateur.

Exemple 2.7. $\dfrac{1}{2} = \dfrac{5}{10}$, $\dfrac{1}{5} = \dfrac{2}{10}$, $\dfrac{1}{20} = \dfrac{4}{100}$, etc. sont des nombres décimaux, mais $\dfrac{1}{3}$ n'en est pas un.

C. ÉCRITURE D'UN NOMBRE DÉCIMAL EN BASE 10

On rappelle qu'on pose $10^{-n} = \dfrac{1}{10^n}$.

Nous allons maintenant définir l'écriture en base dix des nombres décimaux (écriture à virgule), qui est directement issue de l'écriture des entiers en base dix. Bien entendu c'est cette écriture et les facilités de calcul qu'elle apporte qui font tout l'intérêt des décimaux [5]. Nous définissons ici cette écriture dans le cas des nombres $\geqslant 0$. Pour passer aux nombres < 0 il suffit de rajouter un signe moins.

Soit $x = \dfrac{a}{10^n}$ un nombre décimal, avec $a > 0$ et $n \geqslant 0$. On a vu, dans le chapitre sur l'arithmétique, que l'entier a peut, de manière unique, s'écrire en base 10 :

$$a = \sum_{i=0}^{m} a_i 10^i = a_m \times 10^m + a_{m-1} \times 10^{m-1} + \cdots + a_1 \times 10 + a_0,$$

avec $m \geqslant 0$, les a_i étant des entiers compris entre 0 et 9 avec $a_m \neq 0$. Ceci s'écrit, comme à l'accoutumée,

$$a = \overline{a_m \ldots a_0}$$

(en omettant éventuellement la barre, surtout lorsqu'on utilise des chiffres). Par exemple, on a $1 \times 10^3 + 7 \times 10^2 + 2 \times 10 + 9 = 1729$.

On en déduit une écriture de x sous une forme analogue, mais avec des puissances positives et négatives de 10 (on suppose ici $m \geqslant n$) :

---

5. Si l'on écrivait les entiers en base b, on pourrait faire le même travail en remplaçant partout 10 par b dans ce qui suit. Le point crucial est qu'on ajoute aux entiers l'inverse du nombre b (ainsi que les nombres $\frac{a}{b^n}$ qui viennent naturellement avec lui quand on calcule).

$$x = \sum_{i=0}^{m} a_i 10^{i-n} = a_m \times 10^{m-n} + \cdots + a_{n+1} \times 10 + a_n + \frac{a_{n-1}}{10} + \cdots + \frac{a_0}{10^n}.$$

On conviendra de noter cette expression de manière analogue à la notation des entiers en base 10, mais avec une virgule :

$$\overline{a_m a_{m-1} \ldots a_{n+1} a_n \, , a_{n-1} \ldots a_0}$$

en séparant par une virgule les chiffres correspondant aux puissances positives et négatives de 10. Là encore on omettra souvent la barre. Par exemple, le nombre $\frac{1729}{100} = 1 \times 10 + 7 + 2 \times 10^{-1} + 9 \times 10^{-2}$ s'écrira 17,29.

Le nombre $\overline{0, a_{n-1} \ldots a_0}$ s'appelle la **partie décimale** de x et les entiers a_{n-1}, a_{n-2},..., a_0 sont les **décimales** de x. On a $0 \leqslant \overline{0, a_{n-1} \ldots a_0} < 1$ en vertu de 2.3. Il en résulte que le nombre entier $\mathrm{N} = \overline{a_m a_{m-1} \ldots a_{n+1} a_n}$ est la partie entière de x, puisqu'on a $\mathrm{N} \leqslant x < \mathrm{N} + 1$.

Lorsque l'on a $m < n$, le nombre x s'écrit :

$$x = \frac{a_m}{10^{n-m}} + \frac{a_{m-1}}{10^{n-m+1}} + \cdots + \frac{a_1}{10^{n-1}} + \frac{a_0}{10^n}.$$

On le note alors $x = \overline{0{,}00 \ldots 0 a_m \ldots a_1 a_0}$ avec $n - m - 1$ zéros après la virgule, correspondant aux puissances de 10 d'exposants $-1, -2, \ldots, -n + m + 1$. Par exemple, le nombre $\frac{1729}{10^6} = \frac{1}{10^3} + \frac{7}{10^4} + \frac{2}{10^5} + \frac{9}{10^6}$ s'écrira 0,001729.

Remarques 2.7 bis. 1) Dans la suite, plutôt que de noter

$$a_m a_{m-1} \ldots a_{n+1} a_n \, , a_{n-1} \ldots a_0$$

comme ci-dessus, on écrira les décimaux sous la forme $b_r \ldots b_1 b_0, a_1 a_2 \ldots a_n$ de sorte que les indices des b_i (resp. des a_j) correspondent aux puissances positives (resp. négatives) de 10.

2) L'écriture décimale d'un nombre décimal $\frac{a}{10^n}$ n'est unique que si l'on suppose que a n'est pas multiple de 10 (ou encore que son chiffre des unités a_0 est non nul). En effet, le nombre $\frac{a}{10^n}$ peut s'écrire aussi $\frac{10a}{10^{n+1}}$ ou, plus généralement, $\frac{10^k a}{10^{n+k}}$. Dans l'écriture décimale cela se traduit en rajoutant des zéros à droite de la virgule. Ainsi on a 17,29 = 17,290 = 17,2900, etc. Dans la pratique on peut toujours se ramener à ce cas par simplification, ce qui revient à enlever les zéros superflus. Cependant, ceux-ci peuvent apparaître naturellement dans les calculs, comme dans l'addition 0,29 + 0,61 = 0,90 ou la multiplication 0,2 × 0,5 = 0,10, par exemple.

3) **Attention**, il est essentiel de noter qu'un nombre décimal x n'a qu'un nombre fini de chiffres après la virgule (précisément, $x = \dfrac{a}{10^n}$ en a exactement n si l'entier a n'est pas multiple de 10). En particulier il ne faut pas confondre nombre décimal et développement décimal illimité d'un nombre rationnel ou réel (cf. ci-dessous).

4) Lorsque $x = \dfrac{a}{10^n}$ est négatif on peut l'écrire sous forme décimale en mettant simplement un signe moins. Par exemple : $x = -\dfrac{1729}{100} = -17{,}29$. Attention, dans ce cas le nombre -17 n'est pas la partie entière $[x]$ (on a $[x] = -18$). Pour remédier à cela, on écrivait autrefois (au temps où les calculatrices n'existaient pas et où l'on calculait avec les tables de logarithmes) les nombres négatifs sous la forme $x = c + m$ avec la partie entière $c = [x]$ (appelée la caractéristique de x), le nombre m étant alors un décimal compris entre 0 et 1 (appelée la mantisse de x). Ainsi on a $x = -\dfrac{1729}{100} = (-18) + 0{,}71$, ce qu'on écrivait $\overline{18}{,}71$.

D. INTÉRÊT DES NOMBRES DÉCIMAUX

Les nombres décimaux présentent, par rapport aux nombres rationnels, deux intérêts majeurs. Le premier est qu'ils permettent de faire facilement les opérations, essentiellement comme dans $\mathbf{N}$, comme le montre la proposition suivante :

Proposition 2.8. *Soient $\dfrac{a}{10^m}$ et $\dfrac{b}{10^n}$ deux nombres décimaux. Supposons, par exemple, $m \leqslant n$. On a les formules suivantes :*
$$\frac{a}{10^m} + \frac{b}{10^n} = \frac{10^{n-m}a + b}{10^n} \quad et \quad \frac{a}{10^m}\frac{b}{10^n} = \frac{ab}{10^{m+n}}.$$

Exemples 2.9. On a $45{,}673 + 0{,}57 = \dfrac{45673}{1000} + \dfrac{57}{100} = \dfrac{45673 + 570}{1000} = \dfrac{46243}{1000} = 46{,}243$. Bien entendu ce calcul s'effectue sans écrire les fractions : on écrit les deux nombres x et y avec le même nombre n de chiffres derrière la virgule (en ajoutant des zéros au besoin, ici on remplace 0,57 par 0,570), on multiplie ces nombres par 10^n et on ajoute les entiers obtenus selon l'algorithme bien connu. Dans la pratique on omet cette multiplication par 10^n en gardant la virgule dans x et y et en la mettant au même endroit dans le résultat (c'est-à-dire avec n chiffres après la virgule).

Dans le cas de la multiplication, par exemple de 2,13 par 0,7, on effectue la multiplication de 213 (sous-entendu centièmes) par 7 (sous-entendu dixièmes) dans $\mathbf{N}$ et on obtient 1491 (millièmes) c'est-à-dire 1,491.

L'intérêt de cette procédure, par rapport au calcul avec les fractions, c'est que que la réduction au même dénominateur est évidente.

Le second intérêt des décimaux est qu'il est facile de comparer deux nombres décimaux et de dire immédiatement quel est le plus grand des deux. On a en effet la proposition suivante :

Proposition 2.10. *Soient x et y deux décimaux $\geqslant 0$.*

1) *Si on a $[x] < [y]$, on a $x < y$.*

2) *Supposons $0 \leqslant x < 1$ et $0 \leqslant y < 1$. On écrit alors x et y sous forme décimale :*

$$x = \overline{0, a_1 \dots a_r} \quad \text{et} \quad y = \overline{0\,, b_1 \dots b_s}.$$

Soit m le plus petit entier $\geqslant 1$ tel que l'on ait $a_m \neq b_m$ (on a donc $a_i = b_i$ pour $i < m$). Alors, si $a_m < b_m$ on a $x < y$.

Démonstration. Seul le point 2) n'est pas évident. Quitte à rajouter des zéros on peut supposer que x et y ont le même nombre n de décimales. On calcule la différence

$$y - x = \frac{b_m - a_m}{10^m} + \frac{b_{m+1} - a_{m+1}}{10^{m+1}} + \cdots + \frac{b_n - a_n}{10^n}.$$

On a $\dfrac{b_m - a_m}{10^m} \geqslant \dfrac{1}{10^m}$ et pour $i \geqslant m+1$, $-9 \leqslant b_i - a_i \leqslant 9$. On conclut alors avec le corollaire 2.3.

Remarques 2.11. 1) La règle pour comparer deux décimaux x et y est donc la suivante. On compare d'abord leurs parties entières. Si on a $[x] < [y]$ on a aussi $x < y$. Si les parties entières sont égales il reste à comparer les parties décimales $x - [x]$ et $y - [y]$ qui sont des décimaux compris entre 0 et 1. On applique alors 2.10.2.

2) Attention, bien entendu, le nombre de décimales n'a rien à voir avec la taille des nombres, ainsi on a 0,43 < 0,5 ou 0,1276189 < 0,1278 bien que sur les entiers on ait 43 > 5 et 1276189 > 1278. Ce type d'erreur est très fréquent chez les débutants.

3) Par rapport aux nombres rationnels, l'intérêt, là encore, est d'éviter la réduction au même dénominateur.

E. DENSITÉ

L'importance des nombres décimaux (dont nous avons vu qu'ils permettent des calculs faciles) vient du fait qu'ils sont denses dans les rationnels (et même dans les réels comme nous le verrons au chapitre suivant). Le mot « dense » signifie ici qu'entre deux rationnels il y a toujours un décimal (la notion est proche de celle vue en 1.15).

Lemme 2.12. *Soit x un rationnel > 0. Il existe un entier n qui vérifie $10^{-n} < x$.*

Démonstration. Comme $\mathbf{Q}$ est archimédien il existe un entier n vérifiant $nx > 1$. On a alors $10^n x > nx > 1$ d'où le résultat.

Proposition 2.13. *Soient x et y deux rationnels avec $x < y$. Alors il existe un décimal d (et même une infinité) tel que $x < d < y$.*

Démonstration. On considère le rationnel $y - x$ qui est > 0. Il existe un entier n tel que $10^{-n} < y - x$ (voir 2.12). On a donc $10^n y - 10^n x > 1$, de sorte qu'il existe un entier e qui vérifie $10^n x < e < 10^n y$. Alors, le décimal $d = \dfrac{e}{10^n}$ convient.

Supposons qu'il n'y ait qu'un nombre fini de décimaux entre x et y. On pourrait donc les écrire tous : $a < x_1 < x_2 < \cdots < x_n < b$. Mais en vertu de ce qui précède il y a encore un décimal entre a et x_1 : contradiction. En fait, il n'est pas difficile de comprendre comment on obtient pratiquement cette infinité de décimaux. Ainsi, entre 17,28 et 17,29 on intercale 17,281, 17,2811, 17,28111, 17,281111, etc.

Pour que la facilité de calcul introduite par l'usage des décimaux porte ses fruits, encore faut-il avoir des procédés (plus explicites que celui de 2.13) permettant d'approcher, avec une précision suffisante, tout rationnel par un décimal. C'est l'objet du paragraphe suivant.

F. APPROXIMATIONS DÉCIMALES D'UN NOMBRE RATIONNEL

Théorème et définition 2.14. *Soit $x = \dfrac{a}{b} \in \mathbf{Q}$ un rationnel et soit $n \in \mathbf{N}$. Il existe un unique décimal $x_n = \dfrac{q_n}{10^n}$ tel que l'on ait*

$$(*) \qquad x_n \leqslant x < x_n + \frac{1}{10^n}\cdot$$

Le nombre x_n (resp. $x_n + 10^{-n}$) est appelé la valeur décimale approchée à 10^{-n} près par défaut (resp. par excès) de x. L'entier q_n est le quotient dans la division euclidienne de $10^n a$ par b, ou, ce qui revient au même, la partie entière de $10^n x$.

Démonstration. Montrons d'abord l'unicité. L'égalité $(*)$ s'écrit :

$$\frac{q_n}{10^n} \leqslant x < \frac{q_n + 1}{10^n}\cdot$$

On en déduit, en multipliant par 10^n, $q_n \leqslant 10^n x < q_n + 1$ ce qui montre $q_n = [10^n x]$. On a encore, en multipliant par b, $bq_n \leqslant 10^n a < bq_n + b$, c'est-à-dire $10^n a = bq_n + r_n$ avec $0 \leqslant r_n < b$, de sorte que q_n est le quotient dans la division euclidienne de $10^n a$ par b. Cela montre l'unicité de q_n, donc de x_n et l'existence en résulte aussitôt en remontant le calcul.

Remarques 2.15. 1) Il résulte des inégalités $(*)$ que la suite (x_n) des approximations décimales de x converge vers x. On a, en effet, $0 \leqslant$

$x - x_n < 10^{-n}$.

2) On notera que, dans 2.14, on a imposé la précision de 10^{-n} pour l'approximation.

3) Pour $n = 0$, $x_0 = q_0$ est la partie entière de x, ou encore, le quotient dans la division euclidienne de a par b : $a = bq_0 + r_0$, avec $0 \leqslant r_0 < b$. Quitte à retrancher à x sa partie entière on pourra toujours se ramener au cas où x est compris entre 0 et 1.

Exemples 2.16. 1) Calculons les valeurs approchées à 10^{-n} près de $\frac{1}{3}\cdot$ On effectue la division euclidienne de 10^n par 3 :

$$10^n = 3 \times \underbrace{33\ldots3}_{n \text{ fois}} + 1$$

de sorte que la valeur approchée par défaut de $\frac{1}{3}$ est 0,33...3 (avec n chiffres 3) et la valeur approchée par excès est 0,33...34 (avec $n-1$ chiffres 3 et un 4).

2) Lorsque le rationnel x est un décimal positif, le calcul de ses valeurs approchées est évident. En effet, si on a $x = b_r \ldots b_1 b_0, a_1 a_2 \ldots a_n$, on a $x_m = b_r \ldots b_1 b_0, a_1 a_2 \ldots a_m$ pour $m \leqslant n$ et $x_m = b_r \ldots b_1 b_0, a_1 a_2 \ldots a_n = x$ pour $m \geqslant n$. Cela résulte aussitôt de l'unicité de x_m. Avec les notations de 2.14, cela signifie que si l'on écrit $x = \frac{q}{10^n}$, on a $q_m = 10^{m-n} q$ pour $m \geqslant n$. Lorsque x est négatif, le plus simple est encore d'encadrer $-x$ et de changer les signes (et le sens des inégalités). Ainsi, on a $-0{,}34 \leqslant -\frac{1}{3} < -0{,}33$.

G. DÉVELOPPEMENT DÉCIMAL ILLIMITÉ

Le théorème 2.14, s'il permet d'affirmer que tout rationnel admet des valeurs décimales approchées à 10^{-n} près, laisse toutefois un point dans l'ombre : comment passe-t-on des valeurs approchées de x à 10^{-n} près à celles du même x à $10^{-(n+1)}$ près ? Si les nombres q_n et q_{n+1} qui définissent ces valeurs approchées étaient sans rapport, cela signifierait qu'il faut refaire à chaque pas le travail et cela ôterait beaucoup de l'intérêt de l'opération. Bien entendu on sait qu'il n'en est rien. En effet, il s'agit de diviser successivement a par b, puis $10a$ par b, puis $100a$ par b et ainsi de suite et la proposition 1.17 (appliquée ici dans le cas où le chiffre ajouté à droite de a est un 0) nous enseigne que l'on passe alors du quotient q_n au suivant en ajoutant seulement un chiffre des unités à droite de q_n, ce qui revient à ajouter un chiffre derrière la virgule à $x_n = \frac{q_n}{10^n}\cdot$ Par exemple, si on cherche les valeurs approchées de $\frac{23}{17}$ à 10^{-n} près par défaut on effectue successivement les divisions :

$$23 = 1 \times 17 + 6, \quad 230 = 13 \times 17 + 9, \quad 2300 = 135 \times 17 + 5,$$

$$23000 = 1352 \times 17 + 16, \quad 230000 = 13529 \times 17 + 7, \quad \text{etc.}$$

On obtient ainsi, pour $1 \leqslant n \leqslant 7$, les valeurs approchées :

$$1{,}3 \quad 1{,}35 \quad 1{,}352 \quad 1{,}3529 \quad 1{,}35294 \quad 1{,}352941 \quad 1{,}3529411.$$

La proposition suivante ne fait que formaliser ce résultat :

Proposition 2.17. *Soient $x = \frac{a}{b} \in \mathbf{Q}$ et $x_n = \frac{q_n}{10^n}$ la valeur décimale approchée à 10^{-n} près par défaut de x. On a donc, pour $n \geqslant 0$, $10^n a = bq_n + r_n$ avec $0 \leqslant r_n < b$. Pour tout $n \geqslant 0$ il existe un entier a_{n+1} vérifiant $0 \leqslant a_{n+1} \leqslant 9$ tel que l'on ait*

$$(**) \qquad q_{n+1} = 10q_n + a_{n+1}.$$

Précisément, le chiffre a_{n+1} est le quotient dans la division euclidienne de $10\,r_n$ par b :

$$(***) \qquad 10r_n = ba_{n+1} + r_{n+1}, \text{avec} \quad 0 \leqslant r_{n+1} < b.$$

Démonstration. Cela résulte de 1.17, mais nous en redonnons la preuve avec les notations ci-dessus. On a $10^n a = bq_n + r_n$ avec $0 \leqslant r_n < b$. On obtient, en multipliant par 10, $10^{n+1}a = b(10q_n) + 10r_n$. On divise $10r_n$ par b ce qui donne $10r_n = ba_{n+1} + r_{n+1}$ avec $0 \leqslant r_{n+1} < b$ (d'où $(***)$). On a donc $10^{n+1}a = b(10q_n + a_{n+1}) + r_{n+1}$, et comme on a $0 \leqslant r_{n+1} < b$, il s'agit bien de la division euclidienne de $10^{n+1}a$ par b, d'où la relation $(**)$: $q_{n+1} = 10q_n + a_{n+1}$. Comme on a $ba_{n+1} \leqslant 10r_n < 10b$ on voit que a_{n+1} est bien $\leqslant 9$ comme annoncé. Enfin, a_{n+1} est $\geqslant 0$ car r_n et b sont positifs.

Remarques 2.18. 1) Ce que dit cette proposition et qui n'est pas pas tout à fait évident (même si c'est un fait qui nous est familier) c'est que les n premiers chiffres après la virgule de la valeur décimale approchée à $10^{-(n+1)}$ près sont les mêmes que ceux de la valeur approchée à 10^{-n} près.

2) L'algorithme pour trouver les chiffres de q_n est le même que l'algorithme usuel de la division vu en 1.17 et il repose sur la formule $(***)$. Reprenons l'exemple des approximations de $23/17$. On part de la division $23 = 1 \times 17 + 6$ qui nous donne la partie entière de $23/17$, à savoir 1. Pour avoir le chiffre suivant, en vertu de $(***)$, on prend le reste 6, on le multiple par 10 et on divise 60 par 17 : $60 = 3 \times 17 + 9$, ce qui nous donne le premier chiffre après la virgule : 3. On recommence alors avec le reste obtenu, 9, en le multipliant par 10 et en divisant par 17 : $90 = 5 \times 17 + 5$, etc.

La proposition suivante montre que les valeurs approchées x_n encadrent de mieux en mieux x quand n croît :

Proposition 2.19. *On a les inégalités,*

$$x_n \leqslant x_{n+1} \leqslant x < x_{n+1} + 10^{-n-1} \leqslant x_n + 10^{-n}$$

et, plus généralement, si $m \leqslant n$ *:*

$$x_m \leqslant x_n \leqslant x < x_n + 10^{-n} \leqslant x_m + 10^{-m},$$

ce qui montre que les approximations décimales de x *sont d'autant meilleures que* n *croît.*

Démonstration. Montrons l'inégalité dans le cas de $n+1$ (l'autre en découle par récurrence sur $n-m$). L'inégalité de gauche s'écrit $\frac{q_n}{10^n} \leqslant \frac{q_{n+1}}{10^{n+1}}$, soit encore $10q_n \leqslant q_{n+1}$ et elle résulte de la formule $(**)$: $q_{n+1} = 10q_n + a_{n+1}$. L'inégalité de droite s'écrit $\frac{q_{n+1}+1}{10^{n+1}} \leqslant \frac{q_n+1}{10^n}$, et elle s'écrit encore $q_{n+1} + 1 \leqslant 10q_n + 10$. Elle résulte aussi de la formule $(**)$.

La proposition 2.17 permet de définir le développement décimal illimité d'un rationnel x :

Corollaire et définition 2.20. *Soit* x *un rationnel vérifiant* $0 \leqslant x < 1$ *et notons, pour* $n \geqslant 1$, $x_n = \frac{q_n}{10^n}$ *son approximation décimale à* 10^{-n} *près par défaut. Soit* a_i *le chiffre des unités de* q_i.

On a, pour tout $n \geqslant 1$ *:*

$$q_n = a_1 \times 10^{n-1} + a_2 \times 10^{n-2} + \cdots + a_{n-1} \times 10 + a_n,$$

de sorte que q_n *s'écrit* $\overline{a_1 a_2 \ldots a_n}$ *en système décimal et on a donc*

$$x_n = \sum_{i=1}^{n} \frac{a_i}{10^i} = \frac{a_1}{10} + \frac{a_2}{10^2} + \cdots + \frac{a_n}{10^n} = \overline{0, a_1 a_2 \ldots a_n}.$$

Les entiers a_n*, pour* $n \geqslant 1$*, sont uniquement déterminés par* x *et la suite* (a_n) *est le* **développement décimal illimité** *de* x*. Comme la suite* x_n *tend vers* x *quand* n *tend vers l'infini, on peut noter, à la limite,* $x = \overline{0, a_1 a_2 \ldots a_n \ldots}$.

Pour un rationnel quelconque, on obtient le développement décimal illimité en écrivant $x = [x] + (x - [x])$ *où* $[x]$ *est la partie entière de* x *et on a :*

$$x = \overline{b_r \ldots b_1 b_0, a_1 a_2 \ldots a_n \ldots}$$

où $\overline{b_r \ldots b_0}$ *est l'écriture décimale de l'entier* $[x]$ *et* $\overline{0, a_1 a_2 \ldots a_n \ldots}$ *le développement décimal illimité du rationnel* $x - [x]$ *(compris entre* 0 *et* 1*).*

Démonstration. Montrons, par récurrence sur n, la formule donnant q_n. Pour $n = 1$ on a $0 \leqslant x_1 = \frac{q_1}{10} \leqslant x < 1$, donc $0 \leqslant q_1 < 10$ et q_1 est donc égal à son chiffre des unités a_1 ce qui donne la formule voulue. Si on suppose la propriété établie à l'ordre n on l'en déduit aussitôt à l'ordre $n+1$ grâce à la formule $q_{n+1} = 10q_n + a_{n+1}$.

Remarques 2.21. 1) Ce que dit ce corollaire c'est que le développement décimal illimité de x redonne la valeur approchée de x à 10^{-n} près par défaut en gardant seulement les n premières décimales.

2) On a, par exemple, le développement de $\frac{1}{3}$ qui résulte de 2.16.1 : $\frac{1}{3} = 0{,}333\ldots333\ldots$ avec une infinité de chiffres 3.

3) En termes mathématiques, le développement décimal illimité d'un $x \in [0,1[$ s'interprète comme la somme d'une série :

$$x = \sum_{i=1}^{+\infty} \frac{a_i}{10^i}.$$

4) Attention, contrairement à ce que nous avons vu pour les décimaux, il n'est pas facile de calculer sommes et produits en termes de développements décimaux illimités. Le lecteur se convaincra en tentant de calculer $z = 0{,}44444\ldots + 0{,}77777\ldots$ qu'il peut y avoir des retenues à perte de vue. Pour effectuer ce calcul, voir 5) ci-dessous.

5) En revanche, il y a une opération facile avec les développements décimaux illimités, c'est la multiplication par 10, ou plus généralement par 10^n. En effet, si on considère le nombre $x = \overline{0, a_1 a_2 \ldots a_n \ldots}$, on a

$$x = \sum_{i=1}^{+\infty} \frac{a_i}{10^i}, \quad \text{donc} \quad 10x = \sum_{i=1}^{+\infty} \frac{10a_i}{10^i} = \sum_{i=1}^{+\infty} \frac{a_i}{10^{i-1}} = \overline{a_1, a_2 \ldots a_n \ldots}$$

autrement dit on obtient $10x$ à partir de x en décalant la virgule d'un cran vers la droite. Par exemple, si $x = 0{,}4444\ldots$, on a $10x = 4{,}444\ldots = 4 + x$ et on en déduit $x = \frac{4}{9}\cdot$ De même on a $y = 0{,}7\ldots7\ldots = \frac{7}{9}$, d'où $z = x + y = \frac{11}{9} = 1{,}22\ldots2\ldots$

Proposition 2.22. *Le développement décimal illimité d'un rationnel est* **propre**, *c'est-à-dire (par définition) que les a_i ne sont pas tous égaux à 9 à partir d'un certain rang.*

Démonstration. Supposons qu'on ait $a_i = 9$ pour tout $i \geqslant m+1$. On a donc, pour tout $n \geqslant m+1$, $x_n = x_m + \frac{9}{10^{m+1}} + \cdots + \frac{9}{10^n} = x_m + \frac{1}{10^m} - \frac{1}{10^n}$ (voir 2.2) ou encore $x_m + \frac{1}{10^m} = x_n + \frac{1}{10^n}\cdot$ Comme ceci vaut pour tout $n \geqslant m$ cela signifie que la suite $x_n + \frac{1}{10^n}$ est constante pour $n \geqslant m$. À la limite on a donc $x_m + \frac{1}{10^m} = x$, ce qui contredit la définition de x_m (voir 2.14).

Remarque 2.23. Nous verrons dans le chapitre sur les nombres réels que les développements impropres définissent eux aussi des nombres. Mais les nombres ainsi définis sont des nombres décimaux, de sorte que ces développements sont inutiles car on peut toujours les remplacer par des développements propres se terminant par des zéros. Anticipant sur ce point, montrons par exemple qu'on a $1 = 0{,}999\ldots999\ldots$ (avec une infinité de 9). Il y a de nombreuses façons de montrer ce résultat (mais l'expérience montre qu'il est souvent difficile d'en convaincre les non mathématiciens).

1) La première méthode est mathématique. On a $0,\underbrace{999\ldots9}_{n\text{ chiffres}} = 1 - \frac{1}{10^n}$ en vertu de 2.2. À la limite on a donc

$$0{,}999\ldots99\ldots = \sum_{i=1}^{\infty} \frac{9}{10^i} = \lim \left(1 - \frac{1}{10^n}\right) = 1.$$

2) Une méthode que l'on peut expliquer à un élève de collège consiste à poser $x = 0{,}999\ldots$ et à multiplier par 10. On obtient alors $10x = 9{,}999\ldots$ (voir 2.21.5), de sorte que l'on a $10x = 9 + x$, d'où $9x = 9$ et $x = 1$.

3) Enfin, pour des élèves encore plus jeunes on peut utiliser l'argument suivant : on a vu (et c'est clair dès qu'on sait faire une division dans les décimaux) qu'on a $\frac{1}{3} = 0{,}33333\ldots$ En multipliant par 3 on obtient bien $1 = 0{,}999999\ldots$

4) Ce que montre la proposition 2.22, c'est que, même si on a bien $1 = 0{,}999\ldots99\ldots$ comme on vient de le voir, cette expression n'est pas le développement décimal illimité du nombre 1 au sens de 2.20, puisque ce développement est $1{,}000\ldots$ En effet, la valeur décimale approchée par défaut à 10^{-n} près de 1 est toujours égale à 1, quel que soit n. On verra en 2.24 un résultat analogue pour tous les nombres décimaux.

H. CARACTÉRISATION DES DÉCIMAUX

Dans la remarque 2.7 bis.3, nous avons mis en garde le lecteur sur la confusion entre les nombres décimaux et les développements décimaux illimités. Précisément, on a la proposition suivante :

Proposition 2.24. *Parmi les rationnels, les décimaux sont caractérisés par le fait que leur développement décimal illimité ne comporte que des zéros à partir d'un certain rang.*

Démonstration. Si on a $a_i = 0$ pour $i \geqslant n+1$ on a $x = \sum_{i=0}^{n} \frac{a_i}{10^i} = \frac{\sum_{i=0}^{n} a_i 10^{n-i}}{10^n}$ et x est décimal. Réciproquement, si x est décimal, il s'écrit $x = \frac{q}{10^n}$ et on a vu en 2.16.2 qu'on a, pour $m \geqslant n$, $q_m = 10^{m-n}q$, donc

$q_{m+1} = 10q_m$, ce qui implique que a_m est nul pour $m > n$. On a ainsi :

$$b_1 \ldots b_r{,}a_1 \ldots a_n = b_1 \ldots b_r{,}a_1 \ldots a_n 000 \ldots 000 \ldots,$$

par exemple, $\frac{1}{2} = 0{,}5 = 0{,}5000 \ldots 000 \ldots$

I. PÉRIODICITÉ DU DÉVELOPPEMENT DÉCIMAL DES RATIONNELS

Une constatation évidente, dès qu'on effectue des développements décimaux de rationnels est la répétition de suites de chiffres dans le développement. Par exemple, on a $\dfrac{1}{3} = 0{,}333 \ldots 333 \ldots$, $\dfrac{2}{11} = 0{,}18181818 \ldots$, $\dfrac{3}{7} = 0{,}428571428571428571 \ldots$ On comprend facilement ce qui se passe en écrivant la division euclidienne de a par b et en notant que, comme les restes ne prennent que b valeurs au plus, on retombe sur les mêmes restes au bout d'un nombre fini d'opérations. Ainsi, dans le dernier exemple, on a successivement les restes $3, 2, 6, 4, 5, 1$, puis, de nouveau $3, 2, 6, \ldots$. La preuve du théorème suivant met en forme cet argument :

Théorème 2.25. *Soit $x = \dfrac{a}{b}$ un rationnel et soit $b_r \ldots b_0, a_1 \ldots a_n \ldots$ son développement décimal illimité. Alors ce développement est périodique à partir d'un certain rang, c'est-à-dire qu'il existe un entier $n_0 \geqslant 0$ et un entier $p \geqslant 1$ tels que l'on ait, pour tout $n > n_0$: $a_n = a_{n+p}$.*

Démonstration. On reprend les notations de 2.17 : si $q_n 10^{-n}$ est la valeur approchée à 10^{-n} près par défaut de x (donc $q_n = b_r \ldots b_0 a_1 \ldots a_n$), on a l'égalité $10^n a = bq_n + r_n$ avec $0 \leqslant r_n < b$ et la relation de récurrence $10r_n = ba_{n+1} + r_{n+1}$. On considère alors la suite des restes r_n pour $n \geqslant 0$. Comme ces restes sont compris entre 0 et $b-1$ la suite r_n ne prend qu'un nombre fini de valeurs, de sorte qu'il existe deux termes de la suite qui sont égaux, disons r_{n_0} et r_{n_0+p} avec $n_0 \geqslant 0$ et $p > 0$. Mais alors, l'unicité du quotient et du reste dans la division euclidienne de $10r_{n_0} = 10r_{n_0+p}$ par b montre qu'on a $a_{n_0+1} = a_{n_0+1+p}$ et $r_{n_0+1} = r_{n_0+1+p}$. Une récurrence immédiate montre alors qu'on a, pour tout $n > n_0$, $a_n = a_{n+p}$ et $r_n = r_{n+p}$.

Les deux questions qui se posent maintenant, pour préciser le théorème 2.25, sont les suivantes :

1) quel est le plus petit n_0 à partir duquel on a la périodicité ?

2) quelle est la longueur minimale de la période (donc le p minimum possible) ?

Pour répondre à ces questions, il suffit de noter que les n_0 et p ci-dessus sont définis par la relation $r_{n_0} = r_{n_0+p}$. Mais, en revenant aux divisions euclidiennes :

$$10^{n_0}a = bq_{n_0} + r_{n_0} \quad \text{et} \quad 10^{n_0+p}a = bq_{n_0+p} + r_{n_0+p}$$

on voit que cette relation équivaut à la congruence $10^{n_0}a \equiv 10^{n_0+p}a \pmod b$, soit encore au fait que b divise la différence $10^{n_0+p}a - 10^{n_0}a = 10^{n_0}(10^p - 1)a$. Si on suppose la fraction a/b irréductible, a et b sont premiers entre eux, et on voit que la condition se résume à : b divise $10^{n_0}(10^p - 1)$. On a alors la conclusion suivante :

Proposition 2.26. *Soit $x = \dfrac{a}{b}$ un rationnel écrit sous forme de fraction irréductible. On écrit b sous la forme $b = 2^\alpha 5^\beta q$ avec q premier avec 10. Alors le développement décimal illimité de x est périodique à partir de la $(n_0 + 1)$-ième décimale et la longueur de la période est p où :*

1) $n_0 = \mathrm{Max}\,(\alpha, \beta)$,

2) *p est le plus petit entier > 0 tel que $10^p \equiv 1 \pmod q$.*

Démonstration. Il s'agit de déterminer les plus petits n_0 et p tels que $b = 2^\alpha 5^\beta q$ divise $10^{n_0}(10^p - 1)$. Comme $2^\alpha 5^\beta$ est premier avec $10^p - 1$ et q premier avec 10^{n_0}, le théorème de Gauss montre que cela signifie que $2^\alpha 5^\beta$ divise 10^{n_0} et que q divise $10^p - 1$ ce qui donne les deux conditions annoncées.

Remarques 2.27. 1) On notera la différence entre les fractions dont le dénominateur est premier avec 10 (donc n'a ni facteur 2, ni facteur 5) et les autres. Dans le premier cas on a $n_0 = 0$, donc le développement est périodique dès le premier terme. Par exemple on a $\dfrac{5}{13} = 0{,}384615\,384615\,384615\ldots$ On dit qu'il s'agit d'un développement périodique **simple**. Ici, la période est 6 car on a $10^6 \equiv 1 \pmod{13}$.

Dans le second cas, le développement n'est périodique qu'à partir d'un certain rang, par exemple on a $\dfrac{41}{280} = 0{,}146\,428571\,428571\,428571\ldots$ En effet, on a $280 = 2^3 \times 5 \times 7$ de sorte que n_0 est égal à 3. On parle alors d'un développement périodique **mixte** et on appelle **prépériode** la suite de décimales qui précèdent la période, ici 146.

2) Dans tous les cas, il faut remarquer que, pour une fraction irréductible, les longueurs de la période et de la prépériode ne dépendent que du dénominateur.

Dans 2.26, autant la détermination de n_0 est simple, autant celle de p est un peu mystérieuse. La proposition suivante donne déjà une idée des p possibles :

Proposition 2.28. *Soit q un entier premier avec* 10.

1) *Il existe un entier p tel que l'on ait $10^p \equiv 1 \pmod q$.*

2) *On décompose q en produit de facteurs premiers : $q = p_1^{\alpha_1} p_2^{\alpha_2} \cdots p_r^{\alpha_r}$ avec les p_i premiers différents de 2 et 5 et on pose*

$$\varphi(q) = p_1^{\alpha_1-1}(p_1-1)p_2^{\alpha_2-1}(p_2-1)\cdots p_r^{\alpha_r-1}(p_r-1).$$

Alors on a $10^{\varphi(q)} \equiv 1 \pmod q$ *et le plus petit* p *vérifiant* $10^p \equiv 1 \pmod q$ *est un diviseur de* $\varphi(q)$.

Démonstration. Le point 1) résulte de 2.25 et 2.26 appliqués à $1/q$. On peut aussi le montrer directement en notant qu'il existe deux nombres de la forme 10^n qui ont même reste modulo q et en utilisant Gauss. Il résulte aussi du point 2).

2) Nous avons déjà rencontré des cas particuliers de ce résultat :

• si q est premier, $\varphi(q) = q-1$ convient (c'est le petit théorème de Fermat),

• si $q = rs$ avec r et s premiers distincts, $\varphi(q) = (r-1)(s-1)$ convient (c'est le corollaire 5.2 du paragraphe sur la cryptographie).

Dans le cas général nous admettrons cette proposition (voir par exemple D. Perrin, *Cours d'algèbre*, Ellipses, 1996, chapitre I § 7 : on n'est jamais si bien servi que par soi-même !). Par exemple pour $q = 833 = 7^2 \times 17$ on a $\varphi(q) = 7 \times 6 \times 16 = 672$, d'où $10^{672} \equiv 1 \pmod{833}$.

Remarques 2.29. 1) Nous venons de voir que tout rationnel a un développement décimal périodique. Réciproquement, si on a un développement décimal périodique, nous verrons au chapitre suivant qu'il définit un nombre réel et que ce nombre est, en fait, rationnel. Sachant cela, il n'est pas difficile de trouver le rationnel en question. Par exemple, si on a le développement périodique

$$x = 0{,}461835\ 461835\ 461835\ \ldots$$

et si on multiplie x par 10^6 on obtient

$$10^6 x = 461835{,}461835\,461835\,461835\ \ldots = 461835 + x$$

d'où $(10^6-1)x = 461835$, soit $x = \dfrac{461835}{999999}\cdot$ On voit qu'on obtient une fraction de dénominateur $10^6 - 1$ où 6 est la longueur de la période. Dans le cas présent, cette fraction n'est pas irréductible, car on a $999999 = 3^3 \times 7 \times 11 \times 13 \times 37$ et $461835 = 3^3 \times 5 \times 11 \times 311$, de sorte qu'on a $x = \dfrac{5 \times 311}{7 \times 13 \times 37} = \dfrac{1555}{3367}$ et on retrouve bien la congruence $10^6 \equiv 1 \pmod{3367}$.

2) On a vu en 2.26 que la longueur de la période est le plus petit entier p tel que $10^p \equiv 1 \pmod q$ et que ce nombre divise $\varphi(q)$, voir 2.28. Il n'existe pas de règle générale permettant de prévoir exactement quel est ce nombre. Voici quelques valeurs de la période $p(q)$:

$p(7) = 6$, $p(11) = 2$, $p(13) = 6$, $p(14) = 6$, $p(17) = 16$, $p(19) = 18$, $p(37) = 3$.

Pour trouver des rationnels à petite période, le plus simple est de prendre comme dénominateurs des diviseurs des nombres de la forme

99...999. On trouve ainsi qu'on a une période 2 avec le dénominateur 11, 3 avec 37, 4 avec 101, 5 avec 41, 6 avec 7 et 13, etc.

Annexe : cardinal de Q

Si E est un ensemble fini la notion de cardinal de E, qui n'est rien d'autre que le nombre des éléments de E, est bien connue. Cette notion est liée de façon fondamentale à celle de bijection, puisque c'est en mettant deux ensembles en bijection (les moutons et les cailloux par exemple) que s'est dégagé le concept même de nombre. Dans le cas des ensembles infinis, nous allons encore fonder la notion de cardinal sur celle de bijection mais les choses vont devenir plus difficiles, voire paradoxales parfois.

Rappels 3.1.

Rappelons qu'une bijection entre deux ensembles E et F est une application $f : \mathrm{E} \to \mathrm{F}$ qui associe à chaque point x de E un point $y = f(x)$ de F, de telle sorte que pour tout $y \in \mathrm{F}$ il existe un unique point x de E vérifiant $y = f(x)$.

Une application $f : \mathrm{E} \to \mathrm{F}$ est bijective si elle est à la fois surjective (c'est-à-dire si pour tout $y \in \mathrm{F}$ il existe au moins un $x \in \mathrm{E}$ tel que $f(x) = y$) et injective (c'est-à-dire s'il existe au plus un tel $x \in \mathrm{E}$). Cette dernière condition signifie encore que si on a, pour $x, x' \in \mathrm{E}$, $f(x) = f(x')$, alors on a $x = x'$.

Si $f : \mathrm{E} \to \mathrm{F}$ est une bijection, il existe une application réciproque $f^{-1} : \mathrm{F} \to \mathrm{E}$ qui à $y \in \mathrm{F}$ associe l'unique $x \in \mathrm{E}$ tel que $f(x) = y$ et on a $f \circ f^{-1} = \mathrm{Id}_\mathrm{F}$ et $f^{-1} \circ f = \mathrm{Id}_\mathrm{E}$.

Définition 3.2. *On dit que deux ensembles* E *et* F *ont même cardinal s'il existe une bijection f de* E *sur* F. *On dit qu'un ensemble* E *est dénombrable s'il a le même cardinal que* **N**, *c'est-à-dire s'il existe une bijection $f : \mathbf{N} \to \mathrm{E}$.*

Exemples 3.3. 1) L'ensemble $\mathbf{N} - \{0\}$ a même cardinal que **N** (bien qu'il lui manque 0). En effet, on a une bijection $f : \mathbf{N} \to \mathbf{N} - \{0\}$ donnée par $f(n) = n + 1$. De même on montre que **N** est en bijection avec $\mathbf{N} - \{0, 1, \ldots, n\}$.

2) L'ensemble $2\mathbf{N}$ des nombres pairs a même cardinal que **N** bien qu'il lui manque un ensemble infini (les impairs). En effet, on a la bijection $n \mapsto 2n$ de **N** sur $2\mathbf{N}$.

Plus généralement on a la proposition suivante :

Proposition 3.4. *Soit* E *un sous-ensemble infini de* **N**. *Alors* E *est dénombrable.*

Démonstration. On construit par récurrence une bijection $f : \mathbf{N} \to \mathrm{E}$ en utilisant le fait que toute partie non vide de **N** admet un plus petit élément. On prend pour $f(0)$ le plus petit élément de E, puis pour $f(1)$ le plus petit élément de $\mathrm{E} - \{f(0)\}$. Supposons $f(0), f(1), \dots, f(n)$ construits. On définit $f(n+1)$ comme le plus petit élément de $\mathrm{E} - \{f(0), f(1), \dots, f(n)\}$ (cet ensemble est non vide sinon E serait fini). Je dis que l'application f ainsi construite est bijective. En effet, deux éléments distincts de **N** ont, par définition, des images distinctes. Par ailleurs, tout élément de E est atteint par f (précisément, si n est un élément de E, on a $n = f(p)$ où p est le cardinal de $\mathrm{E} \cap \{0, 1, \dots, n-1\}$).

Corollaire 3.5. *L'ensemble des nombres premiers est dénombrable.*

Corollaire 3.6. *Tout ensemble infini contenu dans un ensemble dénombrable est dénombrable. Si* E *est infini et si* $f : \mathrm{E} \to \mathbf{N}$ *est une application injective,* E *est dénombrable.*

Jusqu'ici on a vu que certains sous-ensembles de **N** étaient « aussi gros » que **N**. Voici maintenant des ensembles contenant **N** mais pourtant pas plus gros.

Proposition 3.7. *L'ensemble* **Z** *est dénombrable.*

Démonstration. On construit une bijection de **Z** sur **N** en posant $f(n) = 2n$ si $n \geqslant 0$ et $f(n) = -2n - 1$ si $n < 0$.

Remarque 3.8. L'idée de la démonstration précédente est très simple : il s'agit de ranger **Z** dans **N**. Pour cela on fabrique, avec les pairs et les impairs, deux « tiroirs », qui sont aussi gros que **N** en vertu de 3.3.2, et dans lesquels on range d'un côté les entiers positifs et de l'autre les négatifs. On peut d'ailleurs, en utilisant les congruences modulo n faire n tiroirs au lieu de deux.

Proposition 3.9. *Soit* E *un ensemble. On suppose que* E *s'écrit comme réunion disjointe*

$$\mathrm{E} = \bigcup_{i \in \mathrm{I}} \mathrm{E}_i$$

où I *et les* E_i *sont tous dénombrables. Alors,* E *est dénombrable.*

Démonstration. En vertu de 3.6, il suffit de construire une application injective de E dans **N**. Pour cela on considère l'ensemble P des nombres premiers que l'on numérote (il est en bijection avec **N**) : $\mathrm{P} = \{p_0, p_1, p_2, \dots\}$. Par ailleurs, comme I est dénombrable, on peut supposer $\mathrm{I} = \mathbf{N}^*$. On a aussi une bijection de E_i avec $\mathbf{N}$: $\mathrm{E}_i = \{a_{i,0}, a_{i,1}, \dots, a_{i,n}, \dots\}$. On définit alors $f : \mathrm{E} \to \mathbf{N}$ en posant $f(a_{i,n}) = p_i^n$. On voit que f est une bijection de E sur son image, donc une injection, cqfd.

Remarque 3.10. Dans cette démonstration, l'idée, comme pour 3.7, est de fabriquer des tiroirs dans $\mathbf{N}$, mais cette fois en nombre infini pour y ranger tous les ensembles E_i. Cette fois, ce sont les puissances des différents nombres premiers qui constituent nos tiroirs.

Corollaire 3.11. *L'ensemble* $\mathbf{Q}$ *est dénombrable.*

Démonstration. On peut écrire $\mathbf{Q}$ comme la réunion (dénombrable) des ensembles $\mathbf{Q}_b$ des rationnels écrits sous forme de fractions irréductibles a/b avec $b \in \mathbf{N}^*$. Il reste donc à montrer que les $\mathbf{Q}_b$ sont dénombrables. Or, ces ensembles sont clairement infinis et contenus dans $\mathbf{Z}$, donc dénombrables.

Nous verrons qu'en revanche l'ensemble $\mathbf{R}$ des nombres réels n'est pas dénombrable.

EXERCICES DU CHAPITRE 2

Le signe ¶ indique un exercice difficile.

1. Rationnels et décimaux

101. Les rationnels ci-dessous sont-ils décimaux ?

$$\frac{35}{56},\ \frac{183}{27},\ \frac{47}{163},\ \frac{324}{144},\ \frac{542}{507},\ \frac{1805}{31},\ \frac{1155}{1848},\ \frac{1962}{4905}.$$

102. Écrire sous forme de fractions irréductibles les décimaux suivants :

$$2{,}725\,;\quad 0{,}172\,;\quad 0{,}0304\,;\quad 4{,}64\,;\quad 12{,}2121\,;\quad 16{,}05.$$

103. Soit $n \in \mathbf{N}^*$ et posons $\mathrm{F}_n = \frac{1}{n} + \frac{1}{n+1} + \frac{1}{n+2}\cdot$ Le nombre F_n est-il décimal ?

104. Soit $n \in \mathbf{N}^*$ et posons $\mathrm{E}_n = \frac{1}{n} + \frac{1}{n+1} = \frac{2n+1}{n(n+1)}\cdot$ Montrer que E_n est une fraction irréductible. ¶¶ Le nombre E_n est-il décimal ?

¶ **105.** Soit $n \in \mathbf{N}$. On pose, lorsque cette expression a un sens, $\mathrm{E}_n = \frac{3(n^2-1)}{n(n^2-9)}\cdot$

Le nombre E_n peut-il être entier ? décimal ?

106. Déterminer tous les nombres décimaux qui s'écrivent sous forme de fraction irréductible $\frac{a}{b}$ avec $ab = 780$.

107. Déterminer les entiers a et b pour que les fractions $\frac{a}{240}$ et $\frac{b}{450}$ soient des nombres décimaux avec exactement deux décimales après la virgule.

108. À quelle condition la fraction irréductible $\frac{a}{b}$ est-elle égale à une fraction de dénominateur 18 ? de dénominateur une puissance de 18 ?

109. Déterminer tous les nombres décimaux positifs dont l'inverse est aussi un nombre décimal.

2. Approximations décimales des rationnels

110. Calculer les valeurs décimales approchées par défaut et par excès des rationnels suivants :

$$\frac{6}{13};\ \frac{7}{13};\ \frac{5}{11};\ \frac{6}{11};\ \frac{17}{39};\ \frac{13}{51};\ \frac{23}{37}$$

à 10^{-2}, 10^{-3}, 10^{-6} près.

111. Comparer les rationnels suivants : $\frac{47}{51}$, $\frac{46}{49}$, $\frac{90}{97}$, par deux méthodes :

1) en les réduisant au même dénominateur,

2) en calculant des valeurs décimales approchées à 10^{-3} près de ces nombres.

112. *a*) On se donne deux entiers d et k. Trouver une fraction de dénominateur d dont la valeur approchée au centième près par défaut est égale à $k/100$. Discuter le problème selon la position de d par rapport à 100. Exemples : $d = 27$, $k = 3$ ou $k = 4$; $d = 213$, $k = 2$.

b) Déterminer toutes les fractions irréductibles de dénominateur $\leqslant 30$ dont la valeur approchée par défaut au centième près est 0,07.

113. La valeur approchée par défaut au millième près de la fraction $r = \dfrac{a}{113}$ est 3,141. Calculer a. Comparer r et le nombre π.

Une calculatrice donne $\dfrac{a}{113} = 3{,}14159292$. Donner quatre arguments pour affirmer que la suite du développement de ce rationnel n'est pas $\ldots 929292\ldots$ (On pourra en tous cas calculer les 15 premières décimales de r).

114. Soit $x \in \mathbf{Q}$. On donne la valeur décimale approchée de x à 10^{-n} près. Avec quelle approximation peut-on donner une valeur décimale approchée de x^2 ?

115. Trouver tous les nombres décimaux $x = \dfrac{a}{100}$ tels que x et x^2 aient même valeur décimale approchée au centième près. (Attention, on n'a pas précisé : « par défaut », « par excès ».)

¶ **116.** Madame Hortense Aignante, maîtresse du cours moyen de l'école des Aiguilles à Saint-Tricotin-sur-Pelote (Marne-et-Garonne) a donné un exercice sur les fractions à ses élèves. Le pourcentage de réussite a été de 47,82% (valeur arrondie par défaut). Sachant que les classes de Saint-Tricotin ne sont pas surchargées (et qu'elles ont en tous cas moins de 30 élèves), dire combien la classe comporte d'élèves et combien ont réussi l'exercice.

Indication : Noter b le nombre d'élèves et a le nombre de succès à l'exercice, montrer qu'on a $a \leqslant 14$, donner un encadrement de b/a au millième près et en déduire la valeur de $b - 2a$.

3. Développements décimaux illimités

117. Soit n le nombre qui s'écrit en base 10 sous la forme $abcd$ (avec a, b, c, d compris entre 0 et 9 et $a \neq 0$). Calculer le développement décimal de $\dfrac{n}{9999}$.

118. Donner sous forme de fractions irréductibles les rationnels dont les développements décimaux illimités (périodiques) sont les suivants :

$$0{,}2727\ldots27\ldots,\quad 0{,}321321\ldots321\ldots,\quad 0{,}53232\ldots32\ldots,\quad 0{,}387464\,387464\ldots$$
$$0{,}7464646\ldots46\ldots,\quad 345{,}678956321956321\ldots956321\ldots$$

119. Calculer, avec une calculatrice, le développement décimal de $\dfrac{1}{17}$, $\dfrac{4}{29}$, $\dfrac{6}{31}$, $\dfrac{56}{101}$.

120. Montrer, en utilisant le développement décimal de $\dfrac{1}{m}$, que tout entier $m \in \mathbf{N}$ divise un nombre qui s'écrit dans le système décimal sous la forme $\underbrace{999\ldots99}_{p \text{ fois}}\underbrace{00\ldots00}_{q \text{ fois}}$.

121. *Les septièmes.*

a) Calculer, avec une calculatrice, les valeurs décimales approchées des nombres $\frac{1}{7}$, $\frac{2}{7}$, ..., $\frac{6}{7}$, $\frac{8}{7}$, ..., $\frac{13}{7}$, $\frac{15}{7}$, etc.

Étudier la partie décimale des nombres obtenus. Que constate-t-on ?

b) Expliquer pourquoi la partie décimale de $\frac{1}{7}$ est la même que celle de $\frac{8}{7}\cdot$ Généraliser cette propriété.

c) Comparer le développement de $\frac{1}{7}$ et celui de $\frac{3}{7}\cdot$ Expliquer pourquoi ce décalage d'un chiffre. (On se souviendra de l'effet de la multiplication par 10 sur un développement décimal.) Même question pour $\frac{1}{7}$ et $\frac{2}{7}\cdot$ Généraliser. Avec ce qui précède, le lecteur doit être capable de donner le développement décimal de $\frac{a}{7}$ avec $1 \leqslant a \leqslant 100$ presque instantanément.

d) Au fait, pourquoi trouve-t-on successivement, dans la suite des décimales de $1/7$, $14 = 2 \times 7$, puis $28 = 2 \times 14$, puis $57 = 2 \times 28$ (enfin... presque) ? Étudier de même le développement de $\frac{1}{499}\cdot$

122. *Les treizièmes.*

a) Calculer avec la calculatrice les valeurs décimales approchées des nombres $\frac{a}{13}$ pour $a = 1, 2, \ldots, 12, 14, \ldots, 25$.

Étudier la partie décimale des nombres obtenus. Noter les points communs avec le cas des septièmes et les différences.

b) Expliquer comment on passe du développement de $\frac{1}{13}$ à celui de $\frac{10}{13}$ puis à celui de $\frac{9}{13}\cdot$

Expliquer de même comment on passe du développement de $\frac{2}{13}$ à celui de $\frac{7}{13}\cdot$ Formuler une méthode générale pour prédire la partie décimale du développement de $\frac{a}{13}$ où a est un entier premier avec 13.

¶ **123.** *Les quarante-et-unièmes.*

Calculer avec la calculatrice les valeurs décimales approchées des nombres $\frac{a}{41}$ pour $a = 1, 2, \ldots, 20\ldots$

Procéder aux constatations d'usage et, avec l'expérience des cas précédents, donner une explication de la répartition des développements.

124. *a*) Trouver tous les rationnels x avec $0 < x < 1$ tels que :

1) x est le carré d'un rationnel,

2) le développement décimal illimité de x est périodique simple avec une période de longueur 1.

b) Même question avec une période de longueur 2.

c) Même question, mais cette fois x doit être un cube et avoir une période de longueur 3.

¶ **125.** *a*) Fabriquer une fraction magique dont les premiers chiffres du développement décimal soient les chiffres du dénominateur (disons à 6 chiffres) comme par exemple : $\dfrac{57851}{240522} = 0{,}240522\ldots$

b) Le code secret de la Banque pour le développement rural et agricole du canton de Saint-Tricotin-sur-Pelote (BDRACSTP) est constitué de deux nombres premiers p et q où q est un nombre de trois chiffres $q = abc$, inférieur à 300, tels que le développement décimal de p/q commence comme q : $p/q = 0, abc\ldots$. Quel est ce code ?

PROBLÈMES DU CHAPITRE 2

1. Les fractions égyptiennes

INTRODUCTION

Les anciens égyptiens utilisaient des fractions, mais seulement de numérateur 1, c'est-à-dire de la forme $\frac{1}{n}\cdot$ Bien sûr, tout nombre rationnel s'écrit comme somme de fractions égyptiennes : il suffit de répéter la même fraction :

$$\frac{p}{q} = \frac{1}{q} + \frac{1}{q} + \cdots + \frac{1}{q}, \qquad (p \text{ fois})$$

mais on peut se demander si tout rationnel positif peut s'écrire comme somme finie de fractions égyptiennes de dénominateurs *tous différents*. L'objectif du problème est de prouver cette propriété.

A. LE CAS DES RATIONNELS COMPRIS ENTRE 0 ET 1

Le but de cette partie est de prouver le théorème suivant :

Théorème 1. *Soit x un nombre rationnel avec $0 < x < 1$. Il existe un nombre $p \geqslant 1$ et des entiers $n_1, n_2, \ldots, n_p$ vérifiant :*

1) $1 < n_1 < n_2 < \cdots < n_p$,

2) $x = \frac{1}{n_1} + \frac{1}{n_2} + \cdots + \frac{1}{n_p}\cdot$ *On dira que cette écriture est une décomposition égyptienne de x.*

1.0. Montrer qu'il n'y a pas unicité d'une telle écriture en donnant plusieurs décompositions égyptiennes du nombre 1/2.

Soit x un nombre rationnel avec $0 < x < 1$. On pose $x_1 = x$.

On définit une suite d'entiers naturels n_i comme suit. On prend pour n_1 le plus petit entier $\geqslant (1/x_1)$. On pose $x_2 = x - (1/n_1)$. Si x_2 n'est pas nul on définit n_2 comme le plus petit entier $\geqslant (1/x_2)$. Pour $i \geqslant 2$, si on suppose définis $n_1, n_2, \ldots, n_{i-1}$ on pose $x_i = x - \frac{1}{n_1} - \frac{1}{n_2} - \ldots - \frac{1}{n_{i-1}}\cdot$ Si x_i n'est pas nul on définit alors n_i comme le plus petit entier $\geqslant (1/x_i)$.

1.1. Appliquer cette procédure pour écrire une décomposition égyptienne de 5/17, de 56/107 et de 101/102.

1.2. *a*) Traduire par une inégalité la condition de définition de l'entier n_i.

b) Établir une relation liant x_i, x_{i+1} et n_i.

c) Établir les inégalités suivantes, pour $i \geqslant 1$: $0 \leqslant x_i < 1$, $n_i > 1$, $x_{i+1} < 1/n_i$.

1.3. Montrer que la suite n_i est strictement croissante.

On écrit désormais le rationnel x_i (pour $i \geqslant 1$) sous forme de fraction irréductible : $x_i = \dfrac{r_i}{s_i}\cdot$

1.4. On suppose $r_i > 1$.

a) Montrer que $n_i - 1$ est le quotient dans la division euclidienne de s_i par r_i.

b) Montrer qu'on a $r_{i+1} < r_i$.

1.5. Montrer qu'il existe un entier p tel que $r_p = 1$ et conclure que x admet une décomposition égyptienne.

B. LES RATIONNELS POSITIFS

¶ Dans cette partie on montre que tout rationnel admet une décomposition égyptienne.

2.1. Soit x un rationnel avec $x > 1$. Montrer qu'il existe un entier $n \geqslant 1$ tel que :

$$1 + \frac{1}{2} + \cdots + \frac{1}{n} \leqslant x < 1 + \frac{1}{2} + \cdots + \frac{1}{n} + \frac{1}{n+1}\cdot$$

(On se souviendra que la série harmonique $1 + \dfrac{1}{2} + \dfrac{1}{3} + \cdots$ est divergente, c'est-à-dire que $\mathrm{A}_n = 1 + \dfrac{1}{2} + \cdots + \dfrac{1}{n}$ tend vers $+\infty$ quand n tend vers $+\infty$.)

2.2. Montrer que tout nombre rationnel positif admet une décomposition égyptienne. Indication : dans le cas $x > 1$ on appliquera le résultat de la partie A à $x - \mathrm{A}_n$ en notant que ce rationnel est $< \frac{1}{n+1}\cdot$ Traiter le cas du nombre 4/3.

2. Les suites de Farey

Le but du problème est l'étude des suites de Farey. Si n est un entier $\geqslant 1$, la suite de Farey d'ordre n, que l'on note F_n, est la suite (ordonnée dans l'ordre croissant) des nombres rationnels $\dfrac{p}{q}$ qui vérifient $0 \leqslant p \leqslant q \leqslant n$ avec p et q premiers entre eux. On note qu'on a alors $0 \leqslant \dfrac{p}{q} \leqslant 1$. Ainsi, F_1 est la suite $0, 1$, tandis que F_2 est la suite $0, \frac{1}{2}, 1$ et F_3 la suite $0, \frac{1}{3}, \frac{1}{2}, \frac{2}{3}, 1$.

1) Déterminer les suites de Farey $\mathrm{F}_4, \mathrm{F}_5, \mathrm{F}_6, \mathrm{F}_7$. (On pourra utiliser ces suites pour comprendre et vérifier les résultats établis ci-dessous).

2) On suppose qu'on a deux rationnels $\dfrac{p}{q}$ et $\dfrac{p'}{q'}$ qui vérifient $\dfrac{p}{q} < \dfrac{p'}{q'}\cdot$ Montrer qu'on a l'inégalité :

$$\frac{p}{q} < \frac{p+p'}{q+q'} < \frac{p'}{q'}\cdot$$

3) Soient $\dfrac{p}{q}$ et $\dfrac{p'}{q'}$ deux termes consécutifs de la suite de Farey F_n.

a) Montrer qu'on a $q + q' > n$ (utiliser 2)).

b) On suppose $n > 1$. Montrer qu'on a $q \neq q'$. (On raisonnera par l'absurde. On réfléchira notamment aux moyens d'augmenter une fraction $\frac{p}{q}$.)

4) Soit n un entier $\geqslant 1$ et soit $\frac{p}{q}$ un terme de F_n.

a) Montrer qu'il existe des entiers positifs r et s qui vérifient les deux relations $rq - sp = 1$ et $n - q < s \leqslant n$.

b) Montrer que $\frac{r}{s}$ est le successeur de $\frac{p}{q}$ dans F_n. (Pour montrer qu'il n'y a pas d'intermédiaire entre les deux on raisonnera par l'absurde en supposant qu'on a $\frac{p}{q} < \frac{a}{b} < \frac{r}{s}$ avec $b \leqslant n$ et on utilisera la relation $b = (rb - sa)q + (qa - pb)s$.)

En particulier on a donc montré que si $\frac{p}{q}$ et $\frac{r}{s}$ sont deux termes consécutifs de la suite F_n on a $rq - sp = 1$.

c) Déterminer les trois premiers successeurs de $\frac{13}{25} = 0{,}52$ dans F_{100}.

5) Soit n un entier > 0 et soient $\frac{p}{q}, \frac{p''}{q''}, \frac{p'}{q'}$ trois termes consécutifs de F_n. Montrer qu'on a $\frac{p''}{q''} = \frac{p + p'}{q + q'}$.

6) Le docteur Victor Ticoli, médecin généraliste à Saint-Tricotin-sur-Pelote (Marne-et-Garonne) a expérimenté sur ses patients atteints de fractionnite aigüe un traitement révolutionnaire (la prise de la pastille). Il a constaté que son traitement était efficace dans 52,05% des cas. Sachant que la fractionnite est une maladie assez rare qui touche certainement moins de 100 des patients du docteur Ticoli, déterminer le nombre exact de patients atteints par la maladie et pour combien d'entre eux le traitement a été efficace. (On utilisera 4.*c*).

3. Problèmes divers

126. 1) *a*) Montrer qu'on a $10^{13} \equiv 1 \pmod{53}$. Qu'en déduit-on sur le développement décimal illimité des nombres rationnels de dénominateur 53 ?

b) Déterminer le développement décimal illimité du nombre $\frac{17}{53}$.

2) Écrire sous forme de fractions irréductibles les nombres dont les développements décimaux illimités sont les suivants :

$$x = 0{,}276318\,276318\,276318\ldots \qquad \text{et} \qquad y = 79{,}613\,276318\,276318\,276318\ldots$$

3) *a*) Soit p un nombre premier. On suppose que le développement décimal illimité de $1/p$ est de la forme :

$$\frac{1}{p} = 0{,}a_1a_2\ldots a_n\ a_1a_2\ldots a_n\ \ldots a_1a_2\ldots a_n\ \ldots$$

Traduire cette propriété en termes de congruences de 10^n modulo p et en termes de diviseurs de $99\ldots999$ (n chiffres 9).

b) Déterminer les nombres premiers p qui sont tels que $\frac{1}{p}$ admette un développement décimal illimité dont la période est (exactement) de longueur 4, 6 ou 8.

4) Déterminer les chiffres a et b et l'entier n pour que le nombre dont le développement décimal illimité est :

$$0{,}ab4116\,ab4116\,ab4116\,\ldots$$

s'écrive sous la forme $\frac{n}{1443}$ avec $n \in \mathbf{N}$.

127. 1) *a*) Une calculatrice fournit le développement décimal suivant pour $\frac{1}{29}$ avec 15 chiffres significatifs :

$$\frac{1}{29} = 0{,}034482758620689.$$

Les chiffres fournis par la calculatrice sont exacts (sauf éventuellement le dernier chiffre qui peut être arrondi). Préciser, si possible sans calculs, la longueur de la période de $\frac{1}{29}$.

b) Une deuxième calculatrice donne seulement 10 chiffres significatifs. Elle indique :

$$\frac{1997539}{2463661} = 0{,}81\,0801\,0801$$

La suite de chiffres 0801, qui apparaît deux fois ici, est-elle la période du développement décimal de cette fraction ?

2) *a*) Montrer qu'on a $10^{21} \equiv 1 \pmod{43}$. Qu'en déduit-on pour la période des fractions de dénominateur 43 ?

b) Calculer le développement décimal illimité de $\frac{8}{43}$.

3) On rappelle la décomposition :

$$999999 = 3^3 \times 7 \times 11 \times 13 \times 37.$$

a) Écrire sous forme de fractions irréductibles les nombres dont les développements décimaux illimités sont les suivants :

$$x = 0{,}257335\,257335\,257335\,\ldots \qquad \text{et} \qquad y = 57{,}956\,257335\,257335\,257335\,\ldots$$

b) Déterminer les chiffres a et b pour que le nombre z dont le développement décimal illimité est :

$$0{,}ab7541\,ab7541\,ab7541\,\ldots$$

s'écrive sous la forme d'une fraction irréductible $\frac{n}{777}$ avec $n \in \mathbf{N}$.

Chapitre 3
Nombres réels

Introduction

Nous avons introduit au chapitre précédent les nombres rationnels. Nous avons vu que l'ensemble $\mathbf{Q}$ des rationnels est un corps, ce qui signifie qu'on peut y faire les quatre opérations : addition, soustraction, multiplication et division. De plus, $\mathbf{Q}$ est un corps (totalement) ordonné ce qui signifie qu'on a la relation d'ordre $x \leqslant y$ qui vérifie les règles de calcul usuelles. Ce corps contient déjà beaucoup d'éléments. Nous avons vu en effet que l'ordre de $\mathbf{Q}$ est dense c'est-à-dire qu'entre deux rationnels il y en a toujours un troisième. Cependant, malgré cela, nous allons voir ci-dessous que le corps $\mathbf{Q}$ est trop petit à bien des égards et nous devrons donc le « compléter » pour obtenir le corps $\mathbf{R}$ des nombres réels.

A. LES RACINES CARRÉES

Parmi les nombres qu'on aimerait pouvoir considérer se trouvent les racines carrées. Par définition, une racine carrée du nombre a est un nombre b (noté $\sqrt{a}$) qui est tel que $b^2 = a$. On rencontre très vite ce genre de nombres dès qu'on fait de la géométrie. Par exemple si on considère un carré dont le côté est de mesure unité, le théorème de Pythagore montre que sa diagonale est de mesure $\sqrt{2}$. Or, si l'on reste dans les rationnels, les racines carrées n'existent pas en général, comme le montre le résultat suivant :

Proposition 0.1. *Soit p un nombre entier qui n'est pas un carré parfait (c'est-à-dire qui n'est pas de la forme n^2 avec $n \in \mathbf{N}$, autrement dit qui n'a pas de racine carrée dans $\mathbf{N}$). Alors, p n'admet pas non plus de racine carrée dans $\mathbf{Q}$, autrement dit, il n'existe pas de rationnel x tel que $x^2 = p$.*

Démonstration. Supposons qu'un tel x existe et écrivons-le sous forme irréductible $x = \dfrac{a}{b}\cdot$ On a donc $p = \dfrac{a^2}{b^2}$ ou encore $b^2p = a^2$. Mais, comme la fraction est irréductible, a et b sont premiers entre eux. Comme b divise a^2 et est premier avec a, b divise a (par Gauss), et comme a et b sont premiers entre eux ceci impose $b = 1$. Il reste $p = a^2$, mais c'est impossible car p n'est pas un carré parfait.

Ce résultat s'applique si p est premier (par exemple si $p = 2$) ou plus généralement si l'un des exposants de sa décomposition en facteurs premiers est impair. Dans la même veine il est facile de prouver qu'un nombre premier p n'a pas de racine cubique, quatrième, etc. dans $\mathbf{Q}$.

NOTE HISTORIQUE

L'irrationalité de $\sqrt{2}$ est connue depuis les pythagoriciens. La légende dit que le premier homme qui a divulgué cette irrationalité (il s'agit d'Hippase de Métapont, un disciple de Pythagore) a péri noyé dans un naufrage. Selon Proclus, Euclide aurait commenté ainsi cette légende :

> *Les auteurs de la légende ont voulu parler par allégorie. Ils ont voulu dire que tout ce qui est irrationnel et privé de forme doit demeurer caché. Que si l'âme veut pénétrer dans cette région secrète et la laisser ouverte, alors elle est entraînée dans la mer du devenir et noyée dans l'incessant mouvement de ses courants.*

B. LES DÉVELOPPEMENTS DÉCIMAUX GÉNÉRAUX

Nous avons défini au chapitre précédent le développement décimal illimité d'un rationnel. Par exemple on a $\frac{1}{7} = 0{,}142857142857142857\ldots$ Mais nous avons vu que ces développements ont tous une propriété très particulière : ils sont périodiques. On peut donc imaginer des développements plus généraux, comme le suivant :

$$0{,}101001000100001000001000000100000001\ldots$$

que l'on obtient en mettant à la suite derrière la virgule des chiffres 1 séparés par un 0, puis deux 0, puis trois 0, ..., puis cent 0, etc. Il est clair que ce développement n'est pas périodique, donc ne correspond pas à un rationnel. Pourtant, on a bien envie de considérer qu'on a défini ainsi un nombre. C'est vrai, mais il faut pour cela passer aux nombres réels. D'ailleurs nous donnons en annexe une construction des réels fondée sur cette remarque.

C. LE NOMBRE e, LE NOMBRE π

Il y a beaucoup d'autres nombres que l'on rencontre en mathématiques et qui ne sont pas des rationnels. Donnons juste deux exemples célèbres, les nombres e et π. Le nombre $e = 2{,}7182818285490\ldots$, base des exponentielles (c'est-à-dire l'unique nombre dont le logarithme népérien $\ln(e)$ vaut 1) n'est pas un nombre rationnel (voir exercice **130**). Le nombre π, rapport de la longueur du cercle au diamètre, dont nous reparlerons dans la deuxième partie du livre, n'est pas, lui non plus, un rationnel (mais c'est un peu plus difficile à prouver).

1. Axiomatique des nombres réels

A. DÉFINITION DE R

Nous donnons ici une définition axiomatique de l'ensemble **R** des nombres réels. Pour une construction effective, voir § 4 ci-dessous.

Les axiomes de **R** reprennent d'abord les propriétés de **Q** : l'ensemble **R** doit être lui aussi un corps totalement ordonné archimédien. Mais il y a pour **R** un axiome supplémentaire que l'on peut donner sous de nombreuses formes [1]. Nous avons choisi de donner un axiome utilisant la notion de suites adjacentes. Bien entendu, la notion de limite a un sens, dans **R** comme dans **Q**, et ce grâce à la relation d'ordre.

Définition 1.1. *Dans un corps ordonné, deux suites (x_n) et (y_n) sont dites adjacentes si on a les propriétés suivantes* [2] *:*

1) *$x_n \leqslant y_n$ pour tout n,*
2) *(x_n) est croissante (ce qui signifie qu'on a $x_n \leqslant x_{n+1}$ pour tout n),*
3) *(y_n) est décroissante (ce qui signifie qu'on a $y_n \geqslant y_{n+1}$ pour tout n),*
4) *la différence $y_n - x_n$ tend vers 0 quand n tend vers l'infini.*

On a donc les inégalités :

$$x_0 \leqslant x_1 \leqslant x_2 \leqslant \cdots \leqslant x_n \leqslant \cdots \leqslant y_n \leqslant \cdots \leqslant y_2 \leqslant y_1 \leqslant y_0,$$

avec x_n et y_n de plus en plus proches. Nous avons déjà rencontré des suites adjacentes au chapitre précédent : si x est un rationnel et si x_n est sa valeur décimale approchée à 10^{-n} près par défaut et $y_n = x_n + 10^{-n}$ sa valeur approchée à 10^{-n} près par excès, on voit que les suites (x_n) et (y_n) sont adjacentes. Dans ce cas, ces deux suites ont une même limite : le nombre x, qui se trouve « entre » les x_n et les y_n, et la notion de suite adjacente permet de formaliser celles d'encadrement et d'approximation. Attention, dans les rationnels cette situation n'est pas toujours réalisée. Il y a des suites adjacentes (voir ci-dessous) avec « personne au milieu ». Ce que nous allons demander dans le cas du corps des nombres réels c'est que cette situation de trou ne se produise pas, c'est-à-dire que si on a deux suites adjacentes, définissant une sorte d'encadrement de plus en plus fin, il y ait bien, au cœur de cet encadrement, un nombre.

Nous pouvons alors donner la définition de **R** et affirmer son existence :

Théorème et définition 1.2. *Il existe un unique corps ordonné archimédien appelé corps des nombres réels et noté* **R** *qui vérifie l'axiome suivant : si*

1. Pour le lecteur averti qui comprend ces mots, on peut donner l'un des axiomes suivants : complétude, borne supérieure, Bolzano-Weierstrass, intervalles emboîtés de diverses sortes,...

2. Le lecteur attentif montrera que la condition 1) résulte des autres.

(x_n) et (y_n) sont deux suites adjacentes de nombres réels elles ont une limite commune $x \in \mathbf{R}$. Ce nombre est l'unique x qui vérifie $x_n \leqslant x \leqslant y_n$ pour tout n.

Le corps $\mathbf{R}$ contient le corps $\mathbf{Q}$ des rationnels.

Remarque 1.3. Comme il a été dit ci-dessus, l'axiome analogue n'est pas vrai pour $\mathbf{Q}$: il y a des suites adjacentes de rationnels qui ne convergent pas dans $\mathbf{Q}$. En voici quelques exemples.

1) Les suites de rationnels

$$x_n = 1 + \frac{1}{1!} + \frac{1}{2!} + \cdots + \frac{1}{n!} \quad \text{et} \quad y_n = x_n + \frac{1}{n!}$$

sont adjacentes, elles convergent vers le nombre e dont on montre qu'il n'est pas dans $\mathbf{Q}$ (voir exercice **130**).

2) Les suites de décimaux :

$$x_n = 0{,}1010010001\ldots1\underbrace{00\ldots0}_{n \text{ fois}}1 \quad \text{et} \quad y_n = 0{,}1010010001\ldots1\underbrace{00\ldots0}_{n \text{ fois}}2$$

sont adjacentes mais ne convergent pas dans $\mathbf{Q}$ (sinon ce serait vers le nombre examiné dans l'exemple 0.*b*).

3) Les suites de rationnels définies par récurrence par $u_0 = 1$ et $u_{n+1} = 1 + \dfrac{u_n}{u_n + 2}$ et $v_0 = 2$ et $v_{n+1} = \dfrac{1}{2}(v_n + \dfrac{2}{v_n})$ sont adjacentes et convergent toutes deux vers $\sqrt{2}$ (voir exercice **132**) dont on a vu qu'il n'est pas rationnel.

B. QUELQUES PROPRIÉTÉS DE R

Nous commençons par montrer que les rationnels (et même les décimaux) sont présents partout parmi les réels (on dit que $\mathbf{Q}$ est dense dans $\mathbf{R}$) :

Proposition 1.4. *Entre deux nombres réels a et b vérifiant $a < b$ il y a toujours un nombre décimal (donc un nombre rationnel).*

Démonstration. On peut supposer a et b de même signe (sinon 0 est entre a et b) et même positifs (sinon on regarde d'abord $-a$ et $-b$). Il existe alors un entier n tel que $\dfrac{1}{n} < b - a$. En effet, cela signifie qu'on a $n(b-a) > 1$ et c'est le fait que $\mathbf{R}$ est archimédien. On a, *a fortiori*, $\dfrac{1}{10^n} < b - a$. Alors, toujours par la propriété d'Archimède, il existe un entier m tel que $\dfrac{m}{10^n} > a$. Si on prend le plus petit m tel que l'on ait cette propriété il vérifie aussi $\dfrac{m}{10^n} < b$. En effet, si on avait $\dfrac{m}{10^n} > b$ on aurait aussi

$\dfrac{m-1}{10^n} > b - \dfrac{1}{10^n} > a$, contredisant la minimalité de l'entier m pour cette propriété.

On a le même résultat avec les irrationnels :

Proposition 1.5. *Entre deux nombres réels a et b vérifiant $a < b$ il y a toujours un nombre irrationnel (c'est-à-dire un réel non rationnel).*

Démonstration. On utilise la même méthode en notant que $\dfrac{1}{n\sqrt{2}}$ est un irrationnel arbitrairement petit.

Remarque 1.6. En fait, on montre aisément qu'il y a une infinité de rationnels et d'irrationnels entre deux réels a et b.

Comme dans les rationnels on a la notion de partie entière d'un réel :

Proposition et définition 1.7. *Soit $x \in \mathbf{R}$. Il existe un unique entier $q \in \mathbf{Z}$ tel que l'on ait $q \leqslant x < q+1$. Cet entier s'appelle la* **partie entière** *de x et on le note $[x]$.*

Démonstration. On se ramène facilement au cas $x > 0$. Comme $\mathbf{R}$ est archimédien il y a un entier n tel que $n > x$. Si on prend le plus petit de ces entiers, il est clair que $q = n - 1$ convient.

Le théorème suivant est un outil fondamental en analyse. Nous le citons pour mémoire, mais nous ne l'utiliserons pas vraiment :

Théorème 1.8. *Soit (u_n) une suite de nombres réels. On suppose (u_n) croissante (c'est-à-dire qu'on a $u_n \leqslant u_{n+1}$ pour tout n) et majorée (autrement dit, il existe un réel M tel que l'on ait $u_n \leqslant \mathrm{M}$ pour tout n). Alors la suite (u_n) est convergente.*

Démonstration. (Pour les lecteurs qui sont familiers des démonstrations par dichotomie, les autres peuvent sauter cette démonstration sans encombre.)

On pose $a_0 = u_0$ et $b_0 = \mathrm{M}$ et on considère le point $\dfrac{a_0 + b_0}{2}\cdot$ Si c'est un majorant de la suite (u_n) on pose $a_1 = a_0$ et $b_1 = \dfrac{a_0+b_0}{2}$, sinon, on pose $a_1 = \dfrac{a_0+b_0}{2}$ et $b_1 = b_0$. On continue ainsi en partageant les intervalles $[a_p, b_p]$ en deux et en appelant $[a_{p+1}, b_{p+1}]$ celui des deux intervalles moitiés qui est tel que b_{p+1} majore (u_n) et qu'il existe n_0 tel que $a_{p+1} \leqslant u_{n_0}$ (donc aussi $a_{p+1} \leqslant u_n$ pour $n \geqslant n_0$). Alors, les suites (a_p) et (b_p) sont adjacentes, donc convergent vers un réel x qui est aussi la limite de (u_n).

2. Développement décimal illimité d'un nombre réel

A. EXISTENCE D'UN NOMBRE RÉEL DONNÉ PAR SON DÉVELOPPEMENT DÉCIMAL ILLIMITÉ

Grâce à l'axiome des suites adjacentes nous pouvons montrer qu'un développement décimal illimité quelconque définit bien un réel :

Théorème 2.1. *Soit* (a_n) $(n \geqslant 1)$ *une suite de chiffres (c'est-à-dire d'entiers tels que* $0 \leqslant a_i \leqslant 9$*). Alors, les suites*

$$x_n = \sum_{i=1}^{n} \frac{a_i}{10^i} \quad \text{et} \quad y_n = x_n + \frac{1}{10^n}$$

sont adjacentes, donc définissent un nombre réel $x \in [0,1]$*. Comme ce réel est la limite de* $x_n = \sum_{i=1}^{n} \frac{a_i}{10^i} = 0, a_1 a_2 \dots a_n$*, on le note* $x = \sum_{i=0}^{+\infty} \frac{a_i}{10^i}$*, ou encore* $x = 0, a_1 a_2 \dots a_n \dots$ *(avec des petits points).*

Démonstration. Le seul point non tout à fait trivial est le fait que y_n décroît. Or on a $y_n - y_{n+1} = x_n - x_{n+1} + \frac{1}{10^n} - \frac{1}{10^{n+1}} = \frac{9 - a_{n+1}}{10^{n+1}} \geqslant 0.$

Remarque 2.1 bis. Lorsque tous les a_i sont égaux à 9 à partir d'un certain rang, on a ce qu'on appelle un développement décimal illimité impropre. Ces développements définissent des nombres réels, mais, comme on l'a déjà entrevu au chapitre 2, ils sont inutiles, car ces nombres sont des décimaux, donc ont un autre développement qui se termine par des zéros. Précisément, le nombre $0, a_1 \dots a_m 999 \dots 999 \dots$, avec $a_m < 9$ n'est autre que le décimal $0, a_1 \dots (a_m + 1)$. Ainsi, par exemple, les développements décimaux illimités 0,1729000...000... et 0,1728999...999..., bien que correspondant à des suites (a_n) différentes, définissent le même nombre réel. En effet, cela résulte de la formule établie au corollaire 2.2 du chapitre 2 :

$$\frac{9}{10^{m+1}} + \frac{9}{10^{m+2}} + \cdots + \frac{9}{10^n} = \frac{1}{10^m} - \frac{1}{10^n}.$$

La somme infinie $\sum_{i=m+1}^{+\infty} \frac{9}{10^i}$, qui est la limite de la somme précédente quand n tend vers $+\infty$, est donc égale à $\frac{1}{10^m}$, d'où le résultat.

B. APPROXIMATIONS DÉCIMALES D'UN NOMBRE RÉEL

Le résultat essentiel de ce paragraphe est le suivant :

Théorème 2.2. *Soit x un nombre réel $\geqslant 0$ et soit $n \in \mathbf{N}$. Il existe un unique décimal $x_n = \dfrac{q_n}{10^n}$ tel que l'on ait*

$$(*) \qquad x_n \leqslant x < x_n + \frac{1}{10^n}.$$

Le nombre x_n (resp. $x_n + 10^{-n}$) est la valeur décimale approchée à 10^{-n} près par défaut (resp. par excès) de x. L'entier q_n est la partie entière de $10^n x$. Pour tout $n \geqslant 0$ il existe un entier a_{n+1} vérifiant $0 \leqslant a_{n+1} \leqslant 9$ tel que l'on ait $q_{n+1} = 10q_n + a_{n+1}$.

Démonstration. Si on a l'égalité $(*)$, on en déduit $q_n \leqslant 10^n x < q_n + 1$, de sorte que q_n est bien la partie entière de $10^n x$. Cela montre l'unicité de x_n. Pour l'existence, si on pose $q_n = [10^n x]$ on a encore $q_n \leqslant 10^x < q_n + 1$ et le résultat s'ensuit. Il reste à montrer la dernière assertion. On a $10q_n \leqslant 10^{n+1}x < 10q_n + 10$, donc la partie entière q_{n+1} de $10^{n+1}x$ vérifie $10q_n \leqslant q_{n+1} < 10q_n + 10$, donc $q_{n+1} = 10q_n + a_{n+1}$ avec $0 \leqslant a_{n+1} \leqslant 9$ comme annoncé.

Remarques 2.3. 0) On notera une différence importante avec le cas des rationnels : q_n est encore la partie entière de $10^n x$, mais, comme x n'est plus de la forme a/b, on n'obtient plus q_n par division euclidienne.

1) Il résulte des inégalités $(*)$ que la suite (x_n) converge vers x et que les suites (x_n) et $(x_n + \frac{1}{10^n})$ sont adjacentes.

2) Comme dans le cas de $\mathbf{Q}$ on notera les inégalités, pour $m \leqslant n$:

$$x_m \leqslant x_n \leqslant x < x_n + 10^{-n} \leqslant x_m + 10^{-m},$$

qui montrent que les approximations décimales de x sont d'autant meilleures que n croît.

3) En considérant $-x$ on montre facilement que le théorème vaut encore pour $x < 0$.

C. DÉVELOPPEMENT DÉCIMAL ILLIMITÉ

Le résultat suivant est la réciproque de 2.1 : tout nombre réel admet un développement décimal illimité.

Corollaire 2.4. *Soit x un nombre réel vérifiant $0 \leqslant x < 1$ et notons comme ci-dessus $x_n = \dfrac{q_n}{10^n}$, pour $n \geqslant 1$, son approximation décimale à 10^{-n} près par défaut. Il existe une suite d'entiers $a_1, a_2, \ldots, a_n, \ldots$ avec $0 \leqslant a_i \leqslant 9$ pour $i \geqslant 1$, tels que l'on ait, pour tout $n \geqslant 1$:*

$$(**) \qquad x_n = \sum_{i=1}^{n} \frac{a_i}{10^i} = 0, a_1 a_2 \ldots a_n.$$

De plus les entiers a_n sont uniquement déterminés par x, précisément, a_n est le chiffre des unités de q_n. La suite $a_1, a_2, \dots, a_n, \dots$ est le **développement décimal illimité** *de x. En vertu de 2.1 on a $x = 0, a_1a_2 \dots a_n \dots$.*

Démonstration. Voir le cas des rationnels, la démonstration est identique.

Remarques 2.5. 1) Si x est un réel quelconque on se ramène au cas ci-dessus en écrivant $x = [x] + (x - [x])$ où $x - [x]$ est un réel de $[0, 1[$. Pour $x \geqslant 0$, si on écrit $[x]$ en base 10 on obtient un développement décimal comportant une partie entière et une partie décimale (illimitée). Par exemple, on a $\pi = 3{,}14159653589793238462643 3\dots$ (on connaît actuellement plus d'un million de décimales de π).

2) Comme dans le cas des rationnels on montre que le développement décimal illimité d'un réel défini comme ci-dessus est propre, c'est-à-dire que les a_i ne sont pas tous égaux à 9 à partir d'un certain rang.

Remarque 2.6. Les théorèmes 2.1, 2.4 et la remarque 2.5.2 montrent que les nombres réels correspondent exactement aux développements décimaux illimités propres, sans restriction ni de finitude (comme les décimaux), ni de périodicité (comme les rationnels). C'est d'ailleurs ainsi que nous construisons $\mathbf{R}$ au paragraphe 4.

D. CARACTÉRISATION DES RATIONNELS

Théorème 2.7. *Soit x un réel quelconque dont on écrit le développement décimal illimité sous la forme $x = [x] + 0, c_1c_2 \dots c_r \dots$. Alors, x est rationnel si et seulement si le développement est périodique, c'est-à-dire s'il existe des entiers $s \geqslant 1$ et $n \geqslant 1$ tels que l'on ait $c_i = c_{i+n}$ pour tout $i \geqslant s$.*

Démonstration. Nous avons vu au chapitre précédent que le développement décimal d'un rationnel est périodique. Réciproquement, supposons le développement de x périodique. Quitte à retrancher $[x]$ on peut supposer $x \in [0, 1[$ et son développement est de la forme $x = 0, b_1b_2 \dots b_sa_1a_2 \dots a_na_1a_2 \dots a_na_1a_2 \dots a_n \dots$ En multipliant par 10^s on a donc $10^sx = b_1b_2 \dots b_s, a_1a_2 \dots a_na_1a_2 \dots a_na_1a_2 \dots = b_1b_2 \dots b_s + 0, a_1a_2 \dots a_na_1a_2 \dots a_na_1a_2 \dots$, ce qui permet de se débarrasser de la prépériode. Il reste à montrer que $y = 0, a_1a_2 \dots a_na_1a_2 \dots a_na_1a_2 \dots$ est un nombre rationnel. En multipliant par 10^n on a

$$10^ny = a_1a_2 \dots a_n, a_1a_2 \dots a_na_1a_2 \dots = a_1a_2 \dots a_n + y,$$

d'où $y = \dfrac{a_1a_2 \dots a_n}{10^n - 1} \in \mathbf{Q}$.

Exemple 2.8.

Le nombre 0,45 673 673 673… est rationnel. Le lecteur montrera qu'il vaut $\dfrac{11407}{24975}$.

Annexe A : cardinal de R

Jusqu'à maintenant, les ensembles infinis emboîtés que nous avons considérés ($\mathbf{N} \subset \mathbf{Z} \subset \mathbf{D} \subset \mathbf{Q}$) étaient tous dénombrables, c'est-à-dire de même cardinal que **N**. Le corps **R**, en revanche, a un cardinal strictement plus grand, puisque nous allons montrer qu'il n'est pas dénombrable.

Théorème 3.1. *Le corps des réels n'est pas dénombrable.*

Démonstration. Nous raisonnons par l'absurde en supposant **R** dénombrable. *A fortiori*, l'ensemble des réels compris entre 0 et 1 (1 exclu) serait lui aussi dénombrable comme sous-ensemble infini d'un ensemble dénombrable, voir chapitre 2, Corollaire 3.6. Cela signifie qu'on pourrait numéroter les réels de $[0,1[$: $x_1, x_2, \ldots, x_n, \ldots$, cette suite les épuisant tous. Nous allons montrer que ceci est impossible en construisant un réel de $[0,1[$, distinct de tous ceux de la suite (x_n).

Pour cela on considère les développements décimaux illimités de $x_1, \ldots x_n, \ldots$ et on construit x en se donnant son développement décimal illimité (propre) $x = 0, a_1a_2 \ldots a_n \ldots$ comme suit. On choisit a_1 différent du premier chiffre après la virgule de x_1 et de 9 (pour éviter les développements impropres). C'est possible puisque on doit juste éviter deux chiffres parmi dix. On choisit ensuite a_2 distinct de 9 et du deuxième chiffre après la virgule de x_2, et ainsi de suite, on choisit a_n distinct de 9 et du n-ième chiffre après la virgule de x_n. En vertu de 2.1 on a bien construit ainsi un nombre réel, qui est dans $[0,1[$ puisque le développement est propre. De plus, il est différent de tous les termes de la suite. En effet, il est différent de x_1 car ils n'ont pas le même premier chiffre après la virgule, de x_2 à cause du deuxième chiffre, de x_n à cause du n-ième chiffre : cqfd.

Annexe B : une construction du corps des réels

Nous proposons ici une construction du corps des réels qui nous semble la plus naturelle, eu égard à ce qui précède. Elle consiste essentiellement à définir le corps des réels à l'aide des développements décimaux illimités, ce qui revient à faire le travail qui précède à l'envers. Les démonstrations ci-dessous sont données de manière un peu elliptique. Les lecteurs familiers avec les techniques de base de l'analyse les compléteront sans peine. Les autres pourront sauter ce paragraphe sans encombre : il en va des objets mathématiques comme de beaucoup d'outils de la vie courante, point n'est besoin de savoir comment ils sont construits pour pouvoir les utiliser.

A. L'ENSEMBLE ORDONNÉ R

Définition 4.1. *On note* **R** *l'ensemble* $\mathbf{Z} \times \mathrm{A}$ *des couples* $x = (a_0, a)$ *où* a_0 *est un entier relatif et* $a = (a_1, a_2, \ldots, a_n, \ldots)$ *une suite illimitée d'entiers* *compris entre* 0 *et* 9 *vérifiant la propriété suivante (dite de propreté) :*

(P) Les a_i ne sont pas tous égaux à 9 à partir d'un certain rang.

Les éléments de **R** *sont appelés* **nombres réels**. *On note* $x = (a_0, a)$ *sous la forme*[3] $x = a_0, a_1 a_2 \ldots a_n \ldots$, *le nombre* a_0 *est appelé partie entière de* x *et* a_n *est sa* n*-ième décimale.*

On notera que la condition (P) peut encore se dire : la suite a comporte une infinité de chiffres différents de 9.

La première chose à faire est d'ordonner l'ensemble, ce qu'on fait, bien entendu, en pensant à l'ordre usuel des réels.

Définition 4.2. *On ordonne l'ensemble* **R** *par ordre lexicographique :*

si $x = a_0, a_1 a_2 \ldots a_n \ldots$ *et* $x' = a'_0, a'_1 a'_2 \ldots a'_n \ldots$ *sont deux réels, on pose* $x \leqslant x'$ *dans les cas suivants :*

$$\begin{cases} 1) \text{ si } x = x', \\ 2) \text{ si } a_0 < a'_0, \\ 3) \text{ si } x \neq x',\ a_0 = a'_0 \text{ et,} \\ \textit{n désignant le plus petit entier tel que } a_n \neq a'_n, \\ \textit{si on a } a_n < a'_n. \end{cases}$$

Il est clair que cet ordre est total : deux réels sont toujours comparables. On peut alors parler d'intervalles : si u et v sont deux réels, l'intervalle ouvert $]u, v[$ est l'ensemble des réels x qui vérifient $u < x < v$.

L'étape suivante est de plonger le corps des rationnels dans **R** par une injection $\Phi : \mathbf{Q} \to \mathbf{R}$. C'est immédiat en associant à un rationnel r son développement décimal illimité (qui est propre et périodique)[4] $r = r_0, r_1 \ldots r_n \ldots$. On note que l'application Φ est strictement croissante ce qui signifie que, si on identifie **Q** et son image par Φ, l'ordre induit par celui de **R** est bien l'ordre usuel de **Q**. Bien entendu, parmi les rationnels il y a les décimaux (qui sont caractérisés comme étant les réels qui vérifient $a_n = 0$ pour tout n assez grand).

On définit ensuite la notion de suite convergente : on dit qu'une suite de réels (x_n) converge vers x si, pour tout intervalle I contenant x, les x_n sont tous dans I à partir d'un certain rang. On vérifie aussitôt que si (x_n) converge vers x et si les x_n sont positifs ou nuls il en est de même de x et que, réciproquement, si x est strictement positif il en est de même de x_n pour n assez grand.

---

3. Si a_0 est < 0, $a_0 = -k$, il est préférable de le noter en le surlignant comme on le faisait jadis dans les tables de logarithmes, voir chapitre 2 Remarque 2.7 bis 4 : $a_0 = \overline{k}$, donc de noter $\overline{1}$,5 plutôt que (-1),5 pour éviter de confondre ce nombre qui vaut $-1 + 0{,}5$ c'est-à-dire $-(0{,}5)$ et le nombre $-(1{,}5)$.

4. Avec l'écriture ci-dessus : $r_0 = [r]$ et $0, r_1 \ldots r_n \ldots = r - [r]$.

B. LA DENSITÉ DES DÉCIMAUX

Soit $x = a_0, a_1 \dots a_i \dots$ un réel. On définit deux suites de décimaux (x_n) et (x'_n) attachées à x. Ces suites vont correspondre aux valeurs approchées par défaut et par excès de x à 10^{-n} près et c'est d'ailleurs sous ce nom qu'on y fera référence (un peu abusivement au départ) dans ce qui suit. On obtient x_n en tronquant x au cran n : on pose donc $x_n = a_0, a_1 a_2 \dots a_n 0 0 \dots$ Pour définir x'_n il y a deux cas. Si a_n n'est pas égal à 9, on pose $x'_n = a_0, a_1 a_2 \dots (a_n + 1) 0 0 \dots$ Si a_n est égal à 9, on note p le plus grand entier avec $1 \leqslant p < n$ tel que a_p soit distinct de 9 (resp. on pose $p = 0$ s'il n'y a pas de tel entier) ; on pose alors

$$x'_n = a_0, a_1 \dots (a_p + 1) 0 \dots 0 0 \dots$$

(resp. $x'_n = a_0 + 1{,}00\dots$).

Proposition 4.3. *Les suites (x_n) et (x'_n) des valeurs approchées de x sont adjacentes (au sens de* 1.1 *appliqué au corps ordonné* **Q***) et elles convergent toutes deux vers x dans* **R**.

Démonstration. Soit $\mathrm{I} = [y, z]$ un intervalle avec $y < x < z$. Posons $y = b_0, b_1 \dots b_n \dots$ et $z = c_0, c_1 \dots c_n \dots$. Il s'agit de montrer que x_n et x'_n sont dans I pour n assez grand. Soit p (resp. q) le plus petit entier tel que $b_p < a_p$ (resp. $a_q < c_q$). Alors, si n est strictement plus grand que $\mathrm{Max}(p, q)$, on voit aussitôt que x_n et x'_n sont dans I.

Remarque 4.4. On exprime cette propriété en disant que l'ensemble **D** des décimaux est dense dans **R**. Plus généralement, on a la propriété suivante :

Proposition 4.5. *Soient (x_n) et (x'_n) deux suites de décimaux. On suppose que ces suites sont adjacentes (toujours au sens de* 1.1 *appliqué dans* **Q***). Alors, ces suites ont une même limite dans* **R**.

Démonstration. Fixons un entier i. On appelle $a_{i,n}$ et $a'_{i,n}$ les i-ièmes décimales de x_n et x'_n. Si ces décimales sont différentes on a $x'_n - x_n \geqslant 10^{-i}$. Comme la différence $x'_n - x_n$ tend vers 0, il en résulte qu'il existe un entier N_i tel que, pour $n \geqslant \mathrm{N}_i$, on a $a_{i,n} = a_{i,\mathrm{N}_i} = a'_{i,n} = a'_{i,\mathrm{N}_i}$ (le même raisonnement vaut aussi pour les parties entières). On pose alors $a_i = a_{i,\mathrm{N}_i}$. Si les a_i ne sont pas tous égaux à 9 à partir d'un certain rang on appelle x le réel $a_0, a_1 \dots a_i \dots$. Si on a $a_i = 9$ pour $i \geqslant p$ ($p \geqslant 1$) et $a_{p-1} \neq 9$, on pose[5] $x = a_0, a_1 \dots (a_{p-1} + 1) 0 0 \dots$. On vérifie alors, par un raisonnement analogue à celui de 4.3, que les deux suites convergent vers x.

---

5. Le lecteur perspicace mais pénible qui aurait remarqué que le cas $p = 1$ est légèrement différent serait condamné à le traiter tout seul.

C. LES LOIS DE COMPOSITION

La proposition précédente va permettre de définir les lois de composition sur **R**. On commence par un résultat général sur les suites adjacentes [6] :

Lemme 4.6. *Soit* K *un corps ordonné et soient* (x_n) *et* (x'_n) *(resp.* (y_n) *et* (y'_n)*) des suites adjacentes. Alors les suites* $(x_n + y_n)$ *et* $(x'_n + y'_n)$ *sont adjacentes. Il en est de même pour les suites* $(x_n - y'_n)$ *et* $(x'_n - y_n)$, $(x_n y_n)$ *et* $(x'_n y'_n)$ *ou encore* [7] $(1/x'_n)$ *et* $(1/x_n)$.

Démonstration. C'est une vérification immédiate pour la somme. Pour le produit il faut utiliser l'écriture $x'_n y'_n - x_n y_n = x'_n(y'_n - y_n) + y_n(x'_n - x_n)$, pour le quotient l'identité :

$$\frac{1}{x_n} - \frac{1}{x'_n} = \frac{x'_n - x_n}{x_n x'_n}$$

et on copie ensuite, *mutatis mutandis*, les preuves usuelles concernant les opérations sur les suites.

Proposition-définition 4.7. *Soient* x *et* y *deux réels et soient* (x_n), (x'_n), (y_n), (y'_n) *les suites de leurs « valeurs décimales approchées » définies comme ci-dessus. On pose* $z_n = x_n + y_n$ *et* $z'_n = x'_n + y'_n$. *Alors, les suites* (z_n) *et* (z'_n) *convergent vers un réel que l'on appelle somme de* x *et* y *et que l'on note* $x + y$.

Démonstration. Cela résulte de 4.5 et 4.6.

De la même façon on a :

Proposition-définition 4.8. *Soient* x *et* y *deux réels et soient* (x_n), (x'_n), (y_n), (y'_n) *les suites de leurs « valeurs décimales approchées » définies comme ci-dessus. On pose* $z_n = x_n y_n$ *et* $z'_n = x'_n y'_n$. *Alors, les suites* (z_n) *et* (z'_n) *convergent vers un réel que l'on appelle produit de* x *et* y *et que l'on note* xy.

Il faut vérifier que, muni de ces deux lois, **R** est bien un corps ordonné archimédien. Les propriétés de commutativité, associativité, distributivité sont triviales : elles sont vraies dans **D** et on passe à la limite. L'existence de l'opposé [8] et celle de l'inverse résultent facilement de 4.6. Le fait que l'ordre soit compatible avec la structure de corps (c'est-à-dire que somme et produit de deux éléments positifs sont positifs) vient de la conservation de l'ordre par passage à la limite. Enfin, la condition d'Archimède découle de celle sur **D** (pour montrer qu'il existe n tel que $n\varepsilon > x$ on le fait en

6. Il est sous-entendu dans cet énoncé que la première nommée des deux suites est croissante et la seconde décroissante.

7. Pour le produit et l'inverse on suppose que x_n, y_n, etc. sont positifs. Le lecteur traitera le cas de termes négatifs.

8. Attention à son écriture !

remplaçant ε (resp. x) par une valeur approchée décimale par défaut (resp. par excès)).

La notion de suites adjacentes a maintenant un sens pour des suites de réels et il reste à montrer le théorème de convergence :

Proposition 4.9. *Soient (x_n) et (x'_n) deux suites adjacentes de nombres réels. Alors, ces deux suites convergent vers un même nombre réel x.*

Démonstration. Pour un entier n fixé on définit u_n comme la valeur décimale approchée à 10^{-n} près par défaut de x_n et u'_n comme la valeur décimale approchée à 10^{-n} près par excès de x'_n. On a alors $u_n \leqslant x_n \leqslant x'_n \leqslant u'_n$ et on vérifie que les suites (u_n) et (u'_n) sont adjacentes. En vertu de 4.5 elles convergent vers un même réel x et on voit aussitôt que (x_n) et (x'_n) convergent aussi vers x.

On a donc montré, en définitive :

Théorème 4.10. *Le corps* **R** *construit ci-dessus vérifie les axiomes* 1.2.

Remarque 4.11. Si on a un corps vérifiant les axiomes 1.2 l'existence du développement décimal illimité (th. 2.1) montre qu'il est isomorphe à celui que nous venons de construire [9] : ceci montre l'unicité du corps des réels.

9. Cela signifie qu'il y a une bijection croissante entre ces corps qui respecte les lois de composition.

EXERCICES DU CHAPITRE 3

1. Quelques irrationnels

128. Soient p un nombre premier et n un entier > 1. Montrer que $\sqrt[n]{p}$ est irrationnel.

129. Montrer que l'équation $x^3 + x - 1 = 0$ a une unique racine réelle α. Montrer que α est irrationnel.

130. On considère les suites de rationnels

$$x_n = 1 + \frac{1}{1!} + \frac{1}{2!} + \cdots + \frac{1}{n!} \quad \text{et} \quad y_n = x_n + \frac{1}{n!}\cdot$$

a) Montrer que ces suites sont adjacentes. Elles convergent donc vers un nombre réel noté e. Montrer qu'on a les inégalités $x_n < e < y_n$.

b) On se propose de montrer que e est irrationnel. On raisonne par l'absurde en supposant que e est rationnel et on l'écrit sous forme de fraction irréductible $e = \dfrac{p}{q}\cdot$ Montrer les inégalités : $q!\,x_q < p\,(q-1)! < q!\,x_q + 1$. Conclure.

2. Suites et approximations

131. Montrer que dans la définition des suites adjacentes la condition « $x_n \leqslant y_n$ pour tout n » est superflue.

¶ **132.** On considère les suites de rationnels définies par récurrence par $u_0 = 1$ et $u_{n+1} = 1 + \dfrac{u_n}{u_n + 2}$ et $v_0 = 2$ et $v_{n+1} = \dfrac{1}{2}(v_n + \dfrac{2}{v_n})$ (suite de Héron). Montrer que ces suites sont adjacentes et convergent toutes deux vers $\sqrt{2}$.

133. Utiliser un analogue de la suite de Héron pour calculer (sans calculette) une valeur approchée de $\sqrt{7}$ à 10^{-3} près.

134. On donne la valeur approchée de π à 10^{-4} près : $3{,}1415 < \pi < 3{,}1416$. Avec quelle précision peut-on donner des valeurs approchées des nombres suivants : π^2, $\dfrac{1}{\pi}$, $\sqrt{\pi}$?

3. Cardinaux

135. Soient x et y des réels de $[0,1[$. On écrit les développements décimaux illimités de x et y sous la forme

$$x = 0, a_1 a_2 \ldots a_n \ldots \qquad \text{et} \qquad y = 0, b_1 b_2 \ldots b_n \ldots$$

Soit f l'application qui au couple (x, y) associe le réel z de $[0,1[$ dont le développement décimal est $z = 0, a_1 b_1 a_2 b_2 \ldots a_n b_n \ldots$. Montrer que f est une injection du carré $[0,1[\times[0,1[$ dans l'intervalle $[0,1[$. (Autrement dit, il n'y a pas plus de points dans le carré que dans le segment, étonnant, non ?)

Deuxième partie

Géométrie

Chapitre 4
Rappels de géométrie plane

Introduction

Avant d'aborder la deuxième partie du livre, qui porte sur la géométrie, et précisément sur les polygones, les constructions à la règle et au compas, les aires, les polyèdres réguliers et les volumes, nous avons cru bon de fournir au lecteur un aide-mémoire (nécessairement succinct) afin de lui rappeler (la plupart du temps sans démonstration) les résultats de géométrie élémentaire qu'il a appris au collège et au lycée et qui sont nécessaires pour aborder la partie géométrique de ce livre.

Ce texte n'a pas de prétention de cohérence axiomatique et l'ordre des items ne suit pas toujours une logique rigoureuse. Le lecteur doit revoir par lui-même les thèmes abordés ici, en lisant ce chapitre activement, en faisant des dessins, en essayant de comprendre toutes les assertions (voire en essayant de les prouver, mais ce n'est pas toujours facile), en répondant aux questions posées à titre d'exercices, en s'en posant d'autres et en tentant d'y répondre.

Le lecteur peut aussi, pour plus de précisions, se reporter à ses livres du secondaire [1].

Dans ce chapitre, nous allons travailler en géométrie euclidienne plane (la géométrie dans l'espace sera traitée au chapitre 8) et nous commençons en présentant les approches qui se sont succédées dans l'histoire.

A. L'APPROCHE AXIOMATIQUE D'EUCLIDE À HILBERT

On doit au mathématicien grec Euclide (vers 320-vers 280 av. J.-C.) [2] les fameux *Éléments de géométrie* [E], qui faisaient la somme des connaissances de son temps dans le domaine, intégrant les apports plus anciens, notamment ceux de Thalès (né vers 640 av. J.-C.), de Pythagore (environ 580-504) et de l'école de Platon (427-347). Dans ce texte splendide, Euclide

1. Le livre de Terminale S (spécialité maths) de la collection Terracher, Hachette, 1998, est une bonne référence sur les transformations, mais d'autres livres plus anciens peuvent aussi convenir.

2. Nous n'entrerons pas dans les controverses, qui agitent toujours les historiens, au sujet des dates d'Euclide, voire de son existence comme personne unique.

fonde la géométrie à partir d'un petit nombre de postulats (on dirait plutôt aujourd'hui *axiomes*) dont il déduit toutes les autres propositions. Cet édifice remarquable présentait néanmoins quelques imperfections (certains faits étaient considérés comme intuitivement évidents et n'avaient ni le statut d'axiome ni celui de théorème [3]). Une refonte parfaitement rigoureuse de la géométrie euclidienne a été proposée par David Hilbert (1862-1943) en 1899. Le lecteur curieux et courageux pourra consulter le livre [Hi], très clair mais pas toujours facile. D'autres références possibles sont [Ars], [Har], [Li]. Une tentative intermédiaire très intéressante est produite dans [CF], avec un système d'axiomes assez proche de l'enseignement actuel du collège. Nous donnons un aperçu sommaire de quelques-uns des axiomes de Hilbert dans le paragraphe 1. Encore une fois, notre objectif n'est pas de donner une présentation totalement rigoureuse de la géométrie, mais de convaincre le lecteur qu'il est possible de le faire.

Dans le système proposé par Hilbert, on suppose qu'on a un ensemble (appelé *plan*) dont les éléments sont appelés *points* et qui contient des parties appelées *droites*. On ne définit pas ces objets [4], mais on précise les relations qui les lient (c'est le principe de la méthode axiomatique qui veut que les relations entre les objets soient plus importantes que les objets eux-mêmes).

Bien entendu, pour que la géométrie présente un intérêt pratique, elle doit refléter la réalité. Ainsi que l'on disait dans les anciens manuels, l'image du plan est fournie par la surface d'une eau tranquille, celle d'une droite par le fil à plomb et celle d'un point par l'extrémité d'une aiguille. De même, les axiomes doivent correspondre à des vérités intuitivement évidentes. Le lecteur constatera au paragraphe 1 que c'est bien le cas pour les axiomes d'Euclide-Hilbert, au moins pour les premiers d'entre eux.

Les axiomes de Hilbert se divisent en plusieurs groupes : les axiomes d'incidence (qui décrivent les relations entre points et droites), avec le fameux postulat des parallèles, les axiomes d'ordre, qui donnent un sens à la relation « entre » (un point d'une droite est situé entre deux autres), les axiomes de congruence (ou d'égalité) des segments qui permettent de parler de longueurs, les axiomes de congruence (ou d'égalité) des angles qui permettent de parler d'orthogonalité et enfin les axiomes de continuité (dont l'axiome d'Archimède) qui permettent de retrouver les nombres réels (chaque droite du plan étant en bijection avec la droite réelle).

On notera que la géométrie euclidienne utilise de façon essentielle les « cas d'égalité » des triangles que nous retrouverons plus loin sous le nom

---

3. Par exemple dans le Livre I, Proposition 1, pour construire un triangle équilatéral de base [AB], Euclide trace le cercle de centre A passant par B et celui de centre B passant par A et admet sans démonstration que ces cercles se coupent.

4. D'ailleurs Hilbert signale qu'ils pourraient aussi bien s'appeler *tables* et *chopes de bière*.

de cas d'isométrie. Chez Euclide le statut de ces « cas d'égalité » n'est pas clair (il en donne une démonstration qui n'en est pas vraiment une). Chez Hilbert le premier cas est un axiome et les autres sont des théorèmes.

B. VECTEURS, REPÈRES ET COORDONNÉES

À partir des axiomes évoqués ci-dessus on peut faire toute la géométrie (telle que le lecteur l'a apprise au collège et au lycée). On peut ainsi définir les vecteurs, leur addition et le produit scalaire $(\vec{u}|\vec{v})$ de deux vecteurs, et nous rappellerons brièvement comment ci-dessous. On caractérise l'orthogonalité de deux vecteurs en écrivant que leur produit scalaire est nul et la norme (ou longueur) d'un vecteur comme la racine carrée de son carré scalaire. On définit enfin les repères orthonormés, formés d'une origine O et de deux vecteurs unitaires et orthogonaux $\vec{i}$ et $\vec{j}$. Ces repères permettent d'écrire les coordonnées des points du plan : si M est un point on écrit $\overrightarrow{\mathrm{OM}} = x\vec{i} + y\vec{j}$. On voit ainsi que le plan est en bijection avec l'ensemble $\mathbf{R}^2$ des couples (x, y) de nombres réels. Dans une base orthonormée le produit scalaire de deux vecteurs $\vec{u} = x\vec{i} + y\vec{j}$ et $\vec{u}' = x'\vec{i} + y'\vec{j}$ s'écrit $(\vec{u}|\vec{u}') = xx' + yy'$.

On se reportera au paragraphe 2 ci-dessous pour des détails sur ce sujet des vecteurs.

C. RENVERSEMENT DE POINT DE VUE

L'un des intérêts des vecteurs est qu'ils fournissent une façon plus simple et plus rapide de construire la géométrie euclidienne en partant à l'envers. On prend comme plan l'ensemble $\mathrm{E} = \mathbf{R}^2$ des couples (x, y) (ou, plus savamment, un espace affine associé à un espace vectoriel de dimension 2), on définit les droites par leurs équations analytiques (de la forme $ux + vy + w = 0$) et on munit E du produit scalaire défini par la formule ci-dessus. Ce point de vue permet de retrouver très rapidement toutes les notions usuelles de la géométrie euclidienne. C'est essentiellement celui qu'adoptent les mathématiciens d'aujourd'hui. Il présente l'avantage d'être beaucoup plus simple mathématiquement, mais l'inconvénient d'être loin de la description intuitive des objets géométriques. Une tentative pour enseigner la géométrie au lycée par la voie des espaces vectoriels a été menée dans les années 1970 (lors de la réforme dite des « maths modernes »). Elle s'est soldée par un cuisant échec et on est aujourd'hui partiellement revenu à une approche plus intuitive.

1. Géométrie plane : une approche inspirée d'Euclide

Le principe de ce qui suit est de dégager les axiomes essentiels de la géométrie et les premières propriétés que l'on peut en déduire. Le fondement de ces axiomes est essentiellement expérimental : le plan euclidien est un modèle idéal d'un plan physique (celui de la feuille de papier ou du tableau) et les axiomes choisis correspondent à l'intuition qu'on peut en avoir.

A. PLAN, POINTS, DROITES, AXIOMES D'INCIDENCE

On postule l'existence d'un ensemble, appelé **plan euclidien** et noté le plus souvent E ou P. Ses éléments sont appelés **points.** Il contient des parties remarquables appelées **droites**, avec les trois axiomes suivants, dits axiomes d'incidence :

Axiome I.1. Par deux points distincts du plan passe une droite et une seule.

Axiome I.2. Toute droite contient au moins deux points.

Axiome I.3. Il existe trois points non alignés.

La droite définie par les points A, B est notée (AB). Il résulte des axiomes que deux droites distinctes ont au plus un point commun. Deux droites sans point commun sont dites **parallèles.**

On suppose vérifié le **postulat d'Euclide** c'est-à-dire l'axiome P ci-dessous :

Axiome P. Par un point M non situé sur la droite D passe une parallèle à D et une seule.

C'est un problème non évident, qui a beaucoup agité les mathématiciens jusqu'au dix-neuvième siècle, de savoir si cet axiome peut être déduit des autres. On montre qu'il n'en est rien et qu'il y a des géométries (dites non euclidiennes) dans lesquelles tous les axiomes sont vérifiés (y compris ceux d'ordre, de congruence, etc.) sauf celui-là. Bien entendu, s'il y a des traits communs entre ces géométries, il y a aussi de notables différences (par exemple sur la somme des angles des triangles, ou sur le concours des droites remarquables). On consultera sur ce sujet [Li] ou [Har].

On montre, grâce au postulat d'Euclide, que la relation « D et D' sont parallèles ou confondues » est une relation d'équivalence dont les classes sont les directions. Ceci signifie seulement que deux droites ont **même direction** si et seulement si elles sont parallèles ou confondues.

B. AXIOMES D'ORDRE

Il s'agit des axiomes régissant la relation « A est entre B et C » pour trois points alignés. Les axiomes de Hilbert sont les suivants :

Axiome B.1. Si B est entre A et C, B est entre C et A.

Axiome B.2. Étant donnés deux points A, B il existe un point C entre A et B.

Axiome B.3. Étant donnés trois points d'une droite, un et un seul d'entre eux est entre les deux autres.

Il y a un quatrième axiome plus caché (dit axiome de Pasch) qui exprime le fait qu'une droite qui entre dans un triangle par un côté (sans passer par un sommet) en ressort nécessairement par un autre.

On voit, là encore, qu'il s'agit d'axiomes bien naturels, et le lecteur pourra, sans trop de risque, se fier à sa conception intuitive de la relation [5] « A est entre B et C ».

La relation « entre » permet de définir la notion de **segment**, noté [AB], c'est l'ensemble des points situés entre A et B, et la notion de **demi-droite**. La demi-droite d'origine A qui contient B est notée [AB). On peut la définir comme l'ensemble des points C tels que C soit situé entre A et B ou B entre A et C.

On postule ensuite que chaque droite D partage le plan en deux parties appelées **demi-plans** (il y a les demi-plans ouverts, pour lesquels la droite D n'est pas dans les demi-plans, et les demi-plans fermés, qui contiennent D). Les demi-plans ouverts sont caractérisés par le fait que deux points A, B sont dans le même demi-plan si et seulement si le segment [AB] ne rencontre pas D. On dit encore que A et B sont du même côté [6] de D.

Une partie F de E est dite **convexe** si, lorsqu'elle contient deux points A et B, elle contient tout le segment [AB], voir chapitre 5, 0.2. *(Exercice : donner des exemples de parties convexes ou non convexes du plan ; par exemple, un demi-plan est convexe : pourquoi ?).*

Un **triangle** consiste en la donnée de trois points non alignés A, B, C. On le note ABC. Le bord du triangle est la réunion des trois segments [BC], [CA], [AB]. L'intérieur du triangle est l'intersection des trois demi-plans limités par les droites (BC), (CA), (AB) et contenant respectivement A, B, C (faire la figure). C'est une partie convexe du plan (pourquoi ?).

5. Le plus simple, si on ne cherche pas une présentation rigoureuse, est de postuler l'existence, pour une droite D et deux points distincts O et I de D, d'une bijection φ de $\mathbf{R}$ sur D qui expédie 0 sur O et 1 sur I, comme nous le ferons au paragraphe suivant. Cette bijection permet, grâce à la relation d'ordre sur $\mathbf{R}$, de définir la relation « entre » sur D. Attention, il y a dans cette présentation de nombreuses difficultés mathématiques que nous écartons délibérément : il faudrait montrer que les notions définies ci-dessus ne dépendent pas du choix des points O et I, préciser quelles bijections on s'autorise et dire comment les relations d'ordre sur deux droites distinctes se correspondent, mais en fin de compte, on finit par montrer que ça marche.

6. Il faudrait pour tout cela expliciter de nouveaux axiomes. Comme notre but n'est pas de donner un traitement axiomatique complet de la géométrie, le lecteur qui insistera sera désormais renvoyé sans ménagement à Hilbert [Hi] et aux autres références.

C. MESURE DES LONGUEURS

Nous nous contenterons désormais de rappeler les propriétés essentielles des notions introduites, sans chercher à les démontrer à partir d'axiomes, et nous nous écartons à présent assez largement du traitement d'Euclide et Hilbert pour suivre une approche voisine de celle de [CF].

Une étape suivante de la construction de la géométrie est de postuler l'existence d'une mesure des longueurs. Étant donnés deux points A et B du plan, la **mesure de la longueur** du segment [AB] (ou encore la distance de A à B) est un réel $\geqslant 0$, noté AB. Il vérifie les trois propriétés suivantes :

1) On a $AB = 0$ si et seulement si $A = B$,

2) on a $AB = BA$ pour tous A, B,

3) on a $AB \leqslant AC + CB$ pour tous A, B, C (inégalité triangulaire), avec égalité si et seulement si les points sont alignés, avec C entre A et B.

Une conséquence de 3) : on a $AB \geqslant |AC - BC|$ (pourquoi ?).

Sur une droite D, si on choisit un point O comme origine, on postule alors qu'il y a deux points I et J de D tels que $OI = OJ = 1$ et qu'on obtient une bijection φ de D sur $\mathbf{R}$ en associant à tout point M de la demi-droite [OI) le nombre OM et à tout point M de [OJ) le nombre $-OM$. On pose $\varphi(M) = x_M$, c'est **l'abscisse** de M relativement au repère[7] O, I. La **mesure algébrique** d'un couple de points (M, N) (dans cet ordre) de la droite D, munie du repère O, I, est alors le réel $\overline{MN} = x_N - x_M$.

On a aussi la notion de **milieu** d'un segment : c'est l'unique point M de [AB] tel que $AM = MB$.

Si O est un point et R un réel > 0, le **cercle** de centre O et de rayon R est l'ensemble des points M tels que $OM = R$. Nous admettrons que le cercle a, lui aussi, une longueur. On peut définir rigoureusement cette longueur (voir chapitre 7, § 4, c'est la borne supérieure des longueurs des lignes polygonales inscrites dans le cercle). On peut aussi mesurer la longueur des arcs de cercle. Cela nous permettra, ci-dessous, de mesurer les angles.

On renvoie le lecteur à ses livres du secondaire pour revoir les positions relatives d'une droite et d'un cercle ou de deux cercles. (En particulier, le résultat suivant sera utile dans les discussions des constructions à la règle et au compas : deux cercles de centres O, O' et de rayons R, R' se coupent si et seulement si on a $|R - R'| \leqslant OO' \leqslant R + R'$.)

D. PARENTHÈSE

En vérité, dans ce texte, ce que nous noterons AB sera, le plus souvent, la longueur de AB et non pas la mesure de cette longueur. La différence

7. Quand on aura défini les vecteurs on parlera du vecteur unitaire $\vec{i} = \overrightarrow{OI}$ et le repère sera aussi donné par O et $\vec{i}$.

entre ces deux notions réside essentiellement dans le fait qu'une unité a été spécifiée ou non : par exemple, la mesure, en mètres, d'une longueur l est le nombre réel 2, tandis que la longueur l est égale indifféremment à 2 m ou à 200 cm. Pour toutes précisions sur ce sujet on se reportera à l'annexe « grandeurs, mesures et nombres » de ce chapitre.

E. LE THÉORÈME DE THALÈS

Il s'agit du premier théorème essentiel de la géométrie. Il relie parallélisme et longueurs (ou mesures algébriques) :

Théorème 1.1 (Thalès). *Soient* $\mathrm{D}_1, \mathrm{D}_2, \ldots, \mathrm{D}_n$ *des droites parallèles et* Δ, Δ' *deux sécantes qui coupent respectivement* D_i *en* M_i *et* M'_i. *On a, pour tous* i, j, k *tels que* $1 \leqslant i < j < k \leqslant n$, *l'égalité des rapports (fig. 2) :*

$$\frac{\overline{\mathrm{M}_i\mathrm{M}_j}}{\overline{\mathrm{M}_i\mathrm{M}_k}} = \frac{\overline{\mathrm{M}'_i\mathrm{M}'_j}}{\overline{\mathrm{M}'_i\mathrm{M}'_k}}.$$

La variante suivante, dans le triangle, est encore plus connue :

Corollaire 1.2. *Soit* ABC *un triangle et soient* M, N *des points de* [AB] *et* [AC] *respectivement. Alors, la droite* (MN) *est parallèle à* (BC) *si et seulement si on a l'égalité (fig. 3) :* $\dfrac{\overline{\mathrm{AM}}}{\overline{\mathrm{AB}}} = \dfrac{\overline{\mathrm{AN}}}{\overline{\mathrm{AC}}}\cdot$ *Dans ce cas, ce rapport est encore égal à* $\dfrac{\overline{\mathrm{MN}}}{\overline{\mathrm{BC}}}\cdot$ *Lorsque le rapport est égal à* 1/2 *la droite* (MN) *est une « droite des milieux » du triangle.*

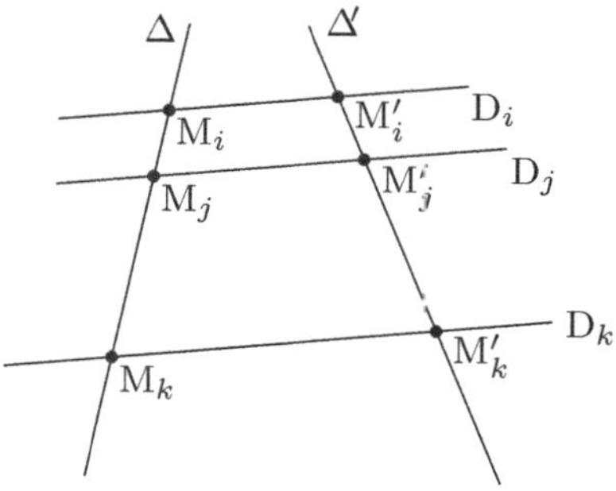

FIG. 2.

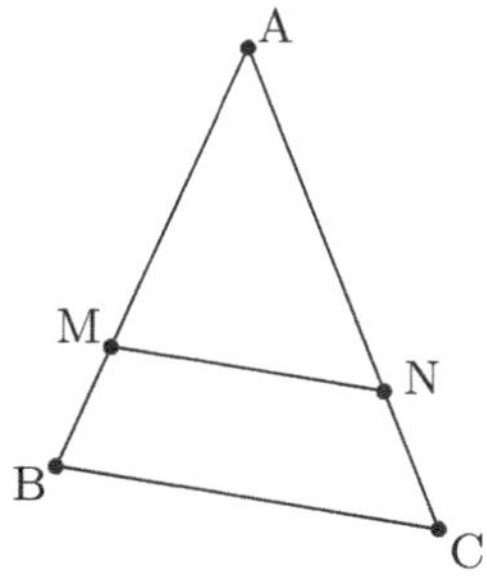

FIG. 3.

Le lecteur reviendra avec profit sur cet énoncé après avoir lu le paragraphe sur les homothéties. Pour une démonstration à l'aide des aires, voir chapitre 7, 2.9.

F. ANGLES

Soit O un point du plan et soient [OA), [OB) deux demi-droites issues de O. Supposons d'abord les points O, A, B non alignés. On note H_A^+ (resp. H_A^-) le demi-plan (fermé) limité par (OA) qui contient B (resp. qui ne contient pas B).

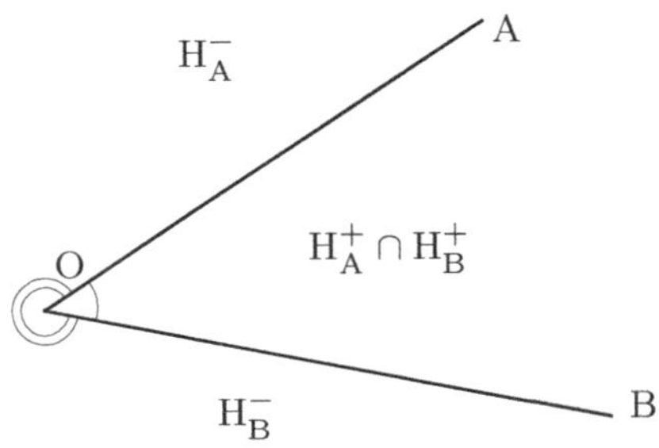

FIG. 4.

On note de même H_B^+ et H_B^- les demi-plans limités par (OB). Les demi-droites [OA), [OB) partagent alors le plan en deux parties. La première, $H_A^+ \cap H_B^+$, qui est convexe, est appelée **secteur angulaire saillant** (ou, par abus de langage, angle saillant) limité par les demi-droites. La seconde, $H_A^- \cup H_B^-$, non convexe, est appelée **secteur angulaire rentrant** (voire angle rentrant) limité par les demi-droites.

On note $[\widehat{AOB}]$ le secteur angulaire saillant (ou angle saillant) limité par les demi-droites [OA) et [OB). Si besoin est on notera $[AOB]^\vee$ le secteur angulaire rentrant limité par les mêmes droites.

Lorsque les points O, A, B sont alignés il y a deux cas :

i) Si les demi-droites [OA) et [OB) sont confondues, le secteur saillant qu'elles définissent est réduit à [OA). Le secteur rentrant est le plan tout entier.

ii) Si les demi-droites sont opposées, il n'y a plus de secteur rentrant mais deux secteurs saillants qui sont les demi-plans limités par (OA).

Nous allons maintenant mesurer les angles en utilisant pour cela la longueur des arcs de cercles.

Soient [OA), [OB) deux demi-droites issues de O. On considère le cercle $\mathscr{C}$ de centre O et de rayon 1 (une unité de longueur a été choisie). On parle alors de cercle unité ou trigonométrique et la longueur de ce cercle est notée 2π : c'est la définition du nombre π, voir chapitre 7, 4.2. Les demi-droites [OA) et [OB) coupent le cercle $\mathscr{C}$ en A′ et B′ (fig. 5).

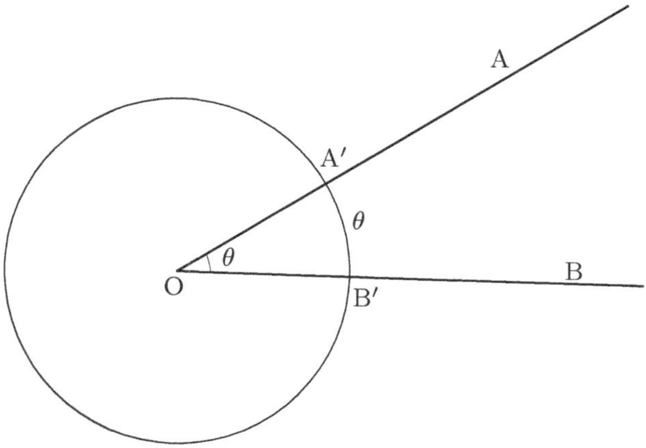

FIG. 5.

Un secteur angulaire (saillant ou rentrant) limité par [OA), [OB) coupe le cercle $\mathscr{C}$ selon un arc d'extrémités A′ et B′. La **mesure (en radians) de ce secteur** (ou, de l'angle de ce secteur) est alors, par définition, la longueur θ de l'arc correspondant. Un radian est donc la mesure d'un secteur qui découpe sur le cercle unité un arc de longueur 1. On utilise aussi comme unité d'angle le **degré** avec la relation : 180 degrés $= \pi$ radians [8].

Lorsqu'il est clair avec quelle unité d'angle on travaille, on dira encore, par un nouvel abus de langage qui consiste, comme dans le cas des longueurs, à confondre la grandeur et sa mesure, que l'angle du secteur saillant $\widehat{[\mathrm{AOB}]}$ (par exemple) est égal à θ et on écrira simplement $\widehat{\mathrm{AOB}} = \theta$, par exemple $\widehat{\mathrm{AOB}} = \pi/3$, mais il est plus correct d'écrire $\widehat{\mathrm{AOB}} = \pi/3$ *radians* ou $\widehat{\mathrm{AOB}} = 60$ *degrés*.

Comme l'arc correspondant au secteur saillant est contenu dans un demi-cercle, l'angle correspondant est $\leqslant \pi$ (radians, bien sûr !). Au contraire, un angle rentrant est $> \pi$. Précisément, si l'angle du secteur saillant AOB vaut θ, celui du secteur rentrant AOB vaut $2\pi - \theta$.

Lorsque les points O, A, B sont alignés, on retrouve les deux cas vus ci-dessus.

i) Si A et B sont du même côté de O, les demi-droites [OA) et [OB) sont égales et l'angle $\widehat{\mathrm{AOB}}$ est **nul**.

8. Finalement, qu'est-ce que l'angle d'un secteur ? C'est, en fait, ce qui caractérise tous les secteurs qui, dans une unité donnée, ont même mesure. En termes mathématiques, un angle est une classe d'équivalence de secteurs pour la relation « avoir même mesure ». On peut dire aussi que deux secteurs ont même angle s'ils sont superposables. En termes mathématiques, cela revient à dire qu'il existe une isométrie du plan qui transporte un secteur sur l'autre.

ii) Si O est entre A et B, les demi-droites [OA) et [OB) sont opposées et l'angle $\widehat{AOB}$ vaut π radians ou 180 degrés. On dit alors que l'angle est **plat**.

Quand on parlera des angles d'un triangle ABC il s'agira toujours des angles saillants et on les notera $\widehat{A}$, $\widehat{B}$, $\widehat{C}$.

G. ANGLES ET PARALLÈLES

Soient D et E deux droites parallèles et soit Δ une droite qui coupe D et E respectivement en A et en B.

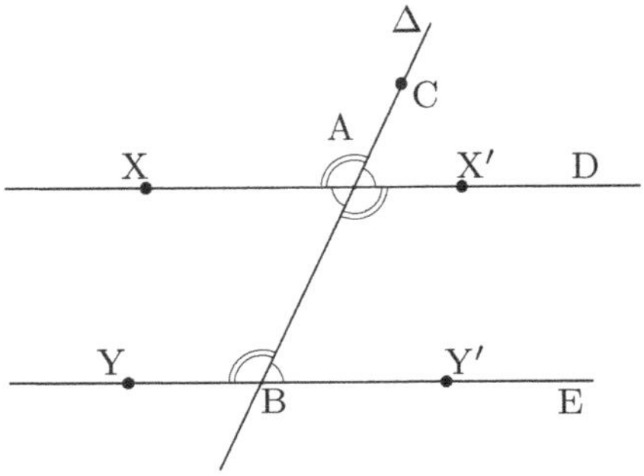

FIG. 6.

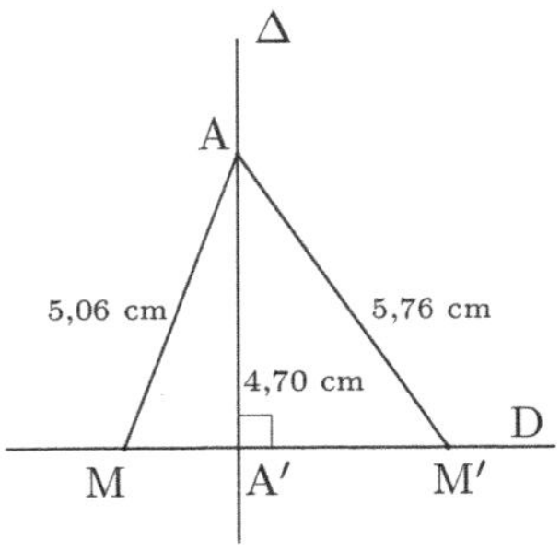

FIG. 7.

On considère des points $X', X \in D$, $Y', Y \in E$ tels que X et Y soient dans l'un des demi-plans limités par Δ et X', Y' dans l'autre (fig. 6). On a les égalités d'angles : $\widehat{X'AB} = \widehat{ABY}$ et $\widehat{XAB} = \widehat{ABY'}$ (**angles alternes-internes**). Si on prend un point C sur Δ dans le demi-plan limité par D qui ne contient pas E on a les égalités d'angles $\widehat{XAC} = \widehat{YBA}$ et $\widehat{X'AC} = \widehat{Y'BA}$ (**angles correspondants**).

H. ORTHOGONALITÉ

Un **angle droit** est un angle qui est la moitié d'un plat, donc vaut $\pi/2$ radians (ou 90 degrés). On dit que deux droites sont **orthogonales (ou perpendiculaires)** si les angles qu'elles définissent sont tous égaux à $\pi/2$. Un angle est dit **aigu** (resp. **obtus**) s'il est compris entre 0 et $\pi/2$ (resp. entre $\pi/2$ et π). Deux angles sont dits **supplémentaires** (resp. **complémentaires**) si leur somme vaut π (resp. $\pi/2$).

Étant donnés un point A et une droite D, il existe une unique droite Δ passant par A et perpendiculaire à D. Le point d'intersection A′ de D et Δ s'appelle le **projeté orthogonal** de A sur D. Il réalise la plus courte distance de A à D ce qui signifie que, si $M \in D$, on a $AM \geqslant AA'$ (fig. 7). Cette distance est la distance de A à D.

Deux droites orthogonales à une même troisième sont parallèles.

I. THÉORÈME DE PYTHAGORE, COSINUS, SINUS

Un triangle ABC est dit **rectangle** en A si l'angle $\widehat{\mathrm{BAC}}$ est droit. Le deuxième théorème fondamental du collège est le suivant :

Théorème 1.3 (Pythagore). *Soit* ABC *un triangle rectangle en* A. *On a l'égalité* $\mathrm{BC}^2 = \mathrm{AB}^2 + \mathrm{AC}^2$. *Réciproquement, si on a cette relation, le triangle* ABC *est rectangle en* A.

Soient $\mathrm{O}, \mathrm{A}, \mathrm{B}$ trois points distincts du plan. On considère les points unités I et J sur les demi-droites [OA) et [OB). L'application qui à un point M de (OA) associe son projeté orthogonal N sur (OB) est appelée **projection orthogonale** de (OA) sur (OB). Pour $\mathrm{M} \neq \mathrm{O}$, on montre que le rapport des mesures algébriques $\dfrac{\overline{\mathrm{ON}}}{\overline{\mathrm{OM}}}$ (calculées avec les repères O, J et O, I) ne dépend pas du choix de M sur (OA) (pourquoi ?). Ce nombre est le **rapport de projection** de (OA) sur (OB) et on montre que c'est aussi le rapport de projection de (OB) sur (OA). Il ne dépend donc que de l'angle $\widehat{\mathrm{AOB}}$. On l'appelle **cosinus** de l'angle $\widehat{\mathrm{AOB}}$ et on le note $\cos \widehat{\mathrm{AOB}}$. On montre que le cosinus de $\widehat{\mathrm{AOB}}$ est positif (resp. nul, resp. négatif) si l'angle est aigu (resp. droit, resp. obtus) et qu'il est compris entre -1 et 1.

Nous supposerons désormais que le plan est **orienté**. Cela signifie, intuitivement, qu'on se donne un sens de rotation dans le plan (soit le sens des aiguilles d'une montre, soit le sens inverse, qu'on appelle sens trigonométrique et que nous adopterons ici).

Cela va nous permettre de définir l'angle orienté de deux demi-droites [OA) et [OB) (ou encore de deux vecteurs $\overrightarrow{\mathrm{OA}}$ et $\overrightarrow{\mathrm{OB}}$, c'est la même chose). On le notera[9] $(\overrightarrow{\mathrm{OA}}, \overrightarrow{\mathrm{OB}})$. Quand on parle d'angles orientés, il faut bien comprendre qu'il y a deux différences, par rapport à l'angle des secteurs angulaires, un peu en sens inverse l'une de l'autre :

1) On précise quel est le premier côté de l'angle (ici [OA)) et quel est le second (ici [OB)) et on compte l'angle positivement s'il tourne dans le sens trigonométrique et négativement sinon. En particulier, on a $(\overrightarrow{\mathrm{OB}}, \overrightarrow{\mathrm{OA}}) = -(\overrightarrow{\mathrm{OA}}, \overrightarrow{\mathrm{OB}})$. Cette notion d'angle orienté intervient d'ailleurs dans la vie courante : s'il s'agit d'indiquer son chemin à un promeneur égaré, tourner à gauche et à droite ce n'est pas la même chose !

9. Cette notation met en jeu les vecteurs que nous définissons plus loin, mais ce n'est pas essentiel et on aurait pu noter, aussi bien, ([OA), [OB)) en faisant apparaître les demi-droites.

2) En revanche, on ne s'occupe que des demi-droites et on ne distingue plus entre les deux secteurs qui vont de [OA) à [OB), le saillant, qui vaut θ (avec $\theta \in [-\pi, +\pi]$) et le rentrant qui vaut $\theta - 2\pi$ (et non $2\pi - \theta$: attention, il tourne en sens inverse du saillant). On a donc, en termes d'angles orientés, $\theta - 2\pi = \theta$, donc $2\pi = 0$! De fait, quand on travaille avec les angles orientés, on travaille « modulo 2π », comme avec les congruences.

Une propriété essentielle des angles orientés est qu'ils vérifient la **relation de Chasles** : $(\overrightarrow{OA}, \overrightarrow{OB}) + (\overrightarrow{OB}, \overrightarrow{OC}) = (\overrightarrow{OA}, \overrightarrow{OC})$. Cette relation est vraie quelles que soient les positions relatives des demi-droites (ce qui ne serait pas le cas avec des angles non orientés : pourquoi ?). Attention, là encore, il s'agit d'une égalité modulo 2π (pourquoi est-ce essentiel ?). Le fait que cette relation soit vraie indépendamment de la position des points est l'un des intérêts majeurs de la notion d'angle orienté.

On déduit en particulier de la relation de Chasles qu'on a $(\overrightarrow{OA}, -\overrightarrow{OB}) = (\overrightarrow{OA}, \overrightarrow{OB}) + (\overrightarrow{OB}, -\overrightarrow{OB}) = (\overrightarrow{OA}, \overrightarrow{OB}) + \pi$ (le vecteur $-\overrightarrow{OB}$ est l'opposé de $\overrightarrow{OB}$, il est porté par la demi-droite opposée à [OB)).

Soient O, A, B trois points distincts. Soit I (resp. K) le point de [OA) (resp. [OB)) tel que OI = 1 (resp. OK = 1). On utilise les repères O, I et O, K sur les droites (OA) et (OB). On considère la droite perpendiculaire à (OA) passant par O et on oriente cette droite en prenant le point J tel que OJ = 1 et $(\overrightarrow{OI}, \overrightarrow{OJ}) = +\pi/2$.

Si M est un point de (OB) distinct de O et N son projeté orthogonal sur (OJ), le rapport $\dfrac{\overline{ON}}{\overline{OM}}$ est indépendant de M. Il est appelé **sinus** de l'angle orienté $\theta = (\overrightarrow{OA}, \overrightarrow{OB})$ et noté $\sin\theta$. Lorsque $\cos\theta$ est non nul, on pose $\tan\theta = \dfrac{\sin\theta}{\cos\theta}$.

$$\cos(\overrightarrow{OA}, \overrightarrow{OB}) = \frac{\overline{OP}}{\overline{OM}} = \overline{OC}$$

$$\sin(\overrightarrow{OA}, \overrightarrow{OB}) = \frac{\overline{ON}}{\overline{OM}} = \overline{OS}$$

$$\tan(\overrightarrow{OA}, \overrightarrow{OB}) = \frac{\overline{ON}}{\overline{OP}} = \frac{\overline{OS}}{\overline{OC}}$$

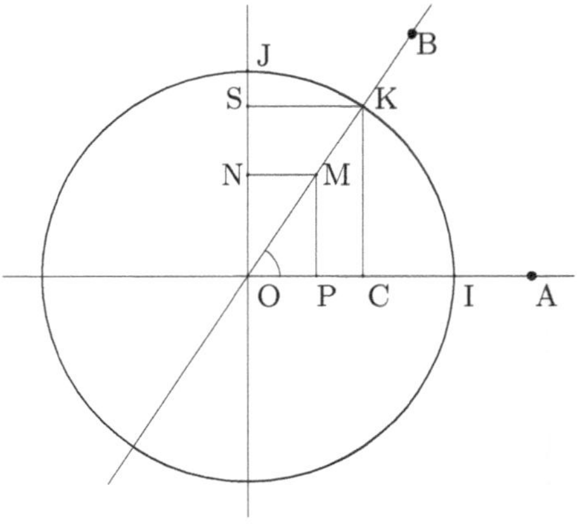

FIG. 8.

Il résulte du théorème de Pythagore qu'on a $\cos^2\theta + \sin^2\theta = 1$ (pourquoi ?). On a $\cos(-\theta) = \cos\theta$, mais $\sin(-\theta) = -\sin\theta$ (pourquoi ?).

Outre ces formules, il faut connaître quelques formules simples de trigonométrie, dont les formules d'addition :

$$\cos(a+b) = \cos a \cos b - \sin a \sin b, \quad \sin(a+b) = \sin a \cos b + \sin b \cos a,$$

la formule $\sin a = \cos(\pi/2 - a)$ et surtout les valeurs des cosinus et sinus des angles remarquables suivants : $0, \pi/6, \pi/4, \pi/3, \pi/2$ et de leurs supplémentaires [10].

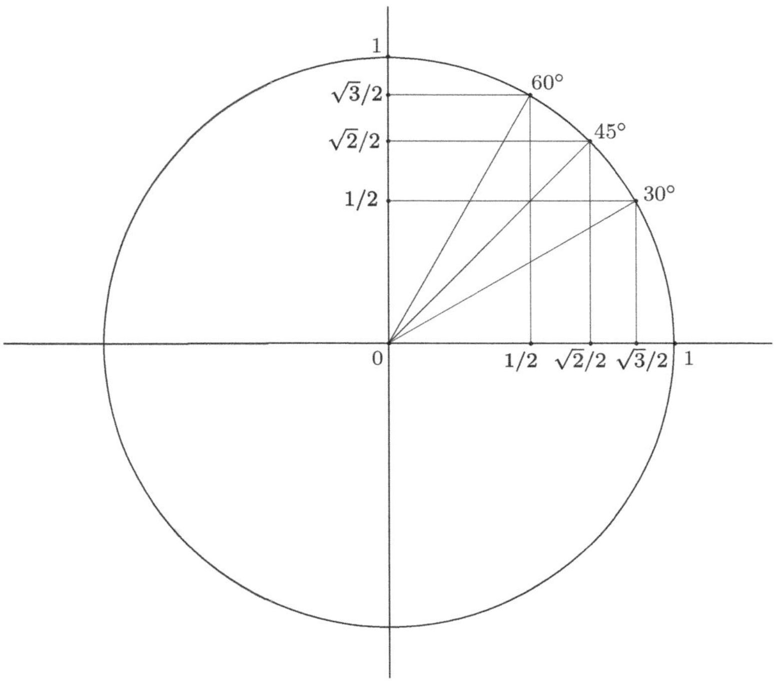

FIG. 9.

J. MÉDIATRICE, BISSECTRICE

Étant donnés deux points A et B du plan, l'ensemble des points M équidistants de A et B (c'est-à-dire vérifiant MA = MB) est la droite perpendiculaire à (AB) en le milieu I de [AB] *(Exercice : le montrer en utilisant Pythagore)*. On l'appelle la **médiatrice** de [AB].

Étant donné un secteur angulaire saillant $[\widehat{\mathrm{BAC}}]$ il existe une demi-droite contenue dans le secteur qui est telle que les distances de chacun de ses points aux côtés de l'angle soient égales. Cette demi-droite est la **bissectrice intérieure** du secteur (ou encore de l'angle $\widehat{\mathrm{BAC}}$) et, si M est un de ses points, on a $\widehat{\mathrm{BAM}} = \widehat{\mathrm{MAC}}$.

10. Le mieux pour se souvenir de tout cela est d'avoir en tête le cercle trigonométrique et la position sur ce cercle de ces angles remarquables. C'est par ailleurs fort utile pour partager les gâteaux.

K. TRIANGLES

On montre que la somme des angles d'un triangle vaut π radians (ou 180 degrés). Ce théorème vaut pour les angles non orientés (saillants), ou pour les angles orientés (à condition de les compter tous dans le même sens et de calculer modulo 2π).

Les droites remarquables.

Soit ABC un triangle. Les propriétés suivantes sont bien connues mais c'est un bon exercice de les redémontrer.

Les **médianes** de ABC sont les droites $\mathrm{AA}', \mathrm{BB}', \mathrm{CC}'$ qui joignent les sommets aux milieux des côtés opposés. Elles sont concourantes en un point G appelé **centre de gravité** du triangle et situé au tiers de chaque médiane à partir de la base.

Les médiatrices des côtés du triangle sont concourantes en un point O qui est équidistant de $\mathrm{A}, \mathrm{B}, \mathrm{C}$. C'est donc le centre du cercle **circonscrit** à ABC.

Les **hauteurs** $\mathrm{AA}', \mathrm{BB}', \mathrm{CC}'$ sont les droites qui joignent les sommets à leurs projetés orthogonaux sur les côtés opposés. Elles concourent en un point H appelé **orthocentre** du triangle.

Les bissectrices intérieures des angles du triangle concourent en un point I qui est équidistant des côtés du triangle. Le cercle de centre I et de rayon la distance commune aux côtés est tangent aux trois côtés. C'est le cercle **inscrit** dans le triangle ABC.

La formule d'Al-Kashi.

C'est une généralisation de Pythagore : dans un triangle quelconque ABC, si on pose $a = \mathrm{BC}, b = \mathrm{CA}, c = \mathrm{AB}$ on a $a^2 = b^2 + c^2 - 2bc\cos\widehat{\mathrm{A}}$. *(Exercice, le démontrer en considérant la hauteur* BB′ *du triangle et en appliquant Pythagore.)*

L. TRIANGLES PARTICULIERS

Un triangle ABC est dit **isocèle** s'il a deux côtés de même longueur [11], disons $\mathrm{AB} = \mathrm{AC}$. Les angles $\widehat{\mathrm{B}}$ et $\widehat{\mathrm{C}}$ sont alors égaux. La médiane issue de A est aussi hauteur, bissectrice et médiatrice.

Un triangle ABC est dit **équilatéral** si ses trois côtés sont « égaux ». Ses trois angles sont alors égaux à $\pi/3$ (ou 60 degrés) et ses médianes, hauteurs, etc. sont confondues. *Exercice : calculer la longueur des hauteurs en fonction de celle des côtés.*

11. Nous nous laisserons souvent aller à dire, avec la caution d'Euclide, que les côtés en question sont « égaux », et de même pour les angles.

M. QUADRILATÈRES

Un **quadrilatère** consiste en la donnée de quatre points A, B, C, D, pris dans cet ordre et tels que trois quelconques d'entre eux ne soient pas alignés. Les points A, B, C, D sont les **sommets** du quadrilatère. Les **côtés** du quadrilatère sont les segments [AB], [BC], [CD], [DA], ses **diagonales** sont les segments [AC] et [BD].

Un quadrilatère Q = ABCD est dit **convexe** si, pour tout côté [MN], les deux autres sommets sont du même côté de la droite (MN). Il revient au même de dire que ses diagonales se coupent (pour toutes précisions, voir chapitre 5, 1.11). Il est dit **croisé** si deux de ses côtés se coupent en un point autre qu'un sommet. Il est dit **concave** s'il n'est ni convexe ni croisé.

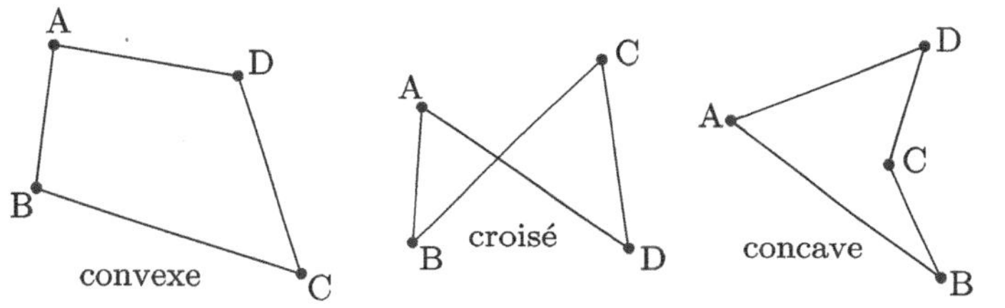

FIG. 10.

Un quadrilatère convexe ou concave détermine deux régions du plan, l'une, appelée intérieur, est bornée, l'autre non. La somme des angles d'un quadrilatère convexe ou concave est égale à 2π ou 360 degrés. (Les angles correspondent aux secteurs qui rencontrent l'intérieur du quadrilatère.)

N. PARALLÉLOGRAMMES, ETC

On dit qu'un quadrilatère ABCD est un **parallélogramme** si les droites (AB) et (CD) ainsi que (BC) et (DA) sont parallèles (autrement dit si les côtés opposés sont parallèles).

Un quadrilatère est un parallélogramme si et seulement si ses diagonales se coupent en leur milieu, ou encore s'il est convexe et si les côtés [AB] et [CD] sont parallèles et de même longueur.

Un **rectangle** est un parallélogramme qui a un angle droit (et donc ses quatre angles droits). Il est caractérisé, parmi les parallélogrammes, par le fait que ses diagonales sont égales.

Un **losange** est un parallélogramme dont tous les côtés sont égaux. Il est caractérisé, parmi les parallélogrammes, par le fait que ses diagonales sont perpendiculaires.

Un **carré** est un quadrilatère qui est à la fois un losange et un rectangle. Ses quatre angles sont droits, ses quatre côtés sont égaux. Ses diagonales sont égales et perpendiculaires.

Enfin, un **trapèze** est un quadrilatère convexe qui a deux côtés parallèles.

2. Vecteurs

Dans tout ce qui suit, E désigne un plan euclidien. Nous donnons dans ce paragraphe un aperçu sommaire du calcul vectoriel.

A. VECTEURS

Soit (A,B) un couple de points (disons distincts) de E (attention, il y a un ordre : A puis B ; on dit parfois que le couple (A,B) est un bipoint de E). Le couple (A,B) définit une direction (celle de la droite (AB)), un sens (de A vers B) et une longueur (la longueur AB). On associe à un tel couple un objet appelé **vecteur**, noté $\overrightarrow{\mathrm{AB}}$. Les règles de calcul avec les vecteurs sont les suivantes :

i) Égalité de deux vecteurs.

Deux vecteurs $\overrightarrow{\mathrm{AB}}$ et $\overrightarrow{\mathrm{CD}}$ sont égaux s'ils ont même direction, même sens et même longueur. On vérifie que cela revient à dire que ABDC est un parallélogramme (faire un dessin pour s'en convaincre, attention à l'ordre). Les bipoints (A,B) et (C,D) définissent alors un même vecteur [12]. On dit parfois que $\overrightarrow{\mathrm{AB}}$ est un représentant du vecteur $\vec{v}$. Le vecteur $\overrightarrow{\mathrm{AB}}$ est dit nul si on a $\mathrm{A}=\mathrm{B}$.

Étant donnés un point O et un vecteur $\vec{v}=\overrightarrow{\mathrm{AB}}$ il existe un unique point M du plan tel que $\vec{v}=\overrightarrow{\mathrm{OM}}$. *(Exercice : le montrer à l'aide du postulat d'Euclide.)*

ii) Produit par un scalaire.

Soient A, B deux points distincts et $\lambda\in\mathbf{R}$. On définit le vecteur $\lambda\,\overrightarrow{\mathrm{AB}}$ comme le vecteur $\overrightarrow{\mathrm{AC}}$ où C est le point de la droite (AB) qui vérifie $\dfrac{\overline{\mathrm{AC}}}{\overline{\mathrm{AB}}}=\lambda$. Dans le cas du vecteur nul on pose $\lambda\,\vec{0}=\vec{0}$.

iii) Addition de deux vecteurs.

Soient $\vec{v}$ et $\vec{w}$ deux vecteurs. On peut les représenter sous la forme $\vec{v}=\overrightarrow{\mathrm{OM}}$ et $\vec{w}=\overrightarrow{\mathrm{ON}}$. On définit $\vec{v}+\vec{w}$ comme le vecteur $\overrightarrow{\mathrm{OP}}$ tel que le quadrilatère OMPN soit un parallélogramme. Si I est le milieu de MN on a $\overrightarrow{\mathrm{OP}}=2\,\overrightarrow{\mathrm{OI}}$. Le vecteur $\vec{v}+\vec{w}$ ne dépend pas du choix du point O.

12. Un vecteur est donc une classe d'équivalence de bipoints pour la relation ci-dessus : $\vec{v}=\overrightarrow{\mathrm{AB}}=\overrightarrow{\mathrm{CD}}$.

L'interprétation physique des vecteurs comme des forces est le meilleur moyen de comprendre la motivation de cette définition.

Une conséquence essentielle de cette définition de l'addition des vecteurs est la **relation de Chasles** : $\overrightarrow{\mathrm{AC}} = \overrightarrow{\mathrm{AB}} + \overrightarrow{\mathrm{BC}}$. *(Exercice : établir cette relation.)*

iv) Orthogonalité de deux vecteurs, norme d'un vecteur.

Deux vecteurs $\vec{v} = \overrightarrow{\mathrm{AB}}$ et $\vec{w} = \overrightarrow{\mathrm{CD}}$ sont dits **orthogonaux** si les segments [AB] et [CD] le sont. Cette notion ne dépend pas des représentants choisis (cela signifie que, si on a $\overrightarrow{\mathrm{AB}} = \overrightarrow{\mathrm{A'B'}}$ et $\overrightarrow{\mathrm{CD}} = \overrightarrow{\mathrm{C'D'}}$, $\overrightarrow{\mathrm{AB}}$ est orthogonal à $\overrightarrow{\mathrm{CD}}$ si et seulement si $\overrightarrow{\mathrm{A'B'}}$ est orthogonal à $\overrightarrow{\mathrm{C'D'}}$). On convient que le vecteur nul est orthogonal à tous les vecteurs.

On appelle **norme** du vecteur $\vec{v} = \overrightarrow{\mathrm{AB}}$ la longueur du segment [AB]. Elle ne dépend pas du représentant choisi.

B. REPÈRES ORTHONORMÉS

Un **repère orthonormé** consiste en la donnée de trois points O, I, J tels que [OI] et [OJ] soient perpendiculaires et de longueur 1. Il revient au même de se donner une origine O et deux vecteurs $\vec{\imath}$ et $\vec{\jmath}$ orthogonaux et de norme 1 en prenant $\vec{\imath} = \overrightarrow{\mathrm{OI}}$ et $\vec{\jmath} = \overrightarrow{\mathrm{OJ}}$.

Lorsque le plan est orienté, un repère orthonormé O, I, J est dit **direct** si l'angle $\widehat{\mathrm{IOJ}}$ est égal à $+\tau/2$.

C. COORDONNÉES

Soit $\mathrm{O}, \vec{\imath}, \vec{\jmath}$ un repère orthonormé.

Tout vecteur $\vec{v}$ s'écrit de manière unique sous la forme $\vec{v} = x\vec{\imath} + y\vec{\jmath}$ avec $x, y \in \mathbf{R}$. Les nombres x et y sont les coordonnées du vecteur $\vec{v}$.

Si M est un point du plan le vecteur $\overrightarrow{\mathrm{OM}}$ s'écrit donc de manière unique $\overrightarrow{\mathrm{OM}} = x\vec{\imath} + y\vec{\jmath}$ avec $x, y \in \mathbf{R}$. Les réels x et y sont les **coordonnées** de M dans le repère donné, x est son **abscisse** et y son **ordonnée**.

Le plan E, muni d'un repère orthonormé, est donc en bijection avec l'ensemble $\mathbf{R}^2$ des couples (x, y).

D. PRODUIT SCALAIRE

Soient $\vec{v}$ et $\vec{w}$ deux vecteurs, que l'on écrit $\vec{v} = \overrightarrow{\mathrm{OM}}$ et $\vec{w} = \overrightarrow{\mathrm{ON}}$. Le **produit scalaire** de $\vec{v}$ et $\vec{w}$ est le nombre $(\vec{v} \,|\, \vec{w}) = \mathrm{OM}\,\mathrm{ON}\cos\theta$ où θ est l'angle $\widehat{\mathrm{MON}}$.

Deux vecteurs sont orthogonaux si et seulement si leur produit scalaire est nul. La norme du vecteur $\vec{v}$ est la racine de son carré scalaire $(\vec{v} \,|\, \vec{v})$. *(Exercice : vérifier ces propriétés.)*

Si $O, \vec{i}, \vec{j}$ est un repère orthonormé, et si on a deux vecteurs $\vec{v} = x\vec{i} + y\vec{j}$ et $\vec{v'} = x'\vec{i} + y'\vec{j}$, on a $(\vec{v} \,|\, \vec{v'}) = xx' + yy'$. *(Exercice : le démontrer.)*

3. Transformations

A. ISOMÉTRIES : DÉFINITION

On travaille toujours dans un plan euclidien orienté E.

Une **isométrie** u est, par définition, une transformation du plan qui conserve les longueurs. Cela signifie que si on a $A' = u(A)$ et $B' = u(B)$ on en déduit $A'B' = AB$. On montre qu'une isométrie est toujours une application bijective du plan sur lui-même et que son application réciproque est aussi une isométrie.

Le théorème suivant fait la liste des principales propriétés des isométries.

Théorème 3.1. *Soit $u : E \to E$ une isométrie. On a les propriétés suivantes :*

0) *u conserve les longueurs,*
1) *u conserve l'alignement, le parallélisme, les milieux,*
2) *u conserve les angles non orientés,*
3) *u conserve l'orthogonalité,*
4) *u transforme un repère orthonormé en un repère orthonormé.*

Le point 2) peut se préciser en termes d'angles orientés : il y a deux sortes d'isométries, celles qui conservent les angles orientés (y compris leur signe) et qu'on appelle **déplacements** ou **isométries positives** et celles qui transforment un angle orienté en son opposé. On les appelle **antidéplacements** ou **isométries négatives**. *Exercice : que peut-on dire de la composée de deux isométries positives, d'une positive et d'une négative, de deux négatives ?*

Le point 4) admet une réciproque : étant donnés deux repères orthonormés O, I, J et O', I', J' il existe une unique isométrie qui envoie O sur O', I sur I' et J sur J'.

Nous allons donner ci-dessous la liste exhaustive des isométries du plan. Un bon exercice consiste à préciser les diverses composées possibles $u \circ v$ de ces isométries (on pourra utiliser 3.2), en se demandant toujours si elles commutent (c'est-à-dire si on a $u \circ v = v \circ u$).

B. LISTE DES DÉPLACEMENTS

Il y a deux sortes de déplacements : les translations et les rotations.

La **translation** de vecteur $\vec{v}$, notée $t_{\vec{v}}$, est l'application de E dans E qui à un point M associe le point M' tel que $\overrightarrow{MM'} = \vec{v}$. C'est une isométrie. Elle a une propriété supplémentaire : l'image d'une droite D par une translation est une droite D′ parallèle à D. Une translation de vecteur non nul n'a pas de point fixe.

La **rotation** de centre O et d'angle (orienté) θ est la transformation, notée $\rho(\mathrm{O}, \theta)$, qui à un point M de E associe le point M′ tel que OM = OM′ et $(\overrightarrow{\mathrm{OM}}, \overrightarrow{\mathrm{OM'}}) = \theta$. Une rotation de centre O et d'angle non nul a un seul point fixe : O. Parmi les rotations de centre O l'une joue un rôle particulier, c'est la rotation d'angle π qui associe à M le point M′ tel que $\overrightarrow{\mathrm{OM'}} = -\overrightarrow{\mathrm{OM}}$. On l'appelle aussi **symétrie centrale** de centre O et on la note σ_{O}. La composée $\sigma_{\mathrm{O}} \circ \sigma_{\mathrm{O}}$ est l'identité.

Notons que l'identité peut être considérée comme une translation (de vecteur nul) ou comme une rotation (d'angle nul).

C. LISTE DES ANTIDÉPLACEMENTS

Il y en a aussi deux sortes : les symétries par rapport aux droites (ou symétries axiales) et les symétries glissées.

La **symétrie** par rapport à la droite D (ou d'axe D) est la transformation, notée σ_{D}, qui à un point M associe l'unique point M′ tel que D soit la médiatrice de MM′. Si H est le projeté orthogonal de M sur D, il revient au même de dire que l'on a $\overrightarrow{\mathrm{HM'}} = -\overrightarrow{\mathrm{HM}}$. La symétrie σ_{D} admet tous les points de D comme points fixes. On a $\sigma_{\mathrm{D}} \circ \sigma_{\mathrm{D}} = \mathrm{Id}_{\mathrm{E}}$.

Une **symétrie glissée** est la composée d'une symétrie σ_{D} et d'une translation $t_{\vec{v}}$ de vecteur parallèle à D et non nul. Cette transformation n'a pas de point fixe. *Exercice : comparer* $s = \sigma_{\mathrm{D}} \circ t_{\vec{v}}$ *et* $t_{\vec{v}} \circ \sigma_{\mathrm{D}}$ *et calculer* $s \circ s$.

D. LES SYMÉTRIES ENGENDRENT LES ISOMÉTRIES

On a le résultat suivant qui montre que les isométries s'écrivent comme composées (on dit aussi parfois produit) de symétries axiales :

Théorème 3.2. *Toute isométrie s'obtient comme composée de symétries par rapport à des droites. Précisément :*

1) *tout déplacement s'écrit comme composé de deux symétries,*

2) *tout antidéplacement est une symétrie ou est composé de trois symétries (c'est le cas d'une symétrie glissée).*

On vérifie que le produit de deux symétries d'axes parallèles est une translation et le produit de deux symétries d'axes concourants une rotation. *Exercice : préciser le vecteur de cette translation ou l'angle de la rotation. Montrer qu'on a une certaine latitude sur le choix de l'axe de l'une des deux symétries et que cela permet de calculer commodément les composées.*

E. LES HOMOTHÉTIES

On appelle **homothétie** de centre O et de rapport $k \in \mathbf{R}$ et on note $h(\mathrm{O}, k)$ la transformation qui à un point M associe le point M′ défini par $\overrightarrow{\mathrm{OM}'} = k\,\overrightarrow{\mathrm{OM}}$.

Les homothéties conservent encore l'alignement, le parallélisme, les angles, l'orthogonalité, les milieux, mais, attention, pas les longueurs : une homothétie de rapport k multiplie les longueurs par $|k|$. Comme les translations, les homothéties de rapport non nul transforment une droite D en une droite parallèle à D.

4. Compléments

A. LES CAS D'ISOMÉTRIE DES TRIANGLES

Les théorèmes qui suivent sont à la base de la géométrie telle que la pratiquait Euclide et telle qu'on l'enseignait encore au collège au début des années 1960 (à l'époque les transformations n'étaient pas enseignées dans les classes et ces théorèmes étaient, en fait, des axiomes, avec une justification expérimentale). Ils ont été injustement mis à l'écart depuis, car ils peuvent être très utiles. Il s'agit de dire à quelle condition, étant donnés deux triangles ABC et A′B′C′, il existe une isométrie u telle que $u(\mathrm{A}) = \mathrm{A}'$, $u(\mathrm{B}) = \mathrm{B}'$, $u(\mathrm{C}) = \mathrm{C}'$. Il y a quatre théorèmes, que le lecteur illustrera par les figures appropriées :

Théorème 4.1 : premier cas d'isométrie. *On suppose que les triangles* ABC *et* A′B′C′ *ont deux côtés « égaux » (autrement dit de même longueur*[13]*) et les angles compris entre ces côtés égaux (par exemple,* $\mathrm{AB} = \mathrm{A'B'}$, $\mathrm{AC} = \mathrm{A'C'}$ *et* $\widehat{\mathrm{BAC}} = \widehat{\mathrm{B'A'C'}}$*). Alors les triangles sont isométriques (précisément, dans l'exemple, il existe une isométrie u telle que l'on ait* $u(\mathrm{A}) = \mathrm{A}'$, $u(\mathrm{B}) = \mathrm{B}'$, $u(\mathrm{C}) = \mathrm{C}'$*).*

Démonstration. On commence par envoyer A sur A′ par la translation de vecteur $\overrightarrow{\mathrm{AA}'}$. On est ainsi ramené au cas où $\mathrm{A} = \mathrm{A}'$. On envoie alors B sur B′ par la rotation de centre A et d'angle $(\overrightarrow{\mathrm{AB}}, \overrightarrow{\mathrm{AB}'})$. C'est possible car on a $\mathrm{AB} = \mathrm{AB}'$. On est ramené au cas $\mathrm{A} = \mathrm{A}', \mathrm{B} = \mathrm{B}'$. Il y a maintenant deux cas selon que les angles orientés $(\overrightarrow{\mathrm{AB}}, \overrightarrow{\mathrm{AC}})$ et $(\overrightarrow{\mathrm{AB}}, \overrightarrow{\mathrm{AC}'})$ sont égaux ou opposés. S'ils sont égaux, les demi-droites [AC) et [AC′) sont les mêmes et, comme $\mathrm{AC} = \mathrm{AC}'$, on a $\mathrm{C} = \mathrm{C}'$ et on a fini. Sinon, on effectue la

13. On utilisait autrefois le mot égal en un sens plus large qu'aujourd'hui. Ainsi, on parlait de segments égaux pour dire qu'ils avaient même longueur, de triangles égaux pour dire qu'ils étaient isométriques (Euclide va même jusqu'à employer ce mot pour des triangles de même aire). Dans les mathématiques actuelles on réserve ce mot d'égalité pour dire que les objets sont les mêmes, mais nous dérogerons parfois à cette règle.

symétrie d'axe (AB). Comme c'est un antidéplacement, elle change le signe des angles orientés et on est ramené au cas précédent.

Remarque. Ce théorème (comme les suivants) est intuitivement clair : il signifie que, sous les hypothèses faites, les deux triangles sont « superposables » et c'est ainsi qu'on le justifiait autrefois au collège. Mathématiquement, si l'on ne dispose pas de l'attirail de toutes les transformations, on peut fonder ces résultats sur une idée assez simple. On postule qu'il y a dans le plan un groupe de transformations (qu'on peut appeler « mouvements » et qui correspondent à l'idée intuitive qu'on se fait de déplacer et de retourner des objets du plan). On suppose que ce groupe est « transitif sur les drapeaux point, demi-droite, demi-plan », ce qui signifie que si l'on a deux triplets (A, D, P) et (A', D', P') où A est un point, D une demi-droite d'origine A et P un demi-plan limité par D, et de même pour (A', D', P'), il existe une transformation qui envoie A sur A′, D sur D′ et P sur P′. Les notions de longueur et d'angle sont définies à partir de ces mouvements : on peut envoyer des points A sur A′ et B sur B′ si et seulement si les « longueurs » AB et A′B′ sont égales. De même pour des demi-droites de même sommet, on peut envoyer [OA) et [OB) sur [O′A′) et [O′B′) si et seulement si les angles $\widehat{AOB}$ et $\widehat{A'O'B'}$ sont égaux. On peut alors prouver les cas d'isométrie, à partir de ces seules données.

Théorème 4.2 : deuxième cas d'isométrie. *On suppose que les triangles* ABC *et* A′B′C′ *ont deux angles et un côté égaux (par exemple,* $AB = A'B'$, $\widehat{ABC} = \widehat{A'B'C'}$ *et* $\widehat{BAC} = \widehat{B'A'C'}$ *; comme la somme des angles d'un triangle vaut* π *les angles en* C *et* C′ *sont égaux eux aussi). Alors les triangles sont isométriques (précisément, dans l'exemple, il existe une isométrie* u *telle que l'on ait* $u(A) = A'$, $u(B) = B'$, $u(C) = C'$*).*

Démonstration. La démonstration est analogue. On se ramène au cas $A = A', B = B'$ par translation et rotation et, quitte à faire une symétrie, on peut supposer les demi-droites [AC) et [AC′) égales. L'égalité des angles en B montre que les demi-droites [BC) et [BC′) sont égales ou symétriques par rapport à (AB). Dans le premier cas on a $C = C'$ et on a gagné. Le second cas est impossible car les demi-droites [AC′) et [BC′) ne seraient pas dans le même demi-plan limité par (AB), donc ne se rencontreraient pas, ce qui est absurde.

Remarque. Attention, pour appliquer ce théorème, il faut prendre garde que les sommets doivent être « homologues », c'est-à-dire que les côtés égaux doivent avoir pour extrémités les sommets en lesquels les angles sont égaux. Sinon, le théorème peut être en défaut. Ainsi, si ABC est un triangle rectangle en A et H le pied de la hauteur issu de A, les triangles ABC et ABH ne sont pas isométriques bien qu'on ait l'égalité d'un côté $AB = AB$ et de deux angles $\widehat{BAC} = \widehat{AHB}$ et $\widehat{ABC} = \widehat{ABH}$.

Théorème 4.3 : troisième cas d'isométrie. *On suppose que les triangles* ABC *et* A′B′C′ *ont leurs trois côtés égaux (par exemple,* AB = A′B′, BC = B′C′, CA = C′A′*). Alors les triangles sont isométriques (précisément, dans l'exemple, il existe une isométrie u telle que l'on ait* u(A) = A′, u(B) = B′, u(C) = C′*).*

Démonstration. Le début de la démonstration est identique : on peut supposer A = A′, B = B′ et C et C′ dans le même demi-plan limité par (AB). On conclut alors en notant que C (ou C′) est l'unique point de ce demi-plan à l'intersection des cercles de centres A et B et de rayons AC et BC. Une autre méthode consiste à se ramener au premier cas grâce à la formule d'Al-Kashi.

Théorème 4.4 : cas d'isométrie des triangles rectangles. *On suppose que les triangles* ABC *et* A′B′C′ *sont rectangles en* A *et* A′ *et ont deux côtés égaux (mais pas nécessairement les côtés de l'angle droit, par exemple,* AB = A′B′, BC = B′C′*). Alors les triangles sont isométriques (précisément, dans l'exemple, il existe une isométrie u telle que l'on ait* u(A) = A′, u(B) = B′, u(C) = C′*).*

Démonstration. Le résultat est évident avec Pythagore.

B. DEUX EXEMPLES D'APPLICATIONS

Exemple 1. *Soit* ABC *un triangle isocèle de base* [BC]. *La médiatrice de* [AC] *coupe* (BC) *en* D, *que l'on suppose extérieur à* [BC]. *On trace* (AD) *et on porte une longueur* AE = BD *sur* (AD), *de l'autre côté de* A *par rapport à* D. *Montrer que* CDE *est isocèle.*

Indication : Montrer que les triangles ADB et CEA sont isométriques.

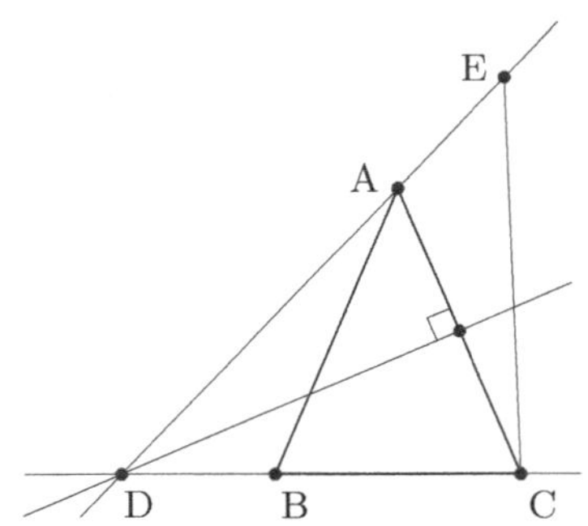

FIG. 11.

Exemple 2. *Soit* ABC *un triangle. On suppose que les hauteurs* BB′ *et* CC′ *sont « égales ». Montrer que* ABC *est isocèle.*

Indication : Considérer les triangles rectangles BC′C et CB′B ou les triangles rectangles ABB′ et ACC′.

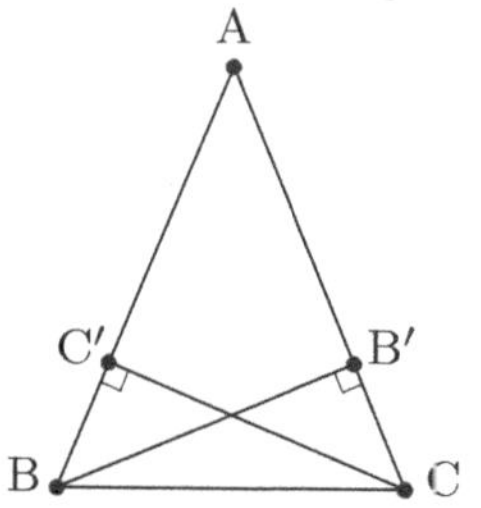

FIG. 12.

C. QUELQUES COMPLÉMENTS SUR LES ANGLES

Il s'agit de théorèmes mettant en jeu des angles inscrits, c'est-à-dire des angles $\widehat{\mathrm{ABC}}$ avec $\mathrm{A}, \mathrm{B}, \mathrm{C}$ sur un cercle.

Théorème 4.5 : angle droit et demi-cercle. 1) *Soit* Γ *un cercle de diamètre* [BC] *(c'est-à-dire centré au milieu de* [BC] *et passant par* B *et* C*) et soit* A *un point de* Γ *distinct de* B *et* C. *Alors le triangle* ABC *est rectangle en* A.

2) *Réciproquement, si* ABC *est rectangle en* A *et si* O *est le milieu de* [BC] *on a* $\mathrm{OA} = \mathrm{OB} = \mathrm{OC}$, *de sorte que* A *est sur le cercle de diamètre* [BC].

Démonstration. 1) Soit O le centre de Γ. Comme on a $\mathrm{OA} = \mathrm{OB} = \mathrm{OC}$, les triangles OAB et OAC sont isocèles. Si on pose $\widehat{\mathrm{ABO}} = \alpha$ et $\widehat{\mathrm{ACO}} = \beta$, on a $\widehat{\mathrm{BAO}} = \alpha$ et $\widehat{\mathrm{OAC}} = \beta$, d'où $\widehat{\mathrm{BAC}} = \alpha + \beta$.

Mais, comme la somme des angles du triangle ABC vaut π, on a $2\alpha + 2\beta = \pi$, d'où $\widehat{\mathrm{BAC}} = \alpha + \beta = \pi/2$.

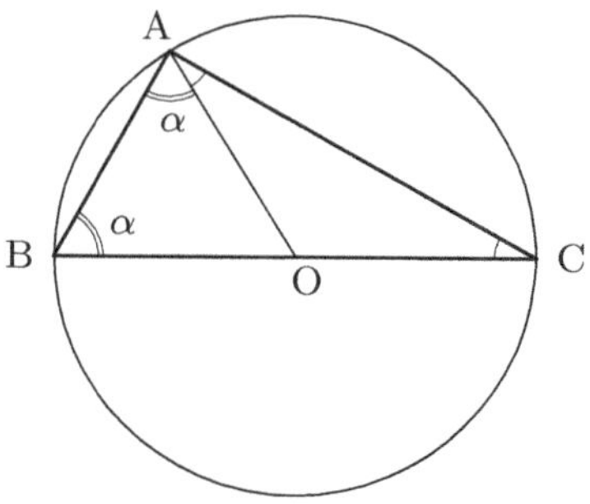

FIG. 13.

2) Soit M le milieu de [AC]. La droite (OM) est une droite des milieux de ABC donc parallèle à (AB), donc perpendiculaire à (AC). C'est à la fois une médiane et une hauteur dans le triangle AOC, qui est donc isocèle en O, de sorte qu'on a $\mathrm{OA} = \mathrm{OC} = \mathrm{OB}$.

Théorème 4.6 : angle inscrit et angle au centre. *Soient* Γ *un cercle de centre* O, B *et* C *deux points distincts de* Γ. *On suppose* $\mathrm{B}, \mathrm{O}, \mathrm{C}$ *non alignés. Soit* A *un point de* Γ *situé dans le demi-plan ouvert limité par* (BC) *qui contient* O. *On a l'égalité d'angles :* $2\,\widehat{\mathrm{BAC}} = \widehat{\mathrm{BOC}}$.

Démonstration. Il y a deux cas de figure selon que O est à l'intérieur du triangle ABC ou non. Traitons le premier, l'autre est analogue en utilisant une différence d'angles au lieu d'une somme.

Soit M le point diamétralement opposé à A sur Γ. Comme les triangles OAB et OAC sont isocèles on a les deux égalités : $2\widehat{\mathrm{BAO}} = \pi - \widehat{\mathrm{BOA}} = \widehat{\mathrm{BOM}}$ et $2\widehat{\mathrm{OAC}} = \pi - \widehat{\mathrm{COA}} = \widehat{\mathrm{MOC}}$. Le théorème en résulte par addition.

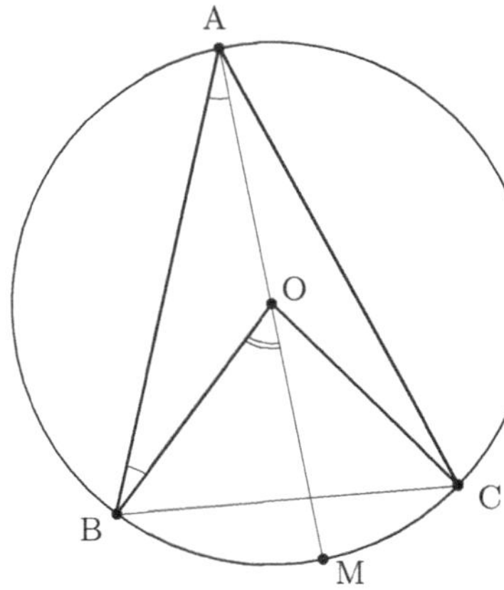

FIG. 14.

Corollaire 4.7. *Soit* Γ *un cercle et soient* A, B, C, D *quatre points distincts de* Γ.

1) *Si* C *et* D *sont dans le même demi-plan limité par* (AB) *on a* $\widehat{\mathrm{ACB}} = \widehat{\mathrm{ADB}}$. *Si* C *et* D *sont dans deux demi-plans différents limités par* (AB) *on a* $\widehat{\mathrm{ACB}} = \pi - \widehat{\mathrm{ADB}}$.

2) *Réciproquement, soient* A, B, C, D *quatre points du plan tels que trois d'entre eux ne soient pas alignés. Si* A, B, C, D *vérifient* $\widehat{\mathrm{ACB}} = \widehat{\mathrm{ADB}}$ *avec* C *et* D *du même côté de* (AB) *ou* $\widehat{\mathrm{ACB}} = \pi - \widehat{\mathrm{ADB}}$ *avec* C *et* D *de part et d'autre de* (AB), *les quatre points sont cocycliques.*

Démonstration. 1) La première assertion vient de 4.6. Pour la seconde on considère d'abord le cas particulier où le point D est diamétralement opposé à C. Dans ce cas on conclut en considérant les deux triangles rectangles ABD et ACD. Le cas général s'ensuit grâce à la première assertion.

2) Traitons le premier cas, l'autre est analogue. Soit Γ le cercle circonscrit au triangle ABC. Supposons que D n'est pas sur Γ. La demi-droite [AD) recoupe Γ en E. On a alors $\widehat{\mathrm{ACB}} = \widehat{\mathrm{AEB}}$ par le point 1), d'où $\widehat{\mathrm{ADB}} = \widehat{\mathrm{AEB}}$ et cela contredit le fait que la somme des angles du triangle BED vaut π.

Remarque. On peut aussi formuler ces résultats avec des angles orientés. Cela présente l'avantage de ne pas être obligé de recourir à la considération de plusieurs cas de figures.

D. EXEMPLES D'APPLICATIONS

Exemple 1. Soient ABC un triangle et H son orthocentre. Soit H′ le symétrique de H par rapport à la droite (BC). Montrer que H′ est sur le cercle circonscrit à ABC.

Exemple 2. Soit ABC un triangle et soient P, Q, R trois points situés respectivement sur [BC], [CA], [AB]. Montrer que les cercles circonscrits aux triangles AQR, BRP et CPQ ont un point commun.

Annexe : grandeurs, mesures et nombres

Dans cette annexe, nous avons cru bon de tenter de préciser les rapports entre les notions de grandeur, de mesure et de nombre et d'expliciter les choix de ce livre à ce sujet. Il nous semble en effet que c'est une question centrale dans l'enseignement, notamment élémentaire, et qu'il est important que les professeurs y aient réfléchi.

A. PROBLÉMATIQUE

Dans la pratique, une grandeur est associée à un objet matériel et sa **nature** correspond à une certaine caractéristique de l'objet, perçue par nos sens. Quiconque a déplacé des meubles sait que plusieurs paramètres différents sont à prendre en compte : la longueur du meuble (ou plus précisément ses diverses dimensions), pour pouvoir franchir les portes ou les cages d'escaliers, son aire, pour déterminer la place qu'il occupera au sol, son volume, pour évaluer l'encombrement qu'il induira dans la pièce, sa masse, pour choisir les (gros) bras des porteurs.

Lorsqu'une grandeur a été identifiée, on constate qu'entre des grandeurs de même nature on a une notion d'**égalité** et une relation d'**ordre** (total). Par exemple, s'agissant de longueurs, on peut dire si une personne est plus petite qu'une autre, plus grande, ou de même taille. Pour cela, il suffit de mettre dos à dos les personnes (ce faisant, on postule implicitement que la grandeur est invariante par déplacement). S'il est question de masse, on peut aussi décider si un objet est plus léger qu'un autre, plus lourd, ou pareil, mais on a besoin cette fois d'un instrument plus ou moins précis : les deux mains qui soupèsent ou la balance Roberval, par exemple.

On a aussi, en général, une **addition** des grandeurs. Ainsi, pour les longueurs on peut mettre bout à bout des bâtons et évaluer à l'œil la longueur somme. Pour les masses, si on a deux objets, on peut soupeser l'un, puis l'autre, poser ensuite l'un des objets sur l'autre et soulever les deux ensemble, la somme des masses étant alors perçue *via* l'effort musculaire nécessaire à cette opération.

Le cas de l'aire est particulièrement révélateur. Le concept d'aire est très présent chez Euclide (même s'il n'y est pas totalement explicité). L'addition des aires de deux parties du plan correspond à la réunion (disjointe) des deux parties. Pour la comparaison des aires il y a d'abord l'inclusion : « le tout est plus grand que la partie » comme disaient les Anciens, mais aussi la procédure de découpage et recollement : si on découpe une partie A en parties disjointes, que l'on déplace ces parties, et qu'on les recolle, sans perte ni chevauchement, on obtient une partie B de même aire que A. C'est ainsi qu'on montre, par exemple, l'égalité des aires d'un rectangle et d'un parallélogramme de même base et même hauteur. Le lecteur trouvera au chapitre 7 une multitude d'applications de cette procédure (et notamment l'une des preuves du théorème de Pythagore, voir chapitre 7, § 2.B). Pour les Grecs, la grandeur aire a donc un sens géométrique : deux polygones ont même aire si l'on peut passer de l'un à l'autre par découpage et recollement. En termes savants, l'aire est la classe d'équivalence des parties du plan pour cette relation. On voit que cette grandeur existe indépendamment de toute notion de mesure. En vérité, dans le cas des polygones, le théorème de Bolyai (voir chapitre 7, Th. 3.2) montre que cette notion géométrique d'aire et celle obtenue au moyen d'une mesure sont équivalentes.

On constate ainsi que, dans l'histoire, la notion de grandeur a précédé celle de mesure et même celle de nombre (au moins pour les nombres fractionnaires et réels). Une citation de Jean-Jacques Rousseau (dans *Les confessions*), à propos de l'identité $(a+b)^2 = a^2 + b^2 + 2ab$, montre que ce souci de revenir aux grandeurs géométriques pour interpréter les calculs était encore très fort au XVIIIe siècle :

> *Je n'ai jamais été assez loin pour bien sentir l'application de l'algèbre à la géométrie. Je n'aimais pas cette manière d'opérer sans voir ce qu'on fait, et il me semblait que résoudre un problème de géométrie par les équations, c'était jouer un air en tournant une manivelle. La première fois que je trouvai par le calcul que le carré d'un binôme était composé du carré de chacune de ses parties, et du double produit de l'une par l'autre, malgré la justesse de ma multiplication, je n'en voulus rien croire jusqu'à ce que j'eusse fait la figure. Ce n'était pas que je n'eusse un grand goût pour l'algèbre en n'y considérant que la quantité abstraite ; mais appliquée à l'étendue, je voulais voir l'opération sur les lignes ; autrement je n'y comprenais plus rien.*

B. AXIOMES DES GRANDEURS

L'une des vertus essentielles des mathématiques est de dégager des propriétés communes à différentes situations concrètes et de les ériger en axiomes qui permettent de travailler dans un cadre unique. C'est ce que nous faisons maintenant à propos des grandeurs, en formalisant les remarques ci-dessus. La grandeur qui sert de modèle est la longueur, avec sa représentation sur une droite.

Le système d'axiomes proposé ci-dessous est inspiré de celui de Bourbaki (voir [B]), mais il n'est pas si éloigné de ce que pratiquait Euclide dans le livre V des *Éléments* consacré aux grandeurs.

Définition 5.1. *Soit* E *un ensemble (les objets). Une* **grandeur** *définie sur* E *est une application* g *de* E *dans un ensemble* G *(l'ensemble des grandeurs du type considéré). On suppose que* G *est muni d'une relation d'ordre total possédant un plus petit élément noté* 0 *(la grandeur nulle), et d'une addition, commutative, associative et compatible avec l'ordre, pour laquelle* 0 *est un élément neutre, et qu'on a les quatre axiomes suivants :*

1) *On a une soustraction des grandeurs : étant donnés* $x, y \in \mathrm{G}$ *avec* $x < y$, *il existe* $z \in \mathrm{G}$ *telle que* $x + z = y$.

2) *On a une division des grandeurs : étant donné* $x \in \mathrm{G}$ *et* $n \in \mathbf{N}^*$, *il existe* $y \in \mathrm{G}$ *telle que* $x = ny = y + y + \cdots + y$ *(*n *fois).*

3) *On a l'axiome d'Archimède : pour tout* x *positif de* G *et tout* $y \in \mathrm{G}$ *il existe* $n \in \mathbf{N}$ *tel que* $nx > y$.

4) *On a un axiome de continuité : tout sous-ensemble majoré* X *de* G *admet une borne supérieure* s[14].

Remarques 5.2. 1) On constatera que ces axiomes reprennent les constatations intuitives : à chaque objet on associe sa grandeur, et les grandeurs sont munies d'un ordre et d'une addition. Quant aux propriétés supplémentaires, l'exemple de la longueur montre qu'elles sont assez naturelles, les deux propriétés qui ne sont pas totalement évidentes sont l'existence du zéro (on se souviendra que ce n'est que tardivement qu'il est apparu dans l'histoire de l'humanité) et l'axiome de continuité. Le lecteur perspicace, qui aura noté que les propriétés énumérées ici ressemblent à celles des nombres réels $\geqslant 0$, se doute que le dernier axiome n'est là que pour que l'ensemble des grandeurs soit vraiment isomorphe à $\mathbf{R}^+$. Cet axiome est notamment indispensable pour concevoir l'aire du disque comme borne supérieure de celles des polygones réguliers inscrits.

2) Ces axiomes fournissent une vision idéalisée des situations pratiques. En particulier, l'axiome de division ne correspond pas nécessairement à la réalité puisque la physique nous enseigne qu'il n'y a pas d'objet plus petit que la plus petite particule. De plus, ils ne valent pas pour toutes les grandeurs. Ainsi, il y a des grandeurs bornées (par exemple l'angle ou la masse volumique) pour lesquelles l'addition n'est pas toujours possible.

3) Dans l'axiome 1, la quantité z vérifiant $x+z=y$ est unique. En effet, si on avait un autre t avec $x+t=y$, on aurait, par exemple, $z<t$, mais alors, la compatibilité de l'addition et de l'ordre imposerait $x+z<x+t$, ce qui est absurde. On note alors $z=y-x$. Le même argument montre que, dans l'axiome 2, la grandeur y vérifiant $ny=x$ est unique. On pose $y=x/n$.

4) Si x est une grandeur, on a défini nx pour $n \in \mathbf{N}$, puis x/q pour $q \in \mathbf{N}^*$, grâce à la remarque précédente, et enfin $(p/q)x$, pour $p/q \in \mathbf{Q}^+$, défini comme $(px)/q$. On peut alors définir λx pour $\lambda \in \mathbf{R}^+$ comme la borne supérieure des $(p/q)x$ pour $p/q \in \mathbf{Q}$, $p/q<\lambda$. Si y est une autre grandeur, on montre qu'il existe un unique réel λ tel que l'on ait $y=\lambda x$, autrement dit, on peut parler du **rapport** $\lambda=y/x$ de deux grandeurs de même nature. Ce nombre est la borne supérieure des rationnels p/q qui vérifient $px<qy$. Cette remarque reproduit essentiellement la démarche d'Euclide, à la différence majeure près qu'il ne considérait pas vraiment les rationnels p/q comme des nombres et moins encore leur borne supérieure.

C. GRANDEURS ET MESURES

Comme on l'a dit, la notion de grandeur a un sens avant même qu'une notion de **mesure** ne soit introduite, mais, bien entendu, la nécessité d'un

14. Rappelons que cela signifie que s est le plus petit majorant de X.

procédé de mesure se fait jour très rapidement. Par exemple, pour les longueurs, elle s'impose lorsqu'on ne peut déplacer les objets à comparer. Pour poursuivre avec la situation des déménagements, on pourra penser à la comparaison des dimensions de deux pièces éloignées. Le principe est alors d'utiliser un étalon, une **unité**. Dans le cas de la longueur, les premières tentatives en ce sens ont sans doute utilisé les moyens du bord : le pied, l'empan d'une main, un bâton, une ficelle, etc. On compare alors la grandeur des objets considérés et celle d'une ou plusieurs unités additionnées. Autrement dit, on associe à un objet, vis-à-vis d'une grandeur donnée, un nombre : le nombre d'unités qu'il comporte. Bien entendu, si les premières mesures se sont limitées à des nombres entiers d'unités, il a rapidement fallu utiliser des fractions, voire des réels.

Lorsqu'on a choisi une unité, l'ensemble des grandeurs G n'est plus qu'un avatar de $\mathbf{R}^+$:

Théorème 5.3. *Soit* G *l'ensemble des grandeurs d'un type donné, au sens de 5.1 et soit $u \in$ G une grandeur non nulle (l'unité). Il existe une application $\mu :$ G $\to \mathbf{R}^+$, unique, qui envoie* 0 *sur* 0 *et u sur* 1 *et qui respecte l'ordre et l'addition. Avec les axiomes de 5.1, cette application est bijective. C'est l'application* **mesure**[15] *de la grandeur considérée relativement à l'unité u. Si on remplace l'unité u par u′, les mesures μ et μ' sont proportionnelles.*

Autrement dit, et les physiciens ne renieraient pas cet adage, **il n'y a pas de grandeur sans mesure**.

Démonstration. On renvoie le lecteur qui souhaiterait plus de détails à [B] §2, Prop. 1 et 2. Soit $x \in$ G. On a vu en 5.2.4 qu'il existe un unique réel λ tel que x s'écrive λu. On pose alors $\mu(x) = \mu(\lambda u) = \lambda$. Les vérifications sont faciles. Si on a une autre unité u' et si le rapport u'/u est le réel α on vérifie que l'on a $\mu = \alpha\mu'$.

Remarque 5.4. Si $g :$ E $\to$ G est une grandeur il y a donc des applications « mesure de la grandeur » g pour les objets de E, ce sont les applications $\mu \circ g$ associées au choix d'une unité u. Réciproquement, si on a une application $m :$ E $\to \mathbf{R}^+$ surjective quelconque, autrement dit un procédé pour associer un nombre à un objet, on lui associe une grandeur g de la façon suivante. On définit sur E la relation d'équivalence $\mathscr{R}$ « avoir même grandeur » : x et $y \in$ E ont même grandeur si l'on a $m(x) = m(y)$, autrement dit si le procédé m donne, pour x et y, le même résultat. L'ensemble des grandeurs G est alors l'ensemble quotient E$/\mathscr{R}$, c'est-à-dire l'ensemble des classes d'équivalence pour la relation et l'application m induit une bijection de G sur $\mathbf{R}^+$.

Remarque 5.5. Le lecteur trouvera, à bon droit, que ce qui précède est abstrait, voire abscons. Pour résumer les résultats précédents dans un

15. Attention le mot mesure n'est pas pris en son sens mathématique usuel.

langage moins ésotérique, on peut dire que les deux notions de grandeur et mesure sont indissociables, mais que la différence essentielle entre elles c'est que, pour une grandeur donnée, il n'y a pas **une** mesure associée, mais plusieurs, toutes proportionnelles [16]. Choisir une mesure revient à choisir une grandeur unité u et à décréter qu'on a $\mu(u) = 1$. Une grandeur n'est pas un nombre, mais on peut la voir comme un nombre d'unités : on écrira $x = \lambda u$ (avec λ réel) si on a $\mu(x) = \lambda$.

Si on change d'unité, en prenant une nouvelle unité u', on a une nouvelle mesure μ'. Cette mesure étant proportionnelle à la précédente elle est donc déterminée par la valeur $\mu'(u) = k$ et on a, pour toute grandeur x, $\mu'(x) = k\mu(x)$. Le fait que les grandeurs a, b soient égales n'est pas altéré par le changement d'unité. En effet, si on a $\mu(a) = \mu(b) = l$, on a $\mu'(a) = \mu'(b) = kl$. Par exemple, si la masse d'une orange, mesurée en grammes, est de 153, cette même masse, mesurée en tonnes sera 0,000153 et on écrira $153\,\mathrm{g} = 0{,}000153\,\mathrm{t}$. De même, le fait qu'on ait $a < b$, ou encore le rapport a/b sont inchangés.

D. LE POINT DE VUE DES PHYSICIENS

Il n'est pas différent de ce qui précède, mais les physiciens insistent sur deux points : l'existence de procédés explicites de mesure et les lois physiques, et ils distinguent entre les grandeurs « de base » (longueur, masse, temps, intensité, température, etc.) et les grandeurs « composées » (masse volumique, vitesse, énergie, etc.) qui se déduisent des précédentes par des lois physiques et des formules.

On sait aussi que les physiciens utilisent de manière essentielle les équations aux dimensions pour vérifier la cohérence des deux membres d'une formule.

E. LES QUESTIONS ÉPISTÉMOLOGIQUES ET DIDACTIQUES

La question fondamentale est celle de la nécessité de distinguer entre grandeur et nombre. La réponse à cette question n'est pas si évidente puisqu'au moment de la réforme des mathématiques modernes la notion de grandeur avait été complètement bannie de l'enseignement.

Critique de Platon, ou plaidoyer pour les nombres.

Les Grecs font soigneusement la distinction entre nombres et grandeurs, réservant essentiellement le nom de nombres aux entiers (positifs). Les

16. Note pour d'éventuels lecteurs mathématiciens. La différence entre l'ensemble des grandeurs et les réels est du même ordre que celle qui sépare un espace affine et un espace vectoriel ou encore un espace vectoriel de dimension finie et l'espace $\mathbf{R}^n$. Dans chacun des cas il y a un isomorphisme entre les objets, mais il n'est pas « canonique », il repose sur un choix, choix d'une unité, d'une origine, d'une base.

autres nombres (au sens moderne : rationnels, réels) apparaissent le plus souvent comme des rapports de grandeurs. C'est ainsi que Platon s'interdit de calculer dans les rationnels, revenant aux entiers par le produit en croix, voir remarque 5.2.4. Il revendique ce choix avec un brin de mépris en disant : *les calculateurs divisent, les savants multiplient.*

Un autre exemple de la prééminence des grandeurs : les Grecs ne considèrent des puissances que si la grandeur correspondante existe. C'est le cas du carré d'une longueur, qui est une aire, ou de son cube, qui est un volume. En revanche, la puissance quatrième d'une longueur ne correspond pas à une grandeur et n'a donc pas de sens pour les Grecs. Ce parti pris a sans doute bloqué chez eux le développement d'une algèbre consistante.

Il est clair que ces restrictions ont des inconvénients. Elles ont empêché les Grecs de résoudre leurs problèmes de constructions faute de pouvoir « passer aux nombres » comme le fera Descartes (voir ci-dessous chapitre 6). Un autre fait important est à signaler qui plaide pour un oubli (momentané) des grandeurs : des situations physiques différentes peuvent correspondre à des situations mathématiques identiques. C'est le cas par exemple des équations différentielles linéaires du second ordre $ay'' + by' + cy = 0$ (ou $= f(t)$) qui s'interprètent aussi bien en électricité avec pour y une charge, en mécanique avec pour y une longueur, etc.

Critique de Lebesgue, ou plaidoyer pour les grandeurs.

À l'opposé de l'importance des grandeurs chez les Grecs, la tentation de beaucoup de mathématiciens est de les occulter. Voilà ce que dit Henri Lebesgue (voir [L]) : *Ce sont les nombres qui, seuls, servent en mathématiques ; libre à chacun de surajouter à ces notions mathématiques des notions métaphysiques, mais celles-ci ne doivent pas intervenir dans l'enseignement.*

Forts de cette caution éminente, les programmes (des écoles, collèges et lycées) de 1970 ont évacué carrément les unités, disant sans vergogne qu'un même rectangle, pavé avec des carrés de côté a a pour aire 28 et que, pavé avec des carrés de côté $a/2$, il a pour aire 4×28, donc qu'il n'a pas même aire selon les unités ! En fait, il faut comprendre mesure et non pas aire : la grandeur (ici l'aire) a disparu.

La plupart des experts s'accordent aujourd'hui pour juger que cet ostracisme à l'égard des grandeurs était sans doute une erreur et les programmes actuels les ont remises à l'honneur. De fait, il y a plusieurs arguments en leur faveur :

• D'abord, les liens historiques très forts entre les notions de grandeur et de nombre font qu'il semble dommage de se priver de l'appui des grandeurs pour l'apprentissage des nombres. Cela vaut, en particulier, à l'école élémentaire.

• Ensuite, la notion de grandeur est essentielle pour les applications, en physique et ailleurs. En ce domaine, les changements d'unités sont indispensables (penser à la différence d'échelle entre la taille d'un atome et la distance terre-soleil) et il est donc essentiel de faire la différence entre une grandeur et ses mesures. Sur ce thème on réfléchira à la difficulté qu'ont eue beaucoup de nos concitoyens [17] à comprendre que ce n'est pas parce que le nombre d'euros que l'on paie est plus petit que le nombre de francs que l'objet est moins cher : c'est la grandeur qui importe et non sa mesure.

• Enfin, il y a des arguments didactiques sérieux en faveur de l'utilisation des grandeurs. Un exemple très étudié est celui des aires (voir [DPG], [PG], [MB]). Les arguments en faveur de la grandeur aire servant d'intermédiaire entre les objets et les nombres sont de plusieurs types :

– Une identification trop précoce de l'aire et du nombre conduit à des confusions de grandeurs (notamment aire et périmètre).

– Considérer l'aire comme un nombre conduit les élèves à appliquer des formules, quitte à les inventer (exemple : l'aire du parallélogramme est le produit des longueurs de ses côtés).

– Le concept d'aire aide les élèves à établir des relations entre le cadre géométrique et le cadre numérique.

F. LA PRATIQUE DE CE LIVRE

La plupart du temps, nous utiliserons dans la suite de ce livre les grandeurs : longueurs (notation AB), angles (notation $\widehat{\mathrm{BAC}}$), aires (notation $\mathscr{A}(\mathrm{X})$), volumes (notation $v(\mathrm{Y})$), plutôt que leurs mesures. Les quelques exceptions correspondront à des situations dans lesquelles une unité a été spécifiée. Dans ce cas nous utiliserons parfois, par abus de langage et pour éviter de répéter cent fois « la mesure de », la même notation pour la grandeur et sa mesure. Par exemple, il nous arrivera de parler d'un cercle de rayon 1, ou de dire que l'aire d'un carré du quadrillage est $n/100$, etc. Cela sera notamment le cas quand nous regarderons les aires (et surtout les volumes) comme des fonctions à valeurs réelles afin de calculer leurs dérivées. Mais c'est surtout avec les angles que nous commettrons le plus souvent cet abus de langage en disant que la somme des angles d'un triangle vaut π ou que l'angle du polygone régulier à n côtés est $2\pi/n$. Dans ce cas, la présence du nombre π est le signe infaillible que l'unité d'angle choisie est le radian.

Bibliographie

[Ars] Arsac G., *L'axiomatique de Hilbert et l'enseignement de la géométrie au collège et au lycée*, Aléas, 1998.

17. Et c'est pire encore en Italie, vu le cours de la lire !

[B] Bourbaki N., *Topologie, Chapitre V*, Hermann.

[CF] Cousin-Fauconnet A., *Enseigner la géométrie au collège*, A. Colin, 1995.

[DPG] Douady R. et Perrin-Glorian M.-J., *Aires de surfaces planes*, Petit x, numéros 6, p. 5-33 et numéro 8, p. 5-30, IREM de Grenoble, 1984-1985.

[E] Euclide, *Les éléments*, Traduction et présentation de Georges Kayas, Éd. du CNRS, 1978.

[Har] Hartshorne R., *Geometry : Euclid and beyond*, Springer, 2000.

[Hi] Hilbert D., *Les fondements de la géométrie*, Dunod, 1971.

[L] Lebesgue H., *La mesure des grandeurs*, Librairie A. Blanchard, Paris 1975.

[Li] Lion G., *Géométrie du plan*, Vuibert, 2001.

[MB] Moreira-Baltar P., *À propos de l'apprentissage du concept d'aire*, Petit x, numéro 43, p. 43-68, IREM de Grenoble, 1996.

[PG] Perrin-Glorian M.-J., *L'aire et la mesure*, Petit x, numéro 24, p. 5-36, IREM de Grenoble, 1990.

EXERCICES DU CHAPITRE 4

1. Triangle rectangle

136. Soit ABC un triangle rectangle en A et soit H le pied de la hauteur issue de A (en d'autres termes le projeté orthogonal de A sur (BC)). Montrer les égalités : $BA^2 = BH \times BC$, $CA^2 = CH \times CB$, $AH^2 = BH \times CH$. (On écrira ces égalités sous forme d'égalités de rapports que l'on interprétera comme des lignes trigonométriques (sinus, cosinus, etc.) de certains angles).

2. Cas d'isométrie

137. Soit ABC un triangle isocèle avec $AB = AC > BC$. On porte des points D et E sur (AB) et (BC) tels que $BD = CE = AB - BC$, avec B entre A et D et C entre B et E. Montrer que ADE est isocèle.

138. *a*) Soit ABC un triangle. On construit deux triangles rectangles isocèles ABC′ et ACB′ d'hypoténuses [AB] et [AC], à l'extérieur de ABC. Soit M le milieu de [BC]. Montrer que l'on a $B'M = C'M$ et $\widehat{B'MC'} = \pi/2$ (introduire les milieux N et P de [AC] et [AB]).

b) Soit ABCD un quadrilatère convexe quelconque. On construit à l'extérieur de ABCD quatre carrés bâtis sur les côtés de ABCD. Soient A', B', C', D' les centres de ces carrés (dans l'ordre). Montrer que l'on a $A'C' = B'D'$ et que ces droites sont perpendiculaires (on pourra utiliser *a*).

139. On considère un quadrilatère ABCD, de côtés [AB], [BC], [CD], [DA], croisé, et plus précisément tel que [BC] et [DA] se coupent en O, et dont les côtés opposés sont égaux : $AB = CD$ et $BC = AD$. Montrer qu'on a $OA = OC$ et $OB = OD$.

140. Soit ABCD un parallélogramme. On construit, à l'extérieur de ABCD les triangles équilatéraux ADP et ABQ. Montrer que PQC est équilatéral.

141. Sur la figure ci-contre, H, G, O sont respectivement l'orthocentre, le centre de gravité et le centre du cercle circonscrit du triangle ABC. Que peut-on dire du quadrilatère BHCA′ ? du point G pour le triangle AHA′ ? En déduire que H, G, O sont alignés et qu'on a $HG = 2GO$.

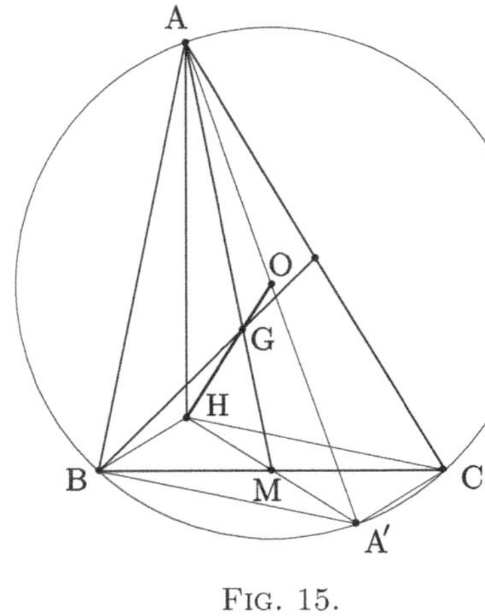

FIG. 15.

Chapitre 5
Polygones

Introduction, notations, rappels

A. INTRODUCTION

Ce chapitre poursuit plusieurs objectifs. En premier lieu, nous allons tenter de donner une définition précise de la notion de polygone, en faisant la distinction entre ligne polygonale et polygone. Il nous a semblé important, en pensant notamment à la formation des professeurs des écoles, de ne pas nous limiter, dans un premier temps, aux polygones convexes, mais de tolérer des lignes polygonales plus générales, celles que vont avoir envie de dessiner les enfants. Nous donnons ensuite plusieurs caractérisations des polygones convexes [1]. Le paragraphe suivant concerne les polygones réguliers dont nous donnons les principales propriétés. Nous étudions en particulier les isométries qui conservent les polygones réguliers, en introduisant à cette occasion la notion de groupe. Enfin, nous terminons par une étude des polygones croisés qui nous ramène à des problèmes d'arithmétique. Pour les constructions à la règle et au compas des polygones réguliers et notamment du pentagone, le lecteur se reportera au chapitre 6.

B. QUELQUES DÉFINITIONS

Dans tout ce qui suit on travaille dans un plan euclidien E.

Rappelons, voir chapitre 4, que chaque droite D de E partage le plan en deux **demi-plans**. Précisément, E s'écrit comme réunion disjointe $E = P_1 \cup P_2 \cup D$ où les P_i sont les demi-plans ouverts limités par D (le mot ouvert signifie que ces demi-plans ne contiennent pas leur frontière D). Les demi-plans fermés associés sont $\overline{P}_1 = P_1 \cup D$ et $\overline{P}_2 = P_2 \cup D$.

1. Certaines de ces caractérisations sont issues de suggestions des étudiants lors du cours oral de l'auteur. À ce propos, disons un mot sur les démonstrations. Les propriétés des polygones, même lorsqu'elles sont intuitivement évidentes, sont souvent délicates à démontrer avec toute la rigueur souhaitable. Notre opinion est que les preuves de ces propriétés ne sont pas vraiment essentielles, au moins dans un premier temps, dans la mesure où l'intuition géométrique, pourvu qu'elle s'appuie sur de nombreux dessins, est rarement en défaut dans ce type de sujet. Nous les avons donc renvoyées en annexe pour les étudiants curieux ou les professeurs angoissés.

Exemples 0.1. Si une droite D est définie, dans un repère orthonormé, par une équation $ax + by + c = 0$ les demi-plans ouverts (resp. fermés) limités par D sont définis par les équations $ax + by + c < 0$ et $ax + by + c > 0$ (resp. $ax + by + c \leqslant 0$ et $ax + by + c \geqslant 0$).

Définition 0.2. *Une partie* F *de* E *est dite* **convexe** *si lorsqu'elle contient deux points* A *et* B *elle contient tout le segment* [AB].

Exemples 0.3. Un demi-plan est convexe. Une intersection de convexes (par exemple de demi-plans) est encore convexe. L'intérieur d'un disque est convexe.

Une notion plus générale est celle de partie **connexe**. Intuitivement, il s'agit des parties qui sont « en un seul morceau ». Une condition suffisante de connexité est la suivante : F est connexe si étant donnés deux points A et B de F il existe une ligne brisée (et non plus un segment), contenue dans F, qui relie A et B.

Exemples 0.4. Toute partie convexe est connexe. Une couronne circulaire est connexe mais non convexe.

Définition 0.5. *Si* A *est une partie de* E *et si* M *est un point de* A, *on dit que* M *est intérieur à* A *s'il existe un disque de centre* M *entièrement contenu dans* A. *L'ensemble des points intérieurs à* A *est noté* $\mathring{A}$. *On dit qu'un point* M *de* E *est un point frontière de* A *si, au contraire, tout disque centré en* M *rencontre à la fois* A *et son complémentaire.*

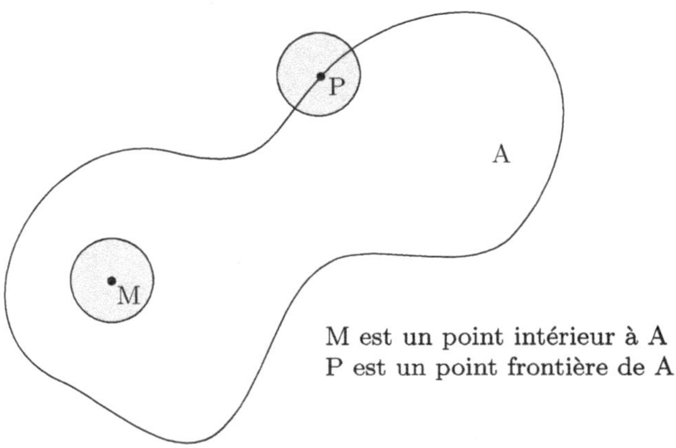

FIG. 16.

Exemples 0.6. Le lecteur se convaincra que pour les parties usuelles ce sont bien les notions intuitives. Par exemple, la frontière d'un demi-plan fermé défini par une droite D est la droite D et l'intérieur est le demi-plan ouvert. L'intérieur d'un disque est le disque ouvert (sans le cercle) et sa frontière est le cercle.

1. Polygones

Donner une définition de la notion de polygone n'est pas chose évidente. Même si l'on pense au cas du polygone le plus simple, le triangle, il y a déjà trois notions qui cohabitent. En effet, on peut considérer un triangle comme la donnée de ses sommets (trois points), de ses côtés (trois segments), ou du triangle plein (intérieur et côtés compris). Il y a là trois notions, différentes, mais qui, dans ce cas, reviennent au même, ce qui fait que la plupart des abus de langage sont inoffensifs. En effet, si l'on se donne les sommets, on obtient les côtés comme les segments qui les joignent et, réciproquement, les sommets sont les extrémités des côtés. Si on se donne les côtés, on obtient le triangle plein comme réunion des segments joignant les points des côtés. À l'inverse, si le triangle plein T est donné, on retrouve la réunion des côtés comme la frontière de T. Dans le cas des quadrilatères déjà, les choses ne sont plus aussi simples, voir 1.11 ci-dessous.

Dans ce qui suit on a choisi de réserver, la plupart du temps, le nom de polygone à des parties pleines, intérieur compris et on appellera ligne polygonale la réunion des côtés d'un polygone (son squelette, en quelque sorte). On fera cependant une exception à cette règle au § 3 à propos des polygones croisés. Cependant, même s'il est important de faire cette distinction sur le plan mathématique, il faut être bien conscient que dans la pratique (et notamment celle de l'école élémentaire) on appelle souvent polygone ce que nous appelons ici ligne polygonale.

A. LIGNES POLYGONALES

Définition 1.1. *Soit n un entier $\geqslant 2$ et soient $\mathrm{A}_1, \mathrm{A}_2, \ldots, \mathrm{A}_n$, n points de* E *tels que $\mathrm{A}_i \neq \mathrm{A}_{i+1}$ pour $i = 1, \ldots, n-1$ et $\mathrm{A}_n \neq \mathrm{A}_1$. La* **ligne polygonale fermée** *$\mathscr{L} = (\mathrm{A}_1\mathrm{A}_2\ldots\mathrm{A}_n)$ définie par les A_i est la suite des n segments $[\mathrm{A}_1\mathrm{A}_2]$, $[\mathrm{A}_2\mathrm{A}_3]$, …, $[\mathrm{A}_{n-1}\mathrm{A}_n]$, $[\mathrm{A}_n\mathrm{A}_1]$, pris dans cet ordre. Ces segments sont les* **côtés** *de $\mathscr{L}$ et les points A_i sont ses* **sommets**.

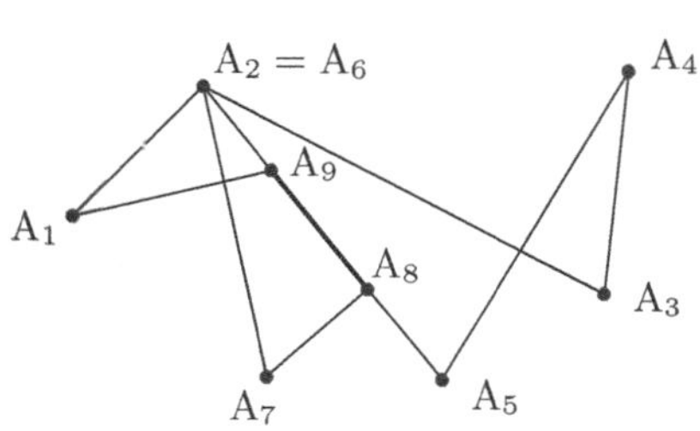

FIG. 17.

Remarques 1.2. 1) On a ici la notion la plus générale de ligne polygonale fermée.

Elle va mener aux notions de polygones convexes, concaves ou croisés. Dans un premier temps, on ne suppose pas que les A_i sont tous distincts : la ligne peut repasser par certains de ses points. Elle peut même faire un aller-retour entre deux points ou emprunter plusieurs fois un même segment (fig. 17).

2) Pour éviter des distinctions fastidieuses entre les segments de la forme $[A_iA_{i+1}]$ (avec $1 \leqslant i \leqslant n-1$) et le segment $[A_nA_1]$ nous utiliserons la convention suivante : nous noterons A_i (pour $i \in \mathbf{Z}$) l'unique point A_j avec $j \in \{1, 2, \dots, n\}$ et $j \equiv i \pmod{n}$. Par exemple, A_{n+1} n'est autre que A_1 et A_0 est un autre nom pour A_n. Avec cette convention, on appelle sommets (resp. côtés) **consécutifs** de $\mathscr{L}$ les sommets A_i et A_{i+1} (resp. les côtés $[A_{i-1}A_i]$ et $[A_iA_{i+1}]$) pour $i \in \mathbf{Z}$.

3) On considère souvent comme identiques des lignes polygonales fermées qui ne diffèrent que par le point de départ comme $(A_1A_2 \dots A_n)$ et $(A_2A_3 \dots A_nA_1)$ ou par le sens de parcours comme $(A_1A_2 \dots A_n)$ et $(A_nA_{n-1} \dots A_1)$.

4) Nous n'irons pas plus avant sur ces lignes polygonales générales. Notons toutefois qu'on peut définir intérieur et extérieur pour ces lignes, voir 4.4 ci-dessous.

B. POLYGONES

Nous passons maintenant à la définition des polygones (qui vont être convexes ou concaves, mais pas croisés).

Définition 1.3. *On dit qu'une ligne polygonale fermée $\mathscr{L} = (A_1 \dots A_n)$ est* **simple** *si elle vérifie la propriété suivante : si deux côtés de $\mathscr{L}$ se rencontrent, alors ce sont deux côtés consécutifs, $[A_{i-1}A_i]$ et $[A_iA_{i+1}]$, et leur intersection est réduite au sommet A_i.*

Attention, quand on dit que les côtés $[A_iA_{i+1}]$ et $[A_jA_{j+1}]$ se rencontrent, cela signifie qu'ils ont en commun un point (au moins) qui peut être intérieur à chacun, ou sommet de l'un et intérieur de l'autre, ou sommet de chacun. Cela englobe aussi le cas où les segments ont une portion commune (fig. 17). Dans une ligne polygonale simple, tous ces phénomènes sont prohibés. Une ligne polygonale non simple sera aussi appelée **croisée**. On notera qu'une ligne polygonale simple admet au moins trois sommets non alignés.

Proposition-définition 1.4. *Soit $\mathscr{L} = (A_1 \dots A_n)$ une ligne polygonale simple. Alors cette ligne partage le plan en deux régions. Ces deux régions sont des parties connexes. L'une de ces régions, notée $\mathring{P}$ et dite intérieure, est bornée, l'autre, notée $\mathscr{E}$ et dite extérieure, est non bornée. La ligne*

$\mathscr{L}$ est la frontière de chacune des deux régions. La réunion $P = \mathring{P} \cup \mathscr{L}$ de la région intérieure et de la ligne $\mathscr{L}$ est le **polygone** *délimité par $\mathscr{L}$. On notera $A_1A_2 \ldots A_n$ le polygone P. Les segments $[A_iA_{i+1}]$ sont encore appelés côtés de P et les points A_i sont ses sommets*[2].

Cette proposition signifie qu'on peut relier par une ligne brisée deux points de la région intérieure (resp. de la région extérieure) sans traverser $\mathscr{L}$ mais qu'en revanche on ne peut passer de l'intérieur à l'extérieur sans franchir $\mathscr{L}$ (fig. 18). Tout cela peut sembler bien naturel, mais contrairement aux apparences, cette proposition n'est pas évidente. C'est un cas particulier d'un célèbre théorème de Camille Jordan et nous en donnons une démonstration en 4.7.

Nous admettrons aussi que les deux régions sont caractérisées par le lemme suivant, cf. 4.4 :

Lemme 1.5. *Soit M un point du plan non situé sur $\mathscr{L}$. Le point M est dans si toute demi-droite δ issue de M qui ne passe par aucun sommet de $\mathscr{L}$ coupe $\mathscr{L}$ en un nombre impair de points (resp. un nombre pair de points).*

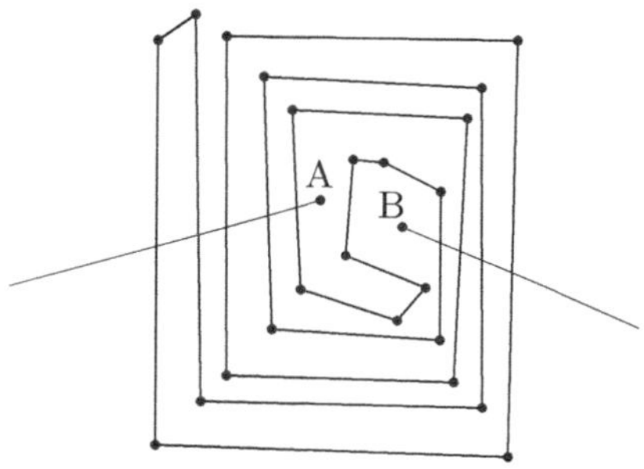

A est intérieur, B est extérieur
FIG. 18.

Nous pouvons définir maintenant les angles d'un polygone. En effet, comme les points A_{i-1}, A_i, A_{i+1} sont supposés non alignés (voir note précédente), les demi-droites $[A_iA_{i-1})$ et $[A_iA_{i+1})$ définissent deux secteurs de sommet A_i, l'un saillant, l'autre rentrant, voir chapitre 4. Si on considère un disque D de centre A_i, les secteurs en question partagent ce disque en deux régions, et, si D est assez petit, l'une de ces régions est contenue dans l'intérieur de P, l'autre dans l'extérieur.

Définition 1.6. *Soit $P = A_1A_2 \ldots A_n$ un polygone. Le secteur défini par P en A_i est celui des deux secteurs qui est contenu dans l'intérieur de P (pourvu qu'on se restreigne à un disque assez petit). L'angle de ce secteur est l'angle du polygone en A_i. On le note $\widehat{A_{i-1}A_iA_{i+1}}$.*

Attention, en général un polygone peut avoir des angles saillants et des angles rentrants (fig. 19). Nous verrons toutefois que pour un polygone convexe il n'y a que des angles saillants.

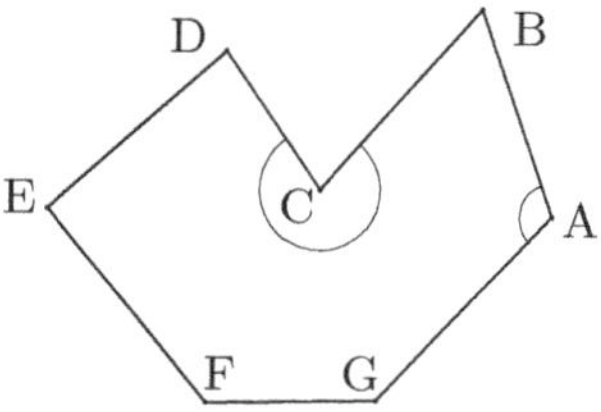

FIG. 19.

2. Pour éviter de nombreux ennuis, nous supposerons désormais que trois sommets consécutifs A_{i-1}, A_i et A_{i+1} ne sont jamais alignés.

C. POLYGONES CONVEXES

Si P est le polygone défini par une ligne polygonale simple $\mathscr{L}$ comme expliqué en 1.4, il est **convexe**, selon la définition 0.2, si pour tous $A, B \in P$, le segment $[AB]$ est tout entier contenu dans P. Si P n'est pas convexe, on dit qu'il est **concave**.

La définition ci-dessus, si elle est inattaquable sur le plan théorique, est bien peu commode dans la pratique. Dans ce qui suit nous allons donner un certain nombre d'autres caractérisations des polygones convexes. Les démonstrations des résultats qui suivent sont soit en annexe soit en exercice.

Critères de convexité pour les lignes polygonales simples.

Voici d'abord une série de critères qui valent lorsqu'on part d'une ligne polygonale simple :

Proposition 1.7. *Soit $\mathscr{L} = (A_1 \dots A_n)$ une ligne polygonale simple et soit $P = A_1 \dots A_n$ le polygone associé. Les conditions suivantes sont équivalentes :*

i) Le polygone P est convexe.

ii) Pour tous points A, B de $\mathscr{L}$, on a $[AB] \subset P$.

iii) Pour tous $i, j = 1, \dots, n$, on a $[A_iA_j] \subset P$.

iv) Pour tout point $O \in \mathring{P}$ et toute demi-droite δ issue de O, δ coupe $\mathscr{L}$ en un unique point.

v) Les angles de P sont tous saillants.

vi) Aucun sommet n'est dans le triangle formé par trois autres sommets[3].

Critères de convexité pour les lignes polygonales fermées quelconques.

L'avantage du résultat suivant (critère des côtés) est qu'il dispense de vérifier la simplicité de la ligne :

Théorème 1.8. *Soit $\mathscr{L} = (A_1 \dots A_n)$ une ligne polygonale fermée avec $n \geqslant 3$. On suppose que la condition suivante est réalisée :*

(C) *Pour chaque $i = 1, \dots, n$ tous les sommets autres que A_i et A_{i+1} sont dans un même demi-plan ouvert P_i limité par (A_iA_{i+1}).*

Alors, la ligne polygonale $\mathscr{L}$ est simple et le polygone P qu'elle détermine est convexe. De plus, P est égal aux deux ensembles suivants :

1) *la réunion P' de tous les segments [MN] où M et N sont des points de $\mathscr{L}$,*

2) *l'intersection P'' des demi-plans fermés $\overline{P_i}$.*

---

3. Ce critère nous a été proposé par Philippe Daudin, élève de la promotion 2003-2004 de la licence pluridisciplinaire.

Dans le cas $n = 3$, qui est celui du triangle, le polygone P est toujours convexe. Pour $n \geqslant 4$ on a, à l'inverse de 1.8, le critère suivant (on appelle **diagonale** un segment $[A_iA_j]$ joignant deux sommets non consécutifs de $\mathscr{L}$).

Proposition 1.9. *Soit* $\mathscr{L} = (A_1 \ldots A_n)$ *une ligne polygonale fermée avec* $n \geqslant 4$. *On suppose que la condition suivante est réalisée :*

(C′) *Pour tout couple* (A_i, A_j) *de sommets distincts non consécutifs, la droite* (A_iA_j) *sépare les sommets de* $\mathscr{L}$*, ce qui signifie que les sommets de* $\mathscr{L}$ *autres que* A_i *et* A_j *ne sont pas sur* (A_iA_j) *et ne sont pas tous dans le même demi-plan limité par* (A_iA_j).

Alors, $\mathscr{L}$ *est simple et le polygone* P *associé est convexe.*
Réciproquement, un polygone convexe vérifie la condition (C′).

On a enfin le joli critère suivant :

Proposition 1.10 (Critère d'Anaïs) [4]**.** *Soit* $\mathscr{L} = (A_1 \ldots A_n)$ *une ligne polygonale fermée simple avec* $n \geqslant 3$ *et soit* P *le polygone associé. Alors,* P *est convexe si et seulement si « on ne peut pas faire d'autre polygone à partir des sommets de* $\mathscr{L}$ *». Cela signifie que si* $\mathscr{L}'$ *est une ligne polygonale joignant les mêmes sommets mais « différente de* $\mathscr{L}$ *» au sens où l'un des côtés de* $\mathscr{L}'$ *est une diagonale de* $\mathscr{L}$*, alors* $\mathscr{L}'$ *est croisée.*

Le cas des quadrilatères.

La proposition suivante découle de 1.9 :

Proposition 1.11. *Soit* Q = ABCD *un quadrilatère (c'est-à-dire une ligne polygonale à 4 sommets). Alors,* Q *est convexe si et seulement si ses diagonales* [AC] *et* [BD] *se coupent.*

Remarques 1.12. 1) Pour $n \geqslant 6$ les diagonales d'un polygone convexe ne se coupent plus nécessairement.

2) Soient A, B, C, D quatre points du plan. On suppose que trois d'entre eux ne sont pas alignés. On peut alors, à partir de ces points fabriquer trois lignes polygonales « vraiment différentes » à savoir ABCD, ACBD et ABDC. En fait, il y a *a priori* 24 lignes polygonales, mais elles se déduisent des précédentes ainsi : à partir de ABCD par exemple on obtient quatre lignes en changeant d'origine (ABCD, BCDA, CDAB, DABC) et quatre en changeant de sens de parcours (DCBA, CBAD, BADC et ADCB). Il y a alors deux cas de figure qui illustrent le critère d'Anaïs (fig. 20, en haut).

a) Ou bien l'un des points (disons D) est à l'intérieur du triangle formé par les trois autres. Dans ce cas, les trois lignes polygonales ABCD, ACBD et ABDC sont toutes simples mais définissent trois polygones concaves distincts.

4. Anaïs Le Bec, élève de la promotion 2000-2001 de la licence pluridisciplinaire.

b) Ou bien aucun des points n'est dans le triangle formé par les autres. Dans ce cas l'une des lignes polygonales (disons ABCD) est simple et définit un polygone convexe, mais les autres (ACBD et ABDC) sont croisées.

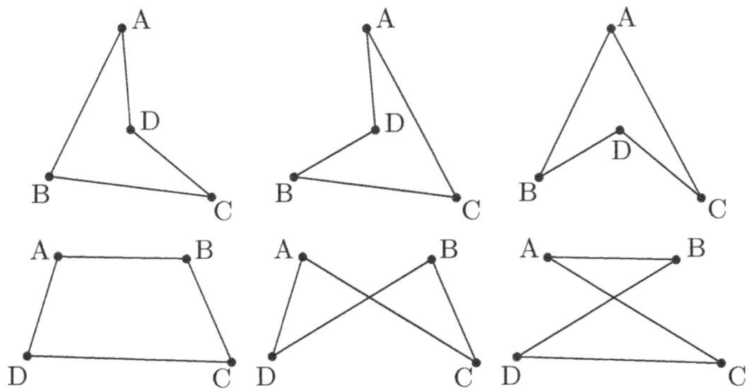

FIG. 20.

D. SOMME DES ANGLES D'UN POLYGONE

Proposition 1.13. *Soit* $P = A_1 \dots A_n$ *un polygone (pas nécessairement convexe) à n côtés. La somme des angles*[5] *de* P *est égale à* $(n-2)\pi$.

Démonstration. Nous donnons ici une preuve dans le cas convexe. Pour le cas général, voir 4.17.

On prend un point M à l'intérieur de P. Alors P est réunion des n triangles $A_iA_{i+1}M$ pour $i = 1, \dots, n$. En effet, si N est un autre point de P, comme M est intérieur, la demi-droite [MN) coupe $\mathscr{L}$ en un point (voir 1.5), donc elle coupe un côté $[A_iA_{i+1}]$ et N est alors dans le triangle $A_iA_{i+1}M$.

De plus, ces triangles n'ont pas de point commun autre que M, sauf si ce sont deux triangles consécutifs $A_{i-1}A_iM$ et $A_iA_{i+1}M$, auquel cas ils ont MA_i en commun. En effet, si N était commun aux deux triangles la demi-droite [MN) couperait les deux côtés $[A_{i-1}A_i]$ et $[A_iA_{i+1}]$ ce qui contredirait 1.7 *iv*.

Comme la somme des angles d'un triangle vaut π, la somme des angles des n triangles est $n\pi$. Or, cette somme est la somme des angles de P, plus la somme des angles en M des triangles. Mais cette somme vaut 2π (on le vérifie en traçant un disque de centre M contenu dans P qui est recouvert sans chevauchement par les triangles). On en déduit le résultat.

5. Comme il a été dit, il est plus correct de parler de la somme des mesures (en radians) des angles.

2. Polygones réguliers

A. DÉFINITION

Il y a plusieurs définitions possibles d'un polygone régulier, nous en donnons trois équivalentes :

Théorème et définition 2.1. *Soit* $P = A_1 \ldots A_n$ *un polygone convexe à* n *côtés. Les propriétés suivantes sont équivalentes :*

1) *Tous les côtés de* P *sont égaux et tous ses angles sont égaux.*

2) *Tous les côtés de* P *sont égaux et tous ses sommets sont situés sur un cercle.*

3) *Tous les sommets de* P *sont situés sur un cercle (de centre* O*) et tous les angles au centre* $\widehat{A_iOA_{i+1}}$ *pour* $i = 1, \ldots n$ *sont égaux.*

On dit que P *est* **régulier** *s'il vérifie l'une de ces propriétés. Le cercle contenant les sommets de* P *est appelé cercle circonscrit à* P *et son centre* O *est appelé centre de* P *(mais, si* n *est impair, ce n'est pas un centre de symétrie, voir 2.9.3).*

Démonstration. Nous donnons deux démonstrations de l'équivalence de 1) et 2), l'une en utilisant les transformations, l'autre en utilisant les cas d'isométrie des triangles. Le lecteur choisira celle qu'il préfère.

Par les transformations.

Montrons 1) $\Longrightarrow$ 2) (fig. 21). Considérons 4 sommets consécutifs A_{i-1}, A_i, A_{i+1} et A_{i+2}. Nous allons montrer qu'ils sont cocycliques. On en déduira par récurrence que tous les points sont sur le cercle circonscrit à $A_1A_2A_3$.

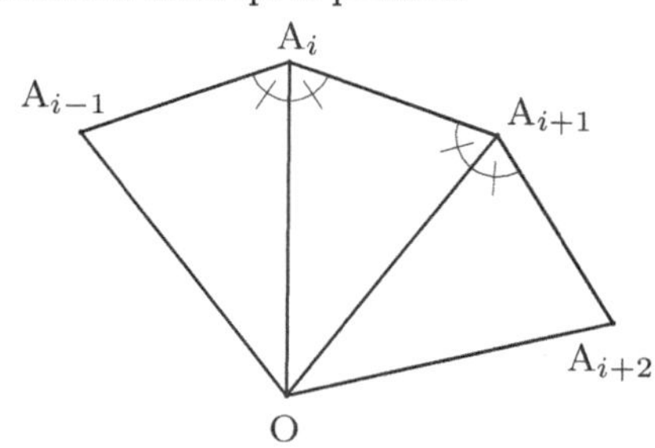

FIG. 21.

Les bissectrices intérieures des angles $\widehat{A_i}$ et $\widehat{A_{i+1}}$ se coupent[6] en O.

Comme les angles de P sont égaux, le triangle OA_iA_{i+1} est isocèle. On a donc $OA_i = OA_{i+1}$. Par définition de la bissectrice, la symétrie d'axe (OA_i) transforme la demi-droite $[A_iA_{i-1})$ en $[A_iA_{i+1})$. Comme A_i est sur l'axe de symétrie et que les longueurs A_iA_{i-1} et A_iA_{i+1} sont égales, le point A_{i-1} est transformé en A_{i+1}. On a donc $OA_{i-1} = OA_{i+1}$. Le même raisonnement montre qu'on a $OA_i = OA_{i+2}$, de sorte que les 4 points sont sur le même cercle de centre O.

Montrons 2) $\Longrightarrow$ 1) (fig. 22). On suppose que les sommets sont sur un cercle Γ de centre O. Considérons encore 4 sommets consécutifs A_{i-1}, A_i, A_{i+1} et A_{i+2}. Nous allons montrer que les angles en A_i et A_{i+1} sont égaux ce qui montrera 1) par récurrence.

6. Cela résulte de la convexité de P, comme le lecteur s'en convaincra.

Soit Δ la médiatrice de $[A_iA_{i+1}]$. Dans la symétrie σ par rapport à Δ, les points A_i et A_{i+1} s'échangent. Montrons qu'on a aussi $\sigma(A_{i-1}) = A_{i+2}$. En effet, $\sigma(A_{i-1})$ est sur Γ (car Γ est invariant par σ) et on a $A_{i+1}\sigma(A_{i-1}) = A_iA_{i-1}$ car σ conserve les distances. Mais, comme les côtés de P sont égaux, cela impose $\sigma(A_{i-1}) = A_{i+2}$ ($\sigma(A_{i-1}) \neq A_i$ car $A_{i-1} \neq A_{i+1}$) et, comme σ conserve les angles non orientés, on en déduit l'égalité des angles en A_i et A_{i+1}.

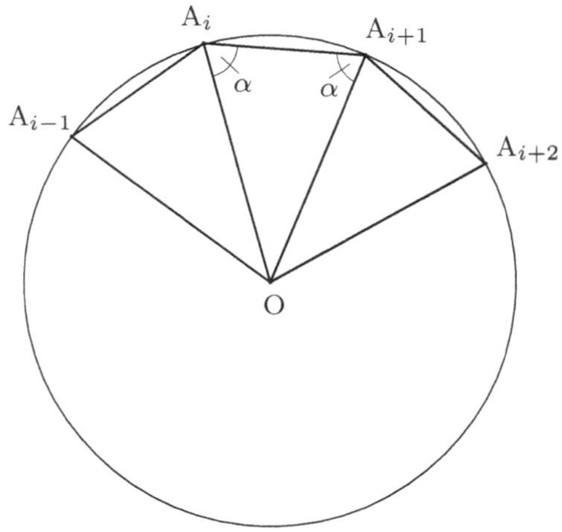

FIG. 22.

Par les cas d'isométrie.

Montrons 1) $\Longrightarrow$ 2). Le début de la démonstration est identique jusqu'à l'assertion $OA_i = OA_{i+1}$. Il suffit de montrer qu'on a $OA_i = OA_{i-1}$ et $OA_{i+1} = OA_{i+2}$. On considère les triangles OA_iA_{i-1} et OA_iA_{i+1}. Ils ont en commun le côté OA_i et les longueurs A_iA_{i+1} et A_iA_{i-1} sont égales par hypothèse. Enfin les angles en A_i de ces triangles sont égaux puisque OA_i est bissectrice de l'angle du polygone. On en déduit, par le premier cas d'isométrie, que les triangles sont isométriques et on a donc $OA_i = OA_{i-1}$. L'autre démonstration est identique.

Montrons 2) $\Longrightarrow$ 1). Là encore le début de la preuve est identique. On note que le triangle OA_iA_{i+1} est isocèle (car $OA_i = OA_{i+1}$), donc ses angles à la base sont égaux. Appelons α ces angles. On considère ensuite les triangles OA_iA_{i-1} et OA_iA_{i+1}. Ils ont en commun le côté OA_i, les longueurs A_iA_{i+1} et A_iA_{i-1} sont égales par hypothèse et, de plus, on a $OA_{i-1} = OA_{i+1}$ car les points sont tous sur le cercle Γ. En vertu du troisième cas d'isométrie, les triangles sont isométriques et ont pour angles à la base α. Le même raisonnement montre que le triangle isocèle

$OA_{i+1}A_{i+2}$ a lui aussi des angles α à la base, de sorte que les angles en A_i et A_{i+1} du polygone sont tous deux égaux à 2α.

Il reste à montrer l'équivalence de 2) et 3). C'est très facile avec les cas d'isométrie. En effet, si on a 2), les triangles $OA_{i-1}A_i$ et OA_iA_{i+1} sont isométriques (trois côtés égaux), donc leurs angles en O sont égaux. Inversement, si on a 3), les mêmes triangles sont isométriques par le premier cas d'isométrie, donc leurs côtés $A_{i-1}A_i$ et A_iA_{i+1} sont égaux.

Remarque 2.2. Attention, un polygone qui a tous ses sommets sur un cercle et tous ses angles égaux n'est pas nécessairement régulier comme le montre l'exemple d'un rectangle (un rectangle est bien inscrit dans un cercle). Voir aussi l'exercice **155**.

B. PROPRIÉTÉS MÉTRIQUES DES POLYGONES RÉGULIERS

Voici quelques formules utiles sur les polygones réguliers.

Proposition 2.3. *Soit* $P = A_1 \dots A_n$ *un polygone régulier convexe à* n *côtés, de centre* O *et soit* R *le rayon du cercle circonscrit. Soit* M_i *le milieu du côté* $[A_iA_{i+1}]$. *On a les propriétés suivantes :*

1) *Les angles de* P *sont tous égaux à* $\dfrac{(n-2)\pi}{n}\cdot$

2) *Les angles au centre* $\widehat{A_iOA_{i+1}}$ *sont tous égaux à* $\dfrac{2\pi}{n}\cdot$

3) *Les côtés de* P *ont pour longueur* $2R\sin\dfrac{\pi}{n}\cdot$

4) *Les distances* OM_i *pour* $i = 1, \dots, n$ *sont toutes égales à* $r = R\cos\dfrac{\pi}{n}\cdot$ *Cette longueur est* **l'apothème** *de* P. *Pour tout* i, *le cercle* Γ' *de centre* O *et de rayon* r *est tangent au côté* $[A_iA_{i+1}]$ *en* M_i. *C'est le cercle inscrit dans* P.

5) *L'aire* $\mathscr{A}$ *de* P *est égale à* $n\sin\dfrac{\pi}{n}\cos\dfrac{\pi}{n}R^2$. *Le périmètre* p *de* P *est égal à* $2nR\sin\dfrac{\pi}{n}\cdot$ *On a* $\mathscr{A} = \frac{1}{2}rp$.

Démonstration. Le premier point résulte de 1.13 et de la définition de régulier. Pour le second, comme les sommets sont sur un cercle de centre O, le triangle OA_iA_{i+1} est isocèle. Comme OA_i est bissectrice de $\widehat{A}_i$, les angles à la base de OA_iA_{i+1} sont tous deux égaux à la moitié des angles de P et on a donc $\widehat{O} = \pi - \dfrac{(n-2)\pi}{n} = \dfrac{2\pi}{n}\cdot$

Les points 3) et 4) sont évidents en considérant le triangle isocèle OA_iA_{i+1} dont OM_i est la hauteur-bissectrice et en utilisant 2). Comme $[A_iA_{i+1}]$ est perpendiculaire à OM_i on voit que le cercle Γ' est bien tangent aux côtés de P.

Enfin le calcul d'aire résulte de la formule *base* $\times$ *hauteur*/ 2, voir chapitre 7.

C. ISOMÉTRIES CONSERVANT UN POLYGONE RÉGULIER

Définition 2.4. *Soit* A *une partie de* E *et soit* u *une isométrie. On dit que* u **conserve** A *(ou laisse stable globalement* A*) si on a* $u(\mathrm{A}) = \mathrm{A}$*. On dit que* u **fixe** A *si on a, pour tout* $a \in \mathrm{A}$, $u(a) = a$.

Exemple 2.5. Si u est une translation de vecteur $\vec{v}$, u conserve toute droite parallèle à $\vec{v}$ (mais ne fixe aucun point). Si u est la symétrie par rapport à une droite Δ, u fixe la droite Δ et laisse stable les droites perpendiculaires à Δ.

Dans ce qui suit nous allons déterminer les isométries qui laissent stable un polygone régulier P. On a déjà le lemme suivant :

Lemme 2.6. *Soit* u *une isométrie de* E *qui conserve le polygone régulier* P *de centre* O.

1) *L'image par* u *d'un sommet (resp. d'un côté) de* P *est un sommet (resp. un côté).*

2) *On a* $u(\mathrm{O}) = \mathrm{O}$*, de sorte que* u *est soit une symétrie d'axe passant par* O *soit une rotation de centre* O *(voir chapitre 4).*

Démonstration. 1) On note d'abord que les sommets sont caractérisés par le fait que ce sont les seuls points de P qui ne sont jamais dans l'intérieur d'un segment [BC] avec $\mathrm{B}, \mathrm{C} \in \mathrm{P}$, voir exercice **148**. On remarque ensuite que si u laisse stable P il en est de même de u^{-1}. Si un sommet A s'envoie sur un point A′ de P qui n'est pas un sommet, il existe $\mathrm{B}', \mathrm{C}' \in \mathrm{P}$ avec $\mathrm{A}' \in]\mathrm{B}'\mathrm{C}'[$. Mais alors, si on pose $\mathrm{B} = u^{-1}(\mathrm{B}')$ et $\mathrm{C} = u^{-1}(\mathrm{C}')$, on a $\mathrm{B}, \mathrm{C} \in \mathrm{P}$ et $\mathrm{A} \in]\mathrm{BC}[$ ce qui est absurde.

2) Soit Γ le cercle circonscrit à P, de centre O. Choisissons trois sommets $\mathrm{A}_i, \mathrm{A}_j, \mathrm{A}_k$ de P. Ces points ne sont pas alignés, de sorte que Γ est le cercle circonscrit au triangle $\mathrm{A}_i\mathrm{A}_j\mathrm{A}_k$. L'isométrie u transforme Γ en un cercle $u(\Gamma)$, de centre $u(\mathrm{O})$, qui passe par les points $u(\mathrm{A}_i)$, $u(\mathrm{A}_j)$, $u(\mathrm{A}_k)$; $u(\Gamma)$ est donc le cercle circonscrit au triangle formé par ces points. Mais, comme u conserve P, ces points sont d'autres sommets de P par 1) et donc on a $u(\Gamma) = \Gamma$ et $u(\mathrm{O}) = \mathrm{O}$.

Nous déterminons maintenant les symétries axiales qui conservent P :

Proposition 2.7. *Soit* $\mathrm{P} = \mathrm{A}_1 \ldots \mathrm{A}_n$ *un polygone régulier, soit* Γ *le cercle circonscrit à* P *et soit* O *son centre.*

1) *Les* n *symétries par rapport aux médiatrices des côtés* $[\mathrm{A}_i\mathrm{A}_{i+1}]$ $(i = 1, \ldots, n)$ *conservent* P.

2) *Les* n *symétries par rapport aux droites* $[\mathrm{OA}_i]$*, c'est-à-dire par rapport aux bissectrices des angles* $\widehat{\mathrm{A}_i}$ $(i = 1, \ldots, n)$ *conservent* P.

Démonstration. 1) Soit Δ la médiatrice de $[\mathrm{A}_i\mathrm{A}_{i+1}]$ et σ la symétrie par rapport à Δ. On a vu dans la preuve de 2.1 qu'on a $\sigma(\mathrm{A}_i) = \mathrm{A}_{i+1}$ et

$\sigma(A_{i-1}) = A_{i+2}$. Le même argument permet de montrer par récurrence sur k qu'on a $\sigma(A_{i-k}) = A_{i+k+1}$ pour $k = 0, \ldots, n-1$, avec la convention de 1.2.2. On notera qu'il y a deux cas selon la parité de n. Si n est pair, $n = 2p$, aucun des sommets de P n'est fixé par σ. En revanche, si $n = 2p+1$ on a $\sigma(A_{i-p}) = A_{i+p+1}$, mais, comme $i - p \equiv i + p + 1 \pmod{n}$, on a $A_{i-p} = A_{i+p+1}$ et ce sommet est fixe.

2) Soit Δ la droite OA_i et σ la symétrie par rapport à Δ. Là encore on a vu dans la démonstration de 2.1 qu'on a $\sigma(A_i) = A_i$ et $\sigma(A_{i-1}) = A_{i+1}$. Comme σ conserve les longueurs et laisse invariant Γ on en déduit, par récurrence sur k, qu'on a $\sigma(A_{i-k}) = A_{i+k}$ pour $k = 1, \ldots, n-1$ (toujours avec la même convention). Il y a deux cas selon la parité de n. Si $n = 2p$ il y a un autre sommet invariant, à savoir $A_{i-p} = A_{i+p}$. Si n est impair, A_i est l'unique sommet invariant.

Remarque 2.8. Attention, même s'il peut y avoir n axes de symétries du type médiatrice et n du type bissectrice, il n'y a pas $2n$ axes de symétrie en tout mais n seulement. La proposition suivante fait précisément le bilan des axes et centre de symétrie (fig. 23 et 24) :

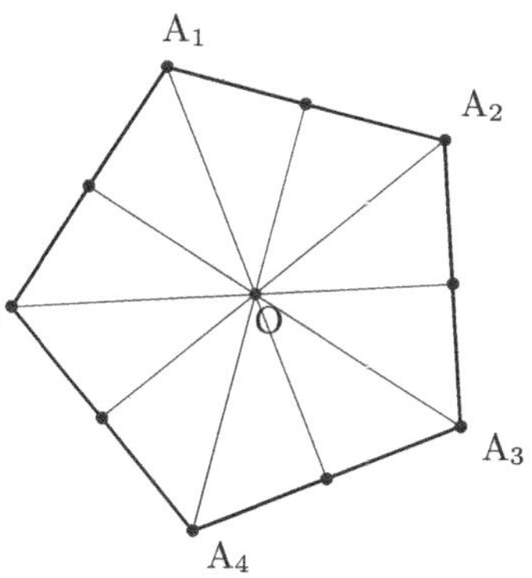

Axes de symétrie
du pentagone régulier

FIG. 23.

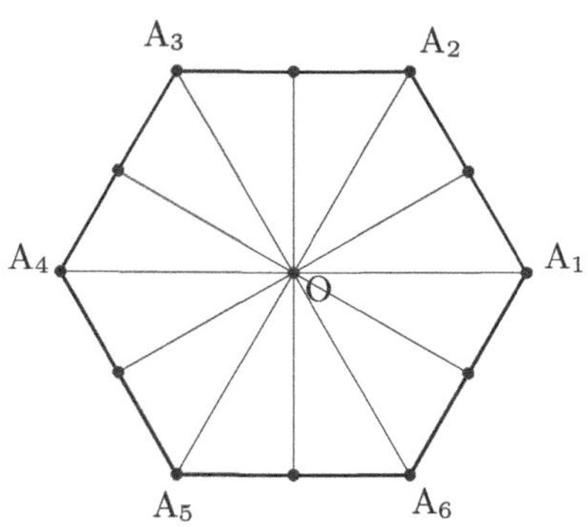

Axes de symétrie
de l'hexagone régulier

FIG. 24.

Proposition 2.9. *Soit* $P = A_1 \ldots A_n$ *un polygone régulier et* O *le centre du cercle circonscrit.*

1) *Le polygone* P *admet exactement* n *axes de symétrie.*

2) *Si* n *est pair,* $n = 2p$*, le point* O *est centre de symétrie. La médiatrice du côté* $[A_iA_{i+1}]$ *est aussi médiatrice du côté* $[A_{i+p}A_{i+p+1}]$*. La droite* OA_i*, bissectrice de l'angle* $\widehat{A_i}$ *est aussi bissectrice de* $\widehat{A_{i+p}}$*. Les axes de symétries sont les* p *médiatrices et les* p *bissectrices.*

3) *Si* n *est impair,* $n = 2p+1$*, le point* O *n'est pas centre de symétrie,*

la médiatrice du côté $[A_iA_{i+1}]$ *est aussi bissectrice de l'angle* $\widehat{A_{i-p}}$. *Les* n *axes de symétries sont les* n *médiatrices-bissectrices.*

Démonstration. La description des axes indiqués ci-dessus résultant de 2.7, il reste à montrer qu'il n'y a pas d'autre axe de symétrie que ceux vus dans 2.7. Soit Δ une droite et supposons que la symétrie σ par rapport à Δ laisse P invariant. On a vu que le centre O du cercle circonscrit à P est invariant par σ, de sorte que Δ passe par O. Comme O est un point intérieur à P la droite Δ coupe la ligne polygonale $\mathscr{L}$ en deux points. Soit M l'un de ces points. Si M est l'un des sommets, Δ est l'une des droites OA_i, bissectrice d'un angle de P. Sinon, M est sur un côté $[A_iA_{i+1}]$. Comme M est fixe par Δ, et comme σ conserve P, le côté en question est transformé en un côté de P qui contient M, donc en lui-même. Les sommets A_i et A_{i+1} sont donc fixés ou échangés par σ. Le premier cas est impossible car O, A_i, A_{i+1} seraient alignés sur Δ. Dans le second cas, Δ est la médiatrice de $[A_iA_{i+1}]$.

Nous passons maintenant à la recherche des rotations qui conservent P :

Proposition 2.10. *Les rotations qui conservent le polygone régulier* $P = A_1 \dots A_n$ *de centre* O *sont les* n *rotations de centre* O *et d'angles* $\dfrac{2k\pi}{n}$ *pour* $k = 0, 1, \dots, n-1$.

Démonstration. Si ρ est une rotation qui conserve P, elle est de centre O par 2.6.2 et on a $\rho(A_1) = A_i$ par 2.6.1. Il en résulte que son angle est de la forme $\dfrac{2k\pi}{n}$ par 2.3.2 (avec $k = i - 1$).

Que ces rotations conservent P peut se voir soit en utilisant le fait que les angles au centre du polygone valent tous $\dfrac{2\pi}{n}$, soit en se souvenant que le produit de deux symétries d'axes passant par O est la rotation d'angle double de l'angle des axes. Si ρ_k est la rotation d'angle $\dfrac{2k\pi}{n}$ on a $\rho(A_i) = A_{i+k}$ avec la convention 1.2.2.

Remarque 2.11. On notera parmi les rotations ci-dessus la présence de l'identité ($k = 0$) et, lorsque $n = 2p$ de la rotation d'angle π ($k = p$) qui n'est autre que la symétrie de centre O, voir 2.9.

Pour faire le bilan sur les isométries qui conservent P, introduisons la notion de groupe de transformations :

Définition 2.12. *Soit* G *un ensemble de transformations bijectives de* E. *On dit que* G *est un groupe pour la composition s'il vérifie les propriétés suivantes :*

1) *l'identité appartient à* G,
2) *si* u *et* v *sont dans* G *leur composée* uv *aussi,*
3) *si* u *est dans* G, *la transformation inverse* u^{-1} *est dans* G.

Proposition 2.13. *L'ensemble des isométries qui conservent un polygone régulier à n côtés* P *est un groupe*[7], *appelé groupe diédral d'ordre n et noté $\mathbf{D}_n$. Il contient $2n$ éléments : n rotations de centre* O *et n symétries axiales, voir 2.9 et 2.10.*

Démonstration. On vérifie aussitôt que $\mathbf{D}_n$ est un groupe, par exemple, si u et v sont dans $\mathbf{D}_n$ on a $u(\mathrm{P}) = \mathrm{P}$ et $v(\mathrm{P}) = \mathrm{P}$ donc aussi $uv(\mathrm{P}) = \mathrm{P}$. Le reste vient de 2.9 et 2.10.

Remarques 2.14. 1) On notera que le produit de deux rotations est encore une rotation, que le produit d'une rotation par une symétrie est une symétrie et que le produit de deux symétries est une rotation. Un excellent exercice est de déterminer la table de multiplication de $\mathbf{D}_3$ et $\mathbf{D}_4$, voir exercices **160** et **161**.

2) Attention la composition n'est pas commutative. Cela signifie qu'en général le produit uv n'est pas égal au produit vu. Par exemple, si Δ_1 et Δ_2 sont deux droites passant par O qui font un angle de $+\pi/4$ dans le sens Δ_1 vers Δ_2 et si σ_1 et σ_2 sont les symétries par rapport à ces droites, le produit $\sigma_2\sigma_1$ est la rotation de centre O et d'angle $+\pi/2$ tandis que $\sigma_1\sigma_2$ est la rotation de centre O et d'angle $-\pi/2$. On rencontre ces transformations dans le groupe $\mathbf{D}_4$ des isométries qui conservent un carré.

3. Polygones réguliers croisés

Nous étudions dans ce paragraphe les lignes polygonales fermées croisées (donc non simples) associées à un polygone régulier. Nous parlerons de polygones réguliers croisés pour désigner ces lignes, bien que cette appellation ne soit pas conforme à la définition des polygones que nous avons donnée en 1.4. On verra que cette recherche nous ramène à un pur problème d'arithmétique.

A. POLYGONES RÉGULIERS CROISÉS

À partir d'un polygone régulier convexe, on obtient un polygone régulier croisé (ou étoilé) en joignant les sommets de deux en deux, ou de trois en trois, ou de p en p. Attention, en général on ne parcourt pas ainsi tous les sommets. Par exemple, en joignant deux à deux les sommets d'un hexagone convexe on n'obtient pas un hexagone croisé mais un triangle (voire deux si on recommence à partir d'un autre sommet) (fig. 25, 26, 27 et 28).

7. Il y a *a priori* autant de groupes que de polygones réguliers à n côtés, mais ils sont essentiellement les mêmes : même cardinal, même types d'éléments, même table de multiplication : on dit qu'ils sont « isomorphes ».

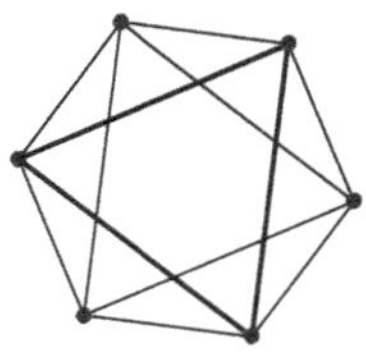

FIG. 25.

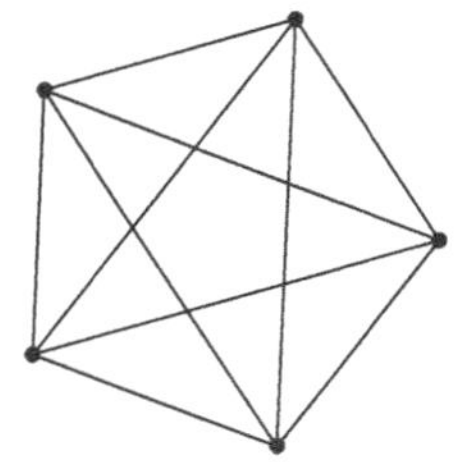

FIG. 26.

De façon précise, on a la notion suivante :

Définition 3.1. *Soient* $P = A_0 A_1 \dots A_{n-1}$ *un polygone*[8] *régulier (convexe) à* n *côtés et* p *un entier avec* $1 \leqslant p \leqslant n-1$*. La ligne polygonale* $\mathscr{L}_p$ *associée au polygone* P *et à l'entier* p *est la ligne* $(A_0, A_p, A_{2p}, \dots, A_{ip}, \dots, A_{(n-1)p})$ *(toujours avec la convention de* 1.2.2*). On dit que* $\mathscr{L}_p$ *est un* **polygone régulier croisé** *associé à* P *si les* n *points de* $\mathscr{L}_p$ *sont tous distincts et si* p *est distinct de* 1 *et de* $n-1$.

Remarques 3.2. 0) La ligne $\mathscr{L}_p$ est régulière au sens suivant : tous ses côtés $A_{ip}A_{(i+1)p}$ sont égaux et tous ses angles $\widehat{A_{(i-1)p}A_{ip}A_{(i+1)p}}$ sont égaux. En effet, cela résulte du fait que la ligne $\mathscr{L}_p$ est invariante par la rotation de centre O et d'angle $\dfrac{2p\pi}{n}$.

1) Comme les points de $\mathscr{L}_p$ sont parmi ceux de P, dire que les n points sont distincts c'est dire que $\mathscr{L}_p$ passe une fois et une seule par chaque point de P. Dans le cas contraire on dira que $\mathscr{L}_p$ est incomplète.

2) Le cas $p = 1$ correspond au polygone convexe P parcouru dans le sens donné $(0, 1, 2, \dots, n-1)$. Le cas $p = n-1$ correspond au polygone convexe P parcouru en sens inverse : $(0, n-1, n-2, \dots, 1)$. En effet, modulo n, $n-1$ n'est autre que -1, donc $2(n-1)$ est égal à -2 etc. Ces polygones sont convexes et ne sont donc pas à comptabiliser parmi les polygones croisés.

3) Les lignes $\mathscr{L}_p$ et $\mathscr{L}_{n-p}$ ne diffèrent que par le sens de parcours. En effet on a $(n-k)(n-p) \equiv kp \pmod n$ ce qui signifie que le $(n-k)$-ième point de $\mathscr{L}_{n-p}$ n'est autre que le k-ième point de $\mathscr{L}_p$. On pourra donc, dans la recherche des polygones croisés, se limiter au cas $p \leqslant \frac{n}{2}$.

La proposition suivante donne une condition nécessaire et suffisante sur p pour que $\mathscr{L}_p$ soit incomplète (voir 3.2.1) :

Proposition 3.3. *Avec les notations de 3.1, les conditions suivantes sont équivalentes :*

1) *La ligne* $\mathscr{L}_p$ *est incomplète.*

8. Il est plus commode ici de numéroter les sommets du polygone à partir de 0.

2) *Il existe* k *avec* $0 < k < n$ *tel que* $A_{kp} = A_0$.

3) *Les entiers* n *et* p *ne sont pas premiers entre eux.*

Démonstration. Rappelons que dire que $\mathscr{L}_p$ est incomplète signifie qu'il existe des entiers i et j avec $0 \leqslant i < j \leqslant n-1$ tels que $A_{ip} = A_{jp}$. Cela montre déjà que 2) implique 1). Réciproquement, si on a $A_{ip} = A_{jp}$, cela signifie, en vertu de 1.2.2, qu'on a $ip \equiv jp \pmod{n}$, donc $(j-i)p \equiv 0 \pmod{n}$. Mais alors, si on pose $k = j - i$, on a $A_{kp} = A_0$.

Montrons que 3) implique 2). Soit $d = pgcd(p, n)$. On a $n = dn'$ et $p = dp'$ avec $0 < n' < n$ (car d n'est pas égal à 1). On a donc $n'p = np' \equiv 0 \pmod{n}$ de sorte que $A_{n'p}$ est égal à A_0. Inversement, si on a $A_{kp} = A_0$ avec $0 < k < n$, on a $kp \equiv 0 \pmod{n}$, donc n divise kp. Si n était premier avec p il diviserait k ce qui est absurde, donc on a le point 3).

Corollaire 3.4. *Avec les notations de 3.1, la ligne* $\mathscr{L}_p$ *est un polygone régulier croisé si et seulement si* p *est premier avec* n *et distinct de* 1 *et de* $n-1$.

B. NOMBRE DE POLYGONES CROISÉS ET FONCTION D'EULER

Pour déterminer le nombre de polygones croisés à n sommets nous aurons besoin de la fonction indicatrice d'Euler.

Définition 3.5. *Soit* n *un entier* > 0. *On note* $\varphi(n)$ *le nombre d'entiers* p *avec* $0 < p < n$ *et* p *premier avec* n. *La fonction* φ *s'appelle fonction indicatrice d'Euler.*

Par exemple, si n est premier, tous les entiers p avec $0 < p < n$ sont premiers avec n. On a donc $\varphi(n) = n - 1$. Si $n = 8$, les entiers premiers avec 8 et compris entre 1 et 7 sont $1, 3, 5, 7$ et on a $\varphi(8) = 4$.

Proposition 3.6. *Soit* n *un entier* $\geqslant 3$. *Soit* $e(n)$ *le nombre de polygones réguliers croisés à* n *côtés (on considère comme un seul polygone la ligne* $\mathscr{L}_p$ *et la ligne* $\mathscr{L}_{n-p}$*, voir 3.2.3). On a la formule :*

$$e(n) = \frac{\varphi(n)}{2} - 1.$$

Démonstration. Cela résulte de 3.4, de la définition de $\varphi(n)$ et du fait que p est premier avec n si et seulement si $n - p$ l'est.

C. LE CALCUL DE $\varphi(n)$

Nous admettrons la formule suivante (déjà rencontrée sous une autre forme dans le chapitre sur les rationnels) :

Proposition 3.7. *Soit n un entier > 0 et soit*

$$n = p_1^{\alpha_1} p_2^{\alpha_2} \dots p_r^{\alpha_r}$$

sa décomposition en produit de facteurs premiers distincts. Alors, on a

$$\varphi(n) = p_1^{\alpha_1 - 1}(p_1 - 1) p_2^{\alpha_2 - 1}(p_2 - 1) \cdots p_r^{\alpha_r - 1}(p_r - 1).$$

Démonstration. (Indication) Le point difficile de la démonstration consiste à montrer que si m et n sont premiers entre eux on a $\varphi(mn) = \varphi(m)\,\varphi(n)$. Il ne reste plus ensuite qu'à calculer $\varphi(p^\alpha)$. C'est facile car les nombres q compris entre 1 et p^α qui ne sont pas premiers avec p^α sont les multiples de p : p, $2p$, ..., $(p^{\alpha-1})p$ et il y en a donc $p^{\alpha-1}$. Les nombres premiers avec p^α sont donc en nombre $p^\alpha - p^{\alpha-1}$ ou encore $p^{\alpha-1}(p-1)$.

Par exemple il y a un unique polygone croisé à 5 côtés, mais deux à 7 côtés (fig. 26, 27 et 28).

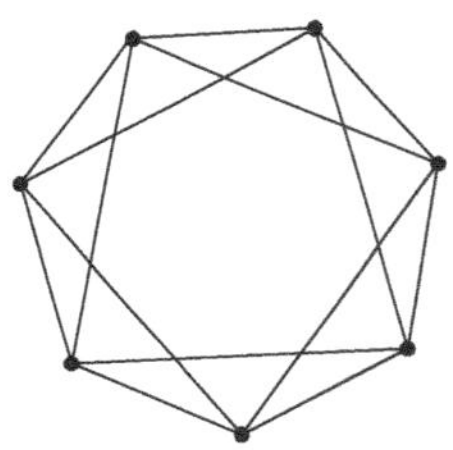

FIG. 27.

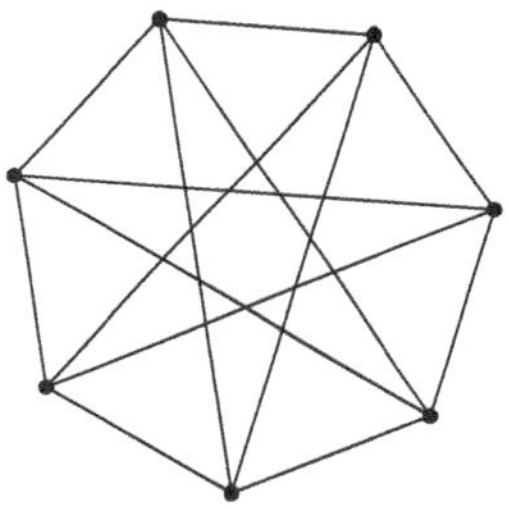

FIG. 28.

Annexe : des démonstrations

Ce paragraphe regroupe quelques démonstrations autour des polygones et notamment de la convexité. Le lecteur constatera que sur ces questions, les affirmations les plus anodines peuvent poser de sérieux problèmes, voir 4.7 ou 4.11. Les étudiants de licence peuvent se dispenser de lire cette annexe (sauf s'ils sont vraiment curieux !). On espère, en revanche qu'elle pourra intéresser un certain nombre d'enseignants de toutes origines, les questions qu'elle traite étant très naturelles. Eu égard à ce public supposé, l'auteur s'est permis d'aller parfois un peu vite sur les preuves, d'utiliser certaines notions (topologie, etc.) qui ne sont pas du niveau habituel de cet ouvrage et de ne pas faire toutes les figures qui seraient nécessaires. Le lecteur suppléera à ces carences [9].

9. Je remercie Frédéric Haglund pour les nombreux échanges que nous avons eus sur ces questions.

A. PRÉLIMINAIRES

Les résultats suivants sont familiers à tous ceux qui savent un peu de topologie.

Lemme 4.1 (Lemme de l'intérieur). *Soit* X *une partie convexe du plan, soit* O $\in \mathring{X}$ *un point intérieur (voir 0.5) et soit* A $\in$ X. *Alors* [OA[*est contenu dans* $\mathring{X}$. *En particulier,* $\mathring{X}$ *est convexe.*

Démonstration. Dire que O est intérieur à X signifie qu'il y a un disque D de centre O qui est contenu dans X. Soit M $\in$ [OA[. On considère l'homothétie h de centre A qui transforme O en M. Dans cette homothétie, l'image h(D) est un disque D′ de centre M dont les points sont tous dans X (le point h(N) est dans le segment [NA] donc dans X). Il en résulte que M est dans $\mathring{X}$.

Corollaire 4.2 (Lemme du segment). *Soit* D *une droite et* [AB] *un segment. On suppose que* D *contient un point* M *de*]AB[. *Alors, de deux choses l'une :*

1) *ou bien on a* [AB] $\subset$ D,
2) *ou bien* A *et* B *sont de part et d'autre de* D.

Démonstration. Si A et B sont dans le même demi-plan fermé limité par D mais pas tous deux sur D, les points de]AB[sont tous dans le demi-plan ouvert par 4.1.

Lemme 4.3 (Lemme du passage des frontières). *Soit* F *une partie de* E. *Une ligne brisée qui joint un point de* F *à un point de son complémentaire rencontre la frontière de* F.

Démonstration. On montre d'abord que l'un des segments de la ligne a son origine dans F et son extrémité dans E − F. Si les sommets de la ligne sont $A_0, A_1, \dots, A_n$, il suffit de considérer le plus grand indice p tel que $A_p \in F$. On a $0 \leqslant p < n$ et $[A_pA_{p+1}]$ convient. On est ainsi ramené au cas où la ligne est un segment [AB]. On construit alors deux suites (A_n) et (B_n) de points du segment, avec $A_n \in F$ et $B_n \in E - F$, par le procédé de dichotomie qui consiste à couper le segment en deux et à recommencer. Précisément, on pose $A_0 = A$, $B_0 = B$ et, si M_n est le milieu de $[A_nB_n]$, on pose $A_{n+1} = M_n$ et $B_{n+1} = B_n$ si M_n est dans F et $A_{n+1} = A_n$ et $B_{n+1} = M_n$ si M_n est dans E − F. On vérifie alors que les deux suites ont une limite commune C, qui est dans la frontière de F car dans tout disque de centre C il y a des points A_n de F et B_n de E − F.

B. INTÉRIEUR ET EXTÉRIEUR D'UNE LIGNE POLYGONALE

Dans ce paragraphe nous montrons que, même pour une ligne polygonale (fermée) quelconque, on peut définir un intérieur et un extérieur.

Proposition-définition 4.4. *Soit* $\mathscr{L} = (A_1 \dots A_n)$ *une ligne polygonale fermée (quelconque) et soit* M *un point non situé sur* $\mathscr{L}$. *Soit* δ *une demi-droite issue de* M. *On suppose que* δ *ne passe par aucun des* A_i. *Alors, si* $\nu(M, \delta)$ *est le nombre de côtés* $[A_i A_{i+1}]$ *qui coupent* δ, *la parité de* $\nu(M, \delta)$ *est indépendante de* δ. *Si* $\nu(M, \delta)$ *est pair (resp. impair) on dit que* M *est un point extérieur (resp. intérieur) à* $\mathscr{L}$. *L'ensemble des points extérieurs (resp. intérieurs) est noté* $\mathscr{E}$ *(resp.* $\mathscr{I}$*).*

Démonstration. Il est clair que $\nu(M, \delta)$ ne change pas lorsque δ varie dans un angle de sommet M ne contenant aucun des A_i. Il suffit donc de montrer que la parité de ν ne change pas au franchissement des sommets. On examine ce qui se passe au voisinage d'un tel sommet B de sommets voisins A et C. Il y a plusieurs cas de figure selon la position de B et C par rapport à la droite (MA) (fig. 29). On voit que $\nu(M, \delta)$ est constant ou varie de 2 selon les cas de figure.

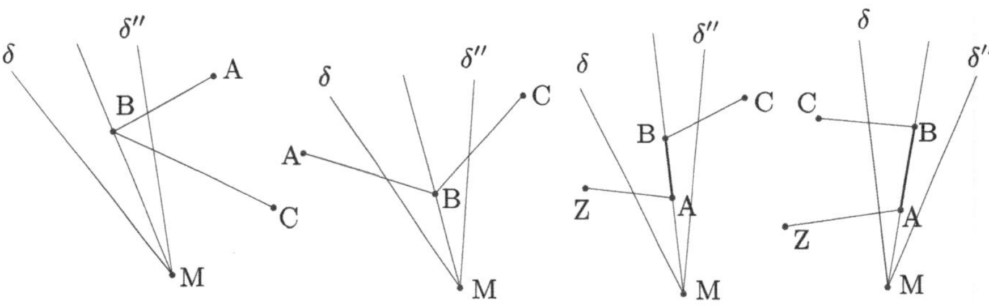

FIG. 29.

Proposition 4.5 (Traversée d'un côté). *Soient* M, N *deux points non situés sur* $\mathscr{L}$.

1) *Si* [MN] *ne coupe pas* $\mathscr{L}$, *les deux points sont dans la même région* $\mathscr{E}$ *ou* $\mathscr{I}$. *Il en est de même si* M *et* N *sont joints par une ligne brisée qui ne rencontre pas* $\mathscr{L}$.

2) *Si le segment* [MN] *coupe un et un seul des côtés* $[A_i A_{i+1}]$ *de* $\mathscr{L}$, *l'un des points est intérieur et l'autre extérieur.*

Démonstration. Quitte à bouger [10] éventuellement le point M, on peut supposer que $\delta = [MN)$ ne passe pas par un sommet et le résultat est alors évident dans les deux cas.

Remarques 4.6. 1) La ligne $\mathscr{L}$ est bornée, donc, si O est un point quelconque, elle est contenue dans un disque fermé de centre O. Tout point

10. On utilise ici le fait que $\mathscr{E}$ et $\mathscr{I}$ sont des ouverts : si, par exemple, M est dans $\mathscr{E}$, il en est de même des points d'un petit disque contenant M. En effet, si M′ est proche de M et si on a une demi-droite δ issue de M qui ne passe pas par un sommet, il en est de même de la demi-droite δ' parallèle à δ issue de M′ et on a $\nu(M, \delta) = \nu(M', \delta')$.

M du complémentaire de ce disque est dans $\mathscr{E}$, comme on le voit en considérant la demi-droite opposée à [MO). Cela montre que $\mathscr{E}$ est non borné, mais que $\mathscr{I}$ (qui est contenu dans le disque) est borné.

2) Une façon de colorier l'intérieur de $\mathscr{L}$ consiste à partir de ces points extérieurs et à changer de couleur à chaque passage de côté. C'est ce que fait le logiciel Cabri (fig. 30) (mais Cabri refuse que des sommets soient sur les côtés). Attention, si l'on tolère que certains côtés aient des portions communes il faut évidemment les compter autant de fois qu'ils apparaissent.

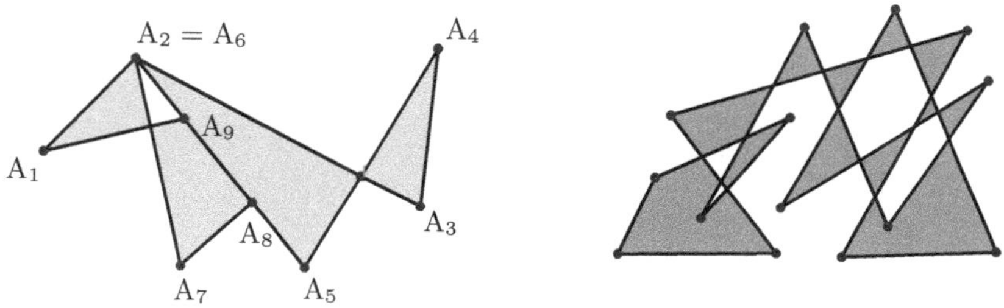

FIG. 30.

C. LE THÉORÈME DE JORDAN

Nous donnons ci-dessous une preuve élémentaire du théorème de Jordan. Les notations sont celles de 4.4.

Théorème 4.7 (Jordan). *Soit $\mathscr{L} = (A_1 \dots A_n)$ une ligne polygonale simple. Les régions $\mathscr{E}$ et $\mathscr{I}$ sont non vides, ouvertes, disjointes et connexes et on a $E = \mathscr{L} \cup \mathscr{E} \cup \mathscr{I}$. Si on pose $P = \mathscr{L} \cup \mathscr{I}$, on a $\mathring{P} = \mathscr{I}$.*

Démonstration. Il est clair que $\mathscr{E}$ est non vide (car non borné). Pour $\mathscr{I}$ il suffit de considérer une demi-droite issue d'un point de $\mathscr{E}$ qui coupe un côté, mais ne passe pas par un sommet. Les points situés sur cette demi-droite immédiatement après le premier côté franchi sont dans $\mathscr{I}$ par 4.5.2. On note aussi que $\mathscr{L}$ est la frontière commune de $\mathscr{E} \cup \mathscr{L}$ et de $\mathscr{I} \cup \mathscr{L}$, toujours en vertu de 4.5.2.

Il reste à prouver la connexité de $\mathscr{E}$ et $\mathscr{I}$. Elle repose sur le lemme suivant :

Lemme 4.8. *Si ε est un nombre > 0 assez petit, il existe deux lignes polygonales $\mathscr{L}'_\varepsilon = (A'_1 \dots A'_n)$ et $\mathscr{L}''_\varepsilon = (A''_1 \dots A''_n)$ telles que $\mathscr{L}'_\varepsilon$ soit incluse dans $\mathscr{E}$ et $\mathscr{L}''_\varepsilon$ dans $\mathscr{I}$ et telles que pour chaque i, les segments $[A'_i A'_{i+1}]$ et $[A''_i A''_{i+1}]$ soient non vides et parallèles à $[A_i A_{i+1}]$ à une distance égale à ε. De plus, quand ε tend vers 0, la différence de longueur* *entre* $[A_iA_{i+1}]$ *et les segments parallèles de* $\mathscr{L}'_\varepsilon$ *et* $\mathscr{L}''_\varepsilon$ *peut être rendue arbitrairement petite.*

Démonstration (de 4.8). On considère les distances $d(M, N)$ où M, N sont deux points de $\mathscr{L}$ situés sur des côtés non consécutifs. Comme les côtés non consécutifs sont disjoints (puisque $\mathscr{L}$ est simple) et en nombre fini, ces distances admettent un minimum[11] $d > 0$. Par ailleurs, on considère les angles $\widehat{A_i}$ de P. Comme ils sont en nombre fini et ni nuls ni plats (voir note de la Proposition-définition 1.4), il existe un nombre $s > 0$ tel que l'on ait, pour tout i, $s \leqslant |\sin \frac{\widehat{A_i}}{2}|$. On prend alors $\varepsilon < ds$ et on considère les parallèles aux côtés à la distance ε. Appelons A'_i le point d'intersection des parallèles aux côtés $[A_iA_{i+1}]$ et $[A_iA_{i-1}]$ à la distance ε, situées côté extérieur de ces segments (on a vu que ces notions ont un sens au voisinage des segments). Alors, on a $A_iA'_i = \varepsilon/|\sin \frac{\widehat{A_i}}{2}| < d$ (fig. 31).

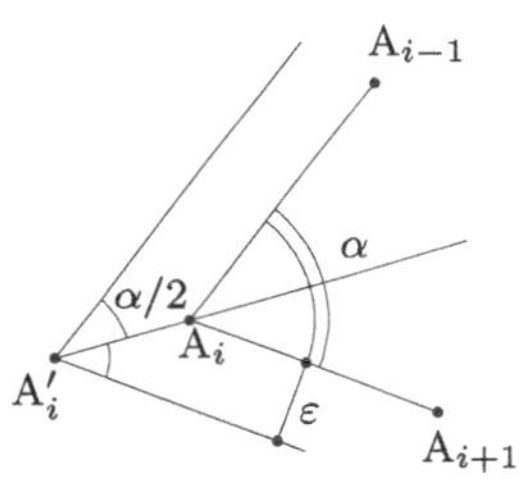

FIG. 31.

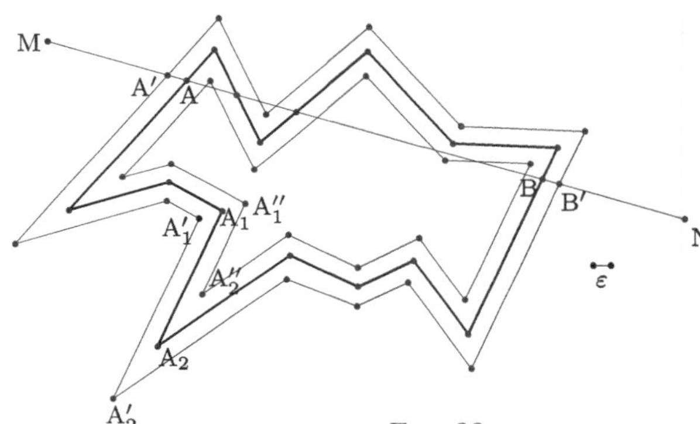

FIG. 32.

Il en résulte que A'_i n'est pas sur $\mathscr{L}$ (il n'est évidemment pas sur les segments $[A_iA_{i+1}]$ et $[A_iA_{i-1}]$ par parallélisme et pas sur les autres par définition de d) et de même pour A'_{i+1}. Alors, le segment $[A'_iA'_{i+1}]$ ne rencontre pas $\mathscr{L}$ car la distance d'un point de ce segment à $[A_iA_{i+1}]$ est $< d$. De même, $]A_iA'_i]$ ne rencontre pas $\mathscr{L}$. Comme les parallèles ont été prises côté extérieur, les points de ce segment voisins de A_i sont extérieurs, donc tous les points de $]A_iA'_i]$ et donc aussi tout le segment $[A'_iA'_{i+1}]$ est dans $\mathscr{E}$. Le reste du raisonnement est analogue pour les autres segments de $\mathscr{L}'_\varepsilon$ et pour la ligne intérieure $\mathscr{L}''_\varepsilon$.

Notons enfin que la différence des longueurs A_iA_{i+1} et $A'_iA'_{i+1}$ est majorée par $2\varepsilon/s$ donc tend vers 0 avec ε.

On peut alors finir la démonstration de Jordan. Traitons le cas de $\mathscr{E}$, l'autre est analogue. Soient M, N deux points de $\mathscr{E}$. Si le segment $[MN]$ est inclus dans $\mathscr{E}$ on a fini. Sinon, il coupe $\mathscr{L}$ (lemme de passage des frontières).

11. Il y a ici un tout petit argument de compacité

Soient A et B le premier et le dernier points d'intersection de [MN] et de $\mathscr{L}$ (fig. 32). Si on choisit ε assez petit,]AM[et]BN[rencontrent $\mathscr{L}'_\varepsilon$ en A′ et B′. Mais alors, M et N sont joints par la ligne brisée (entièrement contenue dans $\mathscr{E}$) qui passe par M, A′ puis qui emprunte $\mathscr{L}'_\varepsilon$ jusqu'en B′ et revient en N.

D. LE LEMME DE LA DIAGONALE

Le résultat principal de ce paragraphe est typique de la difficulté du sujet : il est à peu près évident intuitivement dès qu'on a dessiné quelques polygones, mais pas tout à fait évident à prouver. Je conseille d'ailleurs au lecteur incrédule d'essayer de prouver 4.11 sans lire la démonstration. Il risque fort de proposer de multiples idées fausses (infirmées par des dessins suffisamment vicieux). C'est, en tous cas, ce qui est arrivé à l'auteur et l'a incité à écrire ces lignes.

Proposition 4.9 (Existence d'angles saillants). *Soit* $\mathrm{P} = \mathrm{A}_1 \dots \mathrm{A}_n$ *un polygone. Alors* P *admet au moins un angle saillant.*

Démonstration. On choisit une direction de droite, distincte des directions des côtés, que l'on prend comme direction de l'axe des y. On considère les droites parallèles à cette direction (qui ont pour équation $x = a$) et on regarde le plus petit a tel que P soit tout entier contenu dans le demi-plan $x \leqslant a$ (un tel a existe car P est borné). Alors, la droite D définie par $x = a$ contient un point de P (sinon on pourrait diminuer [12] a), qui est dans $\mathscr{L}$ (sinon il y aurait des points de P avec $x > a$). Le lemme du segment montre alors qu'il y a un sommet A de P sur D. Mais alors, comme P est tout entier du même côté de D, l'angle en A est saillant.

Remarque 4.10. Avec le théorème de la somme des angles (voir 1.13 ou 4.17), on montre qu'il y a au moins trois angles saillants, mais il peut n'en exister que trois, voir exercice **145**.

Théorème 4.11 (Lemme de la diagonale). *Soit* $\mathrm{P} = \mathrm{A}_1 \dots \mathrm{A}_n$ *un polygone, avec* $n \geqslant 4$. *Il existe une diagonale* $[\mathrm{A}_i\mathrm{A}_j]$ *(c'est-à-dire un segment joignant deux sommets non consécutifs) qui est « intérieure », c'est-à-dire telle que* $]\mathrm{A}_i\mathrm{A}_j[\subset \mathring{\mathrm{P}}$.

Démonstration. Soit A un sommet de P tel que l'angle $\widehat{\mathrm{A}}$ soit saillant (voir 4.9). On regarde les sommets voisins de A, que l'on appelle B, C. Le segment [BC] est une diagonale (car $n \geqslant 4$). Si elle est intérieure on a fini. Sinon, on montre le lemme suivant :

Lemme 4.12. *Il existe un sommet* M *de* P *qui est dans l'intérieur* $\mathring{\mathrm{T}}$ *de* T = ABC *ou dans*]BC[.

12. La compacité, vous dis-je!

Démonstration. D'abord, $X = \mathring{T} \cup]BC[$ rencontre $\mathscr{L}$. Sinon, X est contenu dans $\mathscr{E} \cup \mathring{P}$ et, comme X est convexe, il est contenu dans l'un ou l'autre par le lemme de passage des frontières. Comme l'angle $\widehat{BAC}$ est intérieur au voisinage de A, on aurait donc $X \subset \mathring{P}$ et cela contredit l'hypothèse que [BC] n'est pas intérieure.

L'ensemble X rencontre donc un côté [MN] du polygone. Mais alors, l'un des sommets M ou N est dans X (sinon, par l'axiome de Pasch, voir chapitre 4, [MN] rencontre l'un des côtés [AB] ou [AC] et c'est impossible puisque la ligne est simple).

Revenons à 4.11.

On considère les droites parallèles à (BC) que l'on peut supposer de la forme $x = \lambda$ et noter D_λ, celle passant par A étant $x = a$ et la droite (BC), $x = b$, avec, disons $a < b$. On considère la trace des droites D_λ sur $X = \mathring{T} \cup]BC[$ et l'intersection de cette trace et de $\mathscr{L}$. Pour λ voisin de a, la droite $x = \lambda$ ne coupe pas $X \cap \mathscr{L}$ (car $\widehat{BAC}$ est un angle de P donc est intérieur au voisinage de A). En revanche, en vertu du lemme précédent, il existe $\lambda \leqslant b$ tel que D_λ rencontre $X \cap \mathscr{L}$. Soit e le plus petit [13] de ces λ. En vertu du lemme du segment il y a un sommet I de P sur $X \cap D_e$.

Mais alors, comme il n'y a pas de point de $\mathscr{L}$ dans X qui vérifie $x < e$, la diagonale [AI] est intérieure, cqfd.

Remarque 4.13. L'intérêt majeur du lemme de la diagonale est de permettre de raisonner par récurrence comme le montre la proposition suivante :

Proposition 4.14. *Soit* $P = A_1 \ldots A_n$ *un polygone. On suppose que* $[A_1A_k]$, *pour un* k *vérifiant* $3 \leqslant k \leqslant n-1$, *est une diagonale intérieure (voir 4.11). Alors, les lignes polygonales* $\mathscr{L}_1 = (A_1A_2 \ldots A_k)$ *et* $\mathscr{L}_2 = (A_1A_kA_{k+1} \ldots A_n)$ *sont simples et, si* P_1 *et* P_2 *sont les polygones associés, on a* $P = P_1 \cup P_2$ *et* $\mathring{P}_1 \cap \mathring{P}_2 = \emptyset$.

Démonstration. La première assertion est claire, soit parce que les côtés de $\mathscr{L}_i$ sont d'anciens côtés de $\mathscr{L}$, soit, s'il s'agit de $[A_1A_k]$, par l'hypothèse que c'est une diagonale intérieure de P donc qu'elle ne coupe pas les côtés. Pour montrer $P = P_1 \cup P_2$ on montre d'abord qu'on a $P \supset P_1 \cup P_2$. En passant au complémentaire, cela revient à prouver $\mathscr{E} \subset \mathscr{E}_1 \cap \mathscr{E}_2$. Mais, si M est dans $\mathscr{E}$ on peut le relier « à l'infini » par une ligne brisée qui ne rencontre pas P donc qui ne rencontre pas les $\mathscr{L}_i$.

Il reste à montrer qu'on a $P \subset P_1 \cup P_2$. C'est clair pour les points de $\mathscr{L}$ et pour ceux de $[A_1A_k]$. Soit $M \in \mathring{P}$, $M \notin [A_1A_k]$ et choisissons une demi-droite issue de M qui ne coupe pas $[A_1A_k]$ et ne passe par aucun sommet de P. Alors, elle coupe un nombre impair de fois $\mathscr{L}$, en des points qui sont soit dans $\mathscr{L}_1$, soit dans $\mathscr{L}_2$. Elle coupe donc un nombre impair de

13. Il y a encore un petit argument de compacité ici...

fois une (et une seule) des $\mathscr{L}_i$, donc M est dans un et un seul des $\mathring{P}_i$, ce qui achève de prouver l'ensemble de la proposition !

Une première application de cette méthode permet de préciser 4.11 :

Corollaire 4.15. *Soit* $P = A_1 \dots A_n$ *un polygone, avec* $n \geqslant 4$. *Il existe une « petite » diagonale* $[A_i A_{i+2}]$ *qui est intérieure.*

Démonstration. On raisonne par récurrence sur n. Pour $n = 4$ c'est clair. Supposons la propriété vraie pour les polygones à $m < n$ côtés. On choisit une diagonale intérieure et on la suppose « la plus petite possible » au sens où il y a le moins possible de sommets intermédiaires entre les extrémités, d'un côté ou de l'autre. Quitte à renuméroter on peut supposer qu'il s'agit d'une diagonale $[A_1 A_k]$ avec k le plus petit possible vérifiant $3 \leqslant k \leqslant n-1$. Si $k = 3$ cette diagonale est une petite diagonale et on a fini. Sinon, P est partagé par la diagonale en deux polygones $P_1 = A_1 A_2 \dots A_k$ et $P_2 = A_1 A_k A_{k+1} \dots A_n$ comme on l'a vu ci-dessus. Par l'hypothèse de récurrence, P_1 a une petite diagonale intérieure $[A_{l-1} A_{l+1}]$. C'est une petite diagonale de P, intérieure à P_1 donc à P, sauf s'il s'agit de $[A_1 A_{k-1}]$ ou de $[A_k A_2]$ (qui ne sont pas des petites diagonales de P). Mais cette diagonale serait alors une diagonale de P, intérieure et plus petite que $[A_1 A_k]$, ce qui est absurde.

Une conséquence de ce lemme, qui sera importante quand on parlera d'aires, est la suivante. On dit que deux triangles sont **« presque disjoints »** si leur intersection est un point ou un segment.

Proposition 4.16. *Tout polygone* P *est réunion « presque disjointe » de triangles dont les sommets sont des sommets de* P.

Démonstration. C'est clair, avec 4.15, par récurrence sur le nombre de côtés.

Une autre conséquence de la possibilité de faire des récurrences est la preuve du lemme de la somme des angles dans le cas général :

Théorème 4.17 (La somme des angles). *La somme des angles d'un polygone à* n *côtés vaut* $(n-2)\pi$.

Démonstration. On raisonne par récurrence sur n. On sait que c'est vrai pour $n = 3$. Si P a $n+1$ côtés on le partage en deux polygones P_1 et P_2 à k et $n-k+2$ côtés, avec $3 \leqslant k \leqslant n-1$ comme expliqué en 4.14. La somme des angles de P est exactement la somme des angles de P_1 et de ceux de P_2 donc, par hypothèse de récurrence, c'est $(k-2)\pi + (n-k)\pi = (n-2)\pi$.

E. POLYGONES CONVEXES : PRÉPARATIFS

Lemme 4.18 (Lemme des polygones emboîtés). *Soient* P, P' *deux polygones de frontières* $\mathscr{L}, \mathscr{L}'$. *On suppose qu'on a* $\mathscr{L}' \subset P$. *Alors on a* $P' \subset P$.

Démonstration. Sinon, P′ contient un point M de $\mathscr{E}$, extérieur de P (donc n'appartenant pas au polygone ni à sa frontière). Comme $\mathscr{L}'$ est contenue dans P, ce point est même dans l'intérieur de P′. Soit N un point de $\mathscr{E}$ n'appartenant pas à P′ (comme P et P′ sont bornés, il suffit de prendre un point N « assez loin »). Alors, comme $\mathscr{E}$ est connexe, on peut joindre M et N par une ligne brisée entièrement contenue dans $\mathscr{E}$. Mais, comme M est intérieur à P′ et N extérieur, la ligne brisée rencontre $\mathscr{L}'$ en un point Q en vertu du lemme du passage des frontières et c'est une contradiction car Q est à la fois dans P (car $\mathscr{L}' \subset$ P) et dans $\mathscr{E}$ (car la ligne brisée est contenue dans $\mathscr{E}$).

Corollaire 4.19 (Lemme du triangle). *Soit* P *un polygone quelconque et soient* A, B, C *trois points. On suppose* [AB], [BC], [CA] $\subset$ P. *Alors, le triangle* ABC *est inclus dans* P *(cela signifie que, si* M, N *sont deux points des côtés, le segment* [MN] *est inclus dans* P*).*

Démonstration. Si A, B, C sont non alignés c'est le résultat précédent. Sinon le triangle est réduit à un segment et le résultat est évident.

Lemme 4.20 (Lemme du quadrilatère). *Soit* P *un polygone quelconque et soient* A, B, C, D *quatre points. On suppose que les six segments* [AB], [AC], [AD], [BC], [BD], [CD] *sont contenus dans* P. *Alors, si* M, N *sont sur les segments en question, le segment* [MN] *est contenu dans* P.

Démonstration. Supposons M $\in$ [AB]. Si N est sur un côté autre que [CD], le résultat est évident par le lemme du triangle appliqué à ABC ou ABD. En particulier, en prenant N = C ou D, on voit que [MC] et [MD] sont contenus dans P. Mais alors, si N est sur [CD], on conclut par le lemme du triangle appliqué à MCD.

F. POLYGONES CONVEXES : DÉMONSTRATION DE 1.7

Nous montrons maintenant l'équivalence des cinq premières conditions de 1.7. Pour la sixième, voir exercice **152**.

Il est clair que l'on a *i*) $\Longrightarrow$ *ii*) $\Longrightarrow$ *iii*). Montrons *iii*) $\Longrightarrow$ *ii*). Soient A, B $\in \mathscr{L}$. Il s'agit de voir qu'on a [AB] $\subset$ P. Mais, A est sur un côté $[A_iA_{i+1}]$ de P et B sur $[A_kA_{k+1}]$, et vu l'hypothèse de *iii*), on conclut par le lemme du quadrilatère.

Montrons *ii*) $\Longrightarrow$ *i*). Soient A, B $\in$ P. Il s'agit de voir qu'on a [AB] $\subset$ P. Sinon, il existe M $\in$ [AB], extérieur à P. Mais alors, par le lemme du passage des frontières, les segments [AM] et [BM] rencontrent $\mathscr{L}$, donc il existe A′, B′ $\in \mathscr{L}$ tels que M $\in$ [A′B′] $\subset$ [AB]. Cela contredit le point *ii*).

Montrons *i*) $\Longrightarrow$ *iv*). Soit δ une demi-droite issue de O $\in \mathring{\text{P}}$. Comme P est borné, δ contient un point de $\mathscr{E}$. Par le lemme du passage des frontières elle rencontre donc $\mathscr{L}$. Si δ coupait $\mathscr{L}$ en plusieurs points A, B, ..., avec $A \in]OB[$, par le lemme de l'intérieur, A serait dans $\mathring{P}$ ce qui est absurde.

Montrons $iv) \Longrightarrow v)$. Si l'angle en un sommet O est rentrant, on trace un petit disque de centre O tel que la trace sur ce disque de $\mathscr{L}$ soit formée de deux rayons [OA], [OB] et tel que la trace du polygone soit l'angle rentrant $\mathscr{A}$ limité par les deux rayons en question. Si on choisit alors deux points M, N de $\mathscr{A}$ voisins de A, B, ces points sont intérieurs à P et la demi-droite [MN) coupe $\mathscr{L}$ en deux points au moins.

Montrons enfin $v) \Longrightarrow ii)$. On suppose qu'on a deux points $A, B \in \mathscr{L}$ tels que [AB] contienne un point extérieur. Quitte à diminuer [AB], on peut même supposer que]AB[est entièrement contenu dans $\mathscr{E}$. Sur la ligne $\mathscr{L}$ entre A et B, il y a au moins un sommet A_i. On considère tous ces sommets intermédiaires, la ligne polygonale simple $(AA_iA_{i+1} \dots A_jB)$ et le polygone P′ associé. C'est un polygone à $r = j - i + 3$ côtés. Comme]AB[est dans $\mathscr{E}$, il y a des points de $\mathring{P}'$ qui sont dans $\mathscr{E}$ et donc, en vertu du lemme de passage des frontières, ils y sont tous. Les angles de P′ en les $r - 2$ points A_k, avec $i \leqslant k \leqslant j$ sont exactement les compléments à 2π de ceux de P en les mêmes points. Comme P n'a que des angles saillants, ces angles sont donc tous rentrants. Mais alors, la somme de ces angles de P′ est $> (r-2)\pi$, ce qui est absurde en vertu de 4.17.

G. POLYGONES CONVEXES : DÉMONSTRATION DE 1.8

Notons que la condition (C) implique que les n points A_i sont tous distincts et que trois quelconques d'entre eux ne sont pas alignés. En effet, la condition montre déjà qu'il n'y a pas d'autre sommet A_k sur la droite (A_iA_{i+1}). Si les trois points non consécutifs A_i, A_j, A_k sont alignés avec, par exemple, A_j entre A_i et A_k, les deux points A_i et A_k sont de part et d'autre de (A_jA_{j+1}) ce qui contredit (C).

Montrons ensuite que $\mathscr{L}$ est simple. Supposons que deux côtés $[A_iA_{i+1}]$ et$[A_jA_{j+1}]$ se coupent en M. Si M est dans $]A_iA_{i+1}[$ les points A_i et A_{i+1} sont dans des demi-plans différents par rapport à (A_jA_{j+1}) ce qui contredit l'hypothèse. Il en est de même si M est dans $]A_jA_{j+1}[$. On en déduit que les côtés ont un sommet en commun, ce qui n'est possible que s'ils sont consécutifs puisque les n sommets sont distincts.

Il résulte alors de 1.7 que P est convexe. En effet, la condition (C) assure que tous les angles de P sont saillants.

Nous montrons maintenant le supplément 1) de 1.8. Soient $M, N \in \mathscr{L} \subset P$. Comme P est convexe on a bien $[MN] \subset P$.

Réciproquement, soit $S \in P$ un point non situé sur $\mathscr{L}$. On considère une droite Δ passant par S et ne passant par aucun sommet de $\mathscr{L}$. Elle définit deux demi-droites δ_1 et δ_2 issues de S. Comme S est un point intérieur à $\mathscr{L}$, et comme Δ ne passe par aucun sommet, ces demi-droites rencontrent

$\mathscr{L}$ en un unique point par 1.7. Mais alors S est sur le segment [MN] limité par ces deux points.

Montrons enfin l'égalité entre P et $P'' = \bigcap \overline{P_i}$. On a $\mathscr{L} \subset P'' = \bigcap \overline{P_i}$. En effet, la propriété (C) montre que, pour chaque i, tous les A_k sont dans $\overline{P_i}$. Comme $\overline{P_i}$ est convexe, les côtés de $\mathscr{L}$ sont donc tous contenus dans $\overline{P_i}$ et, comme ceci vaut pour tout i, $\mathscr{L}$ est contenue dans P''. On en déduit qu'on a $P \subset P''$ par le point 1).

Réciproquement, si M est dans P'' et pas dans $\mathscr{L}$, soit δ une demi-droite passant par M, par un point N d'un côté $]A_iA_{i+1}[$ et ne passant par aucun des A_k. Alors δ ne coupe $\mathscr{L}$ qu'en le point N. En effet, si elle coupe $\mathscr{L}$ en un autre point R, ce point est dans $\overline{P_i}$ et on peut supposer par exemple que R est entre N et M. Si $[A_kA_{k+1}]$ est le côté contenant R, les points M et N sont de part et d'autre de (A_kA_{k+1}). Mais, par (C), $\overline{P_k}$ est le demi-plan contenant N donc M n'est pas dans $\overline{P_k}$, ce qui est absurde.

Comme δ coupe $\mathscr{L}$ un nombre impair de fois, on en déduit que M est dans P.

Pour les critères 1.9 et 1.10, voir les exercices **150** et **151**.

EXERCICES DU CHAPITRE 5

Dans tous les exercices on travaille dans un plan euclidien E.

1. Convexes, lignes polygonales et polygones

Dans les exercices de ce paragraphe on donnera une réponse, sous forme de dessin, même si la justification n'est qu'approximative.

142. Quel est le plus petit ensemble convexe contenant une droite Δ et un point $\mathrm{A} \notin \Delta$?

Même question avec la réunion de deux disques.

143. Soit t un nombre réel. On munit E d'un repère orthonormé et on considère l'ensemble A_t des points du plan dont les coordonnées (x, y) vérifient les deux relations suivantes : $y \leqslant 2x + 2$ et $y \leqslant -2x + 2$ et l'une (au moins) des deux suivantes : $y \geqslant tx + t$ et $y \geqslant -tx + t$. Préciser l'allure de A_t selon les valeurs de t. Pour quelles valeurs de t est-il connexe, convexe, borné, un polygone ?

144. Construire une ligne polygonale (croisée) $\mathscr{L} = (\mathrm{A}_1 \dots \mathrm{A}_n)$ telle que l'intérieur $\mathscr{I}$ (au sens de 4.4) soit formé de p régions disjointes et l'extérieur $\mathscr{E}$ de q régions disjointes, avec $p, q \geqslant 1$.

145. Montrer qu'un polygone admet au moins trois angles saillants. Construire un polygone avec un nombre n arbitraire de côtés qui admette exactement trois angles saillants. On se donne deux entiers r et s avec $r \geqslant 0$ et $s \geqslant 3$. Montrer qu'il existe un polygone avec s angles saillants et r angles rentrants.

146. Montrer qu'un polygone convexe a au plus trois angles aigus. Montrer qu'il a au plus trois angles droits sauf dans un cas particulier que l'on précisera. Construire un polygone convexe avec un nombre n arbitraire de côtés qui admette exactement trois angles aigus (resp. droits).

147. On appelle labyrinthe un polygone dont tous les côtés consécutifs sont perpendiculaires et on imagine un véritable labyrinthe, avec des murs, réalisé selon ce plan. Un aveugle est déposé quelque part, près de ce labyrinthe (on peut aussi dire qu'il fait nuit, ou inventer toute autre histoire plausible).

a) Comment peut-il savoir s'il se trouve à l'intérieur ou à l'extérieur du labyrinthe ?

Indication : Parcourir à tâtons tout le bord du labyrinthe en examinant les angles (et en laissant un repère au point de départ).

b) On suppose que l'aveugle est à l'intérieur du labyrinthe et qu'il envisage de s'évader en perçant un mur. Comment peut-il procéder pour être sûr qu'en continuant tout droit après être sorti il ne va pas retomber sur un autre mur ?

148. Soit $P = A_1 \dots A_n$ un polygone convexe. Montrer les assertions suivantes :

a) Les sommets de P sont exactement les points qui ne sont dans l'intérieur d'aucun segment [MN] avec $M, N \in P$, $M \neq N$.

b) Trois sommets de P ne sont pas alignés.

c) Si A_i et A_j ne sont pas adjacents, l'intervalle $]A_iA_j[$ est contenu dans l'intérieur de P.

d) Soit $M \notin P$. Il existe une droite D passant par M qui ne rencontre pas P.

¶¶ **149.** *Construction de l'enveloppe convexe de n points.*

Soient $A_1, \dots, A_n$ n points du plan non situés sur une même droite. Montrer qu'il existe un polygone convexe (unique au point initial près) $P = A'_1, \dots, A'_m$ tel que les A'_i soient parmi les A_i (mais pas dans l'ordre) et que tous les A_i soient dans P. (On raisonnera par récurrence sur n.) Ce polygone est le plus petit polygone convexe qui contient les A_i, on l'appelle enveloppe convexe des A_i et on le note $\mathscr{E}(A_1, A_2, \dots, A_n)$.

Si $P = A_1 \dots A_n$ est un polygone, montrer que P est convexe si et seulement si les A_i sont tous des sommets de l'enveloppe convexe $\mathscr{E}(A_1, \dots, A_n)$.

¶ **150.** *Le critère des diagonales.*

On se propose de prouver la proposition 1.9.

a) Montrer que dans un polygone convexe les diagonales séparent les sommets.

b) Réciproquement, on suppose que les diagonales de la ligne polygonale $\mathscr{L} = (A_1 \dots A_n)$ séparent les sommets. On considère l'enveloppe convexe P de $A_1, \dots, A_n$, voir exercice **149**. Montrer que tout côté de P est un côté de $\mathscr{L}$. Conclure.

¶¶ **151.** *Le critère d'Anaïs.*

a) On suppose $P = A_1 \dots A_n$ convexe. Montrer que toute ligne $\mathscr{L}$ qui joint les sommets de P et est distincte de $(A_1 \dots A_n)$ (au sens où un côté de $\mathscr{L}$ au moins est diagonale de P) est croisée. (Utiliser 1.9 et le lemme de passage des frontières 4.3.)

b) Montrer le critère d'Anaïs. (On admettra – ou on montrera ! – que si P est un polygone non convexe il existe quatre sommets A, B, C, D consécutifs tels que $]AC[$ soit contenu dans $\mathscr{E}$ et $]BD[$ dans $\mathring{P}$. On conclura en modifiant l'ordre des points A, B, C, D.)

152. *Le critère des triangles.*

a) Montrer que si $P = A_1 \dots A_n$ est un polygone convexe, un sommet n'est pas dans le triangle formé par trois autres sommets (utiliser l'exercice **148**).

b) Montrer la réciproque, c'est-à-dire le point *vi*) de la proposition 1.7 (on utilisera l'exercice **149** et un découpage en triangles à la manière de 4.16).

2. Polygones réguliers

153. Pour quels entiers k peut-on paver le plan uniquement à l'aide de polygones réguliers à k côtés, tous isométriques ? (On regardera la somme des angles des pavés en un point).

154. Soit $P = (A_1 \dots A_n)$ un polygone régulier de centre O.

a) Calculer la somme vectorielle $\sum_{i=1}^{n} \overrightarrow{OA_i}$.

b) Si A est un point quelconque, calculer la somme vectorielle $\sum_{i=1}^{n} \overrightarrow{AA_i}$.

155. Soit $P = (A_1 \dots A_n)$ un polygone convexe inscrit dans un cercle de centre O. On suppose que tous les angles de P sont égaux.

a) Montrer qu'on a, pour $i = 1, \dots, n$ (avec la convention usuelle), l'égalité de longueurs $A_{i-1}A_i = A_{i+1}A_{i+2}$.

b) On suppose n impair. Montrer que P est régulier.

c) Soit $P = (A_1 \dots A_p)$ un polygone régulier de centre O. Soit a la longueur des côtés de P. On considère, pour chaque sommet A_i, les points B_i et C_i des côtés $[A_iA_{i-1}]$ et $[A_iA_{i+1}]$ respectivement, définis par les égalités $A_iB_i = A_iC_i = b$ où b est un nombre réel compris strictement entre 0 et $a/2$. Soit Q le polygone $(B_1C_1B_2C_2 \dots B_pC_p)$. Montrer que les sommets de ce polygone sont sur un cercle de centre O et que tous ses angles sont égaux. Donner une condition nécessaire et suffisante portant sur a et b pour que ce polygone soit régulier. Montrer que la propriété établie en *b*) ne subsiste pas si n est pair. Expliciter la condition ci-dessus dans le cas où P est un triangle équilatéral ou un carré.

156. Deux cercles Γ et Γ', de centres O et O', de rayons R et R' se coupent en A et B. On pose $d = OO'$. À quelles conditions sur R, R' et d le segment [AB] est-il à la fois le côté d'un triangle équilatéral inscrit dans Γ et d'un hexagone régulier inscrit dans Γ' ? Construire la figure à la règle et au compas.

157. Soit P un hexagone régulier. On construit, sur les côtés de P et à l'extérieur de P des carrés. Montrer que les sommets de ces carrés qui ne sont pas des sommets de P forment un dodécagone régulier.

158. On considère un cercle Γ de centre O et deux droites Δ et Δ' perpendiculaires en O.

a) Construire des points A et C de Δ (resp. B et D de Δ') tels que les triangles ABD et BCD soient équilatéraux et que les droites (AB), (BC), (CD), (DA) soient tangentes à Γ.

b) Soient E et F les projections de A sur (BC) et (DC) et H et I les projections de C sur (AB) et (AD). Quel est la nature du polygone (AEHCIF) ?

c) Soient E' et F' les projections de D sur (BC) et (AB) et H' et I' les projections de B sur (CD) et (AD). Quel est la nature du polygone (F'BE'H'DI') ? Que peut-on dire du cercle Γ par rapport à ce polygone ?

d) Question subsidiaire : combien y a-t-il de triangles équilatéraux dont les sommets sont parmi les 13 points nommés ci-dessus ?

159. Soit ABC un triangle. On suppose qu'on a $\widehat{BAC} = \pi/4$, $\widehat{ABC} = 2\pi/3$. On pose $a = BC$. On construira un tel triangle (à la règle et au compas).

a) Calculer, en fonction de a, la hauteur CC' et les côtés AB et AC.

b) On considère le cercle Γ circonscrit à ABC. Montrer que les côtés AB, AC, BC sont les côtés de trois polygones réguliers inscrits dans Γ dont on précisera le nombre de côtés (on utilisera le théorème qui relie angle au centre et angle inscrit). Calculer le rayon R de Γ.

3. Groupes diédraux

160. Soit T un triangle équilatéral ABC de centre O.

a) Montrer que le groupe $\mathbf{D}_3$ des isométries de T contient 6 éléments, l'identité, notée Id, trois symétries par rapport à des droites que l'on précisera et qui seront notées τ_A, τ_B, τ_C (on expliquera la notation) et deux rotations ρ et ρ^2 dont on précisera le centre et l'angle (on expliquera la notation).

b) Établir la table de multiplication de $\mathbf{D}_3$. Montrer que $\mathbf{D}_3$ n'est pas commutatif. Préciser les inverses des éléments de $\mathbf{D}_3$.

c) On dit qu'un élément g d'un groupe est d'ordre $n \in \mathbf{N}$ si on a $g^n = \text{Id}$ (la composition de g avec lui-même n fois donne l'identité) et pas $g^m = \text{Id}$ pour $0 < m < n$. Préciser les ordres des éléments de $\mathbf{D}_3$.

d) Un sous-groupe d'un groupe fini est une partie qui est stable par composition. Déterminer tous les sous-groupes de $\mathbf{D}_3$.

161. Traiter le même exercice avec le groupe $\mathbf{D}_4$ qui conserve un carré ABCD.

4. Polygones réguliers croisés

162. On note $e(n)$ le nombre de polygones réguliers croisés différents à n côtés.

a) Déterminer les entiers n qui vérifient $e(n) = 0$.

b) Montrer qu'il n'y a pas d'entier n tel que $e(n) = 6$.

c) Déterminer les entiers n tels que $e(n) = 1, 2, 3, 4, 5, 7, 8$.

PROBLÈMES DU CHAPITRE 5

A. DIAGONALES ÉGALES

Soit P = ABCDE un pentagone convexe. On suppose dans tout l'exercice que les diagonales de P sont égales : AC = BD = CE = DA = EB.

1) Dans cette question seulement on suppose en plus que les côtés de P sont égaux : AB = BC = CD = DE = EA. Montrer que P est régulier.

2) Dans cette question seulement on suppose en plus que les sommets de P sont sur un cercle Γ de centre O. Montrer que P est régulier (on montrera d'abord les égalités d'angles : $\widehat{AOC} = \widehat{BOD} = \widehat{COE} = \widehat{DOA} = \widehat{EOB}$).

3) Dans cette question seulement on suppose en plus que les angles de P sont égaux : $\widehat{ABC} = \widehat{BCD} = \widehat{CDE} = \widehat{DEA} = \widehat{EAB}$. Montrer que P est régulier. On pourra utiliser la variante suivante du premier cas d'isométrie des triangles :

Si deux triangles ABC *et* A'B'C' *ont deux côtés égaux et un angle égal et si cet angle est obtus, ces triangles sont isométriques, même si l'angle n'est pas compris entre les côtés.*

B. UN DRÔLE D'HEXAGONE

1) On considère quatre points A, B, C, D et on suppose que les segments [AD] et [BC] se coupent en O et qu'on a les égalités de longueurs AB = CD et AD = BC.

a) Montrer que l'on a OA = OC et OB = OD (on utilisera les cas d'isométrie des triangles).

b) Montrer que (AC) et (BD) sont parallèles. Que peut-on dire des médiatrices de [AC] et [BD] ?

2) Soit P = ABCDEF un hexagone convexe. On suppose que les côtés de P sont égaux (AB = BC = CD = DE = EF = FA) ainsi que ses grandes diagonales : AD = BE = CF.

a) Soit O l'intersection de (AD) et (BE). Montrer que O est sur (CF) (on utilisera la question 1)).

b) Montrer les égalités OA = OC = OE, OB = OD = OF (utiliser 1)). En déduire que les six angles au centre de P sont égaux.

c) Le polygone P est-il régulier ? Construire P.

C. OCTOGONES

On considère un carré ABCD.

a) On place A_2 et B_1 aux tiers du côté [AB] et dans cet ordre et de même pour B_2 et C_1 sur [BC], C_2 et D_1 sur [CD] et D_2 et A_1 sur [DA]. L'octogone $A_1A_2B_1B_2C_1C_2D_1D_2$ est-il régulier ?

b) Construire des points A_2 et B_1 sur [AB], B_2 et C_1 sur [BC], C_2 et D_1 sur [CD] et D_2 et A_1 sur [DA], dans cet ordre, de telle sorte que l'octogone $A_1A_2B_1B_2C_1C_2D_1D_2$ soit régulier.

c) On considère un carré $\mathscr{K} = ACEG$ et les milieux B, D, F et H de [AC], [CE], [EG] et [GA]. Les huit droites joignant les sommets du carré aux milieux des côtés ne contenant pas les sommets déterminent un octogone convexe $\mathscr{P}$. Cet octogone est-il régulier ? Calculer le rapport d'aire entre $\mathscr{K}$ et $\mathscr{P}$.

Chapitre 6
Constructions à la règle et au compas

Introduction

Ce chapitre, qui trouve ses racines dans la mathématique grecque, poursuit un double objectif. Il s'agit, d'une part, de revoir l'ensemble des constructions à la règle et au compas usuelles qui permettront notamment de construire le pentagone régulier (l'un des sommets des *Éléments* d'Euclide) et, d'autre part, d'aborder les problèmes de constructions laissés en suspens par les Grecs et de montrer, en particulier, l'impossibilité de la duplication du cube.

A. LES CONSTRUCTIONS À LA RÈGLE ET AU COMPAS CHEZ LES GRECS

Les constructions à la règle et au compas occupent une place considérable dans les *Éléments* d'Euclide. On peut sans doute relier cette importance à des raisons philosophiques : cercle et droite sont les figures « idéales » au sens de Platon (dont Euclide est un disciple) et seules les figures construites à partir de ces objets ont droit de cité chez les Grecs. Ils ont accumulé, sur ce sujet, une expérience considérable et savent résoudre nombre de problèmes difficiles (on a déjà évoqué la construction du pentagone régulier, on peut citer aussi la construction des cercles tangents à trois cercles donnée par Apollonius). En fait, presque tous les problèmes de construction que l'on sait résoudre aujourd'hui étaient déjà connus des Grecs et, en tous cas, toutes les constructions que nous réaliserons dans ce livre sont déjà, en substance, dans Euclide.

B. LES QUATRE PROBLÈMES NON RÉSOLUS

Les Grecs, malgré leur habileté, ont laissé quatre problèmes de construction non résolus [1]. Dans ce qui suit, le mot construire sous-entend toujours « à la règle et au compas ».

La quadrature du cercle.

1. Et pour cause, puisque pour l'essentiel on a montré depuis (mais relativement récemment) qu'ils sont impossibles, voir ci-dessous.

C'est le plus connu des quatre, il s'agit, un cercle[2] C étant donné, de construire un carré de même aire que C.

La duplication du cube.

Il s'agit de construire, à partir d'un cube, un cube de volume double. Le problème analogue consistant à construire un carré d'aire double d'un carré K donné est facile (on construit un carré dont le côté est la diagonale de K, on relira avec profit le *Menon* de Platon à ce sujet).

Le problème de la duplication du cube est aussi appelé problème de Délos car la légende rapporte qu'une fièvre pestilentielle s'étant déclarée dans cette ville, les oracles demandèrent que le volume de l'autel cubique dédié à Apollon soit doublé.

La trisection de l'angle.

On sait construire la bissectrice d'un angle. Elle partage cet angle en deux parties égales. Le problème de la trisection est de construire un angle égal au tiers d'un angle donné (il s'agit ainsi, par exemple, de partager en trois un angle de 60 degrés).

Les polygones réguliers.

Tous les écoliers savent construire un hexagone régulier (et donc un triangle équilatéral), un carré, un octogone régulier. Le problème est de construire le polygone régulier à n côtés. Les Grecs connaissent la construction du pentagone ou celle du polygone à 15 côtés, mais ils sont impuissants à réaliser celle de l'heptagone (7 côtés), ou de l'ennéagone (9 côtés), etc.

C. HISTORIQUE

Les mathématiciens grecs échouent donc sur les problèmes ci-dessus (même s'ils proposent parfois des solutions approchées, tel le 22/7 d'Archimède qui permet une quadrature approchée du cercle) ou s'ils savent résoudre des problèmes analogues, notamment de quadrature de parties courbes (les lunules d'Hippocrate, la quadrature du segment de parabole d'Archimède), voir exercices ou chapitre 7. L'expression « quadrature du cercle » est d'ailleurs passée dans le langage courant comme synonyme de problème très difficile, voire impossible. On peut mentionner aussi d'autres approches, qui utilisent des courbes auxiliaires (cissoïde de Dioclès pour la duplication du cube, quadratrice de Dinostrate pour la quadrature du cercle), mais sans résoudre véritablement les quatre problèmes.

Les mathématiciens arabes commencent à prendre conscience des liens qui unissent le problème de la trisection de l'angle et celui de la résolution

2. On dirait aujourd'hui plutôt un disque.

des équations de degré 3. Mais, jusqu'à une époque assez avancée, on cherche toujours une solution aux problèmes. Ainsi Charles-Quint offrait-il une récompense à toute personne qui parviendrait à effectuer la quadrature du cercle.

Peu à peu, cependant, les mathématiciens les plus éminents (Descartes, Gregory, etc.) commencent à penser que les quatre problèmes sont impossibles. Un indice de cette position des scientifiques est le fait que, dès 1775, l'Académie des Sciences refuse tout manuscrit prétendant réaliser la quadrature du cercle. Le pessimisme est tel qu'on pense même, concernant les polygones réguliers à p côtés (avec p premier) qu'au-delà de $p = 5$ ils ne sont plus constructibles. Voilà par exemple ce que dit Kepler :

> *L'heptagone, à la différence du pentagone ne peut pas se construire à la règle et au compas. Le compas et la règle sont les seuls outils permis en géométrie classique. Or la géométrie est le seul langage qui nous rende capable de comprendre les ressorts de l'esprit divin. Donc les figures que l'on ne peut construire à la règle et au compas – comme les polygones à 7,11,13 ou 17 côtés – sont en quelque sorte impures car elles sont un défi à l'intelligence. Elles sont non existantes.*

La situation va se débloquer au dix-neuvième siècle et d'abord dans un sens positif. En effet, Gauss, contredisant Kepler, réussit en 1796 à construire le polygone régulier à 17 côtés. Cependant il note que sa méthode ne peut s'appliquer ni à $n = 7$, ni à $n = 9$, etc.

À la suite des travaux d'Évariste Galois (1811-1832) sur les équations, Pierre-Laurent Wantzel montre en 1837 l'impossibilité de la duplication du cube, de la trisection de l'angle et précise exactement (enfin, presque, cf. 2.21) quels polygones réguliers sont constructibles. Il montre en particulier que les polygones à $7, 9, 11, 19, \ldots$ côtés ne sont pas constructibles. Enfin, Lindemann, en 1882, montre l'impossibilité de la quadrature du cercle.

D. QUELQUES REMARQUES

L'histoire des problèmes grecs s'arrête donc à la fin du dix-neuvième siècle, sauf pour un certain nombre de géomètres amateurs qui persistent, en dépit des preuves d'impossibilité qu'ils ont du mal à concevoir, à vouloir réaliser la quadrature du cercle et la trisection de l'angle (voir [Du]).

Le point crucial qu'il faut comprendre à ce sujet est qu'il s'agit de réaliser des constructions **exactes** et pas des constructions approchées, si précises soient-elles. En effet, ces constructions approchées sont, elles, toujours possibles et nous en verrons quelques-unes en exercices.

1. Rappel de quelques constructions fondamentales

Dans tout ce qui suit on travaille dans un plan euclidien E.

A. PRINCIPES

Que doit-on entendre par construction à la règle et au compas ? Le principe en est le suivant. On suppose donné un ensemble fini $\mathscr{P} = \{A_1, \ldots, A_n\}$ de points de E (avec $n \geqslant 2$) et on considère deux types de figures (que l'on dira **admissibles** relativement à $\mathscr{P}$) :

1) les droites passant par deux points distincts de $\mathscr{P}$ (que l'on construit à la règle),

2) les cercles, centrés en un point de $\mathscr{P}$ et passant par un autre point de $\mathscr{P}$ (que l'on construit au compas).

Définition 1.1. *Avec les notations ci-dessus, on dit qu'un point* M *du plan est* **constructible en un pas** *(sous-entendu à la règle et au compas) à partir de $\mathscr{P}$ s'il existe deux figures admissibles relativement à $\mathscr{P}$ dont* M *est un point d'intersection. Le point* M *est dit* **constructible** *à partir de $\mathscr{P}$ si on peut le construire en un nombre fini de pas à partir de $\mathscr{P}$, c'est-à-dire, précisément, s'il existe des points $M_1, M_2, \ldots, M_r$ tels que $M_r = M$ et que, pour $i = 1, \ldots, r-1$, M_{i+1} est constructible en un pas à partir de $\mathscr{P} \cup \{M_1, \ldots, M_i\}$.*

Remarque 1.2. On peut aussi considérer les cercles centrés en un point de $\mathscr{P}$ et dont le rayon est la distance AB avec $A, B \in \mathscr{P}$. C'est la procédure couramment utilisée du report de l'écartement du compas. Nous verrons ci-dessous qu'un tel cercle est aussi un cercle de type 2) pour une partie $\mathscr{P}'$ obtenue en ajoutant à $\mathscr{P}$ des points constructibles. Utiliser cette opération ne change donc pas l'ensemble des points constructibles.

B. SYMÉTRIQUE D'UN POINT

Soient O et A deux points. On construit le symétrique A′ de A par rapport à O en traçant la droite (AO) et le cercle de centre O qui passe par A. En effet, ce cercle recoupe la droite en A′.

C. MÉDIATRICE

Soit [AB] un segment. La médiatrice de [AB] est l'ensemble des points équidistants de A et B. On la construit en traçant les cercles $\mathscr{C}_1$ et $\mathscr{C}_2$ de centre A (resp. B) passant par B (resp. A) et en joignant leurs points d'intersection C et D, comme sur la figure 33. Bien entendu on peut aussi prendre deux cercles quelconques de centres A et B pourvu qu'ils aient même rayon.

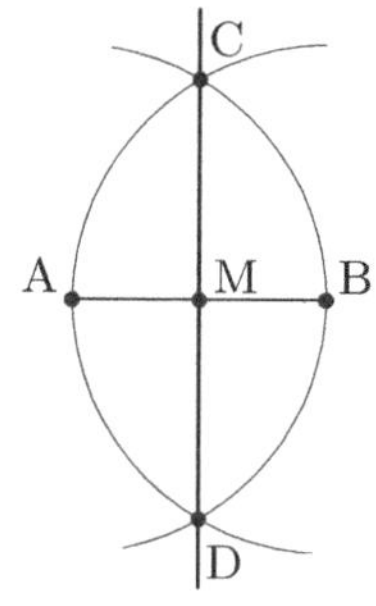

FIG. 33.

Cette construction fournit évidemment celle du milieu M de [AB] et celle de la perpendiculaire à (AB) passant par A (construire d'abord le symétrique B′ de B par rapport à A).

Explicitons sur l'exemple de la construction du milieu de [AB] les divers pas de construction au sens de 1.1. Au départ on dispose de l'ensemble $\mathscr{P} = \{A, B\}$. Les cercles $\mathscr{C}_1$ et $\mathscr{C}_2$ sont des figures admissibles pour l'ensemble $\mathscr{P}$, de sorte que C est constructible en un pas à partir de $\mathscr{P}$ et D constructible en un pas à partir de $\mathscr{P}$ (donc *a fortiori* à partir de $\{A, B, C\}$). Enfin, les droites (AB) et (CD) sont admissibles pour l'ensemble $\{A, B, C, D\}$, de sorte que M est construit en un pas à partir de $\{A, B, C, D\}$, donc constructible (en trois pas) à partir de $\mathscr{P}$.

D. PERPENDICULAIRE

Soit $\Delta = (AB)$ une droite et C un point n'appartenant pas à Δ. Il s'agit de construire la perpendiculaire à Δ passant par C. Pour cela on trace le cercle de centre C qui passe par A. Il recoupe Δ en A′ et il suffit de tracer la médiatrice de [AA′] (elle est perpendiculaire à Δ et passe par C) (fig. 34*a*).

Une autre méthode consiste à construire le cercle de diamètre [AC] (en construisant d'abord le milieu de [AC]). Ce cercle coupe Δ en H et le triangle ACH est rectangle en H, donc CH est la perpendiculaire cherchée (fig. 34*b*).

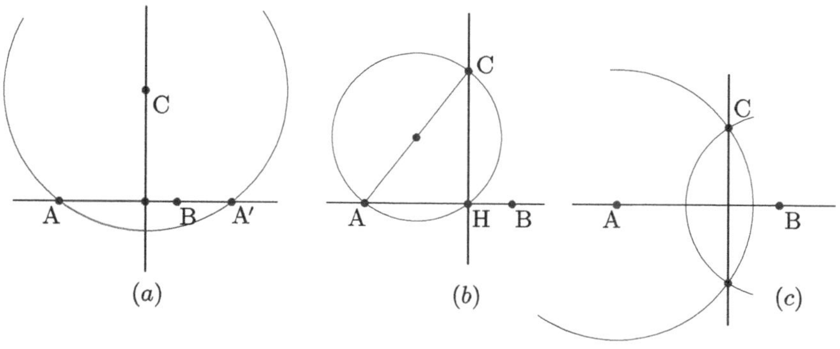

FIG. 34.

Mais, finalement, la méthode la plus simple consiste à tracer les cercles de centres A et B qui passent par C. Ces cercles se recoupent en un point C′ qui est le symétrique de C par rapport à (AB). La droite (CC′) est donc la perpendiculaire cherchée (fig. 34*c*).

E. PARALLÈLES

Il s'agit de construire la parallèle à $\Delta = (AB)$ passant par C. Il y a plusieurs méthodes. On peut, par exemple, construire la perpendiculaire (CH) à Δ passant par C, puis la perpendiculaire à (CH) passant par C. Une méthode un peu plus simple consiste à construire le point C′ symétrique de C par rapport à A, puis le point D symétrique de C′ par rapport à B. La droite (CD) est la parallèle cherchée (c'est la réciproque de la propriété de la droite des milieux).

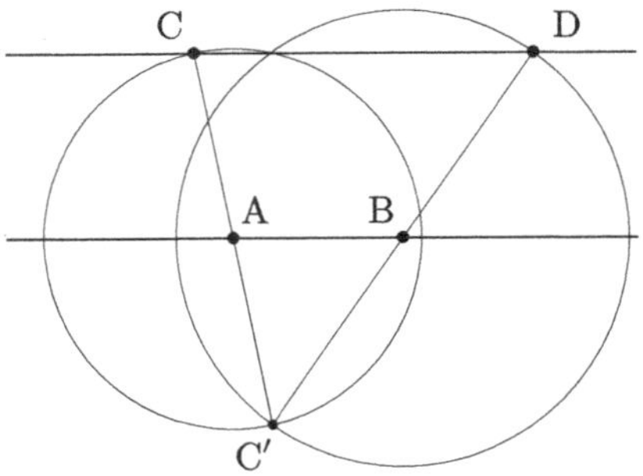

FIG. 35.

F. REPORT DE COMPAS

Lorsqu'on a trois points O, A, B on peut construire le cercle de centre O et de rayon AB. On construit en effet les parallèles à (AB) passant par O et à (OA) passant par B. Elles se coupent en D et, comme ABDO est un parallélogramme, on a AB = OD. Il suffit alors de construire le cercle de centre O qui passe par D.

G. BISSECTRICE

On considère un angle $\widehat{BAC}$. On trace le cercle de centre A passant par B qui recoupe (AC) en C′. Alors, les cercles de centres B et C′ passant par A se coupent en un autre point M et la droite (AM) est la bissectrice de $\widehat{BAC}$ (en effet c'est la médiatrice de [CC′] et, comme le triangle ABC′ est isocèle en A, c'est aussi la bissectrice) (fig. 36).

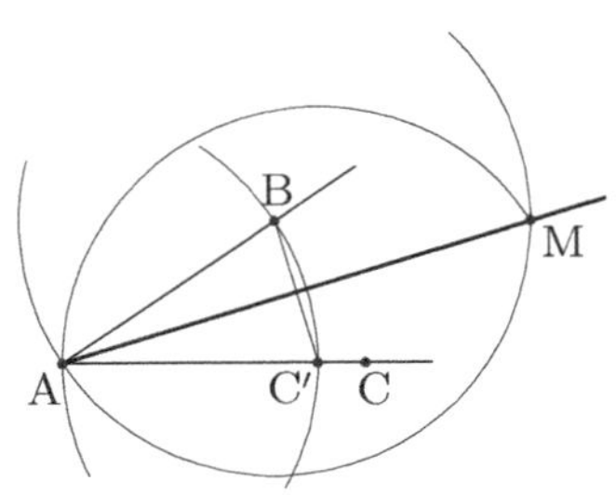

FIG. 36.

H. PARTAGE D'UN SEGMENT

Soient [AB] un segment et p un entier. Il s'agit de partager [AB] en p segments de longueurs égales. Pour cela on construit la perpendiculaire Δ à (AB) passant par A. On prend un point C_1 de Δ (par exemple l'un des points d'intersection de Δ et du cercle de centre A passant par B). On reporte ensuite (avec le compas) la longueur AC_1 sur Δ en construisant $C_2, \ldots, C_p$ avec $C_iC_{i+1} = AC_1$. On mène la droite (C_pB), puis les parallèles à cette droite passant par $C_1, C_2, \ldots, C_{p-1}$. Ces parallèles recoupent [AB] en $A_1, A_2, \ldots, A_{p-1}$ qui partagent [AB] en p parties égales en vertu du théorème de Thalès, voir fig. 37 pour le cas $p = 3$.

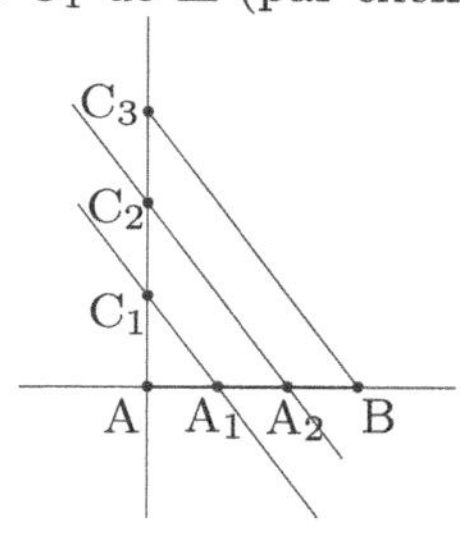

FIG. 37.

I. TANGENTE À UN CERCLE

Le principe de construction de la tangente à un cercle Γ de centre O en un point A repose sur le fait que la tangente est perpendiculaire au rayon. Si A est donné, il suffit de construire la perpendiculaire à (OA) en A.

Si on se donne un point M extérieur à Γ, on obtient les deux tangentes à Γ passant par M en construisant le cercle de diamètre OM qui coupe Γ en les points de contact A, A' (car les triangles MOA et MOA' sont rectangles en A et A'), (fig. 38).

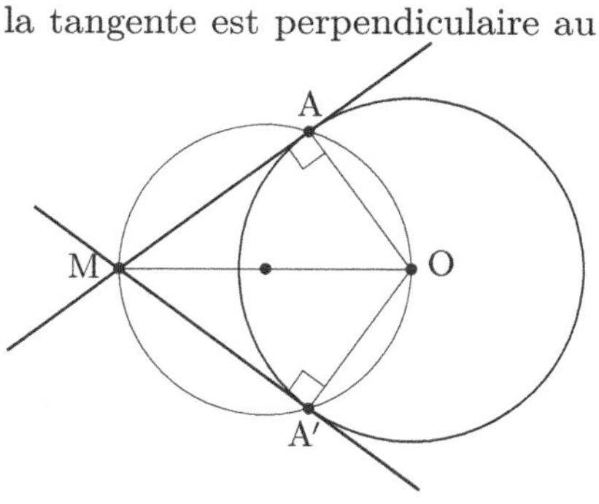

FIG. 38.

On se reportera aux exercices pour revoir de nombreuses autres constructions et en découvrir de nouvelles.

2. Nombres réels constructibles

Dans ce paragraphe nous allons analyser de plus près quels sont les points constructibles à partir de deux points donnés du plan. De fait, la plupart des problèmes de construction peuvent se ramener à cette donnée. C'est le cas de la duplication du cube et de la quadrature du cercle, par exemple. En effet, dans ces deux cas on dispose au départ d'un segment (l'arête du cube ou le rayon du cercle).

Dans un premier temps nous allons montrer qu'il y a beaucoup de points constructibles, mais, dans un second temps, nous verrons que tous les points ne le sont pas. Un aspect essentiel de ce paragraphe est qu'il nécessite un changement de point de vue : il faut traduire les propriétés géométriques en propriétés des nombres. Ce point de vue a été inauguré par Descartes, voir le merveilleux petit livre [De1]. Voici ce que Descartes dit à ce sujet :

> *Tous les problèmes de géométrie se peuvent facilement réduire à tels termes, qu'il n'est besoin par après que de connoître la longueur de quelques lignes droites pour les construire.*
>
> *Et comme toute l'arithmétique n'est composée que de quatre ou cinq opérations, qui sont l'addition, la soustraction, la multiplication, la division et l'extraction des racines, qu'on peut prendre pour une espèce de division, ainsi n'a-t-on autre chose à faire en géométrie touchant les lignes qu'on cherche pour les préparer à être connues, que de leur en ajouter d'autres, ou en ôter ; ou bien en ayant une, que je nommerai l'unité pour la rapporter d'autant mieux aux nombres, et qui peut ordinairement être prise à discrétion, puis en ayant encore deux autres, en trouver une quatrième qui soit à l'une de ces deux comme l'autre est à l'unité, ce qui est le même que la multiplication ; ou bien en trouver une quatrième qui soit à l'une des deux comme l'unité est à l'autre, ce qui est le même que la division ; ou enfin trouver une ou deux, ou plusieurs moyennes proportionnelles entre l'unité et quelque autre ligne, ce qui est le même que tirer la racine carrée ou cubique, etc. Et je ne craindrai pas d'introduire ces termes d'arithmétique en la géométrie, afin de me rendre plus intelligible.*

On travaille toujours dans un plan euclidien E et on se donne deux points O et I. Le lecteur ne manquera pas de faire les figures pour illustrer ce qui suit.

A. AXES ET REPÈRE

On prend O comme origine et OI comme unité de longueur. On construit la droite (OI) que l'on prend comme axe des x. On construit le point I′ symétrique de I par rapport à O. On construit ensuite la médiatrice de [II′] et un point J de cette médiatrice tel que OI = OJ. On prend alors O, I, J comme repère orthonormé et la droite (OJ) comme axe des y.

B. POINTS ET NOMBRES CONSTRUCTIBLES

Définition 2.1. *On appelle points constructibles les points constructibles à partir de* $\{O, I\}$ *au sens de 1.1. On dit qu'un nombre réel* x *est constructible si le point* M *de coordonnées* $(x, 0)$ *dans le repère* O, I, J *l'est. L'ensemble des nombres constructibles sera noté* $\mathscr{K}$.

On notera qu'il revient au même de demander que le point $(0, x)$ soit constructible.

Proposition 2.2. *Un point* $M = (x, y)$ *est constructible si et seulement si ses deux coordonnées le sont.*

Démonstration. Si M est constructible, on construit $(x, 0)$ en menant la perpendiculaire à l'axe des x passant par M. On construit de même $(0, y)$. Réciproquement, si $(x, 0)$ et $(0, y)$ sont constructibles, le point (x, y) est l'intersection de la perpendiculaire à l'axe des x passant par $(x, 0)$ et de la perpendiculaire à l'axe des y passant par $(0, y)$.

Proposition 2.3. *Les points* $(n, 0)$ *et* $(0, n)$, *pour* $n \in \mathbf{Z}$, *sont constructibles. Les nombres entiers sont constructibles. Les points* (m, n) *pour* $m, n \in \mathbf{Z}$ *sont constructibles.*

Démonstration. Comme les axes de coordonnées sont construits on montre par récurrence que les points $(n, 0)$ avec $n \geqslant 0$ sont constructibles. C'est vrai pour $n = 0$ ou 1. Si on a construit $M = (n-1, 0)$ et $N = (n, 0)$ on obtient $(n+1, 0)$ comme symétrique de M par rapport à N. Pour les points $(n, 0)$ avec $n < 0$ on effectue une symétrie de centre O. On procède de la même façon pour les points de l'axe des y. Enfin, la dernière assertion vient de 2.2.

C. LES RATIONNELS SONT CONSTRUCTIBLES

Proposition 2.4. *Les nombres rationnels sont constructibles. Les points* (r, s) *avec* $r, s \in \mathbf{Q}$ *sont constructibles.*

Démonstration. Il s'agit de montrer que le point $(\frac{p}{q}, 0)$ est constructible. Or, le point $P = (p, 0)$ l'est et il suffit de partager [OP] en q parties égales, voir § 1.H.

Remarque 2.5. Le fait que tous les rationnels (et en particulier tous les décimaux) soient constructibles montre que tous les réels peuvent être construits de manière approchée avec une précision aussi grande que l'on veut, même s'ils ne peuvent pas tous l'être de manière exacte. Cette remarque fait le bonheur des mathématiciens amateurs qui continuent à chercher la quadrature du cercle ou la trisection de l'angle et qui trouvent, de fait, des moyens d'obtenir des constructions approchées très précises. De tels exemples, quelquefois très élégants comme les constructions de Dürer et Ramanujan [3], sont proposés en exercices.

D. STRUCTURE DE $\mathscr{K}$

Théorème 2.6. *L'ensemble des nombres constructibles est un sous-corps de* $\mathbf{R}$.

Démonstration. Rappelons qu'un sous-corps de $\mathbf{R}$ est un sous-ensemble qui est stable par les quatre opérations. Il s'agit donc de montrer que si x et y sont constructibles il en est de même de $x+y$, $x-y$, xy et $\frac{x}{y}\cdot$ Pour $x+y$ et $x-y$ on procède par report de compas. Passons à xy. On peut supposer $x, y > 0$, quitte à effectuer ensuite des symétries centrales. On considère alors les points constructibles $\mathrm{M} = (x, 0)$ et $\mathrm{N} = (0, y)$. On trace la parallèle à (JM) passant par N. En vertu de Thalès (ou de l'homothétie de centre O et de rapport y), elle recoupe l'axe des x au point $(xy, 0)$. Il reste le cas de $\frac{x}{y}\cdot$ Grâce à la multiplication, on peut se limiter à construire $\frac{1}{y}\cdot$ C'est encore Thalès. On considère $\mathrm{M} = (0, y)$ et on trace la parallèle à (MI) passant par J. Elle recoupe l'axe des x en $(\frac{1}{y}, 0)$.

E. RACINES CARRÉES

Au-delà des nombres rationnels, on sait construire beaucoup d'autres réels : les racines carrées.

Proposition 2.7. *Si x est un réel > 0 constructible, $\sqrt{x}$ l'est aussi.*

Démonstration. Rappelons que si ABC est un triangle rectangle en A et si H est le pied de la hauteur issue de A on a $\mathrm{AB}^2 = \mathrm{BC} \times \mathrm{BH}$. Cela résulte en effet de l'expression du cosinus de l'angle $\widehat{\mathrm{B}}$: $\cos \widehat{\mathrm{B}} = \frac{\mathrm{AB}}{\mathrm{BC}} = \frac{\mathrm{BH}}{\mathrm{AB}}\cdot$

On construit alors $\sqrt{x}$ comme suit. On se ramène au cas $x > 1$. (Si x est < 1 on construit d'abord la racine de $1/x$ puis on en prend l'inverse). On considère le point $\mathrm{M} = (x, 0)$. On trace le demi-cercle de diamètre [OM] situé dans le demi-plan $y \geqslant 0$, puis la perpendiculaire à [OM] en I (qui est sur [OM]). Elle recoupe le demi-cercle en A. Le triangle OAM est rectangle en A et on a donc $\mathrm{OA}^2 = \mathrm{OI} \times \mathrm{OM} = x$. On a ainsi $\mathrm{OA} = \sqrt{x}$ et

3. On ne considère pas comme élégante la construction du nombre $\frac{355}{113}$ (qui est une bonne approximation de π) obtenue en reportant 355 fois l'unité sur l'axe des x, 113 fois sur l'axe des y et en utilisant Thalès !

il n'y a plus qu'à prendre l'intersection du cercle de centre O passant par A avec l'axe des x pour obtenir le point cherché (fig. 39).

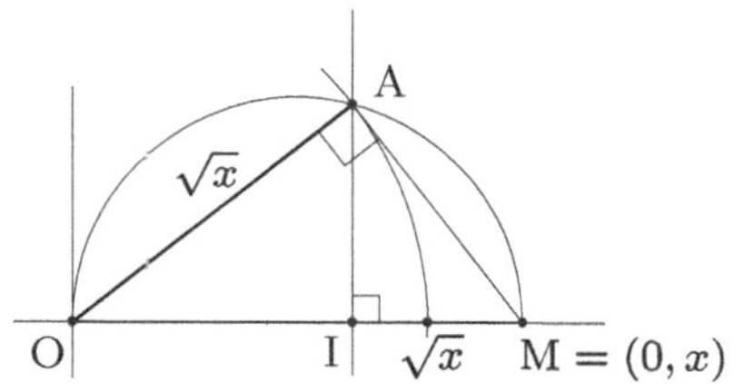

FIG. 39.

Remarque 2.8. On voit que de nombreux nombres réels sont constructibles, par exemple, $\sqrt{2}$, $\sqrt{3}$ etc. ou encore les nombres obtenus à partir de telles racines et de rationnels par les quatre opérations comme le nombre d'or $\tau = \dfrac{1+\sqrt{5}}{2}$ ou enfin les nombres obtenus par extractions successives de racines comme $\sqrt{1+\sqrt{2}}$ ou encore $\sqrt{\dfrac{1+\tau}{3-\sqrt{2}}}$, etc. En définitive, tous les réels que l'on peut obtenir à partir de 0 et 1 par les cinq opérations dont parle Descartes sont constructibles.

En particulier, si a, b, c sont constructibles et si x est une racine réelle de l'équation du second degré $ax^2 + bx + c = 0$, la formule

$$x = \frac{-b \pm \sqrt{b^2 - 4ac}}{2a}$$

montre que x est constructible. Ce que nous montrerons plus loin c'est que, réciproquement, les seules équations « constructibles » (au sens où leurs racines sont constructibles si leurs coefficients le sont) sont essentiellement les équations du second degré.

Si K est un sous-corps de $\mathbf{R}$, la proposition suivante décrit le sous-corps de $\mathbf{R}$ « engendré » par K et par une racine carrée d'un élément de K :

Proposition 2.9. *Soit* K *un sous-corps de* $\mathbf{R}$ *et soit* $d \in \mathrm{K}$ *un nombre* > 0. *Alors l'ensemble* $\mathrm{K}(\sqrt{d})$ *des réels de la forme* $a + b\sqrt{d}$ *avec* $a, b \in \mathrm{K}$ *est un sous-corps de* $\mathbf{R}$ *qui contient* K *et* $\sqrt{d}$ *(et c'est le plus petit pour cette propriété).*

Démonstration. Si $\sqrt{d}$ est dans K, le corps $\mathrm{K}(\sqrt{d})$ n'est autre que K. On suppose désormais que $\sqrt{d}$ n'est pas dans K. Il faut montrer que $\mathrm{K}(\sqrt{d})$ est stable par les quatre opérations. C'est évident pour la somme et la différence. Pour la multiplication on a la formule :

$$(a + b\sqrt{d})(a' + b'\sqrt{d}) = (aa' + dbb') + (ab' + ba')\sqrt{d}.$$

Il reste à montrer que l'inverse de $a + b\sqrt{d}$ (supposé non nul) est dans $\mathrm{K}(\sqrt{d})$. C'est l'astuce bien connue qui consiste à multiplier par la quantité conjuguée :

$$\frac{1}{a+b\sqrt{d}} = \frac{a-b\sqrt{d}}{(a+b\sqrt{d})(a-b\sqrt{d})} = \frac{a-b\sqrt{d}}{a^2-db^2} = \frac{a}{a^2-db^2} - \frac{b}{a^2-db^2}\sqrt{d}.$$

On notera que, comme $\sqrt{d}$ n'est pas dans K le nombre $a - b\sqrt{d}$ est non nul.

F. ANALYSE DE LA CONSTRUCTION EN UN PAS

Soit $\mathscr{P} = \{\mathrm{M}_0, \mathrm{M}_1, \mathrm{M}_2, \dots, \mathrm{M}_r\}$ un ensemble fini de points de E avec $\mathrm{M}_0 = \mathrm{O}$ et $\mathrm{M}_1 = \mathrm{I}$. On suppose que toutes les coordonnées des points de $\mathscr{P}$ sont dans un certain sous-corps K de **R**. Notons $\mathscr{D}$ l'ensemble des droites joignant deux points de $\mathscr{P}$ et $\mathscr{C}$ l'ensemble des cercles centrés en un point de $\mathscr{P}$ et passant par un point de $\mathscr{P}$.

Le lemme suivant décrit les équations[4] des éléments de $\mathscr{C}$ et $\mathscr{D}$:

Lemme 2.10. 1) *Toute droite de $\mathscr{D}$ a une équation de la forme*

$$ux + vy + w = 0$$

avec $u, v, w \in \mathrm{K}$.

2) *Tout cercle de $\mathscr{C}$ a une équation de la forme*

$$x^2 + y^2 + \alpha x + \beta y + \gamma = 0$$

avec $\alpha, \beta, \gamma \in \mathrm{K}$.

Démonstration. 1) Une droite Δ de $\mathscr{D}$ joint deux points $\mathrm{M}_i = (a_i, b_i)$ et $\mathrm{M}_j = (a_j, b_j)$ de $\mathscr{P}$. Si $\mathrm{M} = (x, y)$ est un point de la droite, on écrit que les vecteurs $\overrightarrow{\mathrm{M}_i\mathrm{M}}$ et $\overrightarrow{\mathrm{M}_i\mathrm{M}_j}$ sont colinéaires : $\overrightarrow{\mathrm{M}_i\mathrm{M}} = \lambda\overrightarrow{\mathrm{M}_i\mathrm{M}_j}$, soit $x - a_i = \lambda(a_j - a_i)$ et $y - b_i = \lambda(b_j - b_i)$. En éliminant λ on obtient l'équation de $(\mathrm{M}_i\mathrm{M}_j)$:

$$(b_j - b_i)x - (a_j - a_i)y - a_i(b_j - b_i) + b_i(a_j - a_i) = 0.$$

Comme les coordonnées des points M_k sont dans K on voit que les coefficients de l'équation de Δ y sont aussi.

2) Si Γ est le cercle de centre M_i passant par M_j, son équation est donnée en écrivant que le point $\mathrm{M} = (x, y)$ est sur Γ si on a $\mathrm{M}_i\mathrm{M}^2 = \mathrm{M}_i\mathrm{M}_j^2$ ce qui donne $(x - a_i)^2 + (y - b_i)^2 = (a_j - a_i)^2 + (b_j - b_i)^2$ et on a la conclusion en développant.

Le résultat suivant analyse l'effet d'une construction en un pas. On y voit qu'une telle construction revient à l'extraction d'une racine carrée.

4. On passe ici dans le domaine de la géométrie analytique, inauguré par Descartes.

Proposition 2.11. *Soit* $\mathscr{P} = \{\mathrm{M}_0 = \mathrm{O}, \mathrm{M}_1 = \mathrm{I}, \mathrm{M}_2, \dots, \mathrm{M}_r\}$ *un ensemble fini de points de* E *dont toutes les coordonnées sont dans un sous-corps* K *de* **R**. *Soit* $\mathrm{M} = (x, y)$ *un point construit en un pas à partir de* $\mathscr{P}$. *Alors, il existe un élément* $d \in \mathrm{K}$ *tel que* $x, y \in \mathrm{K}(\sqrt{d})$.

Démonstration. On sait que M est intersection de deux éléments de $\mathscr{D}$ et/ou de $\mathscr{C}$. Il faut distinguer trois cas selon la nature de ces éléments.

1) Si $\mathrm{M} = (x, y)$ est intersection de deux droites Δ_1 et Δ_2 de $\mathscr{D}$ il vérifie deux équations à coefficients dans K :

$$\begin{aligned} u_1x + v_1y + w_1 &= 0, \\ u_2x + v_2y + w_2 &= 0, \end{aligned}$$

et on en déduit facilement x et y :

$$x = \frac{v_1w_2 - v_2w_1}{u_1v_2 - u_2v_1} \quad \text{et} \quad y = \frac{-u_1w_2 + u_2w_1}{u_1v_2 - u_2v_1}.$$

On voit que x et y sont dans $\mathrm{K} = \mathrm{K}(\sqrt{1})$.

2) Si $\mathrm{M} = (x, y)$ est intersection d'une droite et d'un cercle on a les équations à coefficients dans K :

$$\begin{aligned} ux + vy + w &= 0, \\ x^2 + y^2 + \alpha x + \beta y + \gamma &= 0. \end{aligned}$$

Supposons par exemple $v \neq 0$. La première équation s'écrit alors sous la forme $y = px + q$ avec $p, q \in \mathrm{K}$. Un petit calcul montre alors que x est solution de l'équation du second degré suivante :

$$(1 + p^2)x^2 + (2pq + \alpha + \beta p)x + q^2 + \beta q + \gamma = 0.$$

Mais, si d est le discriminant de cette équation, il est dans K et il est clair que x est dans $\mathrm{K}(\sqrt{d})$, en vertu de la formule de résolution des équations du second degré. Il en résulte que y est aussi dans $\mathrm{K}(\sqrt{d})$ grâce à la formule $y = px + q$.

3) Si $\mathrm{M} = (x, y)$ est intersection de deux cercles de $\mathscr{C}$ on a les équations :

$$\begin{aligned} x^2 + y^2 + \alpha x + \beta y + \gamma &= 0, \\ x^2 + y^2 + \alpha' x + \beta' y + \gamma' &= 0. \end{aligned}$$

Par différence, on se ramène à résoudre le système formé de la première équation et de l'équation du premier degré : $(\alpha - \alpha')x + (\beta - \beta')y + \gamma - \gamma' = 0$. On est donc ramené au cas précédent.

G. CARACTÉRISATION DES NOMBRES CONSTRUCTIBLES

Nous allons caractériser maintenant les nombres constructibles en termes de racines carrées itérées.

Théorème 2.12. *Soit x un nombre réel. Alors x est constructible si et seulement si il existe une suite* $\mathrm{K}_0, \mathrm{K}_1, \dots, \mathrm{K}_r$ *de sous-corps de* $\mathbf{R}$ *vérifiant les conditions suivantes :*

1) *on a* $\mathrm{K}_0 = \mathbf{Q}$,

2) *on a* $\mathrm{K}_0 \subset \mathrm{K}_1 \subset \cdots \subset \mathrm{K}_r$ *et, plus précisément, pour chaque* $i = 1, 2, \dots, r$, *il existe* $d_i \in \mathrm{K}_{i-1}$ *tel que* $\mathrm{K}_i = \mathrm{K}_{i-1}(\sqrt{d_i})$,

3) *on a* $x \in \mathrm{K}_r$.

Commentaire. On voit avec ce théorème que les nombres constructibles sont ceux qui sont obtenus, à partir des rationnels, en rajoutant des racines carrées, d'abord d'éléments de $\mathbf{Q}$, puis d'éléments construits avec ces premières racines carrées, etc.

Démonstration. Le fait que les éléments de K_r soient constructibles résulte par récurrence de 2.6, 2.7 et 2.9. Comme c'est l'autre sens qui nous intéresse surtout nous laissons les détails de cette preuve au lecteur.

Réciproquement, supposons que x est constructible, c'est-à-dire que le point $\mathrm{M} = (x, 0)$ est constructible à partir de O, I. Traduisons cette condition selon la définition 1.1. Cela signifie qu'il existe des points $\mathrm{M}_0 = \mathrm{O}, \mathrm{M}_1 = \mathrm{I}, \mathrm{M}_2, \dots, \mathrm{M}_r$ tels que $\mathrm{M}_r = \mathrm{M}$ et que, pour $i = 2, \dots, r-1$, M_{i+1} est constructible en un pas à partir de $\{\mathrm{O}, \mathrm{I}, \mathrm{M}_2, \dots, \mathrm{M}_i\}$.

Nous allons montrer par récurrence sur r la propriété $\mathrm{P}(r)$ suivante qui impliquera le résultat :

Si $\mathrm{M}_0 = \mathrm{O}, \mathrm{M}_1 = \mathrm{I}, \mathrm{M}_2, \dots, \mathrm{M}_r$ *sont des points du plan tels que, pour* $i = 1, \dots, r-1$, M_{i+1} *soit construit en un pas à partir de* $\{\mathrm{O}, \mathrm{I}, \mathrm{M}_2, \dots, \mathrm{M}_i\}$, *alors il existe une suite de corps* $\mathrm{K}_0, \dots, \mathrm{K}_r$ *vérifiant les conditions de 2.12 et tels que les coordonnées de tous les* M_i *soient dans* K_r.

La propriété est vraie pour $r = 0$ et $r = 1$ car les coordonnées de O et I sont rationnelles et on peut donc prendre $\mathrm{K}_0 = \mathbf{Q}$ et $\mathrm{K}_1 = \mathbf{Q} = \mathbf{Q}(\sqrt{1})$.

Supposons la propriété vraie pour l'entier r et passons à $r+1$. Les coefficients des points $\mathrm{M}_0, \dots, \mathrm{M}_r$ sont donc dans le corps K_r. On rajoute un point $\mathrm{M} = \mathrm{M}_{r+1}$ construit en un pas à partir des M_i. D'après 2.11, les coordonnées de M sont dans un corps $\mathrm{K}_{r+1} = \mathrm{K}_r(\sqrt{d})$ avec $d \in \mathrm{K}_r$, et on a gagné en ajoutant K_{r+1} à la suite des K_i.

H. L'IMPOSSIBILITÉ DE LA DUPLICATION DU CUBE

Nous résolvons maintenant par la négative le premier des quatre problèmes des Grecs. Il peut se formuler ainsi. On considère le cube unité, de côté OI. Il s'agit de construire un cube de volume double, c'est-à-dire de construire le nombre $\sqrt[3]{2}$.

Théorème 2.13. *Le nombre $\sqrt[3]{2}$ n'est pas constructible (et donc la duplication du cube est impossible).*

Démonstration. On commence par montrer le lemme suivant :

Lemme 2.14. *Soit* K *un sous-corps de* **R** *et soit $d \in \mathrm{K}$ un nombre > 0. On suppose que $\sqrt[3]{2}$ est dans $\mathrm{K}(\sqrt{d})$. Alors $\sqrt[3]{2}$ est dans* K.

Démonstration. Le résultat est évident si $\sqrt{d} \in \mathrm{K}$. Nous supposerons désormais que cette condition n'est pas vérifiée. Posons $\alpha = \sqrt[3]{2}$ et supposons $\alpha \in \mathrm{K}(\sqrt{d})$. On a donc $\alpha = a + b\sqrt{d}$. On élève cette relation au cube et on obtient

$$2 = a^3 + 3a^2b\sqrt{d} + 3adb^2 + b^3d\sqrt{d}.$$

Cette relation est de la forme $\mathrm{A} + \mathrm{B}\sqrt{d} = 0$ avec $\mathrm{A}, \mathrm{B} \in \mathrm{K}$. Comme $\sqrt{d}$ n'est pas dans K, le coefficient B est nécessairement nul (sinon on aurait $\sqrt{d} = -\dfrac{\mathrm{A}}{\mathrm{B}} \in \mathrm{K}$). Or on a $\mathrm{B} = b(3a^2 + db^2)$. Si $b = 0$ on a $\alpha = a \in \mathrm{K}$ et on a fini, si $b \neq 0$ on a $3a^2 + db^2 = 0$ ce qui est absurde car ce nombre est > 0.

On peut maintenant finir de prouver le théorème 2.13. Supposons $\alpha = \sqrt[3]{2}$ constructible. En vertu de 2.12 il existe une suite $\mathrm{K}_0, \mathrm{K}_1, \dots, \mathrm{K}_r$ de sous-corps de **R** avec $\mathrm{K}_0 = \mathbf{Q}$, $\mathrm{K}_i = \mathrm{K}_{i-1}(\sqrt{d_i})$ et $\alpha \in \mathrm{K}_r$. Mais alors, il résulte de 2.14 que α est dans K_{r-1} puis dans K_{r-2} et, par récurrence, dans **Q**. Mais c'est impossible en vertu du lemme suivant (voir aussi exercice **128**) :

Lemme 2.15. *Le nombre $\alpha = \sqrt[3]{2}$ est irrationnel.*

Démonstration. On raisonne par l'absurde. Si α est rationnel on l'écrit $\alpha = \dfrac{p}{q}$ avec p et q premiers entre eux. En élevant au cube on obtient $2q^3 = p^3$. On en déduit que p est pair, $p = 2p'$ et on obtient en simplifiant par 2, $q^3 = 4p'^3$. Mais alors q est pair aussi, ce qui contredit le fait que p et q sont premiers entre eux.

I. LES AUTRES PROBLÈMES DES GRECS

Nous donnons ici sans démonstration les autres résultats concernant les problèmes grecs. Le résultat concernant la trisection de l'angle est du même ordre de difficulté que ce que nous venons de faire. En revanche l'impossibilité de la quadrature du cercle est nettement plus difficile et fait appel à des techniques d'analyse. De même le résultat sur les polygones réguliers utilise d'autres méthodes, d'algèbre cette fois (la théorie de Galois). Une idée éclaire tous ces résultats, c'est le fait suivant :

Proposition 2.16. *Si x est un nombre constructible il est algébrique sur* **Q**, *c'est-à-dire qu'il vérifie une équation :*

$$x^n + a_{n-1}x^{n-1} + \cdots + a_1x + a_0 = 0$$

à coefficients rationnels. De plus, si cette équation est choisie du degré n le plus petit possible, ce degré est une puissance de 2.

Idée de la démonstration. Cela résulte essentiellement du théorème 2.12 qui affirme que x s'obtient par des extractions successives de racines carrées. Par exemple, si on pose $x = \sqrt{\sqrt{2}+\sqrt{3}}$, on vérifie facilement que x est racine de l'équation $x^8 - 10x^4 + 1 = 0$.

Remarques 2.17. 1) Attention, le fait que x soit racine d'une équation algébrique de degré une puissance de 2 à coefficients rationnels est une condition nécessaire de constructibilité, mais pas une condition suffisante, voir [Ca].

2) On comprend alors que $x = \sqrt[3]{2}$ ne soit pas constructible car il vérifie bien une équation algébrique, $x^3 - 2 = 0$, mais elle est de degré 3 (et il ne satisfait pas d'équation de degré 2).

Par le même type d'argument que celui utilisé en 2.13 on montre :

Proposition 2.18. *Le nombre $x = \cos \pi/9$ n'est pas constructible (et donc on ne peut pas « trisecter » l'angle $\pi/3$).*

Voir l'exercice **186**.

Pour la quadrature du cercle, le résultat crucial est le suivant :

Théorème 2.19 (Lindemann). *Les nombres π et $\sqrt{\pi}$ ne sont pas algébriques sur $\mathbf{Q}$, donc ne sont pas constructibles, de sorte que la quadrature du cercle est impossible.*

Enfin, donnons le beau résultat de constructibilité des polygones réguliers :

Théorème 2.20. *Soit n un entier $\geqslant 3$. Le polygone régulier à n côtés est constructible si et seulement si n est de la forme :*

$$n = 2^\alpha p_1 \cdots p_r$$

où α est un entier $\geqslant 0$ et où les p_i sont des nombres de Fermat (donc de la forme $2^{2^r} + 1$ avec $r \geqslant 0$), **premiers** *et distincts.*

Remarques 2.21. 1) On comprend cette condition sur les nombres premiers p en remarquant que la construction du polygone régulier à p côtés revient à celle des racines p-ièmes de l'unité dans le corps $\mathbf{C}$ des nombres complexes. Or ces nombres vérifient une équation de degré $p-1$ en vertu de la relation

$$\mathrm{X}^p - 1 = (\mathrm{X}-1)(\mathrm{X}^{p-1} + \mathrm{X}^{p-2} + \cdots + \mathrm{X} + 1),$$

de sorte que, vu 2.15, le degré de cette équation doit être une puissance de 2.

2) Nous avons vu dans le chapitre sur l'arithmétique qu'on connaît seulement 5 nombres de Fermat premiers : 3, 5, 17, 257 et 65537.

3) Pour $n \leqslant 20$ les polygones réguliers non constructibles sont ceux qui correspondent à $n = 7, 9, 11, 13, 14, 18, 19$. Voir l'exercice **187** pour le cas de l'heptagone.

4) Nous proposons ci-dessous une construction du pentagone régulier (mais nous ne chercherons pas à donner de construction explicite du polygone régulier à 65537 côtés !).

J. UNE CONSTRUCTION DU PENTAGONE RÉGULIER

Dans tout problème de construction, il faut commencer par une phase d'analyse de la figure. Supposons donc que le pentagone P = ABCDE soit construit, soit Γ le cercle circonscrit à P et O son centre (fig. 40). Toute la philosophie des considérations précédentes est de passer par l'intermédiaire des nombres pour résoudre le problème. Pour cela, on choisit un repère orthonormé adapté à la figure, donc d'origine O et tel que l'axe des x soit porté par (OA) avec, précisément, $\mathrm{A} = (1, 0)$. Pour construire P il suffit de savoir construire le point I projeté orthogonal de B (et de E) sur l'axe des x. Comme les angles au centre de P valent $2k\pi/5$, on a $\mathrm{I} = (\cos 2\pi/5, 0)$. Nous allons donc calculer ce cosinus, si possible en n'utilisant que des rationnels et des racines carrées.

La remarque de base est une conséquence de la symétrie de P :

Lemme 2.22. *On a la relation :*

$$\vec{\mathrm{V}} = \overrightarrow{\mathrm{OA}} + \overrightarrow{\mathrm{OB}} + \overrightarrow{\mathrm{OC}} + \overrightarrow{\mathrm{OD}} + \overrightarrow{\mathrm{OE}} = \vec{0}.$$

Démonstration. On sait que la symétrie par rapport à (OA) transforme A en A, B en E et C en D. Elle laisse donc invariant le vecteur $\vec{\mathrm{V}}$, de sorte que $\vec{\mathrm{V}}$ est de direction (OA). Mais, la même remarque vaut aussi avec (OB), (OC), etc. et $\vec{\mathrm{V}}$ est donc un vecteur qui admet plusieurs directions et le seul vecteur qui a cette propriété est le vecteur nul !

Une autre preuve, qui utilise les nombres complexes est la suivante. Les vecteurs $\overrightarrow{\mathrm{OA}}$, $\overrightarrow{\mathrm{OB}}$, $\overrightarrow{\mathrm{OC}}$, etc. correspondent aux racines cinquièmes de l'unité : 1, $\zeta = e^{2i\pi/5}$, ζ^2, etc. et l'assertion du lemme revient à montrer la formule $1 + \zeta + \zeta^2 + \zeta^3 + \zeta^4 = 0$. Mais cela résulte du fait que ζ est une racine cinquième de l'unité différente de 1 car on a :

$$\zeta^5 - 1 = (\zeta - 1)(1 + \zeta + \zeta^2 + \zeta^3 + \zeta^4).$$

En écrivant que l'abscisse de $\vec{\mathrm{V}}$ est nulle on obtient la relation :

$$(*) \qquad 1 + 2\cos\frac{2\pi}{5} + 2\cos\frac{4\pi}{5} = 0.$$

Mais, on a aussi la formule de trigonométrie bien connue $\cos\dfrac{4\pi}{5} = 2\cos^2\dfrac{2\pi}{5} - 1$ et, si l'on pose $a = \cos\dfrac{2\pi}{5}$, on en déduit que a est la racine positive de l'équation $4a^2 + 2a - 1 = 0$, obtenant ainsi :

$$a = \cos\frac{2\pi}{5} = \frac{\sqrt{5}-1}{4}.$$

La formule $(*)$ donne $\cos\dfrac{4\pi}{5} = -\dfrac{1}{2} - a$, d'où $\cos\dfrac{4\pi}{5} = \dfrac{-1-\sqrt{5}}{4}$ ($\cos\dfrac{4\pi}{5}$ est la racine négative de l'équation $4a^2 + 2a - 1 = 0$).

On voit que le nombre a est constructible (puisqu'il s'écrit uniquement, à partir des rationnels, avec une racine carrée). Il reste à réaliser explicitement la construction. Il y a de nombreuses méthodes, en voici une.

On cherche essentiellement à construire $\sqrt{5}$. Mais, c'est très facile par Pythagore : $\sqrt{5}$ est l'hypoténuse d'un triangle rectangle de côtés 1 et 2. Comme c'est, en fait, $\sqrt{5}/4$ que l'on vise, il faut prendre un triangle de côtés $1/4$ et $1/2$. Comme, en plus, on veut ajouter $\sqrt{5}/4$ à $-1/4$, la solution est toute trouvée : on construit le point M de l'axe des x d'abscisse $-1/4$ et le point N de l'axe des y d'ordonnée $1/2$. On trace le cercle de centre M passant par N, il est de rayon $\sqrt{5}/4$. Il coupe alors l'axe des x en les points I et J d'abscisses $\cos\dfrac{2\pi}{5}$ et $\cos\dfrac{4\pi}{5}$ et on obtient la construction ci-dessous :

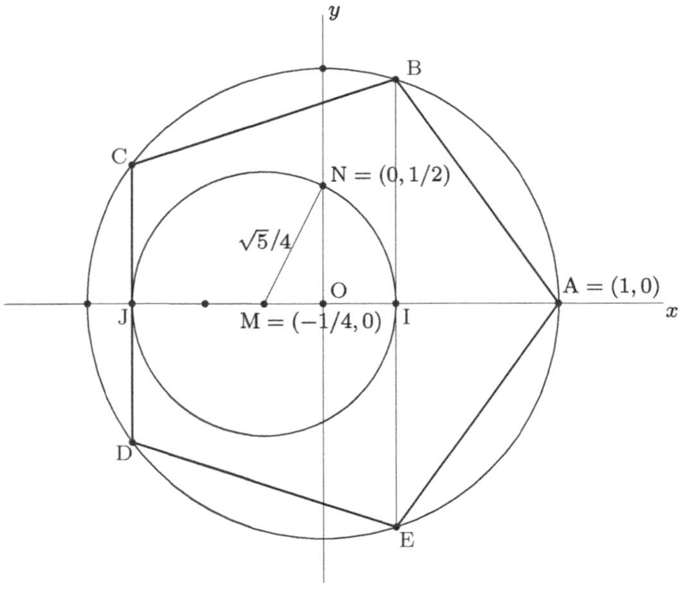

FIG. 40.

Remarque 2.23. Les nombres obtenus sont très liés au fameux nombre d'or $\tau = \dfrac{1+\sqrt{5}}{2}$ (qui vérifie l'équation $\tau^2 - \tau - 1 = 0$ que l'on peut encore écrire $\tau^{-1} = \tau - 1$, formule facile à retenir phonétiquement : *tau moins un égale tau moins un*). En effet, on a $\cos\dfrac{4\pi}{5} = -\dfrac{\tau}{2}$ et $\cos\dfrac{2\pi}{5} = \dfrac{\tau^{-1}}{2}$.

K. CONCLUSION

À l'issue de cette promenade au pays des nombres constructibles il est utile de mesurer le chemin parcouru. Si les quatre problèmes « impossibles » posés par les Grecs ont mis deux mille ans pour être résolus c'est qu'ils présentaient sans doute des difficultés redoutables.

La première, évidente, c'est qu'il fallait être capable de concevoir qu'on puisse **prouver** l'impossibilité des constructions. C'est sans doute le plus difficile comme en témoigne l'obstination d'un certain nombre de géomètres amateurs à continuer, y compris de nos jours, à vouloir réaliser ces constructions.

Une autre difficulté, qui empêchait, en tous cas, les Grecs de résoudre ces problèmes, c'est qu'il est nécessaire pour cela de sortir du cadre géométrique et de travailler dans le **cadre numérique** (celui des nombres constructibles). On sait en effet, que les Grecs ne considéraient comme nombres que les entiers, les rationnels n'apparaissant que comme des rapports de grandeurs, ce qui alourdit considérablement leur utilisation. Pour les irrationnels les choses étaient pires encore, souvenons-nous de la crise ouverte par la découverte de l'irrationalité de $\sqrt{2}$ que nous avons évoquée dans le chapitre sur les réels.

Une troisième difficulté était de prendre conscience de ce que représentaient, sur les nombres, les constructions. C'est le point de vue de Descartes (celui des **équations des courbes**) qui permet de comprendre que les seuls nombres rajoutés sont essentiellement des racines carrées.

Enfin, une dernière difficulté était d'avoir le cadre théorique adéquat pour formaliser les problèmes (cela suppose de disposer de **la notion de corps**, voire de celle d'espace vectoriel).

En tous les cas on détient là l'un des plus beaux exemples de l'obstination de la communauté des mathématiciens, par delà les siècles, face à des problèmes difficiles.

Bibliographie

[Ca] Carréga J.-C., *Théorie des corps, La règle et le compas*, Hermann, 1981.

[De1] Descartes R. *La géométrie*, Hermann, Nouvelle édition, 1886.

[Du] Dudley Underwood, *A budget of trisections*, Springer Verlag, 1987.

EXERCICES DU CHAPITRE 6

Dans tous les exercices on travaille dans un plan euclidien. Sauf mention expresse du contraire, les constructions demandées sont à exécuter avec une règle (non graduée) et un compas, le tout en bon état de marche.

1. Quelques classiques

163. Soient Δ une droite, B un point de Δ et A un point n'appartenant pas à Δ. Construire un cercle Γ passant par A et tangent à Δ en B.

164. Soient Γ et Γ' deux cercles (extérieurs) de centres O et O'. Soit [AB] (resp. [A'B']) le diamètre de Γ (resp. Γ') perpendiculaire à (OO'), avec A et A' dans le même demi-plan limité par (OO'). La droite (AA') (resp. (AB')) coupe (OO') en C (resp. D).

a) Soit h (resp. k) l'homothétie de centre C (resp. D) qui transforme O en O'. Montrer que l'on a $h(\mathrm{A}) = \mathrm{A}'$ (resp. $k(\mathrm{A}) = \mathrm{B}'$), puis $h(\Gamma) = k(\Gamma) = \Gamma'$.

b) Construire les tangentes communes à Γ et Γ' (on montrera qu'elles passent par C et D).

c) Discuter le nombre de tangentes communes lorsque Γ et Γ' ne sont plus nécessairement extérieurs.

165. *a*) On se donne deux droites parallèles Δ et Δ' et deux points A et B situés de part et d'autre de la bande limitée par Δ et Δ'. Construire les points $\mathrm{M} \in \Delta$ et $\mathrm{M}' \in \Delta'$ tels que (MM') soit perpendiculaire à Δ et qui satisfont en outre la propriété suivante :

i) $\mathrm{AM} = \mathrm{BM}'$.

b) Même exercice en remplaçant *i*) par

ii) (AM) perpendiculaire à (BM').

c) Même exercice en remplaçant *i*) par

iii) $\mathrm{AM} + \mathrm{MM}' + \mathrm{M'B}$ est minimum.

(On pourra commencer par traiter le cas où les droites Δ et Δ' sont confondues, puis s'y ramener grâce à une translation appropriée.)

166. Construire un quadrilatère ABCD connaissant le segment [AC], le vecteur $\overrightarrow{\mathrm{BD}}$ et les longueurs AB et CD. (On utilisera la translation de vecteur $\overrightarrow{\mathrm{BD}}$.)

167. Soit Δ une droite et soient A et B deux points situés dans le même demi-plan limité par Δ. Construire le point M de Δ tel que $\mathrm{AM} + \mathrm{MB}$ soit minimum. Ce problème peut être habillé en forme d'histoire. Par exemple : quel est le plus court chemin pour aller de la maison A à la maison B en passant prendre de l'eau dans la rivière Δ. À vous d'en trouver d'autres.

168. Construire un carré ayant même aire qu'un rectangle donné.

169. Construire un carré dont l'aire est la différence des aires de deux carrés donnés.

170. Soient ABC un triangle et P un point de [BC]. Construire une droite passant par P qui partage le triangle en deux parties d'aires égales.

171. *Les lunules d'Hippocrate.*

Soit ABC un triangle rectangle en A. On trace le demi-cercle de diamètre [BC] passant par A et les deux demi-cercles de diamètres [CA], [AB] qui ne rencontrent pas le triangle. Ces trois demi-cercles déterminent deux lunules. Calculer la somme s des aires de ces lunules et construire un carré d'aire s.

2. Polygones

172. En utilisant la construction du triangle équilatéral et celle du pentagone régulier, construire le polygone régulier à 15 côtés inscrit dans un cercle donné.

173. On se donne cinq points A′, B′, C′, D′, E′ non colinéaires. Construire une ligne polygonale ABCDE dont les points donnés sont les milieux des côtés. (Indication : On considérera la composée des symétries de centres A′, B′, C′, D′, E′. Montrer que c'est une symétrie centrale et construire son centre.)

¶¶ **174.** Montrer qu'on obtient un pentagone régulier en faisant un nœud à une bande de papier comme indiqué sur la figure 41. Indication : On traduira la situation en termes de parallélisme et de symétries. Pour montrer que ABCDE est régulier on montrera que ses angles sont tous égaux et ses côtés aussi.

Pour cela, on commencera par montrer les égalités d'angles suivantes : $\widehat{A} = \widehat{B} = \widehat{C}$ et $\widehat{D} = \widehat{E}$, puis les égalités de côtés : EA = AB = BC = CD et les égalités de diagonales : BD = BE = CE = BE.

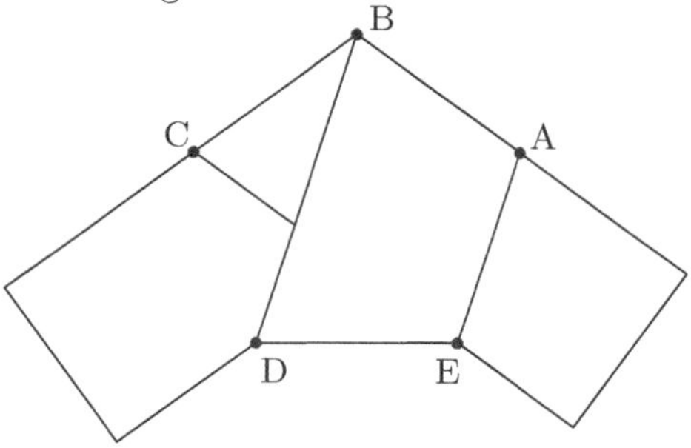

FIG. 41.

3. Triangles

175. L'exercice consiste à construire un triangle ABC connaissant certains de ces éléments. Dans chaque cas on discutera l'existence et le nombre de solutions. Comme d'habitude on pose $a = BC, b = CA, c = AB$.

a) On donne le côté [AB] et les longueurs a et b.

b) On donne [AB], a et un des angles du triangle. (Attention, il y a un cas difficile).

c) On donne [AB], a et la longueur d'une des médianes. (Attention, il y a un cas difficile).

d) On donne [AB], a et la longueur d'une des hauteurs.

176. On se donne trois droites concourantes en G et un point A sur l'une d'elles. Construire un triangle ABC dont ces droites soient les médianes.

4. Des constructions approchées

177. *L'heptagone.*

On considère un cercle Γ de rayon 1 et un triangle équilatéral inscrit dans Γ. On prend la moitié du côté a de ce triangle que l'on reporte à partir d'un point du cercle. Le dessin semble fournir un heptagone régulier. Donner des valeurs approchées à 10^{-4} près de la longueur a et du côté de l'heptagone régulier. Conclure.

¶ **178.** *La construction de Dürer.*

On part d'un segment [AB] et on trace les cercles de centre A (resp. B) passant par B (resp. A). Ces cercles se coupent en O et O′. Le cercle de centre O, passant par A et B recoupe les cercles précédents respectivement en C et D et le segment [OO′] en I. La droite (CI) coupe le cercle de centre B en deux points. Soit E celui qui est extérieur à [CI]. De même, la droite (DI) coupe le cercle de centre A en deux points. Soit F celui qui est extérieur à [DI]. Les cercles de centres E et F et de rayon AB se coupent en G (en dehors de [OO′]). Le pentagone AFGEB a l'air d'être régulier. L'est-il vraiment ?

Indications : On appelle M le milieu de [AB] et P et Q les points d'intersection de (CE) et (DF) avec [AB].

a) Montrer que les points O, C, D sont alignés et les triangles COI et DOI rectangles isocèles.

b) Montrer que PIQ est rectangle isocèle. Calculer MI puis AQ.

c) En calculant l'aire du triangle AFQ avec les formules faisant intervenir $\sin\widehat{F}$ et $\sin\widehat{Q}$, calculer $\sin\widehat{F}$.

d) Conclure.

¶ **179.** *La construction de Ramanujan.*

Il s'agit d'une magnifique construction approchée de la quadrature du cercle. Pour ne pas alourdir outre mesure le texte, nous ne donnons pas tous les détails de la procédure. On se reportera à la figure 42 pour suivre la construction (en prenant garde notamment aux demi-plans dans lesquels se situent les points).

Soit Γ un cercle de diamètre [AB] et de centre O. On prendra la longueur OB comme unité de longueur.

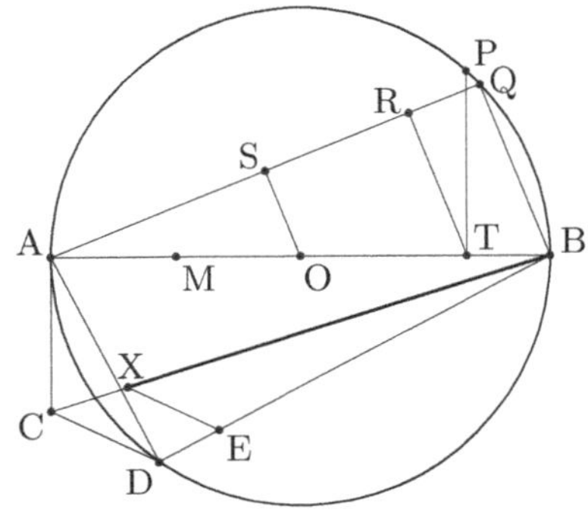

FIG. 42.

Soient M le milieu de [AO] et T le point de [OB] tel que $OT = \dfrac{2}{3}OB$. La perpendiculaire à [AB] en T coupe le cercle en P. Soit Q un point de Γ tel que $BQ = PT$. Les parallèles à [BQ] passant par O et T coupent [AQ] respectivement en S et R. Soit $D \in \Gamma$ tel que $AD = AS$ et soit C le point de la tangente à Γ en

A tel que AC = RS. Soit E le point de [BD] tel que BE = BM. La parallèle à [CD] passant par E coupe [BC] en X.

Montrer que $BX^2 = \frac{355}{113}\cdot$ (On calculera successivement les coordonnées des points P, Q, R, S, D, C). Comparer la valeur de cette fraction et le nombre π. On voit que le carré de côté [BX] a une aire très voisine de celle du cercle.

180. *Trisection.*

Il s'agit d'une construction approchée de l'angle de 40 degrés (le tiers de 120 degrés), ou encore de l'ennéagone régulier (polygone à 9 côtés). On sait que cet angle n'est pas constructible exactement.

On trace le cercle unité Γ. On construit l'angle de $\theta = 30$ degrés (c'est facile), puis le point $(\cos\theta, 0)$.

Comparer le nombre $\cos\theta - \frac{1}{10}$ au cosinus de 40 degrés et en déduire une construction approchée de l'ennéagone.

181. *Duplication.*

En utilisant le fait que $\sqrt[3]{2} = 1{,}259...$ n'est pas très différent de $\sqrt[4]{2{,}5} = 1{,}257...$, proposer une construction approchée de la duplication du cube.

5. *Les mauvais ouvriers ont toujours de mauvais outils*

182. On veut joindre deux points A et B du plan, mais la règle dont on dispose est trop courte. En revanche, on possède un compas normal. Que faire ?

183. Dans cet exercice on a une règle normale, mais un compas rouillé, bloqué sur une seule position qui ne peut tracer que des cercles de rayon 4 cm (par exemple). Expliquer comment on peut réaliser les constructions suivantes (on s'interdira, évidemment, de supposer que les données de l'énoncé sont à des distances moindres que l'écartement du compas).

a) Construire un triangle équilatéral de base [AB] avec AB environ égal à 7 cm.

b) Mener une perpendiculaire à une droite Δ passant par un point A (distant de Δ de plus de 4 cm).

c) Construire le milieu du segment [AB] (même si AB > 8 cm).

d) On se donne un segment [AB] et une demi-droite [AC). Construire un point D de [AC) tel que AB = AD.

e) Construire le symétrique d'un point A par rapport à un point B.

f) Construire la parallèle à une droite (AB) passant par un point C.

g) On se donne un segment [AB] (de longueur plus grande que 4 cm) et une droite Δ. Construire les points d'intersection de Δ et du cercle de centre A passant par B.

184. Cette fois, c'est la feuille de papier qui est trop petite !

On considère un point A et deux droites Δ et Δ' qui se coupent en un point O situé en dehors de la feuille.

a) Tracer la droite (OA) (sans sortir de la feuille, bien entendu).

b) Tracer la bissectrice de l'angle formé par les deux droites.

6. Exercices plus théoriques

185. On se donne l'axe des x et les deux points $\mathrm{O} = (0,0)$ et $\mathrm{I} = (1,0)$. En combien de pas au minimum peut-on construire le point $(n,0)$ pour $n \in \mathbf{N}$?

¶ **186.** L'objectif de cet exercice est de montrer l'impossibilité de la trisection de l'angle $\pi/3$.

a) Établir la formule $\cos 3\theta = 4\cos^3\theta - 3\cos\theta$.

b) On pose $\lambda = 2\cos(\pi/9)$. Montrer que λ est une racine du polynôme $\mathrm{P(X)} = \mathrm{X}^3 - 3\mathrm{X} - 1$.

c) Montrer que le polynôme P n'a pas de racine dans $\mathbf{Q}$.

d) Soit K un sous-corps de $\mathbf{R}$ et soit $d \in \mathrm{K}$ tel que $\sqrt{d} \notin \mathrm{K}$. On suppose que le polynôme P a une racine x dans $\mathrm{K}(\sqrt{d})$. Montrer qu'alors P a déjà une racine dans K. (On écrira $x = a + b\sqrt{d}$ et on montrera que, si b n'est pas nul, $-2a$ est racine de P.)

e) Montrer que λ n'est pas constructible et conclure. (Si λ était constructible il existerait, en vertu de 2.12, une suite $\mathrm{K}_0, \ldots, \mathrm{K}_n$ de sous-corps de $\mathbf{R}$, avec $\mathrm{K}_0 = \mathbf{Q}$, $\lambda \in \mathrm{K}_n$ et $\mathrm{K}_i = \mathrm{K}_{i-1}(\sqrt{d})$. On montrera qu'alors le polynôme P aurait une racine dans $\mathbf{Q}$.)

¶ **187.** L'objectif de cet exercice est de montrer l'impossibilité de la construction de l'heptagone régulier à la règle et au compas.

a) Soit $\mathrm{A}_1 \ldots \mathrm{A}_7$ un heptagone régulier de centre O. Montrer la relation vectorielle :

$$\sum_{i=1}^{7} \overrightarrow{\mathrm{OA}_i} = \vec{0}.$$

b) En déduire la formule :

$$1 + 2\cos\frac{2\pi}{7} + 2\cos\frac{4\pi}{7} + 2\cos\frac{6\pi}{7} = 0.$$

c) On pose $\lambda = \cos(2\pi/7)$. Montrer que λ est racine du polynôme $\mathrm{P(X)} = 8\mathrm{X}^3 + 4\mathrm{X}^2 - 4\mathrm{X} - 1$.

d) Montrer que P n'a pas de racine dans $\mathbf{Q}$.

e) Soit K un sous-corps de $\mathbf{R}$ et soit $d \in \mathrm{K}$ tel que $\sqrt{d} \notin \mathrm{K}$. On suppose que le polynôme P a une racine x dans $\mathrm{K}(\sqrt{d})$. Montrer qu'alors P a déjà une racine dans K. (On écrira $x = a + b\sqrt{d}$ et on montrera que, si b n'est pas nul, $-2a - \frac{1}{2}$ est racine de P.)

f) Montrer que λ n'est pas constructible et conclure (voir exercice **186**).

PROBLÈMES DU CHAPITRE 6

Dans tous les problèmes les constructions demandées seront exécutées à la règle et au compas, avec les traits de construction apparents. Lorsque l'énoncé demande une discussion cela signifie que l'on doit dire si le problème a des solutions, ou à quelle(s) condition(s) il en a et combien il en a.

188. *Construction de quadrilatères.*

Le but de l'exercice est de construire certains quadrilatères convexes ABCD. On note $\widehat{A} = \widehat{DAB}$, $\widehat{B} = \widehat{ABC}$, $\widehat{C} = \widehat{BCD}$, $\widehat{D} = \widehat{CDA}$ les angles de ABCD.

Dans toutes les questions on se donne le segment [AB] que l'on dessinera horizontal et de longueur 8 cm.

1) Construire un trapèze ABCD, de côtés parallèles [AB] et [CD], avec les données suivantes : le segment [AB], la longueur $l = CD$, les angles $\gamma = \widehat{C}$ et $\delta = \widehat{D}$. Discuter (on notera qu'on a l'équivalence $CD \leqslant AB \iff \widehat{A} + \widehat{B} \leqslant \pi$).

2) Construire un trapèze ABCD, de côtés parallèles [AB] et [CD], avec les données suivantes : le segment [AB], les longueurs $p = MC$, $q = MD$ et l'angle $\delta = \widehat{D}$, où M désigne le milieu de [AB].

3) Construire un trapèze ABCD, de côtés parallèles [AB] et [CD], avec les données suivantes : le segment [AB] et les longueurs $p = MC$, $q = MD$, $r = CD$, où M désigne le milieu de [AB]. Discuter.

4) Construire un quadrilatère ABCD avec les données suivantes : le segment [AB], la longueur $l = CD$ et les angles $\alpha = \widehat{A}$, $\beta = \widehat{B}$, $\delta = \widehat{D}$.

189. *Construction de triangles.*

Le but de l'exercice est de construire un triangle ABC à partir de la donnée de certains éléments attachés à ce triangle.

Dans tout l'exercice on suppose donnés le point A et les deux demi-droites [Ab) et [Ac) qui vont porter les côtés [AB] et [AC] respectivement.

1) *a*) Construire un triangle ABC avec B ∈ [Ab), C ∈ [Ac) en connaissant la longueur AC et la longueur de la hauteur AH. Discuter.

Que se passe-t-il si on se donne la longueur de la hauteur CL au lieu de AH ?

b) Construire un triangle ABC avec B ∈ [Ab), C ∈ [Ac) en connaissant la longueur AC et la longueur de la médiane AA′.

2) On se donne, dans le plan, un angle $\alpha = \widehat{xOy}$.

a) Soit B_0 un point de [Ab). Construire un point C_0 de [Ac) tel que l'on ait $\widehat{AB_0C_0} = \widehat{xOy}$. Discuter.

Soit ABC un autre triangle avec B ∈ [Ab) et C ∈ [Ac) vérifiant $\widehat{ABC} = \alpha$. Que peut-on dire des triangles ABC et AB_0C_0 ?

b) Construire un triangle ABC avec B ∈ [Ab), C ∈ [Ac) et $\widehat{ABC} = \alpha$ en connaissant en plus la longueur AC ou la longueur BC.

3) Construire un triangle ABC avec B ∈ [Ab), C ∈ [Ac) en connaissant la longueur BC et la longueur de la hauteur BK. Discuter.

190. *La traverse.*

Soit ABC un triangle. On pourra faire les figures en prenant $AB = 11$ cm, $BC = 14$ cm, $AC = 10$ cm.

1) On se donne un point P' de $[AB]$ (on prendra, par exemple, $BP' = 4$ cm) et un point Q'' de $[AC]$ vérifiant $BP' = CQ''$. On se propose de construire des points C' sur la demi-droite $[BC)$ et A' sur la demi-droite $[BA)$ tels que $(A'C')$ soit parallèle à (AC) et un point $Q' \in [A'C']$ qui vérifie $BP' = P'Q' = Q'C'$.

Montrer, en étudiant une figure d'analyse, que si cette construction est réalisée le quadrilatère $CQ''Q'C'$ est un parallélogramme. Effectuer la construction de Q' puis de A', C'.

2) Construire des points $P \in [AB]$ et $Q \in [AC]$ tels que $BP = PQ = QC$ (on pourra utiliser la question 1) et une homothétie).

3) On suppose la construction de la question 2) réalisée dans un triangle ABC de dimensions quelconques. Montrer que l'on a $AC \geqslant PA$. En déduire qu'on a $AB \leqslant 2AC$. Montrer qu'on a aussi $AC \leqslant 2AB$.

191. *La traverse, variante.*

1) On fixe un segment $[PQ]$. On se donne un angle α (sans lien avec $[PQ]$).

a) Construire un triangle OPQ, isocèle en O, d'angle à la base $\widehat{OPQ} = \alpha$. Discuter.

b) Construire un triangle OPQ, isocèle en O, d'angle $\widehat{POQ} = \alpha$ (on pourra construire les angles à la base du triangle). Discuter.

2) Soit ABC un triangle. On suppose $AC < AB$. Soit D le point de $[AB]$ vérifiant $BD = AC$. Soit O le point d'intersection des médiatrices de $[BC]$ et de $[AD]$.

a) Montrer que l'on a $AD < BC$. Montrer que les triangles OBD et OCA sont isométriques.

b) On considère $P \in [AB]$ et $Q \in [AC]$ tels que $BP = CQ$. Montrer que l'on a $OP = OQ$ et $\widehat{POQ} = \widehat{BOC}$.

c) On donne une longueur r. Construire $P \in [AB]$ et $Q \in [AC]$ tels que $BP = CQ$ et $PQ = r$ (on utilisera 1) pour réaliser un triangle isométrique à OPQ). Discuter.

192. *Bissectrice.*

On considère dans le plan euclidien une droite Δ et deux points distincts B et I n'appartenant pas à Δ et situés du même côté de Δ. Soit C le projeté orthogonal de I sur Δ. L'objectif de l'exercice est de construire un point A de Δ tel que (AI) soit la bissectrice intérieure de l'angle $\widehat{BAC}$.

1) On suppose la construction réalisée. Soit J le projeté orthogonal de I sur (AB). Montrer que l'on a $IJ = IC$.

2) Réaliser la construction. Discuter. Préciser en particulier, selon la position de B par rapport à I et Δ, dans quels cas il y a une unique solution et dans quels cas il n'y en a aucune.

Chapitre 7
La mesure des aires

Introduction

La notion d'aire (abordée dans ce chapitre) et celle de volume (que nous étudierons au chapitre 10) sont assez voisines et elles comptent parmi les plus anciennes et les plus importantes des mathématiques. Présentes dans l'enseignement dès l'école primaire, ce sont pourtant, parfois, des notions mal aimées.

A. BREF HISTORIQUE

Aires et volumes sont des notions étudiées dès l'Antiquité. Bien sûr, au départ elles le sont en vue des applications. Pour les aires il s'agit d'applications agraires, mesure des terrains, etc. Un exemple célèbre (extrait de l'Énéide) est le problème de la reine Didon et de la peau de bœuf, un bel exemple du lien trouble entre aire et périmètre (voir, par exemple, `http://grenier2clio.free.fr/grec/didon.htm`) !

Les mathématiciens se sont emparés de ces notions depuis très longtemps, notamment à partir des Grecs. Ainsi, la plupart des démonstrations produites par les Grecs du théorème de Pythagore ou de celui de Thalès sont fondées sur des arguments d'aires (voir ci-dessous § 2.A et proposition 2.8 ou consulter [HMC] ou [F]). Autre exemple : nous avons vu au chapitre 6 que deux des grands problèmes laissés ouverts par les Grecs (la duplication du cube et la quadrature du cercle) sont respectivement des problèmes de volume et d'aire.

Le point culminant de l'Antiquité en ce domaine est sans doute atteint par Archimède avec la mesure de l'aire du disque, et surtout celle du segment de parabole dont nous reparlerons plus loin (voir [Arc]). Ce résultat, rapporté à son contexte, est l'un des plus remarquables de toutes les mathématiques. Archimède donne de ce résultat deux preuves très intéressantes, l'une, mécanique, utilise des arguments de bras de levier, l'autre est plus géométrique et utilise la méthode d'exhaustion. Le lecteur aura une idée de cette preuve en résolvant le problème numéro 2.

Bien entendu, les Anciens ne se posaient pas la question de l'existence des aires, considérée comme allant de soi.

Une autre phase historique essentielle est le XVIIe siècle avec l'invention du calcul différentiel et intégral par Newton et Leibniz et notamment le lien entre aire et primitive. Le difficile résultat d'Archimède évoqué ci-dessus est ramené par les nouvelles méthodes au niveau d'un élève de lycée actuel.

Enfin la dernière période importante se situe entre 1850 et 1910. Les mathématiciens se penchent alors sur les fondements de la théorie (axiomes des aires, existence, unicité, etc.) avec d'abord les travaux de Riemann et Darboux, puis ceux de Lebesgue, Borel, Montel et bien d'autres. Le progrès le plus extraordinaire de l'époque est l'intégrale de Lebesgue, dont la souplesse et la commodité d'emploi se sont très vite imposées aux mathématiciens.

On verra plus loin que des problèmes concernant la mesure des aires et des volumes, d'énoncé simple, mais de solution non triviale, ont subsisté jusque dans les années 1920, voire jusqu'en 2000 (ce qui prouve, s'il en était besoin, que les mathématiques sont bien vivantes). Actuellement, la notion de mesure est une notion centrale en mathématiques, notamment en analyse et en probabilités.

B. DANS L'ENSEIGNEMENT

Les notions d'aire et de volume apparaissent dès l'école élémentaire. Dans les débuts de la Troisième République (et jusque dans les années 1950), l'enseignement de ces questions est centré sur les problèmes pratiques : mesures agraires bien sûr, mais aussi calcul de volumes d'objets usuels : un tonneau, un tas de cailloux, une bille de bois, etc.

De nos jours, avec la diminution du nombre de personnes impliquées dans l'agriculture, les manuels choisissent plutôt d'autres exemples : carrelages, papiers peints, terrains de sports, etc.).

Notons que la notion d'aire est introduite à l'école primaire par des manipulations de découpage et recollement, ce qui est, comme on le verra, une excellente méthode.

Le programme actuel de l'enseignement secondaire réduit trop souvent l'étude des notions d'aires et de volumes à l'apprentissage de quelques formules, pas toujours justifiées, et ces concepts ne sont sans doute pas suffisamment réorganisés au moment de l'introduction de l'intégrale.

Enfin, dans l'enseignement supérieur, bien que beaucoup des outils nécessaires à la compréhension de ces notions soient présents, on ne revient pratiquement jamais dessus. L'un des objectifs de ce texte est de combler cette lacune pour les futurs professeurs des écoles.

Dans le premier paragraphe nous donnons une définition axiomatique des aires et nous montrons comment utiliser cette définition grâce à la méthode de découpage et recollement. Le deuxième paragraphe est destiné à justifier les calculs usuels des aires des polygones, avec une petite incursion en analyse pour le calcul de l'aire située sous le graphe d'une fonction continue. Le troisième paragraphe contient la justification théorique de la méthode de découpage et recollement dans le cas des polygones, avec le théorème de Bolyai. Le paragraphe 4 concerne la longueur du cercle et l'aire du disque. Viennent ensuite trois paragraphes annexes qui contiennent des compléments plus théoriques. L'annexe A concerne la question de l'homogénéité [1]. L'annexe B nous permet de construire effectivement la mesure des aires. Il s'agit essentiellement de la méthode d'exhaustion (ou de passage à la limite) inaugurée par les Grecs (et que nous utilisons en fait pour le calcul de l'aire du disque). Enfin l'annexe C contient un certain nombre de résultats plus récents qui sont donnés à titre culturel. Le lecteur pourra aussi consulter mon article sur le site *Images des mathématiques* : `http://images.math.cnrs.fr/Aires-et-volumes-decoupage-et.html`

1. Axiomatique de la mesure des aires planes : découpages

A. AXIOMATIQUE

Soit S une partie du plan euclidien. Nous supposerons, le plus souvent, que S est bornée, ce qui signifie que S est contenue dans un carré (ou dans un disque, cela revient au même). Il s'agit de donner un sens à l'aire de S c'est-à-dire, intuitivement, la place occupée par S dans le plan. Pour mesurer cette aire il faut d'abord disposer d'une partie C (en général on prend un carré, mais ce n'est pas du tout obligatoire), dont l'aire est prise comme unité. L'aire d'une partie S est alors mesurée par un nombre $\mu(\mathrm{S}) \geqslant 0$ (intuitivement, le nombre d'unités contenues dans S, pas nécessairement entier, bien entendu). Le nombre $\mu(\mathrm{S})$ (μ comme mesure) est la mesure de l'aire de S, avec l'unité choisie ci-dessus : $\mu(\mathrm{C}) = 1$.

La notion de mesure d'aire, pour être conforme à ce que suggère l'expérience doit vérifier les trois propriétés suivantes que nous allons ériger en axiomes [2].

Définition 1.1. *On considère un plan euclidien* E *et on choisit un repère orthonormé* $(\mathrm{O}, \vec{i}, \vec{j})$ *de* E. *Une* **mesure des aires planes** *est une application* μ *définie sur un ensemble* $\mathscr{Q}$ *de parties de* E *et à valeurs dans* $\mathbf{R}^+$, *vérifiant les propriétés suivantes :*

0) *si* C *est le carré unité construit sur le repère* $(\mathrm{O}, \vec{i}, \vec{j})$, C *est dans* $\mathscr{Q}$ *et on a* $\mu(\mathrm{C}) = 1$,

1) μ *est* **simplement additive** *: si on a des parties* $\mathrm{A}, \mathrm{B} \in \mathscr{Q}$ **disjointes** *(c'est-à-dire vérifiant* $\mathrm{A} \cap \mathrm{B} = \emptyset$*) on a* $\mu(\mathrm{A} \cup \mathrm{B}) = \mu(\mathrm{A}) + \mu(\mathrm{B})$.

2) μ *est* **invariante par isométrie** *(donc par rotation, translation,*

1. C'est une des nouveautés de cette édition.

2. Pour l'instant on ne se préoccupe pas de savoir comment μ est définie, ni pour quelles parties elle est définie.

symétrie) : si A *est dans* $\mathscr{Q}$ *et si* g *est une isométrie,* $g(\mathrm{A})$ *est dans* $\mathscr{Q}$ *et on a* $\mu(g(\mathrm{A})) = \mu(\mathrm{A})$,

3) μ *est* **homogène** *: si* A *est dans* $\mathscr{Q}$ *et si* h *est une homothétie de rapport* λ, $h(\mathrm{A})$ *est dans* $\mathscr{Q}$ *et on a* $\mu(h(\mathrm{A})) = \lambda^2\mu(\mathrm{A})$.

Remarques 1.2. 1) Les parties du plan qui sont dans $\mathscr{Q}$ sont les parties *quarrables,* c'est-à-dire celles dont on sait calculer les aires. Il ne faut pas espérer pouvoir attribuer une aire finie à toutes les parties du plan, par exemple, l'aire du plan tout entier doit bien être infinie. Bien entendu pour que la notion ait un quelconque intérêt il faut que $\mathscr{Q}$ contienne tous les polygones, convexes ou non, mais aussi les parties bornées usuelles : disque, etc. Dans les quatre premiers paragraphes nous admettrons que les parties auxquelles nous nous intéressons ont bien une aire. Cela sera justifié dans l'annexe B où nous donnerons une définition précise de l'aire et où nous établirons que les parties bornées usuelles du plan ont une aire. Avec cette définition, il y a bien des parties bornées non quarrables, voir § 6.C, mais elles sont suffisamment pathologiques pour que nous puissions les négliger dans un premier temps. D'ailleurs, le difficile théorème de Banach, voir 7.1, montre qu'on peut même trouver une mesure pour laquelle toutes les parties bornées sont quarrables.

2) On notera la conséquence de l'axiome 1) : si $\mathrm{A}, \mathrm{B} \in \mathscr{Q}$ et $\mathrm{A} \subset \mathrm{B}$ on a $\mu(\mathrm{A}) \leqslant \mu(\mathrm{B})$: « le tout est plus grand que la partie » comme disaient les Anciens. En effet, on a alors $\mu(\mathrm{B}) = \mu(\mathrm{A}) + \mu(\mathrm{A} - \mathrm{B})$ (au moins si la partie $\mathrm{A} - \mathrm{B}$ est aussi dans $\mathscr{Q}$).

3) La conjonction des axiomes 1) et 2) implique que l'aire est invariante par **découpage et recollement** (sans perte ni chevauchement) c'est-à-dire par puzzle. C'est d'ailleurs ainsi qu'on introduit l'aire à l'école élémentaire, en faisant manipuler aux enfants de tels découpages et c'est aussi le thème sur lequel nous allons mettre l'accent ici.

4) La formule de l'axiome 1) n'est plus valable si les parties A et B ne sont pas disjointes. Toutefois dans ce cas on a les formules suivantes (si les parties concernées ont toutes une aire) :

$$\mu(\mathrm{A} \cup \mathrm{B}) = \mu(\mathrm{A} - (\mathrm{A} \cap \mathrm{B})) + \mu(\mathrm{A} \cap \mathrm{B}) + \mu(\mathrm{B} - (\mathrm{A} \cap \mathrm{B}))$$

$$\text{et} \qquad \mu(\mathrm{A} \cup \mathrm{B}) = \mu(\mathrm{A}) + \mu(\mathrm{B}) - \mu(\mathrm{A} \cap \mathrm{B}).$$

5) En fait, l'axiome 1) vaut aussi (heureusement) si A et B sont « presque disjointes », c'est-à-dire si elles ont en commun un segment, voire une courbe. La raison de cette propriété c'est le fait qu'un segment est d'aire nulle. Nous revenons sur cette propriété (que nous appellerons l'axiome 1′) au paragraphe suivant.

6) L'axiome 3) n'est pas nécessaire, mais nous avons choisi de l'imposer dès maintenant pour plusieurs raisons. D'abord, il simplifie les premiers calculs d'aires (notamment celles du carré et du rectangle), ensuite, il

permet de comprendre la construction de la mesure que nous proposerons à l'annexe B, enfin et surtout, c'est l'un de nos objectifs didactiques essentiels : comprendre le lien entre la mesure des aires (et des volumes) et la notion de dimension. Cet axiome peut sembler très naturel : on le comprend en découpant un carré de côté n en n^2 carrés de côté 1. Cependant, de nombreux travaux (voir par exemple [Rog]) ont montré que c'était un véritable obstacle pour les élèves. C'est pourquoi nous indiquerons à l'annexe A comment on peut montrer les propriétés des aires sans l'utiliser.

7) L'aire est la grandeur (voir chapitre 4, annexe) associée à la mesure μ. L'aire de S sera notée $\mathscr{A}(S)$. Si on note c l'aire du carré unité C (par exemple, si C est le carré de côté 1 m, c est un « mètre carré »), la relation entre aire et mesure est donnée par : $\mathscr{A}(S) = \mu(S)c$. Si l'on change d'unité (par exemple si on prend un carré de côté 1 dm), la mesure change, mais l'aire ne change pas : on a $\mathscr{A}(C) = c = 1\ m^2 = 100\ dm^2$. Il est clair que les propriétés de la définition 1.1 sont aussi valables pour les aires.

La définition axiomatique ci-dessus, même si elle est naturelle, pose nombre de questions : une telle mesure des aires existe-t-elle ? sur quel ensemble de parties $\mathscr{Q}$? est-elle unique[3] ? Nous aborderons toutes ces questions dans l'annexe B, mais nous allons montrer dès maintenant que, bien que la notion d'aire ne soit pas encore définie précisément, on peut déjà la manipuler grâce aux découpages et calculer beaucoup d'aires, sinon toutes, en utilisant simplement les axiomes ci-dessus. Comme nous l'avons dit, nous admettrons toujours, dans les paragraphes de 1 à 4, que les parties du plan considérées ont une aire.

B. AIRE D'UN POINT ET D'UN SEGMENT

Le résultat suivant montre que certaines aires sont nulles, ce qui permet d'utiliser l'axiome 1′ (voir 1.4 ci-dessous), beaucoup plus commode que l'axiome 1. Le ressort de la démonstration est l'axiome 3 qui prend en compte le fait que le plan est de dimension 2. Pour une autre preuve, voir annexe A.

Proposition 1.3. *L'aire d'un point et l'aire d'un segment sont nulles.*

Démonstration. Soit A un point, posons $m = \mu(\{A\})$ et considérons l'homothétie h de centre A et de rapport 2. On a $h(\{A\}) = \{A\}$ et donc, en vertu de l'axiome 3, $\mu(\{A\}) = 4m = m$, d'où $m = 0$.

Soit maintenant [AB] un segment. Comme [AB] est réunion de [AB[et du point B et que ce dernier est d'aire nulle, on a $\mu([AB]) = \mu([AB[) := m$.

3. Nous verrons que c'est bien le cas, au moins sur les parties quarrables, de sorte qu'on peut parler de **la** mesure des aires, une fois l'unité choisie.

Considérons alors le point C tel que B soit milieu de [AC]. On a $\mu([AC[) = \mu([AB[) + \mu([BC[)$ par l'axiome 1. Mais, comme [BC[est déduit de [AB[par la translation de vecteur $\overrightarrow{AB}$, ces deux parties sont toutes deux d'aire m et on a donc $\mu([AC[) = 2m$. Mais, le segment [AC[se déduit aussi de [AB[par l'homothétie de centre A et de rapport 2, de sorte qu'on a, en vertu de l'axiome 3, $\mu([AC[) = 4\mu([AB[) = 4m$. En définitive, on a $2m = 4m$ d'où $2m = 0$ et $m = 0$ comme annoncé.

On a alors le résultat annoncé en 1.2.5 :

Corollaire 1.4 (Axiome 1′). *Si on a deux parties* A *et* B *« presque disjointes » (c'est-à-dire telles que l'intersection de* A *et* B *est formée d'une réunion finie de segments de droites et de points), on a* $\mu(A \cup B) = \mu(A) + \mu(B)$.

Démonstration. Comme $\mu(A \cap B)$ est nul cela résulte de la formule

$$\mu(A \cup B) = \mu(A) + \mu(B) - \mu(A \cap B)$$

(voir 1.2.4).

C. LES DÉCOUPAGES FONDAMENTAUX

Les trois lemmes qui suivent jouent un rôle crucial dans la géométrie affine du plan. Nous les prouvons ici, avant tout calcul d'aire, pour bien montrer la puissance de la méthode de découpage et recollement, voir aussi [P].

Lemme 1.5 (Lemme du demi-parallélogramme). *Soit* $P = ABCD$ *un parallélogramme. La diagonale* [AC] *partage* P *en deux triangles de même aire :* $\mathscr{A}(ABC) = \mathscr{A}(ACD) = \frac{1}{2}\mathscr{A}(P)$. *De même pour la diagonale* [BD].

Démonstration. Soit O l'intersection des diagonales de P (fig. 43). La symétrie de centre O échange les triangles ABC et ACD qui ont donc même aire en vertu de l'axiome 2. L'aire de P est la somme des aires des deux triangles en vertu de l'axiome 1′.

Corollaire 1.6. *Soit* $P = ABCD$ *un parallélogramme et soit* M *un point de* [CD]. *On a* $\mathscr{A}(AMB) = \frac{1}{2}\mathscr{A}(P)$.

Démonstration. On trace la parallèle à (BC) passant par M (fig. 44). Elle recoupe [AB] en N. On a donc $\mathscr{A}(AMB) = \mathscr{A}(AMN) + \mathscr{A}(MNB)$ par l'axiome 1′. Il suffit alors de découper P en les deux parallélogrammes ANMD et à NMCB et de leur appliquer le lemme du demi-parallélogramme pour conclure.

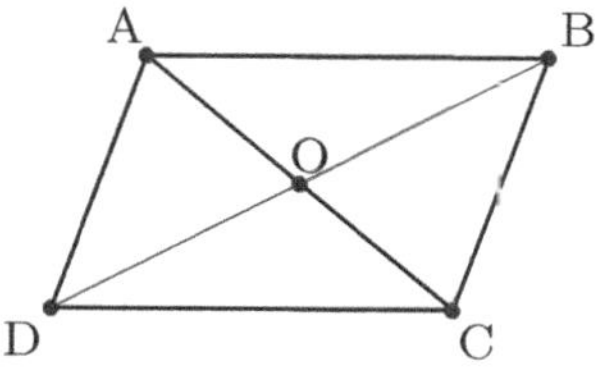

FIG. 43.

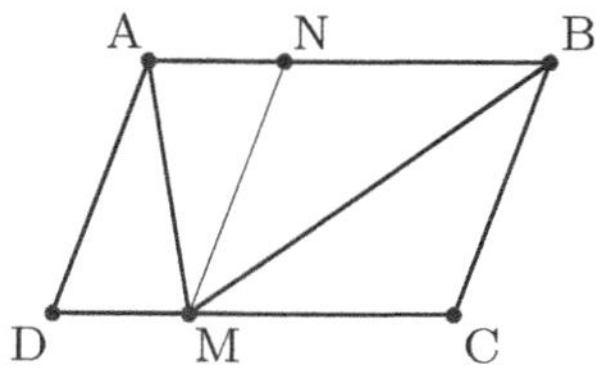

FIG. 44.

Lemme 1.7 (Lemme de la médiane). *Soit* ABC *un triangle et soit* A′ *le milieu de* [BC]. *On a* $\mathscr{A}$(ABA′) = $\mathscr{A}$(AA′C) *(la médiane* AA′ *partage le triangle en deux triangles de même aire).*

Démonstration. On mène les parallèles à (BC) et (AA′) passant respectivement par A et C. Elles se coupent en D. Les parallélogrammes ABA′D et AA′CD ont même aire (le double de $\mathscr{A}$(AA′D)), donc les triangles ABA′ et AA′C aussi par 1.5.

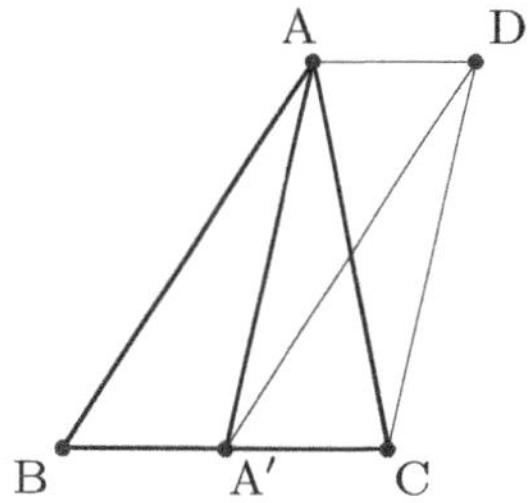

FIG. 45.

Une autre démonstration consiste à utiliser les milieux B′ et C′ de [AC] et [AB] et les découpages ABA′ = AC′A′∪BC′A′ et ACA′ = AB′A′∪CB′A′.

Lemme 1.8 (Lemme du trapèze). *Soient* ABC *et* DBC *deux triangles de même base* [BC] *dont les sommets* A *et* D *sont sur une parallèle à* (BC) *(de sorte que l'un des polygones* ABCD *ou* ADBC *est convexe, donc un trapèze). Alors les deux triangles ont même aire.*

Démonstration. On peut supposer par exemple que ABCD est convexe. Menons par C et D les parallèles à (AB) qui recoupent respectivement (AD) et (BC) en C′ et D′. Il y a deux cas de figures (fig. 46 et 47).

1) Si D est dans le segment [AC′] les aires des triangles ABC et DBC sont toutes deux égales à la moitié de l'aire du parallélogramme ABCC′ en vertu de 1.5 et 1.6, donc sont égales.

2) Sinon, c'est C qui est dans [BD′]. On a alors $\mathscr{A}$(ABCD) = $\mathscr{A}$(ABC)+ $\mathscr{A}$(ACD) = $\mathscr{A}$(DBC) + $\mathscr{A}$(ABD) par l'axiome 1′ et $\mathscr{A}$(ACD) = $\mathscr{A}$(ABD) comme moitiés du parallélogramme ABD′D par 1.6 et 1.5, d'où la conclusion.

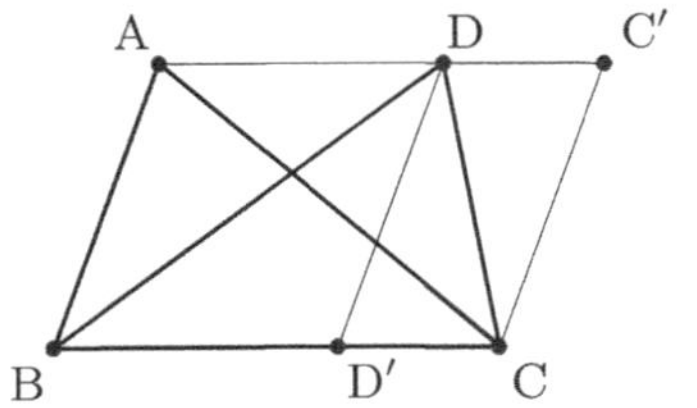

FIG. 46.

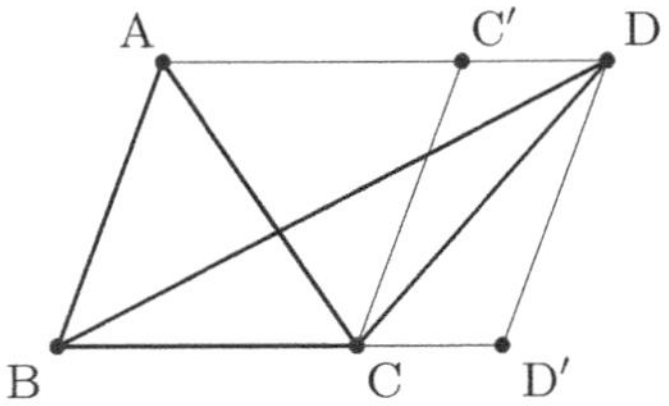

FIG. 47.

2. Calculs d'aires à partir des axiomes

Dans ce paragraphe nous montrons comment retrouver une bonne partie des formules usuelles concernant les aires au moyen des seuls axiomes 1.1. Nous commençons par calculer la mesure de l'aire d'un carré quelconque du plan.

A. L'AIRE DU CARRÉ

Proposition 2.1. *Soit* K *un carré dont la mesure du côté est un nombre* $a > 0$. *On a* $\mu(\mathrm{K}) = a^2$.

Démonstration. Considérons d'abord le cas du carré $\mathrm{K}_0 = (\mathrm{OPQR})$ bâti sur les axes de coordonnées et de côté a. Ce carré est déduit du carré unité C par l'homothétie de centre O et de rapport a et il est bien de côté a. En vertu des axiomes 0 et 3 des aires, on a $\mu(\mathrm{K}_0) = a^2$, de sorte qu'il vérifie la proposition. Soit maintenant $\mathrm{K} = (\mathrm{O'P'Q'R'})$ un carré quelconque de côté a. On peut montrer directement qu'il existe une isométrie u telle que $u(\mathrm{K}_0) = \mathrm{K}$, ce qui, en vertu de l'axiome 2, donne le résultat, mais on peut aussi procéder par découpage. On partage chacun des deux carrés en deux triangles rectangles isocèles, OPQ et OQR d'une part, O′P′Q′ et O′Q′R′ d'autre part. En vertu du premier cas d'isométrie des triangles, ces quatre triangles sont isométriques, donc ont même aire et donc aussi les carrés qui sont chacun réunion (presque) disjointe de deux des triangles.

B. L'AIRE DU RECTANGLE

Le résultat suivant n'étonnera pas non plus[4] :

Proposition 2.2. *Soit* R *un rectangle dont la longueur mesure* a *et la largeur* b $(a, b \in \mathbf{R}^+)$. *On a* $\mu(\mathrm{R}) = ab$.

4. Merci aux collègues lillois de m'avoir signalé qu'on avait le résultat sans passage à la limite, grâce à l'homogénéité.

Démonstration. La proposition 2.1, le découpage ci-dessous et la formule $(a+b)^2 = a^2 + b^2 + 2ab$ donnent le résultat.

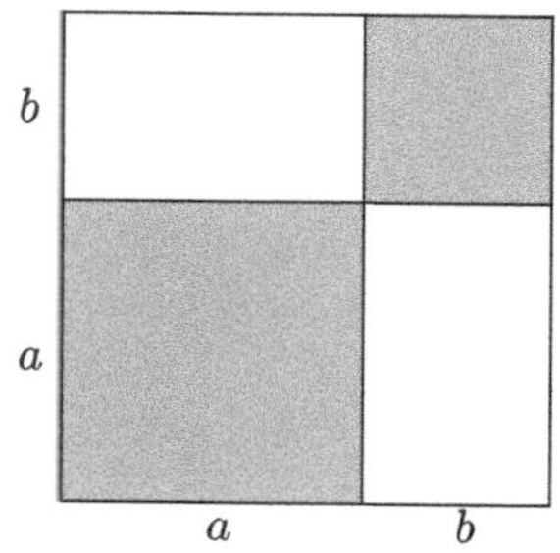

FIG. 48.

Remarque 2.3. Le résultat précédent va nous permettre d'oublier les mesures et de ne plus parler que de grandeurs. En effet, il est maintenant naturel de définir le produit ab de deux longueurs comme l'aire d'un rectangle (quelconque) dont les côtés ont pour longueurs a et b. On peut donc écrire $\mathscr{A}(\mathrm{R}) = ab$ où a et b sont des longueurs et non plus des nombres.

Application : le théorème de Pythagore.

Si ABC est un triangle rectangle en A et si a, b, c sont les longueurs respectives des côtés $\mathrm{BC}, \mathrm{CA}, \mathrm{AB}$ le théorème de Pythagore affirme qu'on a $a^2 = b^2 + c^2$. Les deux figures ci-dessous sont des prolongements de la figure précédente et elles donnent l'une des nombreuses preuves de ce théorème utilisant les aires. Elles se passent de commentaires.

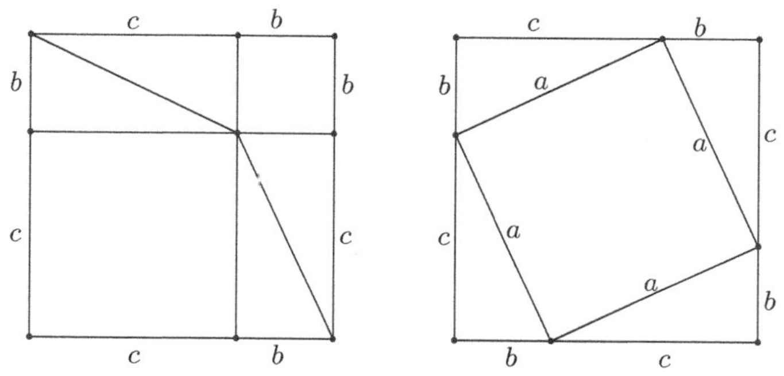

FIG. 49.

C. L'AIRE DU TRIANGLE

Proposition 2.4. *Soit* T = ABC *un triangle et* AH *la hauteur issue de* A. *On a* $\mathscr{A}(\mathrm{T}) = \frac{1}{2}\mathrm{BC} \times \mathrm{AH}$ *(base multipliée par hauteur et divisée par* 2*).*

Démonstration. On distingue deux cas (fig. 50).

a) Supposons $\mathrm{H} \in [\mathrm{BC}]$. On mène les perpendiculaires à (BC) en B et C. Ces droites coupent la parallèle à (BC) passant par A en B′ et C′ respectivement. Le quadrilatère BCC′B′ est un parallélogramme qui a un angle droit, c'est donc un rectangle. L'aire de ABC est la moitié de celle du rectangle en vertu de 1.6, or celle-ci vaut $\mathrm{BC} \times \mathrm{BB}' = \mathrm{BC} \times \mathrm{AH}$, d'où le résultat.

b) Supposons $\mathrm{H} \notin [\mathrm{BC}]$. Menons par A la parallèle à (BC) et choisissons un point A′ de cette parallèle qui se projette orthogonalement en $\mathrm{H}' \in [\mathrm{BC}]$ (on peut, par exemple, prendre A′ sur la médiatrice de [BC] ou sur la perpendiculaire à (BC) en B, etc.). En vertu du premier cas, l'aire de A′BC vaut $(1/2)\,\mathrm{A'H'} \times \mathrm{BC} = (1/2)\,\mathrm{AH} \times \mathrm{BC}$ et c'est aussi l'aire de ABC en vertu du lemme du trapèze.

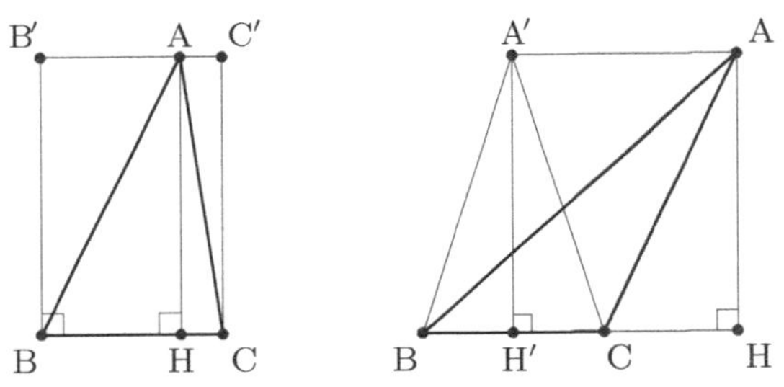

FIG. 50.

Remarques 2.5. 1) Bien entendu on peut appliquer la même formule avec un autre côté pris pour base et la hauteur correspondante.

2) Le lecteur retrouvera sans peine les lemmes de découpage du paragraphe précédent à l'aide de la formule *base* × *hauteur*/2.

Corollaire 2.6 (Lemme des proportions). *Soient* ABC *et* AB′C′ *deux triangles ayant en commun le sommet* A *et dont les côtés* [BC] *et* [B′C′] *sont portés par la même droite. Le rapport des aires* $\mathscr{A}(\mathrm{ABC})$ *et* $\mathscr{A}(\mathrm{AB'C'})$ *est égal au rapport des longueurs* BC *et* B′C′.

Démonstration. En effet, la hauteur AH est la même pour les deux triangles.

Corollaire 2.7. *Soit* T = ABC *un triangle et soit* $\widehat{\mathrm{A}}$ *l'angle (non orienté) en* A. *On a* $\mathscr{A}(\mathrm{T}) = \frac{1}{2}\mathrm{AB} \times \mathrm{AC} \sin \widehat{\mathrm{A}}$.

Démonstration. En effet, si BH est la hauteur issue de B on a $\frac{\text{BH}}{\text{AB}} = \sin \widehat{\text{A}}$ par définition du sinus. La formule résulte alors de 2.4 et de la remarque 2.5, 1.

Le lemme suivant est souvent précieux :

Corollaire 2.8 (Lemme du chevron). *Soit* ABC *un triangle et* M *un point du plan, distinct de* A. *On suppose que la droite* (AM) *coupe* (BC) *en* A'. *Alors on a :*

$$\frac{\mathscr{A}(\text{AMB})}{\mathscr{A}(\text{AMC})} = \frac{\text{A'B}}{\text{A'C}}.$$

Démonstration. Il y a plusieurs cas de figure. Traitons le cas où M est à l'intérieur du triangle (c'est celui qui justifie l'appellation de ce lemme voir figure 51). Posons $r = \frac{\text{A'B}}{\text{A'C}}$. On a, par le lemme des proportions appliqué aux triangles de bases portées par (BC) et de sommets A et M, $\mathscr{A}(\text{AA'B}) = r \times \mathscr{A}(\text{AA'C})$ et $\mathscr{A}(\text{MA'B}) = r \times \mathscr{A}(\text{MA'C})$. Il en résulte qu'on a $\mathscr{A}(\text{AMB}) = \mathscr{A}(\text{AA'B}) - \mathscr{A}(\text{MA'B}) = r \times (\mathscr{A}(\text{AA'C}) - \mathscr{A}(\text{MA'C})) = r \times \mathscr{A}(\text{AMC})$.

Les autres cas de figure se démontrent de manière analogue en utilisant éventuellement une somme d'aires au lieu d'une différence. Le lecteur inventera des noms suggestifs pour ces différentes situations. (Par exemple, la figure de droite est un chevron replié !)

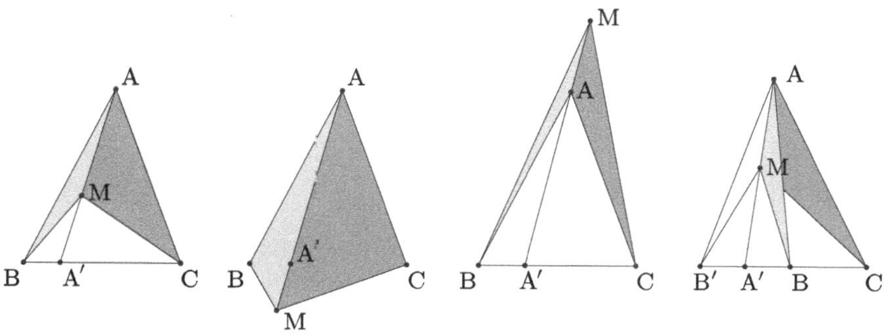

FIG. 51.

D. UNE APPLICATION : LE THÉORÈME DE THALÈS

Les lemmes de découpage 1.5, 1.7, 1.8, le lemme des proportions 2.6, le lemme du chevron 2.8 permettent de prouver nombre de résultats de géométrie affine du plan (Ménélaüs, Gergonne, etc., voir les exercices). Voici comment Euclide utilise ces résultats pour établir Thalès :

Théorème 2.9 (Thalès). *Soit* ABC *un triangle. Soient* $B' \in [AB]$ *et* $C' \in [AC]$. *On suppose* (B'C') *parallèle à* (BC). *On a les égalités :* $\frac{BB'}{BA} = \frac{CC'}{CA}$ *et* $\frac{AB'}{AB} = \frac{AC'}{AC} = \frac{B'C'}{BC}$.

Démonstration. En effet, on a $\mathscr{A}(BCC') = \mathscr{A}(BCB')$ par le lemme du trapèze et donc $\frac{CC'}{CA} = \frac{\mathscr{A}(BCC')}{\mathscr{A}(ABC)} = \frac{\mathscr{A}(BCB')}{\mathscr{A}(ABC)} = \frac{BB'}{BA}$ par le lemme des proportions. Cela donne la première formule et la première égalité de la seconde, en tenant compte des relations $\frac{AB'}{AB} + \frac{B'B}{AB} = 1$ et $\frac{AC'}{AC} + \frac{C'C}{AC} = 1$.

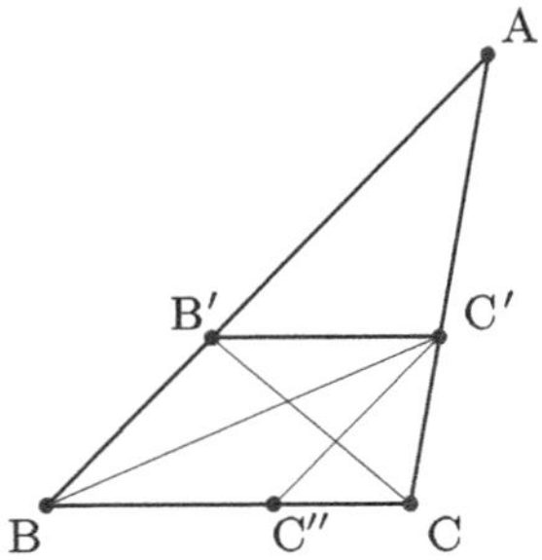

FIG. 52.

La dernière relation est un peu plus difficile. On trace la parallèle à (AB) passant par C'. Elle coupe (BC) en C'', de sorte que BC''C'B' est un parallélogramme. On a donc $\frac{B'C'}{BC} = \frac{BC''}{BC} = \frac{\mathscr{A}(ABC'')}{\mathscr{A}(ABC)}$ par le lemme des proportions. Mais, par le lemme du trapèze, on a $\mathscr{A}(ABC'') = \mathscr{A}(ABC')$ et on conclut en remarquant qu'on a $\frac{\mathscr{A}(ABC')}{\mathscr{A}(ABC)} = \frac{AC'}{AC}$, toujours par le lemme des proportions. Une autre méthode consiste à appliquer Thalès avec la parallèle (C'C'') : on a $\frac{BC''}{BC} = \frac{AC'}{AC}$.

E. L'AIRE DES POLYGONES

La formule de l'aire du triangle, jointe à l'additivité, permet de calculer, par découpage et recollement, toutes les aires de polygones. Par exemple, le lecteur montrera, à titre d'exercice, que l'aire d'un losange est le demi-produit des longueurs de ses diagonales. Voici deux autres exemples, celui du parallélogramme et celui du trapèze. Le lecteur pourra produire d'autres démonstrations des formules en utilisant d'autres découpages.

Proposition 2.10. *Soit* P = ABCD *un parallélogramme,* $\widehat{A}$ *son angle en* A, *et soit* H *le projeté orthogonal de* D *sur la droite* (AB). *On a* $\mathscr{A}(P) = AB \times AD \sin \widehat{A} = AB \times DH$.

Démonstration. Comme l'aire de P est le double de celle de ABD en vertu de 1.5 on obtient les formules en appliquant 2.7 et 2.4.

Proposition 2.11. *Soit* T = ABCD *un trapèze de bases* AB *et* CD *et soit* H *le projeté orthogonal de* A *sur* (DC). *On a* $\mathscr{A}(\mathrm{T}) = \frac{1}{2}\mathrm{AH} \times (\mathrm{AB} + \mathrm{CD}) = \mathrm{AH} \times \dfrac{\mathrm{AB} + \mathrm{CD}}{2}$.

Démonstration. On obtient la formule en écrivant que le trapèze est réunion des triangles ABC et ACD.

F. UNE APPLICATION EN PHYSIQUE : LA LOI DES AIRES

Nous allons utiliser les lemmes de découpage précédents pour établir l'une des fameuses lois de Kepler sur le mouvement des planètes : la loi des aires, avec une méthode très proche de celle de la preuve originelle de Newton[5]. Nous nous plaçons dans le cas très simple d'une seule planète (disons Mars, pour coller à la fois à Kepler et à l'actualité) tournant autour du soleil, négligeant ainsi les interactions avec les autres corps célestes. On peut alors considérer les deux astres comme des masses ponctuelles.

Cette preuve se situe dans le cadre d'un modèle physique discret (mais on peut retrouver le modèle continu par un passage à la limite). Nous considérons donc ici le temps comme formé de la juxtaposition d'instants très brefs, voire infinitésimaux, de durée h. Les temps de l'échelle sont donc les nh, pour n entier. On considère un point matériel mobile et on note M_n sa position au temps nh. Entre les temps $(n-1)h$ et nh le mobile se déplace de M_{n-1} à M_n avec la vitesse $v_n = \mathrm{M}_{n-1}\mathrm{M}_n/h$ ou, en vecteurs, la vitesse $\overrightarrow{v_n} = \overrightarrow{\mathrm{M}_{n-1}\mathrm{M}_n}/h$. Si h est supposé suffisamment petit, on peut considérer que ces vitesses sont constantes entre $(n-1)h$ et nh. Attention, la vitesse pourra varier, en revanche, à chaque instant nh, avec une accélération $\overrightarrow{\gamma_n}$ qui vérifie $\overrightarrow{v_{n+1}} - \overrightarrow{v_n} = h\overrightarrow{\gamma_n}$.

Ces points étant précisés, les principes physiques sur lesquels nous nous appuyons sont les suivants :

Loi fondamentale de la mécanique. *L'accélération d'un mobile est proportionnelle à la force à laquelle il est soumis.*

C'est la fameuse loi $\overrightarrow{\mathrm{F}} = m\vec{\gamma}$. Dans notre cas, si $\overrightarrow{\mathrm{F}_n}$ est la force appliquée en M_n, on a donc $\overrightarrow{v_{n+1}} - \overrightarrow{v_n} = h\overrightarrow{\mathrm{F}_n}/m$.

Une conséquence de cette loi est le :

Principe d'inertie. *Un mobile qui n'est soumis à aucune force est animé d'un mouvement rectiligne uniforme.*

On a alors un vecteur vitesse $\vec{v}$ constant, tel que $\overrightarrow{\mathrm{M}_n\mathrm{M}_{n+1}} = h\vec{v}$ pour tout n.

5. Ce paragraphe a été inspiré par une conférence de Jacques Treiner, voir [CMT] ou [Fe] p. 48.

Dans le cas d'un mouvement rectiligne uniforme, la distance parcourue est proportionnelle au temps : entre les instants ph et qh le mobile parcourt $\mathrm{M}_q\mathrm{M}_p = (q-p)v$ pendant le temps $(q-p)h$, c'est le sens du mot uniforme. Bien entendu, les planètes ne suivent pas un mouvement rectiligne (leurs trajectoires sont des ellipses, c'est la première loi de Kepler) et l'une des premières remarques de Kepler c'est que leur mouvement n'est pas non plus uniforme. Il a donc cherché une loi de substitution. La seule hypothèse supplémentaire que nous ferons ici est que la planète, qui sera notre mobile M_n, est soumise à une force « centrale », c'est-à-dire une force $\overrightarrow{\mathrm{F}_n}$ dirigée vers le soleil, représenté par un point fixe O. On a donc $\overrightarrow{\mathrm{F}_n} = k_n\overrightarrow{\mathrm{M}_n\mathrm{O}}$ où k_n est un réel. On remarquera que nous ne faisons aucune hypothèse sur ce réel (notamment nous n'avons pas besoin de la loi plus précise de Newton qui affirme que ce scalaire est inversement proportionnel au carré de la distance OM_n).

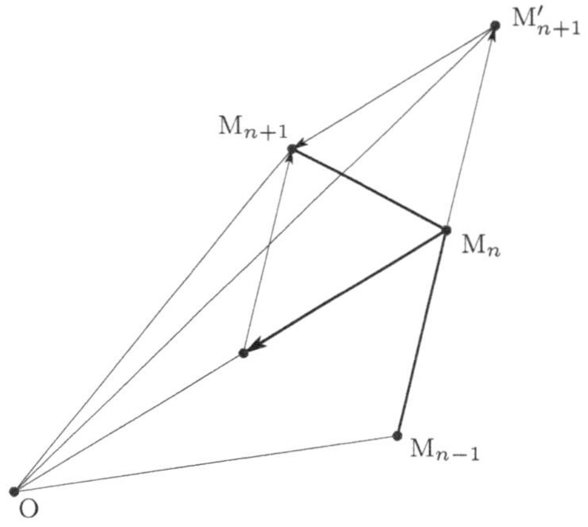

FIG. 53.

La loi de Kepler s'énonce alors ainsi :

Deuxième loi de Kepler. *L'aire balayée par le « rayon vecteur »* $[\mathrm{OM}_n]$ *est proportionnelle au temps parcouru, ou encore, les aires balayées par* $[\mathrm{OM}_n]$ *pendant des temps égaux sont égales. Précisément, cela signifie qu'on a* $\mathscr{A}(\mathrm{OM}_{n-1}\mathrm{M}_n) = \mathscr{A}(\mathrm{OM}_n\mathrm{M}_{n+1})$.

Démonstration. On se reportera à la figure ci-dessus. On a $\overrightarrow{\mathrm{M}_{n-1}\mathrm{M}_n} = h\vec{v}_n$ et $\overrightarrow{\mathrm{M}_n\mathrm{M}_{n+1}} = h\vec{v}_{n+1}$. Considérons aussi le point M'_{n+1} qui représente la position qu'occuperait le mobile au temps $(n+1)h$ si le mouvement était uniforme. On a $\overrightarrow{\mathrm{M}_n\mathrm{M}'_{n+1}} = h\vec{v}_n$, donc $\overrightarrow{\mathrm{M}'_{n+1}\mathrm{M}_{n+1}} = h(\vec{v}_{n+1} - \vec{v}_n) = h^2\vec{\mathrm{F}}_n/m = \dfrac{h^2k_n}{m}\overrightarrow{\mathrm{M}_n\mathrm{O}}$. Autrement dit, la droite $(\mathrm{M}'_{n+1}\mathrm{M}_{n+1})$ est parallèle à (OM_n). On a alors $\mathscr{A}(\mathrm{OM}_{n-1}\mathrm{M}_n) = \mathscr{A}(\mathrm{OM}_n\mathrm{M}'_{n+1})$ par le lemme de la médiane (car M_n est le milieu de $[\mathrm{M}_{n-1}\mathrm{M}_{n+1}]$) et $\mathscr{A}(\mathrm{OM}_n\mathrm{M}_{n+1}) = \mathscr{A}(\mathrm{OM}_n\mathrm{M}'_{n+1})$ par le lemme du trapèze, d'où le résultat !

On notera que, si les distances parcourues dans des temps égaux ne sont pas égales dans le cas du mouvement à accélération centrale, en revanche, dans le cas du mouvement rectiligne uniforme, les aires balayées dans des temps égaux sont aussi égales et ce quel que soit le point O, en vertu du lemme de la médiane.

G. PRIMITIVE D'UNE FONCTION CONTINUE ET AIRE SOUS UNE COURBE

Nous démontrons maintenant l'un des résultats fondamentaux du calcul différentiel et intégral, qui va nous donner un outil incomparable de calcul des aires.

Rappelons brièvement quelques notions d'analyse concernant les fonctions continues et dérivables. Une fonction $f : [a,b] \to \mathbf{R}$ est dite continue en $x_0 \in [a,b]$ si la limite de $f(x)$ quand x tend vers x_0 est égale à $f(x_0)$. On dit qu'elle est dérivable en x_0 si la quantité

$$\frac{f(x)-f(x_0)}{x-x_0}$$

a une limite quand x tend vers x_0 et cette limite est la dérivée $f'(x_0)$ de f en x_0. Cela implique que f est continue en x_0. Rappelons enfin qu'une fonction F est une primitive d'une fonction f si f est la dérivée de F. Sur un intervalle $[a,b]$ une fonction f a plusieurs primitives, mais on montre qu'elles diffèrent seulement d'une constante (car la dérivée de la différence est nulle).

Théorème 2.12. *Soit $f : [a,b] \to \mathbf{R}$ une fonction continue. Il existe une primitive* F *de f sur $[a,b]$.*

Démonstration. On supposera, pour simplifier, que la fonction est aussi monotone (sinon, la preuve est un peu plus compliquée et elle utilise les propriétés des fonctions continues sur un segment). On peut supposer f croissante (quitte à changer f en $-f$) et positive (quitte à ajouter une constante à f). Pour $x \in [a,b]$ on considère la partie $\mathrm{S}(x)$ du plan limitée par l'axe des x, les droites $\mathrm{X} = a$ et $\mathrm{X} = x$ et le graphe de f (on appelle parfois cette partie l'hypographe de f). Nous montrerons en 5.12 que $\mathrm{S}(x)$ a une aire[6] dont on note $\mathrm{F}(x)$ la mesure. Alors, F est une primitive de f. En effet, soit x_0 un point quelconque de $[a,b]$ et calculons $\mathrm{F}(x) - \mathrm{F}(x_0)$, disons pour $x > x_0$. Par l'additivité des aires c'est l'aire de la partie

6. Dans le cas d'une fonction continue non monotone, la démonstration de ce fait nécessite un peu d'analyse, et notamment la notion de fonction uniformément continue.

$S(x) - S(x_0)$ qui est comprise entre deux rectangles de largeur $x - x_0$ et de longueurs $f(x_0)$ et $f(x)$. Vu la formule de l'aire du rectangle on a donc les inégalités :

$$(x - x_0)f(x_0) \leqslant F(x) - F(x_0) \leqslant (x - x_0)f(x).$$

On en déduit, en divisant par $x - x_0$:

$$f(x_0) \leqslant \frac{F(x) - F(x_0)}{x - x_0} \leqslant f(x),$$

et, comme f est continue, $f(x)$ tend vers $f(x_0)$ quand x tend vers x_0, donc $\dfrac{F(x) - F(x_0)}{x - x_0}$ tend vers $f(x_0)$ ce qui signifie exactement que $f(x_0)$ est la dérivée de F au point x_0.

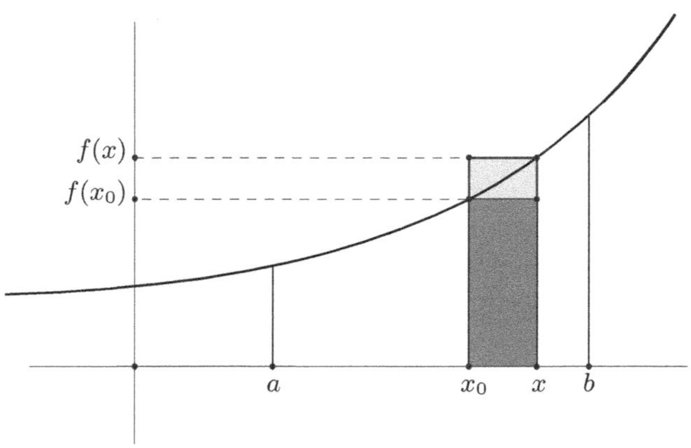

FIG. 54.

On déduit de ce qui précède le calcul de l'aire sous la courbe :

Corollaire 2.13. *Soit $f : [a, b] \to \mathbf{R}$ une fonction continue positive et soit G une primitive de f. L'aire de la partie S du plan limitée par l'axe des x, les droites $x = a$ et $x = b$ et le graphe de f a pour mesure $G(b) - G(a)$.*

Démonstration. Soit $F(x)$ la mesure de l'aire de la partie $S(x)$ limitée par l'axe des x, les droites $X = a$ et $X = x$ et le graphe de f. On a en particulier $F(a) = 0$ et $\mu(S) = F(b) = F(b) - F(a)$. Or, on a vu ci-dessus que F est une primitive de f. Comme deux primitives diffèrent d'une constante, on a $G(x) = F(x) + c$ et donc $\mu(S) = F(b) - F(a) = G(b) - G(a)$.

H. APPLICATION : LA QUADRATURE DU SEGMENT DE PARABOLE PAR LE CALCUL DES PRIMITIVES

Il s'agit du résultat d'Archimède auquel nous avons fait allusion dans l'introduction :

Théorème 2.14. *Soit* P *une parabole et soient* A, B *deux points de* P. *Les tangentes en* A *et* B *à la parabole se coupent en* C. *Alors, l'aire du secteur de parabole* S *limité par le segment de droite* [AB] *et la parabole est égale aux deux tiers de l'aire du triangle* T = ABC.

Démonstration. Nous supposerons que la parabole a pour équation [7] $y = x^2$. Les points A et B ont alors pour coordonnées (a, a^2) et (b, b^2), avec $a, b \in \mathbf{R}$. Nous supposerons $a < 0$ et $b > 0$ pour fixer les idées (fig. 55). La pente de la tangente à la parabole en A est la valeur de la dérivée de $x \mapsto x^2$ en a, c'est-à-dire $2a$. L'équation de la tangente en A est donc $\mathrm{Y} - a^2 = 2a(\mathrm{X} - a)$ et, de même, celle en B est $\mathrm{Y} - b^2 = 2b(\mathrm{X} - b)$. Cela permet de trouver les coordonnées du point C en résolvant le système fourni par ces équations. On trouve $\mathrm{C} = \left(\dfrac{b+a}{2}, ab\right)$.

Posons alors $\mathrm{D} = (a, 0)$, $\mathrm{E} = (b, 0)$, $\mathrm{F} = (a, ab)$ et $\mathrm{G} = (b, ab)$ (fig. 55). On calcule d'abord l'aire du trapèze U = ADEB. Sa hauteur est $b - a$, ses bases a^2 et b^2 et on a donc $\mu(\mathrm{U}) = \dfrac{b-a}{2}(b^2 + a^2)$. On calcule ensuite l'aire du domaine V limité par l'axe des x, les droites $x = a$ et $x = b$ et la parabole. En vertu de 2.13, comme une primitive de x^2 est $x^3/3$, on a $\mu(\mathrm{V}) = \dfrac{b^3 - a^3}{3}\cdot$ On en déduit, par différence, l'aire de S : $\mu(\mathrm{S}) = \dfrac{(b-a)^3}{6}\cdot$

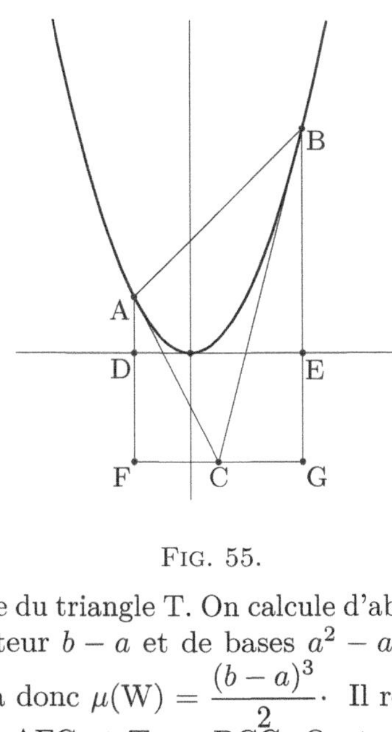

FIG. 55.

Passons maintenant au calcul de l'aire du triangle T. On calcule d'abord l'aire du trapèze W = AFGB, de hauteur $b - a$ et de bases $a^2 - ab$ et $b^2 - ab$ (attention au signe de a). On a donc $\mu(\mathrm{W}) = \dfrac{(b-a)^3}{2}\cdot$ Il reste à calculer les aires des triangles $\mathrm{T}_1 = \mathrm{AFC}$ et $\mathrm{T}_2 = \mathrm{BCG}$. On trouve $\mu(\mathrm{T}_1) = -\frac{1}{4}(b-a)^2 a$ et $\mu(\mathrm{T}_2) = \frac{1}{4}(b-a)^2 b$.

---

7. Quitte à changer de repère orthonormé on peut supposer qu'elle a pour équation $y = ax^2$. Pour avoir $y = x^2$ il suffit de diviser l'unité de longueur par a, ce qui revient à changer x en ax et y en ay.

On en déduit $\mu(\mathrm{T}) = \mu(\mathrm{W}) - \mu(\mathrm{T}_1) - \mu(\mathrm{T}_2) = \dfrac{(b-a)^3}{4}$, ce qui démontre le résultat. (On peut aussi montrer directement que le triangle est d'aire moitié de celle du trapèze en utilisant le lemme de la médiane 1.7 et le lemme du trapèze 1.8.)

3. Le théorème de Bolyai

Nous avons vu aux paragraphes 1 et 2 comment calculer des aires, et notamment celles des polygones, par la méthode de découpage et recollement, celle que l'on utilise à l'école primaire. Nous allons voir que, pour les polygones, cette méthode est toujours applicable. Le paragraphe qui suit est donc, en quelque sorte, la justification théorique d'une méthode pédagogique.

A. ÉNONCÉ

Dans ce paragraphe on appellera polygone une réunion finie de polygones convexes. Cette notion englobe celle vue au chapitre 5 (car tout polygone au sens du chapitre 5 est réunion de triangles, voir chapitre 5, 4.16). Elle est plus générale à deux points de vue. D'abord on admet parmi les polygones des réunions disjointes, donc non connexes, de polygones. Ensuite il y a aussi de nouveaux polygones connexes qui ne sont pas des polygones au sens du chapitre 5 (par exemple un carré au centre duquel on a enlevé un carré). Rappelons qu'on dit qu'une réunion de polygones A_i $(i = 1, \ldots, n)$ est **presque disjointe** si les intersections $\mathrm{A}_i \cap \mathrm{A}_j$ pour $i \neq j$ sont des réunions finies de segments de droites et de points.

On dit que deux polygones A et B sont **équivalents** (sous-entendu **par découpage et recollement**) et on note $\mathrm{A} \sim \mathrm{B}$ si on peut écrire

$$\mathrm{A} = \bigcup_{i=1}^{n} \mathrm{A}_i, \qquad \mathrm{B} = \bigcup_{i=1}^{n} \mathrm{B}_i,$$

où les $\mathrm{A}_i, \mathrm{B}_i$ sont des polygones, où les réunions sont presque disjointes et où, pour tout i, A_i et B_i sont directement isométriques (autrement dit s'il existe un déplacement[8] g_i de E tel que $g_i(\mathrm{A}_i) = \mathrm{B}_i$). Cela signifie exactement qu'on a découpé A en les A_i, qu'on a déplacé ceux-ci pour obtenir les B_i et qu'on a recollé les B_i pour obtenir B, le tout, bien entendu, sans perte ni chevauchement (sauf éventuellement sur les bords). C'est bien la notion usuelle.

8. On aurait pu mettre ici le mot isométrie au lieu de déplacement, mais on ne pourrait plus poser le problème du pâtissier, voir *d*) ci-dessous. On omettra d'ailleurs souvent le mot « directement » dans ce qui suit.

Lemme 3.1. *a) Deux polygones directement isométriques sont équivalents.*
b) La relation $\sim$ *est une relation d'équivalence.*

Démonstration. Le point *a*) est clair. Pour *b*), seule la transitivité de la relation n'est pas évidente. On suppose donc qu'on a $\mathrm{A} \sim \mathrm{B}$ et $\mathrm{B} \sim \mathrm{C}$ et il s'agit de voir qu'on a $\mathrm{A} \sim \mathrm{C}$. On peut donc écrire $\mathrm{A} = \bigcup_{i=1}^{n} \mathrm{A}_i$, $\mathrm{B} = \bigcup_{i=1}^{n} \mathrm{B}_i$ avec les polygones A_i et B_i (directement) isométriques d'une part et $\mathrm{C} = \bigcup_{j=1}^{m} \mathrm{C}_j$, $\mathrm{B} = \bigcup_{j=1}^{m} \mathrm{B}'_j$ avec C_j et B'_j isométriques, d'autre part. Attention, la difficulté est que les B_i et les B'_j ne sont pas les mêmes *a priori*. Pour la surmonter, on considère les polygones intersections[9] : $\mathrm{E}_{i,j} = \mathrm{B}_i \cap \mathrm{B}'_j$. Alors, on voit facilement, en découpant les B_i, que A est réunion de polygones $\mathrm{D}_{i,j}$ isométriques aux $\mathrm{E}_{i,j}$ et, en découpant les B'_j, que C est réunion de polygones $\mathrm{F}_{i,j}$ isométriques aux $\mathrm{E}_{i,j}$, donc qu'on a $\mathrm{A} \sim \mathrm{C}$.

Il résulte des axiomes des aires et du fait qu'un segment est d'aire nulle que si A et B sont équivalents ils ont même aire. La question intéressante est la réciproque :

Théorème 3.2 (Bolyai, 1832). *Soient* A *et* B *deux polygones de même aire. Alors* A *et* B *sont équivalents par découpage et recollement*[10].

On se reportera au problème numéro 1 pour un exemple de puzzle permettant de passer d'un triangle équilatéral à un rectangle ou un carré.

B. LE LEMME FONDAMENTAL

Nous allons montrer le lemme suivant :

Lemme 3.3. *Soit* A *un polygone quelconque. Il existe un rectangle* R *équivalent à* A *dont un côté est de longueur unité.*

Montrons d'abord que ce lemme implique le théorème de Bolyai. En effet, soient A et B des polygones de même aire. D'après le lemme, il existe des rectangles $\mathrm{R_A}$ et $\mathrm{R_B}$, dont un côté est l'unité, et respectivement équivalents à A et B. Comme l'aire est conservée par équivalence, les rectangles $\mathrm{R_A}$ et $\mathrm{R_B}$ ont même aire, donc leurs deuxièmes côtés sont égaux. Mais alors ils sont isométriques, donc équivalents et on a $\mathrm{A} \sim \mathrm{R_A} \sim \mathrm{R_B} \sim \mathrm{B}$ donc $\mathrm{A} \sim \mathrm{B}$ par transitivité.

9. En fait, certains de ces E_{ij} peuvent être vides ou réduits à des réunions de points et de segments. Il suffit de les ignorer.

10. Ce résultat est aussi attribué à William Wallace et à Paul Gerwien. La démonstration est élémentaire mais assez longue. On peut se demander pourquoi il a fallu attendre 1832 pour obtenir ce résultat alors que les techniques ne sont pas différentes de celles d'Euclide ou Archimède. Sans doute la question était-elle trop « moderne » pour eux.

C. PREUVE DU LEMME FONDAMENTAL

Notons d'abord qu'il suffit d'établir le lemme 3.3 pour un triangle. En effet, si A est un polygone quelconque, on peut toujours l'écrire comme réunion presque disjointe de triangles $T_1, T_2, \dots, T_n$ en vertu de chapitre 5, 4.16. On peut alors trouver des rectangles R_i dont un côté est de longueur 1 et l'autre l_i et qui sont équivalents aux T_i. On obtient alors un rectangle R équivalent à A en recollant les R_i le long de leurs côtés de longueur 1. On obtient un rectangle de côté $l_1 + \cdots + l_n$.

Le pas suivant est de découper un triangle pour en faire un parallélogramme :

Lemme 3.4. *Soit* T *un triangle. Il existe un parallélogramme* P *tel que* $T \sim P$.

Démonstration. Soient ABC le triangle et M et N les milieux de [AB] et [AC]. On sait que (MN) est parallèle à BC (c'est la droite des milieux du triangle ABC). Considérons la symétrie σ de centre N. On a $\sigma(A) = C$. Notons D le symétrique de M par rapport à N (fig. 56). Alors, la droite (CD) est image de (AM) par σ, donc elle lui est parallèle. Il en résulte que le quadrilatère MDCB est un parallélogramme. Le triangle T est réunion du triangle AMN et du trapèze MNCB, tandis que le parallélogramme MDCB est réunion du même trapèze et du triangle symétrique CDN. On a bien montré que le triangle et le parallélogramme sont équivalents.

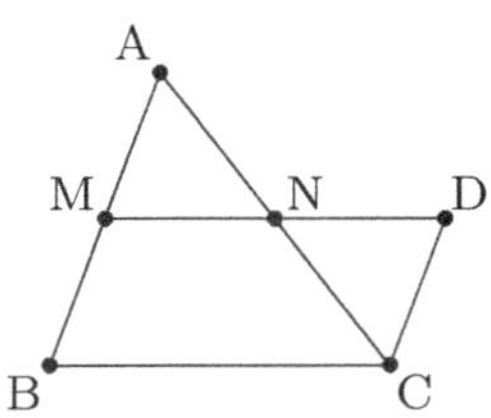

FIG. 56.

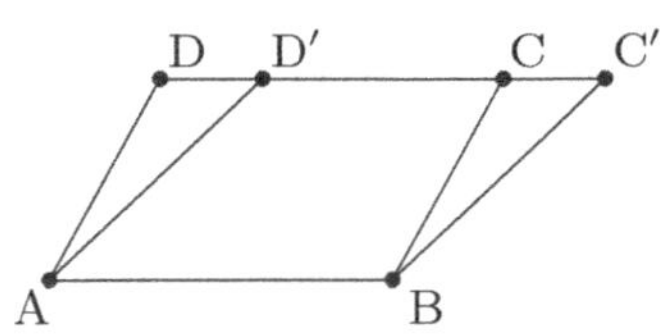

FIG. 57.

On passe maintenant d'un parallélogramme à un autre, mais dont un côté est 1 :

Lemme 3.5. *Soit* P *un parallélogramme.*

a) Il existe un parallélogramme P′, *dont un côté est de longueur rationnelle, tel que* $P \sim P'$.

b) Il existe un parallélogramme P″, *dont un côté est de longueur* p *avec* $p \in \mathbf{N}^*$, *tel que* $P \sim P''$.

c) Il existe un parallélogramme P‴ *dont un côté vaut* 1 *et tel que* $P \sim P'''$.

Démonstration. a) Soit ABCD le parallélogramme donné (fig. 57) et soit

D′ ∈ [DC] un point tel que la longueur AD′ soit un nombre rationnel. Un tel point existe car lorsque D′ varie dans [DC] la longueur AD′ varie dans un intervalle I de **R**, non réduit à un point (car un segment n'est pas un arc de cercle !), de sorte que I contient des rationnels (voir partie I, chapitre 3, 1.4).

On considère alors le point C′ de (DC) tel que $\overrightarrow{DD'} = \overrightarrow{CC'}$. Le quadrilatère ABC′D′ est un parallélogramme (on a $\overrightarrow{AB} = \overrightarrow{D'C'}$). De plus, on passe de ABCD à ABC′D′ par découpage du triangle ADD′ que l'on recolle, après translation de vecteur $\overrightarrow{AB}$, en BCC′. Enfin, le parallélogramme ABC′D′ a un côté rationnel, à savoir AD′.

b) Grâce à *a*) on peut partir d'un parallélogramme ABCD dont le côté AD est rationnel. On pose $\mathrm{AD} = \dfrac{p}{q}$ et on partage le côté AB en q parties égales, par des points $\mathrm{A}_0 = \mathrm{A}, \mathrm{A}_1, \dots, \mathrm{A}_q = \mathrm{B}$. On mène alors, par les A_i, les droites parallèles à (AD) qui coupent (CD) en des points C_i. Ces droites découpent P en q parallélogrammes de base AB/q. On transporte alors ces parallélogrammes et on les empile sur $\mathrm{AA_1C_1D}$ (fig. 58). On obtient bien ainsi un parallélogramme dont un côté vaut $q\mathrm{AD} = p \in \mathbf{N}$.

c) On dispose maintenant d'un parallélogramme avec un côté entier, disons $\mathrm{AD} = p$. On partage alors [AD] en p parties égales, toutes de longueur 1 par des points $\mathrm{A}_0 = \mathrm{A}, \mathrm{A}_1, \dots, \mathrm{A}_p = \mathrm{D}$ et on mène les parallèles à (AB) par les A_i, qui recoupent (BC) en les C_i. On obtient ainsi p petits parallélogrammes que l'on découpe et que l'on transporte pour les mettre, en ligne, à côté de $\mathrm{ABC_1A_1}$ (fig. 59). On a bien maintenant un parallélogramme dont un côté vaut 1.

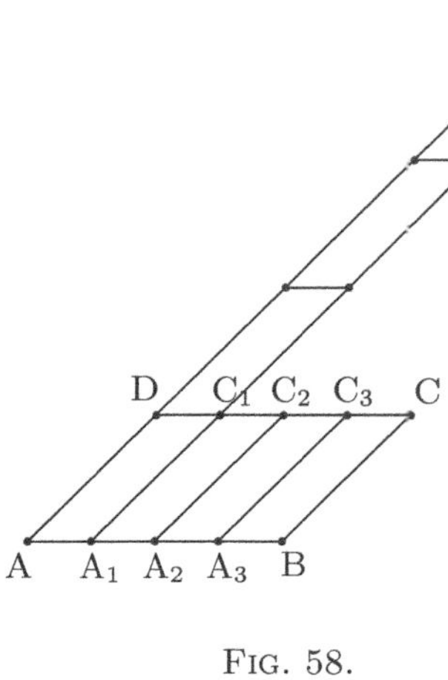

FIG. 58.

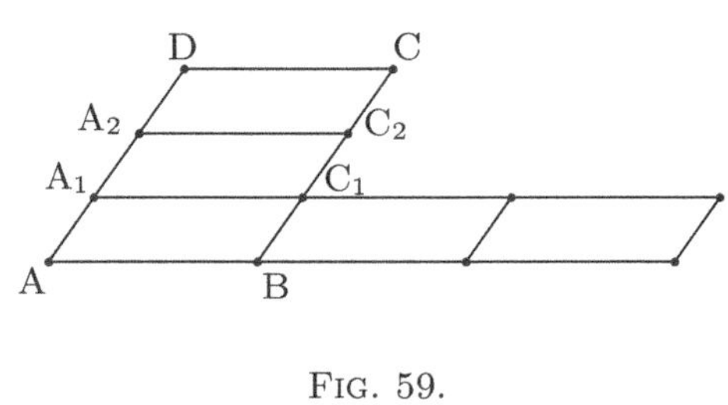

FIG. 59.

Pour en finir avec le lemme 3.3 il ne reste plus qu'à montrer le résultat suivant :

Lemme 3.6. *Soit* P = ABCD *un parallélogramme dont le côté* AB *vaut* 1. *Alors* P *est équivalent à un rectangle de côté* 1.

Démonstration. On suppose d'abord que le projeté C′ de B sur la droite (CD) est dans le segment [CD]. On considère alors le point D′ tel que $\overrightarrow{CC'} = \overrightarrow{DD'}$. Le quadrilatère ABC′D′ est un rectangle qui s'obtient à partir de ABCD par découpage de BCC′ que l'on recolle en ADD′. Comme il a un côté égal à AB = 1 on a gagné. Le raisonnement est identique si le projeté A′ de A sur (DC) est dans le segment [DC].

Lorsque les deux projetés A′ et C′ sont hors de [CD], on partage AD en n parties égales par des points A_i et on mène les parallèles à (AB) par les A_i. Elles recoupent (BC) en C_i. On choisit n assez grand pour que le projeté de A ou de B sur (A_1C_1) soit dans $[A_1C_1]$. La même propriété vaut aussi pour tous les petits parallélogrammes empilés sur ABC_1A_1. On peut donc, par le premier cas, découper ces parallélogrammes pour en faire des petits rectangles de côté 1 (fig. 60). Il ne reste plus qu'à empiler les rectangles obtenus et on a gagné.

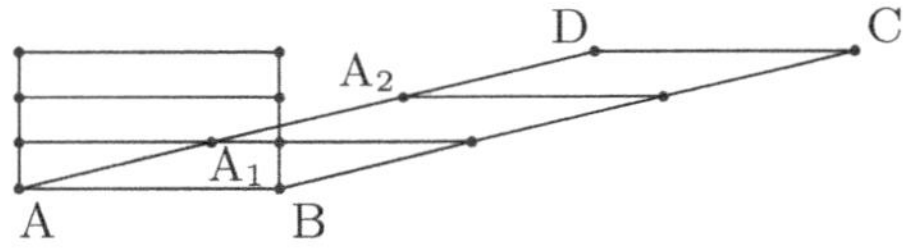

FIG. 60.

Remarques 3.7. 1) On peut démontrer un théorème analogue avec des unions disjointes au lieu de presque disjointes, voir [G].

2) On notera que la démonstration ci-dessus fait un usage essentiel de l'axiome d'Archimède en deux endroits : d'abord pour affirmer qu'un intervalle de **R** non réduit à un point contient des rationnels, ensuite, dans la preuve de 3.6. En effet, si x est l'abscisse de la projection de C et ε celle de B, il s'agit de trouver $n \in \mathbf{N}$ tel que $n\varepsilon > x$.

3) Il y a un théorème plus fort que le théorème de Bolyai, dû à Hadwiger et Glur qui affirme que l'on peut se limiter, dans la relation d'équivalence du découpage-recollement, à n'utiliser que des déplacements qui sont composés de symétries centrales (autrement dit des symétries centrales et des translations). Ce résultat est un peu plus difficile à établir, voir [Bo1], [Bo2], mais il a un intérêt théorique : il signifie que tous les lemmes de découpage peuvent être obtenus à partir du lemme du demi-parallélogramme (traduction de l'invariance de l'aire par symétrie centrale). C'est bien ce que nous avons constaté au paragraphe 1.

4) Si, dans la définition de découpage et recollement, on ne se limite pas à des morceaux polygonaux, il y a un résultat récent (1990) et très spectaculaire, dû à Laczkovich (voir [Lac]) qui dit qu'on peut passer, par

découpage et recollement fini, d'un disque à un carré : on peut donc réaliser la quadrature du cercle en quelque sorte ! Bien entendu, il ne s'agit pas du problème historique de la quadrature du cercle qui imposait que l'on construise les morceaux à la règle et au compas et dont on a vu au chapitre précédent qu'il n'a pas de solution. Ici, les morceaux sont très compliqués, et il en faut beaucoup, 10^{40} environ selon l'estimation de Laczkovich. De plus, ce théorème est très difficile, et il utilise un axiome un peu mystérieux de la théorie des ensembles : l'axiome du choix.

En revanche, le même Laczkovich a montré en 2003 qu'il existe des parties A, B du plan, limitées par des courbes régulières sauf en un point, de même aire, mais telles qu'on ne puisse passer de l'une à l'autre par découpage et recollement. Tout n'est donc pas possible par cette méthode.

D. QUELQUES EXEMPLES

Le théorème de Bolyai assure donc qu'on peut toujours trouver un puzzle pour passer d'un polygone à un polygone de même aire (et il fournit un algorithme). Une question souvent plus amusante est de trouver le puzzle le plus simple possible. Voici deux exemples de tels problèmes :

1) On se donne un carré. Produire un puzzle pour le transformer en deux carrés, en trois carrés (voir [HMC]).

2) *Le problème du pâtissier.*

Il était une fois un pâtissier, féru de géométrie, mais distrait. Il possédait un moule à tarte en forme de triangle scalène [11]. Pour faire sa tarte il en mesura les trois côtés, réalisa la pâte aux mesures et la couvrit de fruits. Hélas, il s'aperçut alors que le triangle qu'il venait de réaliser n'était pas le bon, mais son symétrique par rapport à une droite. Sauf à faire une tarte à l'envers il ne pouvait donc mettre sa tarte dans le moule. Comme il connaissait le théorème de Bolyai il se mit en quête d'un découpage lui permettant de rattraper sa bévue. Pouvez-vous l'aider ?

3) Un dernier problème amusant : montrer que, si p est un nombre pair, on peut partager un carré en p triangles de même aire. Plus difficile, montrer que c'est impossible si p est impair (autrement dit : même aire entraîne p pair !), voir [Bek].

4. Longueur du cercle, aire du disque

L'objectif de ce paragraphe est d'établir les formules qui donnent la mesure de la longueur du cercle de rayon R (c'est $2\pi R$, bien entendu) et l'aire du disque de même rayon (c'est πR^2, sans nul doute) et notamment d'expliquer pourquoi le même nombre π intervient dans les deux cas. En

11. C'est-à-dire un triangle quelconque : ni isocèle, ni rectangle

effet, si l'on note $l(\mathrm{C})$ la longueur du cercle de rayon 1 et $\mathscr{A}(\mathrm{D})$ l'aire du disque de rayon 1, il est clair, pour des raisons d'homogénéité, que la longueur du cercle de rayon R vaut $l(\mathrm{C})\mathrm{R}$ et que l'aire du disque de rayon R vaut $\mathscr{A}(\mathrm{D})\mathrm{R}^2$, de sorte qu'on s'attend bien à avoir des formules du type ci-dessus, mais ce qui n'est pas évident c'est que $l(\mathrm{C})$ et $\mathscr{A}(\mathrm{D})$ aient un quelconque rapport.

Nous commençons par quelques rappels sur les longueurs des courbes.

A. LONGUEUR DES COURBES

Nous admettrons qu'une courbe Γ bornée et suffisamment régulière [12] a une longueur, notée $l(\Gamma)$, et que cette longueur vérifie les principes (ou axiomes) suivants :

Principe numéro 1 : La ligne droite est le plus court chemin d'un point à un autre : si on a une courbe Γ qui joint A et B on a $l(\Gamma) \geqslant \mathrm{AB}$.

Plus généralement si on a une **ligne polygonale** P **inscrite** dans Γ, c'est-à-dire une suite de points $\mathrm{A}_0 = \mathrm{A}, \mathrm{A}_1, \dots, \mathrm{A}_n = \mathrm{B}$ de Γ dont l'ordre respecte le sens de parcours de Γ, la longueur de Γ est plus grande que celle de P, on a [13] : $l(\Gamma) \geqslant l(\mathrm{P}) = \mathrm{A}_0\mathrm{A}_1 + \mathrm{A}_1\mathrm{A}_2 + \cdots + \mathrm{A}_{n-1}\mathrm{A}_n$.

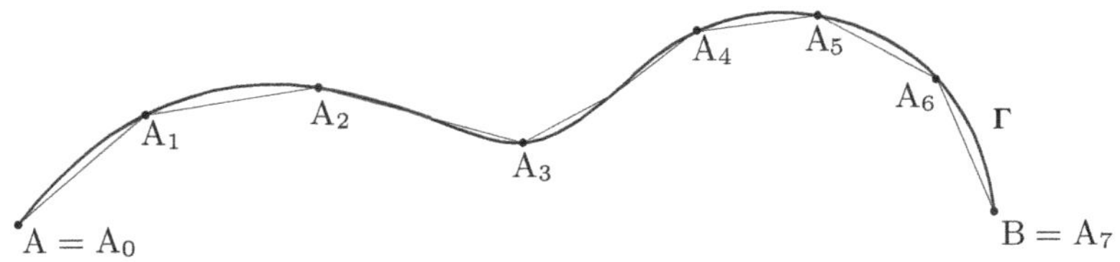

FIG. 61.

Si on appelle **pas** de la ligne polygonale le maximum des nombres $\mathrm{A}_i\mathrm{A}_{i+1}$, on peut alors formuler le second principe :

Principe numéro 2 : La longueur de Γ est la limite des longueurs des lignes polygonales inscrites dans Γ quand on fait tendre le pas vers 0.

Voici une conséquence de ce principe :

Corollaire 4.1.
a) Si u est une isométrie on a $l(u(\Gamma)) = l(\Gamma)$.
b) Si h est une homothétie de rapport λ, *on a* $l(h(\Gamma)) = |\lambda|\, l(\Gamma)$.

12. C'est le cas, par exemple, d'une courbe admettant des tangentes en tous ses points sauf en un nombre fini. Attention, il y a des courbes bornées dont la longueur est infinie, par exemple la courbe de Peano qui remplit tout un carré ou les courbes fractales comme celle de von Koch.

13. Cette remarque est d'ailleurs à la base de la définition mathématique de la longueur de Γ comme borne supérieure des longueurs des lignes polygonales inscrites.

Démonstration. Si P est une ligne polygonale inscrite dans Γ on a $l(u(\mathrm{P})) = l(\mathrm{P})$ (resp. $l(h(\mathrm{P})) = |\lambda|\, l(\mathrm{P})$) car cette propriété est vraie pour la longueur d'un segment. Si on écrit $l(\Gamma)$ comme limite de $l(\mathrm{P}_n)$ où les P_n sont des lignes polygonales inscrites dont le pas tend vers 0, on en déduit le résultat par passage à la limite.

B. CERCLE, LONGUEUR, ANGLE

En vertu du corollaire précédent, tous les cercles de rayon 1 ont même longueur (car ils sont isométriques, on passe de l'un à l'autre par translation) :

Définition 4.2. *La longueur (ou périmètre) d'un cercle de rayon* 1 *est notée* 2π.

(Ceci est donc une **définition** du nombre π.)

Corollaire 4.3. *La longueur d'un cercle de rayon* R *est égale à* $2\pi\mathrm{R}$.

Démonstration. Cela résulte de 4.1 puisque le cercle de centre O et de rayon R s'obtient à partir du cercle de centre O et de rayon 1 par l'homothétie de centre O et de rapport R.

Anticipant sur la définition précédente, nous avons vu au chapitre 4 que la notion de longueur d'un arc de cercle permet de mesurer les angles : si on a un secteur angulaire $\widehat{x\mathrm{O}y}$, sa mesure en radians est, par définition, la longueur de l'arc découpé par ce secteur sur le cercle de centre O et de rayon 1. On en déduit :

Proposition 4.4. *La longueur de l'arc déterminé sur le cercle de centre* O *et de rayon* R *par un angle* $\widehat{x\mathrm{O}y}$ *de mesure* θ *est égale à* $\theta\mathrm{R}$.

Démonstration. Cela résulte de 4.1 par homothétie.

Voici une méthode d'approximation du nombre π par les polygones réguliers qui remonte à Archimède :

Proposition 4.5. *Soit* P_n *un polygone régulier à* n *côtés inscrit dans uncercle de centre* O *et de rayon* 1. *Soient* c_n *la longueur des côtés de* P_n *et* $p_n = nc_n$ *son périmètre. On a* $c_n \leqslant 2\pi/n$. *La longueur* c_n *tend vers* 0 *quand* n *tend vers* $+\infty$ *et on a* $2\pi = \lim p_n$.

Démonstration. Les arcs sous-tendus par les côtés de P_n sont tous égaux, donc valent tous $2\pi/n$ et l'inégalité $c_n \leqslant 2\pi/n$ résulte du premier principe. Cela montre que, quand n tend vers $+\infty$, le pas des polygones P_n, qui est égal à c_n, tend vers 0 et donc, par le second principe, la longueur du cercle est bien la limite des longueurs des P_n.

C. L'AIRE DU DISQUE

Théorème 4.6. *L'aire d'un disque de rayon* 1 *(resp. de rayon* R*) est égale à* π *(resp. à* πR^2*).*

Démonstration. Notons que la deuxième assertion se déduit de la première grâce à l'axiome d'homogénéité des aires.

Soit P_n un polygone régulier inscrit dans le disque D, c_n son côté, $p_n = nc_n$ son périmètre. Appelons a_n l'**apothème** de P_n, c'est-à-dire la distance OH du centre O du cercle au côté [AB] de P_n (fig. 62). Bien entendu, cette distance ne dépend pas du côté choisi. En effet, on a, par Pythagore appliqué au triangle OAH rectangle en H : $OH^2 + AH^2 = OA^2$ soit $a_n^2 + \frac{c_n^2}{4} = 1$. Comme c_n tend vers 0 quand n tend vers $+\infty$, on voit que a_n a pour limite 1.

Soit Q_n le polygone obtenu à partir de P_n par l'homothétie de centre O et de rapport $\frac{1}{a_n}\cdot$ L'image du côté [AB] de P_n est le côté [A'B'] de Q_n, dont le milieu H' est sur le cercle. Comme [A'B'] est perpendiculaire au rayon [OH'], il est tangent au cercle, de sorte que Q_n est un polygone circonscrit au cercle et contient le disque D.

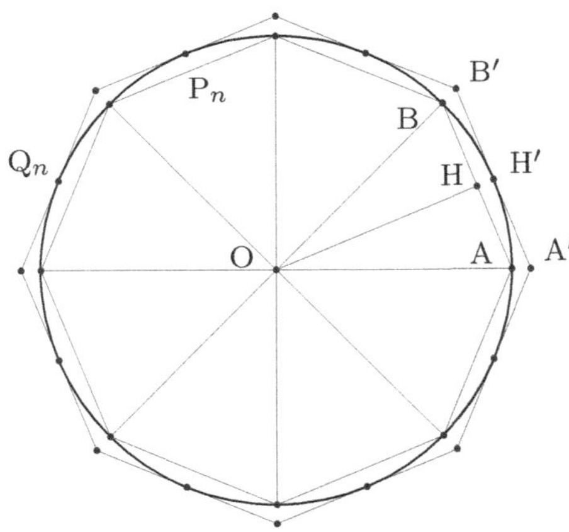

FIG. 62.

On a ainsi $P_n \subset D \subset Q_n$ et donc $\mu(P_n) \leqslant \mu(D) \leqslant \mu(Q_n)$.

Calculons alors $\mu(P_n)$. Comme P_n est réunion de n triangles isocèles tous isométriques à OAB, on a : $\mu(P_n) = n\,\mu(OAB) = n \times \frac{1}{2}OH \times AB = \frac{1}{2}n\,c_n\,a_n = \frac{1}{2}a_n\,p_n$. Mais, on a vu que a_n tend vers 1 et p_n vers 2π (voir 4.5) de sorte que $\mu(P_n)$ tend vers π quand n tend vers $+\infty$.

Par ailleurs on a, par homothétie, $\mu(Q_n) = \frac{1}{a_n^2}\mu(P_n)$ et on voit que

$\mu(Q_n)$ tend aussi vers π. En vertu du théorème des gendarmes on a donc $\mu(D) = \pi$.

Pour une explication plus intuitive de ce rapport entre périmètre du cercle et aire du disque, le lecteur contemplera les figures 63 et 64 ci-dessous.

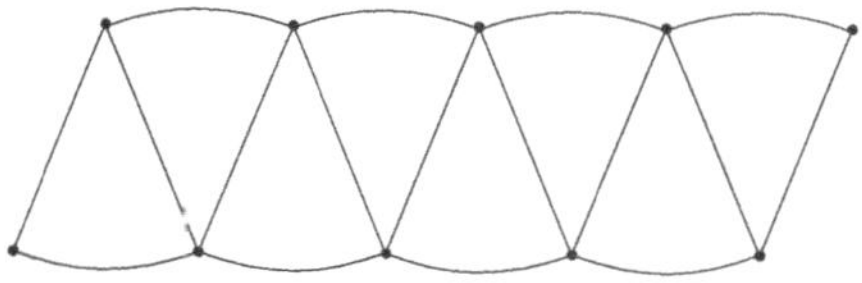

FIG. 63.

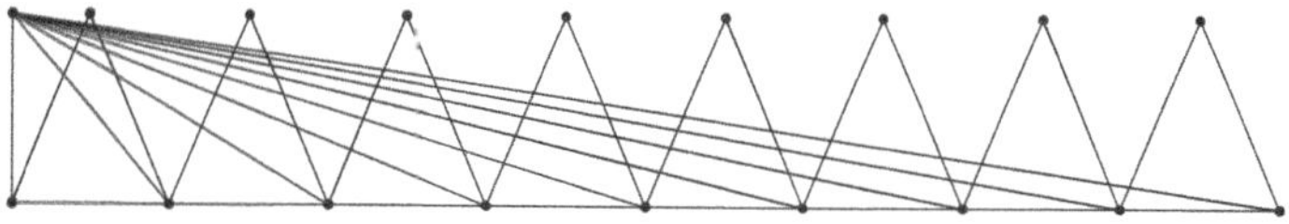

FIG. 64.

D. L'AIRE DES SECTEURS CIRCULAIRES

On considère un disque D et deux points A et B sur le cercle C. Ces points déterminent deux arcs $\overset{\frown}{AB}$ qui correspondent aux deux angles $\widehat{AOB}$, l'un saillant, l'autre rentrant. Le secteur circulaire déterminé par l'arc est alors l'intersection du disque et de l'angle.

Proposition 4.7. *Un secteur* S *d'angle* θ *d'un disque de rayon* 1 *(resp.* R*) est d'aire* $\frac{\theta}{2}$ *(resp.* $\frac{\theta}{2}R^2$*).*

Démonstration. Il suffit de démontrer la première assertion, l'autre en découle par homothétie.

Traitons d'abord le cas où $\theta = 2\pi r$ avec r rationnel, $r = \frac{p}{q}\cdot$ Dans ce cas, on partage le secteur en p secteurs d'angles égaux à $\frac{2\pi}{q}$, le disque D tout entier étant recouvert, lui, par q tels secteurs. Mais, comme ces petits secteurs sont tous isométriques, leur aire est donc égale à celle du disque divisée par q, soit π/q et celle du secteur est $p\pi/q = \theta/2$.

Pour le cas général, on procède comme en 2.2 en approchant θ par des décimaux et en passant à la limite.

5. Annexe A : discussion sur l'homogénéité

Comme annoncé plus haut, nous montrons dans cette annexe comment on peut établir les résultats 1.3 et 2.2 (et donc 1.4 et 2.1 qui en sont conséquences), sans utiliser l'axiome d'homogénéité. En contrepartie, on n'échappe pas à l'utilisation de la notion de limite.

Proposition 5.1. *Supposons que les points et les segments soient*[14] *dans* $\mathscr{Q}$. *Alors, ils sont de mesure nulle.*

Démonstration. On note que les points sont tous de même mesure en vertu de l'invariance par isométrie. Supposons cette mesure ε positive. Comme on peut mettre autant de points qu'on veut, disons n, dans le carré unité, la mesure de celui-ci serait $\geqslant n\varepsilon$ pour tout n et c'est absurde.

Pour les segments l'argument est identique avec des segments de longueur $l < 1$ car on peut les empiler (de manière disjointe) dans le carré unité. Quant aux segments plus longs, on les coupe sans pitié.

Proposition 5.2. *Soit* R *un rectangle de la longueur a et de largeur b* *($a, b \in \mathbf{R}$). On a $\mu(\mathrm{R}) = ab$.*

Démonstration. L'invariance de l'aire par isométrie montre qu'il suffit de démontrer cette formule pour le rectangle posé sur les axes, c'est-à-dire celui dont les sommets sont $\mathrm{O} = (0,0)$, $\mathrm{A} = (a,0)$, $\mathrm{C} = (a,b)$ et $\mathrm{B} = (0,b)$.

Traitons d'abord le cas où les nombres réels a et b sont des rationnels (fig. 65). On peut donc écrire $a = \dfrac{p}{q}$ et $b = \dfrac{r}{s}$ et réduire au même dénominateur : $a = \dfrac{ps}{qs}$ et $b = \dfrac{qr}{qs}\cdot$ On considère alors le carré K de côté $\dfrac{1}{qs}\cdot$ Comme on peut découper le carré unité en $(qs)^2$ petits carrés isométriques à K, cela signifie que K est d'aire $\dfrac{1}{(qs)^2}\cdot$ En quadrillant le rectangle R par les droites d'abscisses $\dfrac{k}{qs}$ pour $k = 0, 1, \ldots, ps$ et d'ordonnées $\dfrac{l}{qs}$ pour $l = 0, 1, \ldots, qr$, on voit que R est réunion presque disjointe de $ps \times qr$ carrés isométriques à K. On a donc, en vertu de 1.4, $\mu(\mathrm{R}) = \dfrac{psqr}{(qs)^2} = \dfrac{pr}{qs} = ab$.

Supposons maintenant a et b réels. Pour chaque entier $n \in \mathbf{N}$ considérons les approximations décimales à 10^{-n} près de a et b :

$$x_n \leqslant a < x_n + \frac{1}{10^n} = x'_n \qquad \text{et} \qquad y_n \leqslant b < y_n + \frac{1}{10^n} = y'_n.$$

On sait que les suites x_n et x'_n convergent vers a et les suites y_n et y'_n vers b.

Considérons les rectangles R_n et R'_n posés sur les axes et de côtés respectifs x_n, y_n et x'_n, y'_n. Comme x_n, x'_n, y_n, y'_n sont décimaux, donc

14. S'ils n'y sont pas, on montre qu'on peut toujours les y ajouter.

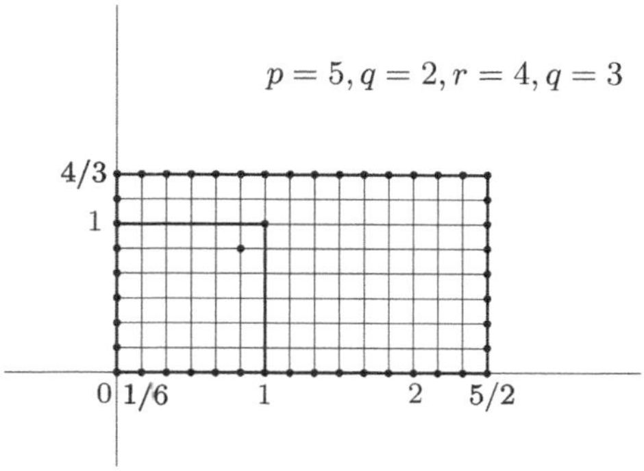

FIG. 65.

rationnels, on a $\mu(\mathrm{R}_n) = x_n y_n$ et $\mu(\mathrm{R}'_n) = x'_n y'_n$. On a, par ailleurs, $\mathrm{R}_n \subset \mathrm{R} \subset \mathrm{R}'_n$, donc, par l'axiome 1, on a $x_n y_n \leqslant \mu(\mathrm{R}) < x'_n y'_n$. Comme les deux suites $x_n y_n$ et $x'_n y'_n$ convergent vers ab, le théorème des gendarmes montre que l'on a $\mu(\mathrm{R}) = ab$.

6. Annexe B : construction de la mesure des aires

Nous avons vu que la définition axiomatique de l'aire permet, de façon très efficace, de calculer beaucoup des aires usuelles. Cependant, il reste plusieurs problèmes non résolus.

Le premier est celui de donner une définition de l'aire. Bien sûr, les Anciens auraient considéré que la notion d'aire est une notion suffisamment intuitive pour ne pas avoir à être définie, mais les mathématiciens actuels ont du mal de s'en contenter [15]. Nous allons donc tenter de donner une définition de l'aire vérifiant les axiomes 1.1 (notamment l'invariance par découpage et recollement).

Le second problème est de savoir quelles sont les parties qui ont une aire (l'ensemble $\mathscr{Q}$ de 1.1). En particulier, il va falloir montrer ce que nous avons admis au paragraphe précédent, à savoir que les parties usuelles (carrés, rectangles, polygones) ont bien une aire.

Il y a essentiellement deux voies pour effectuer cette construction. L'une se trouve dans le livre d'Hadamard [Had], l'autre dans celui de Lebesgue [Le]. Dans les deux cas on commence par définir la mesure de l'aire des polygones, celle des autres parties s'en déduisant par encadrement et passage à la limite, et la difficulté est identique : assurer la cohérence de la définition. La méthode d'Hadamard consiste à définir l'aire des polygones

15. Le théorème d'incomplétude de Gödel montre que cette volonté de tout définir est sans doute illusoire, mais c'est un Graal comme un autre.

à partir de celle du triangle définie comme le produit $\frac{1}{2} \times base \times hauteur$ [16]. Celle de Lebesgue conduit à utiliser des quadrillages de directions données, mais de plus en plus fins. Nous avons choisi d'exposer ici l'approche de Lebesgue, techniquement plus simple.

A. CONSTRUCTION DE LA MESURE DES AIRES : ANALYSE DU PROBLÈME

Le problème mathématique se pose ainsi : soit E un plan affine euclidien, muni d'un repère orthonormé $(O; \vec{i}, \vec{j})$. Il s'agit de trouver une application μ, définie sur les parties de E (ou, du moins, sur certaines d'entre elles) et vérifiant les axiomes 0), 1), 2), 3). Attention, il s'agit de donner une **définition**, autrement dit, il faut que l'aire d'une partie soit définie d'une manière univoque [17]. Nous allons d'abord analyser ce que doit être cette application μ, à partir des axiomes donnés en 1.1. En fait, cette analyse revient à expliquer comment calculer toutes les aires à partir des axiomes et la définition viendra d'elle-même lorsque l'analyse aura été menée de manière assez fine.

On note encore C le carré fermé unité défini par $0 \leqslant x \leqslant 1, 0 \leqslant y \leqslant 1$. On doit poser $\mu(C) = 1$ pour satisfaire l'axiome 0). C'est notre point de départ ! Pour définir μ pour d'autres parties on considère d'abord le quadrillage du plan (disons de niveau 0) donné par les droites parallèles aux axes et d'abscisses ou d'ordonnées entières. En se souvenant de l'invariance par translation on voit que l'aire d'un carré fermé du quadrillage (c'est-à-dire un carré $m \leqslant x \leqslant m+1, n \leqslant y \leqslant n+1$ avec $m, n \in \mathbf{Z}$) doit être aussi égale à 1.

En se souvenant que l'aire doit vérifier la propriété d'additivité on voit ensuite que l'aire d'une réunion finie S de carrés fermés du quadrillage est nécessairement égale au nombre de carrés de S. On notera qu'ici on utilise implicitement la variante $1'$ de l'axiome 1 avec les intersections réduites à des segments. On verra plus loin que c'est justifié.

Cela peut permettre de définir l'aire pour un certain type de parties, celles qui sont réunions de carrés du quadrillage. Pour progresser, et notamment définir l'aire de parties plus petites, on considère ensuite le quadrillage (de niveau 1) obtenu en divisant chaque segment en 10 (si on suit Lebesgue qui aime bien les décimaux, mais on pourrait aussi diviser

16. Il faut déjà montrer que ce produit ne dépend pas du choix de la base. On définit ensuite l'aire d'un polygone en le décomposant en triangles. Pour que cette définition ne dépende pas du procédé de découpage, Hadamard fixe un point et décompose les polygones en des triangles dont ce point est un sommet, mais, attention, certains triangles sont d'aire positive et d'autres d'aire négative.

17. Cela signifie, par exemple, que si l'aire est définie par découpage, il faut prouver que deux découpages différents donnent le même résultat.

en 2). Les points du quadrillage sont les $(\frac{a}{10}, \frac{b}{10})$ avec $a, b \in \mathbf{Z}$. Comme chaque carré du quadrillage de niveau 0 est réunion de 100 carrés de niveau 1 on va attribuer aux petits carreaux l'aire $\frac{1}{100}\cdot$ Cette définition est cohérente avec la précédente en vertu du découpage-recollement, toujours en négligeant les segments, ou encore avec l'axiome 3). Une réunion de n carrés fermés de niveau 1 aura ainsi pour aire $\frac{n}{100}\cdot$

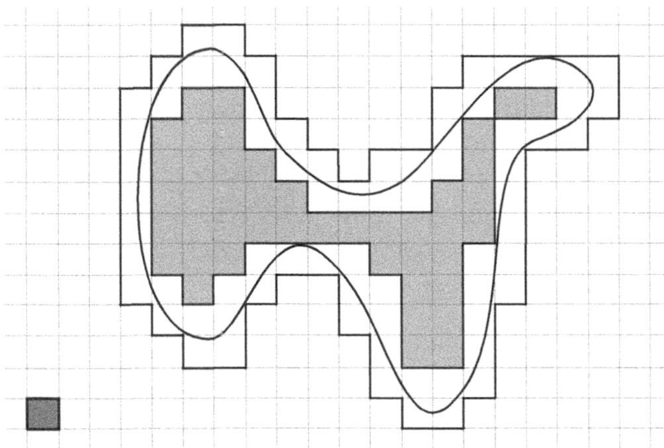

FIG. 66.

Bien entendu on continue en divisant en 100, en 1000, en 10^i, etc. et il est temps de fixer les notations. Pour $i \in \mathbf{N}$, on appelle quadrillage $\mathscr{Q}_i$ de niveau i le quadrillage du plan dont les sommets sont les points $(\dfrac{a}{10^i}, \dfrac{b}{10^i})$ avec $a, b \in \mathbf{Z}$. Un carré fermé de niveau i est un carré C_i associé à ce quadrillage, il est défini par les inéquations $\dfrac{a}{10^i} \leqslant x \leqslant \dfrac{a+1}{10^i}$, $\dfrac{b}{10^i} \leqslant y \leqslant \dfrac{b+1}{10^i}\cdot$ On veut que la mesure de l'aire d'une réunion de n carrés de niveau i soit le nombre $\dfrac{n}{100^i}\cdot$

Si maintenant S est une partie bornée quelconque de E, on considère l'ensemble des carrés fermés de niveau i contenus dans S. Soit n_i le nombre de tels carrés et s_i leur réunion. On a $s_i \subset \mathrm{S}$. On considère aussi les carrés (fermés) de niveau i qui rencontrent S. Soit N_i leur nombre et S_i leur réunion. On a $\mathrm{S} \subset \mathrm{S}_i$ car tout point de S est contenu dans un des carreaux du quadrillage, et ce carreau rencontre évidemment S. Si l'aire existe on devra donc avoir, d'après l'axiome 1), $\mu(s_i) \leqslant \mu(\mathrm{S}) \leqslant \mu(\mathrm{S}_i)$ ou encore :

$$\frac{n_i}{100^i} \leqslant \mu(\mathrm{S}) \leqslant \frac{\mathrm{N}_i}{100^i}\cdot$$

Ce qu'on espère, bien entendu, c'est qu'en raffinant ainsi le découpage du plan on approchera l'aire cherchée aussi près que l'on veut. En tous cas, l'analyse des conditions imposées par les axiomes (qui est maintenant terminée) va nous permettre de donner la définition d'une aire plane.

B. CONSTRUCTION DE LA MESURE DES AIRES VERSION RIEMANN : DÉFINITION

La définition suivante précise à la fois quelles sont les parties qui ont une aire (elles sont dites quarrables) et quelle est leur aire.

Définition 6.1. *Soit* S *une partie bornée de* E, n_i *et* N_i *les entiers définis ci-dessus. On dit que* S *est* **quarrable** *si les deux suites* $\dfrac{n_i}{100^i}$ *et* $\dfrac{\mathrm{N}_i}{100^i}$ *ont une même limite a quand i tend vers l'infini. La limite commune a de ces deux suites est appelée mesure de l'aire de* S *et notée* $\mu(\mathrm{S})$.

Remarques 6.2. 1) Cette méthode d'encadrement par des polygones de plus en plus proches de S est voisine de la méthode dite d'**exhaustion** qu'utilisait Archimède dans le cas de l'aire du disque ou du segment de parabole (mais Archimède utilisait des découpages en triangles de plus en plus petits au lieu des découpages associés à un quadrillage).

2) On notera que la suite $\dfrac{n_i}{100^i}$ (resp. $\dfrac{\mathrm{N}_i}{100^i}$) est croissante (resp. décroissante). En effet, si un carré de niveau i est contenu dans S, il en est de même des 100 carrés de niveau $i+1$ dont il est réunion, de sorte qu'on a $n_{i+1} \geqslant 100\, n_i$, donc $\dfrac{n_{i+1}}{100^{i+1}} \geqslant \dfrac{n_i}{100^i}\cdot$ La démonstration est la même (à l'envers) pour les N_i.

3) Comme S est bornée le nombre N_0 est fini et on a les inégalités

$$0 \leqslant n_0 \leqslant \frac{n_i}{100^i} \leqslant \frac{\mathrm{N}_i}{100^i} \leqslant \mathrm{N}_0$$

qui montrent que la suite $\dfrac{n_i}{100^i}$ (resp. $\dfrac{\mathrm{N}_i}{100^i}$) est majorée (resp. minorée).

4) Il résulte de 2) et 3) que les deux suites ont respectivement des limites a et A avec $a \leqslant \mathrm{A}$. Dire que S est quarrable signifie que ces limites sont égales, ou encore que $\dfrac{\mathrm{N}_i - n_i}{100^i}$ tend vers 0 quand i tend vers l'infini, c'est-à-dire que les deux suites sont **adjacentes**. Elles définissent alors un nombre réel qui est $\mu(\mathrm{S})$. On notera que pour affirmer l'existence de ce nombre on utilise l'axiome de continuité des réels.

5) L'analyse précédente montre que, si l'unité d'aire est fixée, la mesure de l'aire est définie de manière unique pour les parties quarrables.

C. UNE PARTIE NON QUARRABLE

La plupart des parties usuelles (polygones, disques, etc.) sont quarrables, comme nous le verrons plus loin. Cependant, toutes les parties (même bornées) ne sont pas quarrables. Voici un exemple simple [18] de partie non quarrable.

On prend pour S l'ensemble des points à coordonnées rationnelles du carré unité C. Pour chaque i on a $n_i = 0$ (aucun carré n'est contenu dans S car il y a des points à coordonnées irrationnelles dans tout carré de niveau i) et on a $N_i = 100^i$ (tous les carrés de niveau i contenus dans C contiennent des points à coordonnées rationnelles donc rencontrent S). (La remarque cruciale c'est qu'il y a des points à coordonnées rationnelles (resp. irrationnelles) « partout » dans le plan.) On a donc pour tout i, $\dfrac{n_i}{100^i} = 0$ et $\dfrac{N_i}{100^i} = 1$, et ces suites ont pour limites respectives 0 et 1, donc S n'est pas quarrable.

D. DES PARTIES QUARRABLES

Nous avons maintenant une magnifique définition mathématique de l'aire, mais deux problèmes fondamentaux se posent :

1) montrer que cette définition satisfait aux trois axiomes énoncés au début ;

2) montrer qu'il existe suffisamment de parties quarrables, les caractériser si possible et donner des moyens de calculer leur aire.

Nous allons traiter ces deux problèmes dans ce qui suit. Les démonstrations sont un peu délicates et le lecteur pourra se dispenser de les lire dans un premier temps.

On commence par le cas le plus simple [19] :

Proposition 6.3. *Soit* R *un rectangle (plein) de côtés parallèles aux axes. On note a et b les longueurs des côtés de* R. *Alors* R *est quarrable et d'aire ab.*

Démonstration. Pour simplifier supposons que l'un des sommets de R soit en $(0,0)$ et les autres en $(a,0)$, $(0,b)$ et (a,b). Soit i un entier. On encadre a et b entre deux décimaux :

$$\frac{k_i - 1}{10^i} \leqslant a < \frac{k_i}{10^i}, \qquad \frac{l_i - 1}{10^i} \leqslant b < \frac{l_i}{10^i}.$$

---

18. Cet exemple peut sembler pathologique d'un point de vue géométrique. Il est cependant complètement explicite, contrairement aux exemples de parties non mesurables pour la mesure de Lebesgue.

19. Le lecteur se demande peut-être pourquoi démontrer à nouveau la formule de l'aire du rectangle établie en 2.2. C'est que, en 2.2, nous avions admis à la fois l'existence de l'application $\mu : \mathscr{Q} \to \mathbf{R}$ vérifiant les axiomes de 1.1 et le fait qu'un rectangle est dans $\mathscr{Q}$. Ce sont justement ces propriétés que nous sommes en train de prouver ici.

On vérifie alors qu'on a $n_i = (k_i - 1)(l_i - 1)$ et $\mathrm{N}_i = k_i l_i$. Comme $\dfrac{k_i}{10^i}$ tend vers a (resp. $\dfrac{l_i}{10^i}$ vers b) quand i tend vers l'infini, on voit que $\dfrac{n_i}{100^i}$ et $\dfrac{\mathrm{N}_i}{100^i}$ tendent tous deux vers ab de sorte que R est quarrable et d'aire ab.

Remarque 6.4. Attention, pour l'instant il n'est pas évident de calculer l'aire d'un rectangle dont les côtés ne sont pas parallèles aux axes.

Proposition 6.5. *Un polygone convexe est quarrable.*

Démonstration. Soit S un polygone convexe. Avec les notations de 6.1, il s'agit de montrer que $\dfrac{\mathrm{N}_i - n_i}{100^i}$ tend vers 0. Or, le nombre $\mathrm{N}_i - n_i$ est le nombre de carrés de niveau i qui rencontrent S et ne sont pas contenus dans S. Ils sont donc parmi les M_i carrés qui rencontrent la frontière de S qui est une réunion finie de segments. Comme le nombre de carrés contenus dans un segment est toujours nul, le nombre $\dfrac{\mathrm{M}_i - 0}{100^i}$ est donc aussi celui qui intervient dans la mesure de l'aire de la frontière de S. On est donc ramené à montrer le lemme suivant :

Lemme 6.6. *Un segment est quarrable et d'aire nulle.*

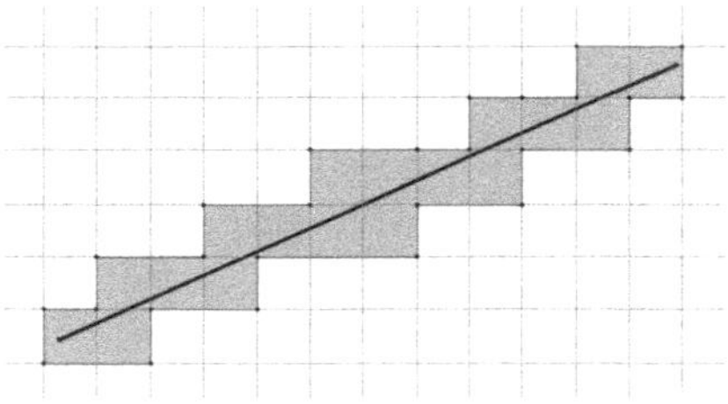

FIG. 67.

Démonstration. Soit [AB] un segment et soit AB sa longueur. Soit c_i le nombre de carrés de niveau i que rencontre [AB]. Il s'agit de montrer que $\dfrac{c_i}{100^i}$ tend vers 0. On distingue deux cas.

1) On suppose la droite AB de pente $\leqslant 1$ en valeur absolue. Quitte à prolonger le segment [AB], on peut supposer que A et B sont sur des verticales du quadrillage $\mathscr{Q}_i$. Appelons $\dfrac{a}{10^i}$ et $\dfrac{b}{10^i}$ les abscisses de A et B. L'hypothèse sur la pente assure que dans chaque bande verticale du quadrillage la droite AB rencontre au plus deux carrés du quadrillage. On a donc $c_i \leqslant 2(b-a)$. Comme on a $\dfrac{b-a}{10^i} \leqslant \mathrm{AB} + \dfrac{2}{10^i}$ on en déduit l'inégalité $c_i \leqslant 2 \times 10^i \times \mathrm{AB} + 4$ qui donne le résultat.

2) Si la pente de AB est $\geqslant 1$ on raisonne de la même manière avec les ordonnées.

E. VÉRIFICATION DES PROPRIÉTÉS DE L'AIRE

Nous vérifions maintenant que l'aire définie ci-dessus remplit bien les conditions assignées en 1.1.

Proposition 6.7. 1) *Soient* A *et* B *deux parties quarrables disjointes. Alors* $\mathrm{A} \cup \mathrm{B}$ *est quarrable et on a* $\mu(\mathrm{A} \cup \mathrm{B}) = \mu(\mathrm{A}) + \mu(\mathrm{B})$.

2) *Si* A *et* B *sont deux parties quarrables avec* $\mathrm{B} \subset \mathrm{A}$, *la partie* $\mathrm{C} = \mathrm{A} - \mathrm{B}$ *est quarrable.*

Démonstration. 1) Posons $\mathrm{D} = \mathrm{A} \cup \mathrm{B}$ et appelons a_i, b_i, d_i (resp. A_i, B_i, D_i) le nombre de carrés du quadrillage $\mathscr{Q}_i$ contenus A, B, D dans (resp. rencontrant A, B, D). Le résultat découle aussitôt des inégalités :

$$a_i + b_i \leqslant d_i \leqslant \mathrm{D}_i \leqslant \mathrm{A}_i + \mathrm{B}_i.$$

2) Si on note respectivement a_i, b_i, c_i et $\mathrm{A}_i, \mathrm{B}_i, \mathrm{C}_i$ les nombres n_i et N_i relatifs à A, B, C on vérifie les inégalités $\mathrm{C}_i \leqslant \mathrm{A}_i - b_i$ et $c_i \geqslant a_i - \mathrm{B}_i$ et le résultat en découle aisément.

On déduit de 6.7 et de 6.6 le corollaire suivant (variante 1′ de l'axiome 1) :

Proposition 6.8. *Soient* A *et* B *deux parties quarrables. On suppose que* $\mathrm{A} \cap \mathrm{B}$ *est une réunion finie de segments. Alors* $\mathrm{A} \cup \mathrm{B}$ *est quarrable et on a* $\mu(\mathrm{A} \cup \mathrm{B}) = \mu(\mathrm{A}) + \mu(\mathrm{B})$.

Ces résultats permettent d'étendre 6.5 à des polygones quelconques (rappelons qu'on appelle ici polygone une réunion finie de polygones convexes) :

Corollaire 6.9. *Un polygone est quarrable.*

On peut maintenant donner le critère de quarrabilité suivant :

Corollaire 6.10. *Une partie* A *est quarrable si et seulement, pour tout* $\varepsilon > 0$, *il existe deux polygones* P *et* Q *avec* $\mathrm{P} \subset \mathrm{A} \subset \mathrm{Q}$ *et* $\mu(\mathrm{Q}) - \mu(\mathrm{P}) < \varepsilon$. *Il revient au même de dire qu'il existe deux suites de polygones* P_n *et* Q_n *avec* $\mathrm{P}_n \subset \mathrm{A} \subset \mathrm{Q}_n$ *et tels que la suite* $\mu(\mathrm{Q}_n) - \mu(\mathrm{P}_n)$ *tend vers* 0 *quand* n *tende vers l'infini.*

Démonstration. Le sens direct est facile en utilisant comme polygones des réunions de carrés du quadrillage. Pour l'autre sens il faut approcher les polygones P_n et Q_n par des polygones du quadrillage.

Ce critère permet de montrer que de nombreuses parties sont quarrables, voici le cas du disque :

Proposition 6.11. *Un disque est quarrable.*

Démonstration. En effet, nous avons montré en 4.6 qu'un disque est compris entre des polygones P_n et Q_n avec $\mu(Q_n) - \mu(P_n)$ tendant vers 0.

La proposition suivante montre que l'hypographe d'une fonction monotone est une partie quarrable, propriété admise dans la preuve de 2.12 :

Proposition 6.12. *Soit* $f : [a, b] \to \mathbf{R}$ *une fonction monotone positive et soit* H *la partie du plan comprise entre les droites* $x = a$ *et* $x = b$*, l'axe des* x *et le graphe de* f*. La partie* H *est quarrable.*

Démonstration. Traitons le cas où f est monotone et continue, le lecteur se convaincra facilement que le cas général n'est guère plus difficile. Il suffit de trouver deux polygones P et Q, avec $P \subset H \subset Q$ et $\mu(Q - P) < \varepsilon$. On peut supposer f croissante. On partage $[f(a), f(b)]$ en n parties égales, par des valeurs $A_0 = f(a) < A_1 < \cdots < A_n = f(b)$, de sorte que l'on ait $A_{i+1} - A_i < \dfrac{\varepsilon}{(b-a)}$. En vertu du théorème des valeurs intermédiaires il existe un unique $a_i \in [a, b]$ tel que $f(a_i) = A_i$. Définissons P (resp. Q) comme la réunion des rectangles de côtés parallèles aux axes admettant pour bases les segments $[a_i, a_{i+1}]$ et pour hauteurs A_i (resp. A_{i+1}). On vérifie qu'on a la propriété annoncée.

Nous passons maintenant à la vérification de l'axiome 2 :

Proposition 6.13. *Soit* A *une partie quarrable et soit* g *une isométrie de* E*. Alors,* $g(A)$ *est quarrable et on a* $\mu(g(A)) = \mu(A)$*.*

Démonstration. On se reportera au livre de Lebesgue pour des détails. Voici la ligne de la démonstration (fort astucieuse) qu'il propose.

0) Il suffit de traiter le cas où A est un polygone. En effet, si A est une partie quarrable quelconque on l'encadre entre deux polygones du quadrillage $\mathscr{Q}_i$: $K_i \subset A \subset L_i$ avec $\mu(L_i) - \mu(K_i)$ tendant vers 0 quand i tend vers l'infini. On a alors $g(K_i) \subset g(A) \subset g(L_i)$ et on en déduit que $g(A)$ est quarrable par 6.8 et que son aire est $\mu(A)$ en appliquant le cas des polygones assorti d'un passage à la limite.

1) On montre l'invariance par une translation τ.

En vertu de 6.3, c'est vrai pour un carré, donc par additivité pour une réunion disjointe (ou presque disjointe) de carrés. On conclut grâce aux encadrements de A et de $\tau(A)$ par les carrés des quadrillages $\mathscr{Q}_n$ et leurs translatés.

2) Comme toute isométrie est produit de symétries axiales, il suffit de montrer l'invariance de l'aire par symétrie axiale.

3) Soit σ la symétrie par rapport à la droite D et soit K un carré dont un côté est porté par D. On a vu en 6.5 que K est quarrable. Soit s son aire. Comme K et $\sigma(K)$ sont aussi transformés par translation, on a $\mu(\sigma(K)) = \mu(K)$ (c'est la remarque essentielle de cette démonstration).

4) On considère le quadrillage $\mathscr{Q}'$ obtenu à partir de K par translations parallèles et perpendiculaires à D et les quadrillages $\mathscr{Q}'_i$ obtenus en divisant les carrés de type K en 100^i carrés.

Soit A un polygone. On encadre A entre deux polygones P_i et Q_i du quadrillage $\mathscr{Q}'_i$. On a donc, par l'additivité, $\mu(P_i) \leqslant \mu(A) \leqslant \mu(Q_i)$. De plus, si n_i et N_i sont les nombres de carreaux de P_i et Q_i, on a $\mu(P_i) = n_i \dfrac{s}{100^i}$ et $\mu(Q_i) = N_i \dfrac{s}{100^i}$. (C'est l'invariance par translation et l'additivité.) Le même raisonnement que celui effectué en 6.6 montre que $\dfrac{N_i - n_i}{100^i}$ tend vers 0 quand i tend vers l'infini, donc que $\mu(P_i)$ et $\mu(Q_i)$ tendent tous deux vers $\mu(A)$.

Si on applique la symétrie σ, on a $\sigma(P_i) \subset \sigma(A) \subset \sigma(Q_i)$ et comme σ conserve les quadrillages $\mathscr{Q}'_i$, le nombre de carreaux de $\sigma(P_i)$ (resp $\sigma(Q_i)$) est n_i (resp. N_i). On a donc, comme ci-dessus, $n_i\,\mu(\sigma(K)) \leqslant \mu(\sigma(A)) \leqslant N_i\,\mu(\sigma(K))$. Mais, on a $\mu(\sigma(K)) = \mu(K)$ comme on l'a vu. On a donc le même encadrement pour $\mu(A)$ et $\mu(\sigma(A))$ d'où la conclusion.

L'invariance de l'aire par isométrie permet maintenant de montrer que l'aire d'un rectangle (quelconque) est le produit de sa longueur par sa largeur. On en déduit la formule de l'aire du triangle (base multipliée par hauteur et divisée par 2) par découpage-recollement comme on l'a vu en 2.4. On en profite pour vérifier le dernier axiome :

Corollaire 6.14. *Si* A *est dans* $\mathscr{Q}$ *et si* h *est une homothétie de rapport* λ, $h(A)$ *est dans* $\mathscr{Q}$ *et on a* $\mu(h(A)) = \lambda^2 \mu(A)$.

Démonstration. On se ramène au cas d'un polygone par 6.10, puis au cas du triangle par découpage-recollement et on conclut grâce à la formule de l'aire du triangle.

7. Annexe C : extension de la notion d'aire

Les remarques qui suivent ont un but exclusivement culturel et font appel à des notions mathématiques très au-delà du contenu ordinaire de ce livre. Le lecteur peut donc les omettre en première lecture. Il s'agit de comprendre que cette notion d'aire, si naturelle, pose malgré tout quelques problèmes délicats.

Nous avons vu ci-dessus un exemple de partie bornée non quarrable, l'ensemble des points à coordonnées rationnelles du carré unité. Par ailleurs, vu la définition, les parties non bornées ne sont pas non plus quarrables. Pourtant on aurait parfois envie d'attribuer une aire à certaines de ces parties non quarrables. Nous allons examiner deux exemples.

Soit R la réunion de l'infinité des rectangles R_n ($n \geqslant 0$) définis par les inéquations $n \leqslant x \leqslant n+1$ et $0 \leqslant y \leqslant 2^{-n}$. Comme R_n est d'aire 2^{-n} on aurait envie de dire que l'aire de la réunion est la somme des aires des R_n, c'est-à-dire la somme de la série convergente $\sum_{n \geqslant 0} 2^{-n} = 2$. Cela semble d'autant plus naturel si on note que chacun des rectangles R_n est isométrique au rectangle S_n défini par $0 \leqslant x \leqslant 1$ et par les inégalités

$$\sum_{i=0}^{n} \frac{1}{2^i} \leqslant y \leqslant \sum_{i=0}^{n+1} \frac{1}{2^i},$$

de sorte que le calcul ci-dessus signifie seulement que la réunion des R_n (la ligne de rectangles) a même aire que la réunion des S_n (la pile de rectangles), laquelle n'est autre qu'un brave rectangle de largeur 1 et longueur 2.

Considérons maintenant l'ensemble A des points rationnels du carré unité. Comme A est dénombrable, on peut numéroter les éléments de A : $a_0, a_1, \ldots, a_n, \ldots$. Si on se donne un réel $\varepsilon > 0$ arbitrairement petit, on peut inclure chacun des points a_n dans un carré C_n de côté $\frac{\varepsilon}{2^n}$, donc d'aire $\frac{\varepsilon^2}{2^{2n}}$. L'ensemble A est donc contenu dans la réunion des C_n. Comme la série des $\mu(C_n)$ converge et a pour somme $\frac{4}{3}\varepsilon^2$, on a bien envie, là encore, de dire que l'aire de la réunion est $\leqslant \frac{4}{3}\varepsilon^2$, ce qui, comme ceci vaut pour tout $\varepsilon > 0$, signifie que l'aire de A vaut 0.

Bien entendu, en termes d'aires, au sens de 1.1, les deux calculs ci-dessus sont incorrects car l'axiome d'additivité ne vaut que pour une réunion **finie** de parties. C'est là que réside la supériorité de la mesure de Lebesgue[20] qui vérifie, elle, la propriété d'additivité **dénombrable** (ou σ-additivité) : si A est réunion disjointe des ensembles A_n, pour $n \in \mathbf{N}$, on a $\mu(A) = \sum_{n \in \mathbf{N}} \mu(A_n)$.

On montre facilement que toute partie quarrable est mesurable pour Lebesgue (avec la même mesure), mais la réciproque est fausse comme le montrent les exemples ci-dessus.

La mesure de Lebesgue réalise donc une extension considérable de la notion d'aire, à tel point qu'on peut même se demander si on peut la définir pour toutes les parties (disons bornées) du plan. Autrement dit, existe-t-il une mesure de Lebesgue (c'est-à-dire σ-additive) « universelle » ? Il n'en est rien, puisqu'on peut montrer qu'il existe des parties du plan non Lebesgue-mesurables. Cependant, l'existence de telles parties est prouvée à l'aide d'un axiome de la théorie des ensembles appelé axiome du choix qui ne permet pas d'obtenir des exemples explicites.

20. En contrepartie, l'existence de la mesure de Lebesgue n'est pas aussi simple à prouver que celle de l'aire au sens ordinaire.

En réduisant un peu nos ambitions et en revenant à la définition 1.1, il reste une question naturelle, mais non triviale : existe-t-il une mesure (au sens de 1.1, c'est-à-dire simplement additive et invariante par déplacement) qui soit universelle (définie pour toutes les parties bornées du plan) ? Cette fois, la réponse est positive, mais il s'agit d'un théorème très difficile, dû à Stefan Banach (voir [Ba]).

Théorème 7.1 (Banach, 1923). *Il existe une application non nulle* μ *simplement additive et invariante par déplacement, définie sur l'ensemble de toutes les parties bornées du plan euclidien et à valeurs dans* $\mathbf{R}^+$.

Là encore, la démonstration repose sur l'axiome du choix. Sur l'ensemble des parties quarrables l'application μ en question est bien déterminée dès qu'on impose la mesure du carré unité et elle n'est autre que l'aire au sens ordinaire. Sur l'ensemble des parties bornées, en revanche, elle n'est pas unique. Si λ est la mesure de Lebesgue, il existe une mesure de Banach μ qui vérifie $\mu(\mathrm{A}) = \lambda(\mathrm{A})$ pour toutes les parties Lebesgue-mesurables bornées, mais il existe aussi une mesure de Banach ν qui diffère de λ sur certaines parties mesurables.

Par ailleurs, nous verrons au chapitre 10 que l'analogue du théorème de Banach dans l'espace est inexact.

Bibliographie

[Arc] Archimède, *Œuvres complètes*, traduction de P. Ver Eecke, Librairie A. Blanchard, Paris (1960).

[Ba] Banach S., *Sur le problème de la mesure*, Fond. Math. 4, 1923, p. 7-33, ou Banach, œuvres complètes.

[Bek] Bekker B., *Partage d'un carré en triangles d'aires égales*, L'Ouvert (IREM de Strasbourg), 76 (1994), p. 17-20.

[Bo1] Boltianskii V., *Equivalent and equidecomposable figures*, D.C. Heath and company, 1963.

[Bo2] Boltianskii V. *Hilbert's third problem*, Winston & sons, 1978.

[CMT] Coullet P., Monticelli M., Treiner J., *L'algorithme de Newton-Hooke*, à paraître dans le bulletin de l'APMEP et dans le bulletin de l'Union des physiciens.

[F] Fourrey E., *Curiosités géométriques*, Vuibert, 2001.

[Fe] Feynmann R., *La nature de la physique*, collection Points-Sciences numéro S23, Seuil, 1980.

[G] Guinot M., *Le paradoxe de Banach-Tarski*, Aleas, Lyon (1991).

[Had] Hadamard J., *Leçons de géométrie, II Géométrie dans l'espace*, 8e éd., Armand Colin, 1988.

[HMC] *Histoire des mathématiques pour les collèges*, CEDIC, 1980.

[Lac] Laczkovich M., *Paradoxical Decompositions : A Survey of Recent Results*, European Congress of Mathematics, Vol. II, Progress in Math. 120, Birkhaüser, Basel, 1994.

[Le] Lebesgue H., *La mesure des grandeurs*, Librairie A. Blanchard, 1975.

[P] Perrin D., *Une illustration du rapport sur la géométrie de la commission Kahane : l'exemple de la géométrie affine du collège*, Bull. APMEP 431, novembre 2000.

[Rog] Rogalski J., *L'acquisition de notions relatives à la dimensionnalité des mesures spatiales (longueur, surface)*, Recherches en Didactique des Mathématiques, 33, 1982, p. 343-396.

EXERCICES DU CHAPITRE 7

Dans tous les exercices on travaille dans un plan euclidien E. L'aire d'une partie X de E est notée $\mathscr{A}(X)$.

1. Triangles : géométrie

193. *a*) Soit ABC un triangle et soient D et E des points de [CA] et [BA] respectivement. Les droites (BD) et (CE) se coupent en I. Les triangles BIE, BIC et CID peuvent-ils avoir même aire ?

b) Dans un triangle ABC la médiatrice du côté [AC] coupe [AC] en M et [AB] en T. À quelle condition l'aire du triangle AMT est-elle le quart de celle du triangle ABC ?

Avec la même condition sur les aires, étudier le cas où la médiatrice coupe la droite (AB) hors du segment [AB] ? Donner une construction d'un tel exemple.

194. Soit ABC un triangle.

a) Soit M un point quelconque du plan. On suppose $\mathscr{A}(\mathrm{MAB}) = \mathscr{A}(\mathrm{MAC})$. Que peut-on dire du point M ? (On utilisera le lemme du chevron.)

b) Montrer que les médianes d'un triangle sont concourantes et que leur point de concours est situé au tiers de chacune d'elles à partir de la base.

195. *a*) Un triangle T est inclus dans un rectangle R. Montrer que l'on a $\mathscr{A}(\mathrm{T}) \leqslant \frac{1}{2}\mathscr{A}(\mathrm{R})$. (On prouvera cette assertion lorsque deux des sommets du triangle sont sur un même côté du rectangle puis on traitera le cas général en partageant le rectangle en deux rectangles.)

b) On se donne 9 points dans un carré de côté 1. Montrer que trois d'entre eux sont les sommets d'un triangle d'aire inférieure ou égale à 1/8.

196. Soient ABC un triangle et O un point intérieur au triangle. Les droites (AO), (BO), (CO) recoupent les côtés du triangle en A′, B′, C′.

a) Montrer la relation suivante (dite de Gergonne) :

$$\frac{\mathrm{OA'}}{\mathrm{AA'}} + \frac{\mathrm{OB'}}{\mathrm{BB'}} + \frac{\mathrm{OC'}}{\mathrm{CC'}} = 1.$$

(On interprétera les rapports ci-dessus comme des rapports d'aires.)

b) Montrer la relation suivante (dite de Céva) :

$$\frac{\overline{\mathrm{A'B}}}{\overline{\mathrm{A'C}}} \times \frac{\overline{\mathrm{B'C}}}{\overline{\mathrm{B'A}}} \times \frac{\overline{\mathrm{C'A}}}{\overline{\mathrm{C'B}}} = -1.$$

(On interprétera les rapports ci-dessus, au signe près, comme des rapports d'aires.)

197. Soit ABC un triangle. Une droite D ne passant pas par A, B, C coupe respectivement les droites (BC), (CA), (AB) en A′, B′, C′. Montrer la relation suivante (dite de Ménélaüs) :

$$\frac{\overline{\mathrm{A'B}}}{\overline{\mathrm{A'C}}} \times \frac{\overline{\mathrm{B'C}}}{\overline{\mathrm{B'A}}} \times \frac{\overline{\mathrm{C'A}}}{\overline{\mathrm{C'B}}} = 1.$$

(On interprétera les rapports ci-dessus, au signe près, comme des rapports d'aires.)

198. Soient ABC un triangle, G son centre de gravité et F le point symétrique de G par rapport au milieu A′ de [BC].

a) Calculer $\mathscr{A}(\mathrm{BGF})$ en fonction de $\mathscr{A}(\mathrm{ABC})$.

b) On considère un triangle T dont les côtés ont pour longueurs les longueurs des médianes de ABC. Calculer $\mathscr{A}(\mathrm{T})$ en fonction de $\mathscr{A}(\mathrm{ABC})$.

199. Soient ABCD un rectangle, I et J les milieux des côtés [AD] et [CD], M le point d'intersection de [CI] et [AJ]. Comparer les aires des quadrilatères DIMJ et ABCM.

2. Triangles : calcul

200. Soit ABC un triangle. On pose $a = \mathrm{BC}, b = \mathrm{CA}, c = \mathrm{AB}$ et on note p le demi-périmètre de ABC : $p = \frac{1}{2}(a+b+c)$. On note $\widehat{\mathrm{A}}$ l'angle $\widehat{\mathrm{BAC}}$.

a) Établir la formule $a^2 = b^2 + c^2 - 2bc\cos\widehat{\mathrm{A}}$. (On pourra utiliser Pythagore avec une des hauteurs du triangle, ou calculer le carré scalaire de $\overrightarrow{\mathrm{BC}}$.)

b) Calculer $\sin^2\widehat{\mathrm{A}}$ en fonction de a, b, c (utiliser *a*)).

c) En déduire la formule de Héron :

$$\mathscr{A}(\mathrm{ABC}) = \sqrt{p(p-a)(p-b)(p-c)}$$

(on utilisera la formule de l'aire du triangle qui fait intervenir le sinus).

201. Soit ABC un triangle. On pose $a = \mathrm{BC}, b = \mathrm{CA}, c = \mathrm{AB}$ et on note p le demi-périmètre de ABC. Soit r le rayon du cercle inscrit dans le triangle.

a) Prouver la formule $\mathscr{A}(\mathrm{ABC}) = rp$.

b) Calculer r en fonction de a, b, c (utiliser la formule de Héron).

202. *a*) On considère les triangles ABC de base [BC] fixée et tels que la somme $l = \mathrm{AB} + \mathrm{AC}$ soit constante. Quels sont, parmi ces triangles, ceux qui sont d'aire maximum ?

b) Montrer que parmi les triangles de périmètre $2p$ fixé le triangle équilatéral est celui qui a la plus grande aire. Calculer cette aire en fonction de p.

203. Soit ABC un triangle rectangle en A.

a) Soit H le pied de la hauteur issue de A. Montrer les égalités :

$$\mathrm{AH} \times \mathrm{BC} = \mathrm{AB} \times \mathrm{AC} \qquad \text{et} \qquad \mathrm{HC} \times \mathrm{BC} = \mathrm{AC}^2.$$

b) Soient A′, B′ et C′ les symétriques de A, B et C par rapport aux côtés BC, CA, AB respectivement. Quel est le rapport des aires des triangles ABC et A′B′C′ ?

3. Polygones

204. Soient T un triangle équilatéral et H un hexagone régulier de même périmètre. Comparer par le calcul les aires de T et H. Retrouver le résultat géométriquement.

205. Un pentagone convexe ABCDE a des angles de 120° en A et B et des côtés de longueur EA = AB = BC = 2, CD = DE = 4. Construire ce pentagone à la règle et au compas et calculer son aire. (Unité de longueur : 4 cm.)

206. Soient ABCD un quadrilatère convexe et P, Q, R, S respectivement les milieux des côtés AB, BC, CD, DA. Que peut-on dire du quadrilatère PQRS ? Calculer son aire en fonction de celle de ABCD.

4. Pliages

207. Une enveloppe rectangulaire ABCD est pliée selon le schéma de la figure 68 le long du segment [AE], le point B venant en F après pliage.

On suppose que les trois angles en A sont égaux. On donne la longueur a = AE. Calculer les longueurs des différents segments tracés sur la figure, montrer que F est le milieu de [CD]. Calculer les aires des triangles tracés et l'aire de l'enveloppe initiale.

Donner une construction géométrique de la figure (on pourra commencer par construire le triangle ABF).

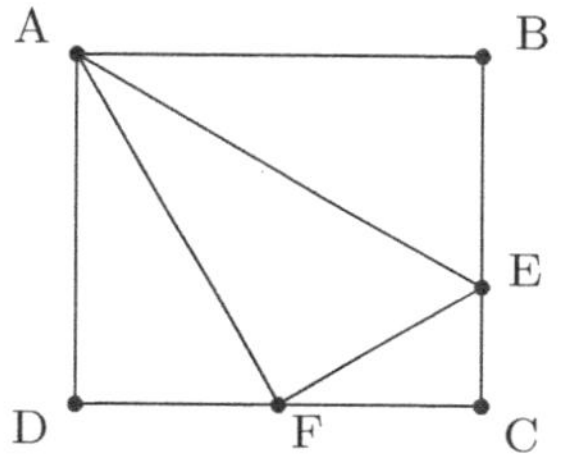

FIG. 68.

208. On considère un tapis de forme rectangulaire ABCD de dimensions a = AB et b = BC avec $b\sqrt{3} \leqslant a \leqslant b(1+\sqrt{2})$. On plie d'abord ce tapis en deux de façon à ce que le sommet C vienne en A. On obtient un pentagone AB′FED (on précisera la droite selon laquelle se fait le pliage). On replie ensuite le triangle AB′F le long de AF. On replie enfin le triangle ADE selon AE. Quelle est l'aire du tapis ainsi replié ?

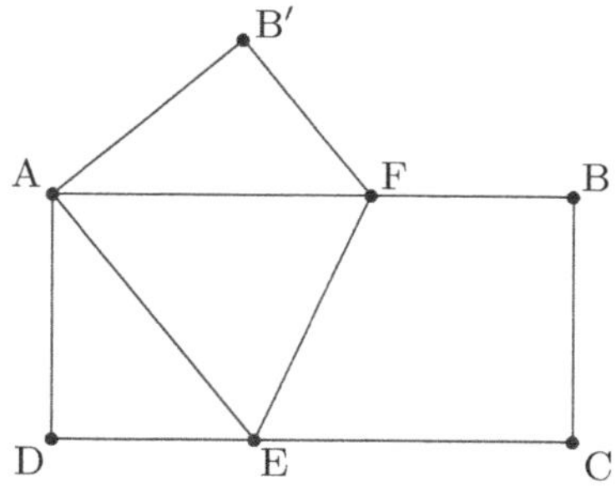

FIG. 69.

209. On plie une bande de papier de largeur a selon le dessin de la figure 70.

Soit θ l'angle $\widehat{ABC}$. Calculer, en fonction de a, le minimum de l'aire du triangle ABC où deux épaisseurs de papier se superposent lorsque l'angle θ varie.

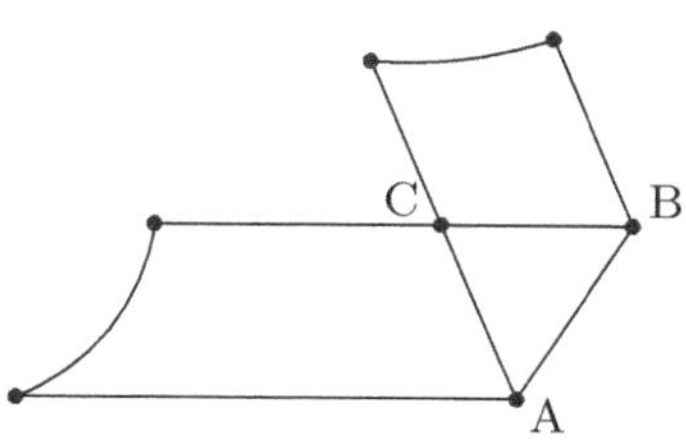

FIG. 70.

5. Partages

210. On considère un trapèze ABCD de grande base CD et de petite base AB.

a) Soit I le milieu de [AD]. Partager le trapèze en deux parties de même aire par une ligne brisée passant par I la plus simple possible.

b) Construire un point P de CD tel que la droite AP partage le trapèze en deux parties de même aire.

211. On partage chaque côté d'un triangle en trois parties égales et on considère les petits triangles obtenus selon les figures 71 et 72. Calculer l'aire des petits triangles en fonction de celle du grand.

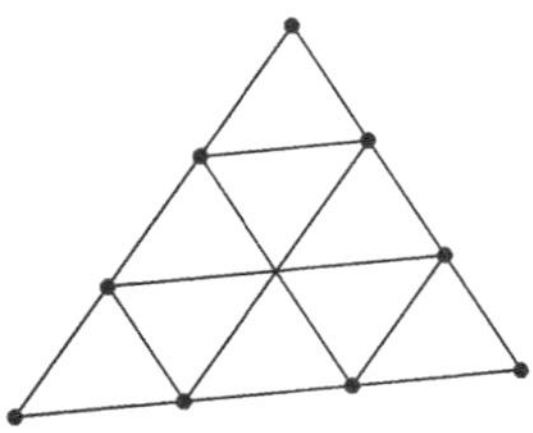

FIG. 71.

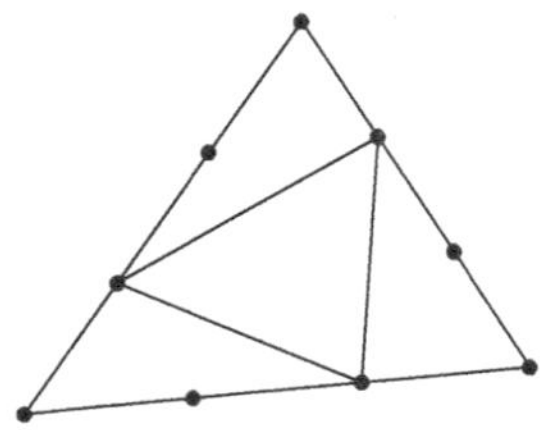

FIG. 72.

212. On considère un triangle ABC et on prolonge chaque côté vers l'extérieur d'une longueur moitié. On obtient un triangle A′B′C′ avec $AA' = \frac{1}{2}AC$, $BB' = \frac{1}{2}BA$, $CC' = \frac{1}{2}CB$. Calculer $\mathscr{A}(A'B'C')$ en fonction de $\mathscr{A}(ABC)$. La droite (AC) coupe (B′C′) en M. Calculer le rapport C′M/C′B′.

6. Optimisation

213. Le cadre d'une fenêtre comporte une partie formée des côtés AB, BC et CD d'un rectangle ABCD surmontée d'un demi-cercle de diamètre AD. Le matériau utilisé pour fabriquer la fenêtre coûte 20 euros le mètre linéaire pour la partie circulaire et 8 euros le mètre linéaire pour la partie rectiligne. Déterminer les dimensions $a = BC$ et $b = AB$ de la fenêtre d'aire 16 m^2 qui réalise le moindre coût. Calculer le prix de cette fenêtre.

214. On dispose, pour clôturer un terrain rectangulaire, de sept barrières rectilignes de longueurs 11, 10, 9, 7, 4, 3 et 2 (en mètres). Quelle sont les aires des terrains qu'il est possible d'entourer ainsi ?

7. Cercles et secteurs circulaires

215. On considère un cercle de centre O et de rayon R. On trace la rosace à 6 feuilles des écoliers (fig. 73). Calculer l'aire de cette rosace.

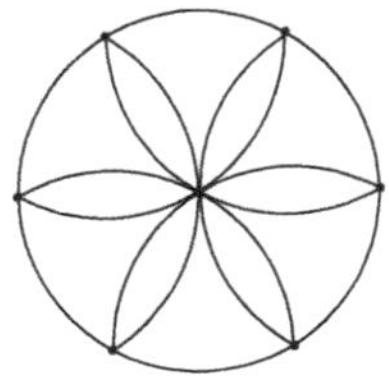

FIG. 73.

216. Soient ABC un triangle équilatéral de côté a, A′, B′, C′ les milieux des côtés opposés à A, B, C. On considère les cercles de centres A, B, C passant respectivement par B′, C′ ; C′, A′ ; A′, B′ (fig. 74).

a) Calculer en fonction de a l'aire du triangle curviligne de sommets A′, B′, C′ limité par ces cercles.

b) On considère le triangle équilatéral A″, B″, C″ dont les côtés sont tangents extérieurement aux trois cercles. Calculer l'aire de ce triangle et celle des parties comprises entre les sommets et les points de contact.

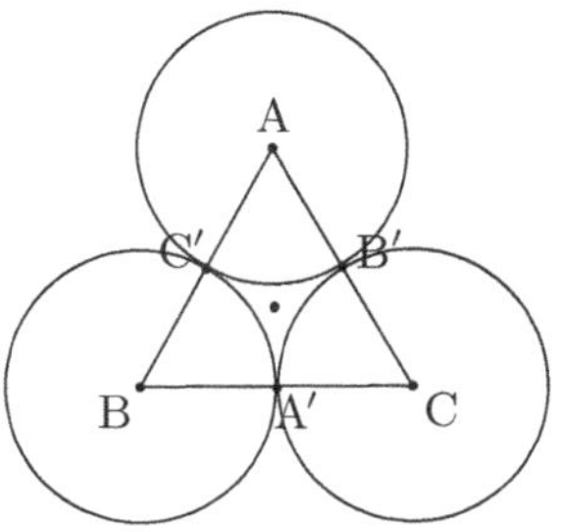

FIG. 74.

217. On considère un demi-cercle Γ de diamètre [AB] et de centre O et les deux demi-cercles Γ_1 et Γ_2 de diamètres [AO] et [OB], de centres respectifs I et J, contenus dans le précédent. Soit Ω le cercle tangent extérieurement à Γ_1 et Γ_2 et intérieurement à Γ. Construire la figure et déterminer l'aire du disque limité par Ω en fonction de l'aire du demi-disque limité par Γ. Montrer que le triangle OIω est un triangle pythagoricien, c'est-à-dire homothétique d'un triangle rectangle dont les dimensions sont des entiers que l'on précisera.

On suppose maintenant que les cercles Γ_1 et Γ_2 de centres I et J, toujours tangents intérieurement à Γ, passent chacun par le centre de l'autre et que Ω est encore tangent extérieurement à Γ_1 et Γ_2 et intérieurement à Γ. Montrer que le triangle OIω est encore un triangle pythagoricien dont on précisera les dimensions.

218. Deux disques Γ_1 et Γ_2 de même rayon sont tangents extérieurement entre eux et tangents à une même droite D. On considère le disque Γ tangent à la fois à Γ_1, Γ_2 et D. Construire la figure et calculer l'aire de Γ en fonction de celles des Γ_i.

219. On considère trois points alignés A, B, C et on pose BC $= a$ et AC $= b$. Soient Γ_1 un cercle quelconque passant par A et B et Γ_2 le cercle de même centre que Γ_1 passant par C. Calculer l'aire de la couronne limitée par Γ_1 et Γ_2 (attention aux cas de figures).

220. Un essuie-glace est constitué d'un bras de longueur a et d'un balai de longueur b. L'ensemble est rectiligne, le balai étant fixé en son milieu au bras. Dans son mouvement de rotation l'essuie-glace couvre un angle de 150 degrés. Calculer l'aire de la portion du pare-brise balayée par le balai de l'essuie-glace en fonction de a et b.

PROBLÈMES DU CHAPITRE 7

1. Le découpage de Dudeney

Il s'agit d'un découpage du triangle équilatéral ABC *permettant de le transformer en rectangle, voire en carré, selon le modèle indiqué par les figures 75 et 76. Dans un premier temps, il est interdit de regarder les figures 77 et 78.*

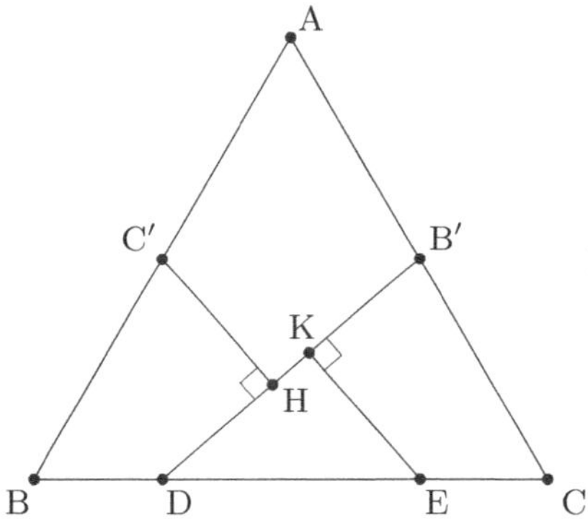

FIG. 75.

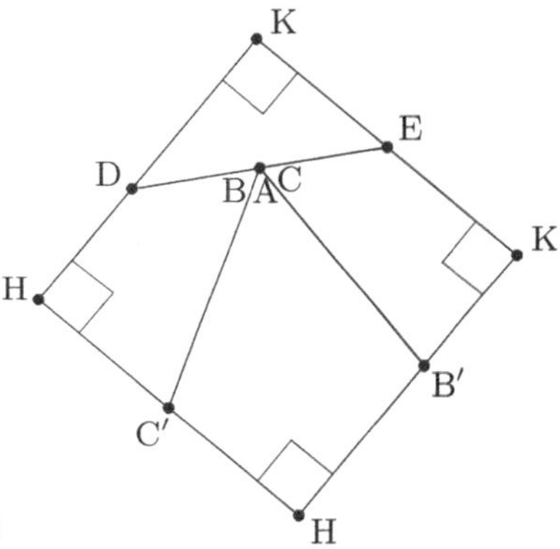

FIG. 76.

1) On suppose le découpage effectué selon le modèle des figures 75 et 76. Montrer les faits suivants :

a) B′ et C′ sont les milieux de [AB] et [AC],

b) $\mathrm{DE} = \frac{1}{2}\mathrm{BC}$,

c) KE = HC′,

d) DH = KB′.

2) Montrer que DEB′C′ est un parallélogramme. En déduire que les triangles BC′D et CB′E ont deux côtés et un angle égaux donc sont isométriques et qu'on a BD = EC. Les points D et E sont donc au quart et aux trois quarts de [BC] et les droites (C′D) et (B′E) sont perpendiculaires à (BC).

Tournez la page et regardez maintenant les figures 77 et 78. Êtes-vous toujours aussi sûr de votre raisonnement à la question 2) ? Où est l'erreur ?

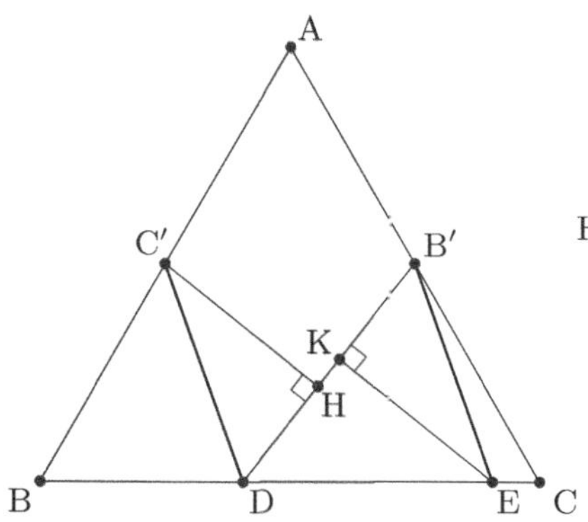

FIG. 77.

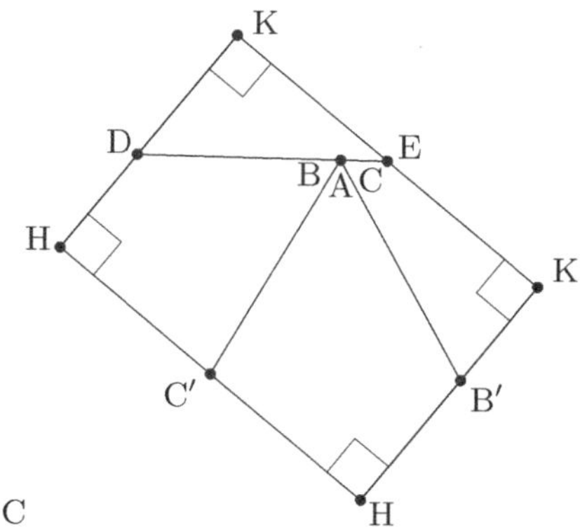

FIG. 78.

Les triangles BC′D *et* CB′E *ont bien deux côtés égaux (*C′D = B′E *et* BC′ = CB′*) et un angle égal (*$\widehat{\mathrm{C'BD}} = \widehat{\mathrm{B'CE}}$*) mais l'angle n'est pas celui qui est compris entre les côtés égaux et le premier cas d'isométrie ne s'applique donc pas !*

3) On part du triangle équilatéral ABC et on place un point D sur [BC] avec $0 < \mathrm{BD} < \frac{1}{2}\mathrm{BC}$. On porte ensuite E sur le même segment avec $\mathrm{DE} = \frac{1}{2}\mathrm{BC}$. On joint D au milieu B′ de [AC] et on appelle H et K les projetés orthogonaux de C′ et E sur [B′D]. Montrer qu'on obtient bien un rectangle en découpant la figure comme indiqué sur les figures 77 et 78.

4) Calculer, en fonction du côté a du triangle, les longueurs des côtés du rectangle obtenu dans le cas où les points D et E sont dans la position symétrique. Ce rectangle est-il un carré ?

Réponses : l'un des côtés est égal à $\mathrm{B'D} = \frac{a\sqrt{7}}{4} \simeq 0{,}6614\,a$, l'autre se calcule, par exemple, en évaluant de deux façons différentes le sinus de $\widehat{\mathrm{C'DB'}}$ et vaut $\frac{a\sqrt{3}}{\sqrt{7}} \simeq 0{,}6546\,a$.

5) Déterminer la position de D pour laquelle on obtient effectivement un carré. (Il n'est pas interdit d'être astucieux et de penser à l'aire !) Construire à la règle et au compas le point D convenable.

Réponses : On a $\mathrm{B'D} = \frac{a\sqrt{\sqrt{3}}}{2} \simeq 0{,}6580\,a$. Pour construire D, on porte sur [BB′] un point L avec $\mathrm{B'L} = a/2$. On construit M sur le cercle de diamètre [BB′] et sur la perpendiculaire à (BB′) en L. On a alors B′M = B′D, voir figure 79.

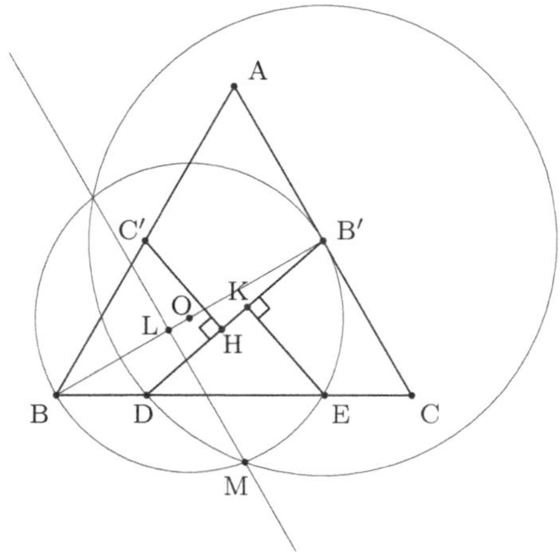

FIG. 79.

2. *La quadrature de la parabole selon Archimède*

L'objectif du problème est de donner une idée de l'une des deux preuves produites par Archimède pour réaliser la quadrature du secteur de parabole, voir ci-dessus théorème 2.14 (Archimède appelle « segment de parabole » ce que nous nommons secteur). Voici ce qu'il dit du problème :

> *Aucun de mes prédécesseurs n'a encore, que je sache, cherché la quadrature d'un segment de parabole, délimité par une droite, chose que nous avons trouvée maintenant. Nous démontrons en effet que tout segment de parabole délimité par une droite dépasse d'un tiers le triangle ayant même base et même hauteur que le segment de parabole.*

A. NOTATIONS, ÉNONCÉS, RAPPELS

On considère une parabole P et deux points A, B de P. Les tangentes à P en A et B se coupent en C. La parallèle à l'axe[21] de P passant par C coupe P en M et (AB) en N.

Le résultat d'Archimède admet deux variantes essentiellement équivalentes, la citation ci-dessus fait référence à la variante 1, tandis que c'est la variante 2 que nous avons prouvée en 2.14 :

Théorème 1. *L'aire du secteur de parabole* S *limité par le segment de droite* [AB] *et la parabole est égale aux quatre tiers de l'aire du triangle* AMB.

---

21. Le lecteur qui ignorerait tout de la définition géométrique des coniques, considérera que la parabole est définie par l'équation $y = px^2$. Dans ce cas l'axe de P est simplement l'axe des y.

Théorème 2. *L'aire du secteur de parabole* S *limité par le segment de droite* [AB] *et la parabole est égale aux deux tiers de l'aire du triangle* ABC.

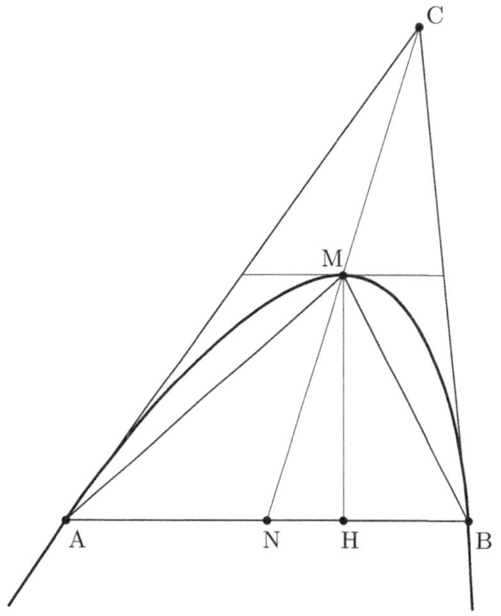

FIG. 80.

Archimède donne deux preuves de ce résultat, l'une s'appuie sur des arguments mécaniques de leviers et d'équilibres (en termes modernes on parlerait de moments) et le facteur un tiers y apparaît au travers de la position du centre de gravité d'un triangle, l'autre, que nous traduisons ici, utilise des méthodes géométriques.

Précisément, la preuve d'Archimède s'appuie sur le résultat suivant que le lecteur pourra prouver par des arguments de géométrie analytique[22] en écrivant une équation de la parabole sous la forme $y = px^2$, voire $y = x^2$.

Lemme 3. *Avec les notations ci-dessus, on a les propriétés suivantes :*

1) N *est le milieu de* [AB],
2) M *est le milieu de* [CN],
3) *la tangente à* P *en* M *est parallèle à* (AB).

---

22. Archimède attribue ces résultats à Euclide. Bien entendu, la méthode proposée, qui utilise les coordonnées, ne pouvait être utilisée à l'époque car elle remonte à Descartes. Cependant « l'équation » $y = px^2$ était connue d'Archimède, sous forme d'un résultat de proportionnalité entre longueurs et carrés, voir [Arc] Prop. III. On peut aussi donner une preuve géométrique en utilisant la définition de la parabole par foyer et directrice (mais ces notions étaient inconnues d'Archimède). Cette preuve était du niveau d'un élève de terminale des années 1950-60, voir par exemple [DC].

Ce résultat permet d'expliquer ce qu'Archimède appelle « hauteur du segment de parabole ». Il s'agit du maximum de la distance d'un point de S à (AB). On vérifie facilement que ce maximum est atteint au point M, de sorte que le triangle dont parle Archimède est bien le triangle AMB.

B. LA DÉMONSTRATION D'ARCHIMÈDE

On pose $T = \mathscr{A}(AMB)$ et $T' = \mathscr{A}(ABC)$.

1) Montrer qu'on a $T' = 2T$.

2) Soit J (resp. L) le milieu de [AM] (resp. [BM]). La parallèle à l'axe de P passant par J (resp. L) coupe (AB) en I (resp. K) et la parabole en Q (resp. R). Soit A′ (resp. B′) le point d'intersection des tangentes à la parabole en A (resp. B) et M. Montrer que A′ est sur (IJ), que I est le milieu de [AN] et qu'on a $IJ = 2JQ$ (on utilisera le lemme 3 et la droite des milieux). Montrer les assertions analogues concernant B', K, L, R.

3) Montrer qu'on a $\mathscr{A}(AQM) = \mathscr{A}(BRM) = \dfrac{T}{8}\cdot$

4) Montrer qu'on a $\mathscr{A}(S) \geqslant \mathscr{A}(AQMRB) = T + \dfrac{T}{4}\cdot$

5) En introduisant les points de la parabole en lesquels les tangentes sont parallèles à (AQ), (QM), (MR) et (RB) et en ajoutant au polygone AQMRB les points obtenus, montrer qu'on a $\mathscr{A}(S) \geqslant T + \dfrac{T}{4} + \dfrac{T}{16}\cdot$

6) Montrer ainsi, en itérant le procédé, l'inégalité :

$$\mathscr{A}(S) \geqslant T\Big(1 + \frac{1}{4} + \frac{1}{16} + \cdots + \frac{1}{4^n}\Big)$$

et en déduire qu'on a $\mathscr{A}(S) \geqslant \frac{4}{3}T$.

7) Montrer qu'on a $\mathscr{A}(S) \leqslant \mathscr{A}(AA'B'B) = T' - \frac{1}{4}T'$.

8) En utilisant le même procédé dans les triangles AA′M et BB′M, puis en itérant la méthode, montrer l'inégalité :

$$\mathscr{A}(S) \leqslant T' - \frac{1}{4}T'(1 + \frac{1}{4} + \frac{1}{16} + \cdots + \frac{1}{4^n}) \leqslant \frac{2}{3}T'.$$

9) Conclure.

BIBLIOGRAPHIE

[DC] Deltheil R. et Caire D., *Géométrie, classe de mathématiques*, Baillière, 1939.

3. Problèmes divers

Dans tous les problèmes, l'aire d'une partie S du plan est notée $\mathscr{A}(S)$.

221. *Les symétriques.*

Soit ABCD un quadrilatère convexe. On considère les points E, symétrique de D par rapport à A, F, symétrique de A par rapport à B, G, symétrique de B par rapport à C et H, symétrique de C par rapport à D.

Calculer l'aire du quadrilatère EFGH en fonction de celle du quadrilatère ABCD.

222. *Le théorème de Ptolémée.*

Les angles sont mesurés en radians.

Dans tout l'exercice, ABCD désigne un quadrilatère convexe et I le point d'intersection des diagonales (AC) et (BD) de ce quadrilatère.

1) Que peut-on dire des sinus des quatre angles $\widehat{AIB}$, $\widehat{BIC}$, $\widehat{CID}$ et $\widehat{DIA}$? Montrer la formule :

$$\mathscr{A}(ABCD) = \frac{1}{2}\,AC \times BD \times \sin(\widehat{AIB}).$$

À partir de maintenant on suppose que les quatre points A, B, C, D sont sur un cercle Γ. La parallèle à (BD) passant par C recoupe Γ en E. On fera la figure de telle sorte que le point E soit situé sur celui des deux arcs du cercle Γ limités par C et D qui ne contient pas les points A et B.

2) Montrer que les triangles BCE et DEC sont isométriques. Quelles égalités de longueurs en déduit-on ?

3) En déduire qu'on a l'égalité $\mathscr{A}(ABCD) = \mathscr{A}(ABED)$. Montrer la formule $\mathscr{A}(ABCD) = \mathscr{A}(ABE) + \mathscr{A}(ADE)$.

4) Montrer les égalités : $\widehat{ADE} = \pi - \widehat{ABE}$ et $\widehat{AIB} = \pi - \widehat{ABE}$. (Pour la seconde égalité on pourra utiliser la somme des angles du triangle AIB.)

En déduire qu'on a l'égalité $AC \times BD = AB \times CD + AD \times BC$

On a ainsi démontré le théorème de Ptolémée : si un quadrilatère convexe est inscrit dans un cercle, le produit des longueurs de ses diagonales est égal à la somme des produits des longueurs de ses côtés opposés.

223. *Parallélogramme.*

On considère un parallélogramme ABCD dont les diagonales se coupent en O.

Soient E, F, G, H les milieux des côtés [AB], [BC], [CD], [DA] respectivement. Les droites (AF) et (DE) se coupent en P, les droites (AF) et (BG) se coupent en Q, les droites (CH) et (BG) se coupent en R, les droites (CH) et (DE) se coupent en S.

On pose $\mu = \mathscr{A}(\mathrm{ABCD})$. Tous les résultats des calculs d'aires sont à donner en fonction de μ.

1) Calculer les aires $\mathscr{A}(\mathrm{ABC})$, $\mathscr{A}(\mathrm{ABF})$, $\mathscr{A}(\mathrm{AFC})$.

2) Quelle est la nature des quadrilatères AFCH, BGDE et PQRS ? Calculer l'aire de AFCH.

3) Montrer les égalités de longueurs : $\mathrm{AP} = \mathrm{PQ} = \mathrm{CR} = \mathrm{RS}$.

4) Montrer les égalités de longueurs : $\mathrm{QF} = \mathrm{HS} = \frac{1}{2}\mathrm{AP}$.

5) Calculer l'aire du quadrilatère PQRS.

On appelle T le point d'intersection de (BD) et de (AF).

6) Calculer l'aire du quadrilatère BEPT.

224. *Le théorème de Newton.*

Soit ABCD un trapèze de grande base [AB] et de petite base [CD]. Soit E le point d'intersection des diagonales (BD) et (AC) et soit F le point d'intersection des droites (AD) et (BC). La droite (EF) coupe (AB) en M et (CD) en N.

Comparer les aires des triangles ACF et BDF et celles de ADE et BCE. Comparer les rapports $\frac{\mathrm{AE}}{\mathrm{AC}}$ et $\frac{\mathrm{BE}}{\mathrm{BD}}\cdot$ Comparer les aires des triangles AEF et BEF. Montrer que M est le milieu de [AB], puis que N est le milieu de [CD].

225. *Les tiers.*

Soit ABC un triangle et soit A′ (resp. B′, resp. C′) le point situé au tiers de [BC] du côté de B (resp. de [CA] du côté de C, resp. de [AB] du côté de A). On appelle P, Q, R les points d'intersection de (BB′) et (CC′), (CC′) et (AA′), (AA′) et (BB′) respectivement. On pose $\mathrm{T} = \mathscr{A}(\mathrm{ABC})$, $a = \mathscr{A}(\mathrm{APQ})$, $b = \mathscr{A}(\mathrm{BQR})$, $c = \mathscr{A}(\mathrm{CRP})$ et $t = \mathscr{A}(\mathrm{PQR})$.

1) Montrer les formules $t + c = 2b$, $t + a = 2c$, $t + b = 2a$.

2) En multipliant deux fois par 2, en déduire les égalités $3t + a = 4b$ puis $b = t$ et $b = a$.

3) Montrer que P est milieu de [CQ] et que les aires de APC et de AQP sont égales.

4) Montrer qu'on a $t = \frac{\mathrm{T}}{7}\cdot$

226. *Bissectrices.*

Soit ABC un triangle. On considère les bissectrices intérieures des angles $\widehat{\mathrm{ABC}}$ et $\widehat{\mathrm{ACB}}$. Elles coupent respectivement les côtés [CA] et [AB] en B′ et C′.

1) En calculant de deux manières différentes le rapport d'aires $\dfrac{\mathscr{A}(\mathrm{ABB'})}{\mathscr{A}(\mathrm{CBB'})}$, montrer l'égalité $\dfrac{\mathrm{B'A}}{\mathrm{B'C}} = \dfrac{\mathrm{BA}}{\mathrm{BC}}\cdot$ Montrer l'égalité $\dfrac{\mathrm{C'A}}{\mathrm{C'B}} = \dfrac{\mathrm{CA}}{\mathrm{CB}}\cdot$

2) À quelle condition les triangles BCC′ et BCB′ ont-ils même aire ? Montrer qu'on a alors $\dfrac{\mathrm{C'A}}{\mathrm{C'B}} = \dfrac{\mathrm{B'A}}{\mathrm{B'C}}\cdot$ Que peut-on dire du triangle ABC ?

3) Peut-on avoir l'égalité $\mathscr{A}(\mathrm{BC'B'}) = \mathscr{A}(\mathrm{BCB'})$?

227. *Trapèze et pentagone.*

Partie A.

Soit T = ABCD un trapèze de bases AB = a et CD = b et de hauteur h. On pose $\tau = \dfrac{b}{a}\cdot$ Soit O l'intersection des diagonales AC et BD de T. On suppose qu'on a l'égalité $\mathscr{A}(\mathrm{ABC}) = \mathscr{A}(\mathrm{ABD}) = \mathscr{A}(\mathrm{OCD})$.

1) Calculer l'aire de T en fonction de a, h, τ.

2) Calculer les aires des triangles ABD, ABC et OCD en fonction de a et h. Montrer que le rapport τ est > 1.

3) Soient H et K les projetés orthogonaux de O sur (DC) et (AB). Calculer en fonction de h et τ les longueurs OH et OK. En déduire l'aire du triangle AOB.

4) Calculer l'aire de T en fonction des aires des triangles ABD, ABC, ODC et AOB. Montrer qu'on a la relation $\tau^2 - \tau - 1 = 0$. Calculer τ (τ est le célèbre nombre d'or).

5) On considère un carré ABCD. Soit Ω le milieu de [AB]. Le cercle de centre Ω passant par C recoupe la demi-droite [AB) en E. Montrer que l'on a $\dfrac{\mathrm{AE}}{\mathrm{AB}} = \tau$.

Partie B.

Soit ABCDE un pentagone convexe. On suppose que les aires des triangles ABC, BCD, CDE, DEA et EAB sont toutes égales.

1) Montrer que chaque diagonale du pentagone est parallèle au côté opposé (en indiquant ce que signifie ici le mot « opposé »).

2) Montrer que le rapport d'une diagonale au côté opposé est toujours égal au nombre τ défini dans la partie A.

3) On suppose, de plus, que les points $\mathrm{A, B, C, D, E}$ sont sur un même cercle Γ. Montrer que le pentagone ABCDE est régulier. (On utilisera plusieurs fois le théorème de l'angle inscrit et les angles alternes-internes.)

4) On se donne un triangle ABC quelconque. En utilisant A.5, construire un pentagone ABCDE (non nécessairement régulier) vérifiant la propriété ci-dessus.

228. *Les quatre quadrilatères.*

Soient ABCD un quadrilatère convexe, E, F, G, H les milieux des côtés [AB], [BC], [CD], [DA] respectivement, M et N les milieux des diagonales [AC] et [BD]. Les parallèles à (BD) passant par M et à (AC) passant par N se coupent en O. L'objectif de l'exercice est de montrer que les quatre quadrilatères OEBF, OFCG, OGDH et OHAE ont même aire.

1) Montrer l'égalité $\mathscr{A}(\mathrm{OFCG}) = \mathscr{A}(\mathrm{MFCG})$ (utiliser le lemme du trapèze).

2) Montrer qu'on a $\mathscr{A}(\mathrm{MFCG}) = \frac{1}{4}\mathscr{A}(\mathrm{ABCD})$ (découper MFCG en deux triangles et utiliser le lemme de la médiane). Conclure.

229. *Théorème de Pappus.*

1) Soit MNPQ un quadrilatère convexe. Montrer que l'on a $\mathscr{A}(\mathrm{MNP}) = \mathscr{A}(\mathrm{MNQ})$ si et seulement si les droites (MN) et (PQ) sont parallèles.

2) On considère deux droites Δ et Δ' et des points $\mathrm{A, B, C} \in \Delta$ et $\mathrm{A', B', C'} \in \Delta'$. On suppose que les droites (AB') et (A'B) sont parallèles ainsi que les droites (AC') et (A'C). Montrer que les droites (BC') et (B'C) sont parallèles (il s'agit d'un cas particulier du théorème de Pappus). (Indication : Utiliser 1) dans les deux sens et le découpage et recollement.)

230. 1) On se donne un triangle ABC. Construire un triangle d'aire triple, quadruple, etc. Même question avec des triangles équilatéraux.

2) Un triangle ABC et une longueur h étant donnés, construire un triangle de même aire et de hauteur h.

3) On se donne un carré ABCD. Construire un carré d'aire double, triple, n-uple.

231. *Aires égales*

1) Soient [AB] et [A'B'] deux segments de même longueur non nulle. Déterminer l'ensemble des points M du plan vérifiant $\mathscr{A}(\mathrm{ABM}) = \mathscr{A}(\mathrm{A'B'M})$. (On distinguera selon que les droites (AB) et (A'B') sont parallèles ou non.)

2) Soit ABC un triangle. Déterminer l'ensemble des points M du plan vérifiant $\mathscr{A}(\mathrm{ABM}) = \mathscr{A}(\mathrm{ACM})$. (Attention à ne pas en oublier ...)

232. On considère un carré ABCD et un point I de [AB]. On pose $r = \mathrm{IB}/\mathrm{IA}$. Soit J le point d'intersection de (AC) et (DI). Calculer le rapport d'aires $s = \mathscr{A}(\mathrm{ADJ})/\mathscr{A}(\mathrm{ABCD})$ en fonction de r. Construire I de telle sorte que s soit un rationnel donné. Discuter.

233. *L'aire de la souris*

Soient A, B, C, D quatre points alignés dans cet ordre avec $\mathrm{AB} = \mathrm{BC} = \mathrm{CD} = a$. On considère un demi-cercle de centre C passant par B. Construire le point E tel que (AE) soit tangente au demi-cercle en E et calculer en fonction de a l'aire de la partie convexe limitée par [AD], [AE] et l'arc de cercle $\overset{\frown}{\mathrm{ED}}$.

234. Soit $\mathscr{P} = \mathrm{ABCDE}$ un pentagone régulier. On se propose de construire un triangle de même aire que $\mathscr{P}$.

1) Construire le point G tel que AECG soit un parallélogramme. Montrer que les triangles BCD et BGD ont même aire.

2) Construire un triangle DGH, avec $\mathrm{H} \in (\mathrm{AB})$ tel que DGH et $\mathscr{P}$ aient même aire.

235. *Découper un rectangle pour en faire un carré*

Soit $\mathscr{R}$ = ABCD un rectangle. On pose a = AB et b = BC et on suppose $a > b$. Construire un carré $\mathscr{K}$ = AEFG de même aire que $\mathscr{R}$ avec E $\in$ [AB] et D $\in$ [AG].

1) On suppose $a \leqslant 4b$. Proposer un découpage en trois morceaux polygonaux permettant de passer de $\mathscr{R}$ à $\mathscr{K}$ (on pourra tracer la droite (BG)).

2) Par la même méthode, montrer qu'on peut passer d'un rectangle $\mathscr{R}$ de dimensions a, b avec $a > b$, à un rectangle $\mathscr{R}'$ de dimensions c, d avec $ab = cd$, par un découpage en trois morceaux polygonaux si l'on a, pour l'une des dimensions de $\mathscr{R}'$, disons c, $b \leqslant c \leqslant 2b$. En déduire qu'on peut passer de $\mathscr{R}$ à un carré en quatre morceaux[23] si l'on a $4b < a \leqslant 9b$.

3) Dans le cas général, pourquoi est-on sûr qu'il existe un découpage passant de $\mathscr{R}$ à $\mathscr{K}$? Montrer que le nombre de morceaux polygonaux nécessaires peut être arbitrairement grand (on notera que la distance de deux points du carré est $\leqslant \sqrt{2ab}$).

236. *D'autres découpages*

1) On se donne des longueurs a, b, c avec $a^2 = b^2 + c^2$. Proposer un découpage passant du carré de côté a aux carrés de côtés b et c.

2) Proposer un découpage passant d'un carré à trois carrés de même côté.

3) Trois variantes d'un même problème :

a) Découper un carré pour obtenir cinq carrés de même aire.

b) Avec cinq carreaux identiques, carreler un grand carré.

c) Transformer une croix rouge en un carré en deux coups de ciseaux.

237. *Encore quelques découpages*

1) Un triangle ABC est partagé en deux triangles par sa médiane [AM]. Proposer un découpage passant de ABM à ACM.

2) On considère deux carrés ABCD et BEFG, avec B $\in$ [AE] et situés du même côté de (AE). Montrer que le carré bâti sur [AG] et contenant B a même aire que la réunion des deux autres et proposer un découpage qui transforme deux carrés en un.

3) Proposer un découpage d'un hexagone régulier permettant de le transformer en un losange dont un angle vaut 60 degrés (on pourra utiliser un triangle équilatéral admettant le même cercle circonscrit que l'hexagone).

4) On se propose de découper un hexagone régulier $\mathscr{H}$ pour obtenir trois hexagones réguliers isométriques.

a) Montrer que $\mathscr{H}$ est réunion de six triangles équilatéraux (qu'on dira du premier type) ou de six triangles isocèles admettant un angle de 120 degrés (qu'on dira du second type).

b) Réaliser le découpage demandé en découpant un triangle du premier type en trois triangles du second type.

238. *La quadrature de la spirale*

Dans le plan euclidien muni d'un repère orthonormé $O, \vec{i}, \vec{j}$ on définit le point A par $\overrightarrow{OA} = \vec{i}$. Si un point M du plan a pour coordonnées (x, y) : $\overrightarrow{OM} = x\vec{i} + y\vec{j}$,

23. Il est sans doute impossible de passer de $\mathscr{R}$ à $\mathscr{K}$ en trois morceaux polygonaux (convexes ?) lorsque a est plus grand que $4b$, mais je ne sais pas le démontrer.

l'angle polaire de M est l'angle orienté $\theta = (\overrightarrow{OA}, \overrightarrow{OM})$, le rayon vecteur de M est $\rho = OM = \sqrt{x^2 + y^2}$. La spirale d'Archimède est la courbe $\mathscr{S}$ donnée en coordonnées polaires par la formule $\rho = a\theta$, c'est-à-dire l'ensemble des points M qui vérifient cette relation avec $0 \leqslant \theta \leqslant 2\pi$.

On se propose de calculer l'aire $\mathscr{A}$ limitée par cette courbe et par la demi-droite [OA).

1) Calculer, à la manière des physiciens, la petite proportion d'aire $d\mathscr{A}$ comprise entre les angles θ et $\theta+d\theta$, où $d\theta$ est supposé petit, voire infinitésimal, en l'assimilant à l'aire d'un secteur circulaire, puis l'aire totale comme la « somme » (au sens intégrale) des morceaux infinitésimaux $d\mathscr{A}$.

2) Rendre correcte cette méthode en introduisant l'aire $\mathscr{A}(\theta)$ comprise entre les angles 0 et θ et en calculant sa dérivée comme limite du taux d'accroissement.

Le premier à avoir calculé cette aire est Archimède qui n'utilisait évidemment pas la méthode avec les primitives qui date du XVII-ième siècle, mais un encadrement par des sommes finies. Le ressort de la preuve d'Archimède est le calcul de la somme $1^2 + 2^2 + \cdots + n^2$.

Chapitre 8
Rappels de géométrie dans l'espace

Introduction

Ce court chapitre a pour but de rappeler quelques éléments de géométrie dans l'espace. Comme son analogue pour le plan, il n'a pas la prétention d'être complet, et moins encore de donner une base axiomatique à la géométrie. Le lecteur pourra se reporter aux livres du secondaire sur le sujet ou, pour une approche axiomatique solide, au livre [CF] d'Annie Cousin-Fauconnet. Nous nous contenterons d'énoncer un certain nombre de propriétés, que nous prendrons comme axiomes, sans trop nous soucier si certaines de ces propriétés sont conséquences des autres.

La géométrie dans l'espace est souvent mal aimée des étudiants. Il est vrai qu'elle présente une difficulté, liée à la vision et à la représentation des objets de l'espace. Je donnerai deux conseils au géomètre débutant :

1) Il est indispensable de se représenter les objets de l'espace. Pour cela, tous les moyens sont bons : on peut faire des dessins en perspective, en coupe, en projection, on peut réaliser des maquettes avec des matériaux divers, par pliage, par découpage et collage, par assemblage. Pour comprendre les problèmes de section d'un cube ou d'un tétraèdre par un plan, il n'est pas interdit de sacrifier une pomme de terre ! Il suffit aussi souvent d'ouvrir les yeux et de regarder autour de soi pour avoir des illustrations des notions géométriques. Par exemple, l'observation des murs d'une salle, des arêtes de ces murs ou encore des toits des maisons permet de comprendre la plupart des notions sur les droites et les plans. En ce qui concerne les corps ronds, un globe terrestre est une excellente représentation de la sphère avec les lignes familières que sont équateur, méridiens, parallèles, etc. Un ballon de football donne une vision très claire de la projection d'un polyèdre sur la sphère, etc.

2) Du point de vue technique, il faut savoir que la résolution d'un problème de géométrie dans l'espace se ramène très souvent à un problème de géométrie plane et cela de plusieurs façons : on peut utiliser les plans présents sur la figure (penser à un cube), mais on peut aussi en tracer d'autres (par exemple, toujours avec un cube, en traçant des sections planes), on peut enfin utiliser des projections.

1. Les propriétés d'incidence

A. POINTS, DROITES, PLANS, AXIOMES D'INCIDENCE

Comme pour la géométrie plane, on postule l'existence d'un ensemble, appelé **espace euclidien** et noté E. Ses éléments sont appelés les **points**. Cette fois, il contient deux types de parties remarquables : les **droites** et les **plans** et nous allons énumérer un certain nombre de propriétés relatives à l'incidence (la réponse à la question : *qui rencontre qui ?*) de ces objets.

Propriétés 1.1. 1) *Par deux points distincts* A, B *de* E *passe une droite et une seule, notée* (AB).

2) *Par trois points* A, B, C *non alignés de* E *passe un plan et un seul, noté* (ABC).

3) *Si un plan* P *contient deux points* A, B *il contient (strictement) la droite* (AB).

Pour éviter les cas triviaux on suppose de plus que droites et plans contiennent une infinité de points.

Notons une première conséquence de ces propriétés : si on a une droite D et un point O non situé sur D, il existe un unique plan P qui contient D et O : si A, B sont deux points de D c'est le plan $P = (OAB)$. On peut le noter $P = (O, D)$.

B. POSITIONS RELATIVES D'UNE DROITE ET D'UN PLAN

Proposition-définition 1.2. *Soient* P *un plan et* D *une droite. Il y a trois cas :*

- *La droite* D *est contenue dans* P.
- *La droite* D *coupe* P *en un unique point.*
- *La droite* D *ne coupe pas* P. *On dit alors qu'elle est* **parallèle** *à* P.

On convient d'englober dans le cas parallèle le cas $D \subset P$.

Démonstration. Cela résulte de 1.1.3.

C. POSITIONS RELATIVES DE DEUX PLANS

Propriété 1.3. *Soient* P_1 *et* P_2 *deux plans distincts. Il y a deux possibilités :*

- *Ou bien* $P_1 \cap P_2$ *est une droite. On dit que les plans sont* **sécants**.
- *Ou bien* $P_1 \cap P_2$ *est vide. On dit que les plans sont* **parallèles**. *On convient d'englober dans le cas parallèle le cas où* P_1 *et* P_2 *sont confondus.*

D. POSITIONS RELATIVES DE DEUX DROITES

La proposition suivante résulte encore de 1.1 :

Proposition-définition 1.4. *Soient* D_1 *et* D_2 *deux droites distinctes. Il y a trois cas :*

- *Les droites ont un unique point d'intersection. On dit qu'elles sont* **sécantes**. *Il existe alors un unique plan* P *qui contient* D_1 *et* D_2 *(les droites sont donc coplanaires).*
- *Il existe un plan* P *qui contient* D_1 *et* D_2 *(les droites sont donc coplanaires), mais on a* $D_1 \cap D_2 = \emptyset$. *Les droites sont dites* **parallèles**.
- *Les droites ne sont pas coplanaires. On a alors* $D_1 \cap D_2 = \emptyset$.

Remarque 1.5. Attention, contrairement au cas des plans, deux droites qui ne se coupent pas ne sont pas nécessairement parallèles, au contraire la position la plus générale de deux droites est d'être non coplanaires.

E. EXEMPLES

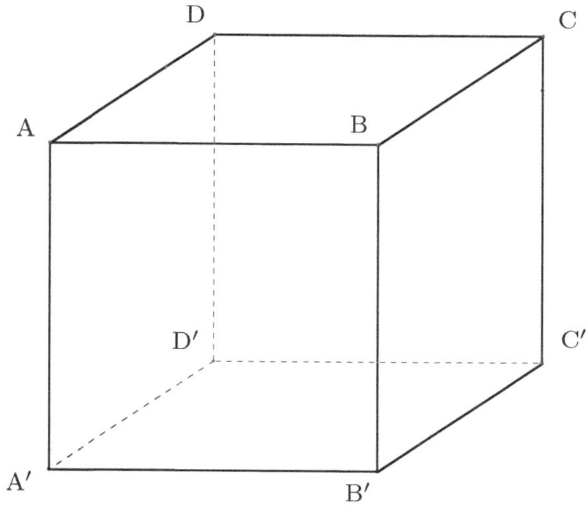

FIG. 81.

Dans la figure ci-dessus, la droite (AA′) coupe le plan (ABC) en A, mais elle est parallèle au plan (BCC′). Les plans (ABC) et (ABA′) se coupent selon (AB), mais (ABC) et (A′B′C′) sont parallèles. Les droites (AB) et (AD) sont sécantes en A, les droites (AB) et (CD) sont parallèles, ainsi que (AB) et (C′D′), mais les droites (AB) et (CC′) sont non coplanaires.

F. REMARQUES SUR LE PARALLÉLISME

Comme dans le cas du plan on a le postulat d'Euclide :

Propriété 1.6. *Par tout point passe un unique plan parallèle à un plan donné. Par tout point* A *passe une unique parallèle* D′ *à une droite donnée* D. *Si* A *et* D *sont dans un même plan* P, D′ *est aussi dans* P.

Proposition 1.7. 1) *(Transitivité du parallélisme) Soient* P_1, P_2, P_3 *trois plans. Si* P_1 *est parallèle à* P_2 *et* P_2 *parallèle à* P_3 *alors* P_1 *est parallèle à* P_3.

2) *Si* P_1 *et* P_2 *sont des plans parallèles et si le plan* P *n'est pas parallèle à* P_1, *il coupe* P_1 *et* P_2 *selon des droites parallèles.*

3) *Si* D_1 *et* D_2 *sont des droites parallèles, tout plan* P *sécant à* D_1 *est aussi sécant à* D_2.

4) *(Transitivité) Soient* D_1, D_2, D_3 *trois droites. Si* D_1 *est parallèle à* D_2 *et* D_2 *parallèle à* D_3 *alors* D_1 *est parallèle à* D_3.

5) *Si* D *est parallèle à* P, *alors* D *est parallèle à une droite de* P.

Démonstration. Montrons 1). L'assertion est évidente si $P_1 = P_3$. Si P_1 et P_3 sont distincts mais non parallèles, ils se coupent en A. Mais alors, par A passent deux plans parallèles à P_2 ce qui contredit le postulat d'Euclide.

Pour 2), on note d'abord que P_2 n'est pas parallèle à P en vertu de 1). Le plan P coupe donc P_1 et P_2 en D_1 et D_2 respectivement. Ces droites sont coplanaires et disjointes (sinon P_1 et P_2 se couperaient), donc parallèles.

Pour 3), on peut supposer $D_1 \neq D_2$. Appelons Q le plan qui contient D_1 et D_2. Il coupe P selon une droite $\Delta \neq D_1$. Le point d'intersection A de P et D_1 est donc sur Δ. Mais alors, Δ coupe D_2 (sinon, par A, passeraient deux parallèles D_1 et Δ à D_2 et cela contredirait le postulat d'Euclide) et est distincte de D_2, donc D_2 est sécante à P.

Montrons alors 4). On considère un point A de D_3 et le plan $P = (D_1, A)$. Ce plan contient D_3 (sinon il serait sécant à D_3, donc à D_2, donc à D_1 par 3)). Mais alors, si D_1 et D_3 sont distinctes, elles sont parallèles (sinon, par leur point d'intersection passeraient deux parallèles à D_2).

Enfin, pour le point 5), soit A un point de P et soit Δ la parallèle à D passant par A, alors Δ est contenue dans P, sinon, elle serait sécante et D aussi en vertu de 3).

Le résultat suivant, que le lecteur ne manquera pas d'illustrer par une figure, est connu sous le nom de « théorème du toit » :

Théorème 1.8. *Soient* P, P′ *deux plans sécants et soit* $\Delta = P \cap P'$. *Soient* D, D′ *deux droites situées respectivement dans* P *et* P′. *On suppose* D *et* D′ *parallèles. Alors, elles sont parallèles à* Δ.

Démonstration. Soit A un point de Δ. L'unique parallèle à D passant par A est dans P. Comme elle est aussi parallèle à D′ par 1.7.4 elle est aussi dans P′. C'est donc Δ.

G. LE THÉORÈME DE DESARGUES

Théorème 1.9 (Desargues). *On considère trois droites non coplanaires, concourantes en un point* O. *Sur chacune de ces droites on prend deux points* A, A′; B, B′; C, C′, *distincts de* O. *On suppose que les droites (coplanaires)* (BC) *et* (B′C′) *(resp.* (CA) *et* (C′A′), *resp.* (AB) *et* (A′B′)*) se coupent en* U *(resp.* V, *resp.* W*). Alors,* U, V, W *sont alignés.*

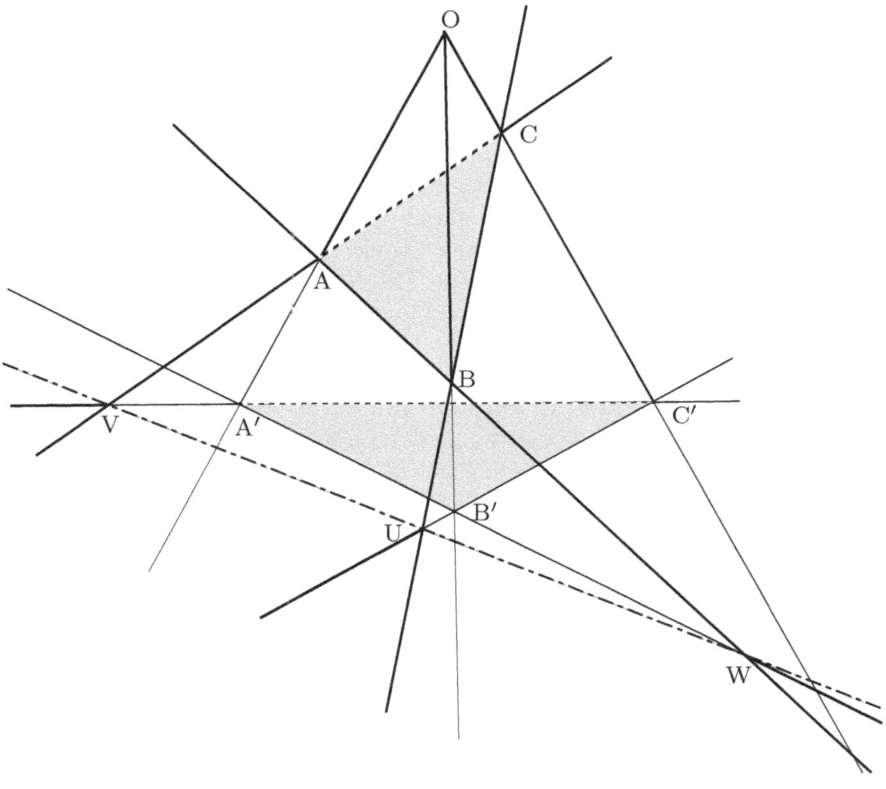

FIG. 82.

Démonstration. On note que A, B, C ne sont pas alignés (sinon, ils seraient sur une droite D et le plan défini par O et D contiendrait les trois droites données). Ils définissent donc un plan P. Ce plan contient les droites (BC), (CA) et (AB), donc les points U, V, W. Le même raisonnement montre que le plan $P' = (A'B'C')$ contient U, V, W. Ces points sont donc alignés sur la droite $\Delta = P \cap P'$.

2. Ordre, distance, angles, orthogonalité

A. AXIOMES D'ORDRE

On suppose que les plans de E vérifient les axiomes d'ordre que l'on a vu dans le cas du plan. Cela permet de parler de demi-droites, demi-plans, segments, convexité etc. On suppose de plus que chaque plan P partage l'espace E en deux **demi-espaces** (fermés s'ils contiennent le plan, ouverts sinon). Ces demi-espaces sont caractérisés par le fait que deux points A et B sont dans un même demi-espace ouvert si et seulement si le segment [AB] ne rencontre pas P.

B. MESURE DES LONGUEURS, ANGLES

Comme dans le cas du plan, on postule l'existence d'une **distance** sur E avec les axiomes usuels et notamment l'inégalité triangulaire. On note AB la distance de A à B (ou longueur du segment [AB]).

Cela permet de définir sphères et boules : la **sphère** de centre O et de rayon $R > 0$ est l'ensemble des points M tels que $OM = R$. La **boule** fermée (resp. ouverte) associée est l'ensemble des points qui vérifient $OM \leqslant R$ (resp. $OM < R$). Un point M est intérieur à un ensemble A s'il existe une boule ouverte de centre M contenue dans A. C'est un point frontière de A si toute boule de centre M rencontre à la fois A et son complémentaire.

Dans l'espace comme dans le plan, on a les notions qui accompagnent celle de distance : milieux, isométries, etc.

On a enfin une notion d'**angle** (et donc d'orthogonalité) qui coïncide avec la notion usuelle dans chaque plan, de sorte qu'on a les théorèmes usuels (Pythagore, Thalès, etc.).

C. ORTHOGONALITÉ DANS L'ESPACE

La notion d'orthogonalité (dans chaque plan) permet de définir plusieurs notions dans l'espace.

Définition 2.1. *Deux droites* D_1 *et* D_2 *sont dites* **perpendiculaires** *si elles sont coplanaires et si, dans le plan qu'elles déterminent, elles sont perpendiculaires au sens du plan. On note* $D_1 \perp D_2$.

On a aussi une notion plus faible :

Définition 2.2. *Deux droites* D_1 *et* D_2 *sont dites* **orthogonales** *s'il existe des parallèles* D'_1 *et* D'_2 *à* D_1 *et* D_2 *qui sont perpendiculaires.*

Remarques 2.3. 1) Si D est orthogonale à Δ et D′ parallèle à D, D′ est orthogonale à Δ.

2) Deux droites D et D′ sont perpendiculaires si et seulement si elles sont orthogonales et sécantes.

Définition 2.4. *On dit qu'une droite* D *est* **perpendiculaire** *à un plan* P *si* D *coupe* P *en un point* A *et si* D *est perpendiculaire à toutes les droites de* P *qui passent par* A. *On note alors* $D \perp P$.

On notera que la définition précédente présente un avantage et un inconvénient. L'avantage c'est que, lorsque l'on sait que D est perpendiculaire à P, on en déduit aussitôt qu'elle est perpendiculaire à **toutes** les droites qui passent par le point d'intersection A, ce qui est un atout puissant. L'inconvénient, c'est la même chose (comme la langue de Diogène) : si l'on veut montrer que D est perpendiculaire à P il faut montrer qu'elle est perpendiculaire à toutes les droites de P passant par A, ce qui n'est pas facile. Le théorème suivant remédie à cet inconvénient :

Théorème 2.5. *Soient* D *une droite et* P *un plan. Les conditions suivantes sont équivalentes :*

1) D *est perpendiculaire à* P,

2) D *n'est pas contenue dans* P *et il existe deux droites distinctes* D_1, D_2 *de* P *telles que* D *soit perpendiculaire à* D_1 *et* D_2,

3) D *est orthogonale à deux droites non parallèles de* P,

4) D *est orthogonale à toutes les droites de* P.

Démonstration. Il est clair qu'on a $1 \Longrightarrow 4 \Longrightarrow 3$. Montrons $3 \Longrightarrow 2$. On suppose D orthogonale à D_1 et D_2, deux droites non parallèles de P. On montre d'abord que D n'est pas contenue dans P. Sinon, D serait perpendiculaire à D_1 et D_2, dans P et ces droites seraient parallèles. Montrons ensuite que D coupe P. Sinon, D serait parallèle à P, donc à une droite D_3 de P et cela impliquerait encore D_1 parallèle à D_2. Si D coupe P en A, elle est alors perpendiculaire aux parallèles à D_1 et D_2 passant par A.

Il reste $2 \Longrightarrow 1$. Nous en donnerons deux preuves un peu plus loin.

Définition 2.6. *On dit que deux plans sont* **perpendiculaires** *si chacun contient une droite perpendiculaire à l'autre. Il suffit pour cela que l'un d'eux contienne une droite perpendiculaire à l'autre.*

Exemples 2.7. Sur le cube de la figure 81, les droites (AB) et (AD) sont perpendiculaires, mais (AB) et (A′D′) sont seulement orthogonales. La droite (AA′) est perpendiculaire au plan (ABC). Les plans (ABC) et (ABB′) sont perpendiculaires.

3. Vecteurs et coordonnées

La notion de **vecteur** et les propriétés afférentes (égalité, produit par un scalaire, addition, orthogonalité) se définissent comme dans le plan.

Un **repère orthonormé** consiste en la donnée de quatre points O, I, J, K tels que [OI], [OJ] et [OK] soient deux à deux perpendiculaires et de longueur 1. Il revient au même de se donner une origine O et trois vecteurs $\vec{i}, \vec{j}$ et $\vec{k}$ deux à deux orthogonaux et de norme 1 en prenant $\vec{i} = \overrightarrow{\mathrm{OI}}$, $\vec{j} = \overrightarrow{\mathrm{OJ}}$ et $\vec{k} = \overrightarrow{\mathrm{OK}}$.

Soit $\mathrm{O}, \vec{i}, \vec{j}, \vec{k}$ un repère orthonormé.

Tout vecteur $\vec{v}$ s'écrit de manière unique sous la forme $\vec{v} = x\vec{i} + y\vec{j} + z\vec{k}$ avec $x, y, z \in \mathbf{R}$. Les nombres x, y et z sont les coordonnées du vecteur $\vec{v}$ dans le repère donné.

Si M est un point de l'espace, le vecteur $\overrightarrow{\mathrm{OM}}$ s'écrit donc de manière unique $\overrightarrow{\mathrm{OM}} = x\vec{i} + y\vec{j} + z\vec{k}$ avec $x, y, z \in \mathbf{R}$. Les réels x, y et z sont les **coordonnées** de M dans le repère donné, x est son **abscisse**, y son **ordonnée** et z sa **cote**.

L'espace E, muni d'un repère orthonormé, est ainsi en bijection avec l'ensemble $\mathbf{R}^3$ des triplets (x, y, z) (mais, attention, cette bijection dépend du choix du repère).

Soient $\vec{v}$ et $\vec{w}$ deux vecteurs que l'on écrit $\vec{v} = \overrightarrow{\mathrm{OM}}$ et $\vec{w} = \overrightarrow{\mathrm{ON}}$. Le **produit scalaire** de $\vec{v}$ et $\vec{w}$ est, comme dans le plan, le nombre $(\vec{v} \mid \vec{w}) = \mathrm{OM}\,\mathrm{ON}\cos\theta$ où θ est l'angle $\widehat{\mathrm{MON}}$.

Deux vecteurs sont orthogonaux si et seulement si leur produit scalaire est nul. La norme $\|\vec{v}\|$ du vecteur $\vec{v}$ est la racine de son carré scalaire $(\vec{v} \mid \vec{v})$. Il y a identité entre distance de deux points, longueur du segment ou norme du vecteur qui les joint : $\mathrm{AB} = \|\overrightarrow{\mathrm{AB}}\|$.

Si $\mathrm{O}, \vec{i}, \vec{j}, \vec{k}$ est un repère orthonormé, et si on a deux vecteurs $\vec{v} = x\vec{i} + y\vec{j} + z\vec{k}$ et $\vec{v}' = x'\vec{i} + y'\vec{j} + z'\vec{k}$, on a $(\vec{v} \mid \vec{v}') = xx' + yy' + zz'$.

Proposition 3.1. *Le produit scalaire est bilinéaire, ce qui signifie que, pour tous vecteurs $\vec{u}$, $\vec{v}$ et $\vec{w}$ et tous scalaires λ, μ on a :*

$$(\lambda\vec{u} + \mu\vec{v} | \vec{w}) = \lambda(\vec{u} | \vec{w}) + \mu(\vec{v} | \vec{w})$$

Démonstration. C'est clair avec la formule qui donne le produit scalaire en fonction des coordonnées.

Application : fin de la preuve de 2.5, première version.

Il s'agit de montrer $2 \Longrightarrow 1$. On se reportera à la figure 83 ci-dessous. Soit A le point d'intersection de D et P. On suppose D perpendiculaire à deux droites D_1 et D_2 de P, passant par A. Il faut voir que D est perpendiculaire à toute droite D′ de P passant par A. On choisit des points $\mathrm{M}, \mathrm{M}_1, \mathrm{M}_2, \mathrm{M}'$ respectivement sur $\mathrm{D}, \mathrm{D}_1, \mathrm{D}_2, \mathrm{D}'$ et différents de

A. Il suffit de montrer que les vecteurs $\overrightarrow{AM}$ et $\overrightarrow{AM'}$ sont orthogonaux, donc que leur produit scalaire est nul. Or, on a la relation vectorielle $\overrightarrow{AM'} = \lambda\overrightarrow{AM_1} + \mu\overrightarrow{AM_2}$ qui donne, par bilinéarité

$$(\overrightarrow{AM}|\overrightarrow{AM'}) = (\overrightarrow{AM}|\lambda\overrightarrow{AM_1} + \mu\overrightarrow{AM_2}) = \lambda(\overrightarrow{AM}|\overrightarrow{AM_1}) + \mu(\overrightarrow{AM}|\overrightarrow{AM_2}) = 0.$$

4. Transformations

A. ORIENTATION DE L'ESPACE

L'orientation de l'espace est une question centrale à l'école maternelle et au début de l'école élémentaire. La pesanteur permet de comprendre facilement les notions de haut et bas, le corps lui-même donne la notion de devant et derrière. La notion la plus difficile est celle de gauche et droite, qui relève d'un choix plus arbitraire, la droite correspondant majoritairement à la main la plus habile. Ce qui est difficile à comprendre pour les enfants c'est d'abord l'invariance de cette orientation dans un déplacement (au sens usuel du terme) et notamment le fait que la gauche et la droite ne sont pas les mêmes pour deux personnes qui se font face. Ensuite (et c'est encore plus difficile à concevoir) il faut comprendre que cette orientation est changée par la réflexion dans un miroir.

Il est souvent commode d'utiliser le vocabulaire élémentaire introduit ci-dessus (haut-bas, devant-derrière, droite-gauche) pour décrire les objets mathématiques (on pensera au cas du cube).

Dans ce qui suit nous supposerons l'espace orienté. Mathématiquement cela signifie qu'on a choisi un repère orthonormé particulier et le plus simple est de penser un repère et les trois directions de ses vecteurs comme attachés à une personne physique, par exemple le repère haut, droite, devant, lié à un petit bonhomme imaginaire (le bonhomme d'Ampère des physiciens).

B. TRANSFORMATIONS

Comme dans le plan une **isométrie** est une application qui conserve longueurs, angles, orthogonalité, etc. Nous n'évoquerons que quatre types d'isométries dans l'espace :

• La translation de vecteur $\vec{v}$. Elle associe au point M le point M′ tel que $\overrightarrow{MM'} = \vec{v}$.

• La rotation d'axe Δ (une droite orientée) et d'angle θ. Pour définir l'image d'un point M, on considère le plan P perpendiculaire à Δ passant par M. Il coupe Δ en A et on définit l'image M′ de M comme le point du plan P obtenu par rotation d'angle θ autour de A. (Cette définition n'a de sens que si l'on a compris que l'orientation de Δ induit une orientation de P : le petit bonhomme d'Ampère explique ça très bien.)

• La symétrie de centre O qui associe au point M le point M′ avec $\overrightarrow{OM'} = -\overrightarrow{OM}$.

• La symétrie par rapport au plan P. Pour définir l'image M′ de M on considère la perpendiculaire à P passant par M. Elle coupe P en O et on a $\overrightarrow{OM'} = -\overrightarrow{OM}$.

Proposition 4.1. *Les cas d'isométrie des triangles sont valables sans changement dans l'espace.*

Application : fin de la preuve de 2.5, deuxième version (sans produit scalaire).

On reprend les notations de la première version à ceci près qu'on choisit pour M′ le point d'intersection de (M_1M_2) et de D′. Soit N le point symétrique de M par rapport à A. Dans le plan (AMM_1), la droite (AM_1) est la médiatrice de [MN]. En effet, elle est perpendiculaire à (MN) = D en A qui est le milieu de [MN]. On a donc $M_1M = M_1N$. De même, on a $M_2M = M_2N$. Il en résulte que les triangles MM_1M_2 et NM_1M_2 sont isométriques (ils ont trois côtés égaux). On en déduit l'égalité d'angles $\widehat{M'M_2M} = \widehat{M_1M_2M} = \widehat{M_1M_2N} = \widehat{M'M_2N}$, puis l'isométrie des triangles $M'M_2M$ et $M'M_2N$ (deux côtés et un angle). Mais alors on a M′M = M′N et AM = AN donc, dans le plan (MNM′), (M′A) est la médiatrice de [MN] et elle est bien perpendiculaire à (MN) = D.

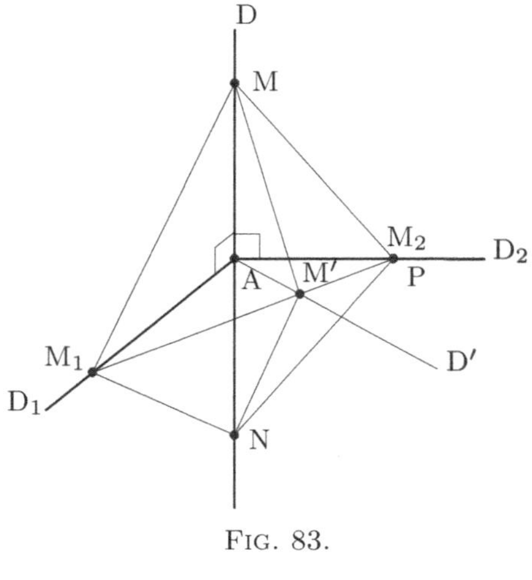

FIG. 83.

Bibliographie

[CF] Cousin-Fauconnet A., *Enseigner la géométrie au collège*, A. Colin, 1995.

EXERCICES DU CHAPITRE 8

1. Cube et triangles

239. On considère un cube de sommets ABCDA′B′C′D′ (fig. 81, p. 267).

a) Déterminer les longueurs des segments joignant deux des sommets du cube en fonction de l'arête *a* du cube.

b) On considère les triangles dont les sommets sont trois sommets du cube. Combien de types de tels triangles y a-t-il à isométrie près ? On précisera la nature de ces triangles (isocèles, rectangles, etc.). Combien y a-t-il de triangles de chaque type ?

2. Patrons

¶ **240.** Une boîte en carton a la forme d'un tétraèdre OABC (non régulier). On la découpe selon les 3 arêtes issues de O et on obtient, en mettant toutes les faces à plat, un patron[1] du tétraèdre formé du triangle ABC et de trois triangles extérieurs à ABC : O_ABC, O_BCA et O_CAB.

À quelles conditions un tel patron détermine-t-il un tétraèdre ?

¶ **241.** Déterminer tous les patrons possibles d'un cube à isométrie près. (L'exercice est délibérément posé de façon très ouverte. On commencera par réaliser quelques patrons pour comprendre le problème et les contraintes qu'il impose, puis on trouvera des moyens de raisonner pour être sûr à la fois d'obtenir tous les patrons et de ne pas en avoir deux isométriques.)

3. Sections

242. On considère un tétraèdre ABCD. On se donne trois points M, N, P situés respectivement sur les arêtes [AB], [AC] et [CD] (fig. 85). Construire le point d'intersection du plan (MNP) avec l'arête [BD].

243. On considère un cube ABCDA′B′C′D′ et on se donne trois points M, N, P respectivement sur les arêtes [CD], [AB] et [A′B′] (fig. 84). Construire la section du cube par le plan (MNP). Réaliser explicitement le partage du cube par le plan (MNP) en utilisant un patron.

Traiter le même problème avec M, N, P situés n'importe où sur les arêtes du cube (par exemple : $M \in [AB]$, $N \in [A'D']$, $P \in [CC']$) et discuter le nombre de côtés du polygone obtenu selon les positions de M, N, P.

4. Divers

244. Une fourmi se trouve en un point du plafond d'une pièce parallélipipédique. Elle veut atteindre, en suivant les murs, le plafond et le plancher, une miette

---

1. Le lecteur qui aurait tout oublié des patrons pourra aller jeter un œil sur le début de la solution de l'exercice suivant.

de pain située sur le plancher. Déterminer le plus court chemin qu'elle peut emprunter.

245. Un bol de forme hémisphérique, posé sur une table, recouvre entièrement un cube de 8 cm de côté posé lui aussi sur la table. Quelle est la valeur minimum du rayon du bol ?

246. Un crime a été commis à Saint-Tricotin-sur-Pelote (Marne-et-Garonne). La victime, qui se trouvait au point V sur une place devant l'immeuble des *mésanges assoupies* (fig. 86), a été atteinte en pleine tête par un coup de feu tiré d'un des appartements de cet immeuble. L'impact de la balle a été retrouvé sur le sol au point I. L'inspecteur Pourtalès mène l'enquête. Sachant que les appartements font 4 mètres de haut et que la victime mesurait un mètre quatre-vingt, pouvez-vous aider l'inspecteur à retrouver de quel appartement a été tiré le coup de feu ?

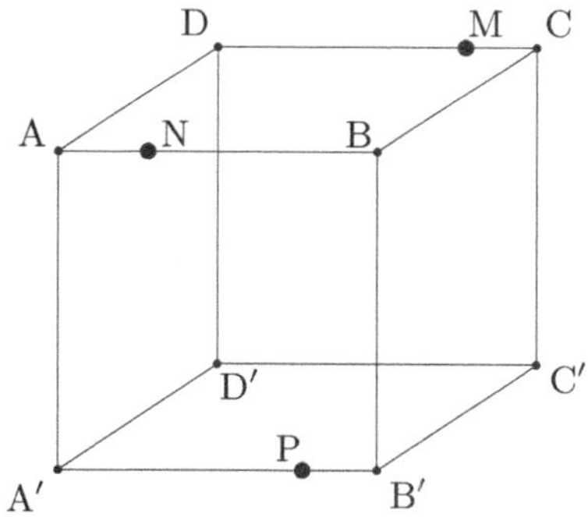

FIG. 84.

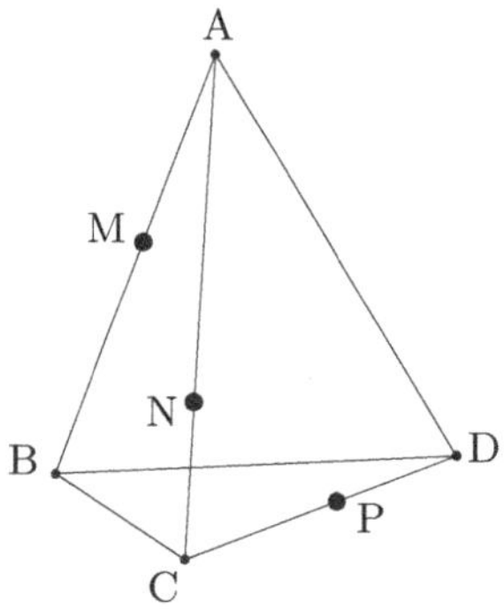

FIG. 85.

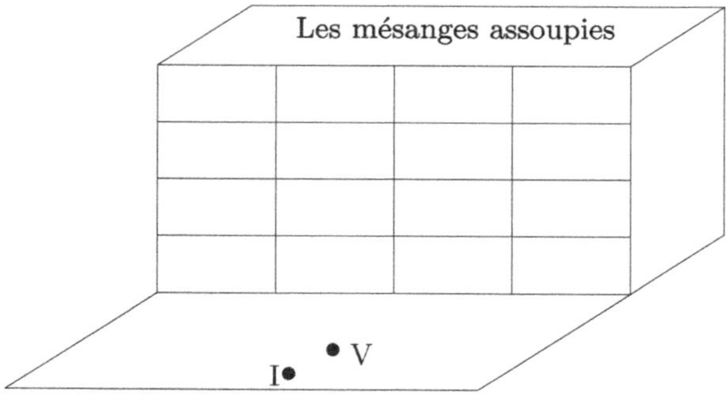

FIG. 86.

Chapitre 9
Polyèdres convexes

Introduction

L'objectif de ce chapitre est de présenter quelques résultats sur les polyèdres convexes, notamment la formule d'Euler reliant nombres de sommets, d'arêtes et de faces, et d'établir la liste des cinq polyèdres convexes réguliers [1].

Les cinq polyèdres convexes réguliers sont des objets d'une importance culturelle ancienne et considérable. On pense en effet qu'ils étaient connus de l'école pythagoricienne au sixième siècle avant notre ère [2]. Dans la philosophie grecque ces solides jouent un grand rôle puisqu'il y a une correspondance mystique entre eux et les éléments : le tétraèdre correspond au feu, l'octaèdre à l'air, l'icosaèdre à l'eau et le cube à la terre. Cette correspondance est expliquée de manière très poétique dans le *Timée* de Platon. Pour le dodécaèdre, Timée se contente de dire :

Il restait encore une combinaison, la cinquième : c'est à l'univers que le Dieu en fit application, pour en dessiner l'épure.

On pense (c'est Pappus qui l'atteste) qu'Archimède avait déterminé tous les polyèdres semi-réguliers qui portent son nom, mais le manuscrit a été perdu.

Les polyèdres réguliers ont aussi été à l'origine des premières conceptions cosmologiques de Kepler, qui avait cru remarquer que les cinq polyèdres réguliers s'inscrivaient exactement dans les espaces entre les six planètes connues à l'époque : le cube entre Saturne et Jupiter, le tétraèdre entre Jupiter et Mars, le dodécaèdre entre Mars et la Terre, l'icosaèdre entre la Terre et Vénus et enfin, l'octaèdre entre Vénus et Mercure. C'est d'ailleurs Kepler qui a découvert en 1619 deux des quatre polyèdres réguliers étoilés, les deux autres l'étant par Poinsot en 1809.

La relation entre nombres de faces, d'arêtes et de sommets est due à Euler (1707-1783), mais se trouve déjà en germe dans Descartes.

---

1. Il y a d'autres polyèdres intéressants et notamment les quatre polyèdres réguliers étoilés.

2. On a retrouvé aussi dans un site étrusque à Monte Laffa près de Padoue un dodécaèdre (un jouet ? une amulette ?) dont la date est controversée mais qui pourrait être encore plus ancien.

Signalons enfin que les polyèdres ont des applications importantes en cristallographie et que, récemment, des molécules de carbone complexes admettant des structures de polyèdres semi-réguliers ont été découvertes et appelées fullerènes en hommage à l'architecte Buckminster Fuller (1895-1985), inventeur des dômes géodésiques. En particulier le buckminsterfullerène a la structure d'un ballon de football.

1. Définitions et premières propriétés

A. DÉFINITIONS

Nous rappelons dans ce paragraphe la définition de quelques notions concernant les polyèdres. Dans le but de ne pas trop alourdir le texte, les définitions sont parfois données de manière un peu imprécise et les preuves en subissent parfois le contrecoup. Les puristes voudront bien nous en excuser, et ils iront consulter le livre de Berger [Ber] pour toutes précisions. Le lecteur trouvera quelques figures dans le texte. Il est vivement recommandé d'en faire d'autres et aussi des maquettes des solides considérés. Il existe pour cela des matériaux très bien adaptés, par exemple le matériel Polydron [Po]. On peut aussi construire beaucoup de polyèdres par simple pliage, voir [BL].

Comme dans le cas des polygones il y a plusieurs façons de concevoir un polyèdre selon qu'on le considère comme un solide plein, ou comme une surface composée de polygones, voire comme une réunion de segments. Nous avons choisi, en général, la première solution :

Définition 1.1. 1) *On appelle* **polyèdre convexe** *un solide (plein)* P *vérifiant les propriétés suivantes :*

a) P *est intersection d'un nombre fini de demi-espaces fermés* E_i^+*, limités par des plans* $H_1, \dots, H_n$*,*

b) P *est borné,*

c) P *n'est pas contenu dans un plan.*

2) *Les* **faces** *d'un polyèdre convexe sont les intersections de* P *avec les plans*[3] *frontières* H_i*. Leur réunion est la frontière de* P*. Les faces sont des polygones plans convexes dont les côtés sont les* **arêtes** *du polyèdre et dont les sommets sont les* **sommets** *du polyèdre.*

Définition 1.2. 1) *On appelle* **polyèdre** *une réunion finie connexe (c'est-à-dire en un seul morceau) de polyèdres convexes.*

2) *Un polyèdre* P *est appelé un* « **bon** » **polyèdre** *s'il vérifie la propriété dite « des demi-droites » :*

---

3. Pour que cette définition soit correcte, il faut supposer que les E_i^+ ne sont pas redondants, c'est-à-dire que le polyèdre n'est pas l'intersection de certains des E_i^+ seulement.

Il existe un point O *de* E *tel que toute demi-droite issue de* O *coupe la frontière de* P *en un point et un seul.*

Nous avons déjà rencontré ce type de condition, portant sur les demi-droites, dans l'étude des lignes polygonales simples. La proposition suivante (dont le lecteur pourra sauter la démonstration dans un premier temps) montre qu'un polyèdre convexe est un bon polyèdre :

Proposition 1.3. *Si* P *est un polyèdre convexe, tout point de l'intérieur de* P *vérifie la propriété des demi-droites, de sorte qu'un polyèdre convexe est un bon polyèdre.*

Démonstration. Soit O un point intérieur de P et soit $[Ox)$ une demi-droite issue de O. Comme P est borné la demi-droite $[Ox)$ contient un point M de l'extérieur de P. Comme elle contient le point O qui est intérieur elle contient nécessairement un point frontière de P. (C'est un lemme de passage des frontières, voir chapitre 5, 4.3.)

Il reste à montrer que $[Ox)$ ne contient pas deux points frontières M et N. Sinon, M serait par exemple entre O et N. On considère l'homothétie h de centre N qui transforme O en M. Comme elle est de rapport $\lambda < 1$ et comme P est convexe, on a $h(\mathrm{P}) \subset \mathrm{P}$. Comme O est à l'intérieur de P, il est contenu dans une boule $\mathrm{B} \subset \mathrm{P}$. Mais alors, M est dans la boule $h(\mathrm{B})$, qui est contenue dans P, donc M est un point intérieur de P et c'est absurde puisque M est supposé être un point frontière.

Remarque 1.4. Un polyèdre étoilé peut aussi être un bon polyèdre, mais, contrairement au cas convexe, on ne peut pas prendre n'importe quel point intérieur comme point O. Un polyèdre « à trous », un polyèdre en forme de U, ne sont pas de bons polyèdres.

B. QUELQUES PROPRIÉTÉS

Nous donnons ici quelques propriétés des polyèdres, souvent évidentes intuitivement, mais pas toujours faciles à prouver avec rigueur.

Proposition 1.5. *Soit* P *un polyèdre convexe.*

1) *Le nombre de côtés d'une face est* $\geqslant 3$.

2) *Le nombre d'arêtes aboutissant en un sommet est égal au nombre de faces aboutissant en ce même sommet et ce nombre est* $\geqslant 3$.

3) *Une arête est commune à deux faces exactement.*

4) *(Règle de la somme des angles.) Si* A *est un sommet de* P, *la somme des angles en* A *de toutes les faces aboutissant en* A, *mesurés en radians (resp. en degrés), est* $< 2\pi$ *(resp.* $< 360°$*)* .

Démonstration.

Le point 1) est clair car les faces sont des polygones convexes plans.

Les points 2) et 3) sont intuitivement évidents : si deux faces seulement aboutissent en un sommet, le polyèdre n'est pas borné ; si une arête est commune à trois faces, l'une de ces faces n'est pas frontière. Une preuve rigoureuse de ces assertions utilise la propriété de dualité entre sommets et faces des polyèdres, voir 3.4.2, on renvoie le lecteur scrupuleux à [Ber].

Le plus simple pour se convaincre du point 4) est sans doute de réaliser un polyèdre en carton et de le déplier. Pour une preuve rigoureuse, voir l'annexe ci-dessous.

2. La formule d'Euler

Il y a de nombreuses preuves de la formule d'Euler. Nous avons choisi de donner celle qui s'appuie sur la géométrie sphérique. Le lecteur lira avec profit le livre de Lakatos [La] qui part de ce thème de la formule d'Euler pour mener un débat passionnant sur le lien entre conjecture et démonstration.

A. LA FORMULE DE GIRARD

Il s'agit d'une célèbre formule sur la somme des angles d'un triangle sphérique. L'image de la terre est une excellente façon de visualiser le problème et nous l'utiliserons systématiquement. On peut aussi dessiner sur un ballon qui présente l'avantage d'être plus facile à manipuler.

On considère, dans l'espace euclidien E muni d'une origine O la sphère S de rayon 1. Nous admettrons qu'il existe une mesure des aires, additive et invariante par déplacement, pour les parties « raisonnables » de la sphère. En particulier, l'aire de la sphère est égale à 4π.

On considère, sur cette sphère, les grands cercles. Il s'agit des cercles qui sont l'intersection de S avec les plans diamétraux. Ce sont donc des cercles de rayon 1. Si l'on pense au cas de la sphère terrestre, les méridiens sont des grands cercles, mais pas les parallèles, à l'exception de l'équateur. Bien entendu il y a d'autres grands cercles, qui ne passent pas par les pôles (sur une sphère géométrique on peut prendre comme pôles n'importe quel couple de points antipodes, c'est-à-dire symétriques par rapport à O). Précisément, si A et B sont deux points de S distincts et non antipodes, il existe un unique grand cercle qui passe par A et B, c'est l'intersection de S avec le plan (ABO). Les grands cercles ont une propriété importante qui est d'être des **géodésiques** de la sphère c'est-à-dire de réaliser le plus court chemin entre deux points de S, propriété qui les rapproche des droites du plan et qui fait qu'ils vont jouer sur la sphère un rôle analogue à celui des droites dans le plan. On va, en particulier, pouvoir parler de leur angle, bâtir des triangles ou des polygones avec eux, etc.

Il y a toutefois une différence importante avec le plan : si P et Q sont deux points antipodes il y a une infinité de grands cercles qui les joignent (penser aux méridiens qui joignent le pôle nord et le pôle sud). Deux demi-grands cercles [4] joignant P et Q déterminent ce que nous appellerons un fuseau [5] (on pensera aux fuseaux horaires).

Il y a deux façons équivalentes de définir l'angle d'un fuseau joignant P et Q (ou l'angle des grands cercles qui le définissent). On peut le définir comme l'angle des tangentes en P aux demi-grands cercles qui limitent le fuseau, c'est-à-dire l'angle des demi-droites $[Pa)$ et $[Pb)$ (voir [6] fig. 87). Bien entendu, on pourrait aussi bien utiliser les tangentes en Q.

Si on appelle A et B les points d'intersection des demi-grands cercles limitant le fuseau et de l'équateur (c'est-à-dire du grand cercle situé dans le plan diamétral perpendiculaire à (PQ)), on peut aussi définir l'angle du fuseau comme l'angle $\widehat{AOB}$. Comme les tangentes au fuseau en P sont dans un plan parallèle au plan (OAB), l'angle $\widehat{aPb}$ se conserve et est bien égal à $\widehat{AOB}$ par projection.

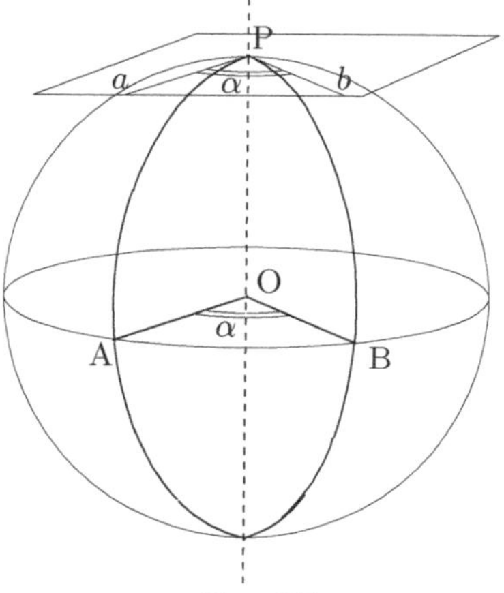

FIG. 87.

La mesure en radians de cet angle est donc la longueur de l'arc AB de l'équateur.

Ainsi, l'angle, mesuré en degrés, d'un méridien avec le méridien de Greenwich n'est autre que la longitude.

L'aire d'un fuseau d'angle θ radians vaut 2θ. En effet, l'aire du fuseau est proportionnelle [7] à l'angle et l'aire totale correspond à la longueur de l'équateur tout entier, donc à l'angle 2π, de sorte que l'aire du fuseau vaut $4\pi \times \dfrac{\theta}{2\pi} = 2\theta$.

Nous allons considérer des triangles curvilignes sur la sphère. Un tel triangle est donné par trois points A, B, C de la sphère, non antipodes. Il

4. Non tracés sur le même grand cercle

5. En fait ils en délimitent deux ; on choisira toujours celui qui coupe l'équateur associé aux pôles P et Q selon le « plus petit » arc.

6. Quand on représente en perspective une sphère vue par un observateur situé au-dessus de l'équateur, le pôle nord est visible et ne se trouve pas sur le « contour apparent », et le pôle sud est invisible, comme sur la figure ci-contre.

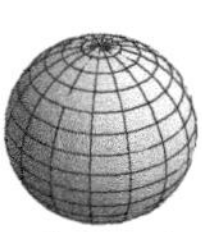

Cependant, il nous semble que la figure 87, bien que non conforme aux règles de la perspective, permet de mieux comprendre les relations géométriques entre les divers éléments.

7. La démonstration de ce fait est identique à celle de la proportionnalité de l'aire du secteur et de l'angle, voir chapitre 7, 4.7.

est limité par les trois arcs de grands cercles qui joignent ces points (il y a deux arcs joignant deux points ; on choisit à chaque fois l'arc « mineur », c'est-à-dire le plus court des deux). Le triangle est alors l'intersection de trois fuseaux de sommets A, B, C (fig. 88). Il a donc une aire et trois angles.

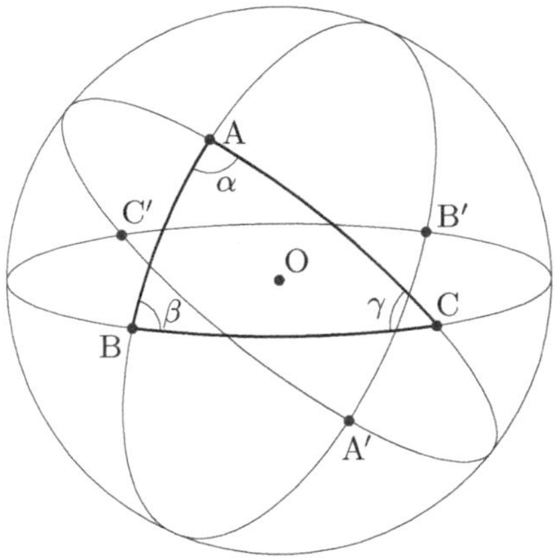

FIG. 88.

Contrairement au cas des triangles plans dans lesquels la somme des angles vaut toujours π, sur la sphère cette somme des angles dépend de l'aire comme le montre la formule suivante :

Proposition 2.1 (Formule de Girard). *Soit* ABC *un triangle tracé sur la sphère unité* S, *soient* T *son aire et* α, β, γ *ses angles, mesurés en radians. On a la formule :*

$$\alpha + \beta + \gamma = \pi + \mathrm{T}$$

Démonstration. On se reportera à la figure 88 pour suivre cette démonstration. On considère le grand cercle de plan OBC que l'on prend comme équateur et on suppose le point A dans l'hémisphère nord. Nous allons calculer l'aire de l'hémisphère nord S^+ de deux manières. D'abord, puisqu'il s'agit de la moitié de la sphère, son aire vaut 2π. Ensuite, voir figure 88, S^+ est réunion du fuseau de sommet B contenant le triangle ABC, du fuseau de sommet C contenant ABC (en comptant le triangle une deuxième fois) et du fuseau de sommet A contenant le triangle opposé à ABC (son antipode), moins ce triangle, qui a pour aire T par symétrie. En définitive on a donc : $2\pi = 2\beta + 2\gamma - \mathrm{T} + 2\alpha - \mathrm{T}$ ce qui donne la formule voulue.

Exemple 2.2. Si on prend sur la Terre le pôle nord comme point A, la ville de Libreville au Gabon comme point B (10 degrés de longitude est) et le centre de Sumatra comme point C (100 degrés de longitude est), de sorte que B et C sont sur l'équateur, on a un triangle qui a trois angles droits ! Comme c'est le quart de l'hémisphère nord, son aire est bien égale à $\pi/2$ et on vérifie la formule de Girard.

On peut généraliser la formule de Girard à un polygone sphérique « convexe » c'est-à-dire une partie de la sphère limitée par des arcs de grands cercles et tout entière située d'un seul côté par rapport à chaque arc :

Corollaire 2.3. *Soit* K *un polygone sphérique « convexe » à* n *côtés tracé sur la sphère unité. La somme des angles de* K *est égale à* $(n-2)\pi + \mathscr{A}(\mathrm{K})$ *où* $\mathscr{A}(\mathrm{K})$ *désigne l'aire de* K.

Démonstration. Il suffit de partager K en $n-2$ triangles sphériques tous issus du même sommet et d'appliquer la formule de Girard à ces triangles.

B. LA FORMULE D'EULER

Théorème 2.4 (Formule d'Euler). *Soit* P *un polyèdre convexe, et soient* s, a, f *ses nombres de sommets, d'arêtes et de faces. On a la formule :*

$$s - a + f = 2.$$

Démonstration. Comme un polyèdre convexe est un bon polyèdre, on peut choisir un point O intérieur vérifiant la propriété « des demi-droites ». On prend ce point comme origine et, quitte à changer d'unité de longueur, on peut supposer que la boule unité contient P. On considère alors la projection centrale de la frontière de P sur la sphère unité S qui consiste à associer à un point M de la frontière de P l'unique point M′ de S où la demi-droite [OM) rencontre S. Dans cette opération, les arêtes de P deviennent des arcs de grands cercles de S. En effet, si [AB] est une telle arête, les points A′ et B′ sont sur les droites (AO) et (BO), donc sont dans le plan OAB et le segment [AB] se projette sur l'arc de grand cercle qui joint A′ et B′. (On se souviendra que l'intersection de la sphère avec un plan passant par son centre est un grand cercle.)

On obtient ainsi, tracé sur S, un polyèdre sphérique P′ dont les faces sont des polygones sphériques convexes, et qui possède exactement autant de sommets, d'arêtes et de faces que P (fig. 89 pour le cas du cube). On est donc ramené à montrer la formule d'Euler pour P′.

Pour $n \geqslant 3$, notons f_n le nombre de faces à n côtés de P′, de sorte qu'on a $f = \sum_{n \geqslant 3} f_n$. On peut alors calculer le nombre d'arêtes a en fonction

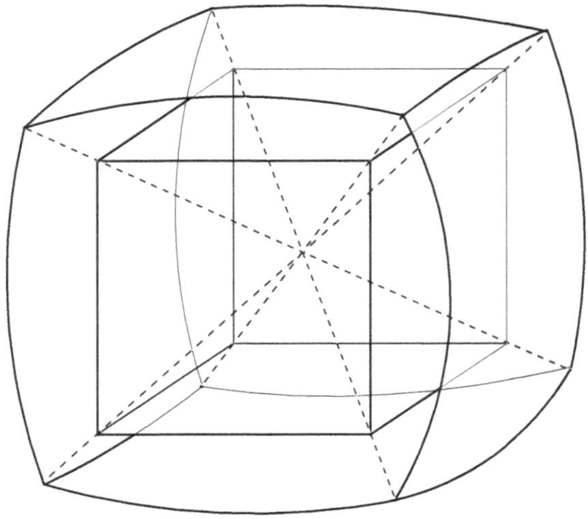

FIG. 89.

des f_n. En effet, chaque face à n côtés contient n arêtes, ce qui donne nf_n arêtes pour toutes les faces à n côtés. On a donc en tout $\sum\limits_{n\geqslant 3} nf_n$ arêtes, mais dans ce calcul, comme chaque arête est commune à deux faces, elle est comptée deux fois et ce total est donc égal à $2a$.

Nous allons calculer maintenant la somme Σ de tous les angles du polyèdre sphérique P′ de deux manières différentes. D'abord, en chaque sommet, la réunion de tous les angles recouvre toute la sphère[8], donc leur somme vaut 2π (calculée dans le plan diamétral perpendiculaire à (OA), cette somme est $\widehat{A'_1OA'_2} + \widehat{A'_2OA'_3} + \cdots + \widehat{A'_nOA'_1} = 2\pi$). On a donc $\Sigma = 2s\pi$. Ensuite, pour chaque face à n côtés de P′, le corollaire de la formule de Girard montre que la somme des angles vaut $(n-2)\pi + \mathscr{A}$ où $\mathscr{A}$ désigne l'aire de la face. Comme la somme de toutes les aires des faces n'est autre que l'aire de la sphère tout entière, c'est-à-dire 4π, on obtient, en faisant la somme de toutes ces quantités pour toutes les faces :

$$\Sigma = \sum_{n\geqslant 3} f_n(n-2)\,\pi + 4\pi = \sum_{n\geqslant 3} nf_n\,\pi - 2\sum_{n\geqslant 3} f_n\pi + 4\pi = 2a\pi - 2f\pi + 4\pi.$$

On a donc obtenu $2s\pi = 2a\pi - 2f\pi + 4\pi$, soit $s - a + f = 2$, cqfd.

Remarque 2.5. La formule d'Euler est valable pour de nombreux polyèdres non convexes, notamment pour les « bons » polyèdres. Il faut toutefois prendre garde que ce qu'on appelle face dans ce cas n'est pas très clair, voir l'exemple du cube posé sur un cube (fig. 90). La formule est fausse

8. Attention, dans l'opération de projection, les angles ont augmenté !

si on compte comme une seule face la face qui a un trou. La formule est radicalement fausse, en revanche, pour des polyèdres à trous (fig. 91) (si le polyèdre a un trou on a $s - a + f = 0$, au moins si les faces sont des polygones sans trous... courez vite lire Lakatos !).

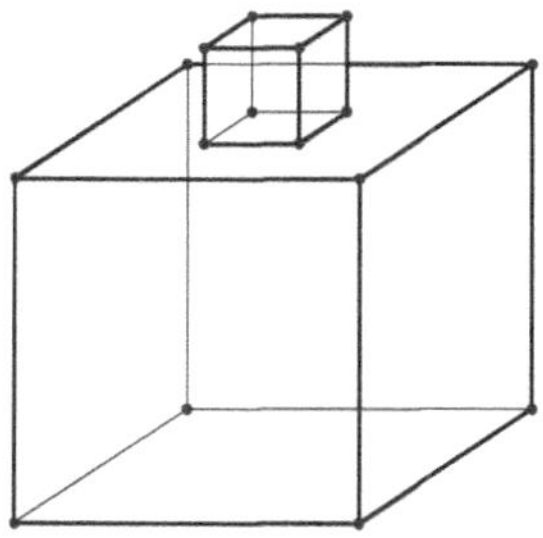

FIG. 90.

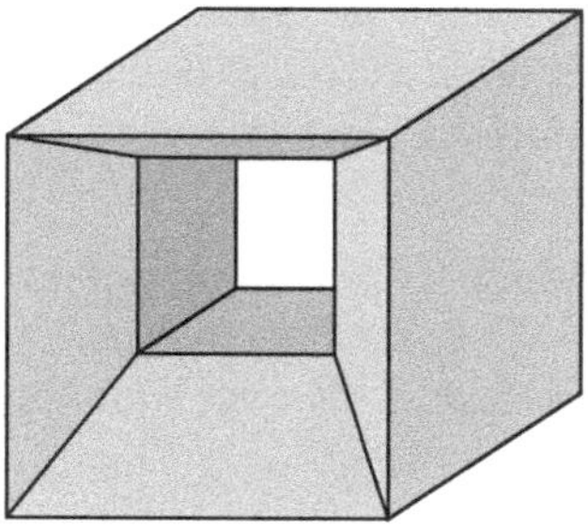

FIG. 91.

Remarque 2.6. La formule d'Euler, qui date de 1750 est, en fait, déjà pratiquement contenue dans une formule due à Descartes (1596-1650). Si P est un polyèdre convexe, de sommets $\mathrm{A}_1, \ldots, \mathrm{A}_s$, la règle de la somme des angles (voir 1.5.4) montre que la somme δ_i des angles des faces du polygone qui aboutissent en A_i est strictement plus petite que 2π. La formule de Descartes affirme alors qu'on a $\sum_{i=1}^{s}(2\pi - \delta_i) = 4\pi$. Par exemple, pour un cube, il y a 8 sommets et en chacun d'eux on a $\delta_i = 3\pi/2$, de sorte que $2\pi - \delta_i = \pi/2$ et on a bien $\sum_i \delta_i = 8(\pi/2) = 4\pi$.

Cette formule est équivalente à la formule d'Euler (et se démontre elle aussi par la trigonométrie sphérique). On peut la déduire de la formule d'Euler de la façon suivante. On a $\sum_{i=1}^{s}(2\pi - \delta_i) = 2\pi s - \sum_{i=1}^{s} \delta_i$. Mais la somme de tous les δ_i n'est autre que la somme de tous les angles du polyèdre, qui vaut $\sum\limits_{n\geqslant 3} f_n(n-2)\,\pi$ puisque la somme des angles d'une face plane à n côtés vaut $(n-2)\pi$. En vertu des expressions de a et f en fonction des f_n données ci-dessus, cette somme est donc égale à $(2a - 2f)\pi$ et la formule cherchée résulte de la formule d'Euler. Le même calcul, lu à l'envers, donne la formule d'Euler à partir de celle de Descartes.

Si le nom d'Euler a été donné à cette formule plutôt que celui de Descartes c'est que le manuscrit de celui-ci *De solidorum elementis*, voir [De2], s'est perdu et qu'il n'a été retrouvé que deux siècles plus tard (en 1860) parmi les papiers de Leibniz (1646-1716).

3. Les polyèdres convexes réguliers

A. DÉFINITION

Il y a de nombreuses définitions équivalentes des polyèdres réguliers. Celle que nous donnons ici est la plus simple à vérifier, mais pas nécessairement la plus commode pour les applications. Le lecteur en trouvera deux autres ci-dessous § C. L'idée intuitive qui sous-tend toutes ces définitions c'est que dans un polyèdre régulier, « tout est pareil » : faces, arêtes, sommets.

Définition 3.1. *Soit* P *un polyèdre convexe. On dit que* P *est* **régulier** *si les faces de* P *sont des polygones réguliers ayant tous le même nombre p de côtés et si en chaque sommet de* P *aboutissent le même nombre q de faces (ou d'arêtes).*

Remarque 3.2. Comme les faces de P sont des polygones réguliers, les arêtes d'une même face sont de même longueur. Il en est encore ainsi pour les arêtes de deux faces adjacentes, puisqu'elles ont une arête commune. On montre ainsi de proche en proche que toutes les arêtes de P ont même longueur et il en résulte que toutes les faces de P sont isométriques.

B. DÉTERMINATION COMBINATOIRE DES POLYÈDRES CONVEXES RÉGULIERS

Nous allons démontrer le théorème suivant :

Théorème 3.3. *Il y a cinq polyèdres réguliers convexes appelés : tétraèdre, octaèdre, cube, icosaèdre, dodécaèdre. Les couples (p, q) correspondants sont les suivants :*

$$(3,3),\ (3,4),\ (4,3),\ (3,5),\ (5,3).$$

Les triplets (s, a, f) correspondants sont les suivants :

$$(4,6,4),\ (6,12,8),\ (8,12,6),\ (12,30,20),\ (20,30,12).$$

Démonstration. On commence par déterminer les couples (p, q). Rappelons que les nombres p et q sont $\geqslant 3$ (les faces ont au moins trois côtés et trois arêtes au moins aboutissent en un sommet, voir 1.5). Pour montrer que les seuls cas possibles sont ceux énumérés ci-dessus, nous utilisons la règle de la somme des angles : la somme des angles des faces aboutissant en un sommet est $< 2\pi$ (en radians) ou < 360 (en degrés). Rappelons que l'angle en un sommet d'un polygone régulier à p côtés vaut $\dfrac{(p-2)\pi}{p}$ (ou $\dfrac{(p-2)\times 180}{p}$ en degrés).

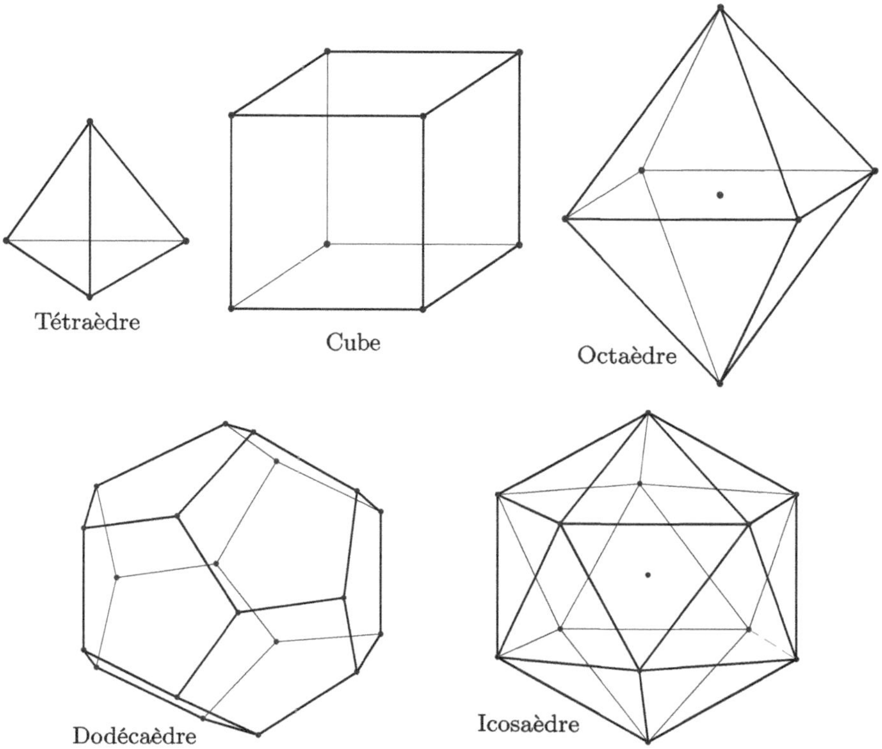

FIG. 92.

Chaque face étant régulière, son angle est au moins celui du triangle équilatéral, soit 60 degrés. Cela montre que q est < 6 (car $6 \times 60 = 360$). Comme il y a au moins trois faces en chaque sommet, l'angle de chacune d'elle est < 120 degrés (car $3 \times 120 = 360$), et on a donc $p < 6$. (Si l'on a déjà observé des nids d'abeilles ou des tomettes, on aura noté que 3 hexagones réguliers forment une figure plane !)

On voit ainsi que les nombres p et q valent $3, 4$ ou 5. De plus le cas $p = 4, q = 4$ est impossible (car $4 \times 90 = 360$) et, *a fortiori* les cas $(4, 5), (5, 4)$ et $(5, 5)$. Il reste donc seulement les couples annoncés.

Pour calculer s, a et f, nous allons utiliser la formule d'Euler en dénombrant les nombres s et f en fonction de p, q et a. Comme il part q arêtes de chaque sommet et que chaque arête contient deux sommets, on a $qs = 2a$, d'où $s = \frac{2a}{q}\cdot$ Comme chaque face contient p arêtes et que chaque arête est commune à deux faces, on a $pf = 2a$, d'où $f = \frac{2a}{p}\cdot$ En vertu de la formule d'Euler on a donc $\frac{2a}{q} - a + \frac{2a}{p} = 2$ ou encore

$$(*) \qquad \frac{1}{p} + \frac{1}{q} = \frac{1}{2} + \frac{1}{a}\cdot$$

La formule $(*)$ permet de calculer a à partir de (p, q). On trouve successivement pour les cinq couples (p, q) : $a = 6, 12, 12, 30, 30$. On en déduit s et f par les formules données ci-dessus et on obtient les 5 solutions annoncées.

Remarques 3.4. 1) Attention, en toute rigueur il reste à accomplir la partie la plus difficile de la tâche qui consiste à montrer l'existence des polyèdres réguliers en question. Nous n'aborderons pas ce problème. Cependant, le plus convaincant reste sans doute de construire réellement les solides proposés (avec du carton, des tubes, des plaques de plastique, voir le matériel proposé).

2) Une lecture attentive des chiffres montre une propriété de dualité : entre cube et octaèdre d'une part et icosaèdre et dodécaèdre d'autre part, on constate que les nombres p et q sont échangés, de même que les nombres s et f, tandis que le nombre a est le même. On dit que le cube et l'octaèdre sont **duaux** l'un de l'autre de même que l'icosaèdre et le dodécaèdre. Le tétraèdre, lui, est son propre dual. Une façon de comprendre cette dualité est la suivante : si on prend les centres des faces d'un cube on obtient les sommets d'un octaèdre, et *vice versa*. De même pour les autres polyèdres.

3) Par parenthèse, on notera que la formule $(*)$ fournit une autre démonstration de 3.3. Déjà, elle montre que p et q sont < 6. En effet, si p, par exemple, était $\geqslant 6$, comme q est $\geqslant 3$ on aurait $\frac{1}{p} + \frac{1}{q} \leqslant \frac{1}{6} + \frac{1}{3} = \frac{1}{2}$, ce qui contredit le fait que a est > 0. Les seules valeurs possibles de p et q sont donc $3, 4$ ou 5. De plus, si p, par exemple, est $\geqslant 4$, q est nécessairement égal à 3. En effet, sinon p et q seraient tous deux $\geqslant 4$ et on aurait donc $\frac{1}{p} + \frac{1}{q} \leqslant \frac{1}{4} + \frac{1}{4} = \frac{1}{2}$, contredisant encore $a > 0$. Les seules solutions possibles pour p et q sont donc celles annoncées.

C. D'AUTRES CARACTÉRISATIONS DE LA RÉGULARITÉ

Pour donner (sans démonstrations) ces propriétés nous aurons besoin de deux notions supplémentaires :

Définition 3.5. *Soient* H' *et* H'' *deux plans se coupant selon une droite* D. *Soit* O *un point de* D *et* Δ' *et* Δ'' *les droites de* H' *et* H'' *perpendiculaires à* D *en* O. *L'***angle dièdre** *de* H' *et* H'' *est l'angle (saillant) des droites* Δ' *et* Δ''. *Il ne dépend pas du choix du point* O. *Cette définition s'applique en particulier à deux faces d'un polyèdre se coupant selon une arête.*

Définition 3.6. *Soit* P *un polyèdre convexe et* A *un sommet de* P. *L'***étoile** *de* P *en* A *est la figure formée par les extrémités des arêtes issues de* A.

Proposition 3.7. *Si* P *est un polyèdre convexe régulier il vérifie les conditions suivantes :*

1) *Les faces de* P *sont des polygones réguliers tous isométriques et les angles dièdres de* P *sont tous égaux.*

2) *Les faces de* P *sont des polygones réguliers tous isométriques. Pour chaque sommet* A *l'étoile de* P *en* A *est un polygone plan et toutes les étoiles de* P *sont des polygones réguliers isométriques.*

Les propriétés 1) ou 2) constituent des définitions alternatives de la régularité.

Annexe : preuve de 1.5.4

La preuve donnée ci-dessous est celle qui se trouve dans le livre d'Hadamard, voir [Had], mais elle est déjà dans Euclide (Livre XI, propositions XX et XXI), voir [E].

Définition 4.1. *On appelle* **trièdre** *la donnée de trois demi-droites non coplanaires de même origine :* $[\mathrm{O}x), [\mathrm{O}y), [\mathrm{O}z)$. *On note* $\mathrm{O}xyz$ *un tel trièdre.*

La proposition suivante montre que 1.5.4 est vraie pour un trièdre :

Proposition 4.2. *Soit* $\mathrm{O}xyz$ *un trièdre.*

1) *On a* $\widehat{x\mathrm{O}y} < \widehat{x\mathrm{O}z} + \widehat{z\mathrm{O}y}$.

2) *On a* $\widehat{x\mathrm{O}y} + \widehat{y\mathrm{O}z} + \widehat{z\mathrm{O}x} < 2\pi$.

Démonstration. Prouvons d'abord le point 1). On peut supposer $\widehat{x\mathrm{O}y} > \widehat{x\mathrm{O}z}$ sinon le résultat est évident. On trace une demi-droite $[\mathrm{O}z')$ dans le plan $x\mathrm{O}y$, située entre $[\mathrm{O}x)$ et $[\mathrm{O}y)$ et telle que $\widehat{x\mathrm{O}z'} = \widehat{x\mathrm{O}z}$. On prend un point A sur $[\mathrm{O}x)$, un point C sur $[\mathrm{O}z)$ et on porte sur $[\mathrm{O}z')$ le point C′ tel que OC′ = OC. Les triangles OAC et OAC′ sont isométriques (on a OA = OA, OC = OC′ et $\widehat{\mathrm{AOC}} = \widehat{\mathrm{AOC'}} = \widehat{x\mathrm{O}z}$). On en déduit qu'on a aussi AC′ = AC. La droite (AC′) coupe $[\mathrm{O}y)$ en B. On a AB < AC+CB (inégalité triangulaire dans le triangle ABC) et, comme AB = AC′+C′B = AC+C′B, on en déduit C′B < CB. Mais alors, en appliquant la formule d'Al-Kashi en le sommet O des triangles C′OB et COB, on voit qu'on a $\widehat{\mathrm{C'OB}} < \widehat{\mathrm{COB}}$, c'est-à-dire $\widehat{z'\mathrm{O}y} = \widehat{x\mathrm{O}y} - \widehat{x\mathrm{O}z} < \widehat{z\mathrm{O}y}$, cqfd.

Passons au point 2). On considère la demi-droite $[\mathrm{O}z')$ symétrique de $[\mathrm{O}z)$ par rapport à O. On applique 1) à $\mathrm{O}xyz'$. On a ainsi $\widehat{x\mathrm{O}y} < \widehat{x\mathrm{O}z'} +$

$\widehat{z'Oy}$. Mais les angles $\widehat{xOz'}$ et $\widehat{xOz}$ (resp. $\widehat{z'Oy}$ et $\widehat{zOy}$) sont supplémentaires et l'inégalité ci-dessus devient :

$$\widehat{xOy} < \pi - \widehat{xOz} + \pi - \widehat{zOy},$$

d'où le résultat.

Définition 4.3. *Soit n un entier $\geqslant 3$ et soient $[\mathrm{O}x_1), [\mathrm{O}x_2), \ldots, [\mathrm{O}x_n)$, n demi-droites distinctes de même origine. On suppose que pour tout $i = 1, \ldots, n$ les demi-droites $[\mathrm{O}x_k)$ pour $k \neq i, i+1$ sont toutes dans le même demi-espace ouvert E_i^+ limité par le plan $(\mathrm{O}x_i x_{i+1})$ (par convention on pose $\mathrm{O}x_{n+1} = \mathrm{O}x_1$). L'intersection $\mathrm{A} = \bigcap_{i=1}^{n} \mathrm{E}_i^+$ est appelée* **angle polyèdre convexe** *et notée $\mathrm{O}x_1 \ldots x_n$.*

Nous pouvons maintenant démontrer le théorème suivant (qui n'est autre que 1.5.4) :

Théorème 4.4. *Soit $\mathrm{O}x_1 \ldots x_n$ un angle polyèdre convexe. On a (avec la convention $\widehat{x_n\mathrm{O}x_{n+1}} = \widehat{x_n\mathrm{O}x_1}$)*

$$\sum_{i=1}^{n} \widehat{x_i\mathrm{O}x_{i+1}} < 2\pi.$$

Démonstration. On raisonne par récurrence sur n. Pour $n = 3$ le résultat n'est autre que 4.2. On le suppose acquis pour n et on considère un angle polyèdre $\mathrm{O}x_1 \ldots x_{n+1}$. Les plans $(\mathrm{O}x_1x_2)$ et $(\mathrm{O}x_3x_4)$ ont O en commun. Ils ne sont donc pas parallèles et se coupent suivant une droite D. Comme les demi-droites $[\mathrm{O}x_1)$ et $[\mathrm{O}x_2)$ sont dans le même demi-espace limité par le plan $(\mathrm{O}x_3x_4)$, elles sont dans le même demi-plan de $(\mathrm{O}x_1x_2)$ limité par D. De même, $[\mathrm{O}x_3)$ et $[\mathrm{O}x_4)$ sont dans le même demi-plan de $(\mathrm{O}x_3x_4)$ limité par D. On choisit sur D la demi-droite $[\mathrm{O}x)$ de telle sorte que $[\mathrm{O}x_2)$ soit dans le secteur saillant $\widehat{x_1\mathrm{O}x}$. Considérons alors le plan $(\mathrm{O}x_2x_3)$. Le choix précédent assure que $[\mathrm{O}x_1)$ et $[\mathrm{O}x)$ sont de part et d'autre de ce plan et, comme $[\mathrm{O}x_1)$ et $[\mathrm{O}x_4)$ sont du même côté, cela prouve que $[\mathrm{O}x)$ et $[\mathrm{O}x_4)$ sont de part et d'autre de $(\mathrm{O}x_3)$. Comme $[\mathrm{O}x_3)$ et $[\mathrm{O}x_4)$ sont dans le même demi-plan de $(\mathrm{O}x_3x_4)$ limité par D, il en résulte [9] que $[\mathrm{O}x_3)$ est dans l'angle $\widehat{x\mathrm{O}x_4}$. On applique l'hypothèse de récurrence à l'angle polyèdre $\mathrm{O}x_1x\,x_4 \ldots x_{n+1}$ qui n'a plus que n arêtes. On a donc

$$\widehat{x_1\mathrm{O}x} + \widehat{x\mathrm{O}x_4} + \widehat{x_4\mathrm{O}x_5} + \cdots + \widehat{x_{n+1}\mathrm{O}x_1} < 2\pi.$$

9. Pour le lecteur sceptique : on peut faire le calcul en prenant O comme origine et les demi-droites $[\mathrm{O}x_1)$, $[\mathrm{O}x_2)$, $[\mathrm{O}x_3)$ dirigées par les vecteurs $(1,0,0)$, $(0,1,0)$ et $(0,0,1)$. La demi-droite $[\mathrm{O}x_4)$ est alors dirigée par $(1,\beta,\gamma)$ avec $\beta < 0$ et $\gamma > 0$ et $[\mathrm{O}x)$ est engendrée par $(-1,-\beta,0)$. La conclusion en découle.

Mais on a $\widehat{x_1Ox} = \widehat{x_1Ox_2} + \widehat{x_2Ox}$ et $\widehat{xOx_4} = \widehat{xOx_3} + \widehat{x_3Ox_4}$ et comme on a, en vertu de 4.2, $\widehat{x_2Ox_3} < \widehat{x_2Ox} + \widehat{xOx_3}$, on en déduit le résultat.

Bibliographie

[Ber] Berger M., *Géométrie*, Nathan, 1990 (2 vol.).

[BL] Boursin D. et Larose V., *Pliages et mathématiques*, ACL-Editions, 1997.

[De2] Descartes R., *Progymnasta de solidorum elementis (Exercices pour les éléments des solides)*, traduit et présenté par P. Costabel, PUF, 1987.

[E] Euclide, *Les éléments*, Traduction et présentation de Georges Kayas, Éd. du CNRS, 1978.

[Had] Hadamard J., *Leçons de géométrie, II Géométrie dans l'espace*, 8e éd., Armand Colin, 1988.

[La] Lakatos I., *Preuves et réfutations*, Hermann, 1984.

[Po] Polydron, *Matériel scolaire de construction*, voir :
`http://www.polydron.com/`
ou, en France, `http://www.didacto.com/41-polydrons`

PROBLÈMES DU CHAPITRE 9

I. Les polyèdres archimédiens

Le lecteur trouvera au chapitre 10 les définitions précises des prismes, pyramides, etc. et pourra consulter le corrigé de ce problème à la fin du livre.

INTRODUCTION

Nous avons vu dans le cours qu'un polyèdre est régulier si toutes ses faces sont régulières et « pareilles » et si tous ses sommets sont réguliers et « pareils ». Il y a donc plusieurs façons de généraliser cette notion pour définir des polyèdres semi-réguliers, selon qu'on joue sur les faces ou les sommets. Nous étudions ici la notion suivante (il y a une définition duale en échangeant les rôles des faces et des sommets) :

Définition. *Un polyèdre convexe* P *est dit semi-régulier (ou* **archimédien***) s'il vérifie les deux conditions suivantes :*

1) *ses faces sont des polygones réguliers, mais pas nécessairement tous de même type ;*

2) *en chaque sommet aboutissent le même nombre de faces de chaque type, en respectant de plus le même ordre.*

La dernière condition signifie par exemple, dans le cas où les faces qui aboutissent en un sommet du polyèdre archimédien P sont deux carrés et deux triangles, qu'on ne peut avoir autour d'un sommet une alternance triangle, carré, triangle, carré et autour d'un autre sommet une alternance triangle, triangle, carré, carré (voir en 8 *b*) ci-dessous l'exemple du faux cuboctaèdre).

On peut remplacer la condition 2) par le fait que les étoiles des sommets de P sont toutes isométriques.

On découvrira un bel exemple de polyèdre archimédien en regardant un ballon de football. On aura intérêt, pour bien comprendre les problèmes évoqués ci-dessous, à examiner attentivement ce polyèdre (et quelques autres).

On aura souvent à utiliser la « règle de la somme des angles » (la somme des angles des faces en un sommet d'un polyèdre est $< 2\pi$). Il sera parfois plus commode de calculer en degrés et une table des valeurs des angles des polygones réguliers à n côtés pour $n \leqslant 12$ pourra être utile.

A. NOTATIONS

On note, comme d'habitude, s, a, f les nombres de sommets, d'arêtes et de faces de P. Plus précisément, on note f_k le nombre de faces à k côtés de P (on rappelle que k est $\geqslant 3$).

On note q le nombre de faces aboutissant en un sommet. Ce nombre ne dépend pas du sommet en vertu de la condition 2) et il est $\geqslant 3$. Le nombre q est aussi le nombre d'arêtes aboutissant en un sommet.

Le **symbole** du polyèdre P est la suite des nombres de côtés des faces aboutissant en un sommet, dans l'ordre d'adjacence. On le note $(n_1, n_2, \ldots, n_q)$. Attention, la condition d'ordre est importante, par exemple on prendra garde à ne pas confondre les symboles $(3,4,3,4)$ et $(3,3,4,4)$, voir encore une fois l'exemple du faux cuboctaèdre en 8 *b*). En revanche, on ne change rien en permutant circulairement le symbole : les polyèdres de symboles $(3,4,3,4)$ et $(4,3,4,3)$ sont les mêmes, on a simplement commencé l'énumération des faces à un autre endroit. Pour fixer les notations nous choisirons, parmi tous les symboles obtenus par permutation circulaire, le plus petit dans l'ordre lexicographique (c'est-à-dire celui obtenu en mettant autant que possible les plus petits nombres en avant). Cela signifie d'abord que l'on prendra pour n_1 le plus petit des n_i (donc qu'on préférera $(3,4,3,4)$ à $(4,3,4,3)$), mais encore que l'on préférera, par exemple, $(3,3,4,3,4)$ à $(3,4,3,3,4)$.

Pour vérifier qu'il a compris la définition, le lecteur est invité à répondre à la question suivante :

0) Quels sont les symboles des polyèdres réguliers ?

Dans tout ce qui suit on considère un polyèdre archimédien P que l'on suppose **non régulier**. Cela signifie que, dans le symbole de P, les n_i ne sont pas tous égaux. Le but du problème est de classifier les polyèdres archimédiens de manière combinatoire, c'est-à-dire de déterminer tous les symboles possibles, ainsi que les nombres s, a, f correspondants.

B. CALCUL DE s, a, f

Dans ce paragraphe on suppose donné le symbole de P : $(n_1, \ldots, n_q)$ et on cherche à calculer s, a et les f_k. Pour chaque question on traitera comme application numérique le cas où le symbole de P est $(3,4,3,4)$.

a) Si k est un entier $\geqslant 3$, on appelle m_k le nombre de faces à k côtés aboutissant en un sommet de P (il est indépendant du sommet choisi). Indiquer comment le symbole de P détermine les nombres m_k et montrer que l'on a $\sum_k m_k = q$.

b) Calculer les valeurs de a et des f_k en fonction de s et des m_k.

c) En utilisant la formule d'Euler, montrer que la donnée du symbole de P détermine s, a, f_k et f.

C. QUELQUES RÉSULTATS PRÉLIMINAIRES

a) Montrer qu'on a $n_1 = 3, 4$ ou 5 (c'est-à-dire que la plus petite face de P a strictement moins que 6 côtés). (On utilisera la règle de la somme des angles.)

b) Montrer que le nombre q de faces aboutissant en un sommet est égal à $3, 4$ ou 5.

c) Montrer que toutes les arêtes de P ont même longueur.

d) On suppose $q = 3$; soit (n_1, n_2, n_3) le symbole de P. Montrer que si l'un des n_i est impair les deux autres sont égaux. (On pourra s'aider d'un dessin, par exemple, avec $n_i = 5$, et on essaiera de disposer les autres polygones autour d'un polygone à n_i côtés.)

En déduire que les n_i sont ou bien tous pairs ou bien l'un impair et les deux autres pairs et égaux (règle de parité).

D. PRISMES ET ANTIPRISMES

a) Montrer qu'un prisme droit de base un polygone régulier à n côtés, avec $n \geqslant 5$, et à faces latérales carrées, est un polyèdre archimédien de symbole $(4, 4, n)$. Étudier les cas $n = 3$ et $n = 4$.

b) Montrer (en produisant un dessin ou une maquette) qu'il existe un polyèdre archimédien de symbole $(3, 3, 3, n)$ pour tout $n \geqslant 4$ (on l'appelle un « antiprisme » ; on pensera à un tambour). Étudier le cas $n = 3$.

E. LE CAS $n_1 = 5$

Dans cette partie on suppose $n_1 = 5$, de sorte que les faces de P ont au moins 5 côtés.

a) En utilisant la règle de la somme des angles et la règle de parité, montrer que le seul symbole possible est $(5, 6, 6)$. Quel est ce polyèdre ?

b) Calculer, à l'aide du paragraphe 3), les nombres s, a, f_5, f_6 et f.

F. LE CAS $n_1 = 4$

On suppose maintenant $n_1 = 4$.

a) Montrer qu'on a $q = 3$. On note (n_1, n_2, n_3) le symbole de P, avec $n_1 \leqslant n_2 \leqslant n_3$.

b) Montrer que n_2 est pair (on utilisera la règle de parité). Qu'obtient-on pour $n_2 = 4$?

c) On suppose $n_2 > 4$. Montrer (en utilisant la règle des angles) qu'il n'y a que trois symboles possibles que l'on déterminera.

d) Calculer, pour tous les polyèdres obtenus, les valeurs de s, a, f et des f_k.

G. LE CAS $n_1 = 3$

On suppose $n_1 = 3$.

a) Montrer qu'on a $q \leqslant 5$ (cf. 3.b).

b) Montrer qu'il y a quatre symboles possibles avec $q = 3$ et les déterminer. On notera que l'un deux a déjà été rencontré.

¶ *c*) Montrer qu'il y a quatre symboles possibles pour $q = 4$, plus tous ceux des antiprismes. (Si le symbole de P est $(3, n_2, n_3, n_4)$, et si P n'est pas un antiprisme, on montrera qu'on a $n_2 = n_4$ par un raisonnement analogue à celui de 3.d.)

d) Montrer qu'il y a deux symboles possibles pour $q = 5$.

e) Calculer, pour tous les polyèdres obtenus, les valeurs de s, a, f et des f_k.

H. CONCLUSION

a) L'étude précédente laisse présager l'existence, à côté des prismes et des antiprismes, de 13 polyèdres archimédiens. Pour se convaincre de leur existence on produira un dessin ou une maquette pour chacun de ces types de polyèdres.

b) Le polyèdre de symbole $(3,4,3,4)$ est appelé cuboctaèdre. Construire, en coupant un cuboctaèdre en deux coupoles et en les recollant autrement, un faux cuboctaèdre (non archimédien) dont certains sommets ont pour symbole $(3,4,3,4)$ et d'autres $(3,3,4,4)$.

II. Deltaèdres

On appelle **deltaèdre** un polyèdre convexe dont toutes les faces sont des triangles équilatéraux. Le but du problème est de déterminer tous les deltaèdres possibles, de calculer leurs nombres de sommets, d'arêtes et de faces.

Soit P un deltaèdre. On note s, a, f les nombres de sommets, d'arêtes et de faces de P.

1) Justifier le fait que toutes les arêtes de P ont même longueur.

2) Montrer qu'en chaque sommet de P aboutissent 3, 4 ou 5 faces. Selon ces cas on dira qu'un sommet est d'ordre $3,4$ ou 5.

On note désormais p, q, r le nombre de sommets de P respectivement d'ordres 3, 4, 5. Le triplet (p,q,r) est appelé dans ce qui suit le **caractère** de P.

3) Calculer s, a, f en fonction de p, q, r.

4) En utilisant la formule d'Euler, montrer qu'on a $3p + 2q + r = 12$. Dresser une première liste de caractères possibles pour le deltaèdre P. (On rangera cette liste dans l'ordre décroissant des p.) Trois de ces caractères correspondent à des polyèdres connus, lesquels ?

¶ 5) Montrer qu'un sommet d'ordre 3 et un sommet d'ordre 5 ne peuvent être joints par une arête. (Cette question étant plus difficile, on pourra se contenter de donner un argument en faveur du résultat, ou simplement de l'admettre).

6) Montrer que si P a au moins un sommet d'ordre 5 on a $q + r \geqslant 6$ (on utilisera 5)). Montrer que si P a au moins un sommet d'ordre 3 on a $p + q \geqslant 4$.

¶ 7) Montrer qu'on peut réduire le nombre des caractères possibles pour les deltaèdres à 8 caractères dont on donnera la liste. (Indication : Les deux cas les plus difficiles à éliminer sont les caractères $(1,3,3)$ et $(0,1,10)$. Ce dernier est très difficile et on pourra admettre qu'il ne correspond pas à un deltaèdre.) Déterminer dans chaque cas les nombres s, a, f.

III. Existence de polyèdres

Dans tout l'exercice, P désigne un polyèdre convexe. Si k est un entier $\geqslant 3$, on dit qu'un sommet de P est d'ordre k si en ce sommet aboutissent k arêtes (ou k faces). On note s, a, f les nombres de sommets, d'arêtes et de faces de P. Plus précisément, si k est un entier $\geqslant 3$, on note f_k le nombre de faces à k côtés de P et s_k le nombre de sommets d'ordre k de P.

L'objectif de l'exercice est de donner une condition nécessaire et suffisante sur a et f pour qu'il existe un polyèdre convexe admettant a arêtes et f faces.

1) Montrer les formules :

$$f = f_3 + f_4 + f_5 + \cdots = \sum_{k \geqslant 3} f_k, \quad s = s_3 + s_4 + s_5 + \cdots = \sum_{k \geqslant 3} s_k,$$

$$2a = 3f_3 + 4f_4 + 5f_5 + \cdots = \sum_{k \geqslant 3} k\, f_k,$$

$$2a = 3s_3 + 4s_4 + 5s_5 + \cdots = \sum_{k \geqslant 3} k\, s_k.$$

2) Montrer les inégalités $2a \geqslant 3f$, $2a \geqslant 3s$. En déduire les inégalités $3f \geqslant a+6$ et $3s \geqslant a+6$. *Indication : On pourra utiliser la formule d'Euler, multipliée par 3.*

Montrer qu'on a $a \geqslant 6$, puis qu'on a $f \geqslant 4$, $s \geqslant 4$.

3) Montrer qu'il n'existe pas de polyèdre convexe ayant exactement 7 arêtes. *Indication : Combien aurait-il de faces ?*

4) On suppose que P a un sommet d'ordre 3. Montrer qu'il existe un polyèdre convexe P′ dont les nombres de sommets, d'arêtes et de faces sont $s' = s+2, a' = a+3, f' = f+1$ et qui possède au moins une face triangulaire et un sommet d'ordre 3 (on pourra se contenter de produire un dessin). *Indication : Faire une modification de* P *au voisinage du sommet d'ordre 3.*

5) On suppose que P a une face triangulaire. Montrer qu'il existe un polyèdre convexe P′ dont les nombres de sommets, d'arêtes et de faces sont $s' = s+1, a' = a+3, f' = f+2$ et qui possède au moins une face triangulaire et un sommet d'ordre 3 (on pourra se contenter de produire un dessin). *Indication : Faire une modification de* P *au voisinage de la face triangulaire.*

6) Soit n un entier $\geqslant 3$. Montrer (en les nommant, ou en les décrivant, ou en les dessinant) qu'il existe des polyèdres convexes à $n+1$ faces, $n+1$ sommets et $2n$ arêtes. *Indication : Commencer par $n = 3, 4$, les polyèdres cherchés sont des objets bien familiers.*

7) Soit a un entier $\geqslant 6$ et distinct de 7. Montrer qu'il existe un polyèdre convexe possédant a arêtes (pour le cas a impair on pourra utiliser 6) ainsi que 4) ou 5)). *Indication : Commencer par regarder les petits cas.*

8) Soient a et f deux entiers. On pose $s = a - f + 2$. On se propose de montrer par récurrence sur f la propriété $\mathscr{P}$ suivante :

Si l'inégalité $2a \geqslant 3f \geqslant a + 6$ est vérifiée, il existe un polyèdre avec les nombres s, a, f qui possède au moins une face triangulaire et un sommet d'ordre 3.

a) Montrer qu'on a $f \geqslant 4$. Traiter le cas $f = 4$.

b) On suppose l'assertion $\mathscr{P}$ établie pour un nombre de faces $< f$, avec $f \geqslant 5$.

• On considère les triplets $s-1, a-3, f-2$ et $s-2, a-3, f-1$. Montrer que si l'un de ces triplets correspond à un polyèdre convexe avec une face triangulaire et un sommet d'ordre 3, la propriété $\mathscr{P}$ est vraie pour f. *Indication : Utiliser 4) ou 5).*

• En déduire que $\mathscr{P}$ est vraie si l'une des deux relations suivantes est vérifiée :

$$2a \geqslant 3f \geqslant a+9 \quad \text{ou} \quad 2a-3 \geqslant 3f \geqslant a+6.$$

Indication : Utiliser l'hypothèse de récurrence.

• Examiner le cas où aucune des relations précédentes n'est vraie et conclure.

Indication : Traduire le fait que les inégalités ne sont pas vraies, montrer qu'alors on a $f \leqslant 6$ et distinguer les différents cas.

9) Montrer (en les nommant, ou en les décrivant, ou en les dessinant) qu'il existe deux polyèdres convexes ayant les mêmes valeurs de s, a, f, mais des valeurs différentes pour f_3 ou f_4, etc.

IV. Hexaèdres

Dans tout l'exercice, P désigne un polyèdre convexe. On rappelle qu'une arête de P est contenue dans deux faces de P et deux seulement. Si k est un entier $\geqslant 3$, on dit qu'un sommet de P est d'ordre k si en ce sommet aboutissent k arêtes (ou k faces). On note s, a, f les nombres de sommets, d'arêtes et de faces de P. Plus précisément, si k est un entier $\geqslant 3$, on note f_k le nombre de faces à k côtés de P et s_k le nombre de sommets d'ordre k de P. On dira que deux polyèdres P et Q sont de même type si les nombres f_k et s_k sont exactement les mêmes pour P et Q. L'objectif de l'exercice est de déterminer tous les types possibles d'hexaèdres, c'est-à-dire de polyèdres convexes à 6 faces. Attention, on ne suppose aucune propriété de régularité sur P (en particulier, ses faces ne sont pas nécessairement des polygones réguliers). Pour effectuer les dessins demandés on pourra penser à modifier des polyèdres simples (pyramides, prismes, etc.)

Question préliminaire.

a) On suppose que P a un sommet d'ordre n. Justifier le fait que P admet au moins $n+1$ sommets et $n+1$ faces. Dans quel cas a-t-on exactement $n+1$ sommets et $n+1$ faces ?

b) On suppose que P a une face qui est un polygone à n côtés. Justifier le fait que P a au moins $n+1$ faces et $n+1$ sommets. Dans quel cas a-t-on exactement $n+1$ sommets et $n+1$ faces ?

À partir de maintenant on suppose que le polyèdre a 6 faces.

1) Soit n un entier $\geqslant 6$. Montrer qu'on a $f_n = s_n = 0$. (On utilisera la question préliminaire.)

2) Montrer les formules suivantes : $s = a - 4$,

$$f = f_3 + f_4 + f_5 = 6, \qquad s = s_3 + s_4 + s_5,$$

$$2a = 3f_3 + 4f_4 + 5f_5, \qquad f_4 + 2f_5 = 2a - 18 \quad (*),$$

$$2a = 3s_3 + 4s_4 + 5s_5, \qquad s_4 + 2s_5 = 12 - a \quad (**).$$

Montrer qu'on a $9 \leqslant a \leqslant 12$. Préciser les valeurs de s correspondantes.

3) On suppose qu'on a $a = 9$. Déterminer les valeurs possibles des s_k et des f_k et montrer qu'il n'y a qu'un type de polyèdre possible (on utilisera les formules $(*)$ et $(**)$ ci-dessus et la question préliminaire, en se souvenant que les f_k et les s_k sont des entiers $\geqslant 0$). Dessiner ce polyèdre.

4) On suppose qu'on a $a = 10$. Déterminer les valeurs possibles des s_k et des f_k. Montrer qu'il y a deux types de polyèdres possibles. Dessiner ces polyèdres.

5) On suppose qu'on a $a = 11$. Montrer que P ne peut pas avoir deux faces pentagonales (on comptera les sommets de P). Déterminer les valeurs possibles des s_k et des f_k. Montrer qu'il y a deux types de polyèdres possibles. Dessiner ces polyèdres.

6) On suppose qu'on a $a = 12$. Montrer que P ne peut pas avoir trois faces pentagonales. Montrer que P ne peut pas avoir exactement quatre faces quadrilatères. Déterminer les valeurs des s_k et des f_k. Montrer qu'il y a deux types de polyèdres possibles. Dessiner ces polyèdres.

V. Un joli polyèdre

Montrer qu'il existe un polyèdre[10] convexe, à faces toutes régulières, admettant trois faces pentagonales et cinq faces triangulaires, trois sommets de symbole $(3,3,3,5)$ et six de type $(3,5,5)$. (On pourra par exemple en proposer un patron ou une maquette.)

Pour d'autres exercices sur les polyèdres, des figures, voir les serveurs WIMS `http://mathecole.wimsedu.info`

10. Je dois cet exemple à l'imagination de François David.

Chapitre 10
La mesure des volumes

Introduction

Pour l'essentiel le problème de la mesure des volumes est analogue à celui de la mesure des aires et nous le traiterons beaucoup moins en détail, le lecteur devant être capable de transposer ce qui a été fait dans le chapitre sur les aires. Attention, il y a cependant quelques différences notables entre les deux situations. D'abord, la mesure des volumes présente une difficulté supplémentaire importante liée à la vision et à la représentation dans le plan des figures de l'espace. Comme il a été dit dans le chapitre de rappels, tous les moyens sont bons pour acquérir cette vision dans l'espace. S'agissant des volumes, les découpages ou les puzzles réalisés à partir de maquettes seront donc essentiels. Ensuite, on verra que, sur le plan mathématique, la théorie présente quelques difficultés supplémentaires, parfois spectaculaires, voir § 6 et 7.

Le lecteur est averti que les démonstrations de ce chapitre seront, la plupart du temps, données de manière très succincte. Pour d'autres aspects de la question, voir le site *Images des mathématiques* : `http://images.math.cnrs.fr/Aires-et-volumes-decoupage-et,725.html`

1. Un peu de vocabulaire

Définition 1.1. 1) *Un* **parallélipipède** [1] P *est un polyèdre convexe défini comme intersection de 6 demi-espaces limités par 6 plans deux à deux parallèles. Les faces d'un parallélipipède sont des parallélogrammes. On peut aussi voir* P *ainsi : on considère un parallélogramme* K *et un vecteur* $\vec{v}$ *non dans le plan de* K*. Le parallélipipède* P *est alors la réunion de tous les segments* [MM'] *avec* $\mathrm{M} \in \mathrm{K}$ *et* $\overrightarrow{\mathrm{MM'}} = \vec{v}$.

2) *On dit que* P *est un* **parallélipipède rectangle** *si les plans non parallèles qui le définissent sont perpendiculaires. Ses faces sont alors des rectangles. Bien entendu un* **cube** *est un parallélipipède rectangle dont les faces sont des carrés (nécessairement isométriques).*

1. On dit aussi parallélépipède, voire pavé.

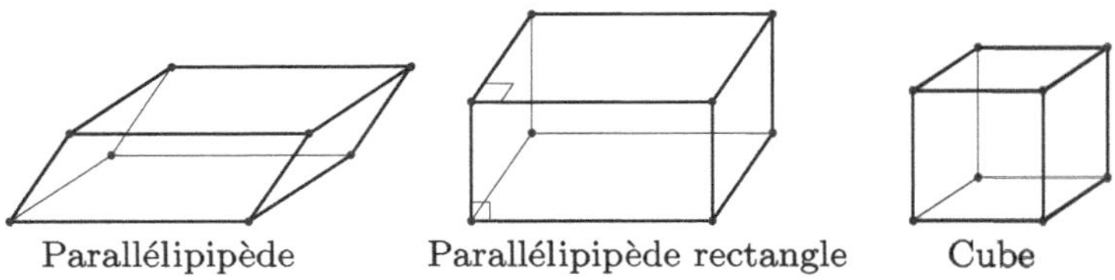

FIG. 93.

Définition 1.2. *Soient* K *un polygone plan (non nécessairement convexe) de sommets* $A_1, \ldots, A_n$*,* $\vec{v}$ *un vecteur n'appartenant pas au plan de* K *et* τ *la translation de vecteur* $\vec{v}$*. Soit* $K' = \tau(K)$ *le polygone translaté, de sommets* A'_i *(*K′ *est situé dans un plan parallèle au plan de* K*). La réunion de tous les segments* [MM′] *pour* $M \in K$ *et* $M' = \tau(M)$ *est un polyèdre appelé* **prisme**. *Ses faces sont* K, K′ *(appelées* **bases** *de* P*) et les* n *parallélogrammes* $A_iA_{i+1}A'_{i+1}A'_i$ *(*i *est pris ici modulo* n*). Le prisme est dit* **droit** *si le vecteur* $\vec{v}$ *est perpendiculaire au plan de* K*. Les faces autres que* K *et* K′ *sont alors des rectangles.*

Si K *est un parallélogramme on retrouve le cas du parallélipipède.*

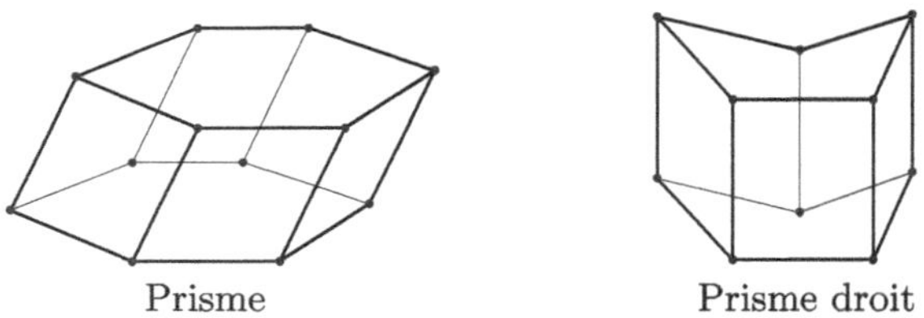

FIG. 94.

Définition 1.3. *Soient* K *un polygone plan (non nécessairement convexe) de sommets* $A_1, \ldots, A_n$ *et* O *un point n'appartenant pas au plan de* K*. La réunion des segments* [MO] *pour* $M \in K$ *est un polyèdre* P *appelé* **pyramide** *de sommet* O *et de base* K*. Les faces de* P *sont* K *et les* n *triangles* OA_iA_{i+1} *(*i *est toujours pris modulo* n*). Lorsque* $n = 3$*, on dit que* P *est un* **tétraèdre**.

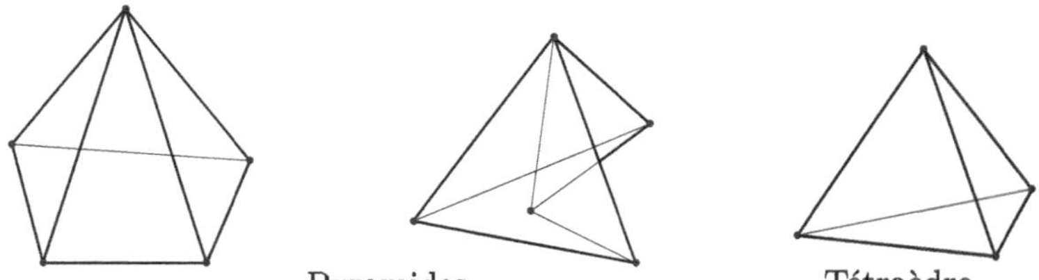

FIG. 95.

Définition 1.4. *Soient* B *une partie d'un plan*[2], $\vec{v}$ *un vecteur n'appartenant pas au plan de* B *et* τ *la translation de vecteur* $\vec{v}$. *Soit* $B' = \tau(B)$. *La réunion de tous les segments* [MM'] *avec* $M \in B$ *et* $M' = \tau(M)$ *est appelée* **cylindre** *de base* B. *On dit que le cylindre est* **droit** *si le vecteur* $\vec{v}$ *est perpendiculaire au plan de* B. *Lorsque* B *est un polygone, on retrouve la notion de prisme.*

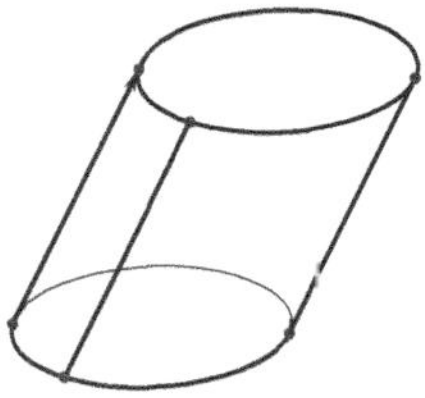

cylindre

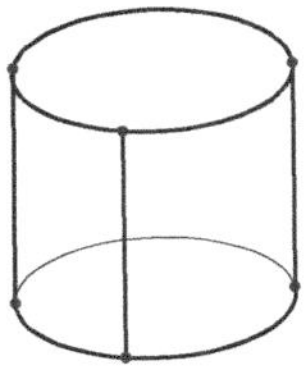

cylindre droit

FIG. 96.

Définition 1.5. *Soient* B *une partie d'un plan et* O *un point hors du plan de* B. *La réunion des segments* [MO] *pour* $M \in B$ *est appelée* **cône** *de sommet* O *et de base* B. *Si la base est un disque, le cône est dit droit si le sommet se projette orthogonalement au centre du disque. Lorsque* B *est un polygone on retrouve la notion de pyramide.*

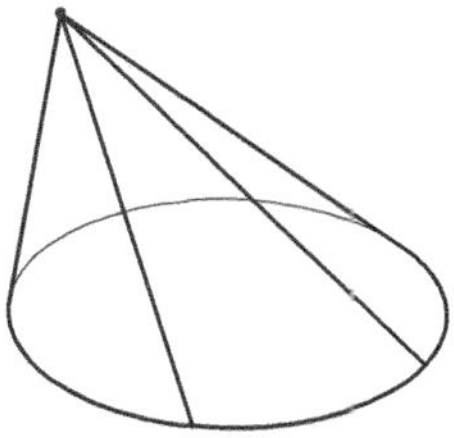

Cône

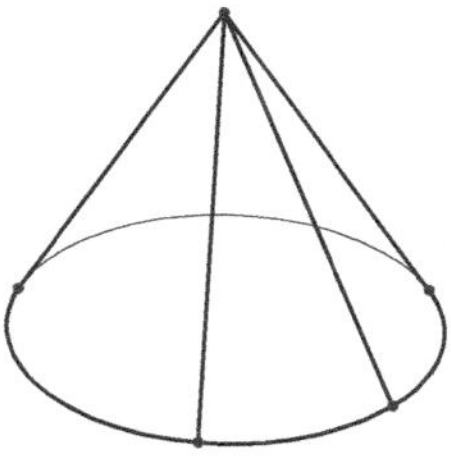

Cône droit

FIG. 97.

Définition 1.6. *La* **boule** *(fermée) de centre* A *et de rayon* r *est l'ensemble des points* M *tels que* $AM \leqslant r$. *La* **sphère** *de centre* A *et de rayon* r *est l'ensemble des points* M *tels que* $AM = r$.

2. Par exemple, un disque, ou une ellipse et son intérieur, etc.

2. Axiomes et construction de la mesure des volumes

A. LES AXIOMES

La définition d'une mesure des volumes est copiée sur celle des aires, voir chapitre 7, il suffit de changer l'unité et l'axiome d'homogénéité :

Définition 2.1. *On considère un espace euclidien* E *de dimension* 3 *et on choisit un repère orthonormé* $(O, \vec{i}, \vec{j}, \vec{k})$ *de* E. *Une* **mesure des volumes** *est une application* v *définie sur un ensemble* $\mathscr{C}$ *de parties de* E *et à valeurs dans* $\mathbf{R}^+$, *vérifiant les propriétés suivantes :*

0) *si* K *est le cube unité construit sur le repère* $(O, \vec{i}, \vec{j}, \vec{k})$, K *est dans* $\mathscr{C}$ *et on a* $v(K) = 1$,

1) v *est* **simplement additive** *: si on a des parties* $A, B \in \mathscr{C}$ **disjointes** *(c'est-à-dire vérifiant* $A \cap B = \emptyset$*), on a* $v(A \cup B) = v(A) + v(B)$.

2) v *est* **invariante par isométrie** *: si* A *est dans* $\mathscr{C}$ *et si* g *est une isométrie,* $g(A)$ *est dans* $\mathscr{C}$ *et on a* $v(g(A)) = v(A)$,

3) v *est* **homogène** *: si* A *est dans* $\mathscr{C}$ *et si* h *est une homothétie de rapport* λ, $h(A)$ *est dans* $\mathscr{C}$ *et on a* $v(h(A)) = |\lambda|^3 v(A)$.

Remarques 2.2. 1) Les éléments de $\mathscr{C}$ sont les parties de E dites *cubables*, c'est-à-dire celles dont on peut calculer les volumes. Comme pour les aires, on se limite aux parties bornées. Bien entendu, toutes les parties usuelles (polyèdres, boules, cylindres et cônes à bases raisonnables) sont cubables.

2) L'axiome 1) implique encore que « le tout est plus grand que la partie », c'est-à-dire que si $A \subset B$ on a $v(A) \leqslant v(B)$.

3) Comme pour les aires, les axiomes 1) et 2) signifient que le volume est invariant par découpage et recollement. Comme dans le cas des aires, on déduit des axiomes une propriété plus forte qui affirme que l'additivité vaut aussi si les parties sont presque disjointes, c'est-à-dire si elles n'ont en commun que des parties planes ou plus généralement des portions de surfaces.

4) Comme dans le cas des aires, on peut développer la théorie sans l'axiome d'homogénéité. Les mêmes raisons que dans le cas du plan nous ont conduit à l'ajouter ici. Attention, autant dans le cas des aires cette adjonction était innocente, autant ici elle ne l'est plus, voir § 6 et 7.

5) Comme dans le cas des aires, il faut distinguer entre la grandeur « volume » et sa mesure. Dans ce qui suit nous utiliserons systématiquement la grandeur à partir de 3.2, en convenant (c'est justement 3.2 qui le justifie) que le produit de trois longueurs est un volume.

B. UN MOT SUR LA CONSTRUCTION

La construction de la mesure des volumes est tout à fait analogue à celle des aires, voir [Le] pour toutes précisions. On part du cube unité et on utilise des pavages de l'espace par des cubes de côtés 1, puis $\frac{1}{10}$, puis $\frac{1}{10^n}$. On encadre alors toute partie bornée par des réunions de cubes du pavage d'ordre n et les ensembles cubables sont définis dans l'espace, *mutatis mutandis*, comme les quarrables le sont dans le plan : ce sont ceux pour lesquels les deux suites des volumes des réunions de cubes intérieurs et extérieurs sont adjacentes. Pour ces parties, la mesure du volume est définie de manière unique[3] comme la limite de ces suites adjacentes.

On montre que la mesure des volumes ainsi définie vérifie les axiomes (y compris la version améliorée de l'axiome 1) avec les réunions presque disjointes) et que les polyèdres ont un volume. On montre aussi que les solides usuels (sphère, cylindre, cône) ont eux aussi un volume.

3. Calcul de volumes par découpage et recollement

Comme dans le cas des aires, il y a essentiellement deux procédés de calcul du volume des solides : la méthode de découpage-recollement (en un nombre fini de morceaux) et les méthodes d'analyse qui utilisent des encadrements ou le calcul des primitives. Nous allons voir que grâce à l'axiome d'homogénéité, on peut calculer tous les volumes des polyèdres par découpage et recollement. Il n'en serait pas de même sans cet axiome et les Grecs, qui ne l'employaient pas, ont utilisé un passage à la limite pour le calcul du volume de la pyramide. On montre d'ailleurs que l'analogue du théorème de Bolyai est faux dans l'espace, voir § 7.A.

A. CUBES ET PARALLÉLIPIPÈDES RECTANGLES

Proposition 3.1. *Le volume d'un cube de côté a est a^3.*

Démonstration. C'est immédiat à partir du volume du cube unité en utilisant l'homogénéité et l'invariance par déplacement.

Proposition 3.2. *Le volume d'un parallélipipède rectangle* P *de côtés a, b, c est $v(\mathrm{P}) = abc$.*

Démonstration. Nous donnons ici une preuve fondée sur l'axiome d'homogénéité d'une part et les identités remarquables d'autre part. Pour une autre preuve par passage à la limite, voir 6.1. On note K_a un cube de côté a et $\mathrm{P}_{a,b,c}$ un parallélipipède de côtés a, b, c. On commence par calculer $v(\mathrm{P}_{b,b,a})$ avec $a < b$. La figure fondamentale est la suivante :

3. On peut donc parler de **la** mesure des volumes, une fois l'unité fixée.

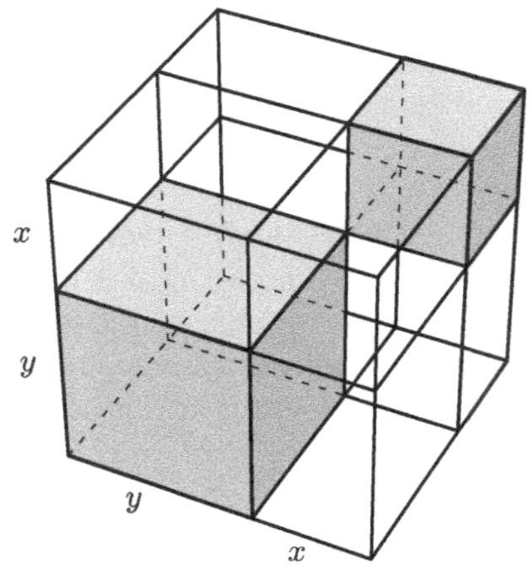

FIG. 98.

On peut voir le grand cube de cette figure de deux manières, soit comme un cube de côté $a+b$, les petits cubes étant alors de côtés $x=a$, $y=b$, soit comme un cube de côté b avec des petits cubes de côté $x=a$, $y=b-a$. Dans le premier cas, K_{a+b} est réunion presque disjointe de deux cubes K_a et K_b, de trois parallélipipèdes $\mathrm{P}_{a,a,b}$ et de trois $\mathrm{P}_{b,b,a}$. Cela conduit à la formule :

$$v(\mathrm{K}_{a+b}) = v(\mathrm{K}_a) + v(\mathrm{K}_b) + 3v(\mathrm{P}_{a,a,b}) + 3v(\mathrm{P}_{b,b,a}).$$

Dans le second, le cube K_b est réunion du cube K_{b-a} et de trois pavés $\mathrm{P}_{b,b,a}$, mais cette réunion n'est plus disjointe et, pour avoir une réunion disjointe, il faut enlever trois $\mathrm{P}_{a,a,b}$ et ajouter un cube K_a. On obtient la formule :

$$v(\mathrm{K}_b) = v(\mathrm{K}_{b-a}) + 3v(\mathrm{P}_{b,b,a}) - 3v(\mathrm{P}_{a,a,b}) + v(\mathrm{K}_a).$$

Comme on connaît le volume du cube et les deux identités remarquables $(a+b)^3 = a^3 + 3a^2b + 3ab^2 + b^3$ et $(b-a)^3 = b^3 - 3ab^2 + 3a^2b - a^3$, en ajoutant les égalités précédentes on obtient :

$$6v(\mathrm{P}_{b,b,a}) = (a+b)^3 - (b-a)^3 - 2a^3 = 6ab^2.$$

On en déduit aussi le volume $v(\mathrm{P}_{a,a,b}) = a^2b$.

Pour passer au cas général, on utilise un découpage analogue : on découpe le pavé $\mathrm{P}_{a+b,a+b,c}$ en un $\mathrm{P}_{a,a,c}$, un $\mathrm{P}_{b,b,c}$ et deux $\mathrm{P}_{a,b,c}$ et on utilise l'identité $(a+b)^2c = a^2c + b^2c + 2abc$.

B. PRISMES ET CYLINDRES DROITS

Proposition 3.3. *Soit* P *un prisme droit de bases* $\mathrm{K} = \mathrm{A}_1 \ldots \mathrm{A}_n$ *et* $\mathrm{K}' = \mathrm{A}'_1 \ldots \mathrm{A}'_n$. *Soient* $\mathscr{A}(\mathrm{K})$ *l'aire de* K *et* $h = \mathrm{A}_i\mathrm{A}'_i$ *la hauteur de* P. *On a* $v(\mathrm{P}) = \mathscr{A}(\mathrm{K}) \times h$ *(base multipliée par hauteur).*

Démonstration. La démonstration se fait par découpage et recollement (fig. 99). On se ramène au cas d'un prisme à base triangulaire en découpant K en triangles. On traite d'abord le cas où K est un triangle ABC rectangle en B. On recolle alors P avec le prisme obtenu par un demi-tour autour de la droite (MM′).

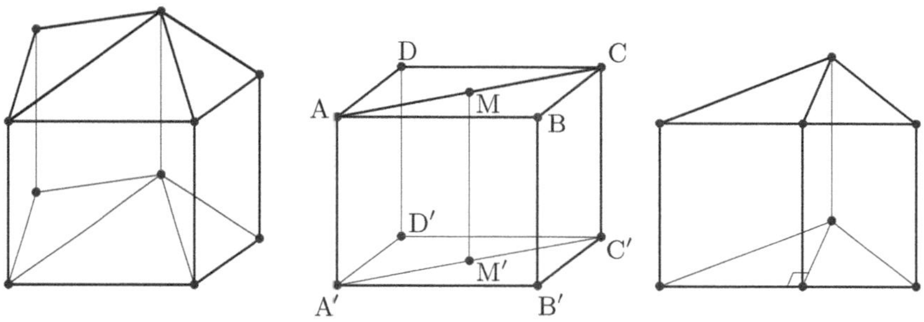

FIG. 99. Volume du prisme

On obtient un parallélipipède rectangle de volume $\mathrm{AB} \times \mathrm{BC} \times \mathrm{AA}'$ et le volume de P en est la moitié.

On passe ensuite au cas du prisme à base triangulaire quelconque. On obtient le résultat en découpant la base en deux triangles rectangles comme on l'a fait dans le cas des aires.

Proposition 3.4. *Soit* C *un cylindre droit de base* B. *On suppose que* B *est une partie quarrable d'aire* $\mathscr{A}(\mathrm{B})$. *Soit* h *la hauteur du cylindre (c'est la distance entre les bases, ou encore la norme du vecteur de translation). On a* $v(\mathrm{C}) = \mathscr{A}(\mathrm{B}) \times h$.

Démonstration. On encadre B entre deux polygones du quadrillage $\mathscr{Q}_n$ du plan, on utilise le cas du prisme et on passe à la limite.

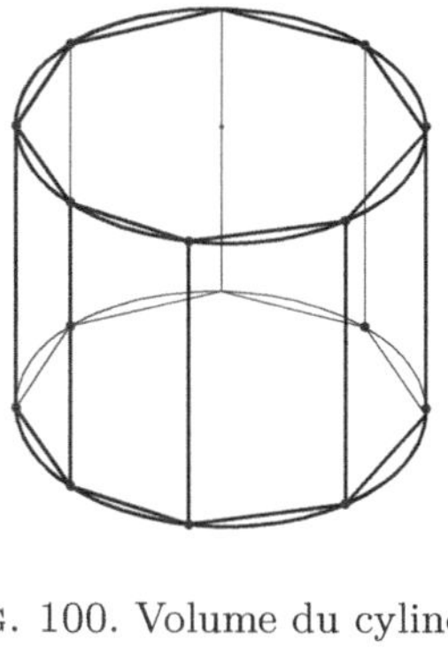

FIG. 100. Volume du cylindre

C. LE PARALLÉLIPIPÈDE QUELCONQUE

Proposition 3.5. *Soit* P *un parallélipipède quelconque et notons* ABCD *et* A′B′C′D′ *deux faces parallèles de* P. *Soit* H *le projeté orthogonal de* A′ *sur le plan* ABCD. *On a* $v(\mathrm{P}) = \mathscr{A}(\mathrm{ABCD}) \times \mathrm{A'H}$ *(base multipliée par hauteur).*

Démonstration. On procède par découpage et recollement comme pour passer de l'aire du rectangle à celle du parallélogramme, voir figure 101 pour un cas particulier.

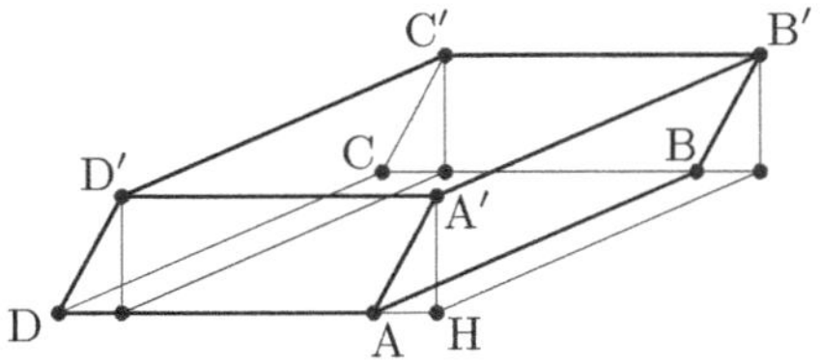

FIG. 101.

D. LE VOLUME DE LA PYRAMIDE

Avec l'axiome d'homogénéité, le calcul du volume de la pyramide est assez facile. La formule *base* × *hauteur*/3 est bien connue et on peut assez facilement la découvrir (dès le collège) en considérant des cas particuliers. Par exemple, les six pyramides ayant pour sommet commun le centre d'un cube d'arête a et pour bases les faces du cube sont toutes isométriques, donc ont toutes pour volume $a^3/6$. De même les pyramides qui ont pour face une face du cube et pour sommet un autre sommet du cube ont pour volume $a^3/3$, cf. exercice **248**. Pour le cas général, on a la proposition suivante :

Proposition 3.6. *Soit* P *une pyramide de base* K *et de sommet* A, H *le projeté orthogonal de* A *sur le plan de* K. *On a* $v(\mathrm{P}) = \dfrac{1}{3}\mathscr{A}(\mathrm{K}) \times \mathrm{AH}$.

Démonstration. On se ramène par découpage de la base en triangles au cas d'un tétraèdre T = ABCD. Il s'agit de montrer que le volume t de ce tétraèdre est le tiers du volume d'un prisme de même base et même hauteur. La démonstration repose sur la figure 102 ci-dessous, la même qu'utilise Euclide (voir lemme 6.2).

L'homothétie de centre A et de rapport 2 transforme le tétraèdre ABCD en AB′C′D′. On introduit les milieux E, F, G de [B′C′], [B′D′] et [C′D′]. On a ainsi découpé le grand tétraèdre AB′C′D′ en deux tétraèdres isométriques (T et BB′EF) et deux prismes à base triangulaire (P = BCDEC′G et BEFDGD′). On a le lemme suivant :

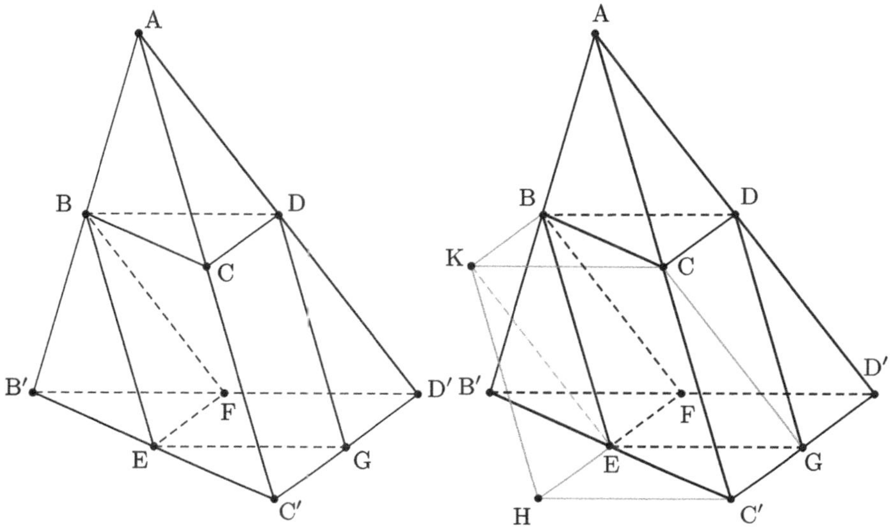

FIG. 102. Le volume de la pyramide

Lemme 3.7. *Les deux prismes* BCDEC′G *et* BEFDGD′ *ont un même volume, noté* p.

Démonstration. On introduit les points H et K de sorte que HC′GE et KCDB soient des parallélogrammes. Il est clair que le prisme BCDEC′G est la moitié du parallélipipède KCDBHC′GE, tandis que BEFDGD′ est la moitié de KCDBEGD′F. Mais les deux parallélipipèdes ont même volume (ils ont tous deux la base KCDB et même hauteur).

Le théorème en résulte : comme les triangles BCD et EC′G sont isométriques et que T et P ont même hauteur, il s'agit de montrer $p = 3t$. Mais, grâce à l'homogénéité, au découpage et au lemme on a $8t = 2t + 2p$, et donc $p = 3t$.

Remarques 3.8. 1) Euclide, qui n'utilise pas l'homogénéité, ne peut conclure par l'argument précédent. Il doit donc poursuivre le processus en découpant les deux petites pyramides, voir 6.2 ci-dessous.

2) Pour une autre preuve, fondée sur le même principe, mais avec une figure un peu plus simple, voir le problème 4 ci-dessous.

4. Calcul de volumes par intégration

A. LA FORMULE DU DÉCOUPAGE EN TRANCHES

Il s'agit d'une formule qui permet de calculer un volume comme une intégrale. Nous énonçons cette formule en 4.1, mais, comme la démonstration du cas général est hors de portée, nous nous contentons de la prouver dans les cas particuliers du cône et de la boule. On rappelle que E est muni d'un repère orthonormé $O, \vec{i}, \vec{j}, \vec{k}$. Les coordonnées d'un point dans ce repère seront notées x, y, z.

Théorème 4.1. *Soit* A *une partie cubable de* E*. On suppose que* A *est comprise entre les plans* $Z = a$ *et* $Z = b$ *avec* $a < b$*. Soit* A_z *l'intersection de* A *avec le plan* $Z = z$*, soit* $S(z)$ *l'aire de* A_z *et supposons la fonction* S *continue. Soit* $V(z)$ *le volume de l'intersection de* A *avec le demi-espace* $Z \leqslant z$*. Alors* V *est une primitive de* S *(autrement dit, on a* $V'(z) = S(z)$*) et on en déduit*

$$v(A) = V(b) = V(b) - V(a) = \int_a^b S(z)dz.$$

Si F *est une autre primitive de* S *on a encore* $v(A) = F(b) - F(a)$*.*

On reconnaît dans le terme $S(z)dz$ le volume d'un cylindre (ou d'un prisme si la base est polygonale) de base $S(z)$ et de hauteur (petite) dz.

B. LES VOLUMES DU CÔNE ET DE LA BOULE

Nous calculons par cette méthode le volume du cône droit et celui de la boule.

Proposition 4.2. *Soit* C *un cône de base* B *et de sommet* O*. On suppose que* B *est un disque de centre* A *et de rayon* R *et que* O *est situé sur la perpendiculaire au plan de* B *passant par* A*. Soit* $h = OA$ *la hauteur du cône. Alors on a* $v(C) = \frac{1}{3}\pi R^2 h$*.*

Démonstration. Quitte à appliquer des isométries on se ramène au cas où O est l'origine de E et où A est le point de cote h de l'axe des z (le cône est « pointe en bas » et sa base est dans le plan $Z = h$, voir figure 103). Soit C_z l'intersection de C avec le plan $Z = z$. C'est un disque centré en un point A' de l'axe des z. Le disque C_z se déduit du disque B par l'homothétie de centre O et de rapport $\frac{z}{h}$. On en déduit que le rayon de C_z est $\frac{Rz}{h}$ et son aire $S(z) = \frac{\pi R^2 z^2}{h^2}$.

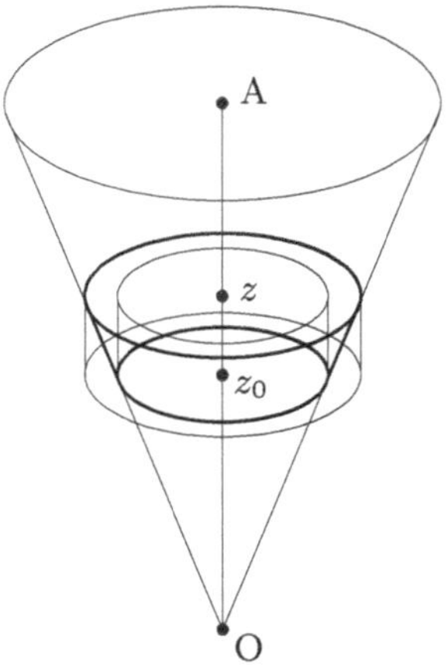

FIG. 103.

Considérons la partie $C_{\leqslant z}$ de C située sous le plan $Z = z$. Soit $V(z)$ son volume. Nous allons montrer que S est la dérivée de V. Pour cela, soient z_0 et z deux points de $[0, h]$ et supposons, pour fixer les idées, $z_0 < z$.

Calculons $V(z) - V(z_0)$. C'est le volume du tronc de cône situé entre les plans $Z = z$ et $Z = z_0$. Mais, ce solide est compris entre les deux cylindres droits de bases C_{z_0} et C_z et de hauteur $z - z_0$ (fig. 103). D'après l'axiome 1) des volumes et la formule du volume du cylindre, on a donc les inégalités :

$$\frac{\pi R^2 z_0^2(z - z_0)}{h^2} \leqslant V(z) - V(z_0) \leqslant \frac{\pi R^2 z^2(z - z_0)}{h^2}.$$

En divisant par $z - z_0$ et en faisant tendre z vers z_0 on en déduit $V'(z_0) = \dfrac{\pi R^2 z_0^2}{h^2} = S(z_0)$. Il est alors facile de calculer une primitive $V(z)$ de $S(z)$: $V(z) = \dfrac{\pi R^2 z^3}{3h^2}$ et on en déduit $v(C) = V(h) = V(h) - V(0) = \dfrac{1}{3}\pi R^2 h$.

Remarque 4.3. La formule du volume du cône se généralise dans deux directions :

1) elle vaut pour un cône de base quelconque (par exemple de base un polygone, ce qui donne le volume de la pyramide),

2) elle est valable quelle que soit la position du sommet du cône par rapport à la base. On obtient ainsi le résultat suivant :

Proposition 4.4. *Soit* C *un cône de base* B *et de sommet* O. *Soit* H *le projeté orthogonal de* O *sur le plan de* B *et soit* $h = OH$ *la hauteur du cône. On a la formule :* $v(C) = \dfrac{1}{3}\mathscr{A}(B) \times h$ *où* $\mathscr{A}(B)$ *désigne l'aire de* B. *Lorsque* B *est un polygone cette formule redonne le volume de la pyramide.*

Nous passons maintenant au cas de la boule :

Proposition 4.5. *Soit* B *une boule de centre* A *et de rayon* R. *On a* $v(B) = \dfrac{4}{3}\pi R^3$.

Démonstration. Quitte à appliquer des isométries on se ramène au cas où A est l'origine O de E. La boule est alors comprise entre les plans de cotes $-R$ et R. Soit B_z l'intersection de B avec le plan $Z = z$. C'est un disque centré en un point de l'axe des z. Le théorème de Pythagore donne le rayon $r(z)$ de ce disque. On a, en effet, $R^2 = r(z)^2 + z^2$, donc $r(z)^2 = R^2 - z^2$. On en déduit que

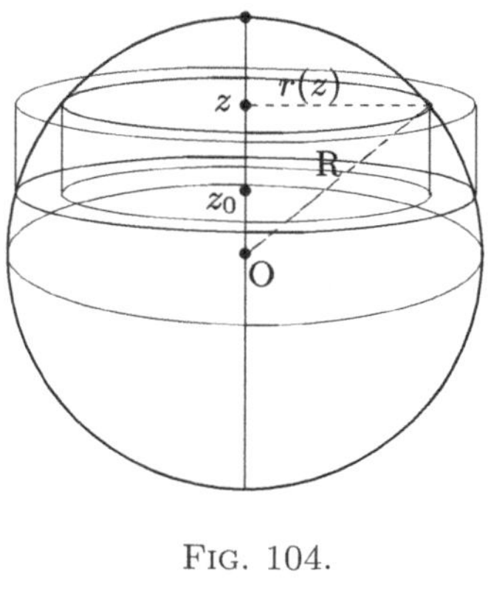

FIG. 104.

l'aire de B_z est $S(z) = \pi(R^2 - z^2)$. Considérons la partie $B_{\leqslant z}$ de B située sous le plan $Z = z$. Soit $V(z)$ son volume. Nous allons montrer que S est la dérivée de V. Pour cela, soient z_0 et z deux points de $[-R, R]$ et supposons, pour fixer les idées, $0 \leqslant z_0 < z$.

Calculons $V(z) - V(z_0)$. C'est le volume de la tranche de B situé entre les plans $Z = z$ et $Z = z_0$. Mais, ce solide est compris entre les deux cylindres droits de bases B_{z_0} et B_z et de hauteur $z - z_0$ (fig. 104). D'après l'axiome 1) des volumes et la formule du volume du cylindre, on a donc les inégalités :

$$\pi(R^2 - z_0^2)(z - z_0) \leqslant V(z) - V(z_0) \leqslant \pi(R^2 - z^2)(z - z_0).$$

En divisant par $z - z_0$ et en faisant tendre z vers z_0 on en déduit $V'(z_0) = \pi(R^2 - z_0^2) = S(z_0)$. Il est alors facile de calculer une primitive $F(z)$ de $S(z)$: $F(z) = \pi R^2 z - \dfrac{\pi}{3} z^3$ et on en déduit $v(B) = F(R) - F(-R) = \dfrac{4}{3}\pi R^3$.

5. Un mot sur les aires de l'espace

La notion d'aire pour une surface (non plane) de l'espace est beaucoup plus délicate. Rappelons seulement quelques formules classiques :

Proposition 5.1. 1) *L'aire de la surface latérale d'un cylindre de rayon* R *et de hauteur* h *est* $2\pi R h$.

2) *L'aire de la surface latérale d'un cône de rayon* R *et de hauteur* h *est* $\pi R\sqrt{R^2 + h^2}$.

3) *L'aire d'une sphère de rayon* R *est* $4\pi R^2$.

Démonstration. Nous nous contentons de donner une idée très intuitive de la démonstration, certains des arguments (qu'on pourra qualifier d'arguments « de physiciens ») évoqués ici remontant à Archimède. Un principe pour faire ce type de calculs est d'approcher les surfaces courbes par des surfaces planes, ce que nous allons faire ci-dessous. Attention, une règle absolue pour que ces calculs soient corrects est d'approcher les surfaces non seulement en position, mais en **direction** (donc par des surfaces qui leur soient tangentes). Le lecteur méditera à ce sujet deux exemples négatifs très instructifs : celui d'un plan que l'on approche par une surface plane plissée ou celui de la sphère que l'on approche par des cylindres d'axe fixé.

Avec cette idée, les trois calculs sont faciles. Dans le cas du cylindre, le plus simple est de le « développer » (on coupe le long d'une droite parallèle à l'axe et on déroule). On peut aussi approcher la surface par des rectangles de hauteur h et de largeur petite.

Pour le cône, on peut aussi dérouler le cône pour en faire un secteur circulaire, dont le rayon est la génératrice du cône (donc $\sqrt{h^2 + R^2}$) et dont la longueur d'arc est le périmètre de la base du cône, soit $2\pi R$. La formule de l'aire du secteur donne alors le résultat.

Enfin, pour calculer l'aire de la sphère de centre O et de rayon R on considère la boule comme une réunion de petits cônes de sommets O et de base une portion de sphère (considérée comme plane si elle est suffisamment petite). Si on dispose tous ces cônes avec les bases dans un même plan et si on rassemble tous les sommets en un même point (en conservant les hauteurs, ce qui ne change pas leur volume) on obtient un cône de même volume que la boule, donc $(4/3)\pi R^3$. Comme la hauteur de ce cône est R, sa base (qui est l'aire de la sphère) est donc $4\pi R^2$.

6. Discussion autour de l'homogénéité

On a vu que l'axiome d'homogénéité était très efficace pour calculer des volumes, et notamment celui de la pyramide. Cependant, comme il a déjà été dit dans le cas des aires, cet axiome n'est pas une évidence pour les enfants, voire pour les étudiants et d'ailleurs, les anciens Grecs ne l'utilisaient pas. Nous montrons maintenant comment retrouver les résultats précédents sans cet axiome.

A. LE VOLUME DU PARALLÉLIPIPÈDE RECTANGLE

Proposition 6.1. *Le volume d'un parallélipipède rectangle* P *de côtés* a, b, c *est* $v(\mathrm{P}) = abc$.

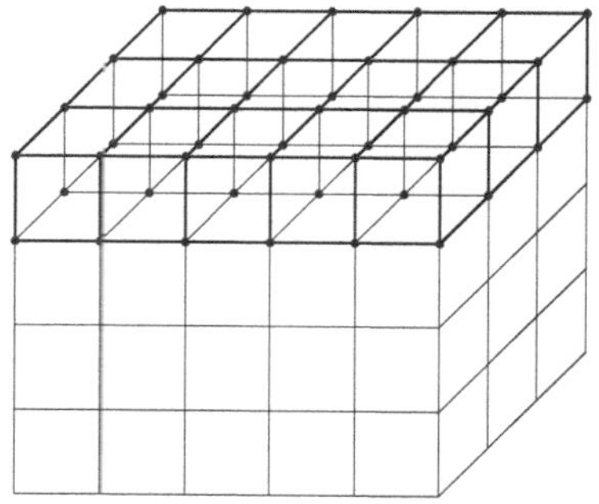

FIG. 105. Volume du parallélépipède

Démonstration. La démonstration est analogue à celle qui a été faite dans le chapitre sur les aires pour calculer l'aire du rectangle (voir chapitre 7, 5.2). On peut par exemple traiter d'abord le cas où a, b, c sont rationnels : $a = \frac{p}{q}$, $b = \frac{r}{s}$, $c = \frac{t}{u}$. Dans ce cas, P est réunion (presque disjointe) de prt petits parallélipipèdes rectangles, tous isométriques, de côtés $1/q$, $1/s$, $1/u$. Or, le cube unité est réunion de qsu tels petits parallélipipèdes qui sont donc de volume $\frac{1}{qsu}\cdot$ Il en résulte que P est de volume $\frac{prt}{qsu} = abc.$ Pour le cas général on approche a, b, c par des décimaux et on passe à la limite comme on l'a fait dans le cas de l'aire du rectangle.

Bien entendu, le cas du cube est un cas particulier de celui du parallélipipède.

B. LE VOLUME DE LA PYRAMIDE

Ce calcul, effectué sans l'axiome d'homogénéité, est un des sommets de la mathématique d'Euclide (voir [E] Livre XII, Proposition 5). Le point difficile est de montrer le lemme fondamental suivant :

Lemme 6.2. *Deux pyramides qui ont des bases de même aire et des hauteurs égales ont des volumes égaux.*

Nous prouverons ce lemme plus loin. En admettant ce résultat, on obtient :

Proposition 6.3. *Soit* P *une pyramide de base* K *et de sommet* A, H *le projeté orthogonal de* A *sur le plan de* K. *On a* $v(\mathrm{P}) = \frac{1}{3}\mathscr{A}(\mathrm{K}) \times \mathrm{AH}.$

Démonstration. On se ramène par découpage au cas d'un tétraèdre. Comme le volume ne dépend que de l'aire de la base et de la hauteur par le lemme 6.2, il suffit de montrer la formule pour un tétraèdre ABCD dont l'aire de base et la hauteur sont données. Pour cela on considère le découpage suivant (fig. 106).

On prend un prisme droit de bases ABC et DEF. Ses faces latérales sont des rectangles. Ce prisme est réunion de trois tétraèdres ayant B en commun : BACD, BFCD et BEDF. Les deux premiers ont même volume par 6.2 (les bases sont isométriques et les hauteurs égales). Les deux derniers aussi (prendre BFC et BFE comme bases et D comme sommet). Les trois tétraèdres ont donc pour volume le tiers du volume du prisme, c'est-à-dire $\frac{1}{3}\mathscr{A}(\mathrm{ABC}) \times \mathrm{AD}$ d'où le résultat pour le tétraèdre ABCD.

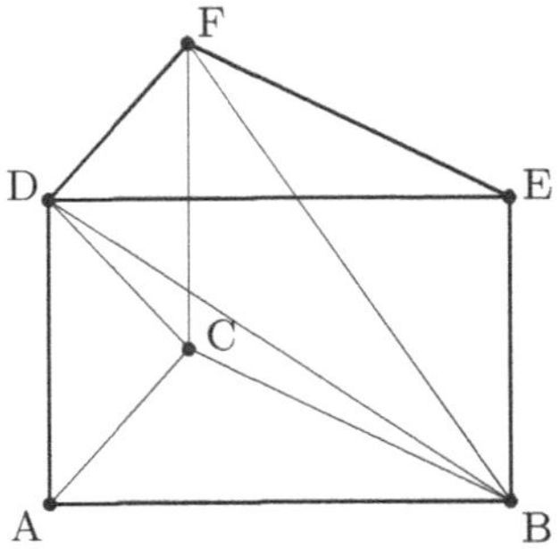

FIG. 106.

La preuve du lemme 6.2.

La preuve – magnifique – d'Euclide[4] consiste essentiellement à utiliser la figure 102, à laquelle le lecteur se reportera, mais en la dupliquant, à partir de deux tétraèdres T et T′ admettant des bases de même aire et des hauteurs égales. Chaque grand tétraèdre T et T′ est découpé en deux petits tétraèdres et deux prismes et on a vu que les deux prismes de T (ou de T′) ont même volume, voir lemme 3.7.

Ensuite, on note que les prismes de T et T′ ont même volume. En effet, la base du prisme P de T est le quart de la base de T et sa hauteur la moitié de la hauteur de T et c'est la même chose pour T′. Ils ont donc même volume puisque T et T′ ont même base et même hauteur.

Par ailleurs, chacun des petits tétraèdres de T peut être glissé dans le prisme P par une translation, de sorte que le volume total des deux petits tétraèdres de T est plus petit que celui des deux prismes, donc est plus petit que la moitié du volume de T, et de même pour T′.

L'étape suivante consiste à retirer les prismes. Il reste deux tétraèdres de chaque côté, avec des bases de même aire (le quart de celle du tétraèdre initial) et même hauteur (la moitié de la hauteur initiale). On recommence alors la même opération avec ces tétraèdres : on les découpe chacun en deux prismes et deux tétraèdres, on enlève les prismes. Il reste quatre tétraèdres de chaque côté, mais leur volume total est plus petit que le quart du volume de T ou de T′. On recommence l'opération avec les tétraèdres restants et ainsi de suite. À la n-ième étape, après avoir retiré tous les prismes, il restera 2^n petits tétraèdres dont le volume total sera plus petit que $\frac{1}{2^n}v(\mathrm{T})$.

Dans tout ce processus, toute la partie formée par les prismes a même volume côté T et côté T′ (car c'est vrai à chaque étape). La différence de volume entre T et T′, s'il y en a une, ne provient donc que des tétraèdres résiduels. On a donc $|v(\mathrm{T}) - v(\mathrm{T}')| < \frac{1}{2^n}v(\mathrm{T})$ et, comme $1/2^n$ tend vers 0 quand n tend vers $+\infty$, on voit que $v(\mathrm{T}) - v(\mathrm{T}')$ est nul.

Cette méthode, qui consiste à raisonner par l'absurde en montrant que la différence des volumes peut être rendue arbitrairement petite est la méthode dite « d'exhaustion ». On notera qu'elle fait usage de l'axiome d'Archimède (qui permet de rendre $1/2^n$ arbitrairement petit).

Il y a d'autres méthodes pour prouver le résultat, soit par le calcul intégral, soit en coupant les pyramides en tranches, voir par exemple [Had] Chapitre III.

4. La description de cette preuve dans la première édition de ce livre était très peu conforme à la vérité historique.

7. Compléments

Les quelques remarques qui suivent ont pour but de montrer que, malgré de nombreuses similitudes, les théories des aires et des volumes sont assez différentes.

A. LE TROISIÈME PROBLÈME DE HILBERT

C'est l'analogue dans l'espace du problème résolu par Bolyai dans le plan. La question est de savoir si deux polyèdres de même volume sont équivalents par découpage et recollement (en un nombre fini de polyèdres). Si tel était le cas, cela signifierait que tout calcul de volume d'un polyèdre peut se faire par découpage et recollement fini, sans utiliser un passage à la limite. On peut faire remonter cette question à Euclide. En effet, on a vu que celui-ci utilise, pour le calcul du volume de la pyramide, un processus infini, l'exhaustion (un peu comme Archimède dans le plan pour le calcul de l'aire du disque et du segment de parabole) et les mathématiciens qui ont suivi, et notamment Gauss, se sont posé la question de savoir si ce processus infini était indispensable.

Il s'agit d'un problème non trivial qui est le troisième des 23 problèmes posés par David Hilbert à ses collègues lors du deuxième Congrès international des mathématiciens, à Paris en 1900. Si certains des problèmes de Hilbert sont encore ouverts aujourd'hui, celui-là a eu une existence brève puisque la solution a été apportée par Dehn dès 1900. La réponse, contrairement au cas du plan, est négative. En particulier, il est impossible de découper un cube en un nombre fini de polyèdres et de reconstituer un tétraèdre régulier (de même volume) à partir des morceaux. La démonstration de Dehn repose sur l'introduction d'un nouvel invariant pour un polyèdre, dit invariant de Dehn, dont la définition est trop technique pour être donnée ici. On pourra consulter sur ce sujet [Bo2] ou [GS]. Pour une démonstration à la fois élégante et élémentaire, voir l'article [Be]. On notera que ce résultat montre que la propriété d'homogénéité ne peut se déduire des autres. En effet, si l'on pouvait produire un découpage permettant de passer de huit tétraèdres isométriques à un tétraèdre de dimensions doublées, on pourrait, avec la méthode de 3.7, passer du cube au tétraèdre.

B. INEXISTENCE D'UNE MESURE UNIVERSELLE : LE PARADOXE DE HAUSDORFF-BANACH-TARSKI

La question est l'analogue du théorème de Banach : existe-t-il dans l'espace une mesure universelle (c'est-à-dire définie pour toutes les parties bornées), non nulle, simplement additive et invariante par déplacement ?

La réponse, cette fois, est négative et cela résulte de l'extraordinaire paradoxe de Hausdorff-Banach-Tarski, c'est-à-dire du théorème suivant :

Théorème 7.1. *Soient* A *et* B *deux parties bornées d'intérieur non vide de* E. *Alors, il existe une partition de* A *(resp.* B*) en* $A_1, \ldots, A_n$ *(resp.* $B_1, \ldots, B_n$*) et, pour chaque* i*, un déplacement* g_i *tel que* $B_i = g_i(A_i)$.

Autrement dit, on peut découper A en un nombre fini de morceaux (certainement pas simples !), les déplacer, et reconstituer B avec ces morceaux. On pensera aux cas suivants : A est une pomme et B est la lune, A est une grenouille et B est un bœuf, A est un pain et B est un millier de pains !

Il est clair que le paradoxe implique l'inexistence d'une mesure μ (non nulle) vérifiant les axiomes de 2.1 et définie pour toute partie bornée. En effet, on aurait, avec les notations de 7.1, $\mu(A) = \sum_{i=1}^{n} \mu(A_i) = \sum_{i=1}^{n} \mu(B_i) = \mu(B)$ pour toutes parties bornées d'intérieurs non vides A et B. En appliquant cela à A et à $B = A \cup \tau(A)$ (où $\tau(A)$ est un translaté de A disjoint de A), on en déduit $\mu(A) = 0$ pour toute boule, puis pour toute partie bornée, ce qui est absurde.

La démonstration de 7.1 n'est pas très compliquée (mais tout de même du niveau d'un bon étudiant de licence de mathématiques). Le lecteur que la révélation du paradoxe empêcherait de dormir pourra consulter le merveilleux petit livre de Guinot [G].

Bibliographie

[Be] Benko D., *A new approach to Hilbert's third problem*, Amer. Math. Monthly, vol. 114, 8, p. 665-676 (2007).

[Bo2] Boltianskii V., *Hilbert's third problem*, John Wiley and sons, 1978.

[E] Euclide, *Les éléments*, Traduction et présentation Georges Kayas, Éd. du CNRS, 1978.

[G] Guinot M., *Le paradoxe de Banach-Tarski*, Aléas, Lyon (1991).

[Had] Hadamard J., *Leçons de géométrie, II Géométrie dans l'espace*, 8e éd., Armand Colin, 1988.

[GS] Grandemange P. et Schwartz P., *Aspects classiques du troisième problème de Hilbert*, Gazette des mathématiciens, 52, avril 1992.

[Le] Lebesgue H., *La mesure des grandeurs*, Librairie Blanchard (1975).

EXERCICES DU CHAPITRE 10

Dans tous les exercices on travaille dans un espace euclidien E de dimension 3. Le volume d'une partie X de E est noté $v(\mathrm{X})$.

1. Tétraèdres, pyramides et autres polyèdres

247. *a*) Soit T = ABCD un tétraèdre. Montrer que T est régulier si et seulement si toutes ses arêtes sont de même longueur.

b) Soit a la longueur des arêtes de T. Calculer $v(\mathrm{T})$ en fonction de a en calculant directement la base et la hauteur de T. On pourra montrer que le pied de la hauteur est le centre (du cercle circonscrit) de la base.

c) Soit $\mathrm{K} = \mathrm{ABCDA'B'C'D'}$ un cube dans lequel les carrés ABCD et A'B'C'D' sont des faces et les segments $\mathrm{AA'}, \mathrm{BB'}, \mathrm{CC'}, \mathrm{DD'}$ des arêtes. Montrer que le tétraèdre $\mathrm{T} = \mathrm{A'C'BD}$ est régulier. En utilisant un découpage convenable du cube, calculer $v(\mathrm{T})$ en fonction de la longueur b de ses bimédianes (on appelle bimédiane de T un segment qui joint les milieux de deux arêtes opposées). Retrouver le résultat du *b*).

248. *a*) Soit P une pyramide à base carrée de côté a, de hauteur $a/2$ dont le sommet se projette au centre du carré. Calculer $v(\mathrm{P})$. Retrouver ce résultat en utilisant le découpage d'un cube.

b) Étudier le découpage du cube d'arête a en 3 pyramides à base carrée obtenu en joignant un même sommet aux trois faces qui ne le contiennent pas. Préciser la nature et les dimensions des faces des pyramides et vérifier la formule donnant le volume de la pyramide.

249. Soit P une pyramide de base polygonale $\mathrm{B} = \mathrm{A}_1\mathrm{A}_2\ldots\mathrm{A}_n$, de sommet O, de hauteur h. Soit H' un plan parallèle au plan H de B qui coupe chaque segment $[\mathrm{OA}_i]$ en un point A'_i. On considère le tronc de pyramide découpé par H' , c'est-à-dire le polyèdre T dont les sommets sont les A_i et les A'_i. Calculer $v(\mathrm{T})$ en fonction de la distance l entre les plans H et H', de l'aire b de B et du nombre $\alpha = 1 - \dfrac{l}{h}$.

Vérifier sur cet exemple la formule dite « des trois niveaux » :

$$v(\mathrm{T}) = \frac{1}{6}\, l\,(b + b' + 4b'')$$

où b' désigne l'aire de $\mathrm{B}' = \mathrm{A}'_1\ldots\mathrm{A}'_n$ et b'' l'aire du polygone B'' découpé sur T par le plan H'' équidistant de H et H'.

250. Soit C un cube.

a) On considère l'octaèdre Ω dont les sommets sont les centres des faces de C. Calculer le volume de Ω en fonction de celui de C.

b) On considère, en chaque sommet A de C le tétraèdre dont les sommets sont A et les milieux des trois arêtes issues de A. On considère le polyèdre K (appelé cuboctaèdre) obtenu à partir de C en lui retirant les 8 tétraèdres précédents. Combien ce polyèdre a-t-il de sommets, d'arêtes, de faces ? Calculer le volume de K en fonction de celui de C.

251. Un cubitainer de forme cubique de 30 cm d'arête est percé en trois points (un sommet et deux milieux d'arêtes, on étudiera deux cas selon les dessins des figures 107 et 108). Combien peut-il contenir de vin au maximum ?

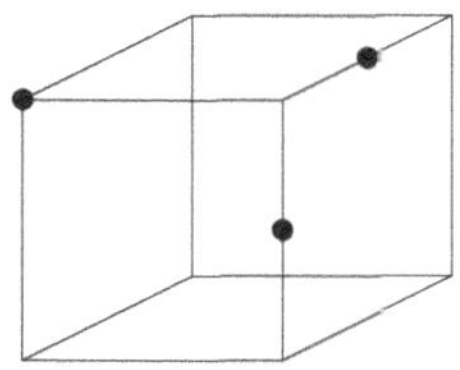

FIG. 107.

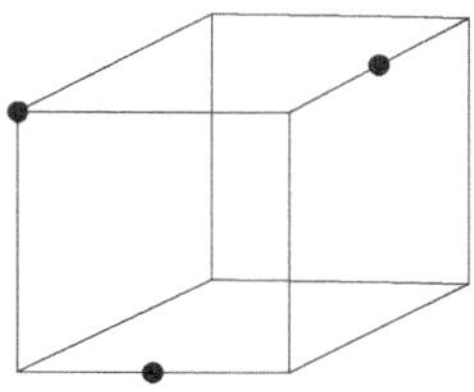

FIG. 108.

2. Optimisation

¶ **252.** Dans un disque de rayon R on enlève un secteur d'angle θ et on réalise un cône en recollant le secteur restant selon les rayons de coupe. Quel est le volume maximum de ce cône lorsque θ varie ? (On aura intérêt à choisir astucieusement la variable.)

253. On emballe une boîte en forme de parallélipipède rectangle de dimensions L, l, h par un rectangle de papier de dimensions $\mathrm{L} + h$ et $2(l + h)$ (au fait, comment ?).

On fixe le volume V de la boîte. Déterminer les dimensions L, l, h pour que l'aire de la feuille de papier soit la plus petite possible.

3. Calculs par tranches

254. On perce dans une boule un trou cylindrique dont l'axe est un diamètre de la boule et dont la hauteur est $2a$. Calculer le volume restant.

Dans les exercices qui suivent on fixe un système d'axes orthonormés $\mathrm{O}xyz$.

255. *a*) Un phare de voiture P a la forme d'un paraboloïde de révolution. Cela signifie qu'il est obtenu de la façon suivante : on considère, dans le plan $y\mathrm{O}z$ la parabole d'équation $z = y^2$ dont on prend le morceau P qui correspond aux y de $[-1, 1]$. On fait ensuite tourner cette parabole autour de l'axe des z et on considère le solide plein P limité par la surface obtenue.

Calculer $v(\mathrm{P})$ en utilisant la formule de calcul par tranches.

¶ *b*) Une chambre à air a la forme d'un tore, c'est-à-dire du solide T défini de la façon suivante : dans le plan $y\mathrm{O}z$ on considère le disque de rayon r centré au point $y = \mathrm{R}$, $z = 0$, avec $r < \mathrm{R}$. On fait tourner ce disque autour de l'axe des z et on obtient T.

Calculer $v(\mathrm{T})$.

256. Soit A une partie de E. On suppose que A est comprise entre les plans $\mathrm{Z} = a$ et $\mathrm{Z} = b$ avec $a < b$. Soit A_z l'intersection de A avec le plan $\mathrm{Z} = z$. Posons $\mathrm{S}(z) = \mathscr{A}(\mathrm{A}_z)$ et supposons que la fonction S est donnée par la formule

$S(z) = \alpha z^2 + \beta z + \gamma$ avec $\alpha, \beta, \gamma \in \mathbf{R}$. Montrer que le volume de A est donné par la formule des trois niveaux :

$$v(A) = \frac{1}{6}(b-a)[S(a) + S(b) + 4S(\frac{a+b}{2})].$$

Applications : montrer que la formule des trois niveaux s'applique dans le cas d'un tronc de pyramide, d'un tronc de cône de base quelconque, d'une sphère, d'un paraboloïde, etc.

Calculer le volume d'un tonneau, d'un tas de cailloux par la formule des trois niveaux.

4. À consommer avec modération

257. – *Capitaine, dit Tintin, vous exagérez, cette bouteille de whisky était pleine hier et il n'y a plus que* 14 *cm de whisky dedans.*

– *Mille sabords, dit le capitaine en retournant la bouteille, pas du tout, regardez moussaillon, il y a encore* 19 *cm de whisky.*

Sachant que la bouteille mesure 27 cm du fond au goulot, qu'elle est cylindrique de diamètre 7 cm (sauf pour le fond et le goulot) et que sa contenance totale est de 75 centilitres, déterminer combien il reste de whisky dedans.

PROBLÈMES DU CHAPITRE 10

1. L'octaèdre

1) Soient a et R deux réels > 0 et soit OABC un tétraèdre tel que OA = OB = OC = R et BC = CA = AB = a.

a) Montrer que le projeté orthogonal H de O sur le plan (ABC) est le centre de gravité du triangle ABC (on pourra considérer les triangles OAH, OBH et OCH).

b) Calculer OH en fonction de a et R et en déduire le volume du tétraèdre.

2) Soit Ω l'octaèdre régulier de sommets ABCDEF et soit O le centre de Ω, voir la figure ci-dessous. On rappelle que les arêtes de Ω ont toutes même longueur a et que les sommets de Ω sont sur une sphère de centre O. Calculer de deux manières différentes le volume de Ω en fonction de a :

a) en considérant Ω comme la réunion de deux pyramides de base carrée BCDE;

b) en considérant Ω comme la réunion des tétraèdres de sommet O et de bases les faces de Ω (utiliser 1)). (On trouve $\dfrac{a^3\sqrt{2}}{3} \simeq 0{,}4714a^3$.)

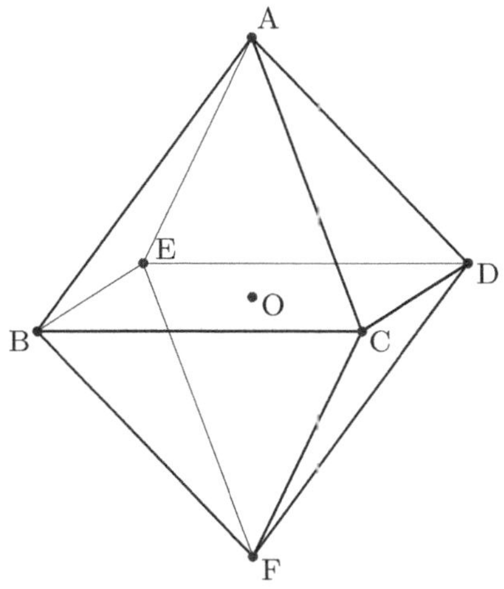

FIG. 109.

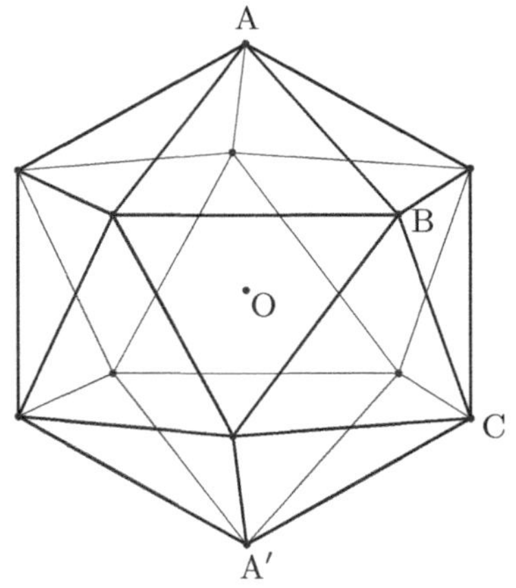

FIG. 110.

2. L'icosaèdre

Le but du problème est de calculer le volume de l'icosaèdre régulier en fonction de la longueur de ses arêtes.

1) Soient a et R deux réels > 0 et soit ABCD un tétraèdre tel que AB = AC = AD = R et BC = CD = DB = a.

a) Montrer que la projection H de A sur le plan (BCD) est le centre de gravité du triangle BCD (on pourra travailler dans le plan (ABB′) où B′ désigne le milieu de [CD]).

b) Calculer AH en fonction de a et R et en déduire le volume du tétraèdre.

2) On considère l'icosaèdre régulier I, voir la figure ci-dessus. On note a la longueur des arêtes de I. On rappelle que les sommets de I sont sur une sphère de centre O et de rayon R et que, si A est un sommet de I, les cinq sommets voisins sont coplanaires et forment un pentagone régulier.

a) Soit A un sommet de I, A′ le sommet symétrique par rapport à O et B un sommet voisin de A (fig. 110). Montrer que le triangle ABA′ est rectangle en B. En déduire R en fonction de a. (On rappelle que le rapport entre la diagonale et le côté d'un pentagone régulier est le nombre d'or $\tau = \dfrac{1+\sqrt{5}}{2}$ et on rappelle la relation $\tau^2 = \tau + 1$. On exprimera le résultat à l'aide de τ.)

b) Calculer le volume de I en fonction de a. (On écrira I comme réunion de tétraèdres de sommet O.) On exprimera d'abord le résultat à l'aide de τ sous la forme la plus simple possible, puis on en donnera une valeur approchée au millième près lorsque a est égal à 1. (On trouve $v(\mathrm{I}) = \dfrac{5}{6}a^3(\tau+1) = \dfrac{15+5\sqrt{5}}{12}a^3 \simeq 2{,}1816\,a^3$.)

3. Une section de cube

On considère le cube d'arête a dessiné sur la figure 111. Le point M est le milieu de [AA′], le point N est au tiers de [AB] du côté de A, le point P est sur [BC].

1) Tracer la section du cube par le plan (MNP) (on précisera les différents cas de figure selon la position de P sur [BC] et on les traitera sur des figures séparées).

2) On suppose P situé au tiers de [BC] du côté de B, voir la figure ci-dessous. Déterminer le volume des deux parties du cube limitées par le plan (MNP).

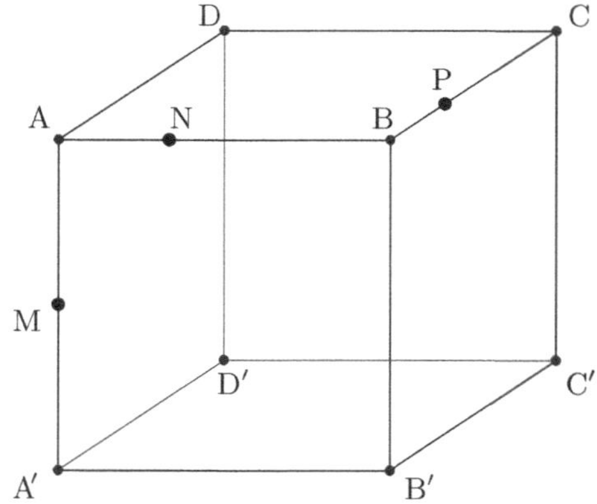

FIG. 111.

3) Reprendre l'exercice dans les cas suivants :

• Le point M est sur [B′C′], au quart du côté de B′, N est sur [BC], au quart du côté de C et P est au milieu de [AA′].

• Le point M est au milieu de [B′C′], N est au milieu de [A′B′] et P est situé au tiers de [AD] du côté de D.

4. Volume de la pyramide, bis

Dans ce problème on propose une autre preuve[5] du volume de la pyramide, fondée sur l'homogénéité comme en 3.6, mais à partir de la figure ci-dessous :

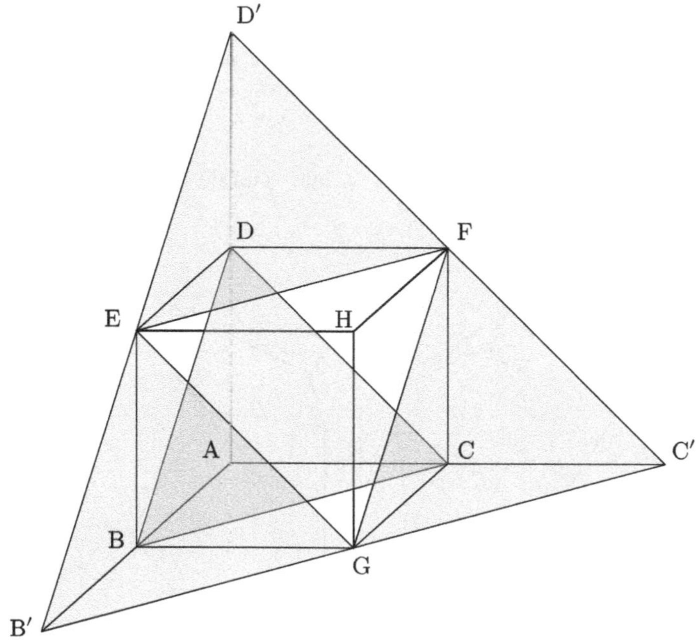

FIG. 112.

On part du tétraèdre T = ABCD. On effectue l'homothétie de centre A et de rapport 2 qui le transforme en AB′C′D′, on porte les milieux E, F, G de [B′D′], [C′D′], [B′C′] et on construit le parallélipipède P = ABGCDEHF. Montrer que les quatre tétraèdres occupant les coins de AB′C′D′ ainsi que le « nez » EFGH sont isométriques, en déduire que le volume de T est le sixième du volume de P et conclure.

5. Le dodécaèdre

Le but de ce problème est de calculer le volume du dodécaèdre régulier D en fonction de la longueur a de ses arêtes, par deux méthodes, la méthode des

5. Merci à Daniel Meyer de m'avoir indiqué cette preuve.

toits et celle des pyramides. On note R le rayon de la sphère circonscrite à D, r le rayon du cercle circonscrit à une face de D, d la longueur des diagonales des faces de D.

A. LA MÉTHODE DES TOITS

1) Montrer les formules : $a = 2r\sin\frac{\pi}{5}$, $d = 2r\sin\frac{2\pi}{5}$, $d = \tau a$ où τ désigne le nombre d'or $\frac{1+\sqrt{5}}{2}$ (on rappelle qu'on a $\cos\frac{\pi}{5} = \frac{\tau}{2}$).

2) On considère, à l'intérieur du dodécaèdre, un cube C d'arête d dont les sommets sont parmi les sommets du dodécaèdre. On obtient le dodécaèdre en installant sur chaque face de C un « toit » T à quatre pentes (fig. 113).

a) Montrer que T est réunion d'un prisme P à bases triangulaires et de deux pyramides isométriques Q à bases rectangulaires.

b) Montrer que la hauteur de Q est égale à $a/2$ et que c'est aussi la hauteur des bases de P.

c) En déduire les volumes de P et Q, puis celui de D (réponse : $\frac{7\tau+4}{2}a^3 = \frac{15+7\sqrt{5}}{4}a^3 \simeq 7{,}6631a^3$).

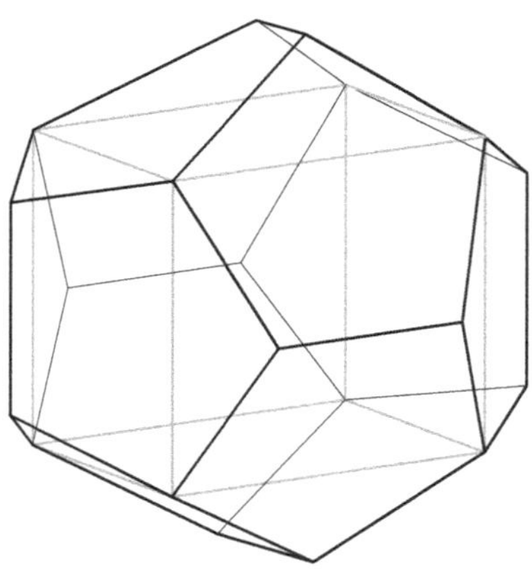

FIG. 113.

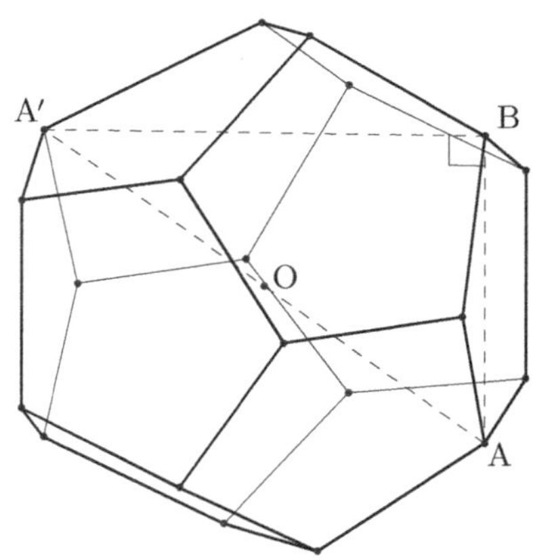

FIG. 114.

B. LA MÉTHODE DES PYRAMIDES

On considère D comme la réunion de 12 pyramides P de sommet le centre O de D et de bases les faces (pentagonales) de D.

a) Montrer la formule $r^2 = \frac{a^2}{3-\tau}$. En déduire l'aire de la base de P.

b) Soient A, A' deux sommets opposés de D et B un sommet situé sur une même face que A, mais non adjacent. On a donc $AB = d$. Montrer que le triangle ABA' est rectangle en B et que $A'B$ est une diagonale du cube C de la partie *a*). En déduire la valeur de R.

c) Calculer la hauteur h de P (on reliera les longueurs r, h, R).

d) Retrouver ainsi la formule donnant $v(\mathrm{D})$.

Solutions des exercices

Le lecteur est averti que, dans certains cas, la solution se limitera au résultat ou à une indication pour le prouver.

N.B. Qu'ils aient ou non un titre ou un numéro, les problèmes ne sont pas corrigés, à l'exception du problème sur les polyèdres archimédiens du chapitre 9.

Partie I, chapitre 1

1. Récurrence, division euclidienne, numération

A. RAISONNONS UN PEU

1. Le mieux est de raisonner sur les ensembles en appelant F l'ensemble des femmes et H celui des hommes et en notant que F est union disjointe des ensembles $F_{d,f}$ (les femmes qui ont une femme à leur droite) et $F_{d,h}$ (celles qui ont un homme à leur droite) et de même en remplaçant les femmes par les hommes et/ou la droite par la gauche. Il suffit ensuite de constater qu'on a quelques bijections. Par exemple : il y a autant d'hommes qui ont une femme à leur gauche que de femmes qui ont un homme à leur droite, d'où $|H_{g,f}| = |F_{d,h}|$. Il n'y a plus qu'à traduire les hypothèses pour conclure. On trouve qu'il y a 35 convives, 19 femmes et 16 hommes.

2. On part des assertions de Monsieur U. S'il a tué, il dit trois mensonges ce qui est absurde par hypothèse. Il n'a donc pas tué et donc les assertions 17 et 20 sont vraies. On en déduit que 3 est fausse, donc que 1, 2, 4 sont vraies. On continue de cette façon en examinant successivement les dires de T, U, Y et Z. Les assertions fausses sont 3, 15, 19, 6 et 12. On arrive donc à la conclusion qu'aucun des suspects n'est le meurtrier ! N'aviez-vous pas commis une erreur judiciaire en oubliant la présomption d'innocence ?

3. On précise d'abord le nombre n de matches joués. En faisant le total des points on trouve $2n \leqslant 16 \leqslant 3n$, soit $6 \leqslant n \leqslant 8$. On a donc 3 ou 4 journées disputées. Si c'était 4, on aurait $n = 8$ ce qui n'est possible que si tous les matches sont nuls ce qui n'est pas le cas. Il y a donc eu 3 journées et chacun a joué une fois et une seule contre les trois autres.

Notons respectivement les équipes P, C, M et G. Il est clair que P a un nul et deux défaites, G deux victoires et un nul, M une victoire et deux nuls. Pour C il y a *a priori* deux solutions, soit une victoire et deux défaites, soit trois nuls.

Mais ce dernier cas est impossible car il y a le même nombre de victoires et de défaites en tout.

Il reste à préciser les résultats. Comme C a une victoire et que ni M ni G n'ont de défaite on a donc C bat P. On en déduit M bat C et G bat C. Comme ni G ni M n'ont de défaite c'est que leur match s'est soldé par un nul. Pour G il reste alors une victoire contre P, pour M un nul contre P.

B. PRINCIPE DE RÉCURRENCE

4. Il ne faut pas se fier aux premières valeurs calculées : on a $n! < 3^n$ pour $n \leqslant 6$, mais on a $7! = 5040 > 3^7 = 2187$ et on montre aisément par récurrence qu'on a $n! > 3^n$ pour $n \geqslant 7$.

5. On a $\mathrm{A}_n = \dfrac{n(n+1)}{2}$, $\mathrm{I}_n = n^2$, $\mathrm{C}_n = \mathrm{A}_n^2$, $\mathrm{B}_n = \dfrac{n(n+1)(2n+1)}{6}$.

Il y a de nombreuses méthodes pour faire ces calculs, y compris de belles méthodes géométriques, voir Roger B. Nelsen, *Proofs without words*, The Mathematical Association of America, 1993. Par exemple, pour A_n, il suffit d'associer 1 et n, 2 et $(n-1)$, etc. jusqu'à n et 1. Le total donne $n \times (n+1)$ et c'est deux fois A_n. C'est la méthode du jeune Gauss.

L'esprit de l'exercice est plutôt de découvrir les formules cherchées en faisant la liste des premiers termes et de les prouver ensuite par récurrence. Ainsi, on voit aussitôt que I_n, qui vaut $1, 4, 9, 16, \ldots$ est le carré de n. Pour A_n, on note que le rapport A_n/n vaut successivement 1, 3/2, 2, 5/2, etc. soit $(n+1)/2$, d'où la formule. On voit ensuite que C_n est le carré de A_n. Le cas de B_n est plus difficile, mais Sébastien Maréchal élève de licence pluridisciplinaire en 2000-2001 a remarqué que le rapport $\mathrm{C}_n/\mathrm{A}_n$ valait successivement 1, 5/3, 7/3, $3 = 9/3$, 11/3, etc. soit $(2n+1)/3$, ce qui donne le résultat.

6. La réponse est oui. En fait, l'assertion est vraie pour un échiquier à 2^{2n} cases et l'intérêt de cette généralisation est qu'on peut maintenant montrer le résultat par récurrence sur n. Pour $n = 2$ c'est clair. Pour passer de n à $n+1$ on découpe l'échiquier E à 2^{2n+2} cases en quatre échiquiers $\mathrm{E}_1, \mathrm{E}_2, \mathrm{E}_3, \mathrm{E}_4$ à 2^{2n} cases selon les médianes de E. La case interdite est dans un des quatre échiquiers, disons dans E_4. On pose, au centre de l'échiquier E un trimino à cheval sur $\mathrm{E}_1, \mathrm{E}_2, \mathrm{E}_3$. Il reste à paver les quatre échiquiers E_i, privés chacun d'une case : c'est l'hypothèse de récurrence.

7. On calcule les premières valeurs : $\mathrm{R}(1) = 2$, $\mathrm{R}(2) = 4$, $\mathrm{R}(3) = 7$. On raisonne par récurrence en calculant combien la n-ième droite D ajoute de régions. À cause de l'hypothèse de position générale, D rencontre les $n-1$ droites précédentes en $n-1$ points distincts et donc elle rencontre n régions (attention aux piquets et aux intervalles !), qu'elle partage en deux. Elle ajoute donc n régions et on a $\mathrm{R}(n) = \mathrm{R}(n-1)+n$. On en déduit (voir exercice **5**) : $\mathrm{R}(n) = \mathrm{A}_n+1 = \dfrac{n(n+1)}{2}+1$.

8. La réponse est : le quarantième matin toutes les femmes infidèles sont mises à mort ! Là encore, il est plus simple de traiter par récurrence le cas général de n femmes infidèles. On commence par $n = 1$. Si une seule femme est infidèle, son mari, averti par le calife qu'il y a des femmes infidèles, et qui n'en voit pourtant aucune, en déduit que c'est la sienne qui l'est et la met à mort le premier matin. Traitons encore le cas $n = 2$. Chacun des maris trompés voit une seule femme infidèle et s'attend donc à ce qu'elle soit mise à mort le premier matin comme on l'a vu. Comme ce n'est pas le cas, les deux maris déduisent que leur femme aussi est infidèle et les deux épouses sont tuées le deuxième matin. Le passage de n à $n+1$ est analogue : les $n+1$ maris trompés voient chacun n femmes infidèles et s'attendent (hypothèse de récurrence) à ce qu'elles soient tuées le n-ième matin. Comme ce n'est pas le cas ils comprennent leur infortune et les $n+1$ épouses sont alors mises à mort.

C. DIVISION EUCLIDIENNE

9. *a*) Oui si et seulement si on a $-r \leqslant h < b - r$.

b) Oui si et seulement si on a $\frac{r-b}{q+1} < h \leqslant \frac{r}{q}$. (La condition de droite disparaît si q est nul.)

c) Oui si et seulement si on a $\frac{r-b}{q} < h \leqslant \frac{r}{q-1}$, pour $q > 1$. (Pour $q = 0$ il y a la condition $h \geqslant -a$, pour $q = 1$ seulement la condition de gauche.)

d) Oui si et seulement si on a $r < q$.

10. *a*) Dans les deux cas le reste est 3.

b) Le reste peut être $3, 8$ ou 13.

11. *a*) On a $a = 540$.

b) Le nombre b divise $78 = pgcd\,(6708, 546)$. De plus, il est > 24. Il peut donc être égal à 26, 39 ou 78.

12. On traite seulement ici le cas le plus difficile. Il s'agit, étant donnés deux nombres entiers positifs a et q de trouver des entiers b et r pour compléter la division euclidienne de a par b, donc de trouver b, r vérifiant $a = bq + r$ et $0 \leqslant r < b$.

Bien que le problème soit de reconstituer la division de a par b, une méthode est de partir de la division de a par q : $a = qb' + r'$ avec $0 \leqslant r' < q$ (simplement parce que ça, on sait faire). Attention, cette division n'est aussi une division de a par b' que si l'on a $r' < b'$. Dans ce cas on a déjà une solution de notre problème : $b = b', r = r'$.

Dans le cas général, si on a une solution b, r du problème posé, on peut toujours écrire $b = b' - k$ avec $k \in \mathbf{Z}$ (et r est alors déterminé par la relation $a = b'q + r' = bq + r$: on a $r = kq + r'$). Ceci est la division de a par b si et seulement si on a $0 \leqslant r < b = b' - k$. Ces relations imposent $k \geqslant 0$ (sinon r est < 0) et $k < \dfrac{b' - r'}{q+1}$, donc $0 \leqslant k < \dfrac{b' - r'}{q+1}$ $(*)$. Comme $q + 1$ est positif on voit qu'une condition **nécessaire** pour avoir une solution est $b' - r' > 0$, donc le fait que la division euclidienne par q est aussi une division euclidienne par b'. Lorsque cette condition est réalisée, il y a toujours la solution $b = b', r = r'$ qui correspond à $k = 0$, **mais il peut y en avoir d'autres**, exactement autant que d'entiers k vérifiant $(*)$. Lorsque $b' - r'$ est $\leqslant 0$, en revanche, il n'y a pas de solution.

13. Si on appelle a le nombre total de pots, q le nombre de caisses **complètes**, b le nombre de pots des caisses pleines et r le nombre de pots de la caisse incomplète (s'il y en a une), on a $a = bq + r$ avec $0 \leqslant r < b$, de sorte qu'on voit que le problème est de trouver b, r connaissant a, q, ce qui est exactement l'exercice **12.**b. Attention, il faut préciser le nombre de caisses pleines q. Comme ici il ne peut pas y avoir 14 caisses complètes (sinon on aurait $461 = 14 \times b$ et c'est impossible car 14 ne divise pas 461), on a $q = 13$.

La division de $a = 461$ par $q = 13$ donne $461 = 13 \times 35 + 6 = qb' + r'$ et une première solution : des caisses de 35 ($b = b' = 35$), la dernière de 6 ($r = r' = 6$). Mais il peut y avoir d'autres solutions, obtenues en diminuant un peu la contenance des caisses : avec $b = b' - 1 = 34$, on a $461 = 13 \times 34 + 19$ (des caisses de 34, une dernière de 19), avec $b = b' - 2 = 33$, on a $461 = 13 \times 33 + 32$ (des caisses de 33, une dernière de 32). En revanche, des caisses de 32 ne conviennent pas, car on a $461 = 13 \times 32 + 45 = 14 \times 32 + 13$ et il faudrait 15 caisses.

Ce résultat est exactement celui obtenu dans la solution de l'exercice **12.**b : on trouve $0 \leqslant k \leqslant \dfrac{b' - r'}{q + 1} = \dfrac{35 - 6}{14} \simeq 2{,}07$ et les trois solutions correspondent à $k = 0, 1, 2$.

D. NUMÉRATION

14. a) On utilise $969 = 9 + 90 \times 2 + 260 \times 3$ caractères. Précisément, on a 65 fois le chiffre 0, 176 fois 1 et 2, 136 fois 3, 76 fois 4 et 5, 66 fois 6,7,8 et 9.

b) Pour 375 le livre a 161 pages; pour 682, le problème est impossible (le nombre de caractères devrait être multiple de 3).

15. Les chiffres cherchés : 7,5,0.

16. On trouve $ppppppp0p$.

17. a) Résultats : 69, 1606, 1571, 13, 461.

b) 794 (base 10) vaut 1100011010 en base 2, 30122 en base 4, 2213 en base 7 et 562 en base 12.

c) $\alpha 8 \beta$ (base douze) vaut 120023 en base quatre (et 1547 en base 10).

18. a) Il s'agit des nombres b, b^2 et b^{n-1} qui s'écrivent, en base b, $\overline{10}$, $\overline{100}$ et $\overline{100\ldots0}$ avec $n - 1$ zéros.

b) Ce sont les nombres $b^2 - 1$, $b^3 - 1$, $b^n - 1$. Démontrons ce dernier résultat. Il y a deux manières de faire. Soit on fait le calcul :

$$(b-1)b^{n-1} + (b-1)b^{n-2} + \cdots + (b-1)b + (b-1) = (b-1)(b^{n-1} + b^{n-2} + \cdots + b + 1)$$

et on se souvient de la somme d'une progression géométrique :

$$1 + b + b^2 + \cdots + b^{n-1} = \frac{b^n - 1}{b - 1}$$

ce qui donne le résultat. Soit on note que le plus grand nombre à n chiffres c'est le plus petit nombre à $n+1$ chiffres moins 1 et on retrouve le résultat. (Mais, ce qui justifie ce raisonnement familier, c'est le calcul ci-dessus.)

c) Il y a $b^2 - b$, $b^3 - b^2$, $b^n - b^{n-1}$ nombres à 2, 3, n chiffres.

19. *a*) Respectivement en bases 11 et 9.

b) On trouve la relation $12x = 30z + y$. On voit que y est multiple de 6, donc $y = 0$ ou $y = 6$ et on trouve deux solutions : $(x, y, z) = (5, 0, 2)$ ou $(3, 6, 1)$.

c) Les hypothèses signifient que le nombre n cherché s'écrit

$$(*) \qquad n = x \times 12^2 + y \times 12 + z = xb^3 + yb^2 + zb$$

où x, y, z sont des entiers vérifiant $0 \leqslant x, y, z < 12$, $0 \leqslant x, y, z < b$ et $x \neq 0$ (le premier chiffre de l'écriture dans une base est toujours supposé $\neq 0$).

On montre que b est égal à 5 par deux méthodes, légèrement différentes :

Limitation de b : première méthode.

Montrons par l'absurde que b est < 6. Sinon, si b est $\geqslant 6$, on a $b^3 \geqslant 216$ et $b^2 \geqslant 36$, donc $xb^3 + yb^2 + zb \geqslant 216x + 36y + 6z > 144x + 12y + z$ (car x est > 0) et l'égalité $(*)$ est impossible. On a donc $b < 6$.

Montrons par l'absurde que b est > 4. Sinon, si b est $\leqslant 4$, on écrit $(*)$ sous la forme

$$(**) \qquad (144 - b^3)x = (b^2 - 12)y + (b - 1)z.$$

Comme on a $b^3 \leqslant 64$ et $x \geqslant 1$, on a $(144 - b^3)x \geqslant 80$. On a $b^2 - 12 \leqslant 4$ et $b - 1 \leqslant 3$ et on en déduit, puisque y et z sont $\geqslant 0$, $(b^2 - 12)y + (b - 1)z \leqslant 4y + 3z$. Mais, comme y et z sont des chiffres en base $b \leqslant 4$, ils sont $\leqslant 3$ et on a ainsi $(b^2 - 12)y + (b - 1)z \leqslant 4 \times 3 + 3 \times 3 = 21$, ce qui contredit l'égalité $(**)$.

Limitation de b : deuxième méthode.

On a l'inégalité $144x \leqslant n < b^3x + b^3$. En effet, on a $y \leqslant b - 1$ et $z \leqslant b - 1$, d'où $b^2y + bz \leqslant b^2(b-1) + b(b-1) = b^3 - b < b^3$. (C'est l'analogue du fait qu'en base 10 un nombre de trois chiffres est < 1000.)

On en déduit $b^3 > 144\dfrac{x}{x+1}\cdot$ Or, quand x varie de 1 à 11, la fraction $\dfrac{x}{x+1}$ est $\geqslant \dfrac{1}{2}\cdot$ On a donc $b^3 > 72$, donc $b \geqslant 5$.

De même, on a l'inégalité $b^3x \leqslant n < 144(x+1)$, d'où $b^3 < 144\dfrac{x+1}{x} \leqslant 2 \times 144 = 288$. On obtient ainsi $b \leqslant 6$.

On a donc $b = 5$ ou $b = 6$. On constate que le cas $b = 6$ est impossible car on aurait

$$144x + 12y + z = 216x + 36y + 6z$$

et, comme x est > 0, le deuxième membre est strictement plus grand que le premier.

La relation $(*)$ devient $144x + 12y + z = 125x + 25y + 5z$, ou encore, $19x = 13y + 4z$, avec, puisque la base b est 5, $0 \leqslant x, y, z \leqslant 4$ et $x > 0$.

Pour trouver toutes les solutions de cette équation, le mieux est d'abord de faire la liste des nombres $19x$ possibles : $19, 38, 57, 76$, puis des $13y$: $0, 13, 26, 39, 52$ et enfin des $4z$: $0, 4, 8, 12, 16$.

Cela permet, en raisonnant sur la taille des nombres, d'éliminer le cas $19x = 76$ (car $13y + 4z$ vaut, au plus, $52 + 16$ qui est < 76). On élimine ensuite le cas $19x = 19$ (la seule solution pour $13y$, compatible avec la taille des nombres, serait 13, mais $19 - 13$ n'est pas multiple de 4 donc ne peut être égal à $4z$). On élimine encore le cas $19x = 57$ (seul $13y = 52$ pourrait convenir pour la taille, mais, là encore, la différence n'est pas multiple de 4). Il reste donc $19x = 38$, qui impose $13y = 26$ pour la taille et on a alors $4z = 12$, d'où l'unique solution $x = 2, y = 2, z = 3$.

L'entier cherché est donc $n = 2 \times 144 + 2 \times 12 + 3 = 3 \times 125 + 2 \times 25 + 3 \times 5 = 315$.

d) Voici les solutions (trouvées avec un programme informatique, mais on peut, avec de la patience, le faire à la main !). La première colonne indique le nombre en base 10, la seconde en base 9, la troisième en base 13 :

171	210	102
199	241	124
342	420	204
398	482	248
513	630	306
684	840	408

20. On a la relation $b^2 - 6b - 7 = 0$. Il n'est pas nécessaire de résoudre cette équation, car on voit que b divise 7, donc on a $b = 7$.

21. Comme on a $7 \times 143 = 1001$, si $n = \overline{abc}$, on a $7n \times 143 = \overline{abcabc}$.

22. Si l'on a pas d'idée on fait l'expérience en base 10 avec une calculatrice. On trouve ainsi, par exemple, que 123454321 est le carré de 11111. On conjecture donc que le nombre donné est le carré du nombre écrit avec n chiffres 1 en base b. Pour le montrer on effectue l'opération en la posant, en base b : les opérations se font essentiellement de la même manière en base 10 et en base b.

23. Soient $n_1, n_2, \ldots, n_p$ les nombres construits selon la règle. Pour fixer les idées on regardera, par exemple, $4, 6, 73, 20, 18, 59$. Appelons u la somme des chiffres des unités des n_i (ici, $u = 4 + 6 + 3 + 0 + 8 + 9 = 30$) et d la somme des chiffres des dizaines (ici $d = 7 + 2 + 1 + 5 = 15$). En vertu de la règle de construction, tous les chiffres de 0 à 9 sont utilisés une fois et une seule comme chiffres des unités ou des dizaines des n_i, de sorte qu'on a $u + d = 0 + 1 + 2 + \cdots + 8 + 9 = 45$ (ce qu'on vérifie sur l'exemple). Soit S la somme de tous les nombres. On a $S = 10d + u$ car les chiffres des dizaines sont multipliés par 10 dans les n_i. En tirant u de la première relation on a donc $S = 45 + 9d$. On vérifie effectivement, ici, qu'on a $S = 180 = 45 + 9 \times 15$.

a) On voit que $S = 9 \times 5 + 9d$ est toujours multiple de 9, donc $S = 100$ n'est pas possible. (Une autre méthode consiste à faire la preuve par 9.)

b) La somme S vaut $45 - 9d$ et on montre que d, qui est la somme des chiffres des dizaines des n_i, prend toutes les valeurs entières comprises entre 0 (c'est le cas où l'on ne prend que des nombres à un chiffre) et 35 (c'est le cas où l'on prend $9, 8, 7, 6, 5$ comme chiffres des dizaines). En effet, si on a obtenu $d < 35$ on obtient $d + 1$ en modifiant un des chiffres des dizaines. On obtient donc pour S tous les multiples de 9 compris entre 45 et $45 + 35 \times 9 = 360$.

c) La relation $S = 45 + 9d = 153$ équivaut à $d = 12$. La somme des chiffres des dizaines est donc égale à 12, ce qui peut se réaliser de multiples façons : $9, 3$ ou $9, 2, 1$ ou $8, 4$ ou $8, 3, 1$ ou $7, 5$ ou $7, 4, 1$ ou $7, 3, 2$ ou $6, 5, 1$ ou $6, 4, 2$ ou $6, 3, 2, 1$ ou $5, 4, 3$ ou $5, 4, 2, 1$. On peut ensuite choisir n'importe comment les chiffres des unités parmi les chiffres restants, ce qui donne 8×7 solutions (resp. $7 \times 6 \times 5$, resp. $6 \times 5 \times 4 \times 3$) s'il y a 2 dizaines (resp. 3, resp. 4). On obtient en tout 2358 solutions.

2. La relation de divisibilité et les congruences

A. DIVISIBILITÉ

24. C'est le nombre $2520 = 8 \times 9 \times 5 \times 7$.

25. Il suffit de considérer les congruences possibles modulo 3 de a et b. Si l'un est congru à 0 le résultat est clair. Sinon, ils sont soit égaux, soit opposés et on gagne avec $a - b$ ou $a + b$.

26. Dire qu'un nombre se termine par 36, c'est dire qu'il est congru à 36 modulo 100. Soient m, n les nombres donnés. On regarde les congruences de m et n modulo 100. Si le chiffre des dizaines de m (resp. n) est a (resp. b) on a $m \equiv 10a+6 \pmod{100}$ (resp. $n \equiv 10b + 6 \pmod{100}$), d'où $nm \equiv 60(a + b) + 36 \pmod{100}$. Il faut donc, pour que mn soit congru à 36 modulo 100, que 100 divise $60(a + b)$ et on voit (avec Gauss) que c'est équivalent au fait que 5 divise $a + b$.

Si les nombres ont au moins trois chiffres il y a une chance sur cinq de gain (s'ils n'ont que deux chiffres c'est un peu plus : environ 21%). Vous faites ce que vous voulez, mais moi je ne joue pas (mais à 5 contre 1 et avec des nombres de deux chiffres, d'accord).

27. Le nombre s'écrit $n = ab0$ avec ab multiple de 7. Il suffit de faire la liste de ces multiples. La somme vaut 14 pour $n = 770$ et elle vaut 10 pour $n = 280$ et $n = 910$.

B. CONGRUENCES

28. *a*) Modulo 3, les entiers ne prennent que trois valeurs : $0, 1, -1$ (avec $-1 \equiv 2$, bien entendu), et leurs carrés n'en prennent donc que deux : $0, 1$. Si b, c ne sont pas égaux à 0 modulo 3 on a $b^2 \equiv c^2 \equiv 1 \pmod 3$, donc $a^2 \equiv 2 \equiv -1 \pmod 3$, ce qui est absurde.

b) Le principe est le même : les carrés modulo 5 sont $0, 1, -1$ (et ni 2 ni -2). Si b, c ne sont pas nuls modulo 5, leurs carrés valent 1 ou -1 et ils ne peuvent valoir tous deux 1 (sinon on a $a^2 \equiv 2$), ni -1 (sinon on a $a^2 \equiv -2$). Mais alors on a $a \equiv 0 \pmod 5$.

c) Il suffit de regarder modulo 4.

d) Le plus simple est de regarder les congruences modulo 16 et de faire la liste des carrés : 0, 1, 4, -7. Précisément, le carré d'un nombre impair est congru à 1 ou à $9 = -7$ et le carré d'un nombre pair non multiple de 4 est congru à 4. On voit alors que si b et c ne sont pas multiples de 4, $b^2 + c^2$ est congru à 8, 5, -3 ou -6, ce qui est absurde puisque $b^2 + c^2 = a^2$ est un carré.

29. *a*) On calcule les puissances de 5 modulo 13 : on a $5^0 \equiv 1$, $5^1 \equiv 5$, $5^2 = 25 \equiv -1$, $5^3 \equiv -5$ et $5^4 \equiv 1$ et les puissances suivantes se répètent avec une période de 4. Précisément, pour calculer 5^n on divise n par 4 : $n = 4q + r$ avec $0 \leqslant r < 4$ et on a $5^n \equiv 5^r \pmod{13}$.

b) Comme on a $1617 \equiv 5 \pmod{13}$, les réponses sont identiques à celles de *a*).

30. Dans tout cet exercice on se souviendra des formules :

$$a^{m+n} = a^m a^n \quad \text{et} \quad a^{mn} = (a^m)^n.$$

a) Tout s'éclaire si on pense que l'on a $4 \equiv -1 \pmod 5$.

b) On a $2^4 \equiv 1 \pmod 5$, d'où $2^{4n+2} + 2^{4n+1} - 1 \equiv 2^2 + 2 - 1 \equiv 0 \pmod 5$.

c) On a $3^2 \equiv 2 \pmod 7$.

d) On regarde les puissances de 4 modulo 9. On a $4^n \equiv 1, 4$ ou -2 selon que n est de la forme $3k, 3k+1$ ou $3k+2$. Le résultat s'ensuit facilement en distinguant selon ces trois cas.

e) Utiliser *d*) : $4^n \equiv (1 - 15n) \pmod 9$.

f) Le point crucial est qu'on a $5^5 \equiv 3^5 \equiv 1 \pmod{11}$.

g) Si on est instruit, on note que 2 est inversible d'inverse 6 modulo 11. Sinon, on se débarrasse du -1 de l'exposant $2n - 1$ en écrivant :

$$2^{2n-1} \times 3^{n+2} + 1 = 2^{2(n-1)} \times 2 \times 3^{n-1} \times 3^3 + 1 = 12^{n-1} \times 54 + 1$$

et la conclusion s'impose.

h) On a $5^2 \equiv 2^3 = 8 \pmod{17}$.

31. *a*) Traitons ce cas à la main. On a $2^3 \equiv 1 \pmod 7$ (et donc aussi $4^3 \equiv 1 \pmod 7$ en élevant au carré). Les puissances de 2 et de 4 se répètent donc avec une période de 3 et on voit qu'on a $2^{3k} \equiv 1 \pmod 7$, $4^{3k} \equiv 1 \pmod 7$, $2^{3k+1} \equiv 2 \pmod 7$, $4^{3k+1} \equiv 4 \pmod 7$, $2^{3k+2} \equiv 4 \pmod 7$, $4^{3k+2} \equiv 2 \pmod 7$. On voit alors que $4^n + 2^n + 1$ est congru à 3 si n est de la forme $3k$ et congru à 0 si n est de la forme $3k + 1$ ou $3k + 2$.

La même méthode montre que le résultat est encore le même pour les questions *b*) et *c*), mais on peut traiter globalement tout l'exercice. On note que a^n vérifie l'équation $x^2 + x + 1 \equiv 0 \pmod p$ (où p est premier). Or, on a $x^3 - 1 = (x-1)(x^2 + x + 1)$. On voit que, pour $p \neq 3$, on a $x^2 + x + 1 \equiv 0 \pmod p$ si et seulement si on a $x^3 \equiv 1 \pmod p$, mais $x \not\equiv 1 \pmod p$.

On obtiendra donc exactement la même réponse qu'en a) si on dispose d'un entier a qui vérifie $a^3 \equiv 1 \pmod p$ mais $a \not\equiv 1 \pmod p$. Pour $p = 19$ on voit que 7 convient, pour $p = 37$ ou $p = 111$ on trouve aussi un a convenable : $a = 10$ (on a $10^3 \equiv 1 \pmod{37}$ ou $\pmod{111}$ car $999 = 27 \times 37$). En revanche, pour 41 il n'y a pas de solution. En effet, si on a $a^3 \equiv 1 \pmod p$ mais $a \not\equiv 1 \pmod p$, avec p premier, alors 3 doit diviser $p - 1$ (voir le corollaire 4.18 du petit théorème de Fermat).

32. On a $n^{12} - n^8 - n^4 + 1 = (n^8 - 1)(n^4 - 1) = (n^4 + 1)(n^2 + 1)^2(n+1)^2(n-1)^2$. Comme n est impair, les nombres $n - 1$, $n + 1$, $n^2 + 1$, $n^4 + 1$ sont pairs. De plus, $n - 1$ ou $n + 1$ est multiple de 4 donc le produit est multiple de $2^9 = 512$. Le cas $n = 3$ montre que le résultat est optimal (ce qui signifie que 2^{10} ne divise pas le nombre dans ce cas).

33. a) Posons $\mathrm{A}(n) = n^2(n^4 - 1) = n^2(n^2+1)(n+1)(n-1)$. On a $60 = 2^2 \times 3 \times 5$. Il suffit de montrer que $\mathrm{A}(n)$ est divisible par $4, 3$ et 5. Le résultat est évident pour 4 et, comme $\mathrm{A}(n)$ est multiple de $n^3 - n$ et de $n^5 - n$, on conclut par Fermat pour 3 et 5 (ou par un calcul direct). On ne peut pas faire mieux car on a $\mathrm{A}(2) = 60$.

b) Le cas de $\mathrm{B}(n) = n(n^6 - 1)$ est analogue au précédent avec $42 = 2 \times 3 \times 7$. Pour voir que le résultat est optimal on regarde $\mathrm{B}(2) = 42 \times 3$ et $\mathrm{B}(3) = 42 \times 52$ et on note que 3 et 52 sont premiers entre eux.

34. On décompose 16320 en produit de facteurs premiers : $16320 = 2^6 \times 3 \times 5 \times 17$. On écrit $\mathrm{C}(n) = n^{17} - n = n(n^{16} - 1) = n(n^8 + 1)(n^4 + 1)(n^2 + 1)(n + 1)(n - 1)$. Comme n est impair, les facteurs autres que n sont pairs et $n - 1$ ou $n + 1$ est multiple de 4. On en déduit que $\mathrm{C}(n)$ est multiple de 2^6. Montrons qu'il est multiple de p pour $p = 3, 5, 17$. Si n est multiple de p c'est évident. Sinon, en vertu de Fermat, on a $n^{p-1} \equiv 1 \pmod p$. Mais on constate que $p - 1$ divise 16 dans tous les cas : $16 = (p-1)k$ d'où $n^{16} = n^{(p-1)k} = (n^{p-1})^k \equiv 1^k = 1 \pmod p$ d'où le résultat.

Le résultat est optimal. En effet, on a $\mathrm{C}(3) = 16320 \times 41 \times 193$ mais on montre que $5^{16} - 1$ n'est pas multiple de 41 ni de 193 (on a $5^{16} \equiv -4 \pmod{41}$ et $5^{16} \equiv 49 \pmod{193}$).

35. Le nombre $n = \overline{aaa\ldots aaaa}$ (avec 2004 chiffres) est divisible par 11 en vertu du critère du cours. Pour les autres le plus simple est de calculer le nombre n comme la somme d'une suite géométrique :

$$n = a(1 + 10 + 10^2 + \cdots + 10^{2003}) = a\frac{10^{2004} - 1}{9}.$$

Dire que 13 divise n signifie exactement qu'on a $10^{2004} \equiv 1 \pmod{13}$. (On le voit en écrivant $9n = a(10^{2004} - 1)$ et en utilisant Gauss.) Si on étudie les puissances de 10 modulo 13, on voit qu'on a $10^6 \equiv 1$. Or, la décomposition de 2004 en facteurs premiers est $2004 = 2^2 \times 3 \times 167$. Comme 2004 est multiple de 6 on a bien $10^{2004} \equiv 1 \pmod{13}$. Pour 37 on a $10^3 \equiv 1 \pmod{37}$ et ça marche encore. En revanche, pour 73 ça ne marche plus car 10 est d'ordre 8 modulo 73.

36. C'est le même exercice que le précédent. Pour 13 on a $10^6 \equiv 1$ (et pas $10^k \equiv 1$ pour $k < 6$) et il faut que n soit multiple de 6. On a

$$111111 = 3 \times 7 \times 11 \times 13 \times 37.$$

Pour 31, on voit que le plus petit entier $n > 1$ tel que $10^n \equiv 1 \pmod{31}$ est 15. Le nombre N formé de 15 fois le chiffre 1 est donc multiple de 31. Précisément :

$$\mathrm{N} = 31 \times 3584229390681.$$

Pour faire le calcul avec une calculatrice qui ne donne pas plus de 10 chiffres on peut décomposer en paquets $\mathrm{N} = 111111111 \times 10^6 + 111111$ et diviser :

$$111111111 = 31 \times 3584229 + 12 \quad \text{et} \quad 12111111 = 31 \times 390681.$$

37. *a*) *b*) Les choses sont dites dans l'énoncé : le critère de divisibilité par 4 (resp. par 8) pour un entier dont les derniers chiffres sont c, d, u dit que $2d + u$ doit être multiple de 4 (resp. $4c + 2d + u$ multiple de 8).

38. *a*) On a $495 = 5 \times 9 \times 11$. Pour que $\mathrm{N} = \overline{x48y5}$ soit multiple de 495 il faut et il suffit qu'il soit multiple de 5, de 9 et de 11 (car ces nombres sont premiers entre eux). Il est clair que N est multiple de 5. Le critère de divisibilité par 9 donne $x + y \equiv 1 \pmod 9$, celui par 11 donne $x - y \equiv 2 \pmod{11}$. Comme x et y sont des chiffres, donc compris entre 0 et 9, on a $x + y = 1$ ou 10 et $x - y = 2$ ou -9. On voit facilement que le seul cas qui reste en lice est $x + y = 10, x - y = 2$ qui donne $x = 6, y = 4$ et la solution $64845 = 495 \times 131$.

b) On a $792 = 8 \times 9 \times 11$. Le nombre N doit être multiple de $8, 9, 11$. L'analyse de la divisibilité par 9 et 11 donne $x + y + z \equiv -1 \pmod 9$ et $x + y + z \equiv 6 \pmod{11}$, ce qui impose $x + y + z = 17$. D'autre part, comme N est multiple de 4, on voit que z vaut 2 ou 6. Pour que N soit multiple de 8, il faut que y soit impair (resp. pair) si z vaut 2 (resp. 6). En mettant tout ensemble on trouve les solutions : 2493216, 2473416, 2453616, 2433816, 2483712, et 2463912.

39. *a*) On écrit $x^2 - y^2 = (x - y)(x + y) = n$. On décompose n en facteurs premiers pour trouver toutes les décompositions de n sous la forme $n = pq$ avec $p \leqslant q$ entiers > 0. Il ne reste plus qu'à résoudre, pour chaque couple (p, q) le système $x - y = p$, $x + y = q$. On trouve $x = \dfrac{p+q}{2}$ et $y = \dfrac{q-p}{2}\cdot$ Comme p et q sont impairs, x et y sont entiers. Par exemple, pour $n = 225 = 3 \times 3 \times 5 \times 5$ on trouve les solutions suivantes pour (x, y) : $(113, 112)$, $(39, 36)$, $(25, 20)$, $(17, 8)$, $(15, 0)$.

b) Si n est pair on note d'abord, en regardant les congruences modulo 4 que n doit être multiple de 4. Les nombres x et y ont alors même parité. On écrit encore $x^2 - y^2 = (x - y)(x + y) = n = 4k$ et on cherche toutes les décompositions de $n = 4k$ en produit de deux nombres pairs ou encore de k en produit de deux nombres $k = pq$ avec $p \leqslant q$. Il reste ensuite à résoudre les équations $x - y = 2p$, $x + y = 2q$. On trouve $x = p + q$ et $y = q - p$. Pour $n = 360$ les couples solutions sont $(91, 89)$, $(47, 43)$, $(33, 27)$, $(23, 13)$, $(21, 9)$, $(19, 1)$.

40. On regarde respectivement les congruences modulo 4, 4, 8 et 4 et on tient compte du fait que 2 et -1 ne sont pas des carrés modulo 4 et que 5 n'est pas un carré modulo 8.

41. Si on a une solution x, y de l'équation $3x^2 - 35y^2 = a$, elle vérifie $-35y^2 \equiv a \pmod 3$, ou encore $y^2 \equiv a \pmod 3$, de sorte que a doit être un carré modulo 3 (attention, la réciproque est fausse). Comme 2 n'est pas un carré modulo 3 cela montre que l'équation n'a pas de solution pour $a = 2, 5, 8, 11, 14, 17$ et 20.

De même, si on a une solution de l'équation, on a $3x^2 \equiv a \pmod 5$. Or, modulo 5 les carrés sont $0, 1$ et -1, donc $3x^2$ vaut $0, 3 = -2$ ou $-3 = 2$. Cela permet de montrer que l'équation n'a pas de solution lorsque a est congru à ± 1 modulo 5 donc pour $a = 1, 4, 6, 9, 11, 14, 16$ et 19.

De même, si on a une solution, on a $3x^2 \equiv a \pmod 7$. Modulo 7, les carrés sont $0, 1, 2, -3$ et $3x^2$ peut donc valoir $0, 3, -1, -2$. Cela montre que l'équation n'a pas de solution si a est congru à $1, 2, -3$ modulo 7 donc pour $a = 1, 2, 4, 8, 9, 11, 15, 16, 18$.

Enfin, si on a une solution, on a $-x^2 + y^2 \equiv a \pmod 4$. Comme les carrés modulo 4 sont 0 et 1, cela montre que a est congru à $0, 1$ ou -1. L'équation n'a donc pas de solution lorsque a est congru à 2 modulo 4, c'est-à-dire pour $a = 2, 6, 10, 14, 18$.

En consultant la liste on voit qu'il reste une incertitude pour $a = 3, 7, 12, 13$. Dans ces quatre cas l'équation admet des solutions : $3 \times 1^2 - 35 \times 0^2 = 3$, $3 \times 7^2 - 35 \times 2^2 = 7$, $3 \times 2^2 - 35 \times 0^2 = 12$, $3 \times 4^2 - 35 \times 1^2 = 13$.

42. On voit qu'on a $y \geqslant 2$. On écrit l'équation sous la forme $2^x = y^2 - 1 = (y-1)(y+1)$. L'unicité de la décomposition en produit de facteurs premiers montre que $y-1$ et $y+1$ sont des puissances de 2 : $y - 1 = 2^\alpha$ et $y + 1 = 2^\beta$, avec $\alpha < \beta$. On a donc $2^\beta - 2^\alpha = 2$, donc $2 = 2^\alpha(2^{\beta-\alpha} - 1)$. Cela implique $2^\alpha = 2$ et $2^{\beta-\alpha} = 2$, d'où $\beta = 2$ et $\alpha = 1$. L'unique solution est donc $x = 3$, $y = 3$.

3. Diviseurs communs, pgcd, algorithme d'Euclide, théorème de Bézout

44. *a*) Il suffit d'écrire l'algorithme d'Euclide en posant $a = r_0$ et $b = r_1$: $r_0 = r_1 q_1 + r_2$, $r_1 = r_2 q_2 + r_3$, $r_2 = r_3 q_3 + r_4$, $r_3 = r_4 q_4 + r_5$. Les hypothèses donnent $r_5 = 0$, $r_4 = 4$, $q_4 = 2$, d'où $r_3 = 8$, puis $q_3 = 1$, d'où $r_2 = 12$, puis $q_2 = 3$, d'où $r_1 = 44$ et enfin $q_1 = 2$ d'où $r_0 = 100$.

b) On trouve $a = 1944$, $b = 272$, puis $a = 2310$, $b = 216$.

45. *a*) On récite la comptine du *pgcd* : $a = da'$, $b = db'$ avec a' et b' premiers entre eux. On a donc $a + b = 256 = d(a' + b') = 16(a' + b')$, donc $a' + b' = 16$. On énumère alors les solutions (en n'oubliant pas que a' et b' sont premiers entre eux) : $a' = 1, b' = 15$, $a' = 3, b' = 13$, $a' = 5, b' = 11$, $a' = 7, b' = 9$ et les mêmes à l'envers : $a' = 9, b' = 7$, etc. En multipliant par 16 on a les couples (a, b) suivants : $(16, 240)$, $(48, 208)$, $(80, 176)$, $(112, 144)$, $(144, 112)$, $(176, 80)$, $(208, 48)$, $(240, 16)$.

b) On a $a = 17a'$, $b = 17b'$ avec *pgcd* $(a', b') = 1$ d'où $1734 = 17^2 a'b'$ et donc $a'b' = 6$. Les solutions sont $a' = 1, b' = 6$, $a' = 2, b' = 3$ et les symétriques et on obtient les solutions pour (a, b) : $(17, 102)$, $(34, 51)$, $(51, 34)$, $(102, 17)$.

c) On a $a = 18a'$ et $b = 18b'$ avec $pgcd\,(a', b') = 1$ d'où $2916 = 18^2(a'^2 - b'^2)$ ce qui donne $a'^2 - b'^2 = 9$. On factorise : $(a' - b')(a' + b') = 9$, de sorte que $a' - b'$ et $a' + b'$ sont des diviseurs de 9. Comme b' est non nul, on a $a' - b' < a' + b'$ et il reste une seule possibilité : $a' - b' = 1$, $a' + b' = 9$, ce qui donne, en résolvant le système, $a' = 5, b' = 4$, d'où $a = 90$ et $b = 72$.

46. Voici des résultats : $1 = 8 \times 17 - 5 \times 27$, $1 = 3 \times 35 - 8 \times 13$, $3 = pgcd\,(168, 255) = 41 \times 168 - 27 \times 255$ et enfin $2 = pgcd\,(4350, 2456) = 555 \times 4350 - 983 \times 2456$.

47. On utilise la méthode du cours. On a $pgcd\,(27, 44) = 1$ et on écrit une relation de Bézout par l'algorithme d'Euclide : $-13 \times 27 + 8 \times 44 = 1$, soit, en multipliant par 12, $-156 \times 27 + 96 \times 44 = 12$ et une solution $(x_0, y_0) = (-156, -96)$. La solution générale s'obtient en retranchant et on trouve

$$x = -156 + 44n, \quad y = -96 + 27n \quad \text{avec } n \in \mathbf{Z}.$$

Pour $n = 4$ on obtient la plus petite solution positive : $x = 20, y = 12$.

Voici des solutions particulières des autres équations : $-625 \times 156 + 400 \times 244 = 100$ et $-3222 \times 2757 + 4446 \times 1998 = 54$.

48. On calcule le *pgcd* de 1152 et de 882, soit par l'algorithme d'Euclide, soit par décomposition en produit de facteurs premiers. On a $1152 = 2^7 \times 3^2$ et $882 = 2 \times 3^2 \times 7^2$ et donc $pgcd\,(1152, 882) = 18$, avec $1152 = 18 \times 64$ et $882 = 18 \times 49$.

Comme 18 ne divise pas 84, la première équation n'a pas de solution. Pour l'autre on a $126 = 18 \times 7$, de sorte que l'équation devient $64x - 49y = 7$ (1).

Pour trouver une solution particulière on écrit l'égalité de Bézout avec 64 et 49. On a $17 \times 49 - 13 \times 64 = 1$. Cela donne la solution de (1) : $x_0 = -13 \times 7 = -91$ et $y_0 = -17 \times 7 = -119$ (attention aux signes).

La solution générale s'en déduit par différence, on a $x = -91 + 49n$ et $y = -119 + 64n$ avec $n \in \mathbf{Z}$. Pour trouver une solution positive il faut prendre $n \geqslant 2$. Pour $n = 2$ on trouve $x = 7$ et $y = 9$.

L'entier n cherché vérifie $n = 1152x + 87 = 882y + 213$ d'où $1152x - 882y = 126$. La solution trouvée ci-dessus ($x = 7$, $y = 9$) donne $n = 1152 \times 7 + 87 = 882 \times 9 + 213 = 8151$.

49. *a*) Posons $\mathrm{A} = 11a + 2b$ et $\mathrm{B} = 18a + 5b$. On peut résoudre en a, b le système formé par ces équations, ce qui donne $19a = 5\mathrm{A} - 2\mathrm{B}$ et $19b = 11\mathrm{B} - 18\mathrm{A}$ (la recette de l'exercice c'est que 19 est le déterminant du système). Si 19 divise A on voit qu'il divise 2B, donc B, puisque 19 est premier avec 2. *b*) Si d divise A et B les formules précédentes montrent qu'il divise $19a$ et $19b$, donc aussi leur *pgcd*, qui est 19 puisque a et b sont premiers entre eux (voir chapitre 1, 3.13).

50. *a*) On fait une pseudo-division euclidienne : $9n + 4 = 4(2n + 1) + n$, donc $pgcd\,(9n + 4, 2n + 1) = pgcd\,(2n + 1, n)$, mais il est clair que n et $2n + 1$ sont premiers entre eux (si k les divise, il divise $1 = (2n + 1) - 2 \times n$), d'où le résultat.

b) Même méthode en écrivant $30n + 2 = 2(12n + 1) + 6n$.

c) On a $2n + 3 = 2(n + 7) - 11$, donc si d divise $2n + 3$ et $n + 7$ il divise 11, donc vaut 1 ou 11. Il vaut 11 si $n + 7$ est multiple de 11 donc $n \equiv 4 \pmod{11}$, par exemple, $n = 4, 15$, etc. Sinon, le *pgcd* est 1.

d) On écrit $9n + 4 = 4(2n - 1) + n + 8$, puis $2n - 1 = 2(n + 8) - 17$ et le *pgcd* divise donc 17. C'est 17 si $n \equiv 9 \pmod{17}$, sinon c'est 1.

52. *a*) On récite la comptine du *pgcd* : $a = da'$, $b = db'$ avec a', b' premiers entre eux. On en déduit $m = da'b' = ab'$ d'où $b' = 14$. On a donc $b = 14d$ où d peut être n'importe quel diviseur de a donc $1, 3, 5, 15$ ce qui donne $b = 14, 42, 70$ ou 210.

b) La méthode est identique. Pour $m = 396$, $a = 18$, on a $b' = 22$, d divise 18, mais comme $a' = 18/d$ doit être premier avec b' il reste seulement $d = 2, 6, 18$, donc $b = 44, 132, 396$.

Pour $m = 120$, $a = 12$ on trouve $b = 40$ ou 120.

53. *a*) Ce sont les multiples du *ppcm* qui vaut 120, donc $120, 240, 360, 480$.

b) Cette fois le *ppcm* vaut 210 ce qui donne les solutions $420, 630, 840$.

54. Le nombre $n - 3$ est multiple de $5, 12, 14$ donc de leur *ppcm* qui est 420. La division par 420 de 10000 donne comme quotient 23. Le plus petit entier n convenable est donc $24 \times 420 + 3 = 10083$.

55. On écrit les divisions : $a = 21y+8$ et $a = 17x+5$. Par différence on a l'équation diophantienne $17x - 21y = 3$. La routine. Les solutions sont $x = 15 + 21n$, $y = 12 + 17n$ avec $n \in \mathbf{Z}$, d'où $a = 260 + 357n$. Entre 100 et 1000 on a les solutions $a = 260, 617$ et 974.

56. Dans tout l'exercice, avant de réfléchir, on écrit la comptine du *pgcd* : $a = da'$, $b = db'$ avec a' et b' premiers entre eux. On supposera $a \leqslant b$, donc $a' \leqslant b'$, les solutions avec $b \leqslant a$ s'obtenant par symétrie.

a) On a $p = d^2a'b'$ et $m = da'b'$. On en déduit $d = p/m$ et $a'b' = m/d$. Il reste à chercher les diviseurs de $a'b'$, en n'oubliant pas que l'on doit avoir $a' \leqslant b'$ et a' et b' premiers entre eux. Pour $m = 360$, $p = 3240$ on a $d = 9$ et $a'b' = 40 = 2^3 \times 5$. Les couples (a', b') solutions sont $(1, 40)$ et $(5, 8)$, ce qui donne pour (a, b) : $(9, 360)$, $(45, 72)$.

Solutions des autres exemples. Pour $m = 864, p = 5184$: $(6, 864)$, $(54, 96)$. Pour $m = 900, p = 13500$: $(15, 900)$, $(45, 300)$, $(60, 225)$, $(75, 180)$.

b) On a $s = d(a' + b')$, $m = da'b'$. Le point crucial est de noter que $a' + b'$ et $a'b'$ sont premiers entre eux. En effet, sinon, ils ont un facteur **premier** commun, p, et comme p divise $a'b'$, par le lemme d'Euclide (voir chapitre 1, § 4), il divise a' ou b', disons a'. Mais alors, il divise a' et $a' + b'$, donc b', ce qui est absurde car a' et b' sont premiers entre eux.

Il en résulte que d est le *pgcd* de s et m, donc est connu. En divisant par d, on obtient $a'b'$ et $a' + b'$, donc a' et b' et on a fini. Exemple : $m = 735 = 3 \times 5 \times 7^2$, $s = 252 = 2^2 \times 3^2 \times 7$. On a $d = 21$, d'où $a'b' = 35$ et $a' + b' = 12$. La décomposition en facteurs premiers (ou la résolution de l'équation du second degré) donne $a' = 5$ et $b' = 7$, d'où $(a, b) = (105, 147)$.

Solutions des autres exemples. Pour $m = 924, s = 275$, $(a, b) = (44, 231)$. Pour $m = 3003, s = 504$, $(a, b) = (231, 273)$.

c) On a $m = da'b'$, donc $a'b'$ est connu et on procède comme en *a*). Par exemple pour $m = 420$ et $d = 6$ on a $a'b' = 70$, d'où les solutions pour (a', b') :

$(1, 70)$, $(2, 35)$, $(5, 14)$ et $(7, 10)$ qui donnent pour (a, b) : $(6, 420)$, $(12, 210)$, $(30, 84)$ et $(42, 60)$.

Solutions des autres exemples. Pour $m = 1050, d = 35$, $(35, 1050)$, $(70, 525)$, $(105, 350)$, $(175, 210)$. Pour $m = 3388, d = 22$, $(22, 3388)$, $(44, 1694)$, $(154, 484)$, $(242, 308)$. Pour $m = 1650, d = 55$, $(55, 1650)$, $(110, 825)$, $(165, 550)$, $(275, 330)$.

d) On a $m - d = d(a'b' - 1)$. On trouve d comme un diviseur (quelconque) de m et on en déduit $a'b'$, d'où le résultat par la méthode habituelle. Par exemple, pour $m - d = 11$ on a $d = 1$ ou $d = 11$. Si $d = 1$ on a $a'b' - 1 = 11$, donc $a'b' = 12$, ce qui donne $a' = 1, b' = 12$ ou $a' = 3, b' = 4$ et a et b sont identiques. Si on a $d = 11$ on a $a'b' = 2$, d'où $a' = 1, b' = 2$ et $a = 11, b = 22$.

Pour $m - d = 15$ on a les solutions $d = 1, 3, 5, 15$ et, pour (a, b) : $(1, 16)$, $(3, 18)$, $(6, 9)$, $(5, 20)$, $(15, 30)$.

57. *a*) On a $a_n p^n + a_{n-1} p^{n-1} q + \cdots + a_1 p q^{n-1} + a_0 q^n = 0$. Il en résulte que q divise $a_n p^n$ (car q est dans tous les termes sauf le premier). Comme q est premier avec p, donc aussi avec p^n (sinon il y aurait un facteur premier l commun à q et p^n qui diviserait aussi p par Euclide), q divise a_n. Le raisonnement est identique pour voir que p divise a_0.

b) Si l'équation a une solution rationnelle p/q, le *a*) montre que p divise 21 et q divise 4. Un minimum d'essais permet de trouver la racine $7/4$. On met alors $4x - 7$ en facteur dans l'équation :

$$4x^3 - 7x^2 - 12x + 21 = (4x - 7)(x^2 - 3)$$

de sorte que les autres racines sont $\sqrt{3}$ et $-\sqrt{3}$.

c) Si l'équation a une racine rationnelle p/q écrite sous forme irréductible, on a $2p^7 + ap^3q^4 - 3q^7 = 0$. On en déduit que p^3 divise 3 et que q^4 divise 2 ce qui impose $p = \pm 1$ et $q = 1$. L'équation admet la racine 1 (resp. -1) pour $a = 1$ (resp. $a = -5$).

58. Traduisons la relation $n = \overline{xxxx} = (\overline{yy})^2$: $x(b^3 + b^2 + b + 1) = (x+1)^2(b+1)^2$, soit encore $x(b^2 + 1) = (x + 1)^2(b + 1)$. Comme x est premier avec $x + 1$, il divise $b + 1$ par Gauss. On écrit donc $b + 1 = kx$, $b = kx - 1$ ce qui donne $k^2x^2 - 2kx + 2 = (x + 1)^2 k$. On voit que k divise 2, donc $k = 1$ ou 2. Si k vaut 1, on a $b = x - 1$ ce qui est absurde puisque x est un chiffre en base b. On a donc $k = 2$ et il reste l'équation $2x^2 - 8x = 0$, d'où $x = 0$ (absurde) ou $x = 4$ et $b = 7$: l'égalité est, en base 7, $\overline{4444} = \overline{55}^2$ (soit $1600 = 40^2$ en base 10).

59. On écrit $(2p - 1)^2 + (2p + 1)^2 + (2p + 3)^2 = xxxx = x \times 1111 = x \times 11 \times 101$, ce qui donne $12p^2 + 12p + 11 = x \times 11 \times 101$. Il y a deux façons de gérer cette égalité.

Soit on note que 11 divise $p(p + 1)$ donc divise p ou $p + 1$. Le cas $p = 11q$ s'élimine facilement et il reste $p = 11q - 1$ qui donne $132q^2 - 12q + 1 = 101x \leqslant 909$ (car x est un chiffre en base 10). Cela impose $q = 1$ ou 2 et avec $q = 2$ on trouve $p = 21$ d'où la relation $41^2 + 43^2 + 45^2 = 5555$.

Soit on note que 12 divise $11(101x - 1)$, donc $101x - 1$. Autrement dit, $101x$ est congru à 1 modulo 12. Cela donne $x \equiv 5 \pmod{12}$, donc $x = 5$ et on retrouve le même résultat.

60. On a $336 = 2^4 \times 3 \times 7$. Si on a $336\,k = aaa\dots aa = a \times 111\dots11$, comme $16 = 2^4$ est premier avec $111\dots 11$, 16 divise a ce qui est impossible puisque a est un chiffre en base 10.

On a $168 = 2^3 \times 3 \times 7$. Le même argument montre que 168 ne peut diviser $aaa\dots aa$ que si a est égal à 8. Il reste à voir à quelle condition 3×7 divise $\mathrm{N} = 111\dots 11$ (avec n chiffres). Il faut et il suffit pour cela que 3 et 7 divisent N. Pour 3, le critère de divisibilité usuel montre que la condition est que n soit multiple de 3. Pour 7, il revient au même de demander que 7 divise $9\mathrm{N} = 999\dots 99$ (car 7 est premier avec 9). Mais on a $9\mathrm{N} = 10^n - 1$ et il s'agit de voir à quelle condition on a $10^n \equiv 1 \pmod 7$. On fait la liste des puissances de 10 modulo 7 et on voit que le plus petit entier tel que $10^n \equiv 1 \pmod 7$ est 6 (on dit que 10 est d'ordre 6 modulo 7). La réponse au problème est donc que les nombres qui conviennent sont les nombres $888\dots 88$ avec n chiffres 8 et n multiple de 6. On a, par exemple, $888888 = 168 \times 5291$.

Pour $952 = 2^3 \times 7 \times 17$ les solutions sont encore les $888\dots 88$ avec n chiffres 8 et n multiple de 48 (car 10 est d'ordre 6 modulo 7 et 16 modulo 17).

4. Nombres premiers

62. *a*) Tenant compte de la formule $1+3+5+\dots+(2n-1) = n^2$ (voir exercice **5**), on a $(2k+1)+(2k+3)+\dots+(2k+2n-1) = 2kn+n^2 = n(2k+n)$. Comme on a $k \geqslant 0$, n et $2k+n$ sont $\geqslant 2$ et ce nombre n'est pas premier.

b) On voit aussitôt que $p = 2$ ne convient pas (à cause de $p+6$), ni $p = 3$ (à cause de $p+6$), ni $p = 7$ (à cause de $p+14$). En revanche $p = 5$ donne la suite $5, 7, 11, 13, 17, 19$, tous premiers. Pour voir que c'est la seule solution, on regarde les congruences modulo 5 de $p, p+2, p+6, p+8, p+12, p+14$. Ce sont $p, p+2, p+1, p-2, p+2, p-1$ et, comme parmi ces nombres il y en a cinq consécutifs, l'un au moins est multiple de 5 donc non premier si $p \neq 5$.

63. *a*) On a $n^2+2n-3 = (n+3)(n-1)$ et, comme n est $\geqslant 3$, les facteurs sont $\geqslant 2$ donc le nombre n'est pas premier.

b) On a $\mathrm{P}(n) = n^5+n^4+1 = (n^2+n+1)(n^3-n+1)$. Pour $n = 1$ on trouve $\mathrm{P}(1) = 3$ qui est premier. Si on a $n > 1$, on a $n^3 > n$, donc les deux facteurs sont > 1 et $\mathrm{P}(n)$ n'est pas premier.

64. *a*) C'est un simple calcul.

b) Si m ou n est nul le nombre n'est pas premier. On suppose donc $m, n \geqslant 1$. Pour $m = n = 1$ on trouve 5 qui est premier. Supposons ce cas écarté. On a alors $n^2+2mn+2m^2 = (n+m)^2+m^2 \geqslant 5$. L'autre facteur vaut $n^2-2mn+2m^2 = (n-m)^2+m^2$ et il est > 1. Autrement dit le nombre n'est pas premier.

c) On a $4^{545}+545^4 = 4 \times (4^{136})^4 + 545^4$ et ce nombre n'est pas premier en vertu de *b*).

65. La suite $n!+2, n!+3, \dots, n!+n$ fournit $n-1$ nombres consécutifs dont aucun n'est premier (ils sont divisibles par $2, 3, \dots, n$).

66. Supposons que F_m et F_n ne sont pas premiers entre eux (avec $m < n$). Ils ont alors un facteur premier p commun. On calcule modulo p. On a $2^{2^m} \equiv -1$

(mod p) et $2^{2^n} \equiv -1 \pmod p$. Mais, le calcul des puissances donne $2^{2^n} = (2^{2^m})^{2^{n-m}} \equiv (-1)^{2^{n-m}} = 1 \pmod p$: contradiction.

Pour $n \geqslant 0$, soit p_n un facteur premier de F_n. On vient de voir que les p_n sont tous distincts : il y a donc une infinité de nombres premiers.

68. Le nombre premier p est supposé > 5. On regarde la congruence de p modulo 24 qui est égale à $\pm 1, \pm 5, \pm 7$ ou ± 11 (pas à un nombre pair, car p est impair, ni à ± 3, car p n'est pas multiple de 3). Le carré de p est alors égal à 1 dans tous les cas, donc $p^2 + 11$ est congru à 12.

69. *a*) Il suffit de compter ! Par exemple pour 7 il y a dans 100! les multiples de 7, de 7 à $98 = 7 \times 14$ et parmi eux ceux de $7^2 = 49$, soit 49 et 98. On a donc en tout $14 + 2 = 16$ dans l'exposant de 7.

Pour 5, on a les multiples de 5 : il y en a 20, dont ceux de 25, il y en a 4, soit en tout 5^{24}.

Pour 3, on a les multiples de 3 : il y en a 33, de 9, il y en 11, de 27, il y en a 3 et de 81, un seul, soit en tout $33 + 11 + 3 + 1 = 48$.

Enfin, pour 2, il faut aller jusqu'à $2^6 = 64$ et on a $50+25+12+6+3+1 = 97$.

On a donc $100! = 2^{97} \times 3^{48} \times 5^{24} \times 7^{16} \times \cdots$.

b) Le nombre de zéros est donné par le minimum entre l'exposant de 2 et celui de 5 : il y a donc 24 zéros.

70. *a*) Il est clair que n est un carré parfait si et seulement si les α_i sont tous pairs.

b) Les diviseurs de n sont les nombres $p_1^{\beta_1} p_2^{\beta_2} \dots p_r^{\beta_r}$ avec $0 \leqslant \beta_i \leqslant \alpha_i$. Il y a donc $\alpha_i + 1$ possibilités pour chaque β_i, de sorte que le nombre $\mathrm{D}(n)$ de diviseurs de n est $(\alpha_1 + 1)(\alpha_2 + 1) \cdots (\alpha_r + 1)$.

c) Dire que $\mathrm{D}(n)$ est impair équivaut à dire que les $\alpha_i + 1$ sont tous impairs, donc les α_i tous pairs, ce qui signifie que n est un carré.

71. Supposons que le maximum de l'exposant de 2 soit atteint deux fois en $p = 2^\alpha p'$ et $q = 2^\alpha q'$ avec $p' < q'$. Les nombres p' et q' sont impairs et entre p' et q' il y a au moins un nombre pair $2r$ (par exemple $p' + 1$). Mais alors l'exposant de 2 dans $2^\alpha \times 2r$ (qui est compris entre p et q) est strictement plus grand que α.

72. Pour un entier n on note $\mathrm{D}(n)$ son nombre de diviseurs. Pour $1 \leqslant n \leqslant 1999$, le maximum de $\mathrm{D}(n)$ est atteint par $1680 = 2^4 \times 3 \times 5 \times 7$ qui admet 40 diviseurs. Voici quelques indications que le lecteur justifiera pour atteindre ce résultat.

On a $\mathrm{D}(p_1^{\alpha_1} p_2^{\alpha_2} \cdots p_r^{\alpha_r}) = (\alpha_1 + 1)(\alpha_2 + 1) \cdots (\alpha_r + 1)$. Si n est $\leqslant 1999$, il a au plus 4 diviseurs premiers. On peut supposer $n = 2^\alpha 3^\beta 5^\gamma 7^\delta$ avec $\alpha \geqslant \beta \geqslant \gamma \geqslant \delta \geqslant 0$. On peut supposer $n \geqslant 1000$. Si n n'a qu'un facteur premier, on peut supposer $n = 2^\alpha$ et on a $\mathrm{D}(n) \leqslant 11$. Si n a deux facteurs premiers, $n = 2^\alpha 3^\beta$, on a $\alpha + \beta \leqslant 10$ et $\mathrm{D}(n) \leqslant 36$ (en fait $\mathrm{D}(n) \leqslant 28$). Si n a quatre facteurs premiers, on a $5 \leqslant 2^{\alpha-1} 3^{\beta-1} 5^{\gamma-1} 7^{\delta-1} \leqslant 9$ et on énumère facilement tous les cas. Enfin, si n a trois facteurs $n = 2^\alpha 3^\beta 5^\gamma$, le cas $\gamma = 2$ conduit à $n = 1800$ et $\mathrm{D}(1800) = 36$, tandis que le cas $\gamma = 1$ donne le maximum de $\mathrm{D}(n)$ pour $n = 1440$ et on a encore $\mathrm{D}(1440) = 36$.

73. *a*) Comme a est premier avec p, il existe $\lambda, \mu \in \mathbf{Z}$ tels que $\lambda a + \mu p = 1$, donc $\lambda a \equiv 1 \pmod{p}$. Mais λ est congru modulo p à un entier b situé entre 1 et $p-1$, et celui-là convient. Si on a $ab \equiv ac \equiv 1 \pmod{p}$ avec $1 \leqslant b, c \leqslant p-1$, le nombre p divise $a(b-c)$ et, comme il est premier avec a, il divise $b-c$. Mais comme on a $-(p-2) \leqslant b-c \leqslant p-2$, cela implique $b-c=0$ donc $b=c$ d'où l'unicité. Pour a entre 1 et $p-1$, on note $\hat{a}$ l'unique b tel que $ab \equiv 1 \pmod{p}$ (c'est « l'inverse » de a modulo p). On vérifie que $a \not\equiv \hat{a} \pmod{p}$, sauf si on a $a=1$ ou $a=p-1$.

b) On considère les entiers de 1 à $p-1$ et on regroupe a et $\hat{a}$ (lorsqu'ils sont différents). Dans le produit $(p-1)!$, tous les termes $a\hat{a}$ sont congrus à 1 modulo p. Il reste donc seulement les deux termes isolés 1 et $p-1$ et on a $(p-1)! \equiv p-1 \equiv -1 \pmod{p}$.

74. *a*) Modulo 4, un nombre premier impair est congru soit à 1 comme 5 ou 13, soit à -1 (ou 3) comme 3 ou 7.

b) Supposons $n \equiv -1 \pmod{4}$ et écrivons $n = p_1 \cdots p_r$ avec les p_i premiers impairs. Si tous les p_i sont congrus à 1 modulo 4, leur produit aussi et c'est absurde.

c) Le nombre P est le double d'un nombre impair. On a donc $\mathrm{P} = 2(2k+1) = 4k+2$, donc $\mathrm{S} = \mathrm{P}+1 = 4k+3$ est congru à 3 modulo 4.

d) Supposons qu'il n'y ait qu'un nombre fini de nombres premiers congrus à 3 modulo 4 et soit p le plus grand de ces nombres. Soit S défini comme en *c*) et soit q un facteur premier de S congru à 3 modulo 4 (il en existe par *b*) et *c*)). Alors, q est plus grand que p, sinon il diviserait P, donc aussi 1 ce qui est absurde.

75. On fait la liste de tous les nombres a, b, c tels que $a \leqslant b \leqslant c$ et $abc = 36$ (on énumère les diviseurs de 36, on prend a quelconque parmi ceux-là, on fait la liste des diviseurs de $36/a$, on prend b quelconque parmi eux, $b \geqslant a$, on en déduit c et on ne garde que les triplets avec $c \geqslant b$). Voici la liste : $(1,1,36)$, $(1,2,18)$, $(1,3,12)$, $(1,4,9)$, $(1,6,6)$, $(2,2,9)$, $(2,3,6)$, $(3,3,4)$.

On calcule ensuite $a+b+c$ et on se met à la place de la personne qui répond qui, elle, voit le numéro de la maison. Si ce numéro correspond à un seul triplet (a,b,c) elle peut répondre. Si elle ne peut pas c'est donc que le numéro correspond à deux triplets, ce qui est le cas ici avec $1+6+6 = 2+2+9 = 13$ seulement, d'où l'existence de jumelles. La phrase suivante indiquant qu'il y a une aînée impose que la solution est $2, 2, 9$. On notera que le problème est bien fait car la double indication des jumelles et de l'aînée ne permet pas de conclure sans le raisonnement précédent (à cause des triplets $(1,1,36)$ et $(3,3,4)$).

76. Le principe est le même que pour l'exercice précédent. On a $2450 = 2 \times 5^2 \times 7^2$ et $2450 = abc$. On fait la liste des triplets (a,b,c) et on regarde les sommes $a+b+c$. Deux de ces sommes (et deux seulement) sont égales : $7+7+50 = 5+10+49 = 64$. Le vicaire ne pouvant répondre, c'est donc qu'il a 32 ans. Comme l'indication du curé *je suis plus âgé que chacun des trois* lui permet de répondre c'est que le curé a 50 ans (s'il avait plus le problème resterait entier) et que les âges des paroissiens sont 5, 10 et 49.

Partie I, chapitre 2

1. Rationnels et décimaux

101. Attention aux simplifications ! Par exemple, on a $\dfrac{1962}{4905} = \dfrac{2}{5}\cdot$ Les réponses : oui, non, non, oui, non, non, oui, oui.

102. Réponses : $\dfrac{109}{40}, \dfrac{43}{250}, \dfrac{19}{625}, \dfrac{116}{25}, \dfrac{122121}{10000}, \dfrac{321}{20}\cdot$

103. On a $\mathrm{F}_n = \dfrac{3n^2 + 6n + 2}{n(n+1)(n+2)}\cdot$ Le dénominateur est multiple de 3 (car c'est le produit de trois entiers consécutifs) et le numérateur n'est pas multiple de 3, de sorte que le facteur 3 est présent dans le dénominateur de la fraction irréductible : F_n n'est pas décimal.

104. Si la fraction n'est pas irréductible, il existe un nombre premier p qui divise numérateur et dénominateur. Comme p est premier il divise n ou $n+1$, mais, comme on a $2n + 1 = n + (n + 1)$, il divise les deux, ce qui est absurde.

Dire que E_n est décimal, c'est donc dire que l'on a $n(n+1) = 2^\alpha 5^\beta$, mais comme n et $n+1$ sont premiers entre eux, cela impose $n = 2^\alpha$, $n + 1 = 5^\beta$, solution $(*)$ ou $n = 5^\beta$, $n + 1 = 2^\alpha$, solution $(**)$. Dans les deux cas on a une solution évidente : $n = 4, n + 1 = 5$ ou $n = 1, n + 1 = 2$. Ces solutions correspondent à $\mathrm{E}_4 = 9/20 = 0{,}45$ et $\mathrm{E}_1 = 3/2 = 1{,}5$. Nous allons montrer qu'il n'y en a pas d'autres.

Si on a $(**)$: $5^\beta + 1 = 2^\alpha$, on peut supposer $\alpha \geqslant 2$ et la congruence modulo 4 donne le résultat : $1 + 1 \equiv 0 \pmod 4$ est impossible.

Si on a $(*)$: $2^\alpha + 1 = 5^\beta$, on peut supposer $\alpha \geqslant 3$. On élimine le cas β impair avec la congruence modulo 8. Pour le cas β pair, $\beta = 2\gamma$ on écrit : $2^\alpha = (5^\gamma - 1)(5^\gamma + 1)$ d'où $5^\gamma - 1 = 2^{\alpha_1}$ et $5^\gamma + 1 = 2^{\alpha_2}$ et $2^{\alpha_2} - 2^{\alpha_1} = 2^{\alpha_1}(2^{\alpha_2 - \alpha_1} - 1) = 2$. Cela impose $\alpha_1 = 1$ et $\alpha_2 - \alpha_1 = 1$, donc $\alpha_2 = 2$ et $\alpha = \alpha_1 + \alpha_2 = 3$, et on voit que 8 n'est pas de la forme $5^\beta - 1$.

105. On suppose $n \neq 0, 3$. On a $\mathrm{E}_1 = 0$, $\mathrm{E}_2 = -9/10$, $\mathrm{E}_4 = 45/28$ et $\mathrm{E}_5 = 9/10$. On voit donc que E_1 est entier et $\mathrm{E}_2, \mathrm{E}_5$ décimaux mais pas E_4. On va montrer que, pour $n \geqslant 6$, E_n n'est ni entier, ni décimal.

Si E_n est entier, n divise le numérateur, donc il divise 3 et c'est absurde.

Supposons E_n décimal. Si n admet un facteur premier $p \neq 2, 5$, ce facteur doit diviser le numérateur, donc il doit diviser 3, et on a $p = 3$. Comme 3 divise $n + 3$ il y a un facteur 3 en plus au dénominateur et c'est absurde.

On vérifie de même que $n - 3$ et $n + 3$ ne peuvent avoir d'autre facteurs premiers que 2 et 5. Il est clair qu'au plus un des nombres $n, n - 3, n + 3$ est multiple de 5. Les deux autres doivent donc être des puissances de 2, donc pairs tous deux, et ce sont donc $n - 3$ et $n + 3$ (car n n'est pas de même parité). On a alors $n - 3 = 2^\alpha$, $n + 3 = 2^\beta$, $n = 5^\gamma$. En écrivant $6 = 2^\beta - 2^\alpha$ on voit qu'on a $\alpha = 1$ d'où $n = 5$ en contradiction avec l'hypothèse $n \geqslant 6$.

106. On écrit $780 = 2^2 \times 3 \times 5 \times 13 = ab$. On sait que b est de la forme $2^\alpha 5^\beta$. Comme il divise 780, il divise donc 20. Il suffit alors de faire la liste des diviseurs de 20 en prenant garde à ce que b et a doivent être premiers entre eux, ce qui impose que si b est pair il est multiple de 4. On a ainsi les solutions : $780, \frac{195}{4}, \frac{156}{5}, \frac{39}{20}$.

107. L'hypothèse signifie qu'on a $\frac{a}{240} = \frac{q}{100}$, avec $q \in \mathbf{N}$ non multiple de 10 (pour qu'il y ait exactement deux chiffres après la virgule). On en déduit $100a = 240q$ ou encore $5a = 12q$. Par Gauss on voit que a est multiple de 12, $a = 12a'$, d'où $q = 5a'$ et a' doit être impair. Les solutions sont les $a = 12a'$ avec a' impair. Pour l'autre ce sont les $b = 9b'$ avec b' non multiple de 5.

108. C'est Gauss, il faut que b divise 18 ou 18^n. La deuxième condition signifie que b n'a que des 2 et des 3 comme facteurs premiers.

109. Les nombres en question, écrits sous forme de fractions irréductibles, n'ont que des 2 et des 5 à la fois en numérateur et en dénominateur et ils ne peuvent avoir à la fois le facteur 2 (resp. 5) en haut et en bas. On voit qu'il n'y a que quatre possibilités : des entiers de la forme $2^\alpha 5^\beta$ ou leurs inverses, des nombres de la forme $\frac{2^\alpha}{5^\beta}$ ou leurs inverses.

2. *Approximations décimales des rationnels*

112. *a*) La condition prescrite est $\frac{k}{100} \leqslant \frac{a}{d} < \frac{k+1}{100}$, qui peut encore s'écrire $\frac{dk}{100} \leqslant a < \frac{dk}{100} + \frac{d}{100}$. On doit donc trouver les entiers a compris entre ces deux rationnels. Si $d \geqslant 100$ il y a au moins une solution, si $d < 100$ au plus une. Par exemple, pour $d = 27, k = 3$ il y a l'unique solution $a = 1$, pour $d = 27$, $k = 4$ pas de solution, pour $d = 213$ et $k = 2$ les deux solutions $a = 5$ ou $a = 6$.

b) Il s'agit de trouver a, b premiers entre eux, avec $b \leqslant 30$, tels que $0{,}07b \leqslant a < 0{,}08b$. On a donc $a < 0{,}08 \times 30 = 2{,}4$, donc $a = 1$ ou $a = 2$. On examine ces deux cas qui donnent respectivement $b = 13$ ou 14 et $b = 26, 27$ ou 28 ce qui donne trois fractions irréductibles :

$$\frac{1}{13} = 0{,}0769\ldots, \quad \frac{2}{27} = 0{,}0740\ldots, \quad \frac{1}{14} = 0{,}0714\ldots$$

113. On a $113 \times 3{,}141 \leqslant a < 113 \times 3{,}142$, soit $354{,}933 \leqslant a < 355{,}046$ d'où $a = 355$. Le rationnel $355/113$ est une bonne approximation de π :

$$\frac{355}{113} = 3{,}14159292\ldots, \qquad \pi = 3{,}14159265\ldots$$

Le développement de $355/113$ ne se continue pas par 929292....

Argument 1 : on calcule la suite du développement (avec notre calculatrice qui ne donne que 9 chiffres). Pour cela on tronque le nombre fourni et on multiplie par 113 : $3{,}141592 \times 113 = 354{,}999896 = 355 - 0{,}000104$. On a donc $\frac{355}{113} = 3{,}141592 + \frac{104}{113000} = 3{,}141592 + 0{,}000920353$ d'où la valeur 3,141592920353.

Argument 2 : si c'était le cas, comme la période est de longueur 2, la théorie dit qu'on aurait $10^2 \equiv 1 \pmod{113}$ ce qui est faux.

Argument 3 : si c'était le cas on aurait un développement périodique mixte, ce qui signifierait que le dénominateur de la fraction contient des 2 ou des 5 ce qui n'est pas le cas.

Argument 4 : on calcule $x = 3{,}14159292929\ldots$ On a $10000x = 31415{,}929292\ldots = 31415 + y$, puis $100y = 92{,}929292\ldots = 92 + y$, d'où $y = 92/99$ et on vérifie que x n'est pas $355/113$.

114. La réponse est : ça dépend de x !

115. Notons que la valeur approchée par défaut (*vad*) au centième près de x est $x = \dfrac{a}{100}$ lui-même, tandis que la valeur approchée par excès (*vae*) est $\dfrac{a+1}{100}\cdot$ L'égalité $vad(x) = vad(x^2)$ est vraie si et seulement si on a $\dfrac{a}{100} \leqslant \dfrac{a^2}{10000} < \dfrac{a+1}{100}$ soit encore $100a \leqslant a^2 < 100a + 100$. L'inégalité de gauche est vraie pour $a \leqslant 0$ ou $a \geqslant 100$, celle de droite pour a compris entre les racines de $a^2 - 100a - 100 = 0$ soit $-0{,}99 < a < 100{,}99$. Les solutions sont donc $a = 0$ ou $a = 100$. De même, on a $vad(x) = vae(x^2)$ pour $a = 1$ ou $a = 99$ et $vae(x) = vad(x^2)$ pour $a = -1$ ou $a = 101$.

116. L'hypothèse donne $0{,}4782 \leqslant \dfrac{a}{b} < 0{,}4783$ d'où $a < 0{,}4783 \times b \leqslant 0{,}4783 \times 30 = 14{,}349$. On a donc $a \leqslant 14$. En passant à l'inverse sur la première inégalité on obtient $2{,}0907 < \dfrac{b}{a} \leqslant 2{,}0912$, ce qui donne $0{,}0907 < \dfrac{b-2a}{a} \leqslant 0{,}0912$, d'où $b - 2a \leqslant 0{,}0912 \times a \leqslant 0{,}0912 \times 14 = 1{,}27$. On a donc $b - 2a = 1$. L'inégalité précédente fournit $\dfrac{1}{0{,}0912} \leqslant a < \dfrac{1}{0{,}0907}$, soit $10{,}96 < a < 11{,}025$ d'où $a = 11$ et $b = 23$. On vérifie qu'on a bien $11/23 = 0{,}47826086\ldots$

3. Développements décimaux illimités

117. Le mieux est de faire quelques essais pour se faire une idée. Par exemple on a $5478/9999 = 0{,}5478\,5478\,5478\ldots$ On regarde alors $x = 0{,}abcd\,abcd\,abcd\ldots$ On a $10^4x = abcd + x$, d'où $x = \dfrac{abcd}{9999}\cdot$

118. On a $0{,}2727\ldots27\ldots = \dfrac{3}{11}$, $0{,}321321\ldots321\ldots = \dfrac{107}{333}$, $0{,}53232\ldots32\ldots = \dfrac{527}{990}$, $0{,}387464\,387464\ldots = \dfrac{136}{351}$, $0{,}7464646\ldots46\ldots, = \dfrac{739}{990}\cdot$ (Ne pas oublier de réduire les fractions.)

Expliquons la méthode sur $x = 345{,}678956321956321\ldots956321\ldots$ On multiplie par 1000 pour enlever la partie non périodique :

$$1000x = 345678{,}956321956321\ldots956321\ldots = 345678 + y.$$

On a ensuite $10^6y = 956321{,}956321\ldots956321\ldots = 956321 + y$ d'où $y = \dfrac{956321}{999999}$ et on en déduit

$$x = \frac{345678 \times 999999 + 956321}{999999000} = \frac{345678610643}{999999000}\cdot$$

Reste à voir que cette fraction est irréductible. Pour cela on factorise $999999 = 3^3 \times 7 \times 11 \times 13 \times 37$ et on vérifie que le numérateur n'est multiple d'aucun de ces nombres ou ce qui revient au même, que 956321 n'en est pas multiple.

119. Supposons que la calculatrice donne 10 chiffres : $\frac{1}{17} \simeq 0{,}0588235294$, le principe est le même dans tous les cas. La période étant un diviseur de 16, on voit que ce ne peut être que 16. Pour calculer la suite du développement, deux méthodes.

a) On prend la valeur approchée donnée par la calculatrice, en enlevant le dernier chiffre qui peut être arrondi et on multiplie par 17 : $0{,}058823529 \times 17 = 0{,}999999993 = 1 - 7 \times 10^{-9}$ (on vérifie que le nombre de chiffres est correct ainsi que le dernier chiffre). On a donc

$$\frac{1}{17} = 0{,}058823529 + \frac{7}{17} \times 10^{-9}.$$

On calcule alors $7/17$ avec la calculatrice : $\frac{7}{17} = 0{,}4117647058$. Il n'y a plus qu'à mettre au bout de la première valeur celle-ci décalée de 9 chiffres. On obtient :

$$\frac{1}{17} = 0{,}0588235294117647058...$$

et on voit bien apparaître la période de 16 chiffres. Lorsque la période est plus que deux fois le nombre de chiffres de la calculatrice on recommence plusieurs fois l'opération.

b) L'autre méthode est un peu plus astucieuse. Comme la période est de 16, on a $10^{16} \equiv 1 \pmod{17}$ et 16 est le plus petit entier qui vérifie cela. On en déduit (ou on fait le calcul direct) qu'on a $10^8 \equiv -1 \pmod{17}$ ou encore $10^8 \equiv 16 \pmod{17}$. Maintenant, si on a $\frac{1}{17} = 0, a_1 a_2 ... a_n ...$, on a $\frac{10^8}{17} = a_1 a_2 ... a_8, a_9 ... a_n ...$ Comme on a $10^8 = 17 \times q + 16$, on a $q = a_1 ... a_8$ et $\frac{16}{17} = 0, a_9 ... a_n ...$, autrement dit, les chiffres a_i à partir de 9 s'obtiennent en prenant le développement de $16/17$: $\frac{16}{17} = 0{,}9411764705$ et on retrouve la période cherchée.

Voici les autres résultats (on donne seulement la période) :

$$\frac{4}{29} = 0{,}137931034482758620689655172 4...,$$

$$\frac{6}{31} = 0{,}193548387096774..., \qquad \frac{56}{101} = 0{,}5544...$$

120. On écrit le développement décimal illimité de $x = 1/m$ qui est périodique à partir d'un certain rang $x = 0, b_1 \dots b_q\, a_1 a_2 \dots a_p\, a_1 a_2 \dots a_p\, a_1 a_2 \dots a_p \dots$. On a donc $10^q x = b_1 \dots b_q + y$ et $10^p y = a_1 a_2 \dots a_p + y$, d'où $y = \dfrac{a_1 \dots a_p}{999 \dots 9}$ avec un dénominateur formé de p chiffres 9. On en déduit

$$x = \frac{1}{m} = \frac{b_1 \dots b_q \times 999 \dots 9 + a_1 \dots a_p}{999 \dots 90 \dots 0}$$

et donc m divise le nombre $999 \dots 90 \dots 0$ formé de p chiffres 9 et q chiffres 0.

121. *Les septièmes.*

a) On trouve successivement :

$\frac{1}{7} = 0{,}142857\,142857\ldots$, $\frac{2}{7} = 0{,}285714\,285714\ldots$, $\frac{3}{7} = 0{,}428571\,428571\ldots$,
$\frac{4}{7} = 0{,}571428\,571428\ldots$, $\frac{5}{7} = 0{,}714285\,714285\ldots$, $\frac{6}{7} = 0{,}857142\,857142\ldots$,
$\frac{8}{7} = 1{,}142857\,142857\ldots$, $\frac{13}{7} = 1{,}857142\,857142\ldots$, $\frac{15}{7} = 2{,}142857\,142857\ldots$
On note que les parties décimales s'obtiennent en décalant les chiffres de la partie décimale de $1/7$. On retrouve facilement les six premières, si on se souvient de 142857, en respectant l'ordre ($2/7$ commence par 2, $3/7$ par 4, $4/7$ par 5, etc.)

b) On a $8/7 = 1 + 1/7$ et donc ces deux fractions ont même partie décimale. Plus généralement si a, b sont des entiers avec $a \equiv b \pmod 7$, les parties décimales de $a/7$ et $b/7$ sont les mêmes.

c) On constate que le développement de $3/7$ est décalé de 1 par rapport à celui de $1/7$. Cela vient du fait que l'on a $10/7 = 1{,}428571428571\ldots$ (on obtient ce développement en multipliant $1/7$ par 10 ce qui décale les chiffres d'un cran) et qu'on a $10 \equiv 3 \pmod 7$, de sorte que la partie décimale du développement de $3/7$ est la même que celle de $10/7$.

Pour $2/7$ le développement est décalé de deux crans. C'est dû au fait que l'on a $10^2 \equiv 2 \pmod 7$. On obtient donc les développements décalés dans l'ordre d'apparition des restes des puissances de 10 modulo 7 : $10 \equiv 3$, $10^2 \equiv 2$, $10^3 \equiv 6$, $10^4 \equiv 4$, $10^5 \equiv 5$.

Pour donner rapidement le développement de $60/7$, par exemple, on prend la partie entière de cette fraction qui est $8 = 56/7$, il reste $4/7$ et on se souvient que $4/7 = 0{,}571428\,571428\ldots$, d'où $60/7 = 8{,}571428\,571428\ldots$

d) Écrivons le développement décimal de $r = \frac{a}{7}$ par tranches de deux chiffres $r = [r] + 0, a_1a_2b_1b_2c_1c_2\ldots$. Pour voir apparaître la seconde tranche il suffit de multiplier r par 100 : $100r = 100[r] + \overline{a_1a_2} + 0, b_1b_2c_1c_2\ldots$ Or, on a $100 = 98 + 2 = 7 \times 14 + 2$ d'où $100r = \frac{100a}{7} = 14a + 2r$. La deuxième tranche du développement est donc obtenue en multipliant la partie décimale de r par 2. Chaque tranche est donc le double de la précédente, aux retenues près. Précisément, on a $\overline{b_1b_2} = 2 \times \overline{a_1a_2}$ si $0 \leqslant \overline{a_1a_2} < 50$ et $0 \leqslant \overline{b_1b_2} < 50$ (exemple : $1/7 = 0{,}1428\ldots$) ; $\overline{b_1b_2} = 2 \times \overline{a_1a_2} + 1$ si $0 \leqslant \overline{a_1a_2} < 50$ et $\overline{b_1b_2} \geqslant 50$ (exemple : $2/7 = 0{,}2857\ldots$) ; $\overline{b_1b_2} = 2 \times \overline{a_1a_2} - 100$ si $\overline{a_1a_2} \geqslant 50$ et $0 \leqslant \overline{b_1b_2} < 50$ (exemple : $4/7 = 0{,}5714\ldots$) ; $\overline{b_1b_2} = 2 \times \overline{a_1a_2} - 99$ si $\overline{a_1a_2} \geqslant 50$ et $\overline{b_1b_2} \geqslant 50$ (exemple : $6/7 = 0{,}8571\ldots$) .

On peut aussi comprendre les choses en termes de séries :

$$\begin{aligned}\frac{1}{7} = \frac{14}{98} = \frac{14}{100} \times \frac{100}{98} &= \frac{14}{100} \times \frac{1}{1 - \frac{2}{100}} \\ &= \frac{14}{100}\Big(1 + \frac{2}{100} + \frac{4}{10000} + \cdots\Big) \\ &= \frac{14}{100} + \frac{28}{10000} + \frac{56}{10^6} + \frac{112}{10^8} + \cdots\end{aligned}$$

Le résultat est encore plus spectaculaire avec $\frac{1}{499}\cdot$ Ici, on a $1000 \equiv 2 \pmod{499}$ et les tranches successives de trois chiffres s'obtiennent en multipliant par 2 (aux retenues près) :

$$\frac{1}{499} = 0{,}002\,004\,008\,016\,032\,064\,128\,256\,51\mathbf{3}\,026\,052\,104\,208\,416\ldots$$

Avec 1/997 on a des tranches de trois chiffres encore mais multipliées par 3 :

$$\frac{1}{997} = 0{,}001003009027081243731193\ldots$$

122. *Les treizièmes.*

L'exercice est analogue au précédent avec deux différences :

a) la période est de longueur 6 (c'est la même chose que pour 7, mais on s'attendait plutôt à trouver $12 = 13 - 1$).

b) il n'y a pas un seul type de développement à décalage près, mais deux.

On part de $1/13 = 0{,}076923\,076923\ldots$ Les puissances de 10 donnent, dans l'ordre, en réduisant modulo 13 : $10/13 = 0{,}769230\ldots$, $9/13 = 0{,}692307\ldots$, puis 12/13, 3/13 et 4/13. En revanche, 2/13 n'est pas obtenu en décalant ce développement : $2/13 = 0{,}153846\ldots$ En multipliant 2/13 par 10 on obtient le développement de $20/13 = 1{,}538461\ldots$, donc celui de $7/13 = 0{,}538461\ldots$, puis celui de 5/13, 11/13, 6/13 et 8/13.

123. *Les quarante-et-unièmes.*

Les développements sont de période 5 (car 41 est un diviseur de 99999). À partir d'un développement donné on en obtient donc seulement 5 par décalage, par exemple $1/41 = 0{,}02439\ldots$ donne aussi 10/41, 18/41, 16/41 et $37/41 = 0{,}90243\ldots$.

Il y a ainsi 8 classes[6] différentes de développements dont des représentants sont les $a/41$ avec $a = 1, 2, 3, 4, 5, 6, 11, 15$.

124. *a*) On a $x = \dfrac{p^2}{q^2} = 0, aaa\ldots aa\ldots = \dfrac{a}{9}$, avec p, q premiers entre eux d'où $aq^2 = 9p^2$. En vertu de Gauss, q^2 divise 9, d'où $q = 3$ (le cas $q = 1$ est exclu). On en déduit $p = 1$ ou 2 et les solutions $1/9 = 0{,}111\ldots 11\ldots$ et $4/) = 0{,}444\ldots 44\ldots$.

b) On voit que q^2 divise 99 et on retrouve les solutions précédentes.

c) Cette fois, q^3 divise $999 = 3^3 \times 37$ et on a $q = 3$. Il y a deux solutions : $1/27 = 0{,}037037\ldots 037\ldots$ et $8/27 = 0{,}296296\ldots 296\ldots$.

125. *a*) On cherche une fraction comprise entre 1/10 et 1 qui vérifie

$$\frac{k}{q} = \frac{k}{\overline{a_1a_2a_3a_4a_5a_6}} = 0, a_1a_2a_3a_4a_5a_6\ldots$$

(on a donc $a_1 \neq 0$). Cela signifie qu'on a $\dfrac{q}{10^6} \leqslant \dfrac{k}{q} < \dfrac{q+1}{10^6}$ soit $q^2 \leqslant k \times 10^6 < q^2 + q$. Pour trouver une telle fraction, une procédure consiste à prendre un entier k compris entre 10^4 et 10^6 au hasard (cela assurera que la fraction est comprise entre 1/10 et 1), à poser $q = [\sqrt{k \times 10^6}]$ et à tester si on a $q \leqslant \sqrt{k \times 10^6} < q + \frac{1}{2}$. On a alors $q^2 \leqslant k \times 10^6 < q^2 + q + \frac{1}{4}$, ce qui assure que les conditions sont remplies

6. Pour les savants, ces nombres représentent les classes du quotient de $(\mathbf{Z}/41\mathbf{Z})^*$ modulo le sous-groupe d'ordre 5 engendré par 10.

(sauf si par malheur on a $k \times 10^6 = q^2 + q$, mais c'est très exceptionnel). Comme q est la partie entière de $\sqrt{k \times 10^6}$ on a sûrement $q \leqslant \sqrt{k \times 10^6} < q+1$ et on peut penser qu'en prenant aléatoirement k on a une chance sur deux de remplir la condition. L'expérience semble confirmer cette idée (par exemple si on prend $k = 3764a$ avec $a = 0, 1, \ldots, 9$, la moitié des chiffres conviennent : $a = 0, 2, 3, 5, 7$ et les autres non). Cependant le comportement général de $\sqrt{k \times 10^6}$ (et sa position par rapport aux entiers, c'est-à-dire la taille de la quatrième décimale de $\sqrt{k}$) demeure pour moi largement mystérieux.

Voici un autre exemple, avec 8 chiffres, construit de manière analogue :

$$\frac{1584792}{12588852} = 0{,}12588852\,4228\ldots$$

b) Le code est formé des nombres 79 et 281.

Partie I, chapitre 3

1. Quelques irrationnels

128. On raisonne par l'absurde en supposant $\sqrt[n]{p} = \frac{a}{b}$, avec a et b premiers entre eux. On a donc $b^n p = a^n$. Comme b^n est premier avec a^n cela impose $b^n = 1$ donc $b = 1$. Il reste $a^n = p$ ce qui est impossible puisque p est premier.

129. L'existence d'une solution unique se voit en étudiant la fonction $f(x) = x^3 + x - 1$. Si la racine est rationnelle, on l'écrit sous forme de fraction irréductible $\frac{a}{b}$ et on a $a^3 + ab^2 - b^3 = 0$. On voit que b divise a^3, mais, comme il est premier avec a, cela impose $b = 1$. Il reste $a^3 + a - 1 = 0$ avec a entier. Mais alors a divise 1 donc $a = \pm 1$ et on vérifie que ni 1 ni -1 ne sont racines du polynôme.

130. *a*) Il est clair que (x_n) est croissante. Pour (y_n) on a $y_n - y_{n+1} = \frac{1}{n!} - \frac{2}{n+1!}$ et, pour $n \geqslant 1$ on a $y_n \geqslant y_{n+1}$, donc la suite est décroissante. La différence $y_n - x_n$ tend vers 0, donc les suites sont adjacentes. Les inégalités sont évidentes (on utilise les termes d'indice $n+1$ pour voir qu'elles sont strictes).

b) Supposons $e = \frac{p}{q}$, on a alors, en multipliant par $q!$ les inégalités précédentes, $q!\,x_q < p\,(q-1)! < q!\,x_q + 1$. Mais alors, il est clair que les deux membres extrêmes de l'inégalité sont des entiers, qui diffèrent de 1 et entre lesquels est situé un autre entier : c'est absurde.

2. Suites et approximations

131. Si on a $x_k > y_k$ pour un certain entier, comme (x_n) croît et (y_n) décroît, on a, pour $n \geqslant k$, $x_n \geqslant x_k > y_k \geqslant y_n$. Mais alors, si on pose $\varepsilon = x_k - y_k > 0$, $x_n - y_n$ ne peut être rendu plus petit que ε pour n grand et cette suite ne tend pas vers 0.

132. C'est un exercice classique sur les suites récurrentes. On montre que la fonction $f(x) = 1 + \frac{x}{x+2}$ est croissante et on en déduit que (u_n) l'est aussi par récurrence. Comme on a $f(\sqrt{2}) = \sqrt{2}$, on en déduit qu'on a $u_n \leqslant \sqrt{2}$. La suite (u_n) converge (par exemple par qu'elle est croissante majorée) et c'est nécessairement vers $\sqrt{2}$. Pour (v_n) le plus simple est de montrer les formules :

$$v_{n+1} - \sqrt{2} = \frac{(v_n - \sqrt{2})^2}{2v_n} \quad \text{et} \quad v_n - v_{n+1} = \frac{v_n^2 - 2}{2v_n}.$$

On en déduit que (v_n) décroît et converge vers $\sqrt{2}$ et que ces suites sont adjacentes.

133. On utilise la suite $v_n = \frac{1}{2}(v_n + \frac{7}{v_n})$ avec $v_0 = 3$. On a $v_1 = \frac{8}{3}$ et $v_2 = \frac{127}{48}$. Une formule analogue à celle prouvée ci-dessus pour la suite de Héron montre que v_2 est une valeur approchée au millième près de $\sqrt{7}$.

134. Si on écrit l'inégalité sous la forme $a < \pi < b$, les formules :

$$b^2 - a^2 = (b-a)(b+a), \quad \frac{1}{a} - \frac{1}{b} = \frac{b-a}{ab}, \quad \sqrt{b} - \sqrt{a} = \frac{b-a}{\sqrt{a}+\sqrt{b}}$$

montrent que la précision obtenue est respectivement 6×10^{-4}, $\frac{1}{9}10^{-4}$ et $\frac{1}{3}10^{-4}$.

3. Cardinaux

135. La seule chose à voir est que f est injective. Si deux couples (x, y) et (x', y') donnent le même z, on voit, en regardant les décimales d'ordre impair (resp. pair) de z et en utilisant l'unicité du développement, que l'on a $x = x'$ (resp. $y = y'$).

Partie II, chapitre 4

1. Triangle rectangle

136. L'égalité $BA^2 = BH \times BC$ s'écrit $\frac{BH}{BA} = \frac{BA}{BC}$ et résulte du fait que ces deux rapports sont deux expressions du cosinus de $\widehat{ABC}$. Le raisonnement est identique pour l'égalité $CA^2 = CH \times CB$. Pour $AH^2 = BH \times CH$, on se ramène à montrer $\frac{BH}{AH} = \frac{AH}{CH}$, et ces rapports sont les tangentes des angles $\widehat{BAH}$ et $\widehat{ACH}$. Mais ces angles sont égaux comme complémentaires de $\widehat{ABC}$.

2. Cas d'isométrie

137. On considère les triangles BDE et CEA. On a BD = CE et BE = BC + CE = AC par construction. De plus, on a $\widehat{DBE} = \widehat{ECA}$, car ces angles sont supplémentaires des angles à la base du triangle isocèle ABC. En vertu du premier cas d'isométrie, les triangles sont isométriques et on en déduit DE = EA.

138. *a*) On considère les triangles PMC′ et NB′M. Ils ont deux côtés égaux (PM = NC = NB′ et MN = PB = PC′ : la droite des milieux et les triangles isocèles rectangles) et un angle égal : $\widehat{\mathrm{MPC'}} = \widehat{\mathrm{B'NM}}$ (un angle droit plus $\widehat{\mathrm{BPM}} = \widehat{\mathrm{PMN}} = \widehat{\mathrm{MNC}}$ comme angles alternes-internes, toujours par la droite des milieux). On en déduit MC′ = B′M.

Pour l'angle, on a $\widehat{\mathrm{C'MB'}} = \widehat{\mathrm{C'MP}} + \widehat{\mathrm{PMN}} + \widehat{\mathrm{NMB'}}$. En vertu de l'isométrie des triangles on a $\widehat{\mathrm{NMB'}} = \widehat{\mathrm{PC'M}}$. En vertu des angles alternes-internes on a $\widehat{\mathrm{PMN}} = \widehat{\mathrm{MPB}}$. La somme cherchée est donc la somme des angles du triangle MPC′ moins l'angle droit $\widehat{\mathrm{C'PB}}$. C'est donc bien $\pi/2$.

b) On reconnaît la situation de la question précédente : les triangles ABA′ et BCB′ sont les triangles isocèles rectangles bâtis sur les côtés de ABC et de même avec C′ et D′ sur ACD. Soit M le milieu de [AC]. Le résultat du *a*) montre que la rotation de centre A et d'angle $\pi/2$ transforme A′ en B′ et C′ en D′ et donc [A′C′] en [B′D′]. Il en résulte que l'on a A′C′ = B′D′ et que les droites (A′C′) et (B′D′) sont perpendiculaires.

139. On note d'abord que les triangles ABC et CDA sont isométriques (trois côtés égaux). On en déduit que les angles $\widehat{\mathrm{ABO}}$ et $\widehat{\mathrm{ODC}}$ sont égaux et il en résulte que les triangles ABO et CDO sont isométriques (deux angles et un côté). Il s'ensuit qu'on a OB = OD puis OA = OC.

140. On considère les triangles BCQ et DPC. On a BC = AD = DP et BQ = AB = DC. De plus les angles en B et D sont égaux ($\pi/3$ plus les angles en B et D du parallélogramme) [7]. Les triangles sont donc isométriques et on a CQ = CP de sorte que le triangle est isocèle. On montre ensuite facilement que l'angle en C vaut $\pi/3$ en utilisant trois ingrédients : l'égalité $\widehat{\mathrm{PCD}} = \widehat{\mathrm{CQB}}$, le fait que les angles en B et C du parallélogramme sont supplémentaires, la somme des angles du triangle QCB.

141. Le quadrilatère BHCA′ est un parallélogramme. En effet, (BH) étant une hauteur est perpendiculaire à (CA) et (CA′) est perpendiculaire à (CA) car (AA′) est un diamètre du cercle. Ces droites sont donc parallèles et il en est de même pour (CH) et (BA′). Le point M est donc le milieu de [HA′] et comme G est au tiers de [AM] (comme centre de gravité de ABC), c'est aussi le centre de gravité de AHA′. Mais alors il est aussi au tiers de la médiane [HO].

Partie II, chapitre 5

1. Convexes, lignes polygonales et polygones

142. L'ensemble X cherché est la bande limitée par Δ et la droite Δ′ parallèle à Δ par A, la droite Δ est dans X, mais pas Δ′, à l'exception de A.

7. Le lecteur attentif aura noté que le raisonnement ci-dessus n'est valable que si la réunion des secteurs saillants ABQ et ABC est encore un secteur saillant. Sinon, pour montrer l'égalité des angles en B et D des triangles BCQ et DPC il suffit de remarquer qu'on a $\widehat{\mathrm{PDC}} + \widehat{\mathrm{ADC}} + \pi/3 = 2\pi$ et la relation analogue en D.

143. Les figures suivantes donnent l'aspect de A_t selon les valeurs de t. Cet ensemble est connexe pour $t \leqslant 2$, convexe pour $t = 0$, un polygone (donc borné) pour $-2 < t < 2$.

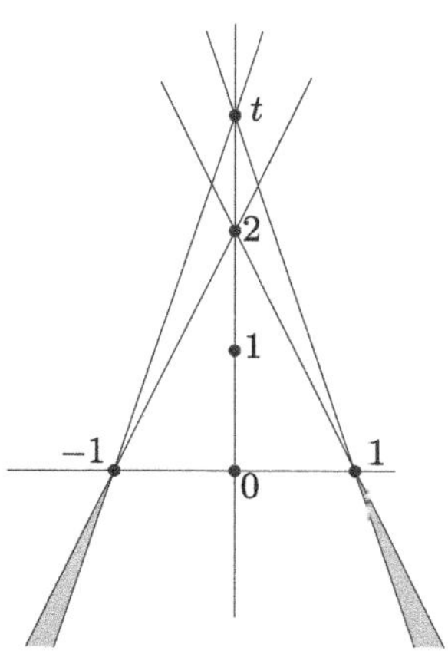

FIG. 115. $t > 2$

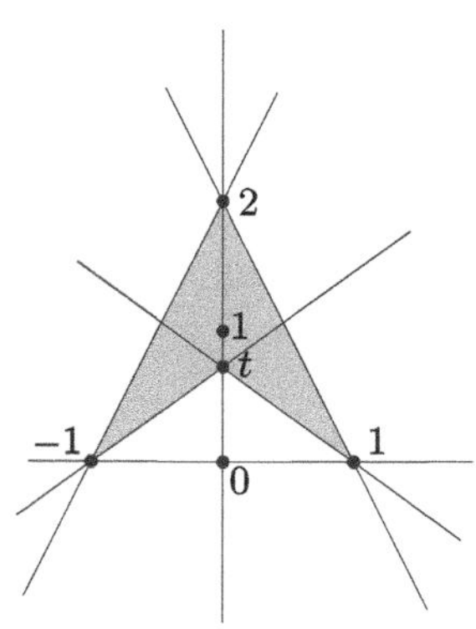

FIG. 116. $0 < t < 2$

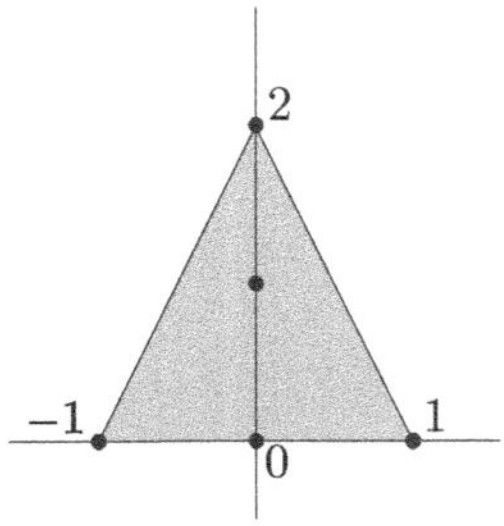

FIG. 117. $t = 0$

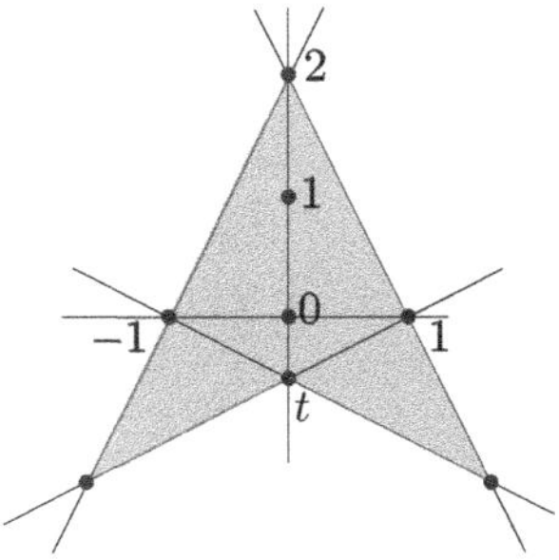

FIG. 118. $-2 < t < 0$

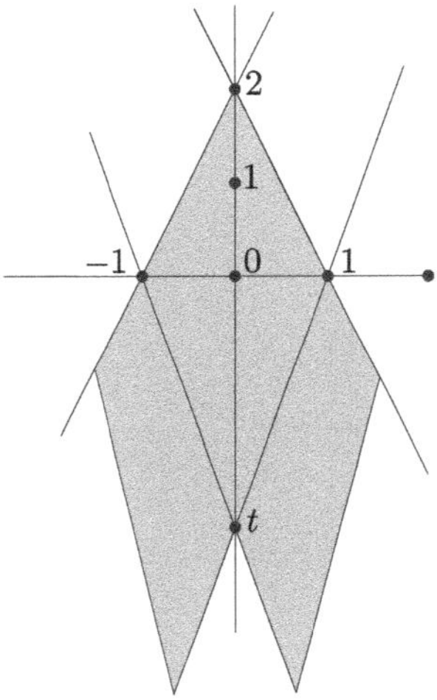

FIG. 119. $t \leqslant -2$

144. Pour construire une ligne polygonale avec p régions intérieures et q régions extérieures, on adapte la construction de la ligne ABC... W ci-contre (ici on a $p = 3$ et $q = 5$).

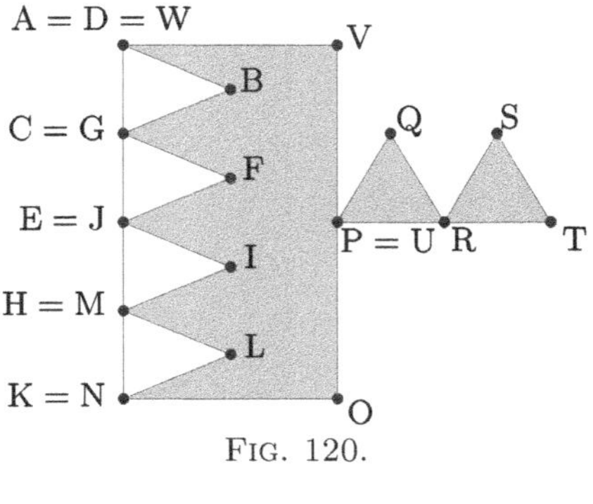

FIG. 120.

145. Si P a seulement deux angles saillants, il a $n - 2$ angles rentrants et donc la somme des angles est $> (n - 2)\pi$. Pour construire un polygone avec s angles saillants et r angles rentrants ($r \geqslant 0$ et $s \geqslant 3$), on adapte la construction de la figure 121 ci-dessous.

146. Un polygone convexe n'a que des angles saillants, donc $< \pi$. S'il a quatre angles aigus, la somme des angles est $< 4(\pi/2) + (n-4)\pi = (n-2)\pi$ et c'est absurde. La même assertion vaut pour le cas de 4 angles droits, sauf si on a $n - 4 = 0$, auquel cas l'inégalité précédente est une égalité : c'est le cas du rectangle. Pour construire un polygone convexe avec un nombre n arbitraire de côtés qui admette exactement trois angles aigus ou droits, on adapte les constructions des figures 122 et 123.

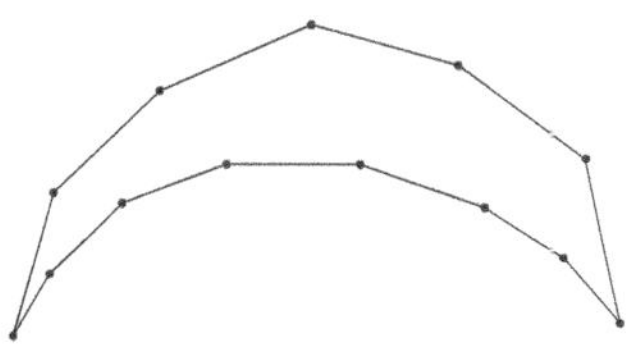

FIG. 121. Sept angles saillants, six rentrants

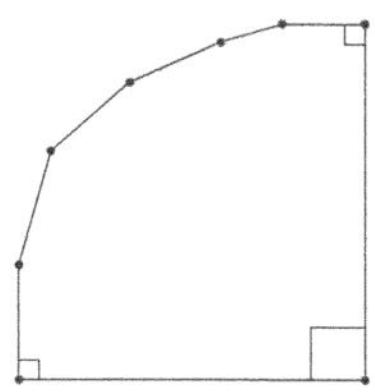

FIG. 122. Trois angles droits

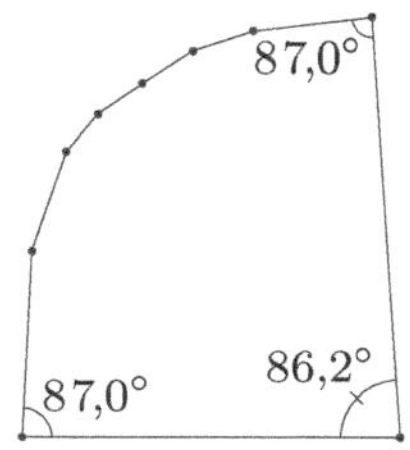

FIG. 123. Trois angles aigus

147. *a*) Un labyrinthe a deux sortes d'angles : saillants de $\pi/2$, rentrants de $3\pi/2$, que l'on reconnaît aisément au toucher. On parcourt donc à tâtons tout le bord du labyrinthe en comptant les nombres s d'angles saillants et r d'angles rentrants. Si on est à l'intérieur, on a $s\frac{\pi}{2} + 3r\frac{\pi}{2} = (r+s-2)\pi$, soit $s - r = 4$: il y a quatre angles saillants de plus. Si on est à l'extérieur, les saillants deviennent rentrants et réciproquement et on a $r - s = 4$.

b) Le plus simple est de compter ses pas et d'établir un plan en utilisant les directions des murs comme système d'axes.

148. *a*) Soit A_i un sommet et supposons qu'il soit à l'intérieur d'un segment $[AB]$ avec $A, B \in P$. Considérons la droite (A_iA_{i+1}) et le demi-plan $\overline{P}_i$ associé contenant P. Les points A et B sont dans $\overline{P}_i$. Si l'un d'eux est dans le demi-plan ouvert P_i, A_i est aussi dans P_i en vertu du lemme de l'intérieur 4.1, ce qui est absurde. Les points A et B sont donc sur la droite (A_iA_{i+1}). Le même raisonnement montre qu'ils sont aussi sur $(A_{i-1}A_i)$. Ils sont donc tous deux en A_i ce qui est absurde.

Réciproquement, si un point vérifie la condition, il est clair qu'il n'est pas intérieur à un côté. Il n'est pas non plus intérieur à P comme on le voit en utilisant le critère des demi-droites (chapitre 5, 1.7.*iv*). C'est donc un sommet.

b) Supposons A_i, A_j, A_k alignés sur D, avec A_j entre A_i et A_k. Si A_{j+1} est sur D, c'est absurde par la condition de convexité. Sinon, A_i et A_k sont de part et d'autre de (A_jA_{j+1}) et c'est encore absurde.

c) Supposons que $]A_iA_j[$ contienne un point frontière M. En vertu de *b*), M n'est pas un sommet. Il est donc dans un côté [BC], qui n'est pas colinéaire à (A_iA_j), toujours par *b*). Mais alors, A_i et A_j sont de part et d'autre de (BC) et c'est absurde.

d) Si on prend un point $A \in P$ le plus proche possible de M (un tel point existe par un argument de compacité), la droite D perpendiculaire à (AM) en M convient comme on s'en convaincra en faisant un dessin.

149. On donne seulement ici quelques indications, le lecteur complétera les détails. On raisonne par récurrence sur n. Comme les points ne sont pas alignés on a $n \geqslant 3$ et le résultat est clair pour $n = 3$. On se ramène à montrer que si $P = A_1 \dots A_n$ est un polygone convexe et si M n'est pas dans P, il existe un polygone convexe P′, contenant P et M, et dont les sommets sont parmi les A_i et M. Pour cela on choisit une droite D passant par M et ne rencontrant pas P (voir exercice **148** *d*) et une demi-droite $[Mx)$ portée par D. Les angles $\widehat{xMA_i}$ sont alors dans $]0, \pi[$. On appelle A_α le point correspondant au plus petit angle et A_ω celui correspondant au plus grand angle (s'il y a deux sommets possibles, on choisit dans les deux cas celui situé le plus loin de M).

Remarquons que l'intersection de P et d'une demi-droite issue de M est un convexe, donc soit vide, soit un segment, soit réduite à un point, ce dernier cas ne pouvant se produire que pour les demi-droites $[MA_\alpha)$ et $[MA_\omega)$.

Un point B de P sera appelé un bon point si l'intersection de [MB) et de P est un segment [AB] avec A strictement entre M et B. Un côté [AB] de P sera dit un bon côté s'il contient un bon point. On vérifie alors que tous ses points sont bons sauf peut-être ses sommets si ce sont A_α ou A_ω.

On montre ensuite que l'un (et un seul) des côtés $[A_\alpha A_{\alpha-1}]$ et $[A_\alpha A_{\alpha+1}]$ est bon. Supposons par exemple que ce soit $[A_\alpha A_{\alpha+1}]$. Le point $A_{\alpha+1}$ est un bon point (sauf si c'est A_ω) et le côté suivant est encore un bon côté. On montre ainsi que les côtés $[A_\alpha A_{\alpha+1}]$, $[A_{\alpha+1} A_{\alpha+2}]$, ..., $[A_{\omega-1} A_\omega]$ (en numérotation modulo n, comme d'habitude) sont tous de bons côtés.

Alors, on vérifie que le polygone $P' = MA_\alpha A_{\alpha+1} \dots A_\omega$ convient.

Si $P = A_1 \dots A_n$ est un polygone non convexe, l'un de ses sommets n'est plus un sommet de l'enveloppe convexe $Q = \mathscr{E}(A_1 \dots A_n)$. En effet, si l'angle en A_i est rentrant, on voit aussitôt que A_i est dans un segment [MN] avec $M, N \in Q$, contredisant l'exercice **148** *a*).

150. *a*) Il s'agit de montrer que les diagonales d'un polygone convexe séparent les sommets. La diagonale $[A_i A_j]$ ne contient pas de sommet (voir exercice **148** *b*) et si M est dans $]A_i A_j[$ il est dans $\mathring{P}$ (**148** *c*). Une droite passant par M coupe le bord de P en B et C. Si tous les sommets de P étaient du même côté de $(A_i A_j)$, B et C qui sont sur des côtés seraient de ce même côté et c'est absurde.

b) Réciproquement, soit P l'enveloppe convexe de $A_1, \dots, A_n$ (voir exercice **149**) et soit $[A_i A_j]$ un côté de P. C'est aussi un côté de $\mathscr{L}$. Sinon c'est une diagonale de $\mathscr{L}$ et elle sépare les sommets A_k, A_l par hypothèse, ce qui contredit la convexité de P.

Il en résulte qu'on a $\mathscr{L} = P$. En effet, on part d'un côté commun aux deux, appelons le $[A_1 A_2]$ à renumérotation près. Alors il y a un autre côté de P qui contient A_2, donc de la forme $[A_2 A_i]$. C'est aussi un côté de $\mathscr{L}$ par ce qui précède. On a donc $i = 3$ et on continue ainsi par récurrence.

151. *a*) Supposons que la diagonale $[A_i A_j]$ de P soit un côté de $\mathscr{L}$. En vertu de la proposition 1.9 du chapitre 5, il y a des sommets A_k et A_l de part et d'autre de

$D = (A_iA_j)$. Comme D ne coupe le bord de P qu'en deux points (voir chapitre 5, 1.7 *iv*), on a $P \cap D = [A_iA_j]$. Par le lemme de passage des frontières, la partie de la ligne $\mathscr{L}$ qui joint A_k à A_l coupe D en un point M qui est dans P, donc dans $[A_iA_j]$. La ligne $\mathscr{L}$ n'est donc pas simple.

b) Il suffit de remplacer, dans la suite des sommets, ABCD par ACBD.

152. *a*) Si un sommet A_i est dans le triangle formé par trois autres $A_jA_kA_l$ il est dans un segment $[A_jA'_J]$ avec $A'_j \in [A_kA_l]$ et ce segment est contenu dans P, contredisant **148** *a*).

b) Soit $Q = \mathscr{E}(A_1, \ldots, A_n)$ l'enveloppe convexe des A_i. On a $Q = B_1 \ldots B_r$ et les B_j sont parmi les A_i. Si P n'est pas convexe, l'un des A_i n'est plus un sommet de Q (voir exercice **149**). Mais alors, si l'on découpe Q en triangles $B_1B_2B_3$, $B_1B_3B_4$, ..., $B_1B_{n-1}B_n$, A_i est dans l'un de ces triangles, contrairement à l'hypothèse.

2. *Polygones réguliers*

153. Si on peut réaliser un tel pavage, en un point où aboutissent n polygones à k côtés on a $2\pi = n \times \dfrac{(k-2)\pi}{k}$, soit $2k = n(k-2)$. Il y a plusieurs cas.

Si k est impair, $k-2$ est premier avec k, donc divise 2, donc on a $k-2=1$ ou $k-2=2$. Ce dernier cas est à rejeter puisque k est impair. On a donc $k=3$ et $n=6$, et un pavage par des triangles équilatéraux, avec six triangles aboutissant en chaque point.

Si k est pair, $k = 2k'$, on a $2k' = n(k'-1)$. Comme $k'-1$ est premier avec k' il divise 2 et on a deux cas :

• $k'-1 = 1$ donc $k' = 2$, $k = 4$ et $n = 4$, il s'agit du pavage par les carrés, quatre en chaque point,

• $k'-1 = 2$, $k' = 3$, $k = 6$, $n = 3$, c'est le pavage (en « nid d'abeilles ») par des hexagones, trois aboutissant en chaque point.

Une autre méthode consiste à noter qu'en un point aboutissent au moins trois polygones identiques et que la somme des angles vaut 360 degrés, donc que chaque angle est $\leqslant 120$ degrés. Les angles des polygones à $3, 4, 5, 6$ côtés sont respectivement 60, 90, 108, 120 degrés. Le cas du pentagone doit être exclu car 108 ne divise pas 360. Les autres redonnent le résultat ci-dessus.

154. *a*) On a $\sum_{i=1}^n \overrightarrow{OA_i} = \vec{0}$, c'est clair si n est pair et pour n impair voir chapitre 6, 2.22.

b) On a $\sum_{i=1}^n \overrightarrow{AA_i} = \sum_{i=1}^n (\overrightarrow{AO} + \overrightarrow{OA_i}) = n\overrightarrow{AO}$.

155. *a*) On considère les triangles $A_{i-1}A_iA_{i+1}$ et $A_{i+2}A_{i+1}A_i$. Ils ont en commun le côté A_iA_{i+1}, leurs angles en A_i et A_{i+1} respectivement sont des angles de P, donc sont égaux, enfin, leurs angles en A_{i-1} et A_{i+2} sont égaux en vertu du théorème de l'angle inscrit (ils interceptent tous deux l'arc A_iA_{i+1}). Les triangles sont donc isométriques et on en déduit $A_{i-1}A_i = A_{i+1}A_{i+2}$.

b) On suppose $n = 2p+1$. On a en vertu de *a*), $A_1A_2 = A_3A_4 = A_5A_6 = \ldots A_{2p-1}A_{2p} = A_{2p+1}A_{2p+2}$, mais, par la convention usuelle, A_{2p+2} n'est autre que A_1 et on a donc $A_1A_2 = A_nA_1 = A_2A_3 = A_4A_5 = \ldots = A_{2p}A_{2p+1}$. Le polygone a tous ses côtés égaux et il est donc régulier.

c) On considère la rotation $\rho(\mathrm{O}, 2k\pi/p)$ avec $0 \leqslant k \leqslant p-1$. Elle envoie A_i sur A_{k+i}. Par conservation des longueurs, on en déduit qu'elle envoie B_i sur B_{i+k} et C_i sur C_{i+k}. On voit qu'on a $\mathrm{OB}_i = \mathrm{OB}_1$ et $\mathrm{OC}_i = \mathrm{OC}_1$ pour tout i. Comme la symétrie d'axe (OA_1) échange B_1 et C_1, les distances sont toutes égales et les points $\mathrm{B}_i, \mathrm{C}_i$ sont cocycliques.

L'utilisation des mêmes rotations montre que les angles de Q en les B_i (resp. en les C_i) sont tous égaux. Avec $\sigma_{(\mathrm{OA}_1)}$ on en déduit l'égalité des angles en B_1 et C_1 de Q, donc de tous les angles de Q.

On calcule facilement $\mathrm{C}_1\mathrm{B}_2 = \mathrm{C}_k\mathrm{B}_{k+1} = a - 2b$. Pour $\mathrm{B}_1\mathrm{C}_1$ $(= \mathrm{B}_k\mathrm{C}_k)$, le plus simple est Al-Kashi qui donne $\mathrm{B}_1\mathrm{C}_1^2 = 2b^2(1 - \cos \frac{p-2}{p}\pi)$.

On voit que Q est régulier si et seulement si on a $b = \dfrac{a}{2+\sqrt{2}\sqrt{1+\cos\frac{2\pi}{p}}}$, ce qui n'est pas le cas en général, de sorte que l'analogue de *b*) pour un nombre pair de côtés est faux.

Dans le cas $p = 3$ la condition est $b = a/3$, dans le cas $p = 4$ c'est $b = \dfrac{a}{2+\sqrt{2}}$.

156. On connaît les formules donnant les côtés du polygone régulier en fonction du rayon du cercle circonscrit. On a ainsi $\mathrm{AB} = \mathrm{R}\sqrt{3}$ (côté du triangle équilatéral) et $\mathrm{AB} = \mathrm{R}'$ (côté de l'hexagone). On a donc $\mathrm{R}' = \mathrm{R}\sqrt{3}$. On connaît aussi les apothèmes $\mathrm{OH} = \mathrm{R}\cos(\pi/3) = \mathrm{R}/2$ et $\mathrm{O'H} = \mathrm{R}'\cos(\pi/6) = \mathrm{R}'\dfrac{\sqrt{3}}{2} = \dfrac{3}{2}\mathrm{R}$. On en déduit $d = \mathrm{OO}' = 2\mathrm{R}$.

Pour construire la figure on part de Γ' et on construit l'hexagone. Puis sur le côté [AB] on construit le triangle et on termine par le cercle circonscrit Γ.

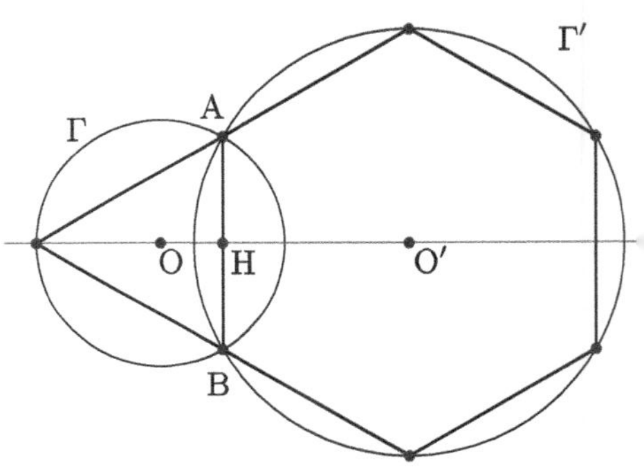

FIG. 124.

157. On vérifie sans peine que les côtés et les angles du dodécagone sont égaux (il y a des triangles équilatéraux et des carrés partout !).

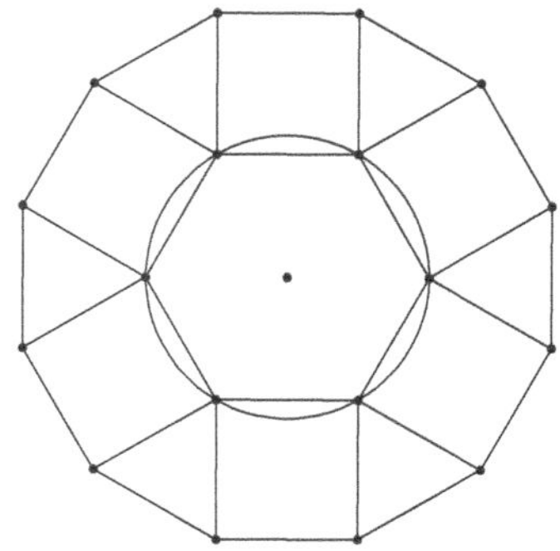

FIG. 125.

158. *a*) Pour construire A on construit le point de contact T de telle sorte que $\widehat{\mathrm{BOT}} = \pi/6$ (en utilisant $\sin(\pi/6) = 1/2$). On construit alors la tangente comme perpendiculaire à (OT) en T. Elle coupe Δ et Δ' en A et B. Les autres points s'obtiennent par symétrie.

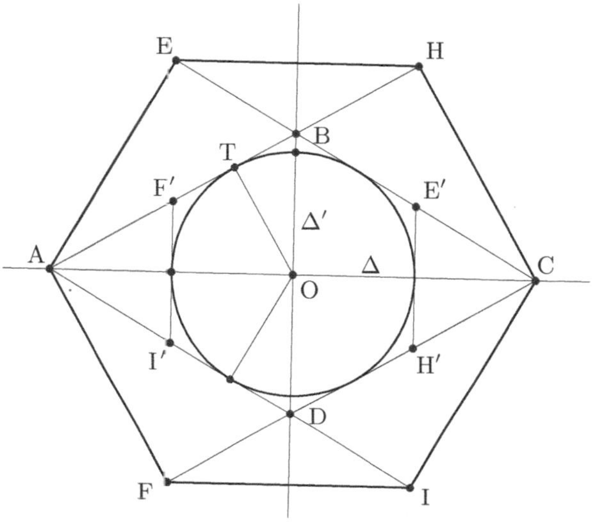

FIG. 126.

b) Montrons que (AEHCIF) est un hexagone régulier. On considère les symétries σ et σ' d'axes Δ et Δ'. On a $\sigma(\mathrm{E}) = \mathrm{F}$, $\sigma(\mathrm{H}) = \mathrm{I}$, $\sigma'(\mathrm{E}) = \mathrm{H}$, $\sigma'(\mathrm{F}) = \mathrm{I}$. Montrons par exemple $\sigma(\mathrm{E}) = \mathrm{F}$. On a $\sigma(\mathrm{A}) = \mathrm{A}$, $\sigma(\mathrm{C}) = \mathrm{C}$ et $\sigma(\mathrm{B}) = \mathrm{D}$ par construction. Par conservation de l'orthogonalité, il s'ensuit que l'image par σ de la projection E de A sur (BC) est la projection F de A sur (DC). On en déduit les égalités OE = OH = OI = OF, AE = CH = CI = AF et EH = IF.

Considérons ensuite le triangle ACE. Ses angles valent $\pi/2, \pi/3$ et $\pi/6$ et de même pour CAH, ce qui montre que (AB) est bissectrice de $\widehat{\mathrm{CAE}}$. On voit alors que les triangles AOB et AEB sont isométriques (deux angles et un côté). On en déduit OA = AE, donc le triangle OAE est isocèle et a un angle de $\pi/3$: il est équilatéral. Cela prouve OA = OE et on a de même OC = OH. Les six points sont donc sur un cercle.

Pour conclure on montre que OEH est encore équilatéral. On a déjà OE = OH et l'angle en O vaut $\pi/3$ (car ses deux voisins valent $\pi/3$!) : on a fini.

c) Le polygone (F'BE'H'DI') est aussi un hexagone régulier. Le raisonnement est similaire. On montre d'abord qu'on a $\sigma(\mathrm{F}') = \mathrm{I}'$, $\sigma(\mathrm{E}') = \mathrm{H}'$, $\sigma'(\mathrm{F}') = \mathrm{E}'$ et $\sigma'(\mathrm{I}') = \mathrm{H}'$. On montre ensuite qu'on a BF' = OB (ce sont des moitiés de côtés du triangle équilatéral ABD) et ensuite OB = OF' (la droite des milieux de ABD). On a ainsi les six points sur un cercle. Il reste l'égalité BF' = I'F' : c'est encore la droite des milieux de ABD. Le reste est facile. Le cercle Γ est le cercle inscrit dans l'hexagone régulier.

d) Question subsidiaire : il y a 24 triangles équilatéraux dont les sommets sont parmi les 13 points, sauf erreur !

159. *a*) On a $CC' = a\sin(\pi/3) = \frac{a\sqrt{3}}{2}$, $BC' = \frac{a}{2}$, $AC = \frac{a\sqrt{6}}{2}$ et $AB = \frac{a(\sqrt{3}-1)}{2}$.

b) On a $\widehat{ACB} = \pi - \frac{\pi}{4} - \frac{2\pi}{3} = \frac{\pi}{12}$. Le théorème de l'angle inscrit donne alors $\widehat{AOB} = \frac{2\pi}{12}$: [AB] est le côté d'un dodécagone régulier inscrit dans Γ. On a de même $\widehat{BOC} = \frac{\pi}{2}$, de sorte que [BC] est le côté d'un carré inscrit et $\widehat{AOC} = \frac{2\pi}{3}$ (attention à la position des points) et [AC] est le côté d'un triangle équilatéral inscrit. On a $R = \frac{a}{\sqrt{2}}$.

3. Groupes diédraux

160. *a*) C'est le cours. Les rotations sont de centre O et d'angle $\frac{2\pi}{3}$ (pour ρ) et $\frac{4\pi}{3} = \frac{-2\pi}{3}$ (pour $\rho^2 = \rho^{-1}$), les symétries sont d'axes les médiatrices-bissectrices du triangle, on note τ_A la symétrie d'axe (OA), etc. Les rotations ρ et ρ^2 sont inverses l'une de l'autre, les symétries sont leurs propres inverses.

On suppose dans ce qui suit que le triangle est orienté de telle sorte qu'on a $\rho(A) = B$, $\rho(B) = C$, $\rho(C) = A$.

b) La table de multiplication de $\mathbf{D}_3$ est composée en plaçant à l'intersection de la ligne g et de la colonne g' le produit gg'. Pour l'établir, on commence par remplir les cases évidentes (produits par I, produits de deux inverses). On note ensuite que l'on a $\rho\rho^2 = \rho^3 = I$, donc $\rho^2\rho^2 = \rho$. On calcule l'un des produits de deux symétries, par exemple $\tau_A\tau_B$. C'est une rotation, qui envoie B sur C, c'est donc ρ. On en déduit $\tau_A\rho = \tau_B$ et $\rho\tau_B = \tau_A$. Il n'y a pas d'autre calcul à faire, on remplit le tableau en utilisant les deux règles suivantes :

1) la règle des signes pour savoir la nature de la composée d'isométries positives (les rotations) ou négatives (les symétries),

2) la règle disant que chaque élément du groupe apparaît une fois et une seule dans chaque ligne et dans chaque colonne.

(En effet, la ligne g contient $gg_1, gg_2, \dots, gg_6$ et ces éléments sont distincts, comme on le voit en composant à gauche par g^{-1}. On a donc les six éléments de D_3.)

	I	ρ	ρ^2	τ_A	τ_B	τ_C
I	I	ρ	ρ^2	τ_A	τ_B	τ_C
ρ	ρ	ρ^2	I	τ_C	τ_A	τ_B
ρ^2	ρ^2	I	ρ	τ_B	τ_C	τ_A
τ_A	τ_A	τ_B	τ_C	I	ρ	ρ^2
τ_B	τ_B	τ_C	τ_A	ρ^2	I	ρ
τ_C	τ_C	τ_A	τ_B	ρ	ρ^2	I

L'exemple de $\tau_A\tau_B = \rho$ et $\tau_B\tau_A = \rho^2$ montre que $\mathbf{D}_3$ n'est pas commutatif.

c) L'identité est d'ordre 1, les symétries sont d'ordre 2 et les rotations d'ordre 3.

d) Les sous groupes de $\mathbf{D}_3$ sont $\{I\}$, $\{I, \tau_A\}$, $\{I, \tau_B\}$, $\{I, \tau_C\}$, $\{I, \rho, \rho^2\}$, $\mathbf{D}_3$.

161. Voici la table de $\mathbf{D}_4$:

	I	ρ	σ_O	ρ^{-1}	τ_{AC}	τ_{BD}	τ_x	τ_y
I	I	ρ	σ_O	ρ^{-1}	τ_{AC}	τ_{BD}	τ_x	τ_y
ρ	ρ	σ_O	ρ^{-1}	I	τ_y	τ_x	τ_{AC}	τ_{BD}
σ_O	σ_O	ρ^{-1}	I	ρ	τ_{BD}	τ_{AC}	τ_y	τ_x
ρ^{-1}	ρ^{-1}	I	ρ	σ_O	τ_x	τ_y	τ_{BD}	τ_{AC}
τ_{AC}	τ_{AC}	τ_x	τ_{BD}	τ_y	I	σ_O	ρ	ρ^{-1}
τ_{BD}	τ_{BD}	τ_y	τ_{AC}	τ_x	σ_O	I	ρ^{-1}	ρ
τ_x	τ_x	τ_{BD}	τ_y	τ_{AC}	ρ^{-1}	ρ	I	σ_O
τ_y	τ_y	τ_{AC}	τ_x	τ_{BD}	ρ	ρ^{-1}	σ_O	I

Dans cette table ρ est la rotation de $+\frac{\pi}{2}$ qui transforme circulairement A, B, C, D, ρ^{-1} est la rotation de $-\frac{\pi}{2}$, σ_O la symétrie de centre O, τ_{AC} et τ_{BD} les symétries par rapport aux droites (AC) et (BD), τ_x et τ_y les symétries par rapport aux médiatrices de [AD] et [AB] respectivement.

162. Rappelons qu'on a $e(n) = \frac{\varphi(n)}{2} - 1$ et que $\varphi(n)$ est donnée par la formule :

$$\varphi(p_1^{\alpha_1}p_2^{\alpha_2}\cdots p_r^{\alpha_r}) = p_1^{\alpha_1-1}(p_1-1)p_2^{\alpha_2-1}(p_2-1)\cdots p_r^{\alpha_r-1}(p_r-1).$$

a) On a $e(n) = 0$ si et seulement si $\varphi(n) = 2$, ce qui correspond aux cas $n = 3, 4, 6$ (si n a un facteur premier > 3, on a $\varphi(n) \geqslant 4$, si le facteur 3 est au carré on a $\varphi(n) \geqslant 6$).

b) La condition $e(n) = 6$ équivaut à $\varphi(n) = 14$. Si on avait cette égalité, le nombre 7 diviserait l'un des $p_i^{\alpha_i - 1}(p_i - 1)$. S'il divise $p_i^{\alpha_i - 1}$ on a $p_i = 7$ et $\varphi(n) \geqslant 42$. S'il divise $p_i - 1$, le nombre premier p_i est $\equiv 1 \pmod 7$ et on a $p_i \geqslant 29$ donc $\varphi(n) \geqslant 28$.

c) Voici la liste des résultats :

$e(n) = 1$, $n = 5, 8, 10, 12$; $e(n) = 2$, $n = 7, 9, 14, 18$; $e(n) = 3$, $n = 15, 16, 20, 24, 30$; $e(n) = 4$, $n = 11, 22$; $e(n) = 5$, $n = 13, 21, 26, 28, 36, 42$; $e(n) = 7$, $n = 17, 32, 34, 40, 48, 60$; $e(n) = 8$, $n = 19, 27, 38, 54$.

Partie II, chapitre 6

Dans ce chapitre, plus encore que dans les autres, nous nous contenterons la plupart du temps de donner des indications. En particulier nous ne ferons pas toutes les figures qui seraient nécessaires. Le lecteur suppléera à cette carence. Dans les problèmes de constructions, il est presque toujours nécessaire de faire deux figures dont le rôle est radicalement différent.

La première, dite figure d'analyse, peut se résumer en une phrase : *supposons le problème résolu*. Elle peut être construite en trichant autant qu'on le souhaite par rapport à l'énoncé. Elle permet de dégager les propriétés de la figure qui seront utiles pour la construction. On conseille vivement de porter de manière différente sur cette figure les données de l'énoncé (en gras, en couleur) et les objets que l'on cherche à construire. Il apparaîtra souvent un chemin pour relier les deux.

La deuxième figure, dite figure définitive, doit être exécutée en respectant scrupuleusement les données.

Notons aussi qu'un problème de construction n'est complètement résolu que lorsqu'on a discuté l'existence et le nombre des solutions. À cet égard, le lecteur ne manquera pas de compléter les manques des solutions qui suivent.

Enfin, les problèmes de construction admettent souvent plusieurs solutions. L'auteur lui-même en a gardé quelques-unes en réserve. Les collègues qui utiliseront ces exercices avec des vrais élèves seront surpris de l'imagination de ceux-ci, et il est fort probable que certaines des solutions proposées ci-dessous seront améliorées, voire rejetées comme inutilement compliquées.

1. Quelques classiques

163. On trace une figure d'analyse à l'envers en commençant par le cercle Γ de centre O, puis le point A, puis le point B et la tangente Δ en B (perpendiculaire à (OB)). On cherche alors à retrouver O à partir de Δ, A, B. Facile : O est sur la perpendiculaire en B à Δ et sur la médiatrice de [AB]. (Le lecteur vérifiera que ces droites se coupent toujours.)

164. *a*) Le point $A'' = h(A)$ est sur (CA) et (O'A''), qui est image de (OA), est parallèle à (OA). Il en résulte $A'' = A'$. On montre de même $k(A) = B'$. L'image de Γ par h (resp. k) est un cercle de centre O′ passant par A′ (resp. B′). C'est donc Γ' dans les deux cas.

b) On trace les tangentes (CT_1) et (CT_2) à Γ issues de C (en traçant le cercle de diamètre [OC]). Dans l'homothétie h ces droites sont invariantes et comme on a $h((CT_1) \cap \Gamma) = h((CT_1) \cap h(\Gamma)) = (CT_1) \cap \Gamma'$, la droite (CT_1) coupe Γ' en un unique point. C'est donc aussi une tangente à Γ'. On procède de même avec les autres et on a ainsi 4 tangentes communes.

On notera que si les cercles ont même rayon le point C n'existe pas mais qu'on a tout de même les deux tangentes communes correspondant à C : les droites (AA′) et (BB′).

c) Deux cercles n'ont aucune tangente commune s'ils sont intérieurs, ils en ont une seule s'ils sont tangents intérieurement, deux s'ils sont sécants, trois s'ils sont tangents extérieurement et quatre s'ils sont extérieurs.

165. Dans les trois cas, le problème est facile si on a $\Delta = \Delta'$. Dans les trois cas on utilise une translation de vecteur $\vec{v}$ qui transforme Δ' en Δ (ou l'inverse). Cette translation envoie B sur B′ et on effectue la construction avec Δ, A, B′ (fig. 127).

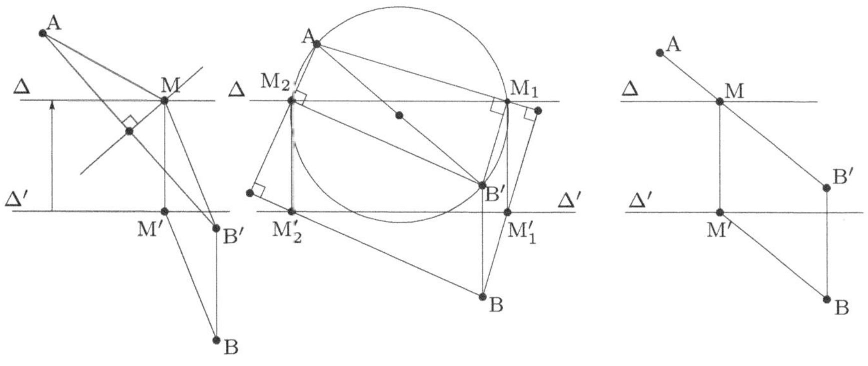

FIG. 127.

a) Le point M est à l'intersection de Δ et de la médiatrice de [AB′]. On a MA = MB′ = M′B car MM′BB′ est un parallélogramme. Il y a une unique solution sauf si (AB) est perpendiculaire à Δ.

b) Le point M est à l'intersection du cercle de diamètre [AB′] et de Δ.

c) Le point M est à l'intersection de Δ et de (AB′).

166. On considère le point A′ translaté de A selon le vecteur $\overrightarrow{BD}$. On a A′D = AB car AA′DB est un parallélogramme. Le point D est alors à l'intersection des cercles de centre A′ et de rayon AB et de centre C et de rayon CD. On obtient B en effectuant la translation de vecteur $\overrightarrow{DB}$.

167. Si on a l'idée, l'exercice est évident : on considère le point B′ symétrique de B par rapport à Δ. Comme on a BM = B′M il s'agit de minimiser AM + MB′ et la ligne droite fait l'affaire.

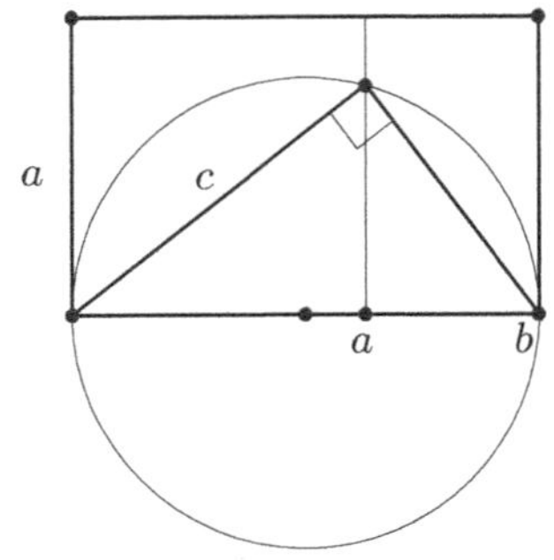

FIG. 128.

168. Il s'agit de construire c tel que $c^2 = ab$. La théorie dit que c'est possible et indique comment (fig. 128).

169. On peut utiliser l'exercice précédent, mais le plus simple est de construire un triangle rectangle dont l'hypoténuse et un côté de l'angle droit sont les côtés des carrés donné. L'autre côté de l'angle droit donne le côté du carré cherché par Pythagore.

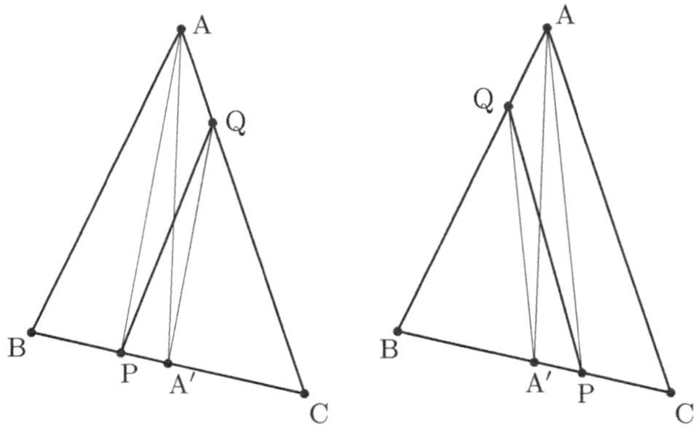

FIG. 129.

170. Voir fig. 129. On considère le milieu A′ de [BC]. On sait que la médiane [AA′] partage le triangle en deux triangles de même aire (voir chapitre 7). Il faut alors ajuster l'aire de ABP en lui ajoutant ou en lui retirant l'aire de APA′. On construit pour cela Q sur [AC] ou [AB] de sorte que l'on ait $\mathscr{A}(\mathrm{APA'}) = \mathscr{A}(\mathrm{APQ})$. Pour cela on construit (A′Q) parallèle à (AP) et on applique le lemme du trapèze (voir chapitre 7, 1.8).

171. L'aire du demi-cercle de diamètre AB (resp. AC, resp. BC) vaut $\pi \mathrm{AB}^2/8$ (resp. $\pi \mathrm{AC}^2/8$, resp. $\pi \mathrm{BC}^2/8$). La somme des aire des lunules est donc

$$\frac{\pi \mathrm{AB}^2}{8} + \frac{\pi \mathrm{AC}^2}{8} - \Big(\frac{\pi \mathrm{BC}^2}{8} - \mathscr{A}(\mathrm{ABC})\Big)$$

et Pythagore montre que la somme des aires des lunules est égale à l'aire du triangle ABC. La construction se fait comme dans l'exercice **168**.

Cet exercice est important historiquement car il est le premier exemple d'une aire limitée par des courbes dont la quadrature est possible. D'une certaine façon, il a donné aux Grecs de faux espoirs de réaliser la quadrature du cercle.

2. Polygones

172. Il s'agit de construire l'angle de $2\pi/15$. Il suffit d'écrire $\frac{4}{5} - \frac{2}{3} = \frac{2}{15}$ et on voit apparaître le côté du polygone, entre le pentagone et le triangle, ou encore l'angle au centre de 24 degrés (fig. 130).

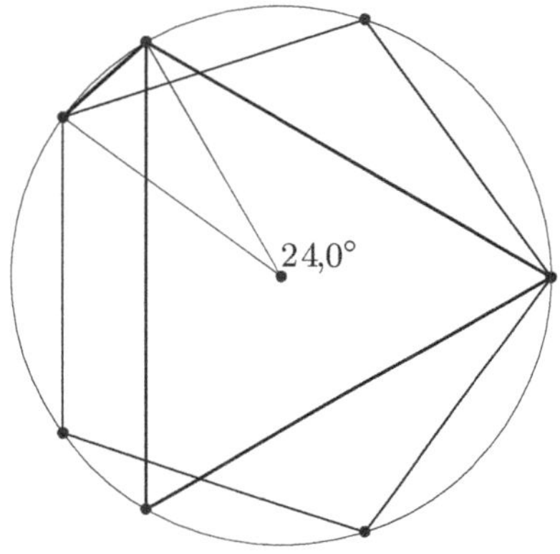

FIG. 130.

173. Là, il est essentiel de faire une figure d'analyse.

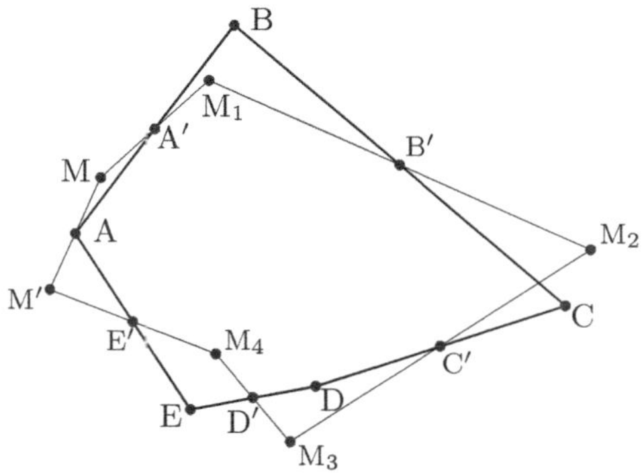

FIG. 131.

On voit que si σ est le produit des cinq symétries centrales

$$\sigma = \sigma_{E'}\sigma_{D'}\sigma_{C'}\sigma_{B'}\sigma_{A'},$$

on a $\sigma(A) = A$. Mais alors, σ est la symétrie de centre A. (Il y a plusieurs façons de voir que σ est une symétrie centrale. On peut par exemple montrer que le produit $\sigma_B \sigma_A$ de deux symétries centrales est la translation de vecteur $2\overrightarrow{AB}$, c'est essentiellement la droite des milieux. Ensuite, avec le même argument ou presque, on montre que le produit $\sigma_C\, t_{\vec{v}}$ est la symétrie σ_D par rapport au point D tel que $\vec{v} = 2\overrightarrow{DC}$. Avec les deux on a gagné.)

Pour trouver A il suffit alors de prendre un point M (n'importe lequel !) et de lui faire subir σ. On obtient M′ et A est le milieu de [MM′] (fig. 131).

174. Cet exercice mérite un peu plus de soin que les autres. Expliquons d'abord les opérations : on part d'une bande de papier AECB (on a donc (AB) parallèle à (CE)). On plie le long de (BC), on obtient BCDE avec (CD) $\parallel$ (BE). On plie ensuite le long de (DE), on obtient DEAB avec (BD) $\parallel$ (AE). Enfin on plie le long de (AB) et on a ABCD avec (BC) $\parallel$ (AD). On voit que les côtés et les diagonales du pentagone sont deux à deux parallèles, sauf, *a priori*, (AC) et (DE).

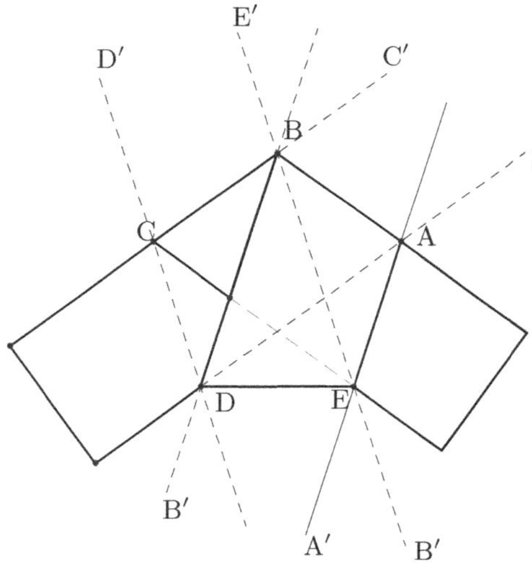

FIG. 132.

On renvoie à la figure ci-dessus pour la désignation des demi-droites (par exemple [BC′) est la demi-droite opposée à [BC)). Par les trois symétries ci-dessus on a $\sigma_{BC}([BA)) = [BE')$, $\sigma_{BC}([CE)) = [CD')$, $\sigma_{DE}([DC)) = [DB')$, $\sigma_{DE}([EB)) = [EA')$, $\sigma_{DE}([EA)) = [EB'')$, $\sigma_{AB}([AE)) = [AD'')$, $\sigma_{AB}([BD)) = [BC')$.

On appelle simplement $\widehat{A}, \widehat{B}, \widehat{C}, \widehat{D}, \widehat{E}$ les angles du polygone. La symétrie par rapport à (BC) donne $\widehat{B} = \widehat{E'BC}$ et les angles alternes-internes donnent $\widehat{E'BC} = \widehat{DCB} = \widehat{C}$. De même avec σ_{DE} on a $\widehat{D} = \widehat{E}$ et avec σ_{AB}, $\widehat{A} = \widehat{B}$. En définitive, on a deux paquets d'angles égaux : $\widehat{A} = \widehat{B} = \widehat{C}$ et $\widehat{D} = \widehat{E}$.

Par σ_{DE}, on $\widehat{D} = \widehat{CDE} = \widehat{B'DE}$ et $\widehat{E} = \widehat{AED} = \widehat{B''ED}$. On a donc $\widehat{B'DE} = \widehat{B''ED}$ et, en passant aux supplémentaires, $\widehat{BDE} = \widehat{BED}$, de sorte que BDE est isocèle en B. On en déduit l'égalité des diagonales : BD = BE. On montre de même BE = CE, et on en déduit BD = CE. Le même raisonnement permet de montrer qu'on a aussi BD = AD.

On utilise alors le « premier lemme du trapèze isocèle » :

Lemme 1. *Soit* ABCD *un trapèze, avec* (AB) ∥ (CD)*. On suppose qu'on a l'égalité des diagonales :* AC = BD*. Alors* ABCD *est isocèle (ce qui signifie qu'il vérifie* AD = BC*, et cela implique aussi l'égalité des angles en* A *et* B *et en* C *et* D*).*

Démonstration. La parallèle à (BD) passant par C coupe (AB) en E de sorte que BDCE est un parallélogramme et ACE un triangle isocèle. On en déduit l'égalité des angles $\widehat{\mathrm{BAC}} = \widehat{\mathrm{AEC}} = \widehat{\mathrm{ABD}}$ et on conclut grâce à l'isométrie des triangles ABC et BAD.

Avec ce lemme appliqué à BCDE, dont les diagonales sont égales, on voit qu'on a $\widehat{\mathrm{C}} = \widehat{\mathrm{D}}$ et les cinq angles de ABCDE sont égaux.

Pour finir on utilise le « deuxième lemme du trapèze isocèle » :

Lemme 2. *Soit* ABCD *un trapèze, avec* (AB) ∥ (CD)*. On suppose* $\widehat{\mathrm{DAB}} = \widehat{\mathrm{ABC}}$*. Alors* ABCD *est isocèle.*

Démonstration. Soit I l'intersection de (AD) et (BC). Les deux triangles AIB et DIC, ayant leurs angles à la base égaux, sont isocèles en I. On a donc IA = IB et ID = IC, d'où AD = BC par différence.

Avec les égalités d'angles précédentes, ce lemme montre que les quatre trapèzes ABCE, BCDE, ABDE et ABCD sont tous isocèles. On en déduit AE = BC = DE = AB = CD : les cinq côtés du pentagone sont égaux, ce qui achève de montrer qu'il est régulier.

3. Triangles

175. Dans tous les exercices il faut noter qu'on donne le segment [AB], donc que la construction doit se faire sur ce segment.

a) Le point C est à l'intersection des cercles de centre A et de rayon b et de centre B et de rayon a. Il y a deux solutions si on a $|a - b| < \mathrm{AB} < a + b$, une (qui est un triangle aplati) si l'une de ces inégalités est une égalité et 0 sinon.

b) Si les angles en A ou B sont donnés la construction est facile. Supposons l'angle α en A donné (mais *a priori* ailleurs dans le plan). On utilise une technique de transport d'angle. Si α est donné avec un sommet en A′, on prend deux points B′ et C′ sur les côtés et on construit un triangle AB″C″ isométrique à A′B′C′ avec B″ ∈ [AB], en reportant les longueurs des côtés (AB″ = A′B′ sur [AB] puis C″ à l'intersection des cercles de centre A (resp. B″) et de rayon A′C′ (resp. B′C′). Une fois l'angle $\widehat{\mathrm{BA}c} = \alpha$ construit on trace le cercle Γ de centre B et de rayon a et on trouve C à l'intersection de [Ac) et de Γ.

Pour une fois, discutons. Déjà, il y a deux demi-droites [Ac) convenables (avec le même angle α et deux orientations). Ensuite, il s'agit de voir si Γ coupe [Ac) et en combien de points. Si on a $\mathrm{AB}\sin\alpha < a < \mathrm{AB}$ on a deux points d'intersection, 0 si $a < \mathrm{AB}\sin\alpha$, un seul si $a = \mathrm{AB}\sin\alpha$ ou si $a \geqslant \mathrm{AB}$.

Le cas où β, angle en B, est donné se traite de manière analogue (et il est un peu plus simple).

Le cas où γ, angle en C, est donné est un peu plus compliqué. Il y a deux solutions : soit utiliser l'angle inscrit (et précisément l'angle inscrit limite), soit, plus simplement peut-être, effectuer la construction du triangle ailleurs que sur [AB] en partant de l'angle donné et reporter le triangle une fois terminé.

c) On appelle $A'B', C'$ les milieux des côtés. Le cas où CC' est donné est facile. On construit C' milieu de [AB] et on trouve C à l'intersection de deux cercles de centres B et C'. De même le cas où AA' est donné est simple : on construit A' avec deux cercles de centres A et B.

Plus ardu est le cas où BB' est donné. Plusieurs solutions encore, utilisant, soit le fait que $B'C' = a/2$ (Thalès), d'où une construction de B', soit la construction de B'' symétrique de B par rapport à B' (avec $BB'' = 2BB'$ et $AB'' = BC = a$).

d) On appelle A'', B'', C'' les pieds des hauteurs. Si on se donne AA'' on construit A'' à l'intersection du cercle de diamètre [AB] et du cercle de centre A et de rayon AA''. C'est pareil si on se donne BB''.

Si on se donne $h = CC''$, le point C est sur l'une des parallèles à (AB) à la distance h (et sur le cercle de centre B et de rayon a (4 solutions au maximum).

176. La figure d'analyse indique le début de la construction : on construit d'abord A' (milieu de [BC]), il est sur (AG) et on a $\overline{AG} = 2\overline{GA'}$. Ensuite, il faut une petite idée : celle de regarder le point G' symétrique de G par rapport à A'. L'analyse montre qu'alors $GBG'C$ est un parallélogramme et le reste s'ensuit. (Il y a d'autres méthodes.)

4. Des constructions approchées

177. La moitié du côté du triangle équilatéral vaut $\dfrac{\sqrt{3}}{2} \simeq 0{,}8660$. Le côté de l'heptagone régulier vaut $2\sin\dfrac{\pi}{7} \simeq 0{,}8677$. La construction est approchée au centième près.

178. Posons $AB = a$. On a, par construction, $AF = EB = GF = GE = AB = a$, de sorte que le pentagone a tous ses côtés égaux.

a) Les points C, O, D sont alignés, car les trois triangles AOC, AOB et BOD sont équilatéraux, de sorte que les trois angles en O valent $\pi/3$ qu'on a $\widehat{COD} = \pi$. La figure est symétrique par rapport à (OO') ce qui montre que les triangles COI et DOI sont rectangles en C. Ils sont évidemment isocèles par construction.

b) Le triangle PIQ est rectangle en I (deux angles de $\pi/4$) et isocèle (car (PQ) est parallèle à (CD)). On en déduit $MQ = MI = OI - OM = a - \dfrac{a\sqrt{3}}{2} = a\,\dfrac{2-\sqrt{3}}{2}$, puis $AQ = \dfrac{a}{2} + a\,\dfrac{2-\sqrt{3}}{2} = a\,\dfrac{3-\sqrt{3}}{2}$.

c) On calcule l'aire de AFQ de deux manières : on a $2\mathscr{A}(AFQ) = AF \times FQ \times \sin\widehat{AFQ} = AQ \times FQ \times \sin\widehat{AQF}$. On en déduit $\sin\widehat{AFQ} = \dfrac{AQ}{AF}\sin\widehat{AQF} = \dfrac{a(3-\sqrt{3})}{2a} \times \dfrac{\sqrt{2}}{2} = \dfrac{(3-\sqrt{3})\sqrt{2}}{4}$.

d) Si le pentagone est régulier, son angle en A vaut $3\pi/5$ et donc on a $\widehat{\mathrm{AFQ}} = \pi - \dfrac{3\pi}{5} - \dfrac{\pi}{4} = \dfrac{3\pi}{20}$ et on constate que l'on a $\sin(3\pi/20) \simeq 0{,}45399$ alors que $\dfrac{(3-\sqrt{3})\sqrt{2}}{4} \simeq 0{,}44828$: le pentagone n'est pas régulier.

179. Le lecteur vérifiera ses calculs grâce aux résultats ci-dessous.

On a $\mathrm{A} = (-1,0)$, $\mathrm{O} = (0,0)$, $\mathrm{B} = (1,0)$, $\mathrm{T} = (2/3,0)$, $\mathrm{M} = (-1/2,0)$, $\mathrm{P} = (\frac{2}{3}, \frac{\sqrt{5}}{3})$, $\mathrm{Q} = (\frac{13}{18}, \frac{\sqrt{155}}{18})$, $\mathrm{R} = (\frac{47}{108}, \frac{5\sqrt{155}}{108})$, $\mathrm{S} = (-\frac{5}{36}, \frac{\sqrt{155}}{36})$, $\mathrm{D} = (-\frac{41}{72}, -\frac{\sqrt{31}\sqrt{113}}{72})$, $\mathrm{C} = (-1, -\frac{\sqrt{31}}{9})$ et enfin $\mathrm{BX} = \mathrm{BC} \times \dfrac{\mathrm{BM}}{\mathrm{BD}}$, $\mathrm{BM} = 3/2$, $\mathrm{BC}^2 = \dfrac{355}{81}$, $\mathrm{BD}^2 = \dfrac{113}{36}$ d'où $\mathrm{BX}^2 = \dfrac{355}{113} \simeq 3{,}1415929$ alors que l'on a $\pi \simeq 3{,}1415926$.

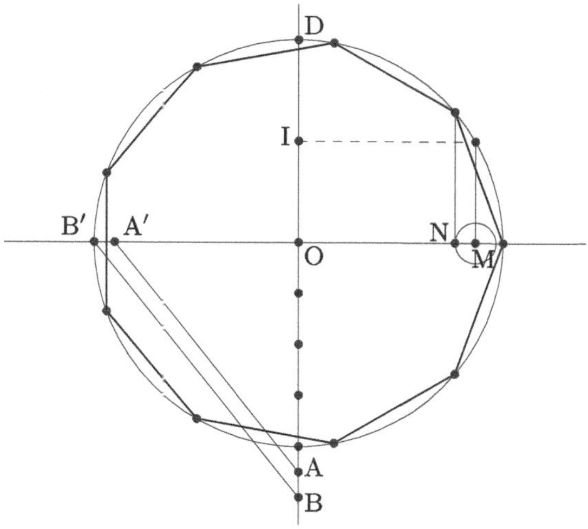

FIG. 133.

180. Le principe de la construction est de constater que $\cos 40° \simeq 0{,}766044$ est très voisin de $\cos 30° - \dfrac{1}{10} \simeq 0{,}766025$. On réalise la construction sur le cercle unité(fig. 133). On construit d'abord M tel que $\overline{\mathrm{OM}} = \cos 30°$ (en utilisant le milieu I de [OD]). On construit ensuite sur l'axe des y des points B tel que $\mathrm{OB} = 5/4$ et A tel que $\mathrm{OA} = 9/8$ (en utilisant des milieux et des symétries). On a alors $\dfrac{\mathrm{OA}}{\mathrm{OB}} = \dfrac{9}{10}$. On trace (BB′), puis (AA′) parallèle à (BB′) : on a $\overline{\mathrm{B'A'}} = \dfrac{1}{10}$ qu'il suffit de reporter pour obtenir N : $\overline{\mathrm{NM}} = \overline{\mathrm{B'A'}}$. On obtient ainsi un ennéagone approché : l'un des côtés est différent des autres. Le lecteur saura-t-il deviner lequel ?

181. On construit facilement le nombre 2,5 à partir de 1 et on en prend la racine carrée et encore la racine carrée par la méthode expliquée dans le cours. On a une duplication du cube approchée ($\sqrt[3]{2} = 1{,}259\ldots$ et $\sqrt[4]{2{,}5} = 1{,}257\ldots$).

5. Les mauvais ouvriers ont toujours de mauvais outils

182. On trace deux cercles de centres A et B et de même rayon R un peu plus grand que la moitié de AB. Ces cercles se coupent en C et D et (AB) est la médiatrice de [CD]. On construit alors autant de points de cette médiatrice que l'on veut par la construction habituelle, ce qui permet de tracer (AB).

183. Pour cet exercice, le lecteur astucieux aura sans doute trouvé d'autres solutions que celles proposées ci-dessous et qu'il jugera évidemment meilleures !

a) Pas de problème, on construit en A et B des triangles équilatéraux de côté 4 cm ayant un côté porté par [AB].

b) Notons qu'on sait faire si le point A est à une distance moindre que 4 cm de Δ, mais pas sur Δ (on trace le cercle de centre A qui coupe Δ en B et C et on trace la médiatrice de [BC]). On sait aussi tracer la perpendiculaire lorsque A est sur Δ (on trace le cercle de centre A qui coupe Δ en B et C, on trace les milieux M, N de [AB] et [AC], puis la médiatrice de [MN].

Pour le cas général, il peut y avoir plusieurs méthodes.

• On peut tracer une ou des parallèle(s) à Δ pour se rapprocher de A.

• On trace une perpendiculaire D à Δ, quelconque mais proche de A, puis la perpendiculaire Δ' à D passant par A et enfin la perpendiculaire à Δ' par A.

c) Pour le milieu de [AB], il n'y a pas de problème si AB < 8 cm. Sinon, on se rapproche en traçant A′ et B′ entre A et B à 4 cm de A et B et on est ramené à construire le milieu de [A′B′]. On réitère éventuellement l'opération.

d) Il suffit de construire la bissectrice Δ de $\widehat{BAC}$ et de mener la perpendiculaire à Δ passant par B. Elle recoupe [AC) en D.

e) On trace une demi-droite [Bx) passant par B et on reporte BA = BA′ sur [Bx) comme en *d*), puis BA′ = BA″ sur la demi-droite opposée à [BA).

f) On construit le milieu M de [BC] selon *c*), puis le symétrique de A par rapport à M selon *e*).

g) On trace le cercle Γ de rayon 4 cm et de centre A qui coupe [AB] en B′, puis la perpendiculaire à Δ par A qui coupe Δ en H. On trace (BH) et la parallèle à (BH) par B′ qui coupe (AH) en H′. On trace alors la parallèle à Δ par H′ qui coupe Γ en M′ et N′. Les points M, N cherchés sont les points d'intersection de (AM′) et (AN′) avec Δ. (Autrement dit, on réalise d'abord la construction dans la figure obtenue en appliquant l'homothétie de centre A et de rapport AB′/AB.)

184. *a*) Voici deux idées.

• On trace les parallèles Δ_1 (resp. Δ'_1) à Δ (resp. Δ') passant par A. Elles coupent (enfin, peut-être) Δ' et Δ en N et M respectivement. Alors, la droite cherchée est (AP) où P est le milieu de [MN] (car AMON est un parallélogramme).

• On trace les perpendiculaires (AH) et (AK) à Δ et Δ'. On choisit $H' \in \Delta$, $H' \neq H$ et on mène la parallèle à (HK) par H′ qui recoupe Δ' en K′. Si on trace les perpendiculaires à Δ et Δ' en H′ et K′, elles se coupent en $A' \in (AO)$. (On utilise l'homothétie de centre O qui envoie H en H′.)

Là encore il y a bien d'autres solutions (et on peut même réaliser cette construction sans compas).

b) On prend $A \in \Delta$, on mène la parallèle Δ'' à Δ' passant par A et on trace la bissectrice D de Δ et Δ''. On a la direction de la droite cherchée. On mène ensuite la perpendiculaire à D en A, qui coupe Δ' en A'. Alors, la bissectrice cherchée passe par le milieu M de [AA'] (car le triangle OAA' est isocèle).

6. *Exercices plus théoriques*

185. Le résultat est le suivant : si n est encadré entre deux puissances de 2 : $2^p < n \leqslant 2^{p+1}$, il faut au minimum $p+1$ pas pour construire $(n,0)$ (et $p+1$ pas suffisent).

Pour montrer que $p+1$ pas sont nécessaires on montre facilement, par récurrence sur p, que la distance maximum de deux points construits en au plus p pas est 2^p.

Pour montrer que $p+1$ pas sont suffisants, on distingue deux cas.

Si $n = 2k$, on a $2^{p-1} < k \leqslant 2^p$, donc $(k,0)$ est construit en p pas. Mais alors, $(n,0)$ est construit en un pas à partir de k en utilisant le cercle de centre $(k,0)$ passant par O.

Si $n = 2k+1$, on a $k+1 \leqslant 2^p$ donc $(k+1,0)$ est construit en p pas et $(n,0)$ est construit en un pas à partir de $(k+1,0)$ grâce au cercle de centre $(k+1,0)$ qui passe par I.

Un algorithme pour construire n est le suivant : si n est pair on divise par 2, s'il est impair on ajoute 1 et on divise par 2 et on recommence. Par exemple pour 71 on passe par les intermédiaires suivants : 36, 18, 9, 5, 3, 2 et on construit le point cherché en 7 pas.

186. *a*) Cela résulte de la formule de De Moivre.

b) Cela résulte de la formule vue en *a*) et du fait que $\cos(\pi/3) = 1/2$.

c) On montre d'abord que si $P(X) = X^3 - 3X - 1$ a une racine rationnelle, cette racine est nécessairement entière (voir exercice **57**.*a*). Mais alors, si x est cette racine, on a $x(x^2-3) = 1$, de sorte que x divise 1, donc $x = \pm 1$ et on vérifie que ni 1, ni -1 ne sont racines.

d) Supposons que $x = a + b\sqrt{d}$ soit racine de P, avec $a, b \in K$ et $\sqrt{d} \notin K$. On a alors :

$$a^3 + 3ab^2d - 3a - 1 + (3a^2b + b^3d - 3b)\sqrt{d} = 0.$$

Comme $\sqrt{d}$ n'est pas dans K, ceci impose les deux relations :

$$a^3 + 3ab^2d - 3a - 1 = 3a^2b + b^3d - 3b = 0.$$

Si b est non nul, la deuxième relation donne $b^2d = 3 - 3a^2$ et en reportant dans la première, on trouve $-8a^3 + 6a - 1 = 0$, ce qui signifie que $-2a \in K$ est racine de P. Si b est nul, c'est a qui est racine de P. Dans les deux cas, P admet une racine dans K.

e) La fin du raisonnement est identique à celle vue en cours dans le cas de $\sqrt[3]{2}$. On conclut que $\cos(2\pi/9)$ n'est pas constructible, ce qui montre que la trisection de l'angle $2\pi/3$ est impossible.

187. *a*) Voir partie II, chapitre 6, lemme 2.22.

b) La formule s'obtient en prenant les abscisses des vecteurs.

c) On a les deux formules : $\cos 2a = 2\cos^2 a - 1$ et $\cos 3a = 4\cos^3 a - 3\cos a$ et, en posant $\lambda = \cos(2\pi/7)$, on voit que λ est racine de $8X^3 + 4X^2 - 4X - 1 = 0$.

d) Comme dans l'exercice précédent, on montre que si racine il y avait elle serait entière, puis qu'elle diviserait 1, et on vérifie que c'est absurde.

e) On écrit la racine $x = a + b\sqrt{d}$, avec $a, b \in K$ et $\sqrt{d} \notin K$, et on développe. Comme $\sqrt{d}$ n'est pas dans K, on a deux équations (voir l'exercice précédent) :

$$8a^3 + 24a(b^2d) + 4a^2 + 4(b^2d) - 4a - 1 = b(24a^2 + 8b^2d + 8a - 4) = 0.$$

Si $b \neq 0$, on tire b^2d de la seconde et on reporte dans la première. On obtient :

$$-64a^3 - 32a^2 + 4a - 1 = 0$$

et cela signifie que $-2a - \frac{1}{2}$ est racine de P. Dans tous les cas P a une racine dans K.

f) La routine !

Partie II, chapitre 7

1. Triangles : géométrie

193. *a*) Si on a $\mathscr{A}(\mathrm{BIE}) = \mathscr{A}(\mathrm{BIC})$, le lemme des proportions montre que I est milieu de [EC]. De même, si on a $\mathscr{A}(\mathrm{BIC}) = \mathscr{A}(\mathrm{CID})$, I est milieu de [BD]. Mais alors, les diagonales du quadrilatère EBCD se coupent en leur milieu. C'est donc un parallélogramme, ce qui contredit le fait que (BE) et (CD) se coupent en A.

b) On a $\mathscr{A}(\mathrm{AMT}) = \frac{1}{2}\mathscr{A}(\mathrm{ATC})$ en vertu du lemme de la médiane. Dire que cette aire est le quart de celle de ABC signifie donc que T est milieu de [AB] par le lemme des proportions. Mais alors, (MT) est une droite des milieux de ABC, donc parallèle à (BC). Comme (MT) est perpendiculaire à (AC), le triangle ABC est rectangle en C. La réciproque est immédiate par homothétie.

Même si T n'est pas dans le segment [AB] la condition signifie qu'on a $\mathrm{AT} = \frac{1}{2}\mathrm{AB}$. L'autre cas de figure est celui où le point A est entre T et B (fig. 134).

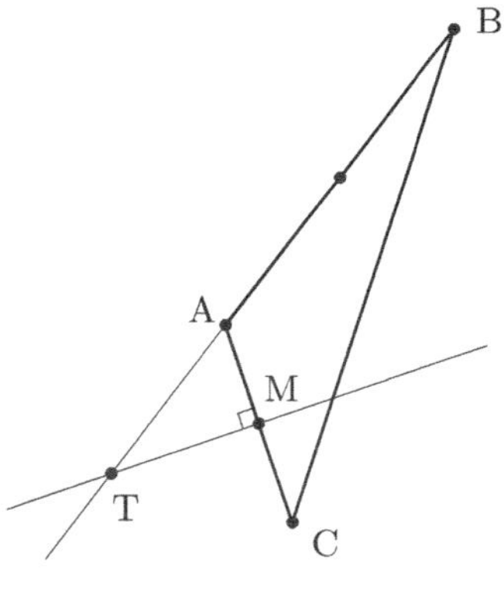

FIG. 134.

194. *a*) La condition est évidemment réalisée si M est en A. Sinon, il y a deux cas. Si la droite (MA) est parallèle à (BC), la condition est réalisée en vertu du lemme du trapèze. Sinon, (MA) coupe (BC) en A′ et, en vertu du lemme du chevron, la condition signifie que A′ est le milieu de [BC]. Autrement dit, les points M qui vérifient $\mathscr{A}(\mathrm{MAB}) = \mathscr{A}(\mathrm{MAC})$ sont soit sur la parallèle à (BC) passant par A, soit sur la médiane (AA′).

b) Considérons les médianes (BB′) et (CC′). Elles se coupent en un point G. (Si elles étaient parallèles, comme (B′C′) est parallèle à (BC), le quadrilatère BB′C′C serait un parallélogramme et ses diagonales [BC′] et [B′C] se couperaient en leur milieu. Or elles se coupent en A !)

Le lemme du chevron, appliqué avec C' et B', montre qu'on a $\mathscr{A}(AGB) = \mathscr{A}(BGC)$ et $\mathscr{A}(BGC) = \mathscr{A}(CGA)$, donc $\mathscr{A}(AGB) = \mathscr{A}(CGA)$. On conclut par *a*). (Le lecteur vérifiera par un argument analogue à celui utilisé ci-dessus pour (BB') et (CC'), ou en utilisant la convexité du demi-plan ouvert limité par la parallèle à (BC) passant par A et contenant B, C, que (AG) n'est pas parallèle à (BC).)

Il reste à voir que G est, par exemple, au tiers de $[CC']$, donc qu'on a $C'G = \frac{1}{2}GC$. Cela résulte des égalités d'aires $\mathscr{A}(C'GA) = \frac{1}{2}\mathscr{A}(BGA)$ (médiane) $= \frac{1}{2}\mathscr{A}(CGA) = \frac{1}{6}\mathscr{A}(ABC)$.

195. *a*) L'assertion est évidente si deux des sommets du triangle sont sur un côté du rectangle (car la base est alors plus petite que ce côté et la hauteur plus petite que l'autre). Le maximum est atteint lorsque les trois sommets du triangle sont des sommets du rectangle.

Dans le cas général, on choisit un sommet qui n'est pas sur les largeurs du rectangle, on trace la parallèle aux largeurs passant par ce sommet et on applique le cas particulier aux deux rectangles ainsi délimités (fig. 135).

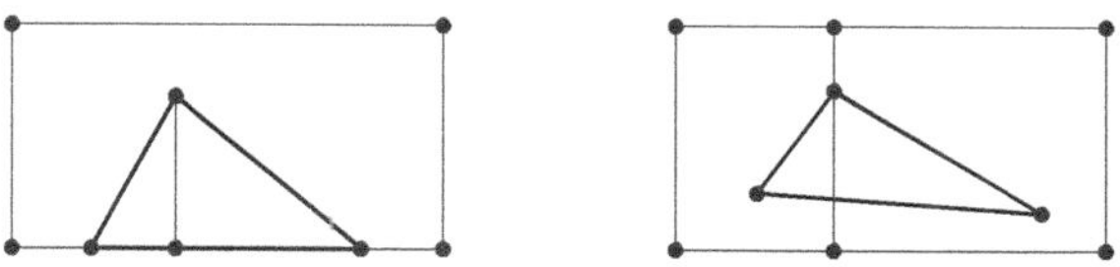

FIG. 135.

b) On partage le carré en quatre petits carrés en joignant les milieux des côtés. Parmi les 9 points, 3 au moins sont dans un même petit carré et le triangle qu'ils déterminent est d'aire $\leqslant 1/8$ par *a*).

196. *a*) On a $\dfrac{OA'}{AA'} = \dfrac{\mathscr{A}(OBC)}{\mathscr{A}(ABC)}$ par le lemme des proportions appliqué deux fois (ou un lemme du chevron bien déguisé) et les relations analogues avec les autres côtés. La formule demandée résulte alors de l'égalité $\mathscr{A}(ABC) = \mathscr{A}(OBC) + \mathscr{A}(OCA) + \mathscr{A}(OAB)$.

b) Comme les trois rapports sont négatifs il suffit de prouver la formule en valeur absolue. Mais, en vertu du lemme du chevron, on a $\dfrac{A'B}{A'C} = \dfrac{\mathscr{A}(OAB)}{\mathscr{A}(OAC)}$ et les formules analogues et la conclusion est immédiate.

197. Il y a deux cas de figure selon que la sécante coupe deux des côtés ou n'en coupe aucun. Traitons le cas où elle coupe, par exemple, [AB] et [AC], le lecteur se chargera de l'autre cas. Dans ce cas, le premier rapport est positif et les autres négatifs et il suffit de prouver la formule en valeur absolue. On interprète le premier rapport comme un rapport d'aires par le lemme des proportions : $\dfrac{A'B}{A'C} = \dfrac{\mathscr{A}(C'A'B)}{\mathscr{A}(C'A'C)}$. L'astuce est alors de faire intervenir l'une de ces aires dans un autre rapport : $\dfrac{C'A}{C'B} = \dfrac{\mathscr{A}(C'A'A)}{\mathscr{A}(C'A'B)}$. Il reste à montrer l'égalité :

$\dfrac{\mathrm{B'C}}{\mathrm{B'A}} = \dfrac{\mathscr{A}(\mathrm{C'A'C})}{\mathscr{A}(\mathrm{C'A'A})}$ qui n'est autre que le lemme du chevron !

198. *a*) On a $\mathscr{A}(\mathrm{BGF}) = 2\mathscr{A}(\mathrm{BGA'}) = \mathscr{A}(\mathrm{BGC})$ par le lemme de la médiane. Mais (voir exercice **194**) on a $\mathscr{A}(\mathrm{BGC}) = \mathscr{A}(\mathrm{CGA}) = \mathscr{A}(\mathrm{AGB}) = \frac{1}{3}\mathscr{A}(\mathrm{ABC})$, d'où $\mathscr{A}(\mathrm{BGF}) = \frac{1}{3}\mathscr{A}(\mathrm{ABC})$.

b) Les longueurs des côtés du triangle BGF sont toutes les deux tiers de celles de ABC donc T est homothétique de BGF dans le rapport 3/2. On a donc $\mathscr{A}(\mathrm{T}) = (\frac{3}{2})^2\,\mathscr{A}(\mathrm{BGF}) = \frac{3}{4}\,\mathscr{A}(\mathrm{ABC})$.

199. Tout s'éclaire si on trace [AC] car M est alors le centre de gravité de ACD. Avec les remarques de l'exercice **194** on obtient $4\,\mathscr{A}(\mathrm{DIMJ}) = \mathscr{A}(\mathrm{ABCM})$.

2. Triangles : calcul

200. *a*) Il y a plusieurs façons de procéder. On peut, par exemple, utiliser le produit scalaire. On peut aussi raisonner ainsi. Soit [CC′] la hauteur issue de C. Par Pythagore, on a $\mathrm{BC}^2 = \mathrm{BC'}^2 + \mathrm{CC'}^2$. On a $\overline{\mathrm{BC'}} = \overline{\mathrm{BA}} + \overline{\mathrm{AC'}}$. Par ailleurs, on a $\overline{\mathrm{AC'}} = \overline{\mathrm{AC}}\cos\widehat{\mathrm{A}}$ (les mesures algébriques sont orientées par $\overrightarrow{\mathrm{AB}}$ et $\overrightarrow{\mathrm{AC}}$) et $\mathrm{CC'} = \mathrm{AC}\sin\widehat{\mathrm{A}}$. En remplaçant il vient :

$$\mathrm{BC}^2 = \mathrm{AB}^2 + \mathrm{AC}^2\cos^2\widehat{\mathrm{A}} + \mathrm{AC}^2\sin^2\widehat{\mathrm{A}} + 2\overline{\mathrm{BA}}\;\overline{\mathrm{AC}}\cos\widehat{\mathrm{A}}$$

ce qui n'est autre que la formule cherchée puisqu'on a $\overline{\mathrm{BA}}\;\overline{\mathrm{AC}} = -\mathrm{AB}\,\mathrm{AC}$.

On peut, bien entendu, se passer des mesures algébriques, mais cela nécessite de distinguer plusieurs cas de figure.

b) La formule précédente et la relation $\cos^2\widehat{\mathrm{A}} + \sin^2\widehat{\mathrm{A}} = 1$ donnent :

$$\sin^2\widehat{\mathrm{A}} = \frac{4b^2c^2 - (b^2+c^2-a^2)^2}{4b^2c^2}.$$

c) Posons $\mathrm{S} = \mathscr{A}(\mathrm{ABC})$. Pour calculer S, on utilise la formule $\mathrm{S} = \frac{1}{2}bc\sin\widehat{\mathrm{A}}$ élevée au carré et l'identité $x^2 - y^2 = (x-y)(x+y)$. On a ainsi :

$$\begin{aligned}16\mathrm{S}^2 &= 4b^2c^2 - (b^2+c^2-a^2)^2 = \left[2bc - (b^2+c^2-a^2)\right]\left[2bc + (b^2+c^2-a^2)\right]\\ &= \left[-(b-c)^2 + a^2\right]\left[(b+c)^2 - a^2\right]\\ &= (-b+c+a)(b-c+a)(b+c-a)(b+c+a)\\ &= (2p-2b)(2p-2c)(2p-2a)2p = 16p(p-a)(p-b)(p-c).\end{aligned}$$

201. *a*) Soit I le centre du cercle inscrit et soient $\mathrm{A'}, \mathrm{B'}, \mathrm{C'}$ ses projections sur les côtés [BC], [CA], [AB] respectivement. On a $\mathrm{IA'} = \mathrm{IB'} = \mathrm{IC'} = r$. Le découpage du triangle en trois donne $\mathscr{A}(\mathrm{ABC}) = \mathscr{A}(\mathrm{BCI}) + \mathscr{A}(\mathrm{CAI}) + \mathscr{A}(\mathrm{ABI})$ et en calculant ces aires par la formule $\frac{1}{2}\times$ *base* $\times$ *hauteur* on obtient $\mathscr{A}(\mathrm{ABC}) = \frac{1}{2}(ar + br + cr) = pr$.

b) On en déduit, avec Héron :

$$r = \sqrt{\frac{(p-a)(p-b)(p-c)}{p}}.$$

202. *a*) Le maximum est atteint lorsque ABC est isocèle en A, donc lorsqu'on a $b = c$. Pour le prouver on utilise la formule de Héron. L'aire est maximum si et seulement si son carré $p(p-a)(p-b)(p-c)$ l'est. Or, a et p sont constants (car $2p = a + l$). Il reste donc à regarder la quantité $(p-b)(p-c) = p^2 - p(b+c) + bc$ qui est maximum lorsque bc l'est (car p et $b + c$ sont constants). On est donc ramené au problème, plus simple et plus classique, de savoir, pour deux nombres positifs de somme donnée, quand leur produit est maximum, ou encore, parmi les rectangles de périmètre donné, quel est celui qui a l'aire maximum. Il y a maintes façons de voir que c'est le carré. En voici quelques-unes.

• Avec $b + c = l$ on calcule $bc = b(l-b)$ et on étudie cette fonction de b en dérivant. On voit qu'on a un maximum en $l/2$.

• On montre que le carré $\left(\frac{b+c}{2}\right)^2$ est plus grand que le rectangle bc : cela revient à montrer $b^2 + 2bc + c^2 \geqslant 4bc$ et c'est $(b-c)^2 \geqslant 0$.

• On examine la figure suivante :

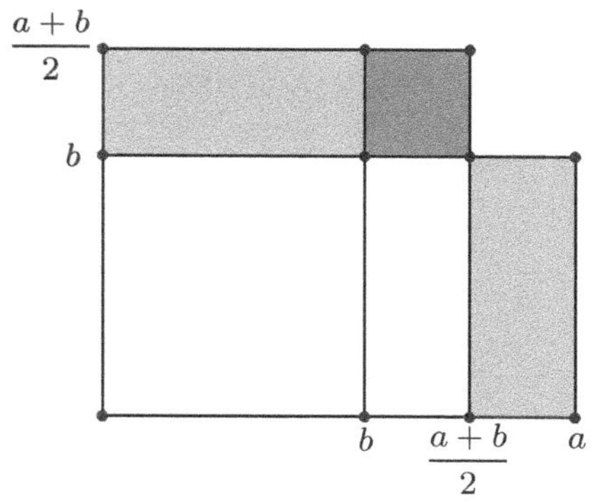

FIG. 136.

b) Fixons $2p = a+b+c$. Pour a fixé, on a vu que le maximum est atteint pour $b = c = p - \frac{a}{2}$ et le calcul montre que le carré de cette aire vaut $f(a) = \frac{1}{4}pa^2(p-a)$. Il ne reste plus qu'a étudier cette fonction de a. On voit qu'elle admet un maximum pour $a = 2p/3$, ce qui correspond au cas équilatéral. L'aire est alors égale à $a^2\sqrt{3}/4$.

203. *a*) La première égalité est évidente en écrivant l'aire de deux façons, avec AH ou AB comme hauteur, l'autre se voit en écrivant $\cos\widehat{\mathrm{C}}$ de deux manières (voir exercice **136** ou chapitre 6, 2.7).

b) On découpe A′B′C′ en AB′C′, AA′C′ et AA′B′. Il est clair qu'on a $\mathscr{A}(\mathrm{AB'C'}) = \mathscr{A}(\mathrm{ABC})$. Pour AA′C′ on prend AC′ = AC comme base et on note que la hauteur A′L′ correspondante vaut 2HL (fig. 137). On a donc $\mathscr{A}(\mathrm{AA'C'}) = 2\mathscr{A}(\mathrm{AHC})$. De même, on a $\mathscr{A}(\mathrm{AA'B'}) = 2\mathscr{A}(\mathrm{AHB})$. En définitive, on a $\mathscr{A}(\mathrm{A'B'C'}) = 3\mathscr{A}(\mathrm{ABC})$, ce qu'on retrouve encore plus simplement en remarquant que la hauteur A′H′ de A′B′C′ est triple de AH.

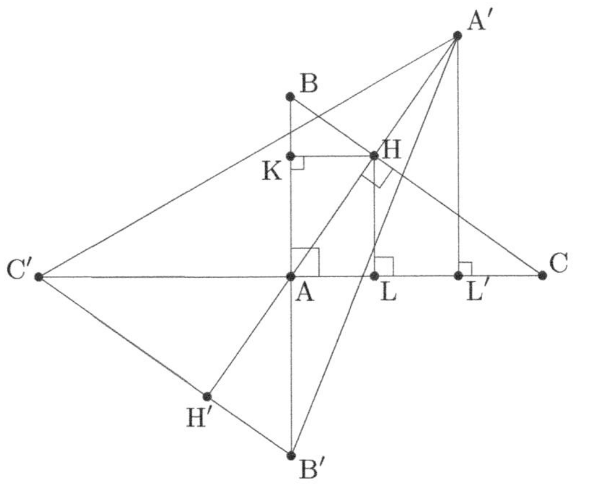

FIG. 137.

3. *Polygones*

204. Le rapport d'aires est 2/3, un petit dessin vaut mieux qu'un long discours :

FIG. 138.

205. Vu les angles, EABC est un trapèze isocèle de bases 2 et 4 et de hauteur $\sqrt{3}$ et CDE est équilatéral de côté 4. On en déduit $\mathscr{A}(\text{ABCDE}) = 7\sqrt{3}$ (par rapport à l'unité de longueur, soit $112\sqrt{3}$ cm^2).

206. Il s'agit du fameux quadrilatère de Varignon. Comme (PQ) est une droite des milieux de ABC elle est parallèle à (AC). De même, (RS) est parallèle à (AC), donc à (PQ). On a, par le même argument, (PS) parallèle à (QR), de sorte que PQRS est un parallélogramme.

Il y a de multiples méthodes pour calculer son aire. On peut noter, par exemple, qu'on a, par homothétie, $\mathscr{A}(\text{APS}) = \frac{1}{4}\mathscr{A}(\text{ABD})$ et $\mathscr{A}(\text{QRC}) = \frac{1}{4}\mathscr{A}(\text{BCD})$, donc $\mathscr{A}(\text{APS}) + \mathscr{A}(\text{QRC}) = \frac{1}{4}\mathscr{A}(\text{ABCD})$ et, de même, $\mathscr{A}(\text{BPQ}) + \mathscr{A}(\text{DRS}) = \frac{1}{4}\mathscr{A}(\text{ABCD})$. Il en résulte, par différence, qu'on a $\mathscr{A}(\text{PQRS}) = \frac{1}{2}\mathscr{A}(\text{ABCD})$.

4. *Pliages*

207. Les résultats sont portés sur la figure 139. Les angles à marque simple (resp. double) valent $\pi/6$ (resp. $\pi/3$). Méthode : on part des angles en A qui sont connus, on en déduit les côtés de ABE et AEF, puis de ADF et enfin de CEF.

Le calcul des aires des triangles est immédiat : $\mathscr{A}(\mathrm{ABE}) = \mathscr{A}(\mathrm{AEF}) = \frac{a^2\sqrt{3}}{8}$, $\mathscr{A}(\mathrm{ADF}) = \frac{3a^2\sqrt{3}}{32}$, $\mathscr{A}(\mathrm{CFE}) = \frac{a^2\sqrt{3}}{32}$, $\mathscr{A}(\mathrm{ABCD}) = \frac{3a^2\sqrt{3}}{8}$.

Pour la construction, tout dépend des données. En l'absence de contrainte, on construit le triangle équilatéral ABF, et le reste en découle. Si on se donne AE, par exemple, on construit B à l'intersection du cercle de diamètre [AE] et du cercle de centre E et de rayon AE/2, etc.

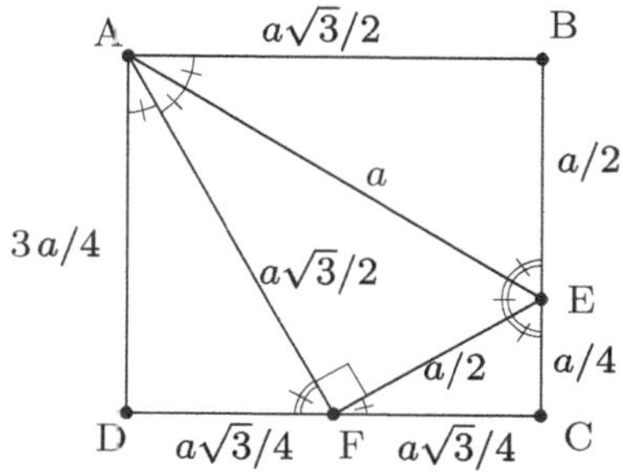

FIG. 139.

208. Le premier pliage se fait le long de (EF) ce qui signifie que (EF) est la médiatrice de [AC]. Soit O le milieu de [AC]. Le tapis plié se réduit au triangle AEF, dont l'aire vaut $\frac{1}{2}\mathrm{AF} \times b$. Si on appelle θ l'angle $\widehat{\mathrm{CAB}}$ on a $\cos\theta = \frac{\mathrm{OA}}{\mathrm{AF}} = \frac{\mathrm{AB}}{2\mathrm{OA}}$. On en déduit $\mathrm{AF} = \frac{a^2+b^2}{2a}$ et $\mathscr{A}(\mathrm{AEF}) = \frac{b(a^2+b^2)}{4a}$.

Le lecteur vérifiera que la condition $b\sqrt{3} \leqslant a \leqslant b(1+\sqrt{2})$ est exactement celle qui assure que les pliages des triangles AB′F et ADE tombent bien à l'intérieur de AEF.

209. La symétrie issue du pliage et les droites parallèles montrent qu'on a $\widehat{\mathrm{CBA}} = \widehat{\mathrm{BAC}}$, de sorte que ABC est isocèle en C. On a donc $\sin(\pi - 2\theta) = \sin 2\theta = \frac{a}{\mathrm{AC}}$ ce qui donne $\mathrm{AC} = \mathrm{BC} = \frac{a}{\sin 2\theta}$ et on en déduit $\mathscr{A}(\mathrm{ABC}) = \frac{a^2}{2\sin 2\theta}$. L'aire est minimale lorsque $\sin 2\theta$ est maximum, soit pour $\theta = \pi/4$.

5. Partages

210. *a*) Il n'y a que l'embarras du choix comme le montrent les exemples de la figure 140 ! Explications : (BB′) est parallèle à (AD), J est milieu de [BB′], K milieu de [CD] et la dernière figure est le quadrilatère de Varignon, voir exercice **206**.

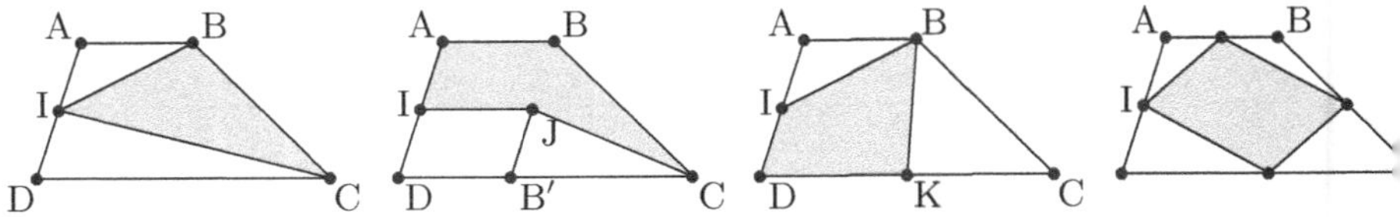

FIG. 140.

On peut même trouver un partage avec un segment. On part du deuxième exemple ci-dessus. La droite (IC) partage le trapèze en deux parties : DIC et ABCI. Pour que le partage soit équitable il manque le triangle IJC à la première. Pour compenser, on lui ajoute ILC, de même aire que IJC par le lemme du trapèze, en menant la parallèle (JL) à (IC) (fig. 141). Les deux quadrilatères limités par (IL) ont même aire.

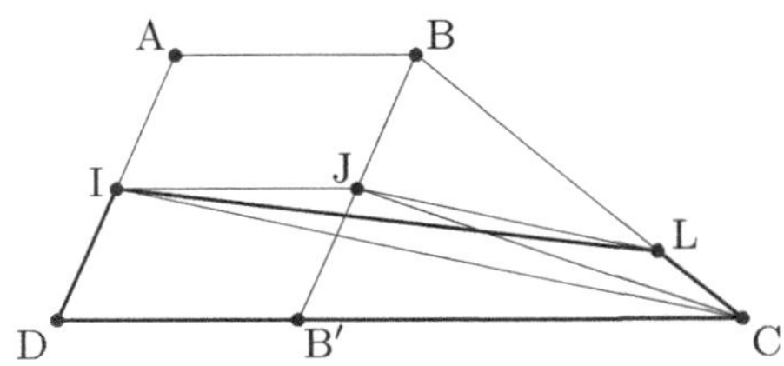

FIG. 141.

b) On trace (BB′) parallèle à (AD) (fig. 142) et il suffit de prendre pour P le milieu de [B′C]. En effet, les triangles AB′P et APC ont même aire par le lemme de la médiane et les triangles ADB′ et ABC ont aussi même aire (bases et hauteurs égales).

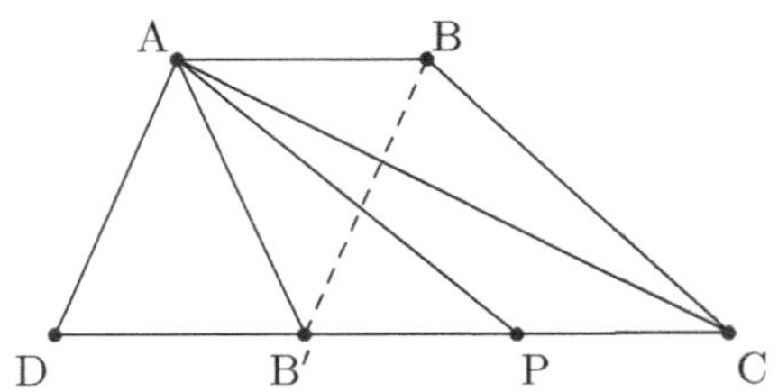

FIG. 142.

211. Appelons T l'aire du grand triangle.

Dans le premier cas, Thalès montre que les droites joignant les tiers sont parallèles aux côtés. Il en résulte que les 9 petits triangles ont même aire (par exemple en utilisant plusieurs fois le lemme du demi-parallélogramme et lui seul, mais d'autres méthodes sont possibles). Leur aire est donc $\frac{1}{9}$T.

Pour le second cas, on regarde les triangles contenant les sommets du triangle initial. Par le point précédent et le lemme de la médiane, leur aire est $\frac{2}{9}$T. Il reste donc $\frac{3}{9}\mathrm{T} = \frac{\mathrm{T}}{3}$ pour le triangle central.

212. Appelons T l'aire du triangle ABC. On a $\mathscr{A}(\mathrm{ACC'}) = \frac{1}{2}\mathrm{T}$ par le lemme des proportions, puis $\mathscr{A}(\mathrm{AA'C'}) = \frac{1}{2}\mathscr{A}(\mathrm{ACC'})$ pour la même raison, d'où $\mathscr{A}(\mathrm{AA'C'}) = \frac{1}{4}\mathrm{T}$. On en déduit $\mathscr{A}(\mathrm{A'CC'}) = \frac{3}{4}\mathrm{T}$ et, de même, $\mathscr{A}(\mathrm{B'AA'}) = \mathscr{A}(\mathrm{C'BB'}) = \frac{3}{4}\mathrm{T}$. On a donc $\mathscr{A}(\mathrm{A'B'C'}) = \frac{9}{4}\mathrm{T} + \mathrm{T} = \frac{13}{4}\mathrm{T}$.

On a $\dfrac{\mathrm{C'M}}{\mathrm{B'M}} = \dfrac{\mathscr{A}(\mathrm{AA'C'})}{\mathscr{A}(\mathrm{AA'B'})} = \dfrac{\frac{1}{4}\mathrm{T}}{\frac{3}{4}\mathrm{T}} = \dfrac{1}{3}$, par le lemme du chevron et on en déduit $\dfrac{\mathrm{C'M}}{\mathrm{C'B'}} = \dfrac{1}{4}$, (fig. 143).

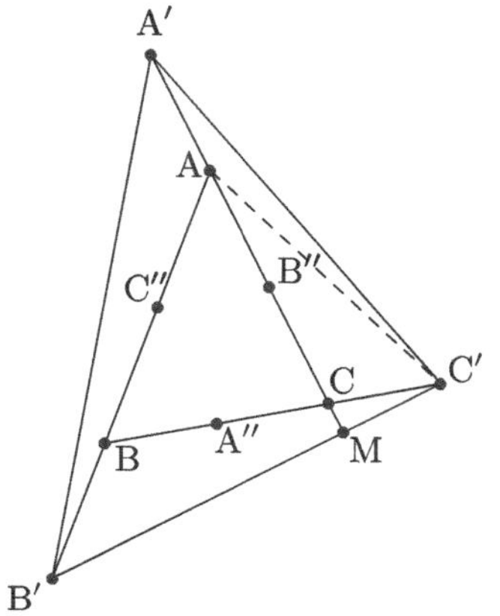

FIG. 143.

6. *Optimisation*

213. Le prix de la fenêtre est $\mathrm{P}(a,b) = 20 \times \dfrac{\pi a}{2} + 8(2b+a) = (10\pi+8)a + 16b$. On a la contrainte d'aire : $16 = ab + \dfrac{\pi a^2}{8}\cdot$ Cette contrainte donne b en fonction de $a : b = \dfrac{16}{a} - \dfrac{\pi a}{8}$, que l'on reporte dans P ce qui donne $\mathrm{P}(a) = 8(\pi+1)a + \dfrac{256}{a}$, expression qui est de la forme $\mathrm{P}(a) = \lambda a + \dfrac{\mu}{a}\cdot$ On étudie la fonction, on a $\mathrm{P}'(a) = \lambda - \dfrac{\mu}{a^2}$ et on en déduit que le minimum est atteint pour $a = \sqrt{\dfrac{\mu}{\lambda}}$ et qu'il vaut $2\sqrt{\lambda\mu}$. Le calcul explicite donne $a = 2{,}78$ m, $b = 4{,}66$ m et $\mathrm{P} = 184{,}2$ euros.

214. Appelons a, b les dimensions du rectangle, avec $a \leqslant b$. On a donc $2(a+b) = 11+10+9+7+4+3+2 = 46$, d'où $a+b = 23$ et donc $a \leqslant 11{,}5$ et $b \geqslant 11{,}5$. Il s'agit d'écrire les longueurs (entières) a, a, b, b avec les 7 nombres donnés. Il y a donc une des quatre longueurs qui ne contient qu'un seul des nombres. C'est nécessairement a (car les nombres sont $\leqslant 11$). En énumérant les possibilités, on trouve $a = 11 = 7+4$ et $b = 12 = 10+2 = 9+3$, l'aire vaut $11 \times 12 = 132$ m^2, $a = 10 = 7+3$, $b = 13 = 11+2 = 9+4$, l'aire vaut 130 m^2, $a = 9 = 7+2$, $b = 14 = 11+3 = 10+4$, l'aire vaut 126 m^2. On vérifie que $a = 7$ ne convient pas (il faudrait $a = 4+3$ et on ne pourrait pas réaliser $b = 17$ avec $11, 10, 9, 2$) et $a = 4, 3, 2$ moins encore.

7. *Cercles et secteurs circulaires*

215. L'aire de la demi-feuille de la rosace est la différence entre l'aire d'un secteur circulaire de rayon R et d'angle 60° et celle d'un triangle équilatéral de côté R, c'est-à-dire $\dfrac{\pi \mathrm{R}^2}{6} - \dfrac{\sqrt{3}\mathrm{R}^2}{4}\cdot$ L'aire de la rosace est donc $(2\pi - 3\sqrt{3})\mathrm{R}^2$.

216. *a*) L'aire du triangle curviligne est la différence entre l'aire du triangle $\frac{a^2\sqrt{3}}{4}$ et la somme des aires des trois secteurs circulaires de rayons $a/2$ et d'angles $\pi/3$: $3 \times \frac{\pi a^2}{4 \times 6}\cdot$ C'est donc $a^2(\frac{2\sqrt{3}-\pi}{8})$.

b) Le triangle A″B″C″ est homothétique de ABC dans l'homothétie de centre O (centre de ABC) et de rapport $r = \mathrm{O}\alpha/\mathrm{OA}'$ (fig. 144). Or on a $\mathrm{OA}' = a\sqrt{3}/6$ et $\mathrm{A}'\alpha = a/2$, d'où $r = 1 + \sqrt{3}$. On en déduit $\mathscr{A}(\mathrm{A''B''C''}) = \frac{(3+2\sqrt{3})a^2}{2}\cdot$

Pour calculer l'aire du triangle curviligne A″IJ on calcule l'aire du quadrilatère A″IAJ. On a $\mathrm{A''I} = \mathrm{A''J} = a\sqrt{3}/2$ et $\mathrm{AI} = \mathrm{AJ} = a/2$ d'où l'aire $a^2\sqrt{3}/4$ et on retranche l'aire du secteur de rayon $a/2$ et d'angle $2\pi/3$: $\pi a^2/12$. Il reste donc $\frac{(3\sqrt{3}-\pi)a^2}{12}$.

On peut vérifier ces résultats en calculant encore l'aire du triangle curviligne JB′N qui vaut $\frac{(4-\pi)a^2}{8}\cdot$ Si on ajoute les aires du triangle curviligne A′B′C′, des trois disques, des trois triangles curvilignes du type A″IJ et des trois du type JB′N on retrouve bien l'aire de A″B″C″.

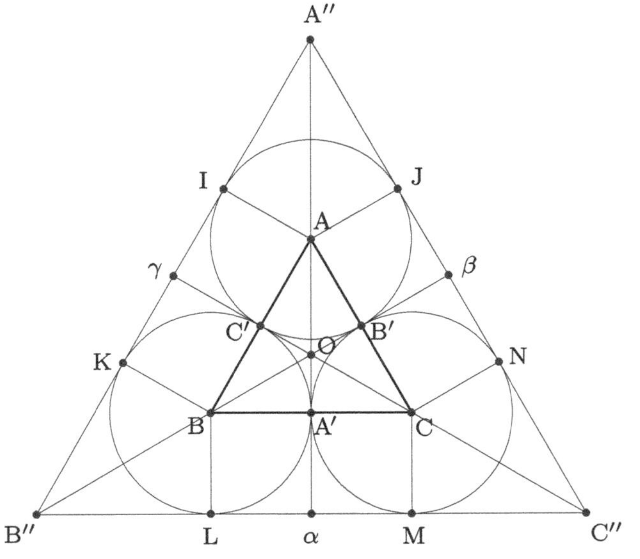

FIG. 144.

217. Soit ω le centre de Ω et r son rayon. La figure est symétrique par rapport à la médiatrice de [AB] donc ω est sur cette médiatrice. Si M est le point d'intersection de Γ et de $(\mathrm{O}\omega)$, on a, par Pythagore, $(\mathrm{R}-r)^2+(\frac{\mathrm{R}}{2})^2 = \left(\frac{\mathrm{R}}{2}+r\right)^2$ et on en déduit $r = \mathrm{R}/3$.

La construction est alors immédiate et l'aire du disque de centre ω est égale aux 2/9 de celle du demi-disque limité par Γ.

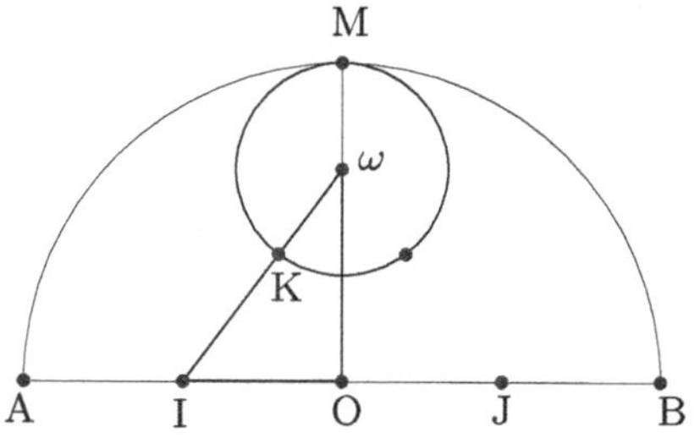

FIG. 145.

Les dimensions de O$I\omega$ sont les suivantes : $\mathrm{OI} = \frac{\mathrm{R}}{2}$, $\mathrm{O}\omega = \frac{2\mathrm{R}}{3}$, $\omega\mathrm{I} = \frac{5\mathrm{R}}{6}$. On voit qu'elles sont proportionnelles à $(3, 4, 5)$.

Dans l'autre cas, si on note a le rayon de Γ_i on a $a = \frac{2\mathrm{R}}{3}$ et on trouve $\mathrm{OI} = \frac{\mathrm{R}}{3}$, $\mathrm{O}\omega = \frac{4\mathrm{R}}{5}$ et $\omega\mathrm{I} = \frac{13\mathrm{R}}{15}$: le triangle est pythagoricien de type $(5, 12, 13)$.

218. L'exercice est analogue au précédent. Si ω (resp. O_i) est le centre, r (resp. R) le rayon de Γ (resp. de Γ_i) et si A est le milieu de $[\mathrm{O}_1\mathrm{O}_2]$, ω est sur la médiatrice de $[\mathrm{O}_1\mathrm{O}_2]$ et Pythagore, appliqué dans $\mathrm{O}_1\mathrm{A}\,\omega$, donne $r = \mathrm{R}/4$. On en déduit la construction et le rapport d'aires vaut $1/16$.

219. Soient O le centre des cercles, r, R leurs rayons, h la distance de O à (AB) et posons $c = \mathrm{AB}$. On a, par Pythagore, $r^2 = h^2 + (c/2)^2$ et $\mathrm{R}^2 = h^2 + (a+c/2)^2$ si B est entre A et C ou $\mathrm{R}^2 = h^2 - (b+c/2)^2$ si A est entre B et C ou $\mathrm{R}^2 = h^2 + (c/2-a)^2$ si C est entre A et B et plus près de B ou enfin $\mathrm{R}^2 = h^2 + (c/2-b)^2$ si C est entre A et B et plus près de A. On vérifie que, dans tous les cas, l'aire de la couronne (qui vaut $\pi(\mathrm{R}^2 - r^2)$ dans les deux premiers cas ou $\pi(r^2 - \mathrm{R}^2)$ dans les autres) est égale à πab.

220. L'aire est la différence des aires de deux secteurs d'angles 150° ou $5\pi/6$ radians et de rayons $a + \frac{b}{2}$ et $a - \frac{b}{2}$. C'est donc $\frac{1}{2}\frac{5\pi}{6}\left[\left(a+\frac{b}{2}\right)^2 - \left(a-\frac{b}{2}\right)^2\right] = \frac{5\pi}{6}ab$.

Partie II, chapitre 8

1. Cube et triangles

239. On se reportera à la figure 81, p. 267. On parlera de faces de dessus, de gauche, de devant, etc., et on utilisera un système d'axes orthogonaux d'origine le centre du cube et passant par les centres des faces, l'axe des z perçant la face de dessus, l'axe des x celle de devant et l'axe des y celle de droite. On va déterminer les triangles PQR dont les sommets sont des sommets du cube (on parlera de triangles du cube).

Notons d'abord que les distances mutuelles entre sommets du cube sont a (pour les arêtes, $\mathrm{AB} = a$), $a\sqrt{2}$ (pour les diagonales des faces, $\mathrm{AC} = a\sqrt{2}$) et enfin $a\sqrt{3}$ (pour les grandes diagonales, $\mathrm{AC}' = a\sqrt{3}$). En effet, pour les petites diagonales il suffit d'appliquer Pythagore (par exemple dans ABC). Pour les grandes diagonales c'est encore Pythagore. Par exemple AA'C' est rectangle en A' (car (AA') est perpendiculaire au plan de dessous, donc aux droites passant par A'). On a alors $AC'^2 = AA'^2 + A'C'^2$, d'où le résultat. Notons qu'un triangle du cube ne peut contenir deux grandes diagonales (sinon il aurait 4 sommets) et qu'il a donc nécessairement un côté de longueur a ou $a\sqrt{2}$.

Soit PQR un triangle du cube. On peut supposer, à isométrie près, que l'un de ses sommets est A. En effet, on peut toujours ramener un sommet P du cube en A par une isométrie[8], soit en faisant une rotation d'axe des z (resp. x, resp. y) si P est dans la face du dessus (resp. de devant, resp. de gauche), soit en effectuant le demi-tour d'axe joignant les milieux de [CD] et [A'B'] si P = C'.

Si le triangle a un côté de longueur a on peut supposer que c'est [AB] (on ramène l'un des sommets en A et on effectue au besoin une rotation autour de (AC')). Le troisième sommet peut alors être soit un sommet des faces contenant [AB], auquel cas on a un triangle rectangle isocèle du type ABC (côtés $a, a, a\sqrt{2}$), ou un triangle du type ABC', rectangle en B, de côtés $a, a\sqrt{2}, a\sqrt{3}$.

Si le triangle n'a pas de côté de longueur a, le côté le plus court est de longueur $a\sqrt{2}$. On peut supposer que c'est [AC] et il reste deux possibilités pour le dernier sommet : B' ou D'. Dans les deux cas on a un triangle équilatéral dont les côtés sont tous de longueur $a\sqrt{2}$.

Il y a donc trois types de triangles de type 1,2,3 (dans l'ordre d'entrée en scène ci-dessus).

Comptons combien il y a de triangles de chaque type. Pour le type 1, il y a quatre triangles par face, soit 24 triangles. Pour le type 2, si on fixe le côté qui est une grande diagonale, il y a 6 autres sommets et chacun donne un triangle de type 2. Comme il y a 4 grandes diagonales, cela fait encore 24 triangles. Enfin, pour le type 3, les trois sommets sont les sommets adjacents à un sommet donné et il y a donc 8 triangles de type 3. En tout on a donc $24 + 24 + 8 = 56$ triangles. C'est normal, il s'agit de prendre 3 points parmi 8 et on a bien $\binom{8}{3} = 56$.

2. Patrons

240. Il y a une première condition nécessaire évidente : comme les segments $[O_BA]$ et $[O_CA]$ doivent se recoller en [OA], il faut donc avoir $O_BA = O_CA$, et de même $O_BC = O_AC$ et $O_CB = O_AB$. Mais cette condition n'est pas suffisante. En effet, si les points O_A, etc. sont trop près des côtés, il n'y a pas de tétraèdre. On considère les cercles $\Gamma_A, \Gamma_B, \Gamma_C$ de centres A (resp. B, C) passant par O_B, O_C (resp. O_C, O_A, resp. O_A, O_B). Ces cercles se coupent deux à deux en les points O_A, O_B, O_C et en leurs symétriques par rapport à (BC), (CA), (AB) que nous noterons O'_A, O'_B, O'_C.

8. On peut montrer qu'il y a 48 isométries qui conservent un cube, 24 rotations dont les axes joignent les centres des faces opposées, ou les sommets opposés, ou les milieux des arêtes opposées, et 24 antidéplacements.

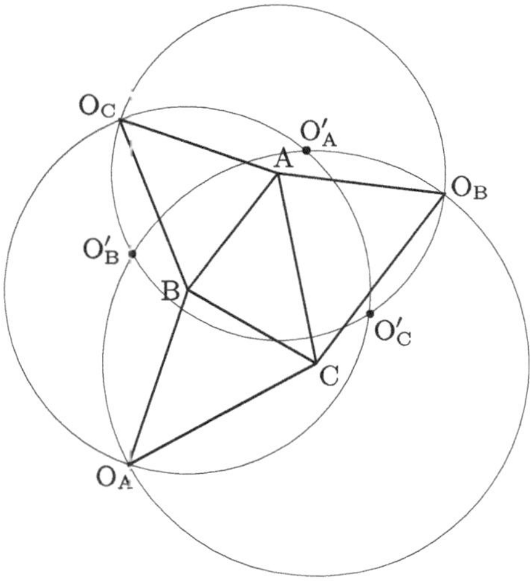

FIG. 146.

La condition est alors la suivante : le patron de tétraèdre est effectif si les points O_A et O'_A sont l'un à l'intérieur et l'autre à l'extérieur de Γ_A et les conditions analogues avec B et C, voir la figure ci-dessus. En effet, la condition d'existence d'un point O complétant le tétraèdre, c'est que les trois sphères S_A, S_B, S_C de centres A, B, C et de rayons $AO(= AO_B = AO_C), BO, CO$ se coupent. Or, les sphères S_B et S_C se coupent suivant un cercle de diamètre $[O_AO'_A]$. Supposons O'_A (resp. O_A) intérieur (resp. extérieur) à Γ_A. Comme le cercle de diamètre $[O_AO'_A]$ a un point à l'intérieur de S_A et un à l'extérieur, il coupe S_A en le point O cherché (c'est une propriété de connexité : une sorte de théorème des valeurs intermédiaires). La réciproque se montre par un petit calcul facile.

241. La définition et la détermination rigoureuses des patrons de cube n'est pas chose facile. Nous nous contentons ici de donner des indications de preuve et les dessins des solutions. Pour ces raisons de commodité, nous avons affublé chaque patron d'un nom censé évoquer sa forme. Le lecteur garde le droit d'en proposer d'autres selon son inspiration.

Patrons.

On pensera le cube comme son bord et on ne se privera pas de faire des réalisations pratiques en papier, en carton, etc. Rappelons d'abord qu'on passe du cube au patron en coupant le cube selon certaines arêtes et qu'on plie ensuite le cube selon les arêtes non coupées pour le rendre plan. Pour passer du patron au cube les opérations se font en sens inverse : pliage puis recollement.

Les conditions que doit vérifier une figure plane pour être un patron de cube sont les suivantes : un patron est formé de six carrés distincts (appelés faces du patron), de même taille. L'intersection de deux carrés est soit vide, soit un sommet, soit un côté (auquel cas les faces sont dites adjacentes). On demande que les faces soient globalement adjacentes, c'est-à-dire qu'on puisse passer d'une face à une autre par une suite de faces adjacentes. Cette condition assure que le patron est connexe et elle interdit le cas d'une face qui ne serait rattachée aux autres que par un sommet. Il y a deux sortes d'arêtes dans un patron, les arêtes communes à deux faces, que l'on dira liées ou arêtes de pliage et les arêtes qui ne sont que dans une face et que l'on dira libres ou arêtes de découpage. La donnée d'un patron doit être complétée par une règle de recollement : les arêtes de découpage doivent être en nombre pair et on associe deux par deux les arêtes qui proviennent de la même arête du cube. Sur le dessin du té ci-dessous on a indiqué par le même signe les arêtes (ou les sommets) qui se recollent.

On classifie ici les patrons à isométrie près, c'est-à-dire qu'on considère comme un seul patron deux patrons isométriques (même si l'isométrie qui passe de l'un à l'autre est indirecte, une symétrie axiale par exemple).

Nombres d'arêtes.

Le résultat suivant est important (mais ne nous sera pas vraiment utile et nous donnons seulement une idée de la preuve, le lecteur pourra consulter un ouvrage de terminale ES programme 2002 pour les rudiments concernant les graphes) :

Lemme. *Un patron de cube contient 6 faces, 5 arêtes de pliage, 14 arêtes de découpage et 14 sommets.*

Idée de la preuve. Notons p et d les nombres d'arêtes cherchés. Si on compte les arêtes du cube initial on a $12 = p + \frac{d}{2}$ soit $2p + d = 24$. Pour montrer le résultat on considère le graphe dont les sommets sont les faces du patron, deux faces étant liées par une arête du graphe si elles sont adjacentes. On montre que ce graphe est un arbre et le nombre d'arêtes (qui est p) est alors le nombre de faces moins 1, soit 5. Pour les sommets, on note que les arêtes libres constituent le bord du patron, qui est une ligne polygonale simple fermée. Il y a donc autant de sommets que d'arêtes libres.

Dés.

Il est commode, pour représenter un patron de penser à un dé à jouer et de numéroter les faces de 1 à 6 en respectant la règle usuelle (la somme des chiffres de deux faces opposées est égale à 7). Attention il y a deux types de dés à déplacement près. On peut toujours supposer que la face avant porte le chiffre 1 et la face de dessous le chiffre 2. La face de gauche porte alors le chiffre 3 ou le chiffre 4. Dans ce qui suit nous supposerons que c'est le chiffre 3 (ce qui semble être le plus courant pour les dés usuels).

Quelques remarques.

• Si deux éléments (sommet, arête ou face) sont incidents dans le patron, ils le sont aussi dans le cube (puisque ce dernier est obtenu par recollement). On en déduit notamment qu'un sommet ne peut être incident qu'à 3 faces au plus et à 3 arêtes au plus dans le patron (en comptant pour une seule deux arêtes qui se recollent).

• Deux arêtes parallèles dans le cube (resp. dans le patron) ne le sont pas nécessairement dans le patron (resp. dans le cube). Cependant, si deux arêtes A_1, A_n du patron sont telles qu'il existe des arêtes $A_2, A_3, \ldots, A_{n-1}$ (nécessairement liées) de telle sorte que A_i et A_{i+1} sont des arêtes parallèles d'une même face, alors A_1 et A_n sont encore parallèles dans le cube.

Comme dans le cube, il y a exactement 4 arêtes dans chaque direction. Une conséquence de ce fait c'est qu'il ne peut y avoir 5 faces alignées dans le patron (sinon il y aurait 5 arêtes parallèles dans le cube) et que s'il y en a 4, les arêtes extrêmes sont identifiées (voir ci-dessous pour les six premiers patrons l'arête gauche de la face 3 et l'arête droite de la face 6).

• Deux faces opposées (ou encore, avec la description comme dé, deux faces dont la somme est 7) n'ont ni arête ni sommet commun.

Classification : le cas de 4 faces alignées.

Nous détaillons un peu les raisonnements sur ce cas, les suivants seront essentiellement laissés au lecteur. En particulier les indications des arêtes et des points identifiés sont donnés seulement sur le cas du premier patron : le té.

On suppose que le patron contient quatre faces alignées. On peut supposer, à isométrie et numérotation près que ce sont les faces 3,1,4,6, dans cet ordre, avec recollement de l'arête gauche de 3 et de l'arête droite de 6. On cherche où placer la face 2. Par symétrie, on peut la supposer au-dessus et à droite, donc au-dessus de 4 ou de 6. Il y a donc deux cas.

• Face 2 au-dessus de 6.

Les arêtes voisines de 2 et 4 (marquées d'une croix) sont identifiées (sinon il y aurait quatre arêtes en un point). Il en résulte que les sommets de ces arêtes (points cerclés) sont identifiés aussi. Il reste à placer la face 5 qui ne doit rien avoir de commun avec la face 2 (y compris avec les points d'autres faces qui sont identifiés avec ceux de la face 2). On voit que la face 5 est nécessairement en dessous de la ligne 3146 et qu'elle peut prendre toutes les positions. On obtient ainsi quatre patrons non isométriques : le té, la brouette, la faux et le grand S.

• Face 2 au-dessus de 4.

Le raisonnement est analogue. Il y a *a priori* quatre positions pour la face 5, mais les positions extrêmes (sous 3 et 6) donnent des patrons isométriques aux précédents (la brouette et la faux). On obtient deux nouveaux patrons : le camion sans roue et la croix.

Classification : trois faces alignées.

Nous supposons que les trois faces alignées sont 3,1,4. On place alors la face 2 (les faces 2 et 5 jouent des rôles symétriques). Il y a deux positions, à symétrie près : au-dessus du 3 ou du 1.

• Face 2 au-dessus de 3.

On regarde le 6. S'il est adjacent aux faces déjà placées, en tenant compte du fait qu'il ne touche pas le 1 et qu'il n'y a pas 4 faces alignées, la seule position est à gauche de 2. On place alors le 5 et on obtient quatre solutions (le canard, la cocotte, Cassiopée et le plat). Si le 6 n'est pas adjacent aux faces 3142, on regarde le 5 qui a trois positions possibles, avec à chaque fois une seule position pour le 6. On retrouve deux fois la cocotte et une fois Cassiopée.

• Face 2 au-dessus de 1.

Le raisonnement est analogue et on voit qu'on n'obtient rien de nouveau.

Classification : deux faces alignées seulement.

On voit aussitôt qu'il n'y a qu'un patron répondant à cette contrainte : l'escalier.

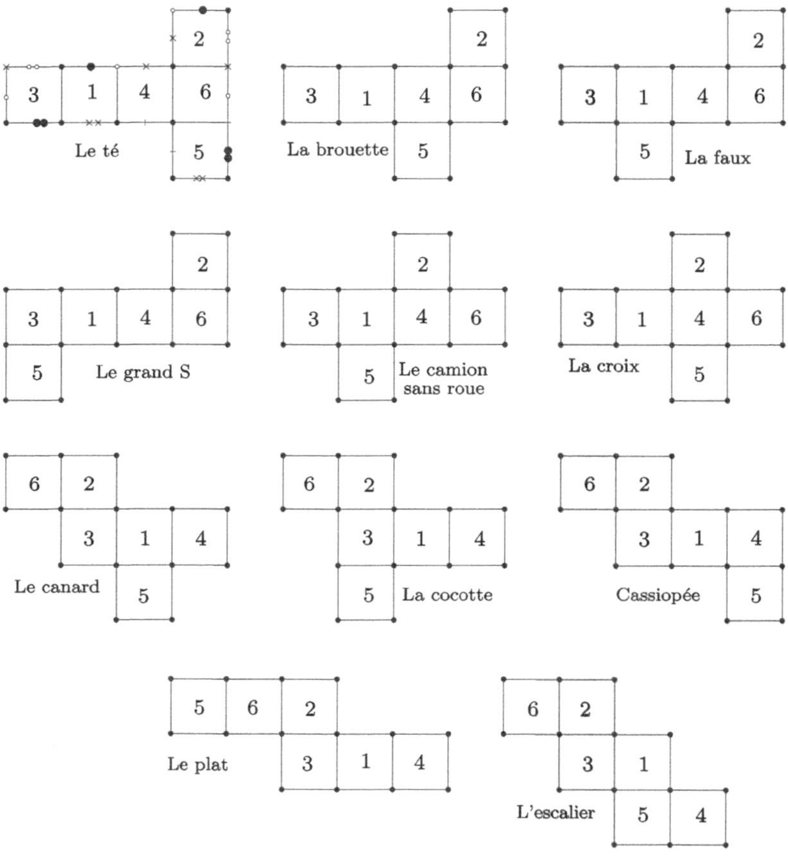

FIG. 147.

3. Sections

Attention, dans ces questions il est indispensable de lire la figure avec prudence et précision. En effet, il peut y avoir des droites qui ont en apparence des points d'intersection dans la représentation plane de la situation, mais qui n'en n'ont pas en réalité dans l'espace parce qu'elles ne sont pas coplanaires. C'est le cas, par exemple, dans la figure du tétraèdre ci-dessous des droites (MN) *et* (CD). *Il peut être commode de parler à ce sujet de vrais et faux points. On retiendra comme principe, avant de parler de l'intersection de deux droites, la nécessité de vérifier qu'elles sont bien coplanaires.*

242. On trace la droite (MN). Comme elle est dans le plan (ABC), elle coupe la droite (BC) en Q (sauf si elle lui est parallèle). (Bien entendu, il faut prolonger le segment [BC] pour avoir une intersection. C'est une des difficultés de cet exercice.) On trace alors la droite (PQ). Comme elle est dans le plan (BCD) elle coupe (BD) en R qui est le point cherché. On peut alors finir de tracer la section du tétraèdre par le plan (MNP). On notera que la construction se fait à la règle seule.

Une autre méthode consiste à tracer d'abord (NP) qui coupe (AD) en S (sauf si elle lui est parallèle). On trace ensuite (MS) qui coupe (BD) en R. Le fait qu'on obtienne le même point R par les deux constructions provient de Desargues appliqué aux deux triangles NQP et ABD.

Les cas de parallélisme se traitent alors par l'une ou l'autre méthode, sauf si l'on a à la fois (MN) parallèle à (BC) et (NP) parallèle à (AD). Dans ce cas on obtient R comme intersection de (BD) avec la parallèle à (MN) passant par P (mais on a besoin d'un compas). On peut aussi utiliser la parallèle à (NP) par R car MNPR est un parallélogramme.

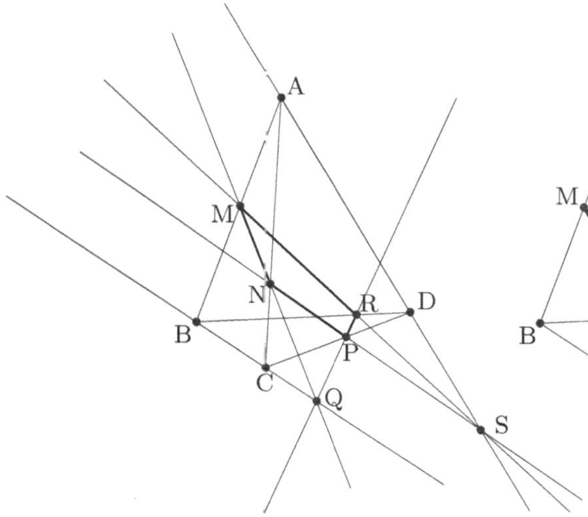

FIG. 148.

243. La méthode est identique pour le cube. On trace la droite (MN) qui est dans le plan de dessus. Elle coupe donc (BC) en Q. De même, dans le plan de devant, (NP) et (BB′) se coupent en R. On a ainsi obtenu deux points Q et R du plan (MNP) qui sont aussi dans le plan de droite. La droite (QR) coupe les arêtes [CC′] et [B′C′] de ce plan en T et S et la section cherchée est le pentagone MNPST.

La méthode ci-dessus fonctionne dès qu'on dispose de deux points situés dans une même face du cube. On voit facilement que les sections peuvent être des triangles, des quadrilatères, des pentagones ou des hexagones.

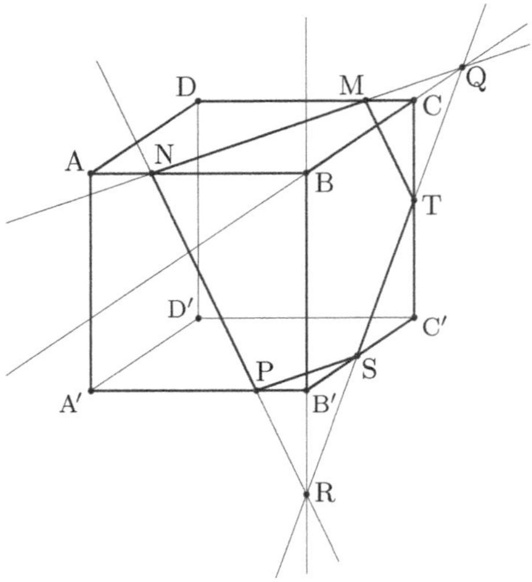

FIG. 149.

Réalisation de la section sur le patron.

On considère le patron ci-dessous. On porte M, N, P, puis M_1 sur $[C_1D_1]$ avec $C_1M_1 = CM$. Dans l'espace, les droites (PS) et (MN) sont parallèles. En revanche, sur le patron, la droite (PS), qui a effectué un demi-tour, est parallèle à la symétrique de (MN) par rapport à (AB) (en pointillé). On obtient ainsi S que l'on reporte en S_1 sur $[B'C_1]$ avec $B'S_1 = B'S$. De même, (MT) et (NP) sont parallèles dans l'espace, mais sur le patron (M_1T) va être parallèle à la symétrique de (NP) par rapport à (BB′). On obtient ainsi le point T, et on a l'intégralité de la section.

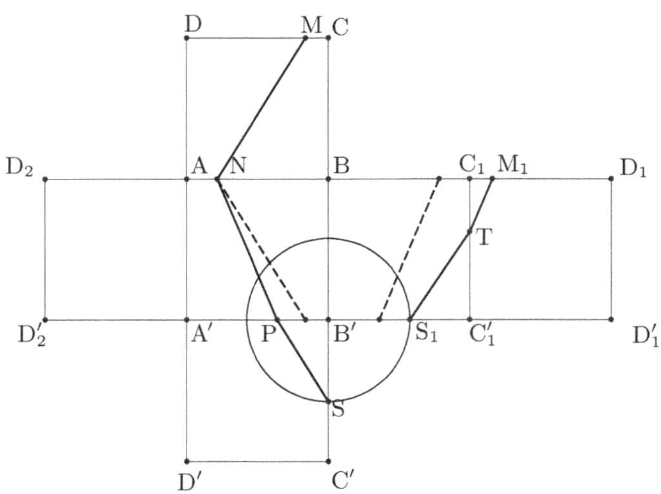

FIG. 150.

Traitons maintenant le cas difficile M ∈ [AB], N ∈ [A′D′], P ∈ [CC′].

On utilise un plan auxiliaire, par exemple Π = (MD′A′). Ce plan coupe la face de dessus selon une droite parallèle à (A′D′). Cette droite recoupe [CD] en M′. Les droites (MN) et (M′D′) sont toutes deux dans Π, de sorte que leur intersection Q a un sens et ce point est sur (MN), donc dans (MNP), et sur (M′D′), donc dans la face de derrière du cube. On peut donc le joindre à P et (QP) coupe (C′D′) en un point R de notre section. Maintenant qu'on dispose de deux points R et P situés dans la même face, le reste n'est plus qu'une formalité. On obtient une section hexagonale. Pour tracer la parallèle (MM′) on peut utiliser la règle et le compas, mais comme on dispose sur le dessin de plusieurs parallèles à (A′D′) on peut aussi faire la construction avec la règle seule en utilisant la construction de la polaire d'un point par rapport à deux droites (dans le cas où elles sont parallèles), voir par exemple sur ma page web : **http://www.math.u-psud.fr/~perrin/** à la rubrique *Livre de géométrie projective*, Partie I, 2.4.1.

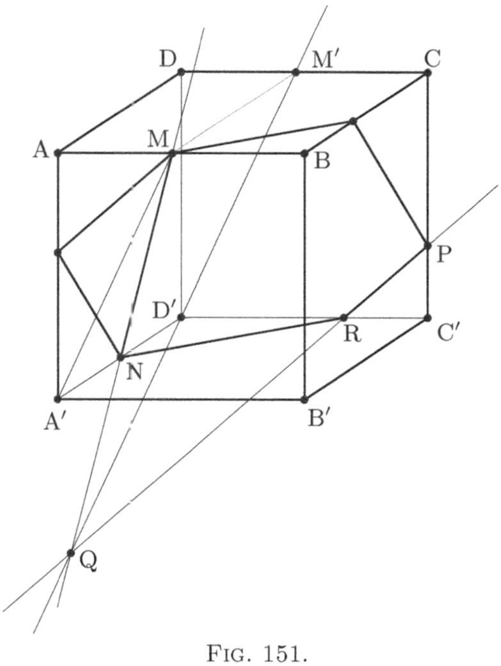

FIG. 151.

4. Divers

244. Il suffit de faire un patron (ou plutôt, ici, quatre), le trajet de la fourmi est représenté en vraie grandeur sur le patron et donc, comme le plus court chemin d'un point à un autre est la ligne droite, le trajet le plus court sur le patron est un segment. Il reste à comparer les quatre segments possibles pour trouver le plus court, voir la figure ci-dessous.

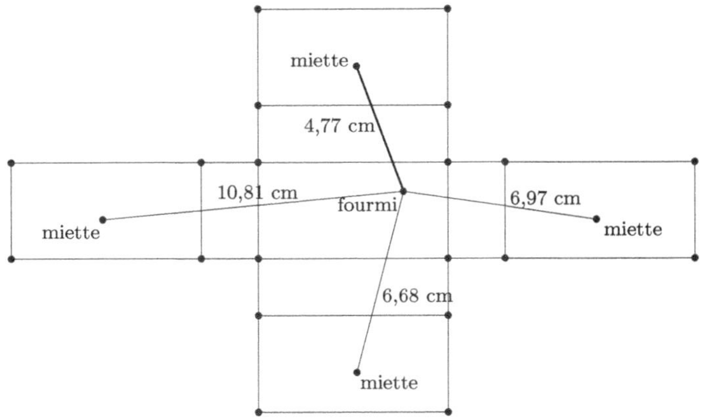

FIG. 152.

245. Avec les notations usuelles pour le cube, le centre du bol doit être le centre O de la face de dessous du cube. Le rayon minimum est alors OA qui se calcule par Pythagore : $\mathrm{OA}^2 = \mathrm{OA}'^2 + \mathrm{AA}'^2 = a^2 + \dfrac{a^2}{2}\cdot$ On a donc $\mathrm{OA} = a\dfrac{\sqrt{3}}{2}$, soit ici un rayon minimum de 6,93 cm environ.

246. C'est le théorème de Thalès. La construction est effectuée sur la figure ci-dessous.

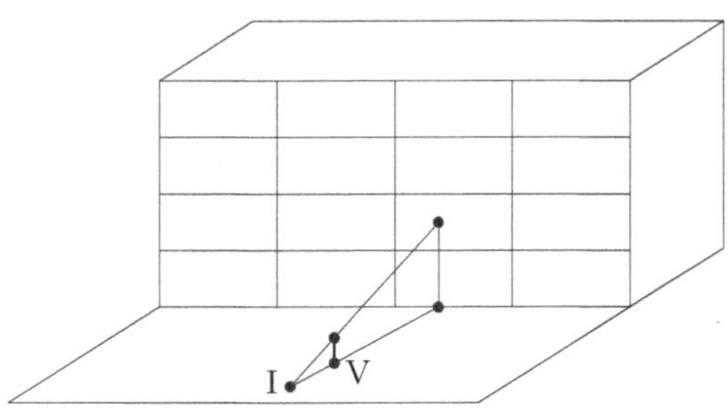

FIG. 153.

Partie II, chapitre 9

I. Les polyèdres archimédiens

A. NOTATIONS

Commençons par la table des angles des polygones réguliers à n côtés (en degrés) :

n	3	4	5	6	7	8	9	10	12
angle	60	90	108	120	128,5	135	140	144	150

0) Les symboles des polyèdres réguliers sont : pour le tétraèdre $q = 3$, symbole $(3, 3, 3)$, pour le cube $q = 3$, symbole $(4, 4, 4)$, pour l'octaèdre, $q = 4$, symbole $(3, 3, 3, 3)$, pour le dodécaèdre $q = 3$, symbole $(5, 5, 5)$ et enfin, pour l'icosaèdre $q = 5$, symbole $(3, 3, 3, 3, 3)$.

B. CALCUL DE s, a, f

a) Si le symbole de P est $(n_1, \ldots, n_q)$, m_k est le nombre d'indices i tels que $n_i = k$. On a donc en tout $\sum_k m_k = q$. Par exemple, pour le cuboctaèdre $(3, 4, 3, 4)$ on a $m_3 = m_4 = 2$.

b) Le nombre d'arêtes en chaque sommet est q. Comme il y a s sommets, cela fait sq arêtes en tout, mais chaque arête est ainsi comptée deux fois (en chacune de ses extrémités), et on a donc $a = \dfrac{sq}{2} = \dfrac{s}{2}\sum_k m_k$.

Le raisonnement est analogue pour les faces à k côtés : il y en a m_k en chaque sommet, donc en tout sm_k, mais chacune est comptée k fois (en chacun de ses sommets), d'où en définitive : $f_k = \dfrac{sm_k}{k}$.

c) On a $s - a + f = 2$ soit :

$$s\Big[1 - \frac{1}{2}\sum_k m_k + \sum_k \frac{m_k}{k}\Big] = 2.$$

Comme la donnée du symbole fournit les m_k, on en déduit s, puis a et les f_k. Dans le cas du cuboctaèdre, on a $s(1 - \frac{1}{2}\,4 + \frac{2}{3} + \frac{2}{4}) = 2$, d'où $s = 12$, $f_3 = 8$, $f_4 = 6$, $f = 14$, $a = 24$.

C. QUELQUES RÉSULTATS PRÉLIMINAIRES

a) Si on avait $n_1 \geqslant 6$, on aurait au moins trois faces, au moins hexagonales et la somme des angles serait $\geqslant 3 \times 120 = 360$ degrés, ce qui est absurde en vertu de la règle de la somme des angles (chapitre 9, 1.5.4).

b) S'il aboutissait 6 faces en un sommet, comme ces faces sont au minimum des triangles équilatéraux, la somme des angles en ce sommet serait $\geqslant 6 \times 60 = 360$ degrés et c'est encore absurde.

c) Comme les faces sont régulières, les arêtes d'une face ont même longueur et il en est de même des arêtes de deux faces adjacentes (c'est-à-dire deux faces qui ont une arête commune). Il suffit donc de prouver le lemme suivant :

Lemme. *Si* F, G *sont deux faces de* P, *il existe des faces* $\mathrm{F} = \mathrm{F}_0, \mathrm{F}_1, \ldots, \mathrm{F}_n = \mathrm{G}$ *telles que* F_i *et* F_{i+1} *soient adjacentes.*

Démonstration. On prend $x \in \mathrm{F}, y \in \mathrm{G}$ des points intérieurs et on considère un plan Π passant par x, y et par aucun sommet de P. Il coupe P selon un polygone convexe $\mathrm{P} \cap \Pi$ dont les arêtes sont les traces sur Π des faces de P et dont les sommets sont les traces des arêtes de P. Les points x et y sont donc dans deux des arêtes de $\mathrm{P} \cap \Pi$, mais comme le bord de $\mathrm{P} \cap \Pi$ est connexe, ils sont joints par une suite de côtés adjacents de $\mathrm{P} \cap \Pi$, donc de faces adjacentes de P.

d) On utilisera le dessin ci-dessous, avec $n_i = 5$ pour comprendre le raisonnement. Le symbole de P est n_i, n_j, n_k à l'ordre près.

Soit Q une face à $n_i = 2p+1$ côtés et supposons que les deux autres nombres soient distincts : $n_j \neq n_k$. Numérotons les arêtes de Q de 1 à $2p+1$. Supposons, par exemple, que la face adjacente à l'arête 1 ait n_j côtés. Alors, celle qui est adjacente à l'arête 2 a n_k côtés, car au sommet intersection des arêtes 1 et 2 on a les trois types de faces. De même, la face adjacente à l'arête 3 est de type n_j et, plus généralement, on montre par récurrence que la face adjacente à une arête de numéro impair (resp. pair) est de type n_j (resp. n_k). Mais alors, les faces autour du sommet intersection de 1 et $2p+1$ sont donc n_i, n_j, n_j et c'est une contradiction.

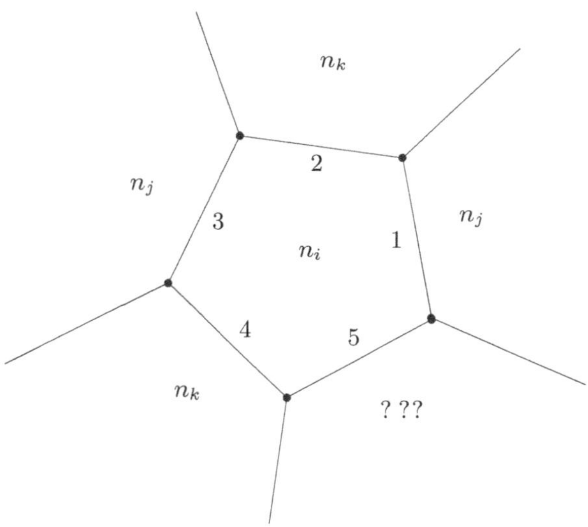

FIG. 154.

Si, disons, n_i est impair, ce qui précède montre que les deux autres sont égaux, $n_j = n_k$. De plus, n_j et n_k sont pairs, sinon, si n_j est impair, on a, toujours par ce qui précède, $n_i = n_k$ et les trois nombres sont égaux. Mais ce cas est celui d'un polyèdre régulier, qui a été écarté.

D. PRISMES ET ANTIPRISMES

a) En chaque sommet d'un prisme à base régulière à n côtés, on a deux faces carrées et une base, de sorte que le symbole est $(4,4,n)$, pour $n \geqslant 5$. Pour $n = 3$, le symbole doit être lu $(3,4,4)$. Pour $n = 4$ on retrouve le cas du cube.

Un prisme à base n vérifie $s = 2n, f_4 = n, f_n = 2, a = 3n$.

b) Voici le dessin d'un antiprisme à base hexagonale :

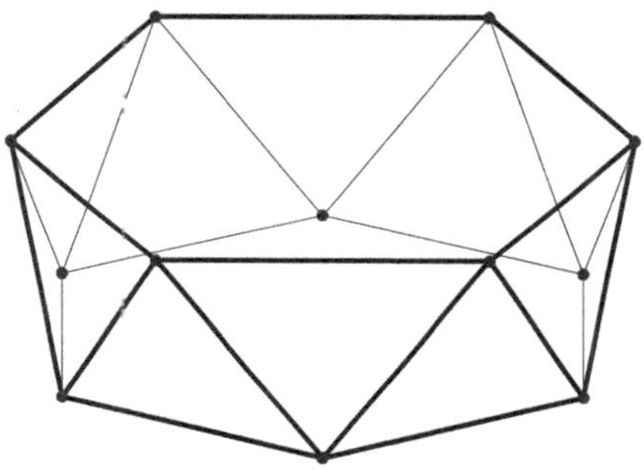

FIG. 155.

En chaque sommet il y a l'une des bases (à n côtés) et trois sommets d'ordre 3, d'où le symbole $(3,3,3,n)$. Pour $n = 3$ on retrouve l'octaèdre.

Un antiprisme à base n vérifie $s = 2n, f_3 = 2n, f_n = 2, a = 4n$.

E. LE CAS $n_1 = 5$

a) Comme n_1 vaut 5, la somme des angles est au moins égale à $q \times 108°$, ce qui impose $q = 3$ par la règle de la somme des angles. On a vu qu'alors n_2 et n_3 sont pairs et égaux. Si $n_2 \geqslant 8$, la somme des angles est $\geqslant 108 + 2 \times 135 = 378 > 360$ et c'est impossible. On a donc $n_2 = n_3 = 6$. Le polyèdre en question est le ballon de football.

b) On a $m_5 = 1, m_6 = 2$. On en déduit, avec les formules ci-dessus : $s = 60, f_5 = 12, f_6 = 20, f = 32, a = 90$.

F. LE CAS $n_1 = 4$

a) Comme n_1 vaut 4, la somme des angles est au moins égale à $q \times 90°$, ce qui impose $q = 3$ par la règle de la somme des angles (le cas 360° est interdit).

b) On a $n_1 \leqslant n_2 \leqslant n_3$. Supposons n_2 impair. Alors, par la règle de parité, on a $n_1 = n_3$ et ces nombres sont aussi égaux à n_2 par l'inégalité. Le polyèdre serait alors un cube, ce qui est exclu. Pour $n_2 = 4$ on obtient le symbole $(4,4,n_3)$, c'est-à-dire un prisme.

c) Si n_2 est $\geqslant 8$, la somme des angles est au moins égale à $90+2\times 135 = 360$, ce qui est impossible. On a donc $n_2 = 6$. Dans ce cas, n_3 est pair (règle de parité) et s'il était $\geqslant 12$ la somme des angles serait au moins égale à $90+120+150 = 360$, ce qui est impossible. Il y a donc trois cas : $n_3 = 6, 8, 10$.

d) Pour le $(4,6,6)$ on a $s = 24, f_4 = 6, f_6 = 8, a = 36$. Pour le $(4,6,8)$ on a $s = 48, f_4 = 12, f_6 = 8, f_8 = 6, a = 72$. Pour le $(4,6,10)$ on a $s = 120, f_4 = 30, f_6 = 20, f_{10} = 12, a = 180$.

G. LE CAS $n_1 = 3$

a) La somme des angles est au moins égale à $q \times 60$ ce qui impose $q \leqslant 5$.

b) On suppose $q = 3$. Par la règle de parité, n_2 et n_3 sont pairs et égaux. La règle de la somme des angles montre qu'ils peuvent valoir $4, 6, 8, 10$ (car $60 + 2 \times 150 = 360$). On a donc quatre cas, dont le prisme $(3,4,4)$ à base triangulaire. Calculons s, a, f. Pour $(3,6,6)$ on a $s = 12, f_3 = 4, f_6 = 4, a = 18$, pour $(3,8,8)$, $s = 24, f_3 = 8, f_8 = 6, a = 36$, pour $(3,10,10)$, $s = 60, f_3 = 20, f_{10} = 12, a = 90$.

c) Supposons $q = 4$. Le symbole est $(3, n_2, n_3, n_4)$ et, comme le polyèdre n'est pas régulier, la règle d'écriture assure qu'on a $n_4 > 3$. Le cas où trois des n_i sont égaux à 3 est celui des antiprismes. Si l'on n'est pas dans ce cas, si l'un des n_i vaut 3 et s'il a n_4 pour voisin, son autre voisin est n_2. En effet, on le vérifie sur les trois types de symboles $(3, n_2, n_3, n_4)$, $(3, 3, n_3, n_4)$ et $(3, n_2, 3, n_4)$ avec $n_i > 3$. Montrons alors qu'on a $n_2 = n_4$. On a la situation suivante :

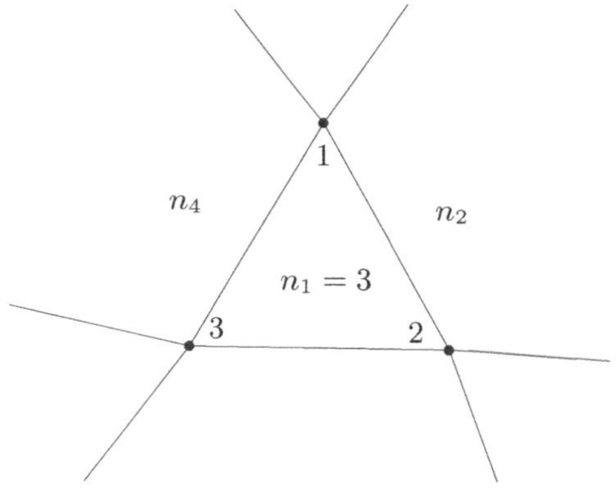

FIG. 156.

On part d'une face Q de type n_1 (triangulaire), on numérote ses sommets. En le sommet 1, les faces adjacentes à Q sont de type n_2 et n_4. Si on suppose, par exemple, que la face adjacente à l'arête [12] est de type n_2, il en résulte que la face adjacente à [13] est de type n_4. La face adjacente à [23] est alors de type n_2 par la remarque ci-dessus. En le sommet 2 on a donc, outre n_1 égal à 3, deux n_j non adjacents égaux. Comme P n'est pas un antiprisme, ces n_j sont plus grands que 3. Comme les termes non adjacents sont n_1, n_3 ou n_2, n_4 et qu'ils sont plus grands que 3, ce sont donc ici n_2 et n_4.

La règle de la somme des angles montre alors qu'on a $n_2 = 3, 4$ ou 5. En effet, si $n_2 \geqslant 6$, la somme des angles est $\geqslant 60 + 2 \times 120 + 60 = 360$. Le cas $n_2 = n_4 = 3$ est écarté (c'est celui des antiprismes). Avec $n_2 = 4$ on obtient les symboles $(3,4,3,4)$, $(3,4,4,4)$, $(3,4,5,4)$ ($n_3 \geqslant 6$ contredit la somme des angles). Avec $n_2 = 5$ on obtient seulement $(3,5,3,5)$.

Les valeurs de s, a, f sont les suivantes. Pour $(3,4,3,4)$, $s = 12, f_3 = 8, f_4 = 6, a = 24$, pour $(3,4,4,4)$, $s = 24, f_3 = 8, f_4 = 18, a = 48$, pour $(3,4,5,4)$, $s = 60, f_3 = 20, f_4 = 30, f_5 = 12, a = 120$ et enfin, pour $(3,5,3,5)$, $s = 30, f_3 = 20, f_5 = 12, a = 60$.

d) On suppose $q = 5$. Il y a au moins quatre des n_i égaux à 3 (sinon, la somme des angles est $\geqslant 3\times 60+2\times 90 = 360$). Il y en a donc exactement quatre puisqu'on a écarté l'icosaèdre. Le dernier n_i vaut 4 ou 5 (avec $n_5 \geqslant 6$ la somme des angles est $\geqslant 4 \times 60 + 120 = 360$). Les deux symboles possibles sont donc $(3,3,3,3,4)$ et $(3,3,3,3,5)$. On a, dans le premier cas, $s = 24, f_3 = 32, f_4 = 6, a = 60$ et, dans le second, $s = 60, f_3 = 80, f_5 = 12, a = 150$.

Le lecteur qui souhaite voir les polyèdres évoqués ci-dessus peut les réaliser lui-même ou consulter les serveurs WIMS `http://mathecole.wimsedu.info`. Il y trouvera en particulier leurs noms et des manières de les obtenir, notamment par troncature. Il peut aussi explorer les sites Internet suivants :

`http://membres.lycos.fr/villemingerard/Geometri/Polyedre.htm`

`http://www.mathconsult.ch/showroom/unipoly/10.html`

et bien d'autres...

Partie II, chapitre 10

1. Tétraèdres, pyramides et autres polyèdres

247. *a*) C'est clair car les faces sont alors des triangles équilatéraux et il y en a trois en chaque sommet.

b) Soit H le projeté orthogonal de A sur la face BCD. Le point H est le centre du triangle équilatéral BCD. Voici deux démonstrations de ce fait :

• On considère les triangles rectangles ABH, ACH et ADH. Ils sont isométriques (ils sont rectangles, ont AH en commun et AB = AC = AD = a). On a donc aussi HB = HC = HD, de sorte que H est le centre du cercle circonscrit à BCD. (On peut aussi appliquer Pythagore : $\mathrm{HB}^2 = \mathrm{AB}^2 - \mathrm{AH}^2$, etc.).

• Soit G le centre de BCD. Considérons le milieu C′ de [BD]. La droite (CC′) est médiane de BCD donc aussi hauteur, de sorte que (CC′) est perpendiculaire à (BD). De même, dans ABD, (AC′) est médiane et hauteur, donc (AC′) est perpendiculaire à (BD). La droite (BD) est perpendiculaire à deux droites concourantes du plan (ACC′), donc elle est perpendiculaire à ce plan. En particulier, elle est orthogonale à (AG). Le même raisonnement montre que (AG) est aussi orthogonale à (CD), donc (AG) est perpendiculaire au plan (BCD) et G n'est autre que H.

Dans BCD les hauteurs valent $a\frac{\sqrt{3}}{2}\cdot$ On en déduit $\mathscr{A}(\text{BCD}) = a^2\frac{\sqrt{3}}{4}\cdot$ De plus, comme H est au tiers des hauteurs-médianes, on a $\text{BH} = a\frac{\sqrt{3}}{3}\cdot$ Par Pythagore, il en résulte qu'on a $\text{AH} = a\frac{\sqrt{2}}{\sqrt{3}}$ et donc $v(\text{T}) = a^3\frac{\sqrt{2}}{12}\cdot$

c) Notons b l'arête du cube. Le tétraèdre T a toutes ses arêtes de longueur $a = b\sqrt{2}$, de sorte qu'il est régulier. Si I et J sont les milieux de [BD] et [A′C′], centres des faces du bas et du haut du cube, on a $b = \text{IJ}$ et c'est la longueur des bimédianes de T.

Le cube est réunion de T et de quatre tétraèdres P isométriques (A′ABD, BB′A′C′, C′BCD et DA′C′D′). Chacun de ces tétraèdres a pour base une demi-face du cube et pour hauteur une arête du cube (par exemple A′ABD : base ABD, hauteur AA′). On a donc $v(\text{P}) = \frac{b^3}{6}$, d'où $v(\text{T}) = \frac{b^3}{3}\cdot$ En remplaçant b par $a/\sqrt{2}$ on retrouve la formule précédente.

248. *a*) On a $v(\text{P}) = \frac{a^3}{6}$ et on retrouve le résultat en accolant six pyramides de même sommet pour former un cube.

b) On considère les trois pyramides de sommet A et de bases A′B′C′D′, BCC′B′, CDD′C′. Elles sont isométriques et leur réunion est le cube, de sorte qu'elles ont pour volume $a^3/3$, ce que confirme la formule.

Les deux exemples ci-dessus sont sans doute les arguments les plus convaincants en faveur de la formule du volume de la pyramide.

249. Soit α le rapport de l'homothétie de centre A qui fait passer des A_i aux A'_i. Cette homothétie transforme la pyramide $\text{P} = \text{AA}_1 \dots \text{A}_n$ en $\text{P}' = \text{AA}'_1 \dots \text{A}'_n$. Comme la première pyramide est de hauteur h et la seconde de hauteur $h - l$, on a $\alpha = \frac{h-l}{h} = 1 - \frac{l}{h}\cdot$ Par l'axiome d'homogénéité, on a $v(\text{P}') = \alpha^3 v(\text{P})$, donc, comme T est différence de P et P′, $v(\text{T}) = (1-\alpha^3)v(\text{P}) = \frac{1}{3}bh(1-\alpha^3)$. Comme on a $l = h(1-\alpha)$, on en déduit finalement $v(\text{T}) = \frac{bl}{3}(1+\alpha+\alpha^2)$.

Vérifions la formule des trois niveaux. Les aires des trois sections sont b, $b' = \alpha^2 b$ et $b'' = \lambda^2 b$ où λ est le rapport d'homothétie qui transforme la base en la section intermédiaire : $\lambda = \frac{\alpha+1}{2}\cdot$ La formule des trois niveaux donne pour $v(\text{T})$: $\frac{1}{6}l\left(b + \alpha^2 b + 4\left(\frac{\alpha+1}{2}\right)^2 b\right)$ et on vérifie qu'on a le même résultat.

250. *a*) Le dessin ci-dessous montre, sans calcul, que le volume de Ω est $a^3/6$. En effet, si on regarde la moitié supérieure de Ω, c'est une pyramide de base moitié d'une face du cube, son volume est donc le tiers du prisme de même base, donc le sixième du demi-cube.

b) Le cuboctaèdre (voir le problème sur les polyèdres archimédiens) a 8 faces triangulaires, 6 faces carrées, 12 sommets et 24 arêtes. Son volume se calcule à partir de celui du cube en retirant les huit petits tétraèdres T. Pour ceux-là on prend évidemment comme base les triangles rectangles isocèles qui sont dans les faces et on a $v(\mathrm{T}) = \dfrac{1}{3} \times \dfrac{a^2}{8} \times \dfrac{a}{2} = \dfrac{a^3}{48}\cdot$ On a donc $v(\mathrm{K}) = v(\mathrm{C}) - 8\,v(\mathrm{T}) = \dfrac{5}{6}a^3$.

On comprend d'ailleurs facilement la relation $v(\Omega) + v(\mathrm{K}) = v(\mathrm{C})$: à partir des huit tétraèdres enlevés à C pour obtenir K, il est immédiat de reconstituer l'octaèdre.

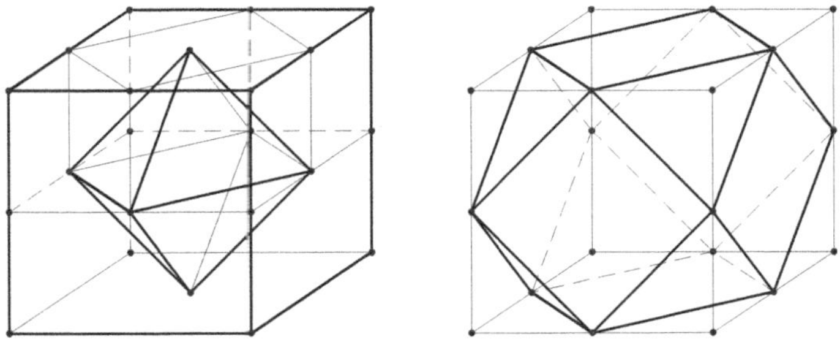

FIG. 157.

251. Le maximum de contenance du cubitainer percé est obtenu en tenant horizontal le plan des trois trous et en remplissant la partie inférieure. Dans le premier cas, le calcul est immédiat : le volume s'obtient en enlevant au volume du cube celui du tétraèdre de hauteur a et de base $a^2/8$, soit $a^3/24$. Il reste donc $\dfrac{23}{24}a^3$.

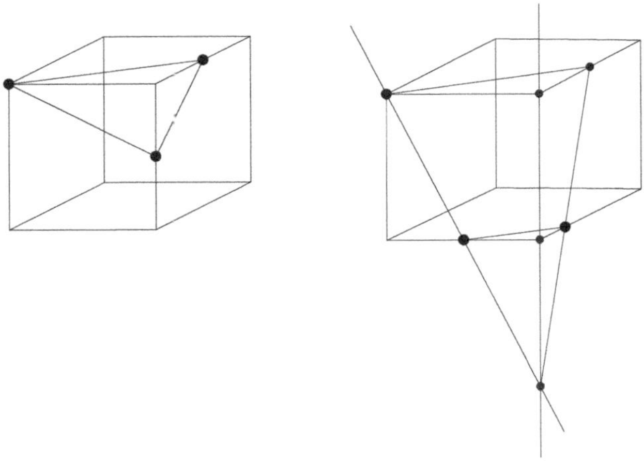

FIG. 158.

Dans le second cas, il faut commencer par construire la section selon la procédure vue dans les exercices de géométrie dans l'espace. La partie à enlever apparaît alors comme un tronc de pyramide. Comme le point de l'arête du bas est au milieu, le rapport d'homothétie entre les deux pyramides est 1/2, de sorte que la hauteur de la grande pyramide est $2a$ et sa base $a^2/4$, donc son volume $a^3/6$. La petite est alors de volume $a^3/48$ par homogénéité et le tronc est la différence : $\frac{7a^3}{48}\cdot$ Le volume utile du cubitainer est donc $\frac{41a^3}{48}\cdot$ Avec $a = 3$ dm on trouve environ 23,06 dm^3 ou encore 23,06 litres.

2. Optimisation

252. On appelle φ l'angle $2\pi - \theta$. Le périmètre de la base du cône est alors φR, donc le rayon r de la base est $\frac{\varphi \mathrm{R}}{2\pi}\cdot$ Posons $t = \frac{\varphi}{2\pi}\cdot$ On a donc $r = t\mathrm{R}$. La hauteur du cône se calcule alors par Pythagore : $h^2+r^2 = \mathrm{R}^2$, d'où $h = \mathrm{R}\sqrt{1-t^2}$ et $v(t) = \frac{1}{3}\pi \mathrm{R}^3 t^2\sqrt{1-t^2}$. Il suffit de maximiser le carré de v, ce qui revient à étudier $f(t) = t^4 - t^6$. Le maximum est atteint pour $t = \frac{\sqrt{2}}{\sqrt{3}}$, soit $\varphi = \frac{\sqrt{2}}{\sqrt{3}}2\pi$. On trouve comme maximum du volume : $\mathrm{V} = \frac{2\pi \mathrm{R}^3}{9\sqrt{3}}\cdot$

253. On a $\mathrm{V} = \mathrm{L}lh$ et $\mathscr{A} = 2(\mathrm{L}+h)(l+h)$. Posant $\mathscr{A} = 2\mathrm{A}$, on tire L de la première relation et on reporte dans A : $\mathrm{A} = \frac{\mathrm{V}}{h} + \frac{\mathrm{V}}{l} + h^2 + hl$. Pour h fixé, A est minimum pour $l = \sqrt{\frac{\mathrm{V}}{h}}\cdot$ Si on remplace l par cette valeur dans A on trouve $\mathrm{A}(h) = h^2 + 2\sqrt{\mathrm{V}h} + \frac{\mathrm{V}}{h}\cdot$ L'étude de cette fonction montre qu'elle est minimum pour $h = \sqrt[3]{\frac{\mathrm{V}}{4}}$ et on a alors $\mathrm{L} = l = 2h$.

3. Calculs par tranches

254. Pour se représenter la situation, on pensera à l'opération qui consiste à enlever le trognon d'une pomme avec un vide-pomme, comme on fait par exemple pour faire des pommes au four (miam !). Appelons R le rayon de la sphère et r le rayon du cylindre. On a alors, par Pythagore $\mathrm{R}^2 = a^2 + r^2$, mais, tout de même, on a vraiment l'impression qu'il manque une donnée dans l'énoncé. Pour calculer le volume de la pomme restante on utilise la sommation par tranches. À la cote z, la section est une couronne circulaire de rayon intérieur r (le trou) et de rayon extérieur $\sqrt{\mathrm{R}^2 - z^2}$ par Pythagore. On a donc $\mathrm{S}(z) = \pi[(\mathrm{R}^2 - z^2) - (\mathrm{R}^2 - a^2)] = \pi(a^2 - z^2)$. On en déduit le volume : $\mathrm{V} = \int_{-a}^{a} \pi(a^2 - z^2)dz = \frac{4\pi a^3}{3}$: ben non, il ne manquait pas de donnée, finalement !

255. *a*) C'est facile et on trouve $v(\mathrm{P}) = \pi/2$.

b) C'est plus difficile, mais on trouve $v(\mathrm{T}) = 2\pi^2 \mathrm{R}r^2$.

256. C'est une vérification sans malice.

4. À consommer avec modération

257. On appelle a le volume d'air et w le volume de whisky (en cm^3). On a déjà $a + w = 750$. Il suffit de déterminer $a - w$. Pour cela, il faut penser à ce que deviendrait le whisky en pesanteur inversée (souvenez-vous, cette sorte de farce est déjà arrivée au capitaine Haddock dans *On a marché sur la lune*), c'est-à-dire imaginer la bouteille posée comme d'habitude, mais avec le whisky qui monte vers le goulot. Il y aurait alors 19 cm de whisky vers le goulot et 8 cm d'air vers le bas. Si on compare cette situation et la situation ordinaire, on voit que la différence $w - a$ est de $14 - 8 = 6$ cm, dans la partie cylindrique de la bouteille. On a donc $w - a = 6 \times \pi\,(3{,}5)^2 = 230\ cm^3$ (le rayon de la bouteille est 3,5 cm). On en déduit $w = 490\ cm^3$ ou 49 cl. Le capitaine a donc bu 26 cl de whisky : ço-z-o ro di to d'célo[9].

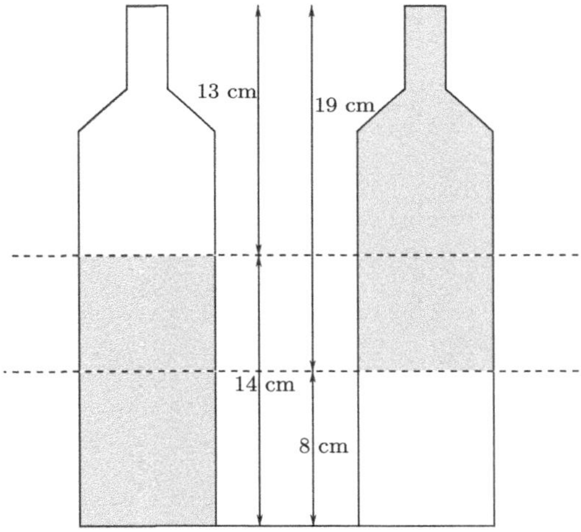

FIG. 159.

9. En syldave ancien, cette expression signifie que ce n'est pas grand-chose.

Achevé d'imprimer en janvier 2024
sur les presses de la Nouvelle Imprimerie Laballery
58500 Clamecy
Dépôt légal : janvier 2024
N° d'impression : 401266

Imprimé en France

La Nouvelle Imprimerie Laballery est titulaire de la marque Imprim'Vert®